国家科学技术学术著作
出版基金资助出版

模式分析与其核方法

孙即祥 杜春 刘钢钦 滕书华 编著

清華大學出版社
北京

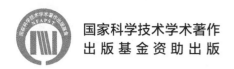

内容简介

模式分析的主要任务是了解数据源或数据集的内在结构、关系和规律，并运用学习后的分析系统对新的数据进行预测预判，或根据已有模式知识进一步了解更深层次的知识。本书第1章宏观介绍模式分析。第2章主要论述模式分析的基本原则与策略；集中度、容量、VC维、Rademacher理论，它们是模式分析的顶层思想和泛化错误率分析的基础理论。第3章给出后面各章节共用的核函数与核映射空间知识。在前面3章的基础上，续而讨论具体的模式分析与核方法，各章节首先比较详细地论述基本原理和方法，然后利用核函数有关理论或核技巧"平滑过渡"到核映射空间中的模式分析。第4章论述数据分析与模式分析，包括：矩阵奇异值分解与广义本征分解；Fisher判别分析；主成分分析；相关分析；回归分析等。第5章论述支持矢量机，包括：硬间隔支持矢量机；软间隔支持矢量机；支持矢量机的泛化错误率；训练样本具有不确定性的支持矢量机；样本类内缩聚与两类样本数不均的补偿。第6章论述支持矢量数据描述，包括：包含全部样本的最小球；包含大部分样本的最优球；样本加权的支持矢量数据描述；小球大间隔SVDD；最优椭球数据描述；基于距离学习和SVDD的判别方法。第7章论述支持矢量回归，包括：岭回归；一范数ε-不敏损失支持矢量回归；二范数ε-不敏损失支持矢量回归。第8章论述核函数的优化，包括：基于误差界的核函数参数寻优方法；核极化方法；核调准方法；根据核矩阵估计可分性与二范数SVM核调准；核映射空间的Fisher判据；基于Fisher准则的扩展数据相关核函数的优化算法；多核学习。

本书可供信息、控制、数据科学、人工智能、计算机类及其他相关专业和研究方向的研究生、本科高年级学生作为关于信息分析、检测、识别、知识发现的教材或教学参考书，也可作为有关科技人员的科研参考书。

图书在版编目(CIP)数据

模式分析与其核方法 / 孙即祥等编著. —北京：清华大学出版社，2024.9
ISBN 978-7-302-63067-8

Ⅰ.①模… Ⅱ.①孙… Ⅲ.①电子计算机—算法理论 Ⅳ.①TP301.6

中国国家版本馆CIP数据核字(2023)第045738号

责任编辑：白立军 常建丽
封面设计：刘 键
责任校对：韩天竹
责任印制：刘海龙

出版发行：清华大学出版社
网　　址：https://www.tup.com.cn，https://www.wqxuetang.com
地　　址：北京清华大学学研大厦A座　　**邮　　编**：100084
社 总 机：010-83470000　　**邮　　购**：010-62786544
投稿与读者服务：010-62776969，c-service@tup.tsinghua.edu.cn
质量反馈：010-62772015，zhiliang@tup.tsinghua.edu.cn
课件下载：https://www.tup.com.cn，010-83470236
印 装 者：三河市铭诚印务有限公司
经　　销：全国新华书店
开　　本：185mm×260mm　　**印　　张**：18.5　　**字　　数**：428千字
版　　次：2024年9月第1版　　**印　　次**：2024年9月第1次印刷
定　　价：69.00元

产品编号：084111-01

FOREWORD

前言

人们在日常生活、社会活动、生产科研及工作学习中，很多思维和智能都可归结为预测预判，其中大多数是类型预判和数值预测。人们希望机器具有智能并能代替人类完成智能工作，知识是智能的基础，机器学习是指机器系统利用外部样例数据通过运行分析算法提高完善目标算法的性能，或获取机器能实行智能行为的知识。从样例数据提取知识的方法称为基于数据的方法或数据驱动的方法。人们的工作、学习、生活中充满了各种类型、规模和复杂性的数据，从数据中学习，了解事物，获得知识，数据就是资源，经过物理系统就能转化成能量、物质。由于其重要性并涉及众多学科专业，国内外许多大学相继设立了数据科学专业，使用科学的方法系统地从结构化或非结构化数据中提取知识并加以利用。数据科学内容非常宽泛，涉及数据获取、数据存储、数据管理、数据分析，知识挖掘、知识利用。本书只涉及其核心内容，讨论模式分析与核方法。模式分析的主要任务是应用计算机系统，运用数学原理和方法、根据领域知识分析了解数据源或数据集内在结构、关系和规律，及以模式形态表达它们，并用获得知识对未来数据预测预判。模式分析主要涵盖数据分析、模式识别。现在线性理论和方法已相当成熟和完善，但很多事物的结构、关系和规律是非线性的，将成熟的线性理论和方法与适应性强的非线性方法相结合，无疑是一个很好的途径，模式分析中的核技巧、核技术可以说是线性理论和方法与非线性处理间的桥梁，核函数可以快捷地直接将线性模型和方法转化成高维空间的线性模型和方法，但相对原来数据空间是非线性的模型和方法，其具有坚实的理论基础，又有理想的实际效果，同时还有便捷的使用方法。模式分析是机器学习、人工智能的核心理论和技术之一，属于人工智能范畴，人工智能理论、方法的完善与广泛应用将引发重大的科技和产业革命。对复杂大规模数据的模式分析通常运用机器学习的方法，这是现代模式分析的一个重要属性。

本书顶层设计的思考是：本书更适宜沉下心来系统学习知识、提高能力、致力创新的读者，其内容涵盖模式分析的各主流理论和技术，在论述上力图让技术与理论关联，缩小它们间的距离；撰写中，优化布局，优化内容，优化表达，尽量使读者学习效率极大化、成本极小化，扩大受众面，极大化知识用场。为使读者容易进入模式分析学习和应用中，本书内容展开的起点低置；目标高企，使读者最终达到较高的专业学养；内容深化展开梯度较大。基于我们一贯秉持的原则性观点和方法，本书具有下述特点。

(1) 注重基础。打好基础是教育经验的总结，也是科技高速发展的需要，本书注重强化基本概念、基本思想、基础理论、基本方法。只有灵活掌握了基本而有用的知识，读者才能在日后的学习和科研中有"后劲"、持续前进，能以"不变"应"万变"，应对科技发展日新月异的挑战，能在浩瀚的知识海洋中畅游，始终能处于科技潮流的前沿。

(2) 结构合理清晰。合理清晰的学科知识表述体系有益于读者对各种理论、方法的理解和记忆，有益于对知识的掌握和创新。本书内容组织呈现层次化、树状化、模块化。各章节都尽量遵循由浅入深、先易后难、先具体后抽象来安排；各章间、各方法技术既相对完整独立，又有联系，融会贯通形成整体。结构模块化便于科技工作者快捷学习、掌握和使用，可提高阅读和应用效率。

(3) 内容选材考究。模式分析是一门相当活跃的重要学科，涉及的理论广泛、方法丰富，发展迅速，新理论、新方法、新应用不断涌现。本书以具有当前或潜在的理论、学术意义或应用价值作为取材标准，并且处理好本书内容与其他学科知识的关系。在众多知识中选取那些或具基础理论性，或具思维训练性，或具有效实用性，或具思想启发性，或具前瞻代表性的重要内容。模式分析内容丰富、方法众多，其他的重要方法，如半监督学习、流形学习、深度学习、迁移学习、增强学习等将在后续出版的有关机器学习的著作中讨论。

(4) 注重讲"理"，突出学术思想。为使读者真正掌握学科知识、提高解决问题能力，培养创新思维，在阐明知识时，不仅讲其然还要讲其所以然。本书较系统地阐述了模式分析的主流知识、重要的专业思维、必要的数学手段及解决一般性问题方法，并着重论述模式分析的原理与核方法，侧重各种模式分析方法原理的讨论。

(5) 重视学习效率。基于模式分析的学科特点和一般的学习规律，为了知识系统性和完整性，书中收录了重要文献的研究成果，并用严谨易懂的语言阐述。为了学习深入便捷，有些知识复习回述，或以"注"的方式补充、解释一些知识。本书注意理论严密性与表述易懂性的统一，力求各部分在内容深浅上大致达到均衡，对一些通常认为较"简单"的内容，尽量挖掘其理论依据，使之有理论深度，对涉及较深奥理论的内容，在严谨前提下尽量用平实直白的语言论述，避免不必要的符号猜解和复杂推导而淡化更为重要的基本概念、学术思想和技术思路。

(6) 详略得当。本书涉及的知识面较广，对重要的主干理论和方法论述清楚、说深说透；而对相关的、类似的或不"稳定"的内容，或受限于知识层次的内容，则适当论述或点到为止，这样既实现了知识在面上的宽广，又达到知识点处的理论深度，通过自己创造性思维的"内插和外延"可以扩张成更大的"知识体"。

本书的主要内容如下。

第1章绪论是顶层论述，展现模式分析领域的概貌，首先概述模式识别，然后概述数据分析。第2章论述模式分析的原则与策略，用于指导研发和分析具体模式分析方法的顶层思维，包括：类域界面分类原理和多类分类策略；模式分析的基本原则和策略；集中度、容量、VC维、Rademacher理论，它们是后续的模式分析的泛化误差的理论基础；介绍了经验风险和结构风险最小化设计思想；论述了错误率的实验估计，以及模型选择的原则方法。第 3 章给出后面各章节共用的核知识，主要内容是：核函数与核映射空间基本知识；核映射空间中某些量值的核函数表示。在前面 3 章基础上，接下来讨论具体的模式分析与核方法，各章节首先比较详细地论述基本原理和方法，然后利用核函数有关理论或核技巧“平滑过渡”到核映射空间中的模式分析。第 4 章论述数据分析，包括：矩阵奇异值分解与广义本征分解；Fisher 判别分析；主成分分析；基于 PCA 的两个数据集间相关分析；回归分析等。第 5 章论述支持矢量机，解决小子样的识别问题，内容包括：硬间隔支持矢量机；软间隔支持矢量机；支持矢量机的泛化错误率；训练样本具有不确定性的支持矢量机；改善训练样本集缺陷的一种补偿方法。第 6 章论述支持矢量数据描述，其是支持矢量机的变体，内容包括：包含全部样本的最小球——硬界最优球；包含大部分样本的最优球——软界最优球；样本加权的支持矢量数据描述；小球大间隔 SVDD；数据域的最优椭球描述；基于距离学习和最优球的判别和检测方法。第 7 章论述支持矢量回归，内容包括：岭回归；一范数 ε-不敏损失支持矢量回归；二范数 ε-不敏损失支持矢量回归。第 8 章论述基本的核函数优化方法，内容包括：基于误差界的核函数参数寻优方法；核极化方法；核调准方法；根据核矩阵估计可分性与二范数 SVM 核调准；核映射空间的 Fisher 判据；基于 Fisher 准则的数据相关核函数的优化方法；多核学习。

基于本书结构和论述特点，读者根据自己情况可以从本书不同处切入阅读学习，总体上讲，本书阅读学习路线图：

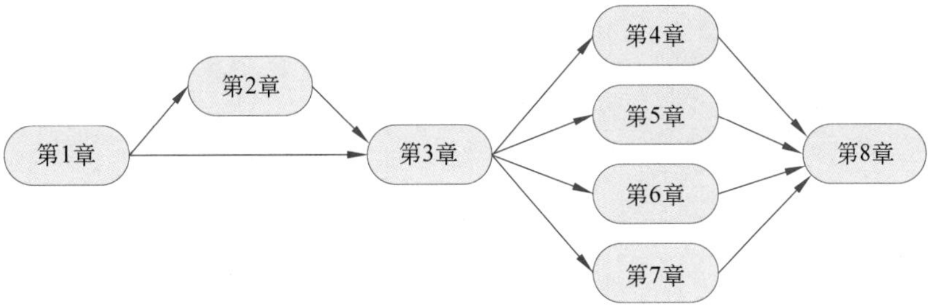

本书是我们将要出版的《现代模式识别》（第 3 版）和《机器学习》的姊妹篇，它们相对比较完整地覆盖此领域的主流知识。

本书属国家科学技术学术著作出版基金资助项目。

感谢国防科技大学电子科学学院及认知通信系对本书撰写和出版给予的大力支持和资助。

感谢清华大学出版社各位编辑认真负责、辛勤细致的工作。

孙即祥

2024 年于长沙

CONTENTS

目录

第1章　绪论 …… 1

1.1　概述 …… 1
1.2　模式识别 …… 4
1.2.1　模式识别系统 …… 5
1.2.2　模式识别的基本方法 …… 6
1.3　数据分析 …… 10
1.3.1　Fisher 判别分析 …… 10
1.3.2　主成分分析 …… 10
1.3.3　典型相关分析 …… 11
1.3.4　回归分析 …… 11
1.4　本书各章主要内容及其关系 …… 12
参考文献 …… 12

第2章　模式分析的原则与策略 …… 13

2.1　利用类域界面分类原理和多类分类策略 …… 13
2.1.1　特征矢量和特征空间 …… 13
2.1.2　用判别域界面方程分类的概念 …… 14
2.1.3　线性判别函数 …… 14
2.1.4　两类问题 …… 15
2.1.5　多类问题 …… 15
2.1.6　判别函数值的大小、正负的鉴别意义 …… 18
2.1.7　权空间、解矢量与解空间 …… 19
2.1.8　球面分类界面和椭球面分类界面 …… 21
2.2　模式分析的基本原则 …… 22
2.2.1　没有免费午餐定理 …… 23
2.2.2　丑小鸭定理 …… 25
2.2.3　最小描述长度原理 …… 26
2.2.4　误差中偏差和方差的分析 …… 28

2.3 集中度、容量、VC 维、Rademacher 理论 …… 32
2.3.1 集中度、容量、Rademacher 复杂度 …… 33
2.3.2 VC 维 …… 36
2.4 经验风险最小化、结构风险最小化 …… 38
2.5 错误率的实验估计 …… 41
2.5.1 交叉验证法 …… 41
2.5.2 从学习曲线估计错误率 …… 44
2.6 Akaike 信息准则与贝叶斯信息准则 …… 46
2.6.1 Akaike 信息准则 …… 46
2.6.2 贝叶斯信息准则 …… 48
2.7 预测器选择的统计方法 …… 50
2.7.1 小差别错误率的分类器选择的统计检验 …… 50
2.7.2 预测器可靠性度量 …… 51
参考文献 …… 52

第 3 章 核函数与核映射空间 …… 53

3.1 核函数与核映射 …… 53
3.1.1 核函数、希尔伯特空间 …… 54
3.1.2 Mercer 定理 …… 58
3.1.3 再生核理论 …… 59
3.1.4 核矩阵在核方法中的作用 …… 63
3.2 核函数的运算——构造新的核映射空间 …… 64
3.3 核映射空间中一些量值的核函数表示 …… 67
参考文献 …… 71

第 4 章 数据分析 …… 73

4.1 矩阵奇异值分解与矩阵广义本征分解 …… 73
4.1.1 矩阵奇异值分解 …… 73
4.1.2 矩阵广义本征分解 …… 77
4.2 Fisher 判别分析 …… 79
4.2.1 Fisher 判别分析的原理 …… 79
4.2.2 FDA 的奇异问题 …… 83
4.2.3 多类问题中 Fisher 方法的其他几种准则 …… 84
4.2.4 多类问题行比准则的 Fisher 分析方法 …… 85
4.2.5 采用型比准则的 Fisher 迭代算法 …… 86
4.2.6 采用迹比准则的 Fisher 迭代算法 …… 87
4.2.7 采用差迹准则的 Fisher 迭代算法 …… 88
4.2.8 核映射空间中的 Fisher 方法 …… 88

4.2.9 正则化核 Fisher 判别分析 …… 89
4.3 局部均值判别分析 …… 92
4.3.1 局部均值判别 …… 92
4.3.2 加权 LMDA …… 93
4.3.3 核局部均值判别 …… 94
4.3.4 加权 KLMDA …… 96
4.4 主成分分析 …… 97
4.4.1 主成分分析原理与性质 …… 98
4.4.2 核映射空间中的主成分分析 …… 108
4.4.3 KPCA 性能稳定性分析 …… 110
4.4.4 PCA 的应用 …… 112
4.5 两个数据集间的相关分析 …… 115
4.5.1 基于协方差和双 PCA 的两数据集相关分析 …… 115
4.5.2 典型相关分析 …… 120
4.6 回归分析 …… 129
4.6.1 线性回归 …… 129
4.6.2 主成分回归 …… 131
4.6.3 基于两数据集协方差阵奇异值分解的回归 …… 133
4.6.4 偏最小二乘回归 …… 133
4.7 聚类分析 …… 143
4.7.1 概述 …… 143
4.7.2 C-均值算法 …… 145
4.7.3 改进的 C-均值算法 …… 148
4.7.4 核映射空间中 C-均值聚类 …… 150
4.7.5 最大间隔聚类方法 …… 151
4.8 基于流形学习的数据降维 …… 161
4.8.1 数据降维 …… 161
4.8.2 流形与流形学习 …… 162
4.8.3 拉普拉斯本征映射 …… 164
4.8.4 局部保持映射算法 …… 165
4.8.5 核局部保持映射算法 …… 166
参考文献 …… 168

第 5 章 支持矢量机 …… 171

5.1 概述 …… 171
5.2 硬间隔支持矢量机 …… 174
5.2.1 线性支持矢量机 …… 174
5.2.2 非线性支持矢量机 …… 178

5.2.3 硬间隔支持矢量机泛化错误率 …… 181
5.3 软间隔支持矢量机 …… 182
5.3.1 软间隔线性支持矢量机 …… 182
5.3.2 l_1-软间隔支持矢量机 …… 184
5.3.3 l_1-软间隔支持矢量机的泛化错误率 …… 190
5.3.4 l_2-软间隔支持矢量机及其泛化界 …… 194
5.4 训练样本具有不确定性的支持矢量机 …… 198
5.5 样本类内缩聚与两类样本数不均的补偿 …… 200
5.5.1 核映射空间中样本类内缩聚 …… 200
5.5.2 两类训练样本数目不均情况下的惩罚系数补偿 …… 201
参考文献 …… 202

第6章 支持矢量数据描述 …… 204

6.1 概述 …… 204
6.2 包含全部点集的最小球 …… 206
6.2.1 包含全部样本的最小球 …… 206
6.2.2 包含核映射空间中全部样本的最小球 …… 208
6.2.3 基于 SVDD 异常检测的统计特性 …… 211
6.3 包含大部分点集的最优球 …… 212
6.3.1 包含大部分样本的最优球 …… 212
6.3.2 包含核映射空间大部分样本的最优球 …… 215
6.3.3 ν-软界最优球 …… 221
6.3.4 软界最优球算法的检测性能 …… 221
6.3.5 软界最优球面与广义最优平面的关系 …… 222
6.4 样本加权的支持矢量数据描述 …… 224
6.4.1 样本加权 SVDD …… 224
6.4.2 样本的权重 …… 225
6.5 小球大间隔 SVDD …… 226
6.6 数据域最优椭球描述 …… 229
6.6.1 最优椭球数据描述 …… 229
6.6.2 核映射空间中椭球数据描述与检测 …… 231
6.7 基于距离学习和 SVDD 的判别方法 …… 234
6.7.1 距离测度学习 …… 235
6.7.2 新类的设定 …… 236
6.7.3 最优球面作为已给类别的边界描述 …… 236
6.7.4 描述球重叠情况下的样本识别 …… 238
6.7.5 从新类候选样本集发现新类子集 …… 238
6.8 支持矢量数据描述的研究概要 …… 239

参考文献 …… 241

第7章 支持矢量回归 …… 245

7.1 岭回归 …… 245
7.1.1 基本岭回归方法 …… 245
7.1.2 核岭回归方法 …… 247
7.2 一范数 ε-不敏损失支持矢量回归 …… 248
7.2.1 ε-不敏损失函数 …… 248
7.2.2 一范数 ε-不敏损失的 SVR …… 249
7.2.3 ε-不敏损失的 SVR 的另一种表达 …… 251
7.2.4 一范数 ε-不敏损失的 ν-SVR …… 251
7.2.5 一范数 ε-不敏损失的 SVR 的泛化性能 …… 252
7.3 二范数 ε-不敏损失支持矢量回归 …… 253
参考文献 …… 255

第8章 核函数的优化 …… 257

8.1 核函数的基本性质 …… 258
8.1.1 高斯核函数 …… 258
8.1.2 多项式核函数 …… 259
8.1.3 ANOVA 核函数 …… 260
8.2 基于误差界的核函数参数寻优方法 …… 260
8.2.1 留一法错误率的上界 …… 261
8.2.2 SVM 中核函数参数梯度法寻优 …… 264
8.2.3 SVR 中核函数参数梯度法寻优 …… 265
8.3 核极化方法 …… 266
8.4 核调准方法 …… 269
8.5 根据核矩阵估计可分性与二范数 SVM 核调准 …… 270
8.6 核映射空间的 Fisher 判据 …… 272
8.7 基于 Fisher 准则的数据相关核函数的优化方法 …… 274
8.7.1 数据相关核函数 …… 274
8.7.2 经验特征空间 …… 275
8.7.3 基于 Fisher 准则的扩展数据相关核函数的优化算法 …… 276
8.8 多核学习 …… 277
参考文献 …… 279

第1章 绪　论

1.1 概　述

人们在日常生活、社会活动、生产科研及工作学习中，很多思维和智能都可归结为预测预判，预测预判对象的类型各式各样，其中大多数是类型预判和数值预测。分类识别属于类型预判，人们时时处处都进行着分类识别，分类识别是人类的基本思维和行为之一。例如：儿童在认读识字卡片上的0～9数字时，是对数字符号的识别；在读书看报时，人们进行文字识别；对显示器上有关科学研究、工程实验、场景监测等所摄取图像、图形分析是较复杂的图像、图形分析识别工作；医生给患者诊断疾病需要对病情进行辨识；在人群中寻找某人是对人的形体及其他特征的识别。分类识别这种预判也可以说是一种定性的预测。随着生产科研广泛而深入的发展，以及人类生活、社会活动的需求，要识别的对象种类越来越多，内容越来越深入复杂，要求也越来越高，为了改善工作条件，降低工作强度，人们希望机器能够代替人类完成繁重的分析识别工作；在某些环境恶劣、存在危险或人们根本不能接近的场合，就需要借助传感器、计算机，运用适当的算法进行分析识别工作。人们利用机器系统可以提高分析识别的速度、正确率及扩大应用领域，本书所讨论的模式识别(pattern recognition)是指运用机器系统进行分类识别。以一个实例说明机器识别过程，模式识别的重要应用之一是计算机自动诊断疾病，其与医生的诊断过程相仿。首先要获得患者的有关情况，如体温、血压、心率，还可能对血液等进行化验，做心电图、X光透视、B超，甚至CT等检查，医生根据这些检查结果及患者的病史、自述等资料，运用自己的临床经验对患者进行诊断；机器识别需要将上述各种有用的资料输入计算机中，在这之前计算机已装入有关的分析算法，这些算法是领域专家知识、经验的总结和集成，其形式可以是规则、函数、数表等，通过计算机程序运用它们对输入信息进行分析并作出判断。

人们在日常生活也经常进行预测。体育活动中为了接到运动着的球体(如乒乓球、羽毛球、篮球等)，人们在脑海里对球体运动轨迹进行预测、定位并在行动上跟踪；在行车驾驶中需要对自己车辆和他人车辆的行驶路线和位置进行预测。在工作或科研中经常要进行数据分析，找出预测数据与响应数据内在关系，得出规律，并据此对未知数据进行定量预测。例如，观测非机动的飞行体得出它的未来运动轨迹;又如,医学研究者揭示某种疾病的抗原水平与一些临床指标的相关性。这种数值定量预测称为回归分析,两种数据间相关程度的评估称为相关分析。因子分析是寻求对可观测变量起潜在支配作用的隐含随机变量,建立这些少数潜在因子描述较多可观测变量的模型,求出变量与因子的相关系数,由此得出由主要因子描述数据集的内部结构。序列数据是一个或一些随机过程在时间或空间上按给定采样率等间隔观测所得的动态有序数据集,序列分析的核心是从已发生的序列数据中挖掘变化的一般规律,得出演变模式,建立数学模型,并利用其对未来数据做出定量估计或变化趋势预测。序列中每个观察数据往往是多种成分叠加或耦合,为了准确预测,需要进行序列分解,视在变化的序列数据可能包含的成分有四种变化类型:①周期性变化,②循环波动,③趋势,④随机变化。序列分解要进行确定性变化分析和随机性变化分析。为了某个目的,辨识某种成分或滤除它。序列预测时设法除去不规则变化,突出反映趋势性和周期性变动。在有些应用中需要从序列数据集中提取或删除趋势成分、周期性成分;确定性趋势、全局趋势更容易识别和删除。在揭示数据之间内在复杂关系时,需要适当的数据分析算法并运用计算机实现对数据的分析和预测。

我们通常所说的"数据"(data)是对事物某些属性或特征进行物理量测和数学处理后的所得结果,用于描述或表示对象。初始"数据"是指对事物观测或记录仪器的输出,在科技学术领域,数据往往是指经过某些数学处理后的对象信息表示,可以直接作为算法或方法的输入。例如这些处理可能包括特征提取与选择,或已进行了某种数学变换。不同对象数据形态可能不同,它可能是描述物理系统状态的矢量、以数字格式表达的图像、DNA序列、文本块、时间序列等,其中更经常处理的数据表示形式是数值类型。

术语"模式"(pattern)用场比较宽泛,它可以是一个对象个体量测或经过某种数学变换的数值矢量或图的表示,因为它们经过"提炼"和抽象后代表物理对象,就这个意义上讲可以称其是一个模式,比如文献[1]就是如此使用模式术语。模式也可以表示一个对象个体的类别、数据源或数据集的内在性质、规律、结构或关系。

人们希望机器能够代替人类的智能和体力工作。"知识"(knowledge)是智能(intelligence)的基础。知识是正确的、可验证的、可被人相信和接受的客观实在,不同研究背景的学者有不同的理解和定义,有的学者认为知识是经过加工的信息,有的学者认为知识由特定领域描述、关系和过程所组成。这里所说的知识,是数据之间关系层面或数据内部模式层面更为抽象的信息,这类知识能使我们对数据作出预测预判,或对数据中的内在关系作出推断。知识涉及三个范畴:知识获取、知识表示和知识应用。人们在现实活动中自觉或不自觉地践行着知识获取、知识表示和知识应用,学习是人类一种极为重要的智能属性和行为。现阶段人们尤其希望并深入研发机器具有智能并代替人类完成智能工作,这就要求机器也能学习,不同学科和领域的学者对机器学习(machine learning,ML)概念给出不同的表述。例如,H. A. Simon 认为"如果一个系统能够通过执行某种过程而改进它的性能,这就是学习",Tom Mitchell 对上述定义具体化(1997 年):"对于某任务 T 和性能度量 P,如果一个计算机程序在 T 上以 P 衡量的性能随着经验 E 而自我完善,那么我们称这个计算机程序从经验 E 中学习",此外还有其他多种定义。从样例数据获取知识的方法称为基于数据(data based)的方法或数据驱动(data driven)方法。机器学习是指机器系统利用外部经验数据，运行预装的集成领域知识和模拟人类学习思维的原则算法，自我提高完善机器系统性能、更有效实行智能行为，或获取完成既定任务的知识的过程。具有一定学习能力的机器系统称为学习机，由于它不仅学习，还要工作，所以又称为预测器（或预测机）。这些样例数据在模式分析中称为训练样例（样本）或学习样例（样本）。学习系统从训练样例提取知识能够自适应地推断学习任务的解决方案，这种软件设计方法叫作学习方法（learning methodology）。现阶段学习机的学习方案往往需要人工介入设计。基于数据的机器学习方法众多，机器学习不仅要求所生成的算法对给定的训练样例有很好的学习结果，预测预判很好地符合真实，同时还要求有很好的泛化能力（generalisation power），泛化能力也称为推广能力，所谓的泛化能力是指，学习后的预测器不仅对训练样例有很好的性能，对工作样本也具有同样或近似的预测预判的准确性。一个训练错误率很小的预测器泛化能力越强，对未知数据的预测预判准确度越高，这种机器学习方法越好。几乎所有处理实际问题的模式分析算法都需要利用经验数据经过计算或学习确定原则算法中的参数，可以说实际的模式分析算法生成过程就是机器学习的过程，让机器系统通过对数据分析，从中找到一定规律，利用这些规律对新数据进行预测预判。

模式分析（pattern analysis）是运用数学原理和方法、应用计算机系统，根据领域知识研究、分析和检测数据源或样例的模式，并用于对未来数据预测预判。模式分析主要任务是了解、发现数据源或数据集内在结构、关系和规律，为此设计分析系统、运用有关算法、根据源自对象的数据，以适当的模式形态（如方程、函数、图、网络、类别、代表点集等）表征数据源或数据集内在结构、关系和规律，并运用学习后的分析系统对新的数据进行预测预判，或根据已有模式知识进一步了解更深层次的性质、规律、结构或关系。模式分析是机器学习、人工智能的核心理论和技术之一。模式分析涉及领域广泛，主要涵盖数据分析、模式识别。模式分析有许多方法，其主流方法是基于多元统计学（multivariate statistics）的统计分析和推断。数据分析主要包括 Fisher 判别分析、主成分分析、典型相关分析、回归分析、因子分析、序列分析等。统计模式识别（statistical pattern recognition）方法包括聚类分析、判别分析。多元统计学方法主要用于处理随机性的矢量数据，但许多模式分析的输入是结构性特征的对象，应用形式语言理论进行句法推断和分析的模式分析方法称为结构模式识别或句法模式识别（syntactical pattern recognition）。寻找线性关系或规律通常使用线性方法，现在线性理论和方法已相当成熟和完善，但是很多事物的关系和规律是非线性的，对于这种情况使用线性方法通常效果不佳，将成熟的线性理论和方法与适应性强的非线性方法相结合，无疑是一个很好的途径，核方法、核技巧可以说是线性理论和方法与非线性处理间桥梁，模式分析中运用核方法使线性理论和方法与非线性技术有机结合，形成一类有效便捷的稳健模式分析技术。T. M. Cover 的模式可分性定理指出，一个复杂的模式分类问题映射到高维空间后，会比在低维空间更容易线性可分，核函数可以快捷地直接将线性模型和方法转化成高维空间的线性模型和方法，但是相对原始数据空间是非线性的模型和方法，其既有坚实的理论基础，又有理想的应用效果，同时还有快捷的使用方法。于是，基于机器学习引入核方法的模式分析应运而生，由此深化了模式分析的学术理论、扩展了模式分析技术范畴。基于结构风险最小化的支持矢量机是小子样统计模式识别方法，支持矢量数据描述隐含用高维非线性方法构建边界进行检测，支持矢量回归将线性回归转化为非线性回归。上述三类模式分析方法由于采用最优化技术可以增强解对新数据的普适性,优化模型都是二次凸规划,解是唯一的,并且解的结构是数据稀疏的,所得的判别函数、边界描述、回归函数只由训练集中少量的支持矢量构造,现代模式分析的一个重要特征是运用机器学习方法发现数据中的模式(patterns in data),挖掘数据蕴含的深层次知识。

人们在工作、学习、生活中充满了各种类型、规模和复杂性的数据,分析数据,从数据中学习,了解事物,获得知识,数据就是资源,经过物理系统就能转化成能量、物质。其由于重要性并涉及众多学科专业,以及日臻完善,现已形成数据科学学科或专业,其核心学术内涵是使用科学的方法系统地从结构化或非结构化数据中提取有用知识并加以利用。

模式分析在科学技术、经济金融、文化教育、军事安全等领域起着至关重要的作用,许多重大问题都运用模式分析解决。近年来,基于机器学习的模式分析应用领域快速扩展,包括图像识别、文本分类、手写字符识别、电子邮件过滤、Web 检索、生物信息学、基因检测、蛋白质同构体检测和分子性质确定等,这些问题往往非常困难,有关研究成果表明可以用学习方法解决。近年来,模式分析已经成为一种标准的软件技术出现在许多商业产品中。

1.2 模式识别

本节概述模式识别,首先介绍模式和模式识别这两个基本概念。为了能让机器执行和完成分类识别任务,必须将分类识别对象的有用信息输入计算机中,为此,应对分类识别对象进行科学抽象,用于描述和代替识别对象,可以认为它是对象个体的模型,通常称这种对象的描述为模式(pattern)。pattern 的原义是模范、模型、典型、样品、图案等,其内涵深刻、外延广泛。无论是自然界中物理、化学或生物等领域的对象,还是社会中的语言、文字等,都可以进行科学抽象。具体地,对它们进行量测或观测,若得到表征它们特征的一组数据,为运用方便,将它们表示成矢量形式,称其为特征矢量;若得到对象的结构关系,也可以将对象的基本特征元素作为基元用符号表示,将它们的结构特征描述成一个符号关系图或关系式。通俗地讲,模式就是事物的代表,是它的数学模型,它的表示形式是矢量、关系图或关系式等。对一类对象的抽象也称为该类的模式,此时模式表示对象个体的类别、数据源或数据集的内在性质、规律、结构或关系。这个阶段得到的描述对象的特征矢量、符号关系图等也称为数据。

所谓模式识别,是根据研究对象的特征或属性,利用以计算机为中心的机器系统,运用分析算法判定它的类别,系统应使分类识别的结果尽可能地符合真实。

目前,模式识别理论和技术已成功应用于工业、农业、金融、军事、公安、科研、生物医学、气象、天文学等许多领域。模式识别成功应用的范例很多,如我们熟知的信件分检,遥感图片的机器判读,系统的故障诊断,生物特征识别(指纹、虹膜、脸等识别),生物医学的细胞或组织分析和疾病诊断,具有视觉的机器人,武器制导/寻的系统,汽车自动驾驶系统,以及文字与语言的识别与自动翻译等,并且现在正扩展到许多其他领域。当今时代,科技和产品发展的重要趋势之一是智能化,模式识别是人工智能的一个重要分支,模式识别还是知识发现、机器学习的主要技术之一。尽管现在机器识别的总体水平还不如人脑,但随着模式识别理论及其他相关学科的发展，可以预言，它的功能将会越来越强大，应用也会越来越广泛。

1.2.1　模式识别系统

一个功能较完善的识别系统在进行模式识别之前，首先需要学习。模式识别系统及识别过程的原理图可以用图 1.2.1 表示，虚线上部是分类、识别过程，虚线下部是学习、训练过程。分类识别的对象不同，应用的目的不同，采用的分类识别方法不同，具体的分类识别系统和过程也将会有所不同。一般而言，特征提取与选择、训练学习、分类识别是任何模式识别方法和系统的三大关键技术和核心环节。

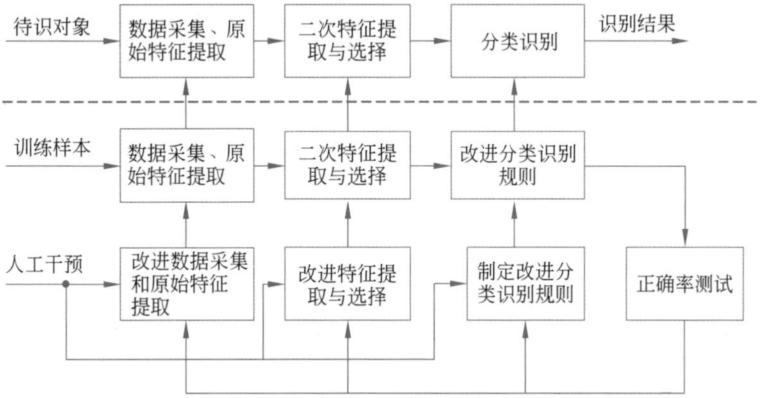

图 1.2.1　模式识别系统及识别过程的原理图

模式识别过程从信息层次、形态转换上讲，是由分析对象的物理空间通过特征提取转换为对象的特征数据空间，然后通过分类识别转换为输出的类别标记空间。

下面对识别系统的主要工作环节作简要说明。

1. 特征提取

无论是学习过程还是识别过程，都要对分析对象固有的、本质的、重要的特征或属性进行量测或观测并将结果数字化，或将对象分解符号化，形成特征矢量或符号关系图，从而产生代表对象的模式，模式类中的个体在有些场合也称为样本或样例。用于学习与训练的样例的类别通常是已知的。另外，在进行特征提取之前，一般还需要对目标的有关信息进行预处理。

2. 特征选择

通常，能描述对象的特征或属性的种类有很多，为了节约资源，节省计算机存储空间、运算时间、特征提取的费用，有时为了算法的可行性，在满足分类识别正确率要求条件下，按某种准则尽量选取对正确分类识别作用较大的特征，使用较少的特征也能完成分类识别任务。这项工作是减少特征矢量的维数(降维)、减少符号数和简化图结构。经过特征提取或特征选择后的数据作为模式识别核心系统的输入。

3. 学习和训练

为使机器具有分类识别功能，如同人类自身一样，应首先对它进行训练，将人类的识别知识和方法、领域知识及关于分类识别对象的知识输入机器中，机器运行学习算法利用输入的知识产生分类识别的规则、算法和分析程序，这相当于机器进行学习。分类识别对象的知识往往通过训练样本得到。学习过程一般要反复进行多次，不断地修正错误、改进不足，包括修正特征提取方法、特征选择方案、判决规则方法及参数，最后使系统识别的正确率达到设计要求。目前，机器学习常需要人工干预，由人进行顶层设计，给出一般模型或算法类型或分类器形式，这个过程通常需要人机交互。

4. 分类识别

在学习、训练之后所产生的分析规则及程序用于未知类别对象的分类识别。输入机器的人类分类识别的知识和方法、领域知识及有关对象知识越充分，机器中的知识与待识对象越匹配，知识的运用越合理，这个系统的识别功能就越强，正确率就越高，有些分类过程（如聚类分析）似乎没有将有关对象的类别知识输入，但实际上我们在选择相似性测度、采用某种聚类方法时，已经隐含地用到或假设对象的一些知识，也在一定程度上加入了人类的知识。

1.2.2 模式识别的基本方法

由于分类识别是人类广泛而重要的活动，人们希望机器能够代替人类进行分类识别工作，因此，模式识别的理论和方法的研究、开发引起各学科和领域科技人员极大的兴趣，现已发展成一个多门类的交叉学科。这门学科涉及的理论与技术相当广泛，涉及多种数学理论、物理学、神经物理学、神经心理学、信息论、控制论、计算机科学、信号处理等。从本质上讲，这门学科属于数据处理、信息分析、推理决策范畴；从功能上讲，可以认为它是人工智能的一个分支。

在机器学习中，可以根据学习客体所能提供给学习主体用于完成任务的核心信息完备性和方式进行分类。除了熟知的监督学习（supervised learning）、非监督学习（unsupervised learning）、半监督学习（semi-supervised learning）、在线学习（on line learning）之外，还有其他多种类型，如迁移学习（transfer learning）、强化学习（reinforcement learning）等（有关半监督学习、迁移学习、强化学习等，将在作者的《现代模式识别（第3版）》和《机器学习》中系统论述），它们具有如下特点。

（1）在监督学习中，训练样本集中每个样本都具有类别标记，学习算法能够提供（反馈）对它们分类的代价，而且算法能够找到降低总代价的方向。监督学习需要解决的问题主要有：一是确定一个适合给定问题的特定算法，充分利用训练样本的信息，达到任务要求的经验风险；二是所得预测器具有很好的泛化性。

（2）在非监督学习中，训练样本完全没有类别标记，根据问题领域一般常识或特别知识的假设，设计相应的样本相似性或相异性测度，学习算法根据相似性测度对输入样本进行分析，形成“聚类”（cluster）或“自然的组织”。对于同一个样本集和代价函数，不同的聚类算法会导致不同的结果。非监督学习的关键是恰当的模式类的表达和知识设定，聚类算法各环节都不同程度地隐含规定或约束样本集的分类结构。

(3) 在半监督学习中，一部分样本有类别标记，另一部分样本没有类别标记，通常将监督学习方法和非监督学习思想进行融合，为了利用无标记样本，对类的样本分布结构作某种假设，用这个假设构造约束正则项，以此使无标记样本有预测标记并不断更新。这种同时利用少量的标记样本与大量的未标记样本有效训练预测器的方法称为半监督学习。

半监督学习在实际中很有意义，目前对数据的分析和利用仍落后于数据的产生。当前收集到的数据大多是基础数据，是没有分析、标注的样本，例如人们可以方便地从网络上获得大量的图片，但其中只有相对少量的图片标注有关信息。若只使用少量的标注样本进行学习，所得到的预测器通常不具有很强的泛化能力。此外，只使用少量标注样本而不利用大量"相对廉价的"未标注样本也是对数据资源的一种严重浪费。对全部样本进行标注无疑会耗费大量资源，实际中似乎也没有必要。因此，在利用较少标注样本的条件下，如何同时利用大量未标注样本改善预测器的工作性能成为机器学习领域中的研究热点课题之一。

(4) 迁移学习是一类更接近实际的机器学习方式。在有监督的机器学习中，需要有足够多的训练样本，并且要求工作数据和训练数据来自同一个母体，它们具有相同的分布，否则在训练集上学得的知识或模型应用在工作数据上性能会较差。但实际问题中，训练样本足够多和工作样本与训练样本分布相同这两个条件常不能同时满足，此时，传统的监督学习方法不能有效解决此类问题。此外，另一个重要需求是，为了提高学习效率和节省资源，希望先前学得的知识对后续的另一个学习任务有益，然而许多情况是，先前学习得到的模型或知识对新的任务没有辅助作用，新的任务需要从头开始学习。如果和当前目标任务有些相关或相似的先前任务已具有大量用于机器学习的数据和学得的知识，虽然这些数据的分布和目标任务不同，或学得的知识不能简单直接用于目标任务，但有可能从中得到某些可泛化的知识，这些知识对目标任务有一定的帮助和贡献，可以加速目标任务的学习进程，提升和优化目标任务的学习质量。将先前学习任务可泛化的知识或数据迁移到当前目标任务上的学习过程或方法称为迁移学习。迁移学习是不同于传统经典学习的一类学习方式，传统经典学习要求的条件相对比较严苛，迁移学习要求的条件相对宽松，更接近现实情况，对其研究更具有学术和应用价值，类似于迁移学习早已普遍存在于人类的思维和实际活动中。

(5) 强化学习是一类重要的机器学习方式。强化学习是基于运筹学、统计学、控制理论、心理学等相关学科发展形成的，最早可追溯到巴甫洛夫的动物条件反射实验，直到20世纪80年代末，随着强化学习的数学基础研究取得突破性进展，对强化学习的研究和应用日益开展起来，强化学习技术在人工智能、机器学习和自动控制等领域中得到广泛研究和应用，被认为是设计智能系统的重要技术，成为机器学习领域的研究热点之一。

在强化学习中，学习主体称为智能体，学习客体称为环境。强化学习是另一类机器学习的范式。强化学习不同于监督学习利用正例、反例训练机器，强化学习中没有智能体赖以学习的训练样本，这些样本既有正确的预期性能，又有代表性；也不同于非监督学习利用无标记数据集发现隐藏其中的数据分布结构，强化学习不是为了发现隐藏的分布结构，而是解决如何做的问题，用自己的行为使从环境得到的预期收益最大；从目标设定和学习方式看，强化学习也不同于半监督学习；智能体从自己的经历中学习，通过交互中目标导向的尝试，利用试错(trial-and-error)方法得出在一定状态下哪些行为能使智能体从环境中获得最大预期收益。强化学习是智能体对环境施加一个行为然后利用环境反馈的信息进行学习，本质上是状态映射到行为，实现最大化预期收益。强化学习既改变智能体自己，又改变环境。由于强化学习使用不明确的训练信息评估所采取的行为，因此试错搜索和延迟奖励(delay reward)是强化学习区别于其他学习方法的两个重要特征。

以上是根据样本的特性和利用样本的方式进行分类，针对不同的对象和任务，可以运用不同的模式识别理论、方法，除了上述迁移学习、增强学习之外，目前成熟的主流方法主要是[2]：统计模式识别、结构模式识别、模糊模式识别、人工神经网络方法、人工智能方法、子空间法、树分类器等，它们之间往往存在一定的关联和借鉴。

1. 统计模式识别

统计模式识别方法种类较多，理论基础坚实，通常较为有效，现已形成了一个相对完整的理论和方法体系。其中基本的方法种类有聚类分析法、判别域代数界面法、统计决策法、最近邻法等。尽管方法很多，但从内涵来讲，都是直接利用各类的概率密度函数、先验概率、后验概率等，或隐含地利用上述概念或分布特征知识进行分类识别。在聚类分析中，基本思想是利用待分类样本之间的"相似性"进行分类，较相似的归为一类，较不相似的不作为一类。典型的算法是，在分类过程中不断地计算所分划各类的中心，待分类样本与各类中心的距离作为对其分类的依据，这实际上是在某些设定下隐含地利用了概率分布概念，这个设定是常见的概率密度函数中，距期望值所在处较近的点概率密度值往往较大。最近邻方法利用了距离和类别信息，1-近邻法是根据与待分类样本最近邻的一个已知类别的样本的类别确定其类别，k-近邻法是根据待分类样本的 k 个近邻训练样本占比最多的类别而确定其类别，理论已经证明，k-近邻法本质上是运用最大后验概率规则判决。在判别域代数界面法中，首先用已知类别的训练样本产生判别函数，然后根据待分类样本代入判别函数后所得值的正负确定其类别，判别函数提供了相邻两类判别域的界面，其也相当于在一些设定下两类概率密度函数之差。其中支持矢量机方法是在小子样情况下统计性能最好的判别域界面法。统计决策法中，在某个分类识别准则下严格按照概率统计理论导出判决规则，这些判决规则可以产生某种意义上的最优分类识别结果，这些判决规则要用到各类的概率密度函数、先验概率或后验概率。可以利用训练样本对未知概率密度函数的参数进行估计，或对未知的概率密度函数进行逼近。

2. 结构模式识别

结构模式识别也称为句法模式识别。许多情况下，对具有较复杂结构特征的对象仅用一些数值特征已不能对其进行有效描述与正确识别，这时可采用结构识别技术。结构识别技术是将对象分解成若干基本单元，这些基本单元称为基元，用这些基元及它们的结构关系表征对象，基元及这些基元的结构关系用字符图表示，这些字符串或图称为语言的句子，然后根据代表类的文法运用形式语言理论与技术对该句子进行句法分析，根据其是否符合某一类的文法而确定其类别。

3. 模糊模式识别

这类识别方法运用模糊数学的理论和方法解决模式识别问题，因此适用于分类识别对象本身或允许识别结果具有模糊性的场合。模糊模式识别方法的基本思想是：将模式或模式类作为模糊集，将样本的属性值转化为隶属度，运用隶属函数、模糊关系或模糊推理进行分类识别。目前，模糊识别方法较多，应用较广。这类方法的有效性主要在于对象类的隶属函数建立得是否良好，以及对象间的模糊关系的度量是否良好。

4. 人工神经网络方法

人工神经网络是由大量简单的基本单元——神经元（neuron）相互连接而构成的非线性动力学系统，每个神经元的结构和功能比较简单，而由其构成的系统却可以非常复杂，具有生物神经网络的某些特性，在自学习、自组织、自适应、联想及容错方面具有较强的能力，可用于联想、识别和决策。在模式识别方面，与前述方法显著不同的特点之一是在学习过程中具有自动提取特征的能力。深度学习是一类具有特别结构的人工神经网络，能够挖掘对象的深度信息，具有强大的学习功能和识别功能。深度学习使用的阶层 ANN 具有多种基本模型，按构型深度学习的模型包括多层感知器、卷积神经网络（convolution neural network，CNN）、深度置信网络（deep belief network，DBN）、循环神经网络（recurrent neural network，RNN）和其他混合构型。

5. 人工智能方法

众所周知，人类具有极强的学习能力和完善的分类识别功能，人工智能是研究如何使机器具有人类智能的理论和方法，模式识别从本质上讲就是如何根据领域的知识和对象的知识进行推理和判断，因此可将人工智能中有关知识表示、推理、学习等方法用于模式识别。

6. 子空间法

子空间法是将代数学的基本理论与统计学基本理论综合应用于模式识别，这类方法的基本思想是：根据各类训练样本的相关阵通过线性变换由原始样本特征空间产生各类对应的子空间，这些子空间由原始模式类的样本相关阵的主要本征矢量所张成，这些主要本征矢量反映了模式分布结构的信息，每个子空间与每个类别一一对应。在子空间法中，主要的分类决策规则有三个：基于投影长度的比较法，基于表达熵的比较法和基于统计假设检验的方法。基于投影长度的比较法是根据待识样本在各子空间投影的大小判定该样本类别。

7. 树分类器

树分类器又称为多级分类器或决策树，它是分类识别一种有效方法，在相当广的应用范围内，树分类器能产生比其他许多类型的分类器都更正确的分类结果。树分类器采用分层次策略把一个复杂的两类或多类问题转化为一系列不同层次的若干简单问题，而不是用一种算法或一个决策规则把两类或多类样本一次分开。树分类器既适用于数值属性的对象分类，也适用于语义属性的对象分类。树分类器更适用于下列场合：

（1）两类多特征的样本分类，分布复杂的两类样本分类，多特征多类问题。

（2）有一些特征对区分某些类别非常有效，而对区分其他类别作用很小，这种特征在一次性判决方案中往往不被选中利用，在决策树中，每个非叶节点都选用最有利于划分两棵子树的特征，这种特征可以在区分一些类的层次和节点处使用。

（3）在多类问题中，若提高识别率，一般要多选特征和从这些特征中优选特征，并且还要增加训练样本,这会带来“维数问题”或增加工作量,还可能对提高识别率适得其反。对于树分类器,这些问题可能不存在或不突出,总的工作量也不会增加多少。

随机森林是由多个决策树构成的组合预测器。对于给定的训练集中的 N 个样本,采用重采样技术产生 M 个自助样本集分别用于训练各决策树,对每个自助样本集从属性集中随机选择 k 个最佳属性作为节点建立 CART 决策树,M 棵 CART 决策树形成随机森林,随机森林采用 M 个决策树投票机制进行预测。由于训练每棵决策树的自助样本集不同,且随机选择属性集中的属性,因此训练后的决策模型相关性很低,所有决策树的决策融合会提高预测性能。

除了上述七类方法外,还有其他类型的方法,如基于隐马尔可夫模型识别方法、粗糙集模式识别、仿生模式类别、协同模式识别等。各类方法各有特点及其适用场合,它们应相互借鉴、渗透及融合,一个较完善的识别系统很可能是综合利用各类识别方法的概念、原理和技术。

1.3 数据分析

本节概括介绍几种常用的重要数据分析方法,可以独立地用它们作数据分析,它们也可以是某些后续模式分析的预处理工具。

1.3.1 Fisher 判别分析

Fisher 判别分析(Fisher discriminant analysis, FDA)是在多维空间中基于类别可分性寻找一维、二维或更多维子空间的技术。Fisher 判别分析这类方法起源于寻找一维最佳投影轴,而后扩展到寻找多维最佳投影轴。Fisher 判别分析在数据空间是线性判别分析,FDA 也称为 LDA;也可以在核映射空间中实施 Fisher 判别分析,在原数据空间中已为非线性分析,在核映射空间中,Fisher 判别分析称为核 Fisher 判别分析(KFDA)或 KLDA。Fisher 判别分析的基本思想是:利用样本在未知的最佳方向上的投影构造一个能反映样本类间散布情况的类间中心距离和一个能反映样本类内散布情况的类内离差度,用这两个量的比值作为 Fisher 准则函数,通过最大化 Fisher 准则函数求解最佳投影方向;更多维的最佳投影方向仿此求解,但要求它们与已求得的各最佳投影方向正交。Fisher 判别分析有许多应用,如特征提取、模式识别、数据压缩。

1.3.2 主成分分析

在实际数据分析中,我们要处理的许多变量间存在相关性,这表明它们在一定程度上有信息重叠和冗余,主成分分析(principal components analysis, PCA)是将原始 n 个变量按某种准则进行线性组合化为新的 n 个变量,新的 n 个变量中的一些变量更集中载有分散于原始变量的有用信息,用这几个综合变量代替原来的全部变量,同时还满足尽可能保留原有变量的信息。通过将数据集协方差矩阵转化为对角矩阵的方法得到正交变换矩阵,这些综合变量是用这个正交矩阵对原始矢量做正交变换得到的,选择方差大的综合变量作为主成分保留下来。主成分分析具有许多优点:①变换后各分量(即主成分)正交或不相关;②主成分分析所得子空间中数据投影值平方期望或方差最大;③数据向主成分分析所得子空间中正交投影把每个数据与它的映像之间的平方距离最小化；④变换后各分量的非零平方期望或方差更趋不均；⑤具有最佳逼近性；⑥使能量向某些分量相对集中；⑦增强随机矢量总体的确定性。主成分分析的概念引入、方法形成和结果导出源于不同应用目的驱动，可以最佳逼近为目标，用于高精度的近似；或以变换后各分量正交或不相关为目标，提高表示效率，通过主成分分析达到矢量数据降维实现数据压缩，用于特征提取；或以投影方差最大为目标，寻找携带更多变异信息的变量。PCA 可以在原始数据空间中进行，根据需要也可以在核函数定义的核映射空间中实施，此时称为核主成分分析，也称为核 PCA(Kernel PCA，KPCA)。

1.3.3 典型相关分析

典型相关分析(canonical correlation analysis，CCA)是研究两组变量之间相关性的一种统计方法。典型相关分析基本思想是，分别在每一变量组中选出若干个主成分，研究两组主成分之间的相关关系，用于揭示两组变量间的相关性。具体讲，在第一变量组中求出一个主成分(这组变量的线性组合)，同时在第二变量组中也求出一个主成分(这组变量的线性组合)，并要求这两个主成分之间相关程度最大，然后依次重复进行此过程，在每个变量组中求出一个主成分，且它们之间相关程度最大，直到两变量组间的相关主成分提取完毕为止。典型相关分析应用了主成分分析，比分别求出第一组每个变量与第二组每个变量之间相关程度这种方法更有效。

根据需要，CCA 可以在原始数据空间中进行，也可以在核函数定义的核映射空间中实施，此时称为核典型相关分析，也称为核 CCA(Kernel CCA，KCCA)。核映射空间典型相关分析与原始数据空间典型相关分析的思路是相同的。

1.3.4 回归分析

回归分析(regression analysis，RA)是由一组预测变量预测一个或多个响应变量的一种统计方法。对于线性回归(LR)，利用一组预测变量的样本集和响应变量的样本集运用最小二乘法建立线性回归方程，利用回归方程实现由已知的一组预测变量对未知的响应变量的预测。回归模型可以是一个预测变量的一元回归，也可以是多个预测变量的多元回归，对多个响应变量的回归称为多重回归。其中主要工作包括回归方程中回归系数的估计和回归方程的统计检验。理论上，最小二乘回归系数估计是具有最小方差的线性无偏估计，回归系数矢量协方差矩阵等于模型随机误差的方差与数据矩阵 $\boldsymbol{X}=(\boldsymbol{x}_i^{\mathrm{T}})_{i=1}^N$ 构成的矩阵 $(\boldsymbol{X}^{\mathrm{T}}\boldsymbol{X})^{-1}$ 的乘积。在处理大型回归问题时最小二乘法估计精度不理想，回归系数估计通常具有低偏差和高方差，可以通过将某些回归系数置零，放宽一些偏差以降低方差，提高预测精度。岭回归是一种实现减小回归系数和方差的回归方法，它归结为以回归系数平方和小于某常数为约束，最小化预测方差，它是一种有偏估计。

为了保证预测精度，将主成分分析应用到回归中，根据已中心化的预测变量数据集 X 提取 k 个主成分对响应变量进行线性回归，这相当于根据数据集 X 的相关矩阵 $\boldsymbol{X}^{\mathrm{T}}\boldsymbol{X}$ 进行 PCA，然后选择 k 个具有较高预测精度的分量对响应变量作线性回归。这种把 PCA 作为输入数据预处理的回归方法称为主成分回归(PCR)。为进一步提高回归预测精度，应该选择输入数据集 X 与输出数据集 Y 相关性大的主成分回归建模，为此在 X 数据空

间和 Y 数据空间中分别求出具有最大协方差的两个主成分和主轴方向，这种方法是基于两数据集协方差阵奇异值分解找出具有最大协方差的主成分回归建模(CPCR)。在处理多元多重线性回归问题时，常常面临预测变量数目很大且存在多重相关性，以及量测样本相对变量数较少的情况，偏最小二乘回归(PLSR)是解决这类问题的有效方法，偏最小二乘回归集多元多重线性回归分析、典型相关分析和主成分分析的功能于一体，其具有的主成分分析功能类似于主成分回归，有效解决了预测变量相关性问题，其具有的典型相关分析功能重视主成分回归忽略的预测变量和响应变量关系，有效解决了变量选择问题，比逐步回归方法更有效。偏最小二乘回归在建模过程中提取最具有预测变量综合能力和对响应变量解释能力的变量，利用它们回归建模。由于选取与响应变量最相关的一部分主成分输入变量建模，所以称为偏最小二乘回归。

LR、PCR、CPCR、PLSR 可以在原始数据空间中进行，根据需要也可以在核函数定义的核映射空间中实施，但需要采用矢量对偶表示技巧克服不能直接知道原始数据在核空间中的映射值，此时它们分别称为核 LR(Kernel LR，KLR)、KPCR、KCPCR、KPLSR。

1.4 本书各章主要内容及其关系

1.1 节论述了模式分析的学术内涵、目标任务、典型应用、科技影响，列举了各类主流的模式分析方法；1.2 节介绍的模式识别经典主流方法在许多论著中都有论述；1.3 节介绍的数据分析是多元统计学的经典内容，本书将更深入地讨论近些年的主流数据分析及其核方法。第 2 章将讨论分类、检测的判别界面所涉及的有关基础知识，数据分析方法设计或选择的基本原则和策略，以及错误率或平均误差分析的理论基础和实验方法，这些都是数据分析要具备的基础知识和应该遵守的顶层思想。第 3 章讨论核函数与核映射理论，这是数据分析核方法的重要知识和工具。在前面 3 章的基础上，接下来各章讨论具体的模式分析与核方法，各方法的基本原理与方法核化并重，首先比较详细地论述基本原理和方法，然后论述模式分析的核化处理，利用核函数有关理论“平滑过渡”到非线性方法。第 4 章主要讨论在数据层面或统计层面上的数据分析及其核方法。第 5 章论述支持矢量机，第 6 章论述支持矢量数据描述，第 5、6 章讨论的问题模型的输出是 2 值或多值预测，是对数据在类的层面上的预判。第 7 章论述支持矢量回归，问题模型的输出是连续值预测，是数据层面上依据数据映射关系的预测。在某种意义上讲，各数据分析方法都是算法框架，应用时需要在理论和数据指导下进一步具体优化。第 8 章讨论算法中核函数的选择和优化方法，重点是核函数参数的优化方法。

参考文献

[1] DUDA R O，HART P E，STORK D G. Pattern classification[M]. New York：John Wiley & Sons，2001.

[2] 孙即祥. 现代模式识别[M]. 2 版. 北京：高等教育出版社，2008.

[3] SHAWE-TAYLOR J，CRISTIANINI N. Kernel methods for pattern analysis[M]. Cambridge：Cambridge University Press，2004.

[4] 孙即祥，等. 模式识别中的特征提取与计算机视觉不变量[M]. 北京：国防工业出版社，2001.

第2章

模式分析的原则与策略

本章超脱具体的模式分析或机器学习算法，论述模式分析和机器学习一些重要的一般性原则、规律、性质和顶层设计策略。主要内容包含：基于界面的分类思想和判别规则，多类问题的分类策略；设计或选择模式分析和机器学习模型的一般性知识，包括“没有免费午餐定理”、“丑小鸭定理”、最小描述长度原理、均方误差关于偏差和方差的分解；讨论期望风险的有关理论和方法，包括预测函数的集中度、指示函数类的容量、Rademacher 复杂度、VC 维和结构风险最小化。

2.1 利用类域界面分类原理和多类分类策略

对象的表达或描述有许多方式，其中最常使用的是特征矢量形式。分类识别方法十分丰富，从核心思想讲主要有基于界面的分类和基于簇心的分类，本书只讨论基于界面的分类方法。本节主要介绍特征矢量、判别界面(包括超平面、超球面和超椭球面)、判别规则，以及多类问题的分类策略，重点介绍线性判别函数的结构、性质、判别规则，超球面和超椭球面的有关内容在后面章节介绍。

2.1.1 特征矢量和特征空间

设一个分析对象的 n 个特征量测值分别为 $x_1, x_2, \cdots, x_n$，由于它们源于同一个对象，所以应将它们作为一个整体一起考虑；同时，为了便于数学处理，将它们构成一个 n 维特征矢量(feature vector)$\boldsymbol{x}=(x_1, x_2, \cdots, x_n)^{\mathrm{T}}$，$\boldsymbol{x}$ 是物理对象的一种数学抽象，用其代表对象，即对象的模式，对某对象的分类识别实际上是对它的特征矢量进行分类识别。所有不同取值的 $\boldsymbol{x}$ 的全体构成的 n 维空间称为特征空间，或称为输入数据空间，不同场合的特征空间可记为 X^n、$\mathbb{R}^n$，若不考虑维数则可记为 X、Ω。用几何观点看，特征矢量 $\boldsymbol{x}$ 是特征空间中的一个点，所以特征矢量有时也称为特征点；若视其为一个集合的个体，还可称之为样例或样本。

经验表明，对一个对象的某种特征进行多次量测，得到的结果往往不同(如果设备量测精度和显示位数足够高)，对同一类不同对象的某一特征的量测结果一般也是按某种规律分布的，因此，同一个对象或同一类对象的某特征量测值是随机变量，这是由于量测系统随机因素的影响及同类不同对象的特征值本身在特征空间就是散布的，从而可知，同一类对象的特征矢量在特征空间中是按某种统计规律随机散布。相对于样本，一个类别称为母体。由随机分量构成的矢量称为随机矢量。不同类对象的某一特征的量测值或量测值统计特性有时可能是相同的，但如果特征选择适当，则它们的特征矢量应有尽可能多的分量具有不同的统计特性。

2.1.2 用判别域界面方程分类的概念

一个样本的 n 维特征矢量 $\boldsymbol{x}$ 对应 n 维特征空间 X^n 中的一个特征点，在理想情况下，或特征选取适当时，可使同一类样本的特征点在特征空间中某一子区域内散布，另一类样本的特征点在另一子区域内散布，此时可利用已知类别的训练样本进行学习，产生若干个界面 $d_i(\boldsymbol{x})=0, i=1,2,\cdots$，将特征空间分划成一些互不交叠的子区域，使不同的模式类或其主体在不同的子区域中，基于不同类的特征点在不同子区域中的观点，可以根据待识特征点所在子区域而确定其类别。界面可以分为显式界面和隐式界面，统计判决中的界面是隐式界面，以统计判决规则定义，支持矢量机技术中的界面是显式界面，直接给出界面的数学形式；决策树法、人工神经网络法显式或隐式地定义界面，但它们的分类方式与本书讨论的方式不同，可以参阅文献[5]。界面将特征空间分划成的互不交叠的子区域称为判决域或判别域。对于显式界面，如支持矢量机，特征点所在子区域可根据它的特征值代入界面方程中的函数 $d(\boldsymbol{x})$ 的取值正负而确定，因此，表示界面的函数 $d(\boldsymbol{x})$ 称为判别函数(discriminant function)，这些界面称为判别界面或分类界面。对于三维空间，界面一般是曲面，最简单的界面是平面，也称为线性界面；对于更多维数的情况，则是非直观的所谓的超曲面、超平面等。对于来自两类的一组样本 $\boldsymbol{x}_1, \boldsymbol{x}_2, \cdots, \boldsymbol{x}_N$，如果能用一个线性判别函数对它们正确分类，则称它们是线性可分的，否则称它们是非线性可分的。对于 c 类样本集，若能用 c 个线性判别函数对它们实现正确分类，则称它们是线性可分的。

需要说明的是，实际中两类的分布常会有交叠，此时仍可采用显式界面和隐式界面的分类方法，如我们所知道的统计判决分析，以及后面讨论的支持矢量机技术和支持矢量描述方法。

本节下面分别概述几何构型最简单的分类界面——超平面，相对简单的分类界面——超球面和超椭球面；更复杂的非线性分类界面可由它们通过核技术隐式映射产生，后面的有关支持矢量机和支持矢量描述章节中将有详细讨论。

2.1.3 线性判别函数

在 n 维特征空间中，特征矢量 $\boldsymbol{x}=(x_1, x_2, \cdots, x_n)^{\mathrm{T}}$，线性判别函数的一般形式是

$$d(\boldsymbol{x})=w_1x_1+w_2x_2+\cdots+w_nx_n+w_{n+1} \triangleq \boldsymbol{w}_0^{\mathrm{T}}\boldsymbol{x}+w_{n+1} \tag{2.1.1}$$

式中，$\boldsymbol{w}_0=(w_1, w_2, \cdots, w_n)^{\mathrm{T}}$ 称为权矢量或系数矢量。线性判别函数对应的判别界面是一个超平面。为简洁，式(2.1.1)还可以写成

$$d(\boldsymbol{x}) \triangleq \boldsymbol{w}^{\mathrm{T}}\boldsymbol{x} \tag{2.1.2}$$

在这里，$\boldsymbol{x}=(x_1, x_2, \cdots, x_n, 1)^{\mathrm{T}}$，$\boldsymbol{w}=(w_1, w_2, \cdots, w_n, w_{n+1})^{\mathrm{T}}$，其中 $\boldsymbol{x}$ 称为增广特征矢量，$\boldsymbol{w}$ 称为增广权矢量，此时的增广特征矢量的全体称为增广特征空间。为了简单，以后常采用这种写法，增广特征空间也简称为特征空间。在给出线性判别函数的形式后，下面

给出判别规则形式和多类问题的分类策略。

2.1.4 两类问题

对于 ω_1 和 ω_2 两类问题，设 $d(\boldsymbol{x})$ 为判别函数，待识样本增广特征矢量 $\boldsymbol{x}$ 可根据下面的判别规则进行分类：

$$d(\boldsymbol{x})=\boldsymbol{w}^{\mathrm{T}}\boldsymbol{x}\begin{cases}>0 & \Rightarrow \quad \boldsymbol{x}\in\omega_1\\ <0 & \Rightarrow \quad \boldsymbol{x}\in\omega_2\\ =0 & \Rightarrow \quad \text{任判或拒判}\end{cases} \tag{2.1.3}$$

上述规则中，$A\Rightarrow B$ 表示若 A 成立，则推断 B。

两类问题是一个基本问题，许多分类算法首先是针对两类问题研发的，在解决多类问题时是将多类问题作为多个两类问题处理的。

2.1.5 多类问题

两类判别方法可以推广应用到类数大于 2 的多类情况，一般有 3 个技术策略，这 3 个技术策略是：$\omega_i/\overline{\omega}_i$ 两分法，ω_i/ω_j 两分法，没有不确定区的 ω_i/ω_j 两分法。

1. $\omega_i/\overline{\omega}_i$ 两分法（方法 1）

$\omega_i/\overline{\omega}_i$ 两分法也称为一对多两分法，此方法的分类策略是，所确定的判别函数将属于 ω_i 类和不属于 ω_i 类的样本分划开，于是，c 类问题转变为 $c-1$ 个两类问题。如果样本是线性可分的，一般需要建立 $c-1$ 个独立的判别函数。为了方便，可建立 c 个判别函数：

$$d_i(\boldsymbol{x})=\boldsymbol{w}_i^{\mathrm{T}}\boldsymbol{x},\quad i=1,2,\cdots,c \tag{2.1.4}$$

通过训练产生的每个判别函数都具有下面的性质：

$$d_i(\boldsymbol{x})\begin{cases}>0, & \boldsymbol{x}\in\omega_i\\ <0, & \boldsymbol{x}\notin\omega_i\end{cases},\quad i=1,2,\cdots,c \tag{2.1.5}$$

$\boldsymbol{x}\notin\omega_i$ 也可记为 $\boldsymbol{x}\in\overline{\omega}_i$。由于 $d_i(\boldsymbol{x})$ 具有上述性质，因此可将它们作为判别函数。

判别界面 $d_i(\boldsymbol{x})=0$ 将特征空间分划成两个子区域，其中一个子区域包含 ω_i 的类域 Ω_i，另一个子区域包含 $\overline{\omega}_i$ 的类域；同样，另一个判别界面 $d_j(\boldsymbol{x})=0$ 也将特征空间分划成两个子区域，其中一个子区域包含 ω_j 的类域 Ω_j，另一个子区域包含 $\overline{\omega}_j$ 的类域。由两个界面 $d_i(\boldsymbol{x})=0$ 和 $d_j(\boldsymbol{x})=0$ 所分划的包含类域 Ω_i 和 Ω_j 的子区域可能会有部分重叠，落在这个重叠子区域中的点 $\boldsymbol{x}$ 因 $d_i(\boldsymbol{x})>0$，$d_j(\boldsymbol{x})>0$，不能由这两个判别函数确定类别。由以上分析可知，使用这种分类策略，可能会同时出现两个或两个以上的判别式都大于零或所有的判别式都小于零的情况，对出现在这样区域中的点将不能判别出它们的类别，这样的区域称为不确定区，用 IR 表示。类别越多，不确定区也就越多。仅用一个判别函数 $d_i(\boldsymbol{x})>0$ 不能可靠地判别出 $\boldsymbol{x}\in\omega_i$，还必须有 $d_j(\boldsymbol{x})<0$，$\forall j\neq i$，通过多个不等式的联立，使判别域变小从而判别结果更可能正确。对于 c 类问题，判决规则为

$$\text{如果}\begin{cases}d_i(\boldsymbol{x})>0\\ d_j(\boldsymbol{x})\leqslant 0\end{cases},\quad \forall j\neq i$$

$$\text{则判 } \boldsymbol{x}\in\omega_i$$

样本集如果能用 $\omega_i/\overline{\omega}_i$ 两分法正确分类，则称它们是完全线性可分的，其也一定是线性可分的。图 2.1.1 给出了二维 3 类问题 $\omega_i/\overline{\omega}_i$ 两分法例题图示，此问题有 3 个分类界线，图中示出了各类判别区域和不确定区。通过此图示对上面论述会有更直观的认识，如关于判别界面将特征空间分划成两个子区域，子区域包含类域，通过"正负"子区域交集策略确定判别域。

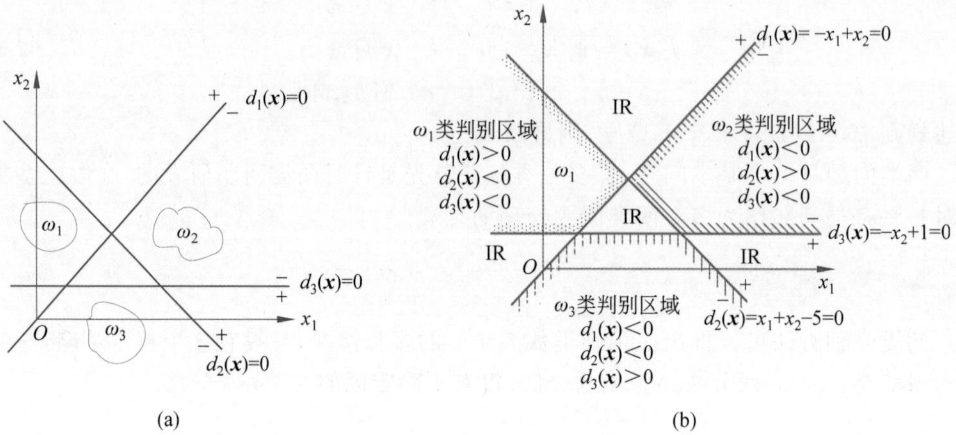

图 2.1.1 二维 3 类问题 $\omega_i/\overline{\omega}_i$ 两分法例题图示

2. ω_i/ω_j 两分法（方法 2）

ω_i/ω_j 两分法也称为一对一两分法，对 c 类中的任意两类 ω_i 和 ω_j 都建立一个判别函数，这个判别函数只将属于 ω_i 类的样本与属于 ω_j 类的样本区分开，对其他类样本分类是否正确不提供信息。由于从 c 元中取 2 元的组合数为 $c(c-1)/2$，因此要分开 c 类，需要有 $c(c-1)/2$ 个判别函数。通过训练得到区分两类 ω_i 和 ω_j 的判别函数为

$$d_{ij}(\boldsymbol{x})=\boldsymbol{w}_{ij}^{\mathrm{T}}\boldsymbol{x},\quad i,j=1,2,\cdots,c;\quad i\neq j \tag{2.1.6}$$

它具有如下性质：

$$d_{ij}(\boldsymbol{x})=\boldsymbol{w}_{ij}^{\mathrm{T}}\boldsymbol{x}\begin{cases}>0, & \boldsymbol{x}\in\omega_i\\ <0, & \boldsymbol{x}\in\omega_j\end{cases} \tag{2.1.7}$$

$$d_{ij}(\boldsymbol{x})=-d_{ji}(\boldsymbol{x}) \tag{2.1.8}$$

根据 $d_{ij}(\boldsymbol{x})$ 的正负不能作出 $\boldsymbol{x}$ 是属于 ω_i 类还是属于 ω_j 类的判别，只表明 $\boldsymbol{x}$ 是位于含有 ω_i 类的界面一侧中还是位于含有 ω_j 类的界面一侧中，因在其中某界面一侧中还可能含有其他的类域或其一部分，所以，除 $d_{ij}(\boldsymbol{x})$ 外，还要根据其他的判别函数才能作出正确判别。这种方法的判别规则是

$$\text{如果}\quad d_{ij}(\boldsymbol{x})>0,\quad \forall j\neq i$$
$$\text{则判}\quad \boldsymbol{x}\in\omega_i$$

这类方法仍有不确定区。图 2.1.2 给出了二维 3 类问题 ω_i/ω_j 两分法例题图示，此问题有 3 个分类界线，图 2.1.2(b)中示出了各类判别区域和不确定区，通过此图示对上面论述会有更直观的认识。

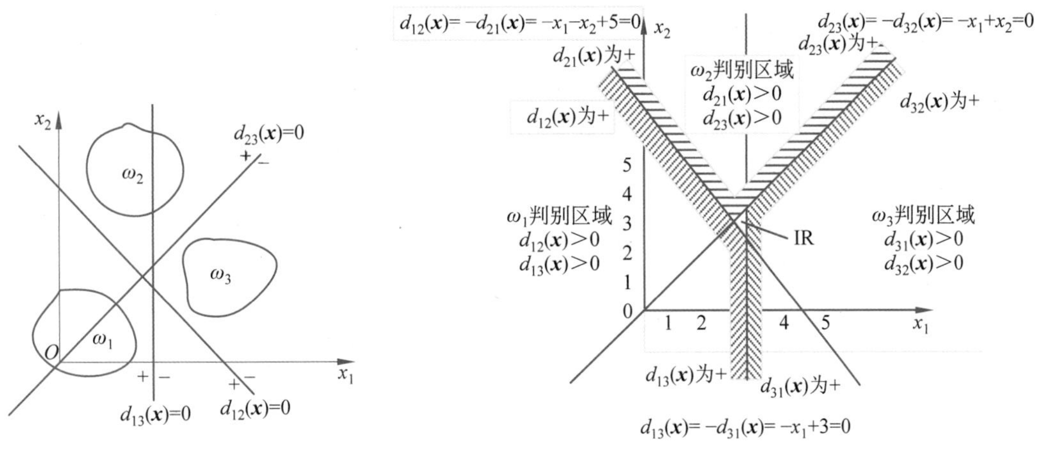

(a)　　　　　　　　　　(b)

图 2.1.2　二维 3 类问题 ω_i/ω_j 两分法例题图示

样本集如果能用 ω_i/ω_j 两分法正确分类，则称它们成对线性可分。

3. 没有不确定区的 $\boldsymbol{\omega_i/\omega_j}$ 两分法（方法 3）

在给定样本线性可分条件下，ω_i/ω_j 方法通常比 $\omega_i/\overline{\omega}_i$ 方法容易实现，我们希望一个分类策略具有 ω_i/ω_j 方法的相对好分性，同时具有 $\omega_i/\overline{\omega}_i$ 方法判别函数少的特点，为此，对 ω_i/ω_j 两分法中的判别函数作如下形式处理，令

$$d_{ij}(\boldsymbol{x})=(\boldsymbol{w}_i-\boldsymbol{w}_j)^{\mathrm{T}}\boldsymbol{x}=d_i(\boldsymbol{x})-d_j(\boldsymbol{x}) \tag{2.1.9}$$

则 $d_{ij}(\boldsymbol{x})>0$ 等价于 $d_i(\boldsymbol{x})>d_j(\boldsymbol{x})$，于是，对每类 ω_i 均建立一个判别函数 $d_i(\boldsymbol{x})$，c 类问题有 c 个判别函数

$$d_i(\boldsymbol{x})=\boldsymbol{w}_i^{\mathrm{T}}\boldsymbol{x},\quad i=1,2,\cdots,c \tag{2.1.10}$$

此种情况下，判别规则为

$$\text{如果}\quad d_i(\boldsymbol{x})>d_j(\boldsymbol{x}),\quad \forall j\neq i$$
$$\text{则判}\quad \boldsymbol{x}\in\omega_i$$

这个判别规则的另一种表述形式是

$$\text{如果}\quad d_i(\boldsymbol{x})=\max_j[d_j(\boldsymbol{x})]$$
$$\text{则判}\quad \boldsymbol{x}\in\omega_i$$

容易知道，不等式组 $d_i(\boldsymbol{x})>d_j(\boldsymbol{x})$，$\forall j\neq i(i=1,2,\cdots,c)$ 将特征空间分划成 c 个判别域 $D_1,D_2,\cdots,D_c$。若 $\boldsymbol{x}$ 在 D_i 中，则有 $d_i(\boldsymbol{x})>d_j(\boldsymbol{x})$，$\forall j\neq i$。实际上，有的判别域可能并不相邻。如果 D_i 和 D_j 相邻，则它们的界面方程为 $d_i(\boldsymbol{x})=d_j(\boldsymbol{x})$。该方法的判别界面是凸的，界面为分片超平面，通常其个数少于 $c(c-1)/2$，判别域单连通。这种判别形式使得该方法没有不确定区。此种情况下的正确分类是线性可分的。图 2.1.3 给出了二维 3 类问题无 IR 的 ω_i/ω_j 两分法例题图示，此方法有 3 个分类界线，图 2.1.3(b) 中示出了各类判别区域，通过此图示对上面论述会有更直观的认识。

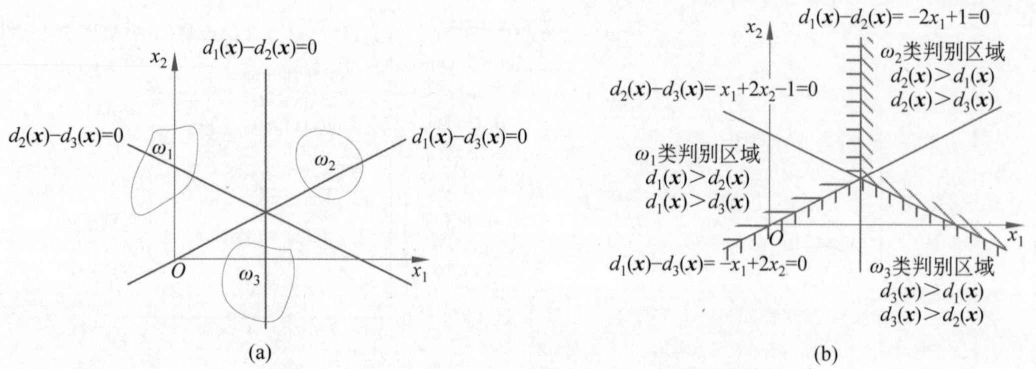

图 2.1.3　二维 3 类问题无 IR 的 ω_i/ω_j 两分法例题图示

4. 小结

当 $c>3$ 时，ω_i/ω_j 两分法比 $\omega_i/\overline{\omega}_i$ 两分法需要更多的判别函数，这是其缺点，但是 ω_i/ω_j 两分法是将 ω_i 类和 ω_j 类分开，而 $\omega_i/\overline{\omega}_i$ 两分法是将 ω_i 类与其余的 $c-1$ 类分开，显然，ω_i/ω_j 两分法使样本更容易区分，这是它的优点。方法 3 判别函数的数目和方法 1 相同，但又有方法 2 容易区分且没有不确定区的优点，其因分析简单，性能良好，所以是最常用的一种方法。

线性界面方法本质上与基于类心最近距离原则的方法是一致的。设给定各类的原型点（或中心）$\boldsymbol{p}_1,\boldsymbol{p}_2,\cdots,\boldsymbol{p}_c$，对于一个待识样本 $\boldsymbol{x}$，最小距离分类器是将 $\boldsymbol{x}$ 分到与之最近的原型点所在的类中。$\boldsymbol{x}$ 与原型点 $\boldsymbol{p}_i$ 的距离平方为

$$\|\boldsymbol{x}-\boldsymbol{p}_i\|^2=\boldsymbol{x}^{\mathrm{T}}\boldsymbol{x}-2\boldsymbol{p}_i^{\mathrm{T}}\boldsymbol{x}+\boldsymbol{p}_i^{\mathrm{T}}\boldsymbol{p}_i,\quad i=1,2,\cdots,c$$

比较上述各式大小，等价于比较下式大小：

$$\boldsymbol{p}_i^{\mathrm{T}}\boldsymbol{x}-\frac{1}{2}\boldsymbol{p}_i^{\mathrm{T}}\boldsymbol{p}_i,\quad i=1,2,\cdots,c$$

上述各式便是方法 3 的线性判别函数。

2.1.6　判别函数值的大小、正负的鉴别意义

在 n 维特征空间 X^n 中，两类问题的线性判别界面方程为

$$d(\boldsymbol{x})=\boldsymbol{w}_0^{\mathrm{T}}\boldsymbol{x}+w_{n+1}=w_1x_1+w_2x_2+\cdots+w_nx_n+w_{n+1}=0 \tag{2.1.11}$$

此方程表示一超平面，记为 π，系数矢量 $\boldsymbol{w}_0=(w_1,w_2,\cdots,w_n)^{\mathrm{T}}$ 是该平面的法矢量，即 $\boldsymbol{w}_0\perp$ 平面 π，现证明如下：

设点 $\boldsymbol{x}_1$、$\boldsymbol{x}_2$ 在判别界面中，故它们满足判别界面方程，于是有

$$\boldsymbol{w}_0^{\mathrm{T}}\boldsymbol{x}_1+w_{n+1}=0$$

$$\boldsymbol{w}_0^{\mathrm{T}}\boldsymbol{x}_2+w_{n+1}=0$$

上面两式相减，可得

$$\boldsymbol{w}_0^{\mathrm{T}}(\boldsymbol{x}_1-\boldsymbol{x}_2)=0 \tag{2.1.12}$$

式(2.1.12)表明，$\boldsymbol{w}_0\perp(\boldsymbol{x}_1-\boldsymbol{x}_2)$，而差矢量$(\boldsymbol{x}_1-\boldsymbol{x}_2)$在判别界面中，由于 $\boldsymbol{x}_1$、$\boldsymbol{x}_2$ 是平面 π

中的任意两点，故 $\boldsymbol{w}_0 \perp$ 平面 π。平面 π 的方程可以写成

$$\frac{\boldsymbol{w}_0^{\mathrm{T}}}{\|\boldsymbol{w}_0\|}\boldsymbol{x} = \frac{-w_{n+1}}{\|\boldsymbol{w}_0\|} \tag{2.1.13}$$

式中，$\|\boldsymbol{w}_0\| = (w_1^2 + w_2^2 + \cdots + w_n^2)^{1/2}$。于是 $\boldsymbol{n} \triangleq \dfrac{\boldsymbol{w}_0}{\|\boldsymbol{w}_0\|}$ 是平面 π 的单位法矢量，式(2.1.13)可写成

$$\boldsymbol{n}^{\mathrm{T}}\boldsymbol{x} = \frac{-w_{n+1}}{\|\boldsymbol{w}_0\|} \tag{2.1.14}$$

设 $\boldsymbol{p}$ 是平面 π 中任一点，$\boldsymbol{x}$ 是特征空间 X^n 中任一点，点 $\boldsymbol{x}$ 到平面 π 的距离为差矢量 $(\boldsymbol{x}-\boldsymbol{p})$ 在 $\boldsymbol{n}$ 上投影的绝对值(图 2.1.4 给出了二维示意图，此时平面 π 退化为一条直线)，因 $\boldsymbol{p}$ 在平面 π 中，满足式(2.1.14)，即有

$$\begin{aligned} d_x &= |\boldsymbol{n}^{\mathrm{T}}(\boldsymbol{x}-\boldsymbol{p})| = |\boldsymbol{n}^{\mathrm{T}}\boldsymbol{x} - \boldsymbol{n}^{\mathrm{T}}\boldsymbol{p}| \\ &= \left|\frac{\boldsymbol{w}_0^{\mathrm{T}}}{\|\boldsymbol{w}_0\|}\boldsymbol{x} + \frac{w_{n+1}}{\|\boldsymbol{w}_0\|}\right| \\ &= \frac{|\boldsymbol{w}_0^{\mathrm{T}}\boldsymbol{x} + w_{n+1}|}{\|\boldsymbol{w}_0\|} \end{aligned} \tag{2.1.15}$$

式(2.1.15)的分子为判别函数绝对值，此式表明，d_x 的值正比于 $\boldsymbol{x}$ 到平面 $d(\boldsymbol{x})=0$ 的距离，一个特征矢量代入判别函数后所得绝对值越大，表明该特征点距判别界面越远。

矢量 $\boldsymbol{n}$ 和矢量$(\boldsymbol{x}-\boldsymbol{p})$的数积为

$$\boldsymbol{n}^{\mathrm{T}}(\boldsymbol{x}-\boldsymbol{p}) = \|\boldsymbol{n}\|\,\|\boldsymbol{x}-\boldsymbol{p}\|\cos[\boldsymbol{n},(\boldsymbol{x}-\boldsymbol{p})] \tag{2.1.16}$$

显然，当 $\boldsymbol{n}$ 和$(\boldsymbol{x}-\boldsymbol{p})$的夹角小于 90°时，即 $\boldsymbol{x}$ 在 $\boldsymbol{n}$ 指向的那个半空间中，$\cos[\boldsymbol{n},(\boldsymbol{x}-\boldsymbol{p})]>0$；反之，当 $\boldsymbol{n}$ 和$(\boldsymbol{x}-\boldsymbol{p})$的夹角大于 90°时，即 $\boldsymbol{x}$ 在 $\boldsymbol{n}$ 背向的那个半空间中，$\cos[\boldsymbol{n},(\boldsymbol{x}-\boldsymbol{p})]<0$。由于 $\|\boldsymbol{w}_0\|>0$，故 $\boldsymbol{n}^{\mathrm{T}}(\boldsymbol{x}-\boldsymbol{p})$ 和 $\boldsymbol{w}_0^{\mathrm{T}}\boldsymbol{x}+w_{n+1}$ 同号。所以，当 $\boldsymbol{x}$ 在 $\boldsymbol{n}$ 指向的半空间中时，$\boldsymbol{w}_0^{\mathrm{T}}\boldsymbol{x}+w_{n+1}>0$；当 $\boldsymbol{x}$ 在 $\boldsymbol{n}$ 背向的半空间中时，$\boldsymbol{w}_0^{\mathrm{T}}\boldsymbol{x}+w_{n+1}<0$。判别函数值的正负表示出特征点位于界面的哪一侧，图 2.1.4 给出了点面距离及界面的正负侧的示意图。

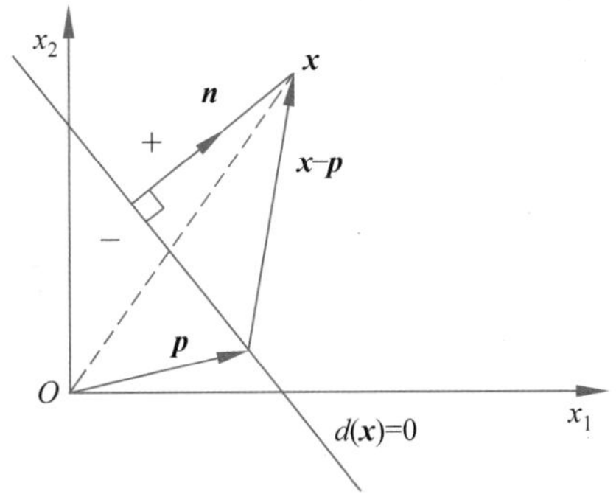

图 2.1.4　点面距离及界面的正负侧示意图

2.1.7　权空间、解矢量与解空间

在分类器训练阶段，训练样本 $\boldsymbol{x}$ 是已知的，权矢量 $\boldsymbol{w}$ 的各分量是待求的变量。在线性

判别函数中，增广特征矢量与增广权矢量在函数结构上是对称的，判别函数可以写成

$$d(\boldsymbol{x})=\boldsymbol{w}^{\mathrm{T}}\boldsymbol{x}=\boldsymbol{x}^{\mathrm{T}}\boldsymbol{w}=x_1w_1+x_2w_2+\cdots+x_nw_n+w_{n+1} \tag{2.1.17}$$

如果将权系数视为变量，由其构成的增广权矢量的全体为增广权空间 W^{n+1}，这里 x_1，x_2，…，x_n，1 则视为相应的 w_i的“权”。$d(\boldsymbol{x})=\boldsymbol{x}^{\mathrm{T}}\boldsymbol{w}=0$ 是一个过增广权空间原点的超平面，其将增广权空间分为两个半空间，矢量 $\boldsymbol{x}=(x_1,x_2,\cdots,x_n,1)^{\mathrm{T}}$ 是它的法矢量，$\boldsymbol{x}$ 指向平面 $\boldsymbol{x}^{\mathrm{T}}\boldsymbol{w}=0$ 的正侧，即该半空间中任一点 $(w_1,w_2,\cdots,w_{n+1})^{\mathrm{T}}$ 都有 $\boldsymbol{x}^{\mathrm{T}}\boldsymbol{w}>0$，$\boldsymbol{x}$ 背向的半空间中任一点 $\boldsymbol{w}$ 都有 $\boldsymbol{x}^{\mathrm{T}}\boldsymbol{w}<0$。

分类器训练的目标是，在权空间中寻找能够对训练样本正确分类的权矢量，具体讲，对于两类问题，在对待识样本进行分类之前，首先应根据已知类别的增广训练样本 $\boldsymbol{x}_1$，$\boldsymbol{x}_2$，…，$\boldsymbol{x}_N$ 确定线性判别函数

$$d(\boldsymbol{x})=\boldsymbol{w}^{\mathrm{T}}\boldsymbol{x} \tag{2.1.18}$$

实际上就是确定增广权矢量 $\boldsymbol{w}$，使得当训练样本 $\boldsymbol{x}_j\in\omega_1$时，有 $\boldsymbol{w}^{\mathrm{T}}\boldsymbol{x}_j>0$，当训练样本 $\boldsymbol{x}_j\in\omega_2$时，有 $\boldsymbol{w}^{\mathrm{T}}\boldsymbol{x}_j<0$，此时的 $\boldsymbol{w}$ 称为解矢量，记为 $\boldsymbol{w}^*$。有时为了表述简洁和处理方便，需要将已知类别的增广训练样本符号规范化：当 $\boldsymbol{x}$ 属于 ω_1类时，不改变其符号；当 $\boldsymbol{x}$ 属于 ω_2类时，改变其符号。设增广训练样本 $\boldsymbol{x}_1,\boldsymbol{x}_2,\cdots,\boldsymbol{x}_N$ 均已符号规范化，如果所建立的判别函数能正确分类训练样本 $\boldsymbol{x}_j$，$j=1,2,\cdots,N$，则有

$$\boldsymbol{w}^{\mathrm{T}}\boldsymbol{x}_j>0,\quad j=1,2,\cdots,N \tag{2.1.19}$$

以后，经常针对符号规范化后的训练样本进行讨论。对于一个训练样本 $\boldsymbol{x}_j$，由其确定的界面 $d(\boldsymbol{x}_j)=\boldsymbol{x}_j^{\mathrm{T}}\boldsymbol{w}=0$ 过增广权空间原点且将其分成两个半空间，界面 $d(\boldsymbol{x}_j)=0$ 的法矢量 $\boldsymbol{x}_j$ 指向正半空间，所谓正半空间是指该半空间中任一点 $\boldsymbol{w}$ 都有 $\boldsymbol{w}^{\mathrm{T}}\boldsymbol{x}_j>0$，显然，解矢量 $\boldsymbol{w}^*$在正半空间中。N 个训练样本确定 N 个界面，每个界面都把权空间分为两个半空间，N个正半空间的交空间是以权空间原点为顶点的凸多面锥，易知，满足上面各不等式的 $\boldsymbol{w}$必在该锥中，即锥中每一点都是上面不等式组的解，解矢量不是唯一的，上述的凸多面锥包含解的全体，通常称其为解区、解空间或解锥(见图 2.1.5)。每个训练样本都对解区提供一个约束，训练样本越多，解区的限制就越多，解区就越小，很多情况下，就越靠近解区的中心，解矢量 $\boldsymbol{w}^*$就越可靠，由它构造的判别函数错分样本的可能性就越小。除采用

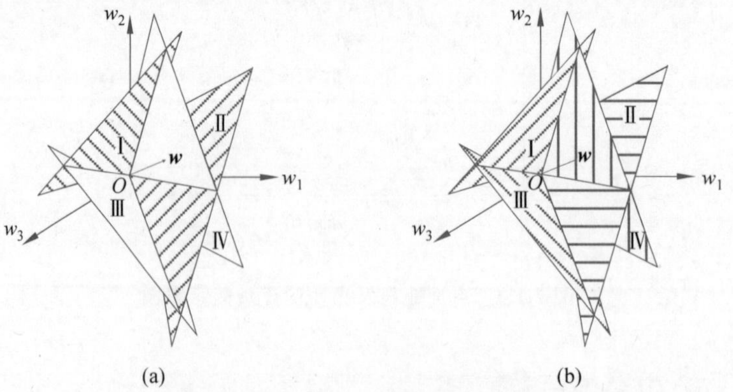

图 2.1.5 权空间中的判别界面及解锥

增加训练样本数目的方法提高解矢量的可靠性外，另一个有效的方法是在解区边界基础上“收缩”一个距离，使新的解区在原解区的内部，为此引入余量 $b>0$，寻找满足 $\boldsymbol{w}^{\mathrm{T}}\boldsymbol{x}_j \geqslant b$ 的解矢量 $\boldsymbol{w}^*$，显然，满足 $\boldsymbol{w}^{\mathrm{T}}\boldsymbol{x} \geqslant b$ 的 $\boldsymbol{w}^*$ 必满足 $\boldsymbol{w}^{\mathrm{T}}\boldsymbol{x}>0$，即由 $\boldsymbol{w}^{\mathrm{T}}\boldsymbol{x}_j \geqslant b>0(j=1,2,\cdots,N)$ 所确定的凸多面锥在 $\boldsymbol{w}^{\mathrm{T}}\boldsymbol{x}_j>0(j=1,2,\cdots,N)$ 所确定的多面锥的内部，并且它的边界离开原解区边界的距离为 $b/\|\boldsymbol{x}_j\|$（见图 2.1.6）。这样可以有效避免量测 $\boldsymbol{x}$ 的误差引入的 $\boldsymbol{w}$ 误差，以及某些算法求得的解矢量 $\boldsymbol{w}^*$ 收敛于解区的边界上，从而提高了解的可靠性。

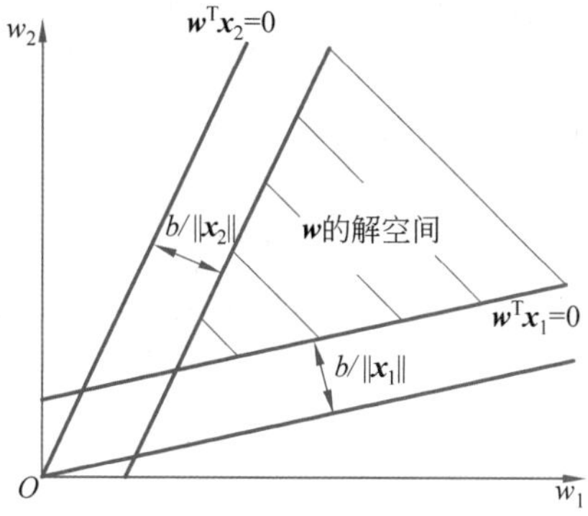

图 2.1.6　引入余量的解空间

寻求权矢量的最优解 $\boldsymbol{w}^*$，实质上是求解不等式方程组或等式方程组，通常运用最优化理论和技术求解，早期常用的方法有：构造一次或二次准则函数运用最优化技术求解，线性规划法等[2,5]。

在所有求解线性判别界面方法中，性能最好的方法之一是支持矢量机技术。支持矢量机技术朴素的基本思想是，寻找距离由边界训练样本所构造的两类平行平面边界同样远的分类超平面，因为这样的分类界面位于两类平行边界平面的中间，直觉上知道这样的分类界面最稳健，理论上也论证了在有限样本情况下这样的分类界面是最稳健的。为此采用有约束的二次规划，以各类训练样本都在相应边界平面内侧为约束，最大化分类界面到两类平行平面边界的距离，所得最优解平面是唯一的。在最优分类界面算法基础上，衍生出适应性更强的一些算法。

2.1.8　球面分类界面和椭球面分类界面

为了更紧致地给出簇状分布的模式类的类域，同时要求界面数量尽量少，可采用包含该类的最小球界面或最小椭球界面。此领域的研究首先从设定的一种基本情况开始：只有一类训练样本，此类样本在数据空间中分布基本是簇状的，而另一类没有训练样本，分布知识也是未知的，利用训练样本构造训练类的边界，易知，所构造的边界最好是一个包围训练样本的封闭曲面。由于边界标示了已知类别的样本所在空间，因此这种方式更易于发现偏离型新类。显然，这种方式更适合同类训练样本在数据空间中是簇状分布的情况，如果同类训练样本在数据空间中不是簇状分布的，可应用某种变换使其在映射空间中是簇状分布。为了简单同时更为了提高新类样本的检测概率，通常运用最优化方法寻求包含训练样本的最小球并用球面边界描述已有类别，进而用其识别新类，这个最小球又称为最优球(或最优超球)。由于最小球的球心和半径是由训练集中的支持矢量构造计算的,因此这种方法称为支持矢量数据描述(SVDD)。对于在不同方向上数据分布的散度明显不同的数据集,用椭球面边界描述比用球面边界描述更好,椭球的中心也是由训练集中的支持矢量构造计算的,所以不论是球边界描述还是椭球边界描述,都是用支持矢量表达,由于历史原因,只将球边界描述定义为SVDD。

在聚类分析中,是以待分类样本与类(心)的距离作为分类的基本依据,在支持矢量机技术中,则是以待分类样本在判别界面的哪一侧作为分类的基本依据,支持矢量数据描述综合了聚类分析和支持矢量机方法,球心可以看作类心,计算一个待分类样本与球心的距离,并与球半径作比较,以确定其是否在球面内部。

对于训练类在数据空间中的多聚类分布情况,可以用多个圆球的组合描述多聚类分布,每个圆球只对一个子聚类进行描述,可以避免用一个圆球描述的球空间存在大量的没有样本的区域。多球组合描述可以用到训练样本是多类的情况。分类与检测新类样本算法的基本思想是,确定多个分别包含各类训练样本的最小圆球或椭球,位于某个圆球或椭球内的待识样本判为相应训练类的样本,位于这些圆球或椭球外部的待识样本判为新类样本。

2.2 模式分析的基本原则

模式分析创建几十年来,得到各领域科技工作者的高度关注,相继研究、开发出许多理论、技术和算法,并在各个领域都得到了广泛应用,现在仍处于发展态势。在模式分析领域中,存在一些超脱凌驾于具体算法的普适性原则或理论,它们具有哲学的格局高度,揭示模式分析算法的内在性质,是我们研究、开发和应用模式分析和机器学习的理论和方法的重要指导原则。

本节将论述"没有免费午餐定理","丑小鸭定理",最小描述长度原理,均方误差关于偏差和方差的分解;此外,本节将概述经验风险最小化和结构风险最小化,错误率的实验估计和从学习曲线估计错误率,Akaike信息准则与贝叶斯信息准则,预测器选择的统计方法,它们分别从某一方面阐述了模式分析和机器学习算法的一般性规律,或是介绍了设计预测器的原则方法和重要指标实验估计方法,可以用于预测模型的评估和选择。

面对各种各样的学习和分析算法,人们自然希望知道哪个算法最好并企望直接用其解决自己的应用问题。实践经验和理论研究表明,任何一个算法的优劣都不是绝对的,而是相对的,它们只是相对一些对象、问题和应用表现优良,但对另一些对象、问题和应用则可能表现较差。讨论一个算法的优劣应在一定的对象、问题或应用的背景下进行,不能脱离具体对象、问题和应用肯定地讲一种学习或分析算法比其他某些算法更好,"没有免费午餐定理"针对算法的应用泛化性在理论上给出了回答。

类似地,用于描述或表达对象的特征、属性和表达形式是否优劣也是相对的,它们只是相对特定的对象、问题和应用表现优良,但对另一些对象、问题和应用则可能表现较差。"丑小鸭定理"是在离散情况下针对谓词表述这个论断,但是结论对于连续情况也是正确的。

最小描述长度原理给出了设计算法的一个基本原则,应优先选择比较简单的模型,因其算法复杂度比较小，并有益于提高分类器的泛化性能。

"均方误差关于偏差和方差的分解"论述了均方误差包含偏差和方差，以及它们的结构关系，并论证了一般应在适当小的偏差下减小方差，以保证较小的泛化误差。

此外，本节概述了经验风险最小化、结构风险最小化的基本原理，并相应给出了设计预测器的原则方法；错误率的实验估计和从学习曲线估计错误率给出了通过实验方法得出错误率的估计；Akaike 信息准则与贝叶斯信息准则给出了选择模型的准则；预测器选择的统计方法分别给出了两种预测器的错误率的统计选择方法和关于稳定性的选择方法。

在有关论述中我们应意识到，为了获得某方面好的效果，应该深入了解具体对象、问题和应用，充分利用先验知识，采用合理的策略，选择合适的算法和特征。"主观"与"客观"适配才能得到最好的效果。为了达成尽量适配，我们需要掌握更多的分析算法、对象表达的方式，重视理论技术研发，积极探索，勇于创新，追求卓越。

2.2.1　没有免费午餐定理

"没有免费午餐定理"(no free lunch theorem，NFL)是一个关于算法的应用泛化性的基本定理。该定理表明，"不存在任何一种学习或分析算法具有'与生俱来'的优越性能"，不存在任何一种算法适合于任何应用且性能都很优秀；如果某个算法对某个应用比另一些算法更好，那也仅仅是因为它与这个应用适配，更适合这一特定任务。没有与问题或应用无关的最好的学习或分析算法，不能在没有"假设"的前提下肯定地给出算法的优劣，这些假设就是算法将处理的对象、问题或应用。一个学习算法或分析算法的优劣总是针对具体对象、问题和应用在某些具体的性能指标或标准下确定的。对象、问题方面主要是指：对象的内在结构、外部形态，对象的先验信息，数据分布，数据维数，训练样本数量等，以及任务的主题目标，对象或问题抽象模型是有关知识的综合，算法的类型和性质应该尽量符合对象和问题模型特点。应用包含的元素更多，除对象、问题之外，还包含其他实际客观因素。通常考量的性能指标包括：训练阶段的正确识别率或准确性、训练之后工作时的正确识别率或准确性(即算法泛化性、推广性)、计算复杂度、空间复杂度、先验知识需求性和可利用性(模型结构、算法类型)、算法收敛速度等。对不同应用，上述各性能指标的重要性也不尽相同，其中训练阶段正确识别率是基础，工作阶段正确识别率通常是最重要的，它关系到经过训练后的分析算法能否可靠工作，是否具有普适性、更好的推广性。除此之外，在应用方面还应考虑：采用算法的可行性、经济性等。

"没有免费午餐定理"揭示了如下道理：①不存在一种学习或分类算法对任何一种应用都具有优秀性能，在没有应用背景前提下，没有理由偏爱某一算法而轻视其他算法。②在解决实际问题时，存在算法的选择和研发。③优先考量、测试已有的算法，掌握更多不同种类的技术是从容解决任意新问题的有力保证。④面对一个新问题，应该深入了解对象、问题和应用，如先验信息、数据分布、训练样本个数等，以及求解目标和性能指标，以确定一个与对象、问题和应用相适配的算法，产生最好的效果。

在介绍"没有免费午餐定理"之前，首先给出有关符号的含义及其计算表达式。设学习的目标函数为 $f(\boldsymbol{x})$，类别标记为 $y_i=f(\boldsymbol{x}_i)$，训练样本集为 $X=\{\boldsymbol{x}_1,\boldsymbol{x}_2,\cdots,\boldsymbol{x}_N\}$，带类别

标记的训练数据集为 $D=\{(\boldsymbol{x}_1,y_1),(\boldsymbol{x}_2,y_2),\cdots,(\boldsymbol{x}_N,y_N)\}$。为了计算方便，可考虑离散情况，其结论对于连续情况也是成立的。令 H 表示离散的假设集，其可能是模型的参数、神经网络中的权值或树分类器的决策规则等集合，学习的直接目的是得到某个具体的假设 $h\in H$，设 $P(h)$ 是某算法经训练后将产生假设 h 的先验概率，$P(h|D)$ 是算法利用数据集 D 训练后产生假设 h 的条件概率，可以用其代表一类学习算法。

设对于特定的某一假设 h，取 0-1 损失函数，令 e 表示错误率，该算法利用数据集 D 训练后对于非训练集数据的错误率期望为

$$\mathrm{E}[e|f,D,h]=\sum_{x\notin D}P(\boldsymbol{x})[1-\delta(f(\boldsymbol{x}),h(\boldsymbol{x}))] \tag{2.2.1}$$

式中，$\delta(\cdot,\cdot)$ 是 Kronecker-δ 函数，其两个变量相同时为 1，否则为 0，用于表示由算法导出的 $h(\boldsymbol{x})$（构造的函数或规则）与真实的 $f(\boldsymbol{x})$ 一致时损失函数为 0，否则为 1。式(2.2.1)可度量一种算法利用训练数据学习后产生的假设相对于真实目标函数所代表的实际应用的泛化错误率。

考量一个算法的应用泛化性，应度量该算法对所有可能应用的错误率统计平均，若用不同的目标函数表示不同的应用，则应度量算法利用给定训练集 D 训练后对所有可能目标函数 $f(\boldsymbol{x})$ 和假设 h 所产生的错误率期望

$$\mathrm{E}[e|D]=\sum_{h,f}\sum_{x\notin D}P(\boldsymbol{x})[1-\delta(f(\boldsymbol{x}),h(\boldsymbol{x}))]P(h|D)P(f|D) \tag{2.2.2}$$

式(2.2.2)表明，在给定训练集 D 条件下，算法的泛化错误率和 h 与 f 匹配有关，并且是以 h 的后验概率 $P(h|D)$、目标函数后验概率 $P(f|D)$ 及输入的概率 $P(\boldsymbol{x})$ 为权值的加权和。

在上述符号意义下，给出算法的应用泛化定理。

定理 2.2.1（没有免费午餐定理）[2]　设任意两个学习算法在数据集 D 上训练产生假设 h 的概率分别为 $P_1(h|D)$ 和 $P_2(h|D)$，下面陈述都是正确的，且与样本分布 $P(\boldsymbol{x})$ 及训练样本个数 N 无关：

(1) 对所有目标函数 f 求平均，有 $\mathrm{E}_1[e|f,N]=\mathrm{E}_2[e|f,N]$。

(2) 对任意固定的训练集 D，对所有目标函数 f 求平均，有 $\mathrm{E}_1[e|f,D]=\mathrm{E}_2[e|f,D]$。

(3) 对所有先验知识 $P(f)$ 求平均，有 $\mathrm{E}_1[e|N]=\mathrm{E}_2[e|N]$。

(4) 对任意固定的训练集 D，对所有先验知识 $P(f)$ 求平均，有 $\mathrm{E}_1[e|D]=\mathrm{E}_2[e|D]$。

定理中，“所有目标函数”表示所有可能的对象、问题和应用；“先验知识 $P(f)$”表示可能处理某应用的概率；“与样本分布 $P(\boldsymbol{x})$ 及训练样本个数 N 无关”表示定理中的“相等”不牵扯对象的分布知识和样本信息这些条件，与对象或问题的先验知识的了解情况无关，也与训练样本情况无关。

定理第一款中，式

$$\mathrm{E}_k[e|f,N]=\sum_{x\notin D}P(\boldsymbol{x})[1-\delta(f(\boldsymbol{x}),h(\boldsymbol{x}))]P_k(h(\boldsymbol{x})|D)$$

定理第一款表明，对所有可能的目标函数 f 求平均，学习得到的所有算法的非训练集错误率都相等，如果用数学式表达，定理第一款等价于对于任意两个学习算法，式(2.2.3)都成立：

$$\sum_{f}\sum_{D}P(D\mid f)[\mathrm{E}_1[e\mid f,N]-\mathrm{E}_2[e\mid f,N]]=0 \tag{2.2.3}$$

式(2.2.3)表明，按各应用所提供训练集的概率遍历训练集，对所有目标函数等概求平均，两个算法的非训练集错误率都相等。换言之，不存在某算法比另一算法对所有目标函数都有$\mathrm{E}_1(e\mid f,N)<\mathrm{E}_2(e\mid f,N)$，任一算法都存在对某一目标函数优于或劣于其他某算法。

定理第二款表示，利用同一个训练集进行学习所得的两个算法，对所有可能的目标函数求平均的非训练集错误率都相等，即

$$\sum_{f}[\mathrm{E}_1[e\mid f,D]-\mathrm{E}_2[e\mid f,D]]=0 \tag{2.2.4}$$

定理第二款不同于第一款遍历训练集求统计平均，这里特定利用具有某对象信息的样例学习，一般来说，算法对此问题效果相对更好，但是平均依然“相等”表明，一个算法若对某个应用表现性能很好，则一定对其他应用表现性能很差。这同样说明，不存在一种算法比另一种算法在任何应用下都更优秀。

定理第三、四款考虑了非均匀分布的目标函数，不是第一、二款一般的等概平均，而是统计平均，定理第四款还进一步对特定训练集，在目标函数非均等对待时，“相等”的结论依然成立。仿上也可以用式子等价表示。

定理表明，各学习或分析算法的泛化错误率对所有可能的目标函数的平均都相等，所有可能的目标函数意味着所有可能的对象、问题或应用；一个算法比另一个算法性能更好，总是相对某个目标函数而言的，也就是说，一个算法对各种对象的预判或预测有好有差，对各种应用的性能有优有劣。

由定理知道，任何一种算法如果对一些对象或问题的性能要好于平均水平，那么它对另外某些对象或问题的性能一定会劣于平均水平。相对平均水平，如果说一种算法对一些问题的性能提高为正的，对另外某些问题的性能降低为负的，那么正的提高和负的降低为“广义”的零和。类似于物理学中的“守恒定律”，“没有免费午餐定理”反映了算法“广义”守衡这一基本规律。

“没有免费午餐定理”阐述了关于错误率算法优劣的相对性，它的观点可以泛化，在工程中某一个学习或分析算法比另一个算法更好所基于的“假设”还应包括某些技术指标，如时间开销、空间开销、获取先验信息开销等。例如，某些应用场合中算法的选择是在保证一定的正确率下，更看重的是收敛时间。一个算法如果在一个应用上要在一些方面得到性能提高，就不可避免地在另外一些方面付出性能降低的代价。广义地讲，一个算法的得到(正的)和付出(负的)会达到某种意义上的平衡(零和)。

定理给出的启示是，一些有坚实理论基础的流行算法的应用推广性好，只是适配问题的“口径”比较宽，我们需在掌握更多的学习和分析的方法和技术之外，更应重视那些“宽口径”适应面较广的重要方法和技术，如支持矢量机、深度学习等，此外，还应该研发更多针对性的方法和技术。

2.2.2　丑小鸭定理

“没有免费午餐定理”是从算法应用泛化性层面上指出一个算法优秀的原因是算法和对象或问题相“适配”，对于特征、属性和表达形式的优劣也有类似的结论。用于描述或表

达对象或问题的特征、属性和表达形式优劣也是相对的，任何一种好的表达是因为它适合所要描述的对象或问题。“丑小鸭定理”阐述了有关特征或属性的优劣相对性及相似性度量优劣相对性的结论。“丑小鸭定理”表明，在没有“假设”的前提下，无从谈论“优越”或“更好”的特征或属性表达，“优越”或“更好”的特征或属性表达都是相对于一个特定对象或问题的，不存在与对象或问题无关的“优越”或“最好”的特征集合或属性集合和表达形式。同时，两个样本相似程度的度量方法的优劣也是依赖于对象或问题的“预设”，不存在与对象或问题无关的优越或最好的相似性度量方法。

由于计算机处理离散数据，通常可以用逻辑表达式或“谓词”描述一个对象，谓词在数理逻辑中用于表示个体的性质、属性、特征、状态或个体间的关系。数理逻辑中的谓词相当于模式分析中的特征或属性。“丑小鸭定理”是在离散情况下针对谓词表述的。

定理 2.2.2（丑小鸭定理）[2]　如果只使用有限的谓词集合区分待研究的任意两个模式，那么任意两个模式所共享的谓词的数目是一个与模式的选择无关的常数。此外，如果模式相似性程度是基于两个模式共享的谓词的总数，那么任意两个模式都是“等相似”的。

定理虽然是针对离散情况表述的，但对于连续的特征空间同样适用，只要这个空间可以任意分辨率离散化。

“丑小鸭定理”表明：①一个对象或问题可以有多种描述或表达方式，在缺少特定先验信息条件下，没有理由认为一种表达比另一些表达更好，不存在与对象或问题无关的优越或更好的特征集合或属性集合。②掌握更多的不同种类的对象表达技术，是从容应对任意新的对象、问题的有效保证。③对象的表达应该适合所要解决的问题，适合对象的内在结构和外部形态、问题目标与算法要求。

定理还表明，两个样本之间相似性测度的优劣的评价也是依赖于对象或问题的有关预设，也就是说，两个样本相似性测度的正确选择依赖于充分了解和利用对象或问题的先验信息。

“没有免费午餐定理”和“丑小鸭定理”同时表明，要想设计一个优良的分类器，必须深入了解对象或问题，尽可能多地利用对象的各种知识，掌握和试探较多的方法，获取载荷对象较完备信息的训练样本集，所有目的都是使对象表达与分析算法和对象或问题相适配。

2.2.3　最小描述长度原理

理论和实践已经表明，在所有能够满足给定设计指标的模型中，应该选择更简单的模型，除资源耗费考虑之外，更重要的是简单模型的泛化能力往往更好，因此机器学习的准则之一是，在给定数据训练效果都达标的情况下，优先采用最小描述长度（minimum description length，MDL）原理选择模型。最小描述长度原理是基于性能代价比最高选择模型，数据表达最简洁，分析代价最小，训练结果满足设计要求。其思想源于最优编码，但得出的选择准则在形式上与贝叶斯信息准则（BIC）相同。

信息论中的香农最优编码定理指出，如果发送消息 x_i 的概率为 $P(x_i)$，这个消息的信息量为 $-\log_2 P(x_i)$ 比特，则应该使用长度为 $l_i=-\log_2 P(x_i)$ 的码字对其进行描述和传播，并且所有消息的码字平均长度满足

$$L \geqslant -\sum_{i} P(x_i)\log_2 P(x_i)$$

式中，$-\sum_{i} P(x_i)\log_2 P(x_i)$ 称为信源熵或分布 $P(x_i)$ 的熵。设构成码字的基本符号集合中码元个数为 m，当各消息的概率满足 $P(x_i)=m^{-l_i}$ 时，上式将变成等式。一般情况下不能达到下界，最大概率消息取最小长度编码的哈夫曼编码方法可以接近该下界。

传输或描述具有概率为 $P(x)$ 的信息 x，至少需要 $l=-\log_2 P(x)$ 位码长，可将其视为接收端获得 x 的代价下界，将数据压缩编码的位数作为代价的思想泛化，应用于算法复杂度问题。分析对象的表达与分析算法之间应该是密切关联和配合的，在考虑算法复杂性时这两者应该同时考虑。本节讨论的“算法复杂度”也称为“描述复杂度”或“科尔莫戈罗夫复杂度”(简称科氏复杂度)，算法复杂度提供了一种“简单性”的度量，并用于对象的本质特征的描述。为了使“算法复杂度”的度量准确且有通用性，算法复杂度的度量应独立于计算机硬件性能指标，不依赖于程序语言种类，由于一个对象的描述和程序的表达在计算机中是一个二进制码串，从而“算法复杂度”应该用产生目标码串(即程序输出)的最短程序码串(包括输入数据码串)的长度度量，并用其刻画目标码串的复杂度。一个算法可以表达为一个程序过程，执行二进制程序码串 y 产生二进制码串 x，其记为 $U(y)=x$，$U(\cdot)$可以理解为能够实现任何算法或计算软件的计算机，一个能产生二进制码串 x 的算法的科氏复杂度可定义为能够输出 x 的最短程序码串 y 的长度[2]，即

$$K(x)=\min_{y}[\,|y|:U(y)=x\,] \tag{2.2.5}$$

科氏复杂度以比特为单位。例如，要产生一个由 n 个 1 组成的目标码串 $x=111\cdots11$，运用通过循环产生“1”的通用程序，最少只需$\log_2 n$比特完成 n 次循环输出 $x=111\cdots11$，码串 x 的科氏复杂度为 $K(x)=O(\log_2 n)$。

选择或设计一个优良的分类器可以遵循最小描述长度原理(MDL 原理)。最小描述长度原理指出，应使模型的算法复杂度和与该模型相适应的训练数据的描述长度之和最小，其可以表示为

$$K(M,D)=K(M)+K(D\,|\,M)\Rightarrow \min \tag{2.2.6}$$

式中，M表示将寻求的模型，D表示训练数据，$K(M)$表示模型描述长度，$K(D\,|\,M)$表示在该模型下的数据描述长度，式(2.2.6)表明，所寻求的模型 M^*应该满足

$$M^*=\arg\min_{M} K(M,D) \tag{2.2.7}$$

在分类问题中，通常每类中的所有样本都具有某些共享特征，它们在这些特征上数值或属性相近或相似，但其他非共享特征都显著不相同，机器学习算法应学习并表达类内共享特征和类间不同特征，忽略次要特征或随机特征，从可分性和最小表达长度统筹考虑，合理利用它们。

最小描述长度原理是针对产生某一特定目标码串的最短程序码串的长度与样本在候选算法条件下的表达长度之和最小而定义算法的设计原则。最小描述长度原理表明，设计者不仅要使模型 M可以利用编码简单的数据集 D，也要使得模型 M 尽可能简单。理论已经证明，“如果数据越来越多，那么用最小描述长度原理设计的分类器能够收敛到理想的模型上，然而，它却不能证明当数据有限时也能获得更好的性能。”[2]

最小描述长度原理对不同的问题有不同的表达,例如,一个以 θ 为参数的模型 M 和输入与输出数据 $D=(X,\boldsymbol{y})$,该模型输出 $\boldsymbol{y}$ 的概率为 $P(\boldsymbol{y}|\theta,M,X)$,$-\log_2 P(\theta|M)$表示传送该模型参数 θ 的编码长度,则传送输出所需要的码长为

$$L=-\log_2 P(\boldsymbol{y}|\theta,M,X)-\log_2 P(\theta|M)$$

最小描述长度原理的一个非常适合的应用是决策树的设计,此时模型 M 相当于一个树结构及其节点上的判决规则,因此模型的算法复杂度与节点数成比例,模型节点的数据复杂度可以用数据的熵表示,模型数据复杂度等于所有叶节点数据熵的加权和。如果基于熵准则剪枝,其全局代价准则与上式是等价的。

贝叶斯判决隐合最小描述长度原理。设数据和"假设"都是离散的,贝叶斯公式为

$$P(h|D)=P(h)P(D|h)/P(D) \tag{2.2.8}$$

最优假设 h^*应使后验概率最大,其相当于

$$\begin{aligned}h^* &= \arg\max_h[P(h)P(D|h)]\\ &= \arg\max_h[\log_2 P(h)+\log_2 P(D|h)]\end{aligned} \tag{2.2.9}$$

从而可知,最大后验概率判决规则等价于实施最小描述长度原理,最小描述长度原理在这里体现为最大后验概率判决规则。

最小描述长度原理表明,应更偏爱比较简单的模型,因其算法复杂度比较小,在 2.2.4 节将知道,这相当于增加"偏差"、减小"方差",有益于改善分类器的泛化性能。

最小描述长度原理为分析系统设计提供了一个明确可行的思想。实验表明,基于最小描述长度原理设计的分类器对很多问题都能工作得很好[2]。

2.2.4 误差中偏差和方差的分析

在回归分析和判别分析中难免存在误差,我们总是希望误差尽量小。误差包含偏差和方差,通过误差关于偏差和方差的分解,可以发现它们在误差中的作用,进而用于指导模型的设计。

在回归分析中,我们试图用目标函数 $f(\boldsymbol{x})$的输入输出数据集 D 的样本得到 $f(\boldsymbol{x})$的估计式,设估计的回归方程为$\hat{f}(\boldsymbol{x};D)$,估计的质量用均方误差度量

$$\begin{aligned}MSE(\hat{f}) &= \mathrm{E}[(\hat{f}(\boldsymbol{x};D)-f(\boldsymbol{x}))^2]\\ &= \underbrace{(\mathrm{E}[\hat{f}(\boldsymbol{x};D)-f(\boldsymbol{x})])^2}_{\text{偏差}^2}+\underbrace{\mathrm{E}[(\hat{f}(\boldsymbol{x};D)-\mathrm{E}[\hat{f}(\boldsymbol{x};D)])^2]}_{\text{方差}}\end{aligned} \tag{2.2.10}$$

式(2.2.10)右边第一项是估计"偏差"的平方,偏差表示估计期望值与真实值之间的差异,第二项"方差"表示估计值与估计期望值之间统计平均意义上的差异。小的偏差表示利用数据在统计平均意义上误差较小地估计出目标函数,小的方差表示相对估计期望值具体的估计值不会有较大的波动离差。可以看出,方差与偏差之间有"递进"关系,偏差是估计期望值相对于真实值,方差是估计值相对于估计期望值。偏差表征设计的模型与真实对象匹配的好坏,方差表示在此模型下预测的方差。式(2.2.10)表示一个模型或算法与对象或问题的适配程度可以用"偏差"和"方差"度量。偏差表示模型偏差,偏差度量模型或算法与对象或问题适配的准确性,高的偏差表示坏的适配;方差表示模型的统计性能,在

估计偏差较小的情况下，方差在统计意义上度量估计的精确性，反映模型适配的精确性，大的方差也意味着差的模型适配。不同类型的模型或算法有不同的均方误差，模型或算法的选择以及机器学习目的是使均方误差最小化，这意味着使偏差和方差都尽量小，统计学上指出使均方误差一致达到最小的最优估计是不存在的[1]。要想得到理想的零偏差和零方差，唯一的方法是事先知道真实模型，这在实际中是不可能的。获得较小偏差和方差最好的方法是尽量了解和利用对象的先验信息，用对$\hat{f}(\boldsymbol{x};D)$的精确先验知识和样本数很大的训练集 D 降低偏差和方差。

实际中普遍存在"偏差-方差困境"(bias-varian cedilemma)，偏差和方差都小两难全。一般地，提高模型的复杂性，会使模型过分适应训练数据，预测值与真实值的平方偏差趋于减小，其方差趋于增加，但总的训练误差趋于减小。通常，训练数据不能较好地表达母体，学习模型与理想模型相差较大，较大程度上损失了一般性，导致工作时预测有比较大的偏差和方差，泛化误差变大，不能有很好的泛化性。反之，若模型复杂性不够，因拟合不足可能具有较大的平方偏差，方差趋于减小，这也导致较大的泛化误差，泛化性能较差[4]。可知存在最佳的模型复杂度。工程上通常采用"适当折中、重要主导"策略。模型复杂度的选择应该权衡偏差和方差的重要性，此时设计者需要调整输出的偏差和方差的占比，目的是使泛化误差(内含非训练集误差)最小。图 2.2.1 是训练误差和测试误差随模型复杂性变化的示意图。有学者认为，为了得到较小泛化误差，小的方差比小的偏差重要，在适当小的偏差下要更小的方差，小的方差使泛化性能稳定，预测结果可靠。估计偏差等于零称为无偏估计，统计学的观点是：无偏估计不一定存在，即使存在也不一定唯一，无偏估计不一定是好的估计[1]。相对于无偏最小方差估计，可能存在有偏估计，但具有更小的均方误差，有偏估计的使用更广泛。调整模型，使其具有较小的方差，如果方差的减少大于平方偏差的增加，这个调整就是值得的[4]。此外，只要采用的候选模型足够一般，以至于有能力表达目标函数，采用大量的训练样本就会改善性能。

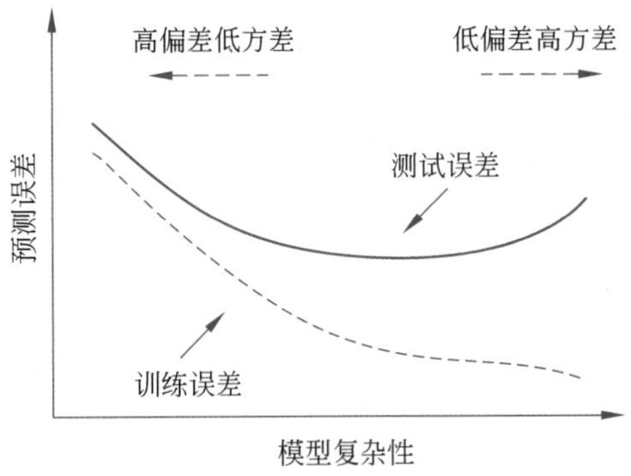

图 2.2.1　训练误差和测试误差随模型复杂性变化的示意图

通过基本的回归建模的误差分解，具体了解泛化误差与偏差、方差的关系。设数据源自一个模型 $y=f(\boldsymbol{x})+\varepsilon$，其中 $\mathrm{E}(\varepsilon)=0$，$\mathrm{Var}(\varepsilon)=\sigma^2$，利用 N 个样本通过学习得到的模型估计$\hat{f}(\boldsymbol{x})$，在任意输入点 $\boldsymbol{x}$ 上采用平方误差损失函数，在 $\boldsymbol{x}=\boldsymbol{x}_0$ 处的回归拟合$\hat{f}(\boldsymbol{x})$的期望预测(平方)误差(即泛化误差)为

$$
\begin{aligned}
\mathrm{E}[e(\boldsymbol{x}_0)] &= \mathrm{E}[(y-\hat{f}(\boldsymbol{x}))^2 \mid \boldsymbol{x}=\boldsymbol{x}_0] \\
&= \sigma^2 + [\mathrm{E}[\hat{f}(\boldsymbol{x}_0)] - f(\boldsymbol{x}_0)]^2 + \mathrm{E}[\hat{f}(\boldsymbol{x}_0) - \mathrm{E}[\hat{f}(\boldsymbol{x}_0)]]^2 \\
&= \sigma^2 + \mathrm{Bias}^2(\hat{f}(\boldsymbol{x}_0)) + \mathrm{Var}(\hat{f}(\boldsymbol{x}_0)) \\
&= \text{不可约误差} + \text{偏差}^2 + \text{方差}
\end{aligned} \tag{2.2.11}
$$

式中，第一项是目标函数固有的方差，无论对 $f(\boldsymbol{x}_0)$ 估计得多么好，也不能避免，除非 $\sigma^2=0$；第二项是平方偏差，是估计的期望与真实均值之差的平方，反映预测系统（设计的模型）与真实模型的差异；最后一项是方差，是在 $\boldsymbol{x}=\boldsymbol{x}_0$ 处的估计方差。如果一个算法 $\hat{f}$ 的候选模型足够复杂（例如可学习参数多），那么它对训练数据适应性就强，能很好地拟合训练数据，可使训练误差变小，平方偏差变小，由于对已给训练数据很好拟合，但对同一母体的不同数据集的拟合程度较差，泛化能力差，表现为方差大。如果候选模型比较简单，情况相反，拟合训练数据不会太好，但对不同数据集拟合程度变化不会太大。获得比较小的偏差和方差最好的方法是尽量了解并充分利用目标函数的先验信息，只要有未知的，偏差和方差就不可能同时为零。

对于 k-最近邻平均回归拟合，泛化误差与偏差、方差和样本个数间的关系如下。在 $\boldsymbol{x}=\boldsymbol{x}_0$ 处的期望预测误差为

$$
\begin{aligned}
\mathrm{E}[e(\boldsymbol{x}_0)] &= \mathrm{E}[(y-\hat{f}(\boldsymbol{x}_0))^2] \\
&= \sigma^2 + \left(f(\boldsymbol{x}_0) - \frac{1}{k}\sum_{i=1}^{k}\hat{f}(\boldsymbol{x}_{(i)})\right)^2 + \sigma^2/k
\end{aligned}
$$

式中，等号右边第一项是固有方差；第二项为近邻估计平均与真实值之差的平方，此偏差平方将随着平均数 k 的增加而增加；第三项是 $\hat{f}(\boldsymbol{x}_0)$ 相对于其均值的方差，其将随着平均数 k 的增加而减小。可知，根据各邻域中曲线的平坦或陡峭情况，选取适当的 k 值可使期望预测误差减小，通常取比较小的 k 值，$\hat{f}(\boldsymbol{x})$ 可以更好地预测 $f(\boldsymbol{x})$。

在分类识别中，学习的目标是显式地或隐式地确定判别边界，产生判别域。类似于回归，分类错误率也存在偏差和方差两个要素。考虑两类问题，令 y 为样本 $\boldsymbol{x}$ 的类别标记值，当 $\boldsymbol{x}\in\omega_1$ 类时，$y=1$；当 $\boldsymbol{x}\in\omega_2$ 类时，$y=0$；设样本 $\boldsymbol{x}$ 的类别函数 $y=f(\boldsymbol{x})+\varepsilon$，其中，学习的目标函数为 $f(\boldsymbol{x})=P(y=1|\boldsymbol{x})=1-P(y=0|\boldsymbol{x})$，$\varepsilon$ 是一个均值为零、方差为 1 的中心二项分布的随机变量，显然 $f(\boldsymbol{x})=\mathrm{E}[y|\boldsymbol{x}]$。设利用样本集 $D=\{(\boldsymbol{x}_i,y_i)\}_{i=1}^{N}$ 学习产生判别函数 $\hat{f}(\boldsymbol{x};D)$，$\hat{f}(\boldsymbol{x};D)=\hat{\mathrm{E}}[y|\boldsymbol{x};D]$，为此求 $\hat{f}(\boldsymbol{x};D)$ 使均方误差

$$
\mathrm{E}_D[(\hat{f}(\boldsymbol{x};D)-y)^2] \Rightarrow \min \tag{2.2.12}
$$

为了简单，假设 $P(\omega_1)=P(\omega_2)$，易知，此时贝叶斯判决门限是 1/2，判决边界是所有满足 $f(\boldsymbol{x})=1/2$ 的 $\boldsymbol{x}$ 的集合。对于一个输入 $\boldsymbol{x}$，贝叶斯判决值记为 $y_B(\boldsymbol{x})$。设判别函数 $\hat{f}(\boldsymbol{x};D)$ 的类别输出为 $\hat{y}(\boldsymbol{x};D)$，如果分类符合贝叶斯判决，分类错误率 $P(\hat{y}(\boldsymbol{x};D)\neq y)$ 就达到了理论的最小错误率（贝叶斯误判概率）

$$
P(\hat{y}(\boldsymbol{x};D)\neq y) = P(y_B(\boldsymbol{x})\neq y) = \min[f(\boldsymbol{x}),1-f(\boldsymbol{x})] \tag{2.2.13}
$$

否则错误率将增加。利用 $\max[a,b]=\min[a,b]+|a-b|$，此时错误率为

$$P(\hat{y}(\boldsymbol{x};D)\neq y)=\max[f(\boldsymbol{x}),1-f(\boldsymbol{x})]$$
$$=|2f(\boldsymbol{x})-1|+P(y_B(\boldsymbol{x})\neq y) \tag{2.2.14}$$

通过对大小为 N 的所有样本集平均得到

$$P(\hat{y}(\boldsymbol{x};D)\neq y)=|2f(\boldsymbol{x})-1|P(\hat{y}(\boldsymbol{x};D)\neq y_B)+P(y_B(\boldsymbol{x})\neq y) \tag{2.2.15}$$

式中，贝叶斯错误率 $P(y_B(\boldsymbol{x})\neq y)$ 由目标的统计特性所确定，是不可约贝叶斯误差，$|2f(\boldsymbol{x})-1|$ 由目标模型确定。式(2.2.15)表明，分类错误率与 $P(\hat{y}(\boldsymbol{x};D)\neq y_B)$ 成线性关系。贝叶斯判决值 $y_B(\boldsymbol{x})$ 确立了输入域中以概率 1 判决样本类别的判决边界，$P(\hat{y}(\boldsymbol{x};D)\neq y_B)$ 可以视作分类器判别相对于贝叶斯判决的“边界误差”。而 $P(\hat{y}(\boldsymbol{x};D)\neq y_B)$ 为两种情况的判决错误概率

$$P(\hat{y}(\boldsymbol{x};D)\neq y_B)=\begin{cases}\displaystyle\int_{1/2}^{\infty}p(\hat{f}(\boldsymbol{x};D))\mathrm{d}\hat{f}, & f(\boldsymbol{x})<1/2\\ \displaystyle\int_{-\infty}^{1/2}p(\hat{f}(\boldsymbol{x};D))\mathrm{d}\hat{f}, & f(\boldsymbol{x})\geqslant 1/2\end{cases} \tag{2.2.16}$$

由于多个随机因素的综合，通常可设 $p(\hat{f}(\boldsymbol{x};D))$ 近似高斯分布，经运算有

$$P(\hat{y}(\boldsymbol{x};D)\neq y_B)\approx\Phi\{\underbrace{[\mathrm{sgn}[1/2-f(\boldsymbol{x})]}_{\text{符号}}\underbrace{[\mathrm{E}[\hat{f}(\boldsymbol{x};D)]-1/2]}_{\text{边界偏差(含符号)}}\underbrace{\mathrm{Var}[\hat{f}(\boldsymbol{x};D]^{-1/2}}_{\text{方差}}\} \tag{2.2.17}$$

式中

$$\Phi[t]=\frac{1}{\sqrt{2\pi}}\int_{-\infty}^{t}\mathrm{e}^{-u^2/2}\mathrm{d}u \tag{2.2.18}$$

在前面为简单化所作设定下，从运算结果可以得出如下见解：分类错误率可以看作所设计的分类器判别相对于贝叶斯判决的“边界误差”的线性函数。“边界误差”由“边界偏差”和“边界方差”构成，“边界偏差”与“边界方差”是乘性关系。所设计的分类器预测值与等概条件下贝叶斯判决门限(1/2)比较，边界偏差表示预测期望值与贝叶斯边界阈值之间差异，边界偏差较大表明分类器确定的边界远离贝叶斯边界，方差表示预测值与预测期望值之间统计意义上的差异，小的方差表明分类器预测值在分类器预测期望值附近只有小的波动离差。方差与偏差之间有“递进”关系，偏差是预测期望值相对于贝叶斯边界阈值，方差是预测值相对于预测期望值。

由式(2.2.17)可以看出，函数 $\Phi[t]$ 中变量 t 的符号反映了所设计的分类器与贝叶斯判决的一致性。当 $[\mathrm{E}[\hat{f}(\boldsymbol{x};D)]-1/2]$ 与 $\mathrm{sgn}[f(\boldsymbol{x})-1/2]$ 符号相同时，表示在统计意义上分类器与贝叶斯判决相同，$\Phi[t]$ 中变量 t 为负值，此时 $|t|$ 值越大，$\Phi[t]$ 越小，即误判概率越小；可知，为有大的 $|t|$，要求大的边界偏差、小的边界方差，大的边界偏差使预测值远离贝叶斯判决门限 1/2，同时，小的边界方差意味着减少预测值越过门限 1/2 到其另一侧出现不同于贝叶斯判决的机会。当 $[\mathrm{E}[\hat{f}(\boldsymbol{x};D)]-1/2]$ 与 $\mathrm{sgn}[f(\boldsymbol{x})-1/2]$ 符号不同时，表示统计意义上分类器不同于贝叶斯判决，函数 $\Phi[t]$ 中 t 为正值，为有小的 t 值减少误判概率，此时要求小的边界偏差、大的边界方差，边界偏差越小，表示预测值距贝叶斯判决门限 1/2 越近，大的边界方差意味着增加与贝叶斯判决相同的机会。一个有意义的机

器学习，$[\hat{f}(\boldsymbol{x};D)-1/2]$与$\mathrm{sgn}[f(\boldsymbol{x})-1/2]$符号相同出现的频率要大得多。理论分析和实践经验均表明，为了得到较小的泛化误差，小的方差比小的偏差往往更重要。

与回归学习中存在“偏差和方差都小难两全”的情况类似，在分类器训练中，获得小的方差的代价往往是产生大的偏差。式(2.2.17)中，目标函数 1/2 可以说是“随机判决”的阈值，边界偏差较大表明分类器确定的边界远离随机判决边界，小的方差表明分类器的预测值在分类器判别边界附近。

一般地，模型复杂性增加，导致分类器的判别边界的柔软性增加，提高了对训练样本的适应性，边界偏差趋于减小，但方差趋于增大；反之，模型复杂性减小，边界偏差趋于增大，方差趋于减小。例如，决策树或神经网络的剪枝都是减少自由参数的个数，减小模型的复杂性，实际上是调整分类器的偏差和方差，减小方差时，增大了偏差。模型复杂度的选择应在偏差和方差之间权衡，使泛化误差最小。训练误差不能代表泛化误差，提高模型复杂度使训练误差趋于减小，由于过拟合使学习后的模型过分适合训练数据失去一般性，会有较大的泛化误差，不能有很好的泛化性能；若模型不够复杂，因为拟合不足，可能有较大的偏差，这也可能导致泛化性能较差。

前面已指出，要想得到理想的零偏差和零方差，唯一的方法是事先知道真实模型，这在实际中是不可能的，只能用大样本数的训练集和模型的精确先验知识降低偏差和方差。对于给定的偏差，方差将随训练样本的增加而减小。若采用样本数非常大的训练集，所有的边界误差将集中分布于一个比较小的值附近。在训练集有足够多样本的情况下，往往能使一个模型有足够的表达能力(例如，相应地给模型添加更多的参数)，此时误差分布将逼近于一个在贝叶斯误差率处的 δ 函数。但通常样本数不是非常多，为了基于有限的训练样本得到最好的分类，就要充分获得对象或问题的先验知识，以得到与对象或问题相适配的模型或算法。

2.3 集中度、容量、VC 维、Rademacher 理论

模式分析中，希望所设计的预测器能对未来数据给出正确的预测，系统设计最核心的目标是预测错误率满足任务需求，为此要求系统训练后在工作阶段的错误率(期望风险)与训练阶段的错误率(经验风险)稳定地相近，训练后的算法能够可靠有效地应用于工作中，这种性质称为算法的推广性或泛化性。一般地，系统对数据的预测是通过数据源生成的数据为自变量的预测函数实现的，预测函数的性能取决于数据源特性和预测函数类特性，预测性能常用其输出与目标值之差的期望值度量，预测函数的输出与目标值之差称为模式函数，预测函数最重要的性能归结为在统计上预测的准(正)确性和稳定性，存在估计系统泛化性能的原理和方法。本节介绍预测函数的集中度，指示函数类的容量，McDiarmid 定理，Rademacher 复杂度，VC 维等概念和理论。

2.3.1　集中度、容量、Rademacher 复杂度

数据源的准确模式一般表示成一个非平凡函数 f，该函数满足

$$f(\boldsymbol{z})=0 \tag{2.3.1}$$

式中，$\boldsymbol{z}$ 是由数据源生成的任意数据。例如，对于数据源的一个数据项 $\boldsymbol{z}=(\boldsymbol{x},y)$，用函数 $g(\boldsymbol{x})$ 预测 y，$f(\boldsymbol{z})=g(\boldsymbol{x})-y=0$；在分类识别中，$\boldsymbol{x}$ 是对象的特征矢量，$g(\boldsymbol{x})$ 是判别函数，y 是类别标记值；在回归中，$\boldsymbol{x}$ 是一个插值点，$g(\boldsymbol{x})$ 是一个拟合函数，y 是一个被拟合的目标值。数据源的近似模式一般表示成一个非平凡函数 f，该函数满足

$$f(\boldsymbol{z})\approx 0 \tag{2.3.2}$$

式中，$\boldsymbol{z}$ 是从数据源生成的任意数据。

一个随机数据源的模式表示成一个非平凡非负函数 f，该函数满足

$$\mathrm{E}_z[f(\boldsymbol{z})]\approx 0 \tag{2.3.3}$$

式中，$\boldsymbol{z}$ 是数据源生成的任意独立同分布的数据。

一个母体（数据源）有其统计特性，如分布、期望、方差，其在多次实现或实验中量测产生的一组数据有其样本均值和样本方差，当估计方法良好时，估计值接近理论值。一个随机变量分布的集中程度通常用方差表征，方差是随机变量偏离其期望值（平方）的统计平均，是一个总体的概念，当要求更具体时，可以用随机变量与其期望值之差的绝对值（或平方）大于某一常数的概率刻画，通常要求这个概率要小于此常数的指数函数值。一个分析算法最重要的性能是训练阶段和工作阶段的错误率差别较小，也就是说，一个学得的目标函数对同一个数据源的不同输入数据的输出性能差别较小。设 $e(D)$ 是关于数据 D 的经验错误（率），$D=\{\boldsymbol{z}_i=(\boldsymbol{x}_i,y_i)\}$，该函数的期望 $\mathrm{E}_z[e(\boldsymbol{z})]$ 称为泛化错误率或泛化误差，其中 $\boldsymbol{z}$ 是数据源生成的任意独立同分布的数据。以母体一个生成数据为自变量的随机函数的集中度（concentration）表征该随机函数围绕其期望值分布的特性，其用母体生成数据的函数值与该随机函数期望值之差的绝对值大于某一常数的概率小于此常数的指数函数值刻画。一个集中度较大的随机变量函数的取值很可能接近其期望值。集中度综合反映了数据源和模式函数的随机散布特性。McDiarmid 定理给出了由随机变量函数变化的界推断出该随机变量函数取值与其期望值之差的概率上界，其在估计性能分析中有重要作用。

定理 2.3.1（McDiarmid 定理）　令 $X_1,X_2,\cdots,X_n$ 是独立的随机变量，它们在集合 A 中取值，$X_i\in A$，$i=1,2,\cdots,n$，设函数 $f:A^n\to\mathbb{R}$ 满足

$$\sup_{x_1,x_2,\cdots,x_n,\hat{x}_i\in A}|f(x_1,x_2,\cdots,x_{i-1},x_i,x_{i+1},\cdots,x_n)-f(x_1,x_2,\cdots,x_{i-1},\hat{x}_i,x_{i+1},\cdots,x_n)|\leqslant c_i,$$

$$1\leqslant i\leqslant n$$

那么对于任意的 $\varepsilon>0$，有

$$P\{f(X_1,X_2,\cdots,X_n)-\mathrm{E}[f(X_1,X_2,\cdots,X_n)]\geqslant\varepsilon\}\leqslant\exp\left(\frac{-2\varepsilon^2}{\sum_{i=1}^{n}c_i^2}\right) \tag{2.3.4a}$$

或对于双边情况，有

$$P\{|f(X_1,X_2,\cdots,X_n)-E[f(X_1,X_2,\cdots,X_n)]|\geqslant\varepsilon\}\leqslant 2\exp\left(-2\varepsilon^2/\sum_{i=1}^{n}c_i^2\right) \tag{2.3.4b}$$

若函数是若干随机变量之和，由定理 2.3.1 有定理 2.3.2。

定理 2.3.2(Hoeffding 定理)　令独立随机变量 $X_1,X_2,\cdots,X_n$ 满足 $X_i\in[a_i,b_i]$，并设 $S_n=\sum_{i=1}^{n}X_i$，那么对于所有的 $\varepsilon>0$，有

$$P\{|S_n-\mathrm{E}[S_n]|\geqslant\varepsilon\}\leqslant 2\exp\left(\frac{-2\varepsilon^2}{\sum_{i=1}^{n}(a_i-b_i)^2}\right) \tag{2.3.5}$$

式(2.3.4)、式(2.3.5)及类似的关于集中度的不等式称为集中度不等式。通常，母体生成的随机变量的函数值与函数期望值之差的绝对值大于某一常数的概率用小于以这个常数为指数的指数函数刻画。

在机器学习中，往往首先选择方法类型，若选择了函数类，然后利用训练样本确定这个函数类中一个具体的函数。如果要利用一个有限样本集推断关于整个函数类的信息，要求类中每个函数对于样本性能和真实性能之间的差异都应该很小，这一性质称为函数类上的一致收敛(uniform convergence)。可知，对于一致收敛的函数类，集中度不仅对一个函数成立，同时对所有的函数都成立。

一个函数类可能含有适合任何给出的随机数据集的函数，函数类拟合不同数据的能力称为这个函数类的容量(capacity)。函数类的容量越高，过度拟合特定的训练数据，以及识别出的模式是伪模式的风险也越大[3]。可以根据一个函数类拟合随机数据的能力度量这个类的容量。随机取值{−1,+1}的变量称为 Rademacher 变量，利用 Rademacher 变量定义的函数类容量称为 Rademacher 复杂度。

定义 2.3.1(Rademacher 复杂度)　对于由集合 X 上按分布 D 生成的样本集 $S=\{\boldsymbol{x}_1,\boldsymbol{x}_2,\cdots,\boldsymbol{x}_N\}$ 和域为 X 的实值函数类$\mathcal{F}$，$\mathcal{F}$的经验 Rademacher 复杂度(empirical Rademacher complexity)是随机变量

$$\hat{R}_N(\mathcal{F})=\mathrm{E}_\sigma\left[\sup_{f\in\mathcal{F}}\left|\frac{2}{N}\sum_{i=1}^{N}\sigma_i f(\boldsymbol{x}_i)\right|\boldsymbol{x}_1,\boldsymbol{x}_2,\cdots,\boldsymbol{x}_N\right] \tag{2.3.6}$$

其中 $\sigma=\{\sigma_1,\sigma_2,\cdots,\sigma_N\}$ 的元素是独立随机取值{−1,+1}的 Rademacher 变量。$\mathcal{F}$的 Rademacher 复杂度(Rademacher complexity)定义为

$$R_N(\mathcal{F})=\mathrm{E}_S[\hat{R}_N(\mathcal{F})]=\mathrm{E}_{S\sigma}\left[\sup_{f\in\mathcal{F}}\left|\frac{2}{N}\sum_{i=1}^{N}\sigma_i f(x_i)\right|\right] \tag{2.3.7}$$

式(2.3.6)和式(2.3.7)中，取随机变量{−1,+1}作 $f(\boldsymbol{x})$的系数是为了模拟各种可能的拟合输出，$\frac{2}{N}\sum_{i=1}^{N}\sigma_i f(\boldsymbol{x}_i)$ 表达了函数 f 总的拟合情况，取上确界反映函数类最大的拟合能力。

定理 2.3.3[3]　设$\mathcal{F}$是一个由从 Z 映射到$[a,a+1]$的函数组成的函数类，令$\{\boldsymbol{z}_i\}_{i=1}^N$是服从概率分布 D 独立抽取的。对于固定的 $\delta\in(0,1)$，至少在 $1-\delta$ 的概率下，在随机抽取的 N 个样本上，每个函数 $f\in\mathcal{F}$满足

$$\begin{aligned} \mathrm{E}_D[f(\boldsymbol{z})] &\leqslant \hat{\mathrm{E}}[f(\boldsymbol{z})] + R_N(\mathcal{F}) + \sqrt{\frac{\ln(2/\delta)}{2N}} \\ &\leqslant \hat{\mathrm{E}}[f(\boldsymbol{z})] + \hat{R}_N(\mathcal{F}) + 3\sqrt{\frac{\ln(2/\delta)}{2N}} \end{aligned} \tag{2.3.8}$$

定理 2.3.3 表明，除了一个与性能指标及样本个数有关的比较小的常数外，函数的经验值与期望值之差的界由函数类的 Rademacher 复杂度确定，即模式函数的经验误差与真实误差之间差的界在很高的概率下由模式函数类的 Rademacher 复杂度确定。上述定理为许多算法的泛化性能分析提供了理论基础。

模式分析经常采用核方法，这就涉及由核函数定义的映射空间的函数类，特别是线性函数类。给定训练集 S，设函数类是具有有界范数的线性函数

$$\left\{\boldsymbol{x} \to \sum_{i=1}^{N} \alpha_i \kappa(\boldsymbol{x}_i, \boldsymbol{x}) \,\middle|\, \boldsymbol{\alpha}^{\mathrm{T}} \boldsymbol{K} \boldsymbol{\alpha} \leqslant B^2\right\} \subseteq \left\{\boldsymbol{x} \to \langle \boldsymbol{w}, \boldsymbol{\varphi}(\boldsymbol{x}) \rangle \,\middle|\, \|\boldsymbol{w}\| \leqslant B\right\} = \mathcal{F}_B$$

式中，$\kappa(\cdot,\cdot)$是核函数，$\boldsymbol{K}$ 为样本集 S 上的核矩阵，$\boldsymbol{\varphi}(\boldsymbol{x})$是对应于核函数的特征映射，$\mathcal{F}_B$ 的定义并不依赖于具体的训练集。在模式分析中，许多地方都使用上述函数类。

定理 2.3.4[3]　设核函数 $\kappa: X \times X \to \mathbb{R}$，且 $S = \{\boldsymbol{x}_1, \boldsymbol{x}_2, \cdots, \boldsymbol{x}_N\}$ 是一个来自 X 的样本集，那么函数类 $\mathcal{F}_B$ 的经验 Rademacher 复杂度满足

$$\hat{R}_N(\mathcal{F}_B) \leqslant \frac{2B}{N}\sqrt{\sum_{i=1}^{N} \kappa(\boldsymbol{x}_i, \boldsymbol{x}_i)} = \frac{2B}{N}\sqrt{\mathrm{tr}[\boldsymbol{K}]} \tag{2.3.9}$$

下面给出函数类的 Rademacher 复杂度的性质。

定理 2.3.5[3]　令 $\mathcal{F}, \mathcal{F}_1, \mathcal{F}_2, \cdots, \mathcal{F}_n$ 和 $\mathcal{G}$ 是实函数类，那么

(1) 若 $\mathcal{F} \subseteq \mathcal{G}$，则 $\hat{R}_N(\mathcal{F}) \leqslant \hat{R}_N(\mathcal{G})$。

(2) $\hat{R}_N(\mathcal{F}) = \hat{R}_N(\mathrm{conv}(\mathcal{F}))$。

(3) 对于任意 $c \in \mathbb{R}$，有 $\hat{R}_N(c\mathcal{F}) = |c| \hat{R}_N(\mathcal{F})$。

(4) 对于任意函数 h，有 $\hat{R}_N(\mathcal{F} + h) \leqslant \hat{R}_N(\mathcal{F}) + 2\sqrt{\hat{\mathrm{E}}[h^2]/N}$。

(5) $\hat{R}_N\left(\sum_{i=1}^{n} \mathcal{F}_i\right) \leqslant \sum_{i=1}^{n} \hat{R}_N(\mathcal{F}_i)$。

定理中，$\mathrm{conv}(\mathcal{F})$表示由 $\mathcal{F}$ 的元素的凸组合构成的集合。

定理 2.3.6[3]　令 $\mathcal{F}$ 是一个从 $Z = X \times Y$ 映射到 $\mathbb{R}$ 的函数类，它由 $f(\boldsymbol{x}, y) = -yg(\boldsymbol{x})$ 给出，其中 g 是由核函数定义的映射空间中一个范数不超过 1 的线性函数。令 $S = \{(\boldsymbol{x}_1, y_1), (\boldsymbol{x}_2, y_2), \cdots, (\boldsymbol{x}_N, y_N)\}$ 是根据概率分布 D 独立抽取的。对于固定的 $\gamma > 0$ 和 $\delta \in (0,1)$，至少在 $1-\delta$ 的概率下，在随机抽取的大小为 N 的样本上有

$$\begin{aligned} P(\mathrm{sgn}[g(\boldsymbol{x})] \neq y) &= \mathrm{E}_D[\mathrm{H}(-yg(\boldsymbol{x}))] \\ &\leqslant \frac{1}{\gamma N}\sum_{i=1}^{N} \xi_i + \frac{4}{\gamma N}\sqrt{\mathrm{tr}(\boldsymbol{K})} + 3\sqrt{\frac{\ln(2/\delta)}{2N}} \end{aligned} \tag{2.3.10}$$

式中，$\xi_i = \xi((\boldsymbol{x}_i, y_i), \gamma, g)$，若 $z > 0$，则 Heaviside 函数 $\mathrm{H}(z) = 1$，否则其为 0。

上述有关定理的证明可参阅文献[3]。

2.3.2 VC维

函数类的容量还有另一种定义方式，用VC维刻画函数类的容量，函数类的VC维定义为可以被该函数类的函数分开的点的最大个数。

设定义在集合 X 上的两类问题指示函数类（判别函数类）$f(\boldsymbol{z},\boldsymbol{\alpha}),\boldsymbol{\alpha}\in A$，对于来自 X 的 N 个学习样本的序列 $\{\boldsymbol{z}_1,\boldsymbol{z}_2,\cdots,\boldsymbol{z}_N\}\triangleq Z_N$ 和 $\boldsymbol{\alpha}$ 在 A 中的不同取值，由指示函数类确定一个二值的 N 维矢量集

$$\{\boldsymbol{f}(Z_N,\boldsymbol{\alpha})\}=\{(f(\boldsymbol{z}_1,\boldsymbol{\alpha}),f(\boldsymbol{z}_2,\boldsymbol{\alpha}),\cdots,f(\boldsymbol{z}_N,\boldsymbol{\alpha}))\} \tag{2.3.11}$$

易知，对于任一取定的 $\boldsymbol{\alpha}$ 和 N 个样本组成的序列，其二值 N 维矢量集中相应矢量对应 N 维空间中单位超立方体的一个顶点；对于所有可能的样本序列和可能的 $\boldsymbol{\alpha}$，其对应的二值 N 维矢量集中的每个矢量都分别对应 N 维空间中单位超立方体的一个顶点，如图2.3.1所示。若用 $N^A(\boldsymbol{z}_1,\boldsymbol{z}_2,\cdots,\boldsymbol{z}_N)$ 表示矢量集(2.3.11)中矢量的个数，显然有

$$N^A(\boldsymbol{z}_1,\boldsymbol{z}_2,\cdots,\boldsymbol{z}_N)\leqslant 2^N \tag{2.3.12}$$

可知，$N^A(\cdot)$ 反映了函数类 $f(\boldsymbol{z},\boldsymbol{\alpha})$ 在给定数据集上取值的多样性，表示用指示函数类中的函数能够将给定的样本分成多少种不同的两类的能力，表示用指示函数类中的函数将 $\boldsymbol{z}_1,\boldsymbol{z}_2,\cdots,\boldsymbol{z}_N$ 分开的不同分法的数目，即可能实现的分成两类的方案数，它和指示函数类有关，也和具体的样本有关。由于 $\boldsymbol{z}_1,\boldsymbol{z}_2,\cdots,\boldsymbol{z}_N$ 是独立随机抽取的样本，因此 $N^A(\boldsymbol{z}_1,\boldsymbol{z}_2,\cdots,\boldsymbol{z}_N)$ 也是一个随机量。为了刻画指示函数类在样本集 Z_N 上的分类能力，由 $N^A(\cdot)$ 构造如下一些新的概念。

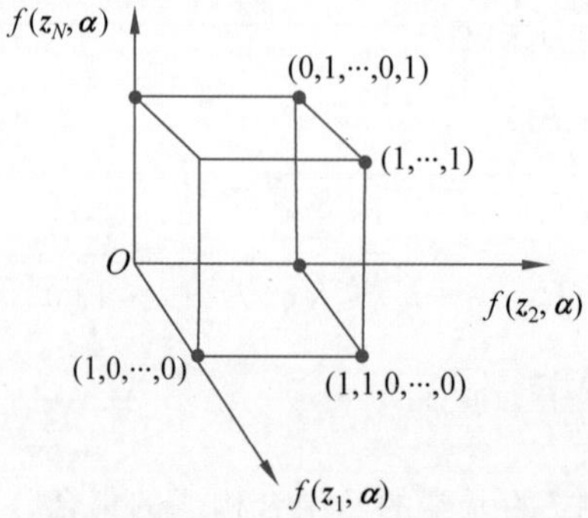

图2.3.1 二值 N 维矢量集 $\{f(Z_N,\boldsymbol{\alpha})\}$ 对应 N 维单位超立方体顶点集的示意图

指示函数类 $f(\boldsymbol{z},\boldsymbol{\alpha})$ 中的函数对一个给定的样本集能实现各种不同的（两类）分类数目的对数

$$H^A(\boldsymbol{z}_1,\boldsymbol{z}_2,\cdots,\boldsymbol{z}_N)=\ln N^A(\boldsymbol{z}_1,\boldsymbol{z}_2,\cdots,\boldsymbol{z}_N) \tag{2.3.13}$$

称为指示函数类 $f(\boldsymbol{z},\boldsymbol{\alpha})$ 在这个样本集 $\boldsymbol{z}_1,\boldsymbol{z}_2,\cdots,\boldsymbol{z}_N$ 上的随机熵，简记为 $H^A(Z_N)$。显然，随机熵不仅与该函数类有关，还与给定的样本集有关，它是一个随机量。

为了规避样本的随机性，更好地表明指示函数类的分类能力，对指示函数类 $f(\boldsymbol{z},\boldsymbol{\alpha})$ 在所有可能的样本数为 N 的样本集上的 $N^A(\boldsymbol{z}_1,\boldsymbol{z}_2,\cdots,\boldsymbol{z}_N)$ 求期望值并取对数

$$\begin{aligned} H^A(N) &= \ln \mathrm{E}[N^A(\boldsymbol{z}_1, \boldsymbol{z}_2, \cdots, \boldsymbol{z}_N)] \\ &= \ln \int N^A(\boldsymbol{z}_1, \boldsymbol{z}_2, \cdots, \boldsymbol{z}_N) \mathrm{d}F(\boldsymbol{z}_1, \boldsymbol{z}_2, \cdots, \boldsymbol{z}_N) \end{aligned} \tag{2.3.14}$$

通常其称为指示函数类在大小为 N 的样本集上的函数熵，也称为 VC 熵。$H^A(N)$表示给定的指示函数类在数目为 N 的样本上输出的多样性。

由于通常不知道分布函数，所以一个可行的方法是考虑随机熵的最大值。指示函数类在所有可能的大小为 N 的样本集上最大随机熵称为指示函数类的生长函数

$$G^A(N) = \ln \sup_{\boldsymbol{z}_1, \boldsymbol{z}_2, \cdots, \boldsymbol{z}_N} [N^A(\boldsymbol{z}_1, \boldsymbol{z}_2, \cdots, \boldsymbol{z}_N)] \tag{2.3.15}$$

由上述各种定义可知，它们都可作为指示函数类分类能力的度量，随机熵反映了指示函数类关于给定样本集 Z_N的分类能力，生长函数反映了指示函数类把 N 个样本分成两类的最大能力，其与样本分布无关，而 VC 熵则是从 N 个样本各种情况的总体平均反映了指示函数类的分类能力。

前面给出的随机熵、VC 熵、生长函数在统计学习理论中起十分重要的作用，但由于有关理论结果离实用尚有较大的距离，因此被建立在 VC 维基础上新的理论结果所取代。这里只介绍 VC 维。VC 维用于刻画函数类的容量，基于 VC 维可以得到泛化的界。

定理 2.3.7　指示函数类 $f(\boldsymbol{z}, \boldsymbol{\alpha})(\boldsymbol{\alpha} \in A)$的生长函数满足如下关系

$$G^A(N) = N \ln 2, \quad N \leqslant h \tag{2.3.16}$$

$$G^A(N) \leqslant \ln \sum_{k=0}^{h} C_N^k \leqslant \ln \left(\frac{\mathrm{e}N}{h} \right)^h = h \left(1 + \ln \frac{N}{h} \right), \quad N > h \tag{2.3.17}$$

式中，h 是使

$$G^A(N) = N \ln 2 \tag{2.3.18}$$

成立的最大整数 N。

式(2.3.16)和式(2.3.17)表明，指示函数类的生长函数 $G^A(N)$或者与样本数 N 成正比，是关于样本数 N 的线性函数，或者以系数为 h 的样本数 N 的对数函数为它的界值。定理 2.3.7 表明，h 是生长函数不满足式(2.3.16) 的样本数 N 的界值，即当 $N=h$ 时，有 $G^A(h)=h\ln 2$，而 $G^A(h+1)<(h+1)\ln 2$，如图 2.3.2 所示，h 是生长函数由线性函数变为对数函数的转折点的横坐标。

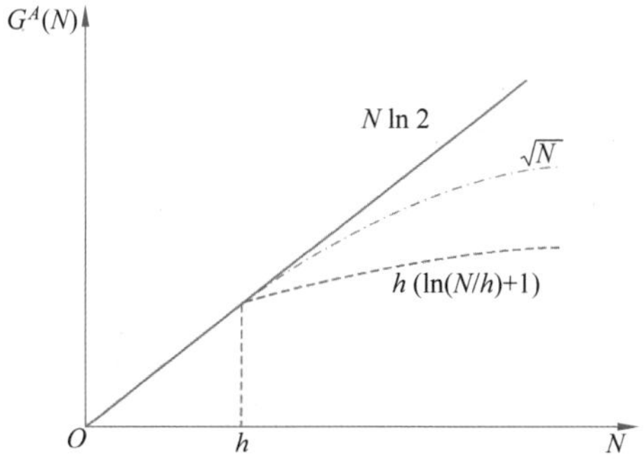

图 2.3.2　h 等于线性界和对数界的转折点的横坐标

通俗地说，函数类 $f(\boldsymbol{z}, \boldsymbol{\alpha})$，$\boldsymbol{\alpha} \in A$ 的 VC 维被定义为可以被该函数类的成员划分开的点的最大个数。

定义 2.3.2(VC 维)　指示函数类能把学习样本以所有可能方式按式(2.3.16)的数量分成两类的最大样本数称作这个指示函数类的容量或 VC 维,并记为 h。

由上面的定义可知,一个指示函数类的 VC 维等于能够用该函数类中的函数以所有可能的 2^h 种方式分成不同两类的样本 $\boldsymbol{z}_1,\boldsymbol{z}_2,\cdots$ 的最大数目 h,此时称函数类的容量或 VC 维有限且等于 h。具有对数界的生长函数的指示函数类的 VC 维等于对数界函数的系数 h。如果对任何样本数 N 总能使函数类以所有可能的 2^N 种方式分成不同的两类,则称函数类 VC 维无穷大,换言之,当生长函数总是关于样本数的线性函数,$G^A(N)=N\ln 2$ 时,则认为函数类的容量为无穷大,即 VC 维定义为无穷大。上面的定义表明,VC 维用于刻画函数类的分类能力,反映了指示函数类表达的多样性,这个多样性表征了它对分类样本的容量。

2.4 经验风险最小化、结构风险最小化

在机器学习中,学习方法或所得模型的泛化(generalization)性能反映了它对非训练数据的预测能力,在实际工作中最为重要,本节给出泛化误差与训练误差之间的关系。设 $f(\boldsymbol{x})$ 为学习的目标函数,$\hat{f}(\boldsymbol{x})$ 是利用训练样本学习的结果,损失函数 $L(y,\hat{f}(\boldsymbol{x}))$ 是针对样本个体定义的,学习质量应基于总体评估,在训练集上的平均损失称为经验误差或经验风险(empirical risk),其定义为

$$R_{\text{emp}}(\hat{f}(\boldsymbol{x}))=\frac{1}{N}\sum_{i=1}^{N}L(y_i,\hat{f}(\boldsymbol{x}_i)) \tag{2.4.1}$$

一个学习准则是找到使经验风险最小的预测函数,即

$$\hat{f}^*(\boldsymbol{x})=\arg\min_{\hat{f}} R_{\text{emp}}(\hat{f}(\boldsymbol{x})) \tag{2.4.2}$$

这就是经验风险最小化(empirical risk minimization,ERM)原则。

预测函数或模型最重要的性能是对非训练集的工作样本预测的准确性,可以用期望风险(expected risk)衡量,期望风险又称为泛化风险,相对于经验风险,其也称为实际风险,经验风险通常小于期望风险。期望风险 $R(\hat{f}(\boldsymbol{x}))$ 定义为

$$R(\hat{f}(\boldsymbol{x}))=\mathrm{E}_{(\boldsymbol{x},y)\sim p(\boldsymbol{x},y)}[L(y,\hat{f}(\boldsymbol{x}))] \tag{2.4.3}$$

式中,$p(\boldsymbol{x},y)$ 是数据 $(\boldsymbol{x},y)$ 的联合分布,或

$$R(\hat{f}(\boldsymbol{x}))=\mathrm{E}_{\boldsymbol{x}\sim p(\boldsymbol{x})}\left[\sum_{y=1}^{c}[L(y,\hat{f}(\boldsymbol{x}))]P(y\mid\boldsymbol{x})\right] \tag{2.4.4}$$

误差由偏差和方差构成,偏差表征设计的模型与真实对象适配得好坏,方差表示在此模型下预测的方差。提高模型的复杂性,会使模型过分适应训练数据,预测结果与训练数据的偏差趋于减小,但其方差趋于增加,总的训练误差趋于减小。如果训练数据不能较好地表达母体,设计模型会与理想模型相差较远,导致工作时有较大的偏差和方差,泛化误差变大。反之,模型复杂性不够,因拟合不足具有较大的偏差,导致较大的泛化误差。其间存在最佳模型复杂度,在调整模型时,使其具有较小的方差,如果方差的减少能够超过偏差的增加,那么这是值得的。

根据大数定理，当独立同分布训练样本数趋于无穷大时，经验风险趋于期望风险，然而实际中通常无法获取无限多个能反映母体分布的训练样本，所得训练样本往往是母体一个很小的子集，且通常还含有噪声，这些因素导致训练数据不能很好地反映母体的真实分布，训练所得模型与理想模型会相差较远。在模型训练或模型选择时，单纯的经验风险最小化原则通过模型复杂化适应训练数据结构，容易实现预测模型在训练集上错误率很低甚至为零，但容易导致在训练集外的未知数据上错误率较高，泛化性能较差。模型在训练集上错误率极低，但在未知数据上错误率较高，这种情况称为过拟合(overfitting)，在机器学习中要防止过拟合。

为了解决过拟合问题，一般在经验风险最小化基础上引入正则化(regularization)限制模型能力，使其不要过度地最小化经验风险。引入正则化就是结构风险最小化(structure risk minimization，SRM)原则的一种体现，由于具体实施时不能保证全局最优，所以也称结构风险极小化。

通常用 VC 维表示预测误差估计。考虑一般模型，指示函数类 $f(\boldsymbol{z},\boldsymbol{\alpha}),\boldsymbol{\alpha}\in A$ 包含无限多个元素，设 $R_{\text{emp}}(\boldsymbol{\alpha}_N)$ 表示使用 N 个样本训练的经验风险，$R(\boldsymbol{\alpha}_N)$ 表示相应的期望风险，如果采用 VC 维为 h 的函数类拟合 N 个训练样本，那么至少以 $1-\eta$ 的概率有

$$R(\boldsymbol{\alpha}_N)\leqslant R_{\text{emp}}(\boldsymbol{\alpha}_N)+\frac{E(N)}{2}\left(1+\sqrt{1+\frac{4R_{\text{emp}}(\boldsymbol{\alpha}_N)}{E(N)}}\right)\quad(\text{两分类})\tag{2.4.5}$$

$$R(\boldsymbol{\alpha}_N)\leqslant\frac{R_{\text{emp}}(\boldsymbol{\alpha}_N)}{(1-c\sqrt{E_k(N)})_+}\quad(\text{回归})\tag{2.4.6}$$

式中，

$$E(N)=a_1\frac{h[\ln(a_2N/h)+1]-\ln(\eta/4)}{N}\tag{2.4.7}$$

对于分类，当 $a_1=4,a_2=2$ 时，给出最坏的估计；对于回归，建议 $c=1,a_1=a_2=1$。

在半监督学习的文献[8]中给出界是

$$R(\boldsymbol{\alpha}_N)\leqslant R_{\text{emp}}(\boldsymbol{\alpha}_N)+\sqrt{\frac{h(\ln(2N/h)+1)-\ln\eta}{N}}\tag{2.4.8}$$

式(2.4.5)和式(2.4.6)给出了经验期望风险用经验风险表示的上界，界不等式(2.4.5)和式(2.4.6)描述了经验风险最小化方法的泛化能力。可以看出，经验风险最小化原则下机器学习的经验期望风险由两部分组成，其中第一部分是由训练样本提供的经验风险值，第二部分风险称为置信区间、置信范围或置信风险，由式(2.4.7)可知，置信区间不但与置信水平有关，而且是函数集的 VC 维 h 和训练样本数 N 的函数。进一步分析可以发现，随着 N/h 的增加，置信区间单调减小。当 N/h 较小时，置信区间较大，用经验风险近似经验期望风险就有较大的误差，用经验风险最小化取得的最优解可能具有较差的泛化性；如果样本数较多，N/h 较大，置信区间就会较小，经验风险最小化的最优解就接近理论的最优解。另一方面，当样本数 N 是固定的，若学习的预测函数的 VC 维越高(即复杂性越高)，则置信区间越大，导致经验期望风险与经验风险之间的差别越大，因此在此情况下设计分类器时，不仅使经验风险 $R_{\text{emp}}(\boldsymbol{\alpha})$ 最小，还要使 VC 维尽量小，以减小置信区间，使经验期望风险最小。泛化界给出的界限是概率意义下的极端值，但在实际中很多情况下是

较宽松的，尤其当VC维较高时更是如此。当VC维为无穷大时界定理不再成立。在传统的机器学习中普遍采用的经验风险最小化原则是凭经验选择适当的置信区间和最小化经验风险，选定了预测函数就确定了学习机的VC维，选择机器模型和学习算法的过程就是优化置信区间的过程，如果选择的模型和算法比较适合对象和训练样本，那么可以取得比较好的效果。

结构风险最小化是构造一个递增VC维的嵌套函数类序列，然后选择具有最小风险上界值的函数类。

考虑函数集的子集嵌套集合结构S^*：把函数集$S=\{f(\boldsymbol{z},\boldsymbol{\alpha}),\boldsymbol{\alpha}\in A\}$分解为一个函数子集序列

$$S_1 \subset S_2 \subset \cdots \subset S_k \subset \cdots \subset S \tag{2.4.9}$$

式中，$S_k=\{f(\boldsymbol{z},\boldsymbol{\alpha}),\boldsymbol{\alpha}\in A_k\}$，图2.4.1给出了函数集分解为函数子集嵌套的集合结构示意图。

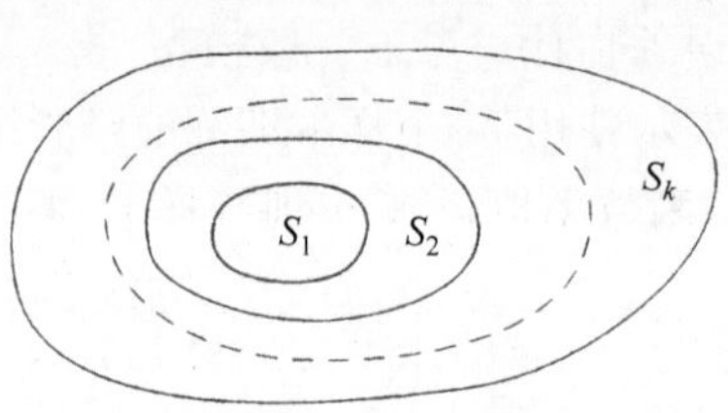

图2.4.1 函数集分解为函数子集嵌套的集合结构示意图

定义函数子集结构须满足下列三个基本性质：

(1) 结构S^*的任何元素(函数子集)S_k都具有有限的VC维h_k。

(2) 结构S^*的任何元素S_k包含

① 一个完全有界函数集

$$0 \leqslant f(\boldsymbol{z},\boldsymbol{\alpha}) \leqslant B_k, \quad \boldsymbol{\alpha} \in A_k$$

② 一个非负函数集$f(\boldsymbol{z},\boldsymbol{\alpha}),\boldsymbol{\alpha}\in A_k$，且满足不等式

$$\sup_{\alpha \in A_k} \frac{\sqrt[p]{\mathrm{E}[f^p(\boldsymbol{z},\boldsymbol{\alpha})]}}{\mathrm{E}[f(\boldsymbol{z},\boldsymbol{\alpha})]} \leqslant \tau_k < \infty, \quad p > 2 \tag{2.4.10}$$

(3) 子集S_k在集合S中按照度量$L_1(F)$是处处稠密的，其中$F=F(\boldsymbol{z})$是样本所服从的分布函数。

根据结构S^*的定义，对于结构S^*的元素S_k，下列论断成立：

(1) VC维值的序列h_k随着k的增加是非减的。

$$h_1 \leqslant h_2 \leqslant \cdots \leqslant h_k \leqslant \cdots$$

(2) 界值的序列B_k随着k的增加是非减的。

$$B_1 \leqslant B_2 \leqslant \cdots \leqslant B_k \leqslant \cdots$$

(3) 界值的序列τ_k随着k的增加是非减的。

$$\tau_1 \leqslant \tau_2 \leqslant \cdots \leqslant \tau_k \leqslant \cdots$$

如果采用VC维为h_k的函数$f(\boldsymbol{z},\boldsymbol{\alpha}_N^k)$表示利用$N$个样本条件下函数集$S_k$中最小化经验风险的函数，则在训练集上至少有概率$1-\eta$，这一函数的经验期望风险的界为

$$R(\boldsymbol{\alpha}_N^k) \leqslant R_{\text{emp}}(\boldsymbol{\alpha}_N^k) + B_k E_k(N)\left(1+\sqrt{1+\frac{4R_{\text{emp}}(\boldsymbol{\alpha}_N^k)}{B_k E_k(N)}}\right) \quad (两分类) \tag{2.4.11}$$

或

$$R(\boldsymbol{\alpha}_N^k) \leqslant \left(\frac{R_{\text{emp}}(\boldsymbol{\alpha}_N^k)}{1-a(p)\tau_k\sqrt{E_k(N)}}\right)_\infty \quad (回归) \tag{2.4.12}$$

式中，

$$E_k(N) = 4\frac{h_k(\ln(2N/h_k)+1)-\ln(\eta/4)}{N} \tag{2.4.13}$$

运用 SRM 原则构造学习机有以下两种方式。

(1) 按照上述性质要求构造一个嵌套的函数结构，在每个子集中求最小经验风险，然后选择经验风险与置信区间之和最小的函数。

(2) 按照上述性质要求构造一个嵌套的函数结构，在每个子集中求最小经验风险，然后在经验风险最小的一些子集中找到置信区间最小的函数。

2.5 错误率的实验估计

我们希望设计的预测器泛化性能好，更希望实际工作的错误率等于或接近理论上的最小错误率，因此设计时需要进行错误率估计，一个途径是利用样本估计有关分布，然后运用有关公式推导出错误率的估计，另一个途径是基于统计学有关理论利用样本通过实验直接估计错误率。下面简要介绍实验估计的几种常用重要方法，其中有些方法基于统计学中重采样技术，具有普适性应用价值。

2.5.1 交叉验证法

通过实验估计错误率存在的问题是，我们所得的训练样本总是有限的，为从有限的样本中既得到训练样本又得到测试样本，利用这些样本最大程度地提高估计的准确性，交叉验证法(cross validation)是常用的方法，在此基础上产生了留一自助法、刀切法。

1. 分组固定法

将已知类别的 N 个样本随机地分成两组，其中 N_1个样本作为训练集，另外的 N_2个样本作为测试集，$N_1+N_2=N$。如果所设计的预测器有较多的待定参数，N_1应取得大些，N_1大可使训练错误率接近理论的实际错误率，推广性好，N_1大必然使 N_2小，N_2小可能使测试错误率变小，同时会使测试错误率估计离散度变大，估计可靠性变差，通常重点放在训练环节，$\gamma=N_2/N$ 取得较小，例如 $\gamma=0.1$；如果所设计的预测器待定参数与训练样本数相比较少，学习后的预测器的泛化错误率与 γ 关系不大。N_1小通常会使训练错误率变小，N_1小必然 N_2大，这会使测试错误率变大。所以，这种方法适于 N 较大的情况。如果 N 较小，可采用下面的方法。

2. 留一法(leave-one-out)

从 N 个样本中仅留出一个样本用作测试，其余 $N-1$ 个样本用于训练，用它们训练

和测试完后再从这 N 个样本中留出另一个样本用作测试，其余 $N-1$ 个样本用于训练；如此反复进行 N 次，若得到的判错次数为 m，则错误率估计 $\hat{P}(e)=m/N$。显然，此方法的计算量较大。

3. 分组轮换法

分组轮换法又称为 k-fold cross validation，这种方法介于上述两种方法之间，计算量小于留一法，估计性能好于分组固定法。它将 N 个样本随机分成 k 组，每组 n 个样本，每次只取其中一组样本用于测试，其余各组均用于训练，当这次训练和测试完后改用另一组样本用于测试，其余组样本用于训练。仿此反复进行直到每一组都用于测试过。如果每次测试中有 m_i 个样本被判错，则错误率估计

$$\hat{P}(e)=\frac{n}{N}\sum_{i=1}^{N/n}\frac{m_i}{n} \tag{2.5.1}$$

4. 自助法

自助法(bootstrap)利用了统计学中的重采样技术，从给定的 N 个样本中有放回地随机取出 N 个样本组成一个新的样本集，这个操作重复 B 次，由此可以获得 B 个自助样本集。显然，每个自助样本集不可避免地存在样本的重复，每个样本在 N 次抽样中至少有一次被选中的概率为 $1-(1-1/N)^N$，如果 N 很大，此概率约等于 $1-1/\mathrm{e}=0.632$，这表明每个自助样本集中只包含大约 $0.632N$ 的原训练集中的唯一样本。

自助样本集可以用于统计估计，也可以用于预测器的训练和测试。设 $\hat{f}^b(\boldsymbol{x}_i)$ 表示第 b 个自助样本集之外的全部样本训练产生的预测器对第 b 个自助样本集中的 $\boldsymbol{x}_i$ 的预测，则有损失估计

$$\hat{P}_{\text{boot}}(e)=\frac{1}{B}\frac{1}{N}\sum_{b=1}^{B}\sum_{i=1}^{N}L(y_i,\hat{f}^b(\boldsymbol{x}_i)) \tag{2.5.2}$$

按留一法观点预测误差可表述如下。设训练样本集 X 含 N 个样本，由其产生自助样本集 $T_1,T_2,\cdots,T_B$。设 $C^{(-i)}$ 是不包含 $\boldsymbol{x}_i$ 的自助样本集 T_b 的指标集，$|C^{(-i)}|$ 是这种样本集的数量。仿照交叉验证法，留一法与自助法相结合，得出留一自助法的错误率估计

$$\hat{P}_{\text{lbt}}(e)=\frac{1}{N}\sum_{i=1}^{N}\frac{1}{|C^{(-i)}|}\sum_{b\in C^{(-i)}}L(y_i,\hat{f}^b(\boldsymbol{x}_i)) \tag{2.5.3}$$

由于自助法的错误率估计偏高，基于每个自助样本集中不同样本的平均个数大约是 $0.632N$，经推导错误率估计的改进是

$$\hat{P}(e)=0.632\,\hat{P}_{\text{lbt}}(e)+0.368\,\hat{P}_{\text{r}}(e) \tag{2.5.4}$$

式中，训练错误率

$$\hat{P}_{\text{r}}(e)=\frac{1}{N}\sum_{i=1}^{N}L(y_i,\hat{f}(\boldsymbol{x}_i)) \tag{2.5.5}$$

不难看出，此式将留一自助法的估计向下压向训练错误率。

令 $\theta(T_b)$ 是利用训练集 X 的自助样本集 T_b 得到的一个估计，估计方差为

$$\mathrm{Var}[\theta(X)]=\frac{1}{B-1}\sum_{b=1}^{B}[\theta(T_b)-\bar{\theta}]^2 \tag{2.5.6}$$

式中

$$\bar{\theta}=\frac{1}{B}\sum_{b=1}^{B}\theta(T_b) \tag{2.5.7}$$

5. 刀切法

刀切法(jackknife)是一种通用的基于重采样技术的估计法，该方法可以有效地减少估计偏差，而且简单易操作。错误率估计中的“留一法”实际上是其简单的应用。

首先给出一个有启发性的基本关系。设给定样本集$\{\boldsymbol{x}_1,\boldsymbol{x}_2,\cdots,\boldsymbol{x}_N\}$，样本集均值的全样本估计和留一个样本后的估计分别为

$$\hat{\boldsymbol{\mu}}=\frac{1}{N}\sum_{j=1}^{N}\boldsymbol{x}_j,\quad \hat{\boldsymbol{\mu}}_{(-i)}=\frac{1}{N-1}\sum_{\substack{j=1\\ j\neq i}}^{N}\boldsymbol{x}_j=\frac{N\hat{\boldsymbol{\mu}}-\boldsymbol{x}_i}{N-1}$$

由上式可得

$$\boldsymbol{x}_i=N\hat{\boldsymbol{\mu}}-(N-1)\hat{\boldsymbol{\mu}}_{(-i)} \tag{2.5.8}$$

式(2.5.8)表示了一组数据中某个$\boldsymbol{x}_i$可由它们的两个不同类型的平均相减求得，其中一个平均含有$\boldsymbol{x}_i$，另一个平均不包含$\boldsymbol{x}_i$。

对于某一待估参数集$\boldsymbol{\theta}$，$\hat{\boldsymbol{\theta}}$为利用全部样本得到的估计，$\hat{\boldsymbol{\theta}}\triangleq \boldsymbol{f}(\boldsymbol{x}_1,\boldsymbol{x}_2,\cdots,\boldsymbol{x}_N)$。刀切法首先运用留一法，每次忽略一个样本$\boldsymbol{x}_i(i=1,2,\cdots,N)$，算得$\boldsymbol{\theta}$的$N$个偏预估，第$i$个偏预估

$$\hat{\boldsymbol{\theta}}_{(-i)}\triangleq \boldsymbol{f}(\boldsymbol{x}_1,\boldsymbol{x}_2,\cdots,\boldsymbol{x}_{i-1},\boldsymbol{x}_{i+1},\cdots,\boldsymbol{x}_N),\quad i=1,2,\cdots,N \tag{2.5.9}$$

参数集$\boldsymbol{\theta}$的偏预估均值

$$\hat{\boldsymbol{\theta}}_{(\cdot)}=\frac{1}{N}\sum_{i=1}^{N}\hat{\boldsymbol{\theta}}_{(-i)} \tag{2.5.10}$$

类似于式(2.5.8)，定义关于第$i(i=1,2,\cdots,N)$个观测的参数$\boldsymbol{\theta}$的“伪值”(pesudovalues)估计

$$\tilde{\boldsymbol{\theta}}_{(-i)}=N\hat{\boldsymbol{\theta}}-(N-1)\hat{\boldsymbol{\theta}}_{(-i)} \tag{2.5.11}$$

$\boldsymbol{\theta}$的刀切法估计是所有伪值的平均

$$\begin{aligned}\hat{\boldsymbol{\theta}}_{\mathrm{JK}}&=\frac{1}{N}\sum_{i=1}^{N}\tilde{\boldsymbol{\theta}}_{(-i)}=\frac{1}{N}\sum_{i=1}^{N}[N\hat{\boldsymbol{\theta}}-(N-1)\hat{\boldsymbol{\theta}}_{(-i)}]\\&=N\hat{\boldsymbol{\theta}}-(N-1)\hat{\boldsymbol{\theta}}_{(\cdot)}\end{aligned} \tag{2.5.12}$$

下面考量刀切法估计的精度。假设估计$\hat{\boldsymbol{\theta}}$的期望值有如下形式：

$$\mathrm{E}[\hat{\boldsymbol{\theta}}]=\boldsymbol{\theta}+\frac{\boldsymbol{a}_1}{N}+\frac{\boldsymbol{a}_2}{N^2}+O(N^{-3}) \tag{2.5.13}$$

式中，$\boldsymbol{a}_1,\boldsymbol{a}_2$只与$\hat{\boldsymbol{\theta}}$的期望的渐近值或它们的分布有关，与$N$无关。类似于式(2.5.13)有

$$\mathrm{E}[\hat{\boldsymbol{\theta}}_{(\cdot)}]=\boldsymbol{\theta}+\frac{\boldsymbol{a}_1}{N-1}+\frac{\boldsymbol{a}_2}{(N-1)^2}+O(N^{-3}) \tag{2.5.14}$$

利用式(2.5.12)～式(2.5.14)可以求得

$$\mathrm{E}[\hat{\boldsymbol{\theta}}_{\mathrm{JK}}]=\boldsymbol{\theta}+\boldsymbol{a}_2\left(\frac{1}{N}-\frac{1}{N-1}\right)+O(N^{-3})$$

$$=\boldsymbol{\theta}-\frac{\boldsymbol{a}_2}{N(N-1)}+O(N^{-3}) \tag{2.5.15}$$

由此可知，刀切法估计消除了传统估计量偏差的一阶项，刀切法估计的偏差（$\mathrm{E}[\hat{\boldsymbol{\theta}}_{\mathrm{JK}}]-\boldsymbol{\theta}$）比传统估计的偏差（$\mathrm{E}[\hat{\boldsymbol{\theta}}]-\boldsymbol{\theta}$）低一阶，其为 $O(N^{-2})$。这表明，从统计意义上讲，刀切法估计的精度更高。

考虑式(2.5.13)和式(2.5.15)，可得$\hat{\boldsymbol{\theta}}$的偏差$\boldsymbol{\beta}=\mathrm{E}[\hat{\boldsymbol{\theta}}]-\boldsymbol{\theta}$ 的刀切法估计

$$\boldsymbol{\beta}_{\mathrm{JK}}=(N-1)(\hat{\boldsymbol{\theta}}_{(\cdot)}-\hat{\boldsymbol{\theta}}) \tag{2.5.16}$$

式(2.5.12)的刀切法估计对于估计的真实偏差是无偏的。

基于参数 $\boldsymbol{\theta}$ 的伪值，$\hat{\boldsymbol{\theta}}$的方差的刀切法估计

$$\begin{aligned}\widehat{\mathrm{Var}_{\mathrm{JK}}}[\hat{\boldsymbol{\theta}}]&=\mathrm{Var}[\hat{\boldsymbol{\theta}}_{\mathrm{JK}}]=\frac{1}{N}\mathrm{Var}[\tilde{\boldsymbol{\theta}}_{(-i)}]\\&=\frac{1}{N(N-1)}\sum_{i=1}^{N}(\tilde{\boldsymbol{\theta}}_{(-i)}-\hat{\boldsymbol{\theta}}_{\mathrm{JK}})^2\\&=\frac{N-1}{N}\sum_{i=1}^{N}(\hat{\boldsymbol{\theta}}_{(-i)}-\hat{\boldsymbol{\theta}}_{(\cdot)})^2\end{aligned} \tag{2.5.17}$$

并且估计有渐进性质

$$\frac{\hat{\boldsymbol{\theta}}-\boldsymbol{\theta}}{\sqrt{\mathrm{Var}[\hat{\boldsymbol{\theta}}_{\mathrm{JK}}]}}\sim N(0,1)$$

注：jackknife 方法是 bootstrap 方法的一个近似，jackknife 方差为 bootstrap 方差的一阶近似。当 jackknife 方法失效时，可考虑 delete-d jackknife 方法，即每次去掉原始数据的 d 个观测值。这样，每个 delete-d jackknife 样本中的样本量为 $N-d$，共有 C_N^d个不同的 delete-d jackknife 样本。

2.5.2 从学习曲线估计错误率

在使用有限训练样本和测试样本情况下，训练错误率要比测试错误率小，当用较少的样本训练时，训练错误率可以达到零；而当训练样本和测试样本数都趋于无穷大时，两者趋于一个稳定值——Bayes 误判概率，如图 2.5.1 所示。这里考虑用相对较少的样本训练预测器，用一个较大的样本集对其测试，测试错误率与训练样本数的关系如图 2.5.2(a)所示，这是一种特殊形式的学习曲线，表示不同的 N 的独立训练集对预测器充分训练后所得到的错误率。对很多实际问题，上述测试错误率的单调下降曲线可以用幂函数

$$\varepsilon_{\text{test}}=b+\frac{a}{N^{\alpha}} \tag{2.5.18}$$

描述，其中 a，b 和 $\alpha\geqslant 1$ 取决于具体预测任务和预测器。显然，b 为渐近错误率。对非常大的 N 的极端情况，训练错误率将等于测试错误率。训练错误率可以用另一个幂函数

$$\varepsilon_{\text{train}}=b-\frac{c}{N^{\beta}} \tag{2.5.19}$$

描述，它有同样的渐近错误率 b。

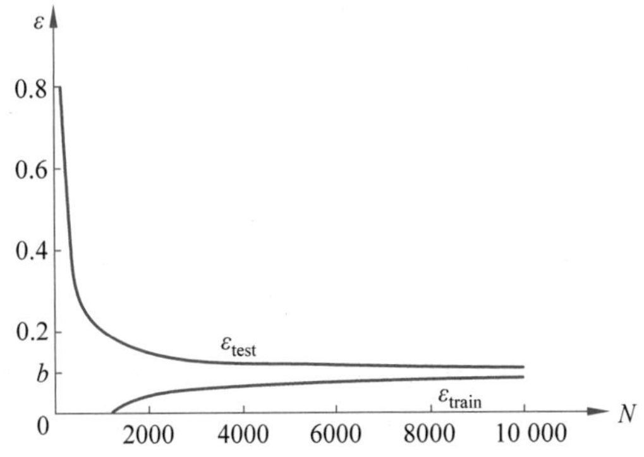

图 2.5.1　训练错误率、测试错误率与训练样本数的关系

如果预测器的性能足够好，那么该渐近错误率 b 将等于 Bayes 误判概率，而且，对于一个小的训练样本集，性能好的预测器可能很快地使训练错误率在较小的 N 处取零值。

下面讨论利用相对小规模训练集和中规模测试集各 N 个样本上的训练错误率和测试错误率估计渐近错误率 b。根据式(2.5.18)和式(2.5.19)，有

$$\varepsilon_{\text{test}}+\varepsilon_{\text{train}}=2b+\frac{a}{N^{\alpha}}-\frac{c}{N^{\beta}} \tag{2.5.20}$$

$$\varepsilon_{\text{test}}-\varepsilon_{\text{train}}=\frac{a}{N^{\alpha}}+\frac{c}{N^{\beta}} \tag{2.5.21}$$

如果假定 $\alpha=\beta$ 和 $a=c$，那么式(2.5.20)和式(2.5.21)可写成

$$\varepsilon_{\text{test}}+\varepsilon_{\text{train}}=2b \tag{2.5.22}$$

$$\varepsilon_{\text{test}}-\varepsilon_{\text{train}}=\frac{2a}{N^{\alpha}} \tag{2.5.23}$$

将估计的训练错误率和测试错误率绘制在 log-log 坐标空间，即可估计出 b，$\log(2b)=\log(\varepsilon_{\text{test}}+\varepsilon_{\text{train}})$，如图 2.5.2(b)所示。即使在 $\alpha=\beta$ 和 $a=c$ 不成立的情况下，差值 $\varepsilon_{\text{test}}-\varepsilon_{\text{train}}$ 仍能在 log-log 坐标空间中保持直线形式，在 $\alpha=\beta$ 下，$\log(\varepsilon_{\text{test}}-\varepsilon_{\text{train}})=-\alpha\log N+\log(a+c)$，

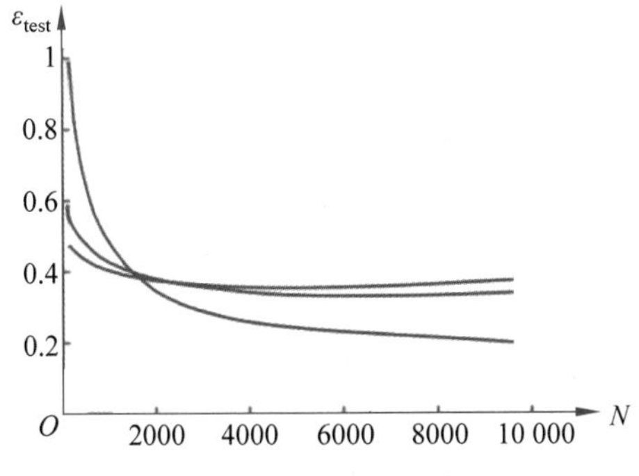

(a) 测试错误率与训练样本数的关系(三个分类器)

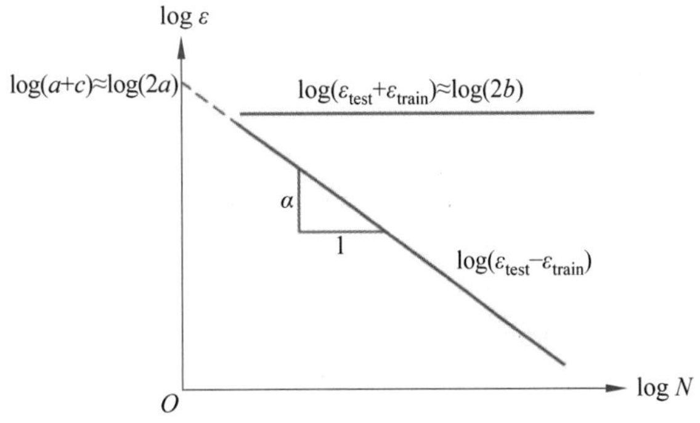

(b) 测试错误率与训练错误率之差和训练样本数的函数关系

图 2.5.2　估计分类器渐近错误率 b 的原理示意图

并且求和项 $s=a+c$ 可以从 $\log(\varepsilon_{\text{test}}-\varepsilon_{\text{train}})$ 曲线中读出。对于某些服从 $a+c=s$ 的 a 和 c 的经验值，$c\varepsilon_{\text{test}}+a\varepsilon_{\text{train}}$ 也是一条直线，从而 b 可以估计出。一旦已经对每个候选分类器估计出 b 值，那么具有最小的 b 的预测器就可被选取，并且接着在完整的训练集上进行充分的训练。

2.6 Akaike 信息准则与贝叶斯信息准则

很多参数估计问题均采用似然函数作为目标函数，当训练样本足够多时，可以提高模型拟合精度，但以增加模型复杂度为代价，更重要的是降低模型的泛化性能，模型选择问题应在模型复杂度与模型对数据描述能力之间寻求最优权衡，在某些模型建模中保证模型性能的度量以似然函数为目标函数，同时引入惩罚项控制复杂度，通过加入模型复杂度的惩罚项避免训练中的过拟合问题。学者提出许多模型选择准则，常用的模型选择方法包括赤池信息准则(akaike information criterion，AIC)和贝叶斯信息准则(bayesian information criterion，BIC)，它们试图建立最好地解释数据且包含最少自由参数的模型。

2.6.1 Akaike 信息准则

Akaike 信息准则由日本统计学家赤池弘次于 1973 年提出，开始主要用于回归问题，它是基于熵的概念建立的，提供权衡估计模型复杂度和拟合数据优良性的标准，后来不断地扩展应用和更新适应性，相应派生出各种形式的 Akaike 信息准则。一般地，Akaike 信息准则是权衡预测模型复杂度和输出数据准确性的标准，它是未知模型参数个数和输出精度的加权函数，AIC 的度量值定义为

$$AIC=2k-2\ln L \tag{2.6.1}$$

式中，k 表示模型独立参数个数，L 表示模型估计的似然函数。

一般而言，当 k 增大、模型复杂度提高时，似然函数 L 增大，AIC 总量变小，但当 k 过大时，似然函数增速减缓，导致 AIC 增大。模型过于复杂易造成对训练样本过拟合，式(2.6.1)引入了与模型参数个数相关的惩罚项，使模型参数尽可能少，有助于降低过拟合的可能性，AIC 适当控制提高模型对训练数据的拟合度，以求得对训练样本外(extra-sample)的数据有较好的拟合度。当从一组可供选择的模型中选择最佳模型时，通常选择 AIC 最小的模型。AIC 追求似然函数尽可能大的同时，k 要尽可能小，AIC 可合理有效地控制参数个数 k。

如果模型的误差服从独立正态分布，令 N 为观察数，RSS 为残差平方和(sum sqaure of residue)，那么 AIC 成为

$$AIC=2k+N\ln(RSS/N) \tag{2.6.2}$$

AIC 准则对每个参数至少要有 20 个数据，在小子样情况下，AIC 修正为 $AICc$(AIC corrected)：

$$\begin{aligned} AICc &= AIC+2k(k+1)/(N-k-1) \\ &= 2kN/(N-k-1)-2\ln L \end{aligned} \tag{2.6.3}$$

当 N 增加时，$AICc$ 收敛成 AIC，表明 $AICc$ 可以用于任何样本数情况。

McQuarrie 和 Tsai(1998 年)把 $AICc$ 定义为

$$AICc = \ln(RSS/N) + (N+k)/(N-k-2) \tag{2.6.4}$$

他们提出的另一个紧密相关指标为 $AICu$：

$$AICu = \ln[RSS/(N-k)] + (N+k)/(N-k-2) \tag{2.6.5}$$

为了使用过度离散样本或缺乏拟合,改进的 AIC 准则 QAIC(Quasi-AIC)：

$$QAIC = 2k - 2\ln L/c \tag{2.6.6}$$

式中,c 是方差膨胀因子。在小子样的情况下,$QAIC$ 转变为 $QAICc$：

$$QAICc = QAIC + 2k(k+1)/(N-k-1) \tag{2.6.7}$$

在机器学习中,学习方法的泛化性能反映它对训练样本外数据的预测能力,其在实际工作中最为重要,是选择模型最优先的考量,然而,在训练过程中,我们只能得到训练误差,2.5 节讨论了利用训练误差和测试误差估计泛化误差,另一个方法是将训练误差向泛化误差方向更新,途径是准确估计训练误差的期望。对于给定的训练样本$\{(\boldsymbol{x}_i, y_i)\}_{i=1}^N$和取定的损失函数 $L(y, \hat{f}(\boldsymbol{x}))$,训练误差(率)为

$$\varepsilon_r = \frac{1}{N}\sum_{i=1}^{N} L(y_i, \hat{f}(\boldsymbol{x}_i)) \tag{2.6.8}$$

泛化误差 $\varepsilon_g = \mathrm{E}[L(y, \hat{f}(\boldsymbol{x}))]$包含训练样本外误差,因工作样本与训练样本不一致,训练误差 ε_r小于泛化误差 ε_g,所以可以认为训练误差 ε_r是泛化误差 ε_g的乐观估计。为了模型选择,应考虑比训练误差更可靠反映性能的样本内(in-sample)误差[4]

$$\varepsilon_{\mathrm{in}} = \frac{1}{N}\sum_{i=1}^{N} \mathrm{E}_y \mathrm{E}_{y^{\mathrm{new}}} L(y_i^{\mathrm{new}}, \hat{f}(\boldsymbol{x}_i)) \tag{2.6.9}$$

式中,y_i^{new}表示对每个样本 $\boldsymbol{x}_i$,$i=1,2,\cdots,N$,观测的 N个新响应值,$\mathrm{E}_{y^{\mathrm{new}}}$是对具体样本的预测值的期望。虽然样本内误差不能代替泛化误差,但选择模型时误差的相对大小才是重要的,样本内误差用于模型之间的对比是方便的,并且通常会导致有效的模型选择。

样本内误差 $\varepsilon_{\mathrm{in}}$与训练误差 ε_r的期望之差定义为乐观性(optimism)：

$$op \equiv \varepsilon_{\mathrm{in}} - \mathrm{E}_y[\varepsilon_r] \tag{2.6.10}$$

它一般是正的,因为作为样本内误差的估计,ε_r通常是偏低的。对于平方误差、0-1 损失和其他损失函数,可以证明

$$op = \frac{2}{N}\sum_{i=1}^{N} \mathrm{Cov}(\hat{y}_i, y_i) \tag{2.6.11}$$

式中,Cov 表示协方差。$\hat{y}_i$表示回归拟合值时,对应取平方误差损失函数；$\hat{y}_i \in \{0,1\}$是 $\boldsymbol{x}_i$的分类标记时,对应取 0-1 损失函数；对于熵损失,$\hat{y}_i \in [0,1]$是 ω_1类在 $\boldsymbol{x}_i$上的预测概率。由式(2.6.10)知,$\varepsilon_{\mathrm{in}}$与 $\mathrm{Cov}(\hat{y}_i, y_i)$有如下关系：

$$\varepsilon_{\mathrm{in}} = \mathrm{E}_y[\varepsilon_r] + \frac{2}{N}\sum_{i=1}^{N} \mathrm{Cov}(\hat{y}_i, y_i) \tag{2.6.12}$$

如果$\hat{y}_i$是通过一个有 k 个输入或基函数的线性组合拟合得到的,那么式(2.6.12)可以简化。对于具有加性噪声 η 的模型 $y = f(\boldsymbol{x}) + \eta$,有

$$\sum_{i=1}^{N} \mathrm{Cov}(\hat{y}_i, y_i) = k\sigma_\eta^2 \tag{2.6.13}$$

对平方误差损失的线性模型完全成立，而对线性模型和对数似然则近似成立，式(2.6.13)对 0-1 损失并不一定成立(Efron，1986 年)，对于其他误差函数，如熵损失，式(2.6.13)近似成立。

根据上面的设定，从而有

$$\varepsilon_{\text{in}} = \mathrm{E}_y[\varepsilon_r] + \frac{2k}{N}\sigma_\eta^2 \tag{2.6.14a}$$

或

$$\varepsilon_{\text{in}} \approx \mathrm{E}_y[\varepsilon_r] + \frac{2k}{N}\sigma_\eta^2 \tag{2.6.14b}$$

显然，估计样本内误差的一个方法是估计乐观性，然后将其与训练误差 ε_r 相加，样本内预测误差估计的一般形式是

$$\hat{\varepsilon}_{\text{in}} = \varepsilon_r + \widehat{op} \tag{2.6.15}$$

式中，$\widehat{op}$ 是乐观性估计。

当使用对数似然损失函数时，AIC 准则是一个类似的更具一般性的 ε_{in} 的估计。它依赖于一个类似于式(2.6.14a)的关系，该关系随 $N\to\infty$ 渐近地成立，即

$$-2\mathrm{E}[\ln P_{\hat{\boldsymbol{\theta}}}(y)] \approx -\frac{2}{N}\mathrm{E}[\ln L] + \frac{2k}{N} \tag{2.6.16}$$

式中，$P_{\hat{\boldsymbol{\theta}}}(y)$ 是 y 的包括“真实”密度的含参密度族，$\hat{\boldsymbol{\theta}}$ 是分布参数 $\boldsymbol{\theta}$ 的最大似然估计，$\ln L$ 是对数似然

$$\ln L = \sum_{i=1}^{N} \ln P_{\hat{\boldsymbol{\theta}}}(y_i) \tag{2.6.17}$$

对于逻辑回归模型，使用二项式对数似然，对 AIC 有

$$AIC = \frac{2k}{N} - \frac{2}{N}\ln L \tag{2.6.18}$$

给定一个用调整参数 $\boldsymbol{\alpha}$ 标记的模型集 $\{f_{\boldsymbol{\alpha}}(\boldsymbol{x})\}$，用 $\varepsilon_r(\boldsymbol{\alpha})$ 和 $k(\boldsymbol{\alpha})$ 分别表示模型的训练误差和参数个数，对这个模型集定义

$$AIC(\boldsymbol{\alpha}) = \varepsilon_r(\boldsymbol{\alpha}) + \frac{2k(\boldsymbol{\alpha})}{N}\hat{\sigma}_\eta^2 \tag{2.6.19}$$

函数 $AIC(\boldsymbol{\alpha})$ 提供了测试误差曲线的一个估计，并寻找使其最小化的调整参数 $\hat{\boldsymbol{\alpha}}$，最终选择的模型是 $f_{\hat{\boldsymbol{\alpha}}}(\boldsymbol{x})$。如果自适应地选择基函数，则式(2.6.13)不再成立。

若使用 AIC 选择模型，在所考虑的模型集上选择给出最小 AIC 的模型。对于非线性的和其他复杂的模型，需用模型复杂度的某种度量代替 k。

2.6.2 贝叶斯信息准则

G. Schwarz 在 1978 年提出了以 minimum message length criteria 为理论基础的模型比较准则(称为 Schwarz Information Criterion)，其目的是近似估算出一个候选模型的贝叶斯后验概率，所以被称为贝叶斯信息准则(Bayesian Information Criterion，BIC)。BIC 和 AIC 一样，BIC 通过对数似然最大化实现拟合的过程中也可用于模型选择。训练

模型时，增加模型参数数量，提高模型复杂度，会增大似然函数，也会导致数据过拟合，针对此问题，BIC 与 AIC 一样也引入了与模型参数个数相关的惩罚项，但 BIC 的惩罚项比 AIC 的因素多，考虑了样本数量，样本数量过多时，可有效防止模型精度过高造成的模型复杂度过高和泛化性能差，并且惩罚值更大，增加了惩罚力度。BIC 度量的一般形式是

$$BIC = k\ln N - 2\ln L \tag{2.6.20}$$

式中，k表示模型独立参数个数，N为样本个数，L表示似然函数。$k\ln N$ 惩罚项在参数过多且训练样本相对较少的情况下，可有效避免出现维数灾难现象。假设 $N > e^2 \approx 7.4$，与 AIC 相比，因用 $\ln N$代替 2，BIC 倾向于更多地惩罚复杂模型，偏爱较简单的模型。BIC 统计量乘以 1/2 即所谓的 Schwartz 准则。

对于高斯模型，设预测方差为 σ^2，若采用平方误差损失，则有(相差一个常数因子)

$$-2\ln L = \sum_{i=1}^{N} [y_i - \hat{f}(\boldsymbol{x}_i)]^2/\sigma^2 \tag{2.6.21}$$

将式(2.6.21)代入式(2.6.20)，易得

$$BIC = \frac{N}{\sigma^2}\left(\varepsilon_r + \frac{k\sigma^2}{N}\ln N\right) \tag{2.6.22}$$

如同 AIC，σ^2 通常由低偏差模型的均方误差估计，低偏差是为了估计更准确。对于分类问题，使用互熵作为误差度量，多项式对数似然的使用导致 BIC 与 AIC 相似，然而，误分类误差度量在 BIC 中并不升高，因为在任意概率模型下它并不对应数据的对数似然。

尽管与 AIC 相似，但 BIC 的开发动机却与其不同，它源于使用贝叶斯方法进行模型选择。假设有一个候选模型集合$\{(M_m, \theta_m); m = 1, 2, \cdots, M\}$，其中 θ_m是模型 M_m的模型参数，在它们之中选择一个最佳模型。设每个模型 M_m 的参数 θ_m 都有先验概率分布 $P(\theta_m | M_m)$，令 Z 表示训练数据集$\{(\boldsymbol{x}_i, y_i)\}_{i=1}^{N}$，根据贝叶斯定理，模型 M_m的后验概率为

$$\begin{aligned} P(M_m \mid Z) &\propto P(M_m)P(Z | M_m) \\ &\propto P(M_m)\int P(Z | \theta_m, M_m)P(\theta_m | M_m)\mathrm{d}\theta_m \end{aligned} \tag{2.6.23}$$

为了比较两个模型 M_m和 M_l的优劣，可构造后验几率

$$\frac{P(M_m | Z)}{P(M_l | Z)} = \frac{P(M_m)}{P(M_l)} \cdot \frac{P(Z | M_m)}{P(Z | M_l)} \tag{2.6.24}$$

若后验几率大于 1，则选择模型 M_m，否则选择 M_l。等式最右边的量

$$BF(Z) = \frac{P(Z | M_m)}{P(Z | M_l)} \tag{2.6.25}$$

称为贝叶斯因子(Bayes factor)。

当模型的知识很少时，通常取各模型等概率，$P(M_m)$和 $P(M_l)$是相等的常量，此时只需求得 $P(Z | M_m)$和 $P(Z | M_l)$。通过一种对 $P(Z | M_m)$式中积分的拉普拉斯逼近，然后进行某些简化(Ripley，1996 年)得出

$$\ln P(Z | M_m) = \ln P(Z | \hat{\theta}_m, M_m) - \frac{k_m}{2}\ln N + O(1) \tag{2.6.26}$$

式中，$\hat{\theta}_m$是 θ_m最大似然估计，k_m是模型 M_m中自由参数的个数。通常认为，越可能发生的

事件而没有预测到应给予更大的惩罚，可取事件的概率作为损失。如果定义损失函数为 $-2\ln P(Z|\hat{\theta}_m, M_m)$，则得到等价于式(2.6.20)的 BIC 准则。于是，选择具有最小 BIC 的模型等价于选择具有最大后验概率估计的模型。如果对 M 个模型的集合采用 BIC，并设已知 $BIC_m(m=1,2,\cdots,M)$，那么每个模型 M_m 的后验概率估计为

$$P(M_m|Z)=\frac{\mathrm{e}^{-\frac{1}{2}\cdot BIC_m}}{\sum_{l=1}^{M}\mathrm{e}^{-\frac{1}{2}\cdot BIC_l}} \tag{2.6.27}$$

式(2.6.27)可以作为模型优劣的相关指标，选择取值最大的模型。

作为模型选择准则，BIC 是渐近相容的，即对于给定的一个模型族(包括真实模型)，当样本容量 $N\to\infty$ 时，依据 BIC 选择正确模型的概率将趋于 1；而 AIC 则不是这样，当 $N\to\infty$ 时，AIC 倾向于选择过于复杂的模型。对于有限样本，BIC 选择的模型通常过于简单，因为它对复杂性有较大的惩罚。目前没有 AIC 或 BIC 优先用于模型选择的简单明确结论。

2.7 预测器选择的统计方法

在预测器设计和机器学习中，为了达到预设的目标，要求拥有尽量多的关于对象和问题的知识，具有数量较多且有代表性的训练样本，选择适当的学习算法或待建模型，还要有可靠的预测器性能评估方法。通常，预测器最重要的性能是能够准确预测，同时要求对样本和环境噪声具有较强的健壮性。算法的泛化性能反映了它对非训练数据的预测能力，好的泛化性反映了设计结果在实际应用时的可靠性，可靠性的意义在于确保预测器在训练、测试和工作中都能保持良好的预测性能。

2.7.1 小差别错误率的分类器选择的统计检验

有关算法虽然给出了基于统计理论的泛化性能，但问题实际是复杂的，还需要在训练过程和训练后进行测试，且测试结论是可靠的。没有免费午餐定理可以说是方法、算法可靠性的顶层思维，对于给定的问题，一般要有多个备选的预测器，应该首选更适宜给定问题的预测器类型。通常，为了更好地完成某个既定任务，往往利用给定的训练样本运用机器学习方法产生多个不同类型的预测器或同一类型不同参数的预测器，然后，研究人员根据性能对所设计的预测器决定取舍。预测器的核心指标是实际错误率，即泛化错误率。研究人员利用足够多的测试样本对预测器进行性能考核，得到测试错误率，或进一步利用有关方法推断出泛化错误率，依此对所设计的预测器决定取舍。两个预测器可能有如下情况：所得错误率相等、有一些差异或差异很大。错误率差异较大的情况容易确定选择哪个预测器；对于前两种情况，不能就此简单地说两个预测器分类性能相同或一个比另一个好，原因是它们只是针对这些测试样本，没有泛化推断，另外更应注意的是，实验是有误差的，如果两者的差异在实验误差范围内，就不能肯定地认为两个预测器的性能相同或一个比另一个好。下面给出一种统计实验方法，确定当没有出现差异或差异很小时，检验两个预测器分类性能差异的概率。

设有两个待比较的分类器 F_1和 F_2，使用测试样本进行考核，确定哪个分类器的分类性能更好。令

N_{00}：被 F_1和 F_2都错误分类的样本数；

N_{01}：被 F_1错误分类而被 F_2正确分类的样本数；

N_{10}：被 F_1正确分类而被 F_2错误分类的样本数；

N_{11}：被 F_1和 F_2都正确分类的样本数。

计算统计量

$$z=\frac{|N_{10}-N_{01}|-1}{\sqrt{N_{10}+N_{01}}} \tag{2.7.1}$$

统计量 z^2近似服从自由度为 1 的 χ^2 分布。当 $|z|>1.96$ 时，拒绝分类器具有相同错误率的原假设，错误拒绝概率为 0.05。此方法称为 McNemar 检验或 Gillick 检验。

2.7.2 预测器可靠性度量

对方法或算法性能可靠地评估，首先依赖于性能科学准确地度量，前面论述的分类器的输出是 2 态，采用 0-1 损失函数，所构造的性能度量显得相对不够细致，在作分类器评估和选择时所得结果有时不够可靠。预测器的输出是软判决，判决损失是软判决输出与目标值之差的函数，附有反映样本重要性的因子，由此构造评价度量显然相对更细致准确，其中一定程度上融入了样本分布的知识。下面给出一种基于分布估计建立的预测器性能的可靠性度量方法。设对于 c 类问题，测试样本为$\{\boldsymbol{x}_i,\{y_{ji}\}:i=1,2,\cdots,N,j=1,2,\cdots,c\}$，$y_{ji}$是样本 $\boldsymbol{x}_i$关于类别 ω_j的归属值，对于确定性类别属性的样本，当 $\boldsymbol{x}_i\in\omega_j$ 时，$y_{ji}=1$，否则 y_{ji}为零，此种情况下，可以通过如下统计量给出算法判决 $d(\boldsymbol{x})$可靠性的量化值：

$$R=\sum_{j=1}^{c}\frac{1}{N}\sum_{i=1}^{N}[w_j(\boldsymbol{x}_i)[y_{ji}-d(\boldsymbol{x}_i)]] \tag{2.7.2}$$

式中，$w_j(\boldsymbol{x}_i)$是权函数。当应用有关算法得到的后验概率$\hat{P}(\omega_j|\boldsymbol{x}_i)$作为判决函数时，式(2.7.2)可以具体写为

$$R=\sum_{j=1}^{c}\frac{1}{N}\sum_{i=1}^{N}[w_j(\boldsymbol{x}_i)[y_{ji}-\hat{P}(\omega_j|\boldsymbol{x}_i)]] \tag{2.7.3}$$

样本的真实分布往往不易准确知道，但是训练样本的类别信息相对容易得到，用预测器的判别输出$\hat{P}(\omega_j|\boldsymbol{x}_i)$与样本归属值比较，估计值$\hat{P}(\omega_j|\boldsymbol{x}_i)$越接近归属值，预测器越可靠；权函数 $w_j(\boldsymbol{x}_i)$根据需要设定，当更关注低概率判别时，此时可以取 $w_j(\boldsymbol{x}_i)=[1-\hat{P}(\omega_j|\boldsymbol{x}_i)]^2$。通过比较上述统计量，可以进行基于性能不可靠性的预测器选择。

此性能指标不同于用预测正确或错误 2 态方式产生的错误率，而是综合关于各训练样本或测试样本的预测器输出与相应目标的差距，显然，其对预测器有关性能描述的能力比错误率更强。

参考文献

[1] 茆诗松,等. 高等数理统计[M]. 北京：高等教育出版社,1998.

[2] DUDA R O,HART P E,STORK D G. Pattern classification[M]. New York：John Wiley & Sons,2001.

[3] SHAWE-TAYLOR J, CRISTIANINI N. Kernel methods for pattern analysis[M]. Cambridge：Cambridge University Press,2004.

[4] HASTIE T,TIBSHIRANI R,FRIEDMAN J. The elements of statistical learning data mining, inference,and prediction[M]. Springer-Verlag,2001.

[5] 孙即祥. 现代模式识别[M]. 2 版. 北京：高等教育出版社,2008.

[6] GILRON R,ROSENBLATT J,KOYEJO O,et al. What's in a pattern? Examining the type of signal. multivariate analysis uncovers at the group level[J]. NeuroImage,2017,146：113-120.

[7] ELDÉN L. Matrix methods in data mining and pattern recognition[M]. SIAM,2019.

[8] VAPNIK V N. Transductive Inference and Semi-Supervised Learning. Semi-Supervised Learning. Edited by Olivier Chapelle. London England The MIT Press, 2006.

第3章 核函数与核映射空间

为了便于深入讨论模式分析与识别的核方法，以及有关知识的灵活广泛应用，本章将比较系统地介绍核方法所涉及的基本理论和技术，使之相对自成系统。本章首先论述核函数的有关知识，其中包括核函数的概念、核函数的定义、核函数的性质；其次介绍一些重要的核函数运算，通过核函数运算构造新的核映射空间，之后讨论再生核理论；最后讨论核映射空间中一些量值的核函数表示。本章介绍的内容是核方法在模式分析与识别所需的基本知识。

采用核方法的主要目的是，利用现有完善的线性理论和方法，通过核映射将原始空间的非线性关系转化为核映射空间的线性关系。应用核方法一般采用下述步骤：首先把数据嵌入映射到适当的核映射空间中，运用核函数作为内积的等价计算实现这个操作；其次在输入空间中利用核函数计算内积；最后利用模式分析的概念，以及代数学、几何学和统计学等数学工具形成算法，得出嵌入映射数据的有关属性或特征数值，或发现数据之间的关系。

3.1 核函数与核映射

一个内涵是映射函数内积的核函数(kernel function)可以隐式定义一个映射函数和映射空间，原始数据在映射空间容易被分析和识别，原始数据空间中许多算法或操作可以简单地“移植”到映射空间中，由此实现线性算法的非线性化，引入核函数并利用其特性达到方便运算和分析的这类方法统称为核方法或核技术，核方法是目前非线性模式分析的重要工具之一。核函数、核矩阵与核技术为机器智能的数据运算、信息传输和信息分析提供了一个框架和通道。在模式分析领域，“特征”一词被广泛使用：如模式识别中量测对象的某些属性值抽象生成的“特征矢量”，它们全体构成的“特征空间”(这里的特征：feature)；矩阵理论的特征分析中的“特征值”和“特征矢量”(这里的特征＊：eigen＊)；在积分方程中，核函数定义的映射空间常称为特征空间；在本书有些章节它们会同时出现，为了不混淆，书中模式识别中量测对象的某些属性值构成的矢量仍称为“特征矢量”；矩阵理论中的“特征值”、“特征矢量”和“特征分析”用数学上常使用的术语称为“本征值”、“本征矢量”和“本征分析”；核函数定义的特征空间称为核映射空间。由核函数定义的核映射空间中无法显式地表示原始数据的映像，而只能求得两个映像间的内积，尽管如此，仍可以从核函数获得映像关于模式分析、识别及检测的有用信息，例如由核函数可以计算核映射空间中映像的范数、距离、投影长度和映像点集的均值、方差等。

核函数的一些运算满足封闭性质，这些性质提供了利用某些运算从现有简单的核函数构造更复杂的新的核函数的途径，从而使得核函数的组合可以改变对应核映射空间的结构。

3.1.1 核函数、希尔伯特空间

实数集上的线性空间（又称矢量空间）中定义了加法和数乘，抽象的线性空间的加法和数乘具有与普通矢量对应运算一致的算律，具体讲是，定义了零元、负元、结合律、交换律、分配律、单位数乘不变律，这种运算和算律隐含确定了各元素的关系，通常称其为线性结构。线性空间中的元素可以是矢量、矩阵、函数等。定义在实数集上的线性空间 X 如果存在一个实值对称双线性的映射 $\rho=\langle \boldsymbol{x},\boldsymbol{y}\rangle,\boldsymbol{x},\boldsymbol{y}\in X$，且 $\langle \boldsymbol{x},\boldsymbol{x}\rangle\geqslant 0$，这个映射称为内积（或数（量）积、标积），该空间称为内积空间（当维数有限时称为欧几里得空间）；若再有 $\boldsymbol{x}=\boldsymbol{0}\Leftrightarrow\langle \boldsymbol{x},\boldsymbol{x}\rangle=0$，则称内积是严格的。基于内积定义，在内积空间中就有了一个矢量长度、两矢量夹角的概念，并进一步诱导出距离等概念。下面给出两个典型的内积范式。

设内积空间 $X\subseteq\mathbb{R}^n$，矢量 $\boldsymbol{x}=(x_1,x_2,\cdots,x_n)^{\mathrm{T}}$，$\boldsymbol{z}=(z_1,z_2,\cdots,z_n)^{\mathrm{T}}$，$\boldsymbol{x},\boldsymbol{z}\in X$，则其（标准）内积

$$\langle \boldsymbol{x},\boldsymbol{z}\rangle=\sum_{i=1}^{n}x_i z_i=\boldsymbol{x}^{\mathrm{T}}\boldsymbol{z}$$

设定义在 $\mathbb{R}^n$ 的紧子集 X 上的平方可积函数构成的空间为 $\mathcal{F}$，对于 $f,g\in\mathcal{F}$，其内积定义为

$$\langle f,g\rangle=\int_X f(\boldsymbol{x})g(\boldsymbol{x})\mathrm{d}\boldsymbol{x}$$

注： 函数 $f(\boldsymbol{x})$ 可以理解为对 $\boldsymbol{x}$ 取无限多个且无穷小间隔的点的函数值构成的无限维矢量 $(f(\boldsymbol{x}_1),f(\boldsymbol{x}_2),\cdots,f(\boldsymbol{x}_i),\cdots)^{\mathrm{T}}$，采用极限的分析方法建立函数的内积。

内积空间是线性赋范空间。在内积空间中，矢量的长度（或范数）定义为

$$\|\boldsymbol{x}\|=\sqrt{\langle \boldsymbol{x},\boldsymbol{x}\rangle}$$

在内积空间中，Cauchy-Schwarz（柯西-施瓦茨）不等式成立：

$$\langle \boldsymbol{x},\boldsymbol{z}\rangle^2\leqslant\|\boldsymbol{x}\|^2\|\boldsymbol{z}\|^2$$

当且仅当 $\boldsymbol{x}=a\boldsymbol{z},a\in\mathbb{R}$，上式等号成立。

设原始矢量集 $X=\{\boldsymbol{x}_1,\boldsymbol{x}_2,\cdots,\boldsymbol{x}_N\}$，$\boldsymbol{x}_i\in\mathbb{R}^n$，函数 $\kappa(\boldsymbol{x}_i,\boldsymbol{x}_j)$ 是连续对称函数，构造矩阵

$$\boldsymbol{K}=\begin{pmatrix}\kappa(\boldsymbol{x}_1,\boldsymbol{x}_1) & \kappa(\boldsymbol{x}_1,\boldsymbol{x}_2) & \cdots & \kappa(\boldsymbol{x}_1,\boldsymbol{x}_N)\\ \kappa(\boldsymbol{x}_2,\boldsymbol{x}_1) & \kappa(\boldsymbol{x}_2,\boldsymbol{x}_2) & \cdots & \kappa(\boldsymbol{x}_2,\boldsymbol{x}_N)\\ \vdots & \vdots & & \vdots\\ \kappa(\boldsymbol{x}_N,\boldsymbol{x}_1) & \kappa(\boldsymbol{x}_N,\boldsymbol{x}_2) & \cdots & \kappa(\boldsymbol{x}_N,\boldsymbol{x}_N)\end{pmatrix}\triangleq\left(\kappa(\boldsymbol{x}_i,\boldsymbol{x}_j)\right)_{i,j=1}^{N} \tag{3.1.1}$$

$\boldsymbol{K}$ 是一对称矩阵，存在正交矩阵 $\boldsymbol{V}$ 可使其对角化，即

$$\boldsymbol{K}=\boldsymbol{V\Lambda V}^{\mathrm{T}} \tag{3.1.2}$$

式中，对角矩阵 $\boldsymbol{\Lambda}$ 对角线上的元素为矩阵 $\boldsymbol{K}$ 的本征值 $\lambda_j(j=1,2,\cdots,N)$，$\lambda_j$ 对应的本征矢

量是矩阵 $\mathbf{V}$ 的第 j 列 $\boldsymbol{v}_j \triangleq (v_{ij})_{i=1}^{N}$，则矩阵 $\boldsymbol{K}$ 的元素

$$\kappa(\boldsymbol{x}_i,\boldsymbol{x}_j)=\sum_{l=1}^{N}\lambda_l v_{il}v_{jl} \triangleq \sum_{l=1}^{N}\lambda_l\psi_l(\boldsymbol{x}_i)\psi_l(\boldsymbol{x}_j) \triangleq \langle\boldsymbol{\varphi}(\boldsymbol{x}_i),\boldsymbol{\varphi}(\boldsymbol{x}_j)\rangle \tag{3.1.3}$$

式中，矢量 $\boldsymbol{\varphi}(\boldsymbol{x})$ 的分量 $\varphi_l(\boldsymbol{x})=\sqrt{\lambda_l}\,\psi_l(\boldsymbol{x})$。式(3.1.3)表明存在一种变量映射 $\boldsymbol{\varphi}$，$\kappa(\boldsymbol{x}_i,\boldsymbol{x}_j)$ 是两个原始矢量在映射空间中映像 $\boldsymbol{\varphi}(\boldsymbol{x}_i)$ 和 $\boldsymbol{\varphi}(\boldsymbol{x}_j)$ 的内积。为了使在映射空间中不会出现范数为负值的情况，要求 $\lambda_l(l=1,2,\cdots,N)$ 是非负的，这相当于要求矩阵 $\boldsymbol{K}$ 是非负定的。一组矢量的两两内积作为阵元的对称矩阵称为 Gram 矩阵，式(3.1.1)表示的矩阵是 Gram 矩阵。显然，Gram 矩阵是旋转不变的对称矩阵。

定义 3.1.1　设函数

$$\kappa: X\times X\rightarrow\mathbb{R}$$

是一个对称函数，如果其在 X 的任何有限子集上的值构成的对称矩阵都是半正定的，则称此函数为有限半正定函数，对称函数的这种性质称为有限半正定性质。

如果对于任意函数 $f(\boldsymbol{x})\in L_2(X)$，连续对称函数 κ 都有

$$\iint_{X\times X} f(\boldsymbol{x})\kappa(\boldsymbol{x},\boldsymbol{z})f(\boldsymbol{z})\mathrm{d}\boldsymbol{x}\mathrm{d}\boldsymbol{z}\geqslant 0$$

则这种性质称为对称函数的半正定性质。

连续对称函数是半正定的充要条件是，对任意的 $\boldsymbol{x}_1,\boldsymbol{x}_2,\cdots,\boldsymbol{x}_N\in X$，由其构造的 Gram 矩阵都是半正定的。

定义 3.1.2　满足可分性和完备性的严格内积空间称为希尔伯特空间(Hilbert space)。

可分性(separable)是指，空间 $\mathcal{H}$ 中存在一组可列元素 $h_1,h_2,\cdots$，使得对所有的 $h\in\mathcal{H}$ 和 $\varepsilon>0$，存在元素 h_i 满足

$$\|h_i-h\|<\varepsilon$$

可分性的意义在于空间中任一点都可被一个可列集中的元素去逼近。

完备性(complete)是指，空间 $\mathcal{H}$ 中任何一个柯西序列都收敛到此空间中的某个元素。由于具有完备性，微积分中大部分概念都可以推广到希尔伯特(Hilbert)空间中。可知，希尔伯特空间是有限维欧几里得空间的推广，其可以是无限维。希尔伯特空间是定义了内积的完备赋范线性空间。在希尔伯特空间中，每个元素都可以用一个矢量表示；因是内积空间，其上有距离和角的概念，柯西-许瓦兹不等式、勾股定理和投影定理成立。以下要求本征空间是希尔伯特空间。

将上述映射推广到高维甚至无限维 Hilbert 空间，这种映射可表示为

$$\Phi: \boldsymbol{x}=(x_1,x_2,\cdots,x_n)^{\mathrm{T}}\mapsto\boldsymbol{\varphi}(\boldsymbol{x})=(\varphi_1(\boldsymbol{x}),\varphi_2(\boldsymbol{x}),\cdots,\varphi_l(\boldsymbol{x}),\cdots)^{\mathrm{T}}$$

相应地，

$$\kappa(\boldsymbol{x}_i,\boldsymbol{x}_j)=\sum_{l=1}^{\infty}\lambda_l\psi_l(\boldsymbol{x}_i)\psi_l(\boldsymbol{x}_j)\triangleq\langle\boldsymbol{\varphi}(\boldsymbol{x}_i),\boldsymbol{\varphi}(\boldsymbol{x}_j)\rangle \tag{3.1.4}$$

式(3.1.4)中已重新尺度化每个分量，$\boldsymbol{\varphi}(\boldsymbol{x})=(\sqrt{\lambda_1}\,\psi_1(\boldsymbol{x}),\sqrt{\lambda_2}\,\psi_2(\boldsymbol{x}),\cdots)^{\mathrm{T}}$。

一般地，从映射的观点讲，核函数的定义如下。

定义 3.1.3(核函数)　对于原始输入空间中的任意两个数据 $\boldsymbol{x},\boldsymbol{x}'\in X$，设 $\boldsymbol{\varphi}$ 是从 X 到希尔伯特空间 $\mathcal{F}$ 的一个映射 $\Phi:\boldsymbol{x}\mapsto\boldsymbol{\varphi}(\boldsymbol{x})\in\mathcal{F}$，若函数 κ 满足

$$\kappa(\boldsymbol{x},\boldsymbol{x}')=\langle\boldsymbol{\varphi}(\boldsymbol{x}),\boldsymbol{\varphi}(\boldsymbol{x}')\rangle \tag{3.1.5}$$

则称 $\kappa(\boldsymbol{x},\boldsymbol{x}')$为核函数,简称核。

在有限离散数据集上的核函数所构成的形如式(3.1.1)的矩阵称为核矩阵。

类似于矩阵的本征值和本征矢量,实连续对称函数有本征值和本征函数。

定义 3.1.4(本征值,本征函数) 对于实连续对称核函数 $\kappa(\boldsymbol{x},\boldsymbol{x}')$,存在

$$\lambda\varphi(\boldsymbol{x})=\int_X\kappa(\boldsymbol{x},\boldsymbol{x}')\varphi(\boldsymbol{x}')\mathrm{d}\boldsymbol{x}' \triangleq T_\kappa\varphi(\boldsymbol{x}) \tag{3.1.6}$$

式中,λ 和 $\varphi(\boldsymbol{x})\neq 0$ 分别称为 $\kappa(\boldsymbol{x},\boldsymbol{x}')$的本征值(eigenvalue)和本征函数(eigenfunction)。

注:关于积分方程的大多数数学书中本征值 λ 是放在式(3.1.6)积分号前面定义的,这里采用有些作者的定义是为了和矩阵分析的定义形式一致,它们互为倒数,这样可使对称核函数的本征函数展开式中本征值为其系数,而非其倒数为系数。

非恒等于零的实对称核函数一定有本征值,而且具有类似于实对称矩阵的本征值和本征矢量的性质,及有类似表述的定理。下面证明实对称核函数的相异本征值所对应的本征函数恒正交。对于不同的本征值 λ_i,λ_j 及其对应的本征函数 $\varphi_i(\boldsymbol{x}),\varphi_j(\boldsymbol{x})$,利用式(3.1.6)有

$$\lambda_i\varphi_i(\boldsymbol{x})=\int_X\kappa(\boldsymbol{x},\boldsymbol{z})\varphi_i(\boldsymbol{z})\mathrm{d}\boldsymbol{z}$$

上式两边乘以 $\varphi_j(\boldsymbol{x})$可得

$$\lambda_i\varphi_i(\boldsymbol{x})\varphi_j(\boldsymbol{x})=\int_X\varphi_j(\boldsymbol{x})\kappa(\boldsymbol{x},\boldsymbol{z})\varphi_i(\boldsymbol{z})\mathrm{d}\boldsymbol{z}$$

两边取积分进一步得到

$$\int_X\lambda_i\varphi_i(\boldsymbol{x})\varphi_j(\boldsymbol{x})\mathrm{d}\boldsymbol{x}=\int_X\int_X\varphi_j(\boldsymbol{x})\kappa(\boldsymbol{x},\boldsymbol{z})\varphi_i(\boldsymbol{z})\mathrm{d}\boldsymbol{z}\,\mathrm{d}\boldsymbol{x}$$

上式右边再次利用式(3.1.6),可得

$$\int_X\lambda_i\varphi_i(\boldsymbol{x})\varphi_j(\boldsymbol{x})\mathrm{d}\boldsymbol{x}=\int_X\lambda_j\varphi_j(\boldsymbol{z})\varphi_i(\boldsymbol{z})\mathrm{d}\boldsymbol{z}$$

将上式右边的积分变量改写为 $\boldsymbol{x}$,有

$$(\lambda_i-\lambda_j)\int_X\varphi_i(\boldsymbol{x})\varphi_j(\boldsymbol{x})\mathrm{d}\boldsymbol{x}=0$$

由于 $\lambda_i\neq\lambda_j$,因此必有 $\int_X\varphi_i(\boldsymbol{x})\varphi_j(\boldsymbol{x})\mathrm{d}\boldsymbol{x}=0$,即 $\langle\varphi_i(\boldsymbol{x}),\varphi_j(\boldsymbol{x})\rangle=0,i\neq j$。综上可知 $\varphi_i(\boldsymbol{x})$与 $\varphi_j(\boldsymbol{x})$正交。

核函数定义的映射空间也称为本征空间(或特征空间,eigenspace),但以后为了避免混淆,核函数定义的本征空间也称为核映射空间。嵌入是指一个数学结构经单映射包含到另一个结构中,这个映射称为嵌入映射,这里通常指在一个结构中嵌入线性关系。

下面通过一个简单例子表达引入核函数的重要意义,它使分类问题变得简单,减小了计算复杂度,规避了非线性变换的具体形式。

例 3.1.1 考虑一个二维输入空间 $X\subseteq\mathbb{R}^2$,以及一个映射 $\boldsymbol{\varphi}:\boldsymbol{x}=(x_1,x_2)^{\mathrm{T}}\mapsto(z_1,z_2,z_3)^{\mathrm{T}}=(x_1^2,x_2^2,\sqrt{2}x_1x_2)^{\mathrm{T}}\in F\subseteq\mathbb{R}^3$,映射 $\boldsymbol{\varphi}$ 把数据从二维空间映射到三维空间。若用输入空间的变量表示,F中的线性函数的形式为 $f(\boldsymbol{z})=w_{11}z_1+w_{22}z_2+w_{12}z_3=$

$w_{11}x_1^2+w_{22}x_2^2+w_{12}\sqrt{2}x_1x_2=g(\boldsymbol{x})$，$\boldsymbol{\varphi}$使得核映射空间中的线性函数 $f(\boldsymbol{z})$和输入空间中的二次函数 $g(\boldsymbol{x})$相对应，如果在输入空间中两类样本只能用二次函数才能正确分类，那么在核映射空间却能用一个线性函数实现正确分类，这无疑给分类带来便利，如图 3.1.1 所示。另外，在核映射空间中，映射的内积计算如下。

$$\begin{aligned}\langle\boldsymbol{\varphi}(\boldsymbol{x}),\boldsymbol{\varphi}(\boldsymbol{y})\rangle&=\langle(x_1^2,x_2^2,\sqrt{2}x_1x_2),(y_1^2,y_2^2,\sqrt{2}y_1y_2)\rangle\\&=x_1^2y_1^2+x_2^2y_2^2+2x_1x_2y_1y_2\\&=(x_1y_1+x_2y_2)^2\\&=\langle\boldsymbol{x},\boldsymbol{y}\rangle^2\end{aligned}$$

可以看出，核映射空间中的内积$\langle\boldsymbol{\varphi}(\boldsymbol{x}),\boldsymbol{\varphi}(\boldsymbol{y})\rangle$等于输入空间中的$\langle\boldsymbol{x},\boldsymbol{y}\rangle^2$，这表明，在这种映射定义下，可以在输入空间中计算两个点在核映射空间中映像间的内积，而不用显式地求出它们映像的各分量；显然，函数$\langle\boldsymbol{x},\boldsymbol{y}\rangle^2$ 是一个核函数。可以把前面的例子推广到更高维的输入空间。

图 3.1.1 是低维空间样本核映射至高维空间示意图，左边部分表示二维分布的两类样本是非线性可分的，右边部分表示通过核映射两类样本在高维空间线性可分，右边部分的上部表示在高维空间中求取线性分类界面，右边部分的底部二维输入平面上两条红色界线（扫描二维码观看）是高维空间中线性分类界面与输入平面在高维空间的映射曲面的交线的投影。

图 3.1.1 彩图对应的二维码

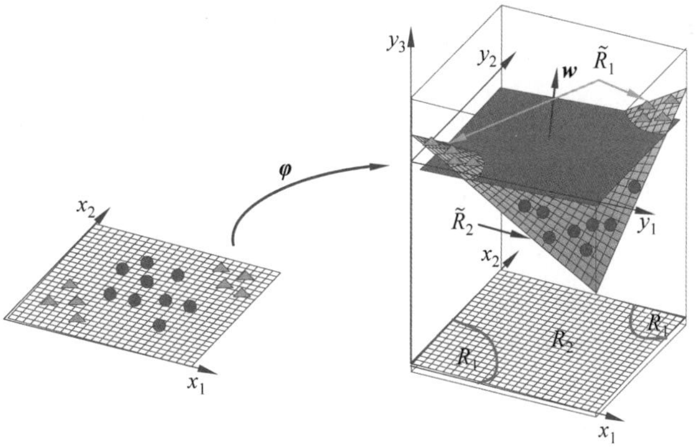

图 3.1.1　低维空间样本核映射至高维空间示意图

图 3.1.2 给出了在高维本征空间中线性分类界面及两类边缘界面到输入空间的投影示意图。其中，图 3.1.2(a)表示三维非线性可分两类样本；图 3.1.2(b)表示核映射后在高维空间中线性分类界面投射到二维输入空间形成非线性界线；图 3.1.2(c)表示在本征空间中线性分类界面及两类边缘界面到二维输入空间的投影，两类边缘界面的定义参阅支持矢量机章节。

核函数具有下面两个基本特性：

(1) 由定义知道，$\kappa(\boldsymbol{x},\boldsymbol{z})=\kappa(\boldsymbol{z},\boldsymbol{x})$。

(2) 由 Cauchy-Schwarz 定理有，$\kappa(\boldsymbol{x},\boldsymbol{z})^2\leqslant\kappa(\boldsymbol{x},\boldsymbol{x})\kappa(\boldsymbol{z},\boldsymbol{z})$。

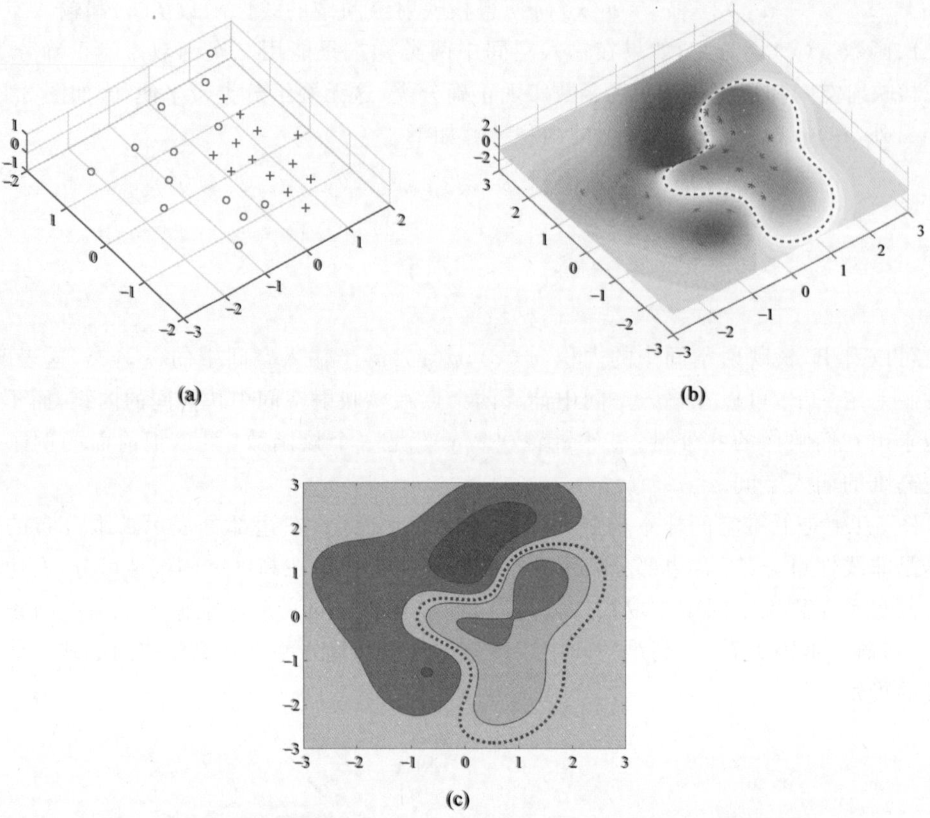

图 3.1.2 在高维本征空间中线性分类界面及两类边缘界面到输入空间的投影示意图

定理 3.1.1 设实对称函数 $\kappa: X \times X \to \mathbb{R}$ 定义在一个有限维的连续域或可列域上，下列命题等价：

(1) $\kappa(\boldsymbol{x},\boldsymbol{z})$是核函数。

(2) 这个函数可以分解为 $\kappa(\boldsymbol{x},\boldsymbol{z})=\langle\boldsymbol{\varphi}(\boldsymbol{x}),\boldsymbol{\varphi}(\boldsymbol{z})\rangle$，其中 $\boldsymbol{\varphi}$是关于该函数自变矢量到希尔伯特空间的一个本征映射。

(3) 这个函数满足有限半正定性质，构成的对称矩阵都是半正定(非负定)的。

3.1.2 Mercer 定理

Mercer 定理是关于实连续对称函数级数表示的一般性定理。在前面核函数定义的基础上，Mercer 定理给出了一个函数是核函数的充分条件。满足 Mercer 定理的核函数称为 Mercer 核。

定理 3.1.2(Mercer 定理) 设 X是$\mathbb{R}^n$的一个紧子集，X上的连续对称函数$\kappa(\boldsymbol{x},\boldsymbol{x}')$是某个 l_2空间中的矢量内积运算

$$\kappa(\boldsymbol{x},\boldsymbol{x}')=\sum_{l=1}^{\infty}\lambda_l\psi_l(\boldsymbol{x})\psi_l(\boldsymbol{x}')\triangleq\boldsymbol{\varphi}(\boldsymbol{x})\cdot\boldsymbol{\varphi}(\boldsymbol{x}'),\quad \lambda_l\geqslant 0 \tag{3.1.7}$$

的充要条件是，对任意不恒等于零的 $g(\boldsymbol{x})$，且$\int_X g(\boldsymbol{x})^2\mathrm{d}\boldsymbol{x}<\infty$，都有

$$\int_X\int_X g(\boldsymbol{x})\kappa(\boldsymbol{x},\boldsymbol{x}')g(\boldsymbol{x}')\mathrm{d}\boldsymbol{x}\mathrm{d}\boldsymbol{x}' \geqslant 0 \tag{3.1.8}$$

满足式(3.1.8)的函数 $\kappa(\cdot,\cdot)$称为(半)正定核函数。

定理表明,满足半正定条件的核函数 $\kappa(\cdot,\cdot)$可以分解成本征级数式(3.1.7)。式(3.1.7)实际上隐式定义了由原始空间到本征空间的映射:

$$X \rightarrow \mathcal{F}, \quad \boldsymbol{x} \mapsto \boldsymbol{\varphi}$$

将 X 映射到一个 Hilbert 空间$\mathcal{F}$上,$\boldsymbol{x}$ 的映像$\boldsymbol{\varphi}(\boldsymbol{x})$分量为

$$\varphi_1(\boldsymbol{x}),\varphi_2(\boldsymbol{x}),\cdots,\varphi_k(\boldsymbol{x}),\cdots$$

这里的 $\varphi_1(\boldsymbol{x}),\varphi_2(\boldsymbol{x}),\cdots,\varphi_k(\boldsymbol{x}),\cdots$ 对应原先的 $\sqrt{\lambda_1}\,\psi_1(\boldsymbol{x}),\sqrt{\lambda_2}\,\psi_2(\boldsymbol{x}),\cdots$。核函数 $\kappa(\boldsymbol{x},\boldsymbol{x}')$隐式定义了核映射空间$\mathcal{F}$中的内积运算

$$\kappa(\boldsymbol{x},\boldsymbol{x}') = \boldsymbol{\varphi}(\boldsymbol{x})\cdot\boldsymbol{\varphi}(\boldsymbol{x}') \tag{3.1.9}$$

式中,$\boldsymbol{\varphi}(\boldsymbol{x}),\boldsymbol{\varphi}(\boldsymbol{x}')$为核映射空间中的矢量。

核函数有多种形式,除线性核$\langle\boldsymbol{x},\boldsymbol{x}'\rangle$外,下面是三种常用的核函数。

(1) 高斯核函数

$$\kappa(\boldsymbol{x},\boldsymbol{x}') = \exp[-\|\boldsymbol{x}-\boldsymbol{x}'\|^2/\sigma^2] \tag{3.1.10}$$

式中,σ 是控制高斯曲面中心区域弯曲度的参数,这里的 $\kappa(\cdot,\cdot)$是一种径向基函数(RBF),其满足 Mercer 条件。

(2) 多项式核函数

$$\kappa(\boldsymbol{x},\boldsymbol{x}') = (\boldsymbol{x}\cdot\boldsymbol{x}'+c)^d, \quad c \geqslant 0, d \in \mathbb{Z}^+ \tag{3.1.11}$$

该函数满足 Mercer 条件。当 $c=0,d=1$ 时为线性核;当 $c=0,d\in\mathbb{Z}^+$ 时称为齐次多项式核;当 $c>0,d\in\mathbb{Z}^+$ 时称为非齐次多项式核。

(3) Sigmoid 核函数

$$\kappa(\boldsymbol{x},\boldsymbol{x}') = \tanh[\alpha(\boldsymbol{x}\cdot\boldsymbol{x}')] \tag{3.1.12}$$

或

$$\kappa(\boldsymbol{x},\boldsymbol{x}') = \frac{1}{1+\exp[\alpha(\boldsymbol{x}\cdot\boldsymbol{x}')+c]} \tag{3.1.13}$$

其只对参数 α,c 的某些值满足 Mercer 条件。

此外,还有其他的核函数,例如傅里叶核、指数核、柯西核、小波核、样条核、对数核等,在这些核函数的基础上,可以利用核函数的性质,如半正定性、平移不变性、对称性等进一步构造出新的核函数。

3.1.3 再生核理论

分析和识别算法一般通过机器学习确定目标函数(如判别函数、回归函数)或数据关系,学习可以在原始数据空间中进行,也可以在由核函数隐式定义的映射空间中进行,为此本节讨论用正定核拓广的函数空间,介绍再生核理论。

一般的正则化问题具有如下形式:

$$\min_{f\in\mathcal{H}}\left[\sum_{i=1}^{N}L(y_i,f(\boldsymbol{x}_i))+\gamma J(f)\right] \tag{3.1.14}$$

式中，$\{(\boldsymbol{x}_i,y_i)\}_{i=1}^{N}$为训练样本集，$L(y,f(\boldsymbol{x}))$是损失函数，$J(f)$是罚泛函，$\mathcal{H}$是定义 $J(f)$ 的函数空间。设核函数 κ 可以本征展开，即

$$\kappa(\boldsymbol{x},\boldsymbol{x}')=\sum_{i=1}^{\infty}\lambda_i\psi_i(\boldsymbol{x})\psi_i(\boldsymbol{x}')$$

式中，$\lambda_i\geqslant 0,\sum_{i=1}^{\infty}\lambda_i^2<\infty$。

根据 Hilbert-Schmidt(希尔伯特-施密特)定理，能用对称核函数表示的实连续函数都能展成关于核函数的本征函数的傅里叶级数。设函数 $f(\boldsymbol{x})$可以表示为

$$f(\boldsymbol{x})=\int_X\kappa(\boldsymbol{x},\boldsymbol{z})h(\boldsymbol{z})\mathrm{d}\boldsymbol{z}$$

令 f_i为 $f(\boldsymbol{x})$关于核函数 $\kappa(\boldsymbol{x},\boldsymbol{z})$的本征函数 $\psi_i(\boldsymbol{x})$的傅里叶系数，则函数空间$\mathcal{H}_\kappa$的元素具有本征函数展开

$$f(\boldsymbol{x})=\sum_{i=1}^{\infty}f_i\psi_i(\boldsymbol{x})$$

式中，$f_i=\langle f,\psi_i\rangle,f_i=\lambda_i\int h(\boldsymbol{t})\psi_i(\boldsymbol{t})\mathrm{d}\boldsymbol{t}$，$\lambda_i$ 为对应$\psi_i(\boldsymbol{x})$的本征值。由 κ 诱导出的范数满足

$$\|f\|_{\mathcal{H}_\kappa}^2=\sum_{i=1}^{\infty}(f_i)^2<\infty$$

式(3.1.14)通常取

$$\min_{f\in\mathcal{H}_\kappa}\left[\sum_{i=1}^{N}L(y_i,f(\boldsymbol{x}_i))+\gamma\|f\|_{\mathcal{H}_\kappa}^2\right] \tag{3.1.15}$$

式(3.1.15)的解具有如下形式：

$$f(\boldsymbol{x})=\sum_{i=1}^{N}\alpha_i\kappa(\boldsymbol{x}_i,\boldsymbol{x})$$

绝大多数模式分析核方法的最优化目标函数和导出的最优结果都具有类似上面的形式。由此可知，确定判别函数或回归函数等价于确定本征空间中的一个元素，即寻找如下函数集中的一个函数：

$$\mathcal{F}_\kappa=\left\{f(\boldsymbol{x})=\sum_{i=1}^{N}\alpha_i\kappa(\boldsymbol{x}_i,\boldsymbol{x})\,|\,\boldsymbol{x}\in X,N\in\mathbb{N},\alpha_i\in\mathbb{R},i=1,2,\cdots,N\right\} \tag{3.1.16}$$

式中，$\kappa(\cdot,\cdot)$为正定核函数。这个空间中的元素加法和数乘是封闭的，加法定义为

$$(f+g)(\boldsymbol{x})=f(\boldsymbol{x})+g(\boldsymbol{x}),\quad f,g\in\mathcal{F}_\kappa \tag{3.1.17}$$

因此$\mathcal{F}_\kappa$是一个线性空间。

前面已指出，定义核函数的矢量 $\boldsymbol{\varphi}$ 的各分量$\{\varphi_l\}_{l=1}^{\infty}$相互正交，用正交基$\{\varphi_l\}_{l=1}^{\infty}$构建一个希尔伯特空间，这个空间中的任何一个函数都可以表示成这组正交基的线性组合。核函数 $\kappa(\boldsymbol{x},\boldsymbol{z})$是一个二元函数，若将其中一个变量 $\boldsymbol{z}$ 固定，$\kappa(\boldsymbol{x},\cdot)$则表示一元函数，并有

$$\kappa(\boldsymbol{x},\cdot)=\sum_{l=1}^{\infty}\varphi_l(\boldsymbol{x})\varphi_l(\cdot)$$

同理，$\kappa(\cdot,\boldsymbol{z})$也表示一元函数，于是有

$$\kappa(\cdot,\boldsymbol{z})=\sum_{l=1}^{\infty}\varphi_l(\boldsymbol{z})\varphi_l(\cdot)$$

在这个基底上，可以用一个无限维矢量表达核函数，即

$$\kappa(\boldsymbol{x},\cdot)\sim(\varphi_1(\boldsymbol{x}),\varphi_2(\boldsymbol{x}),\cdots)_{\mathcal{H}}^{\mathrm{T}}=\boldsymbol{\varphi}(\boldsymbol{x})$$

同样，有

$$\kappa(\cdot,\boldsymbol{z})\sim(\varphi_1(\boldsymbol{z}),\varphi_2(\boldsymbol{z}),\cdots)_{\mathcal{H}}^{\mathrm{T}}=\boldsymbol{\varphi}(\boldsymbol{z})$$

式中，“～”是指核函数在希尔伯特空间中的表示，于是有

$$\langle\kappa(\boldsymbol{x},\cdot),\kappa(\cdot,\boldsymbol{z})\rangle=\langle\boldsymbol{\varphi}(\boldsymbol{x}),\boldsymbol{\varphi}(\boldsymbol{z})\rangle=\kappa(\boldsymbol{x},\boldsymbol{z})\tag{3.1.18}$$

基于式(3.1.18)，引入空间$\mathcal{F}_\kappa$的内积。设空间$\mathcal{F}_\kappa$中的两个函数分别为

$$f(\boldsymbol{x})=\sum_{i=1}^{N_1}\alpha_i\kappa(\boldsymbol{x}_i,\boldsymbol{x}),\quad g(\boldsymbol{x})=\sum_{j=1}^{N_2}\beta_j\kappa(\boldsymbol{z}_j,\boldsymbol{x})\tag{3.1.19}$$

这两个函数在空间$\mathcal{F}_\kappa$的内积定义为

$$\langle f,g\rangle_{\mathcal{F}_\kappa}\triangleq\langle f,g\rangle=\sum_{i=1}^{N_1}\sum_{j=1}^{N_2}\alpha_i\beta_j\kappa(\boldsymbol{x}_i,\boldsymbol{z}_j)=\sum_{i=1}^{N_1}\alpha_i g(\boldsymbol{x}_i)=\sum_{j=1}^{N_2}\beta_j f(\boldsymbol{z}_j)\tag{3.1.20}$$

可以看出，$\langle f,g\rangle$是实对称和双线性的，且满足内积性质：

$$\langle f,f\rangle\geqslant 0\ \text{对所有的}\ f\in\mathcal{F}_\kappa\text{成立}$$

这个断言是因为所有的核矩阵都是半正定的，由此推出

$$\langle f,f\rangle=\sum_{i=1}^{N_1}\sum_{j=1}^{N_1}\alpha_i\alpha_j\kappa(\boldsymbol{x}_i,\boldsymbol{x}_j)=\boldsymbol{\alpha}^{\mathrm{T}}\boldsymbol{K}\boldsymbol{\alpha}\geqslant 0\tag{3.1.21}$$

式中，矢量 $\boldsymbol{\alpha}=(\alpha_1,\alpha_2,\cdots,\alpha_{N_1})^{\mathrm{T}}$，$\boldsymbol{K}$ 是在 $\boldsymbol{x}_1,\boldsymbol{x}_2,\cdots,\boldsymbol{x}_N$ 上构造的核矩阵，以及 $f=0\Leftrightarrow\langle f,f\rangle=0$。上述各项表明，式(3.1.20)符合内积的定义。

在式(3.1.19)关于函数的定义及式(3.1.20)关于内积的定义下，Gram 矩阵$(\langle f_i,f_j\rangle)_{i,j=1}^{N}$是半正定的。容易证得：

$$|\langle f,g\rangle|^2\leqslant\langle f,f\rangle\langle g,g\rangle$$

利用式(3.1.20)可以推出一个性质：如果令 $g=\kappa(\cdot,\boldsymbol{x})$，则有

$$\langle f(\cdot),\kappa(\cdot,\boldsymbol{x})\rangle=\sum_{i=1}^{N}\alpha_i\kappa(\boldsymbol{x}_i,\boldsymbol{x})=f(\boldsymbol{x})\tag{3.1.22}$$

特别地，有

$$\langle\kappa(\cdot,\boldsymbol{x}),\kappa(\cdot,\boldsymbol{x}')\rangle=\kappa(\boldsymbol{x},\boldsymbol{x}')\tag{3.1.23}$$

这一性质称为核的再生性(reproducing property)，其满足可分性和完备性。当输入空间可列或连续时，可分性成立。对于完备性，考虑一个固定的输入 $\boldsymbol{x}$ 和一个柯西(Cauchy)序列$(f_n(\boldsymbol{x}))_{n=1}^{\infty}$，利用式(3.1.22)、式(3.1.23)、内积的线性和 Cauchy-Schwarz 不等式，有

$$(f_n(\boldsymbol{x})-f_m(\boldsymbol{x}))^2=\langle f_n(\cdot)-f_m(\cdot),\kappa(\boldsymbol{x},\cdot)\rangle^2\leqslant\|f_n(\cdot)-f_m(\cdot)\|^2\kappa(\boldsymbol{x},\boldsymbol{x})^2$$

因此，$f_n(\boldsymbol{x})$是一个有界的实数柯西序列，极限存在。

在上述内积的定义下，具有式(3.1.22)这种性质的正定核函数称为再生核。

如果定义函数

$$g(\boldsymbol{x})=\lim_{n\to\infty}f_n(\boldsymbol{x})$$

并把$\mathcal{F}_\kappa$中的所有这种极限函数包括进来，就得到与核函数 κ 相关联的希尔伯特空间$\mathcal{H}_\kappa$。

对于本征空间$\mathcal{F}_\kappa$，指定映射 Φ 下的输入 $\boldsymbol{x}$ 的映射

$$\Phi:\boldsymbol{x}\in X\mapsto\boldsymbol{\varphi}(\boldsymbol{x})=\kappa(\boldsymbol{x},\cdot)\in\mathcal{F}_\kappa \tag{3.1.24}$$

这个映射称为再生核映射。利用式(3.1.22)求$\mathcal{F}_\kappa$的一个元素和输入 $\boldsymbol{x}$ 的映射的内积

$$\langle f,\boldsymbol{\varphi}(\boldsymbol{x})\rangle=\langle f,\kappa(\boldsymbol{x},\cdot)\rangle=f(\boldsymbol{x}) \tag{3.1.25}$$

式(3.1.25)表明，可以把函数f表示成用本征空间$\mathcal{F}_\kappa$中内积定义的线性函数，而且这个内积是严格的。

如果核函数 $\kappa=\langle\cdot,\cdot\rangle_{\mathcal{H}_\kappa}$ 具有再生性，且希尔伯特空间$\mathcal{H}_\kappa=\mathrm{span}\{\kappa(\cdot,\boldsymbol{x})\mid\boldsymbol{x}\in X\}$，则$\mathcal{H}_\kappa$称为 κ 的再生核希尔伯特空间(reproducing kernel hilbert space，RKHS)。当强调对应的内积来源时，用记号$\langle\cdot,\cdot\rangle_{\mathcal{H}_\kappa}$ 表示这个内积。

利用函数的定义式(3.1.19)与内积的定义式(3.1.20)可以得出

$$\|f\|_{\mathcal{H}_\kappa}^2=\sum_{i=1}^{N}\sum_{j=1}^{N}\alpha_i\alpha_j\kappa(\boldsymbol{x}_i,\boldsymbol{x}_j)$$

于是，当采用矩阵形式时，式(3.1.15)成为

$$\min_{\boldsymbol{\alpha}}L(\boldsymbol{y},\boldsymbol{K\alpha})+\gamma\boldsymbol{\alpha}^{\mathrm{T}}\boldsymbol{K\alpha} \tag{3.1.26}$$

式中，$\boldsymbol{K}$ 是以 $\kappa(\boldsymbol{x}_i,\boldsymbol{x}_j)$ 为阵元的核矩阵，矢量 $\boldsymbol{y}=(y_1,y_2,\cdots,y_N)$，$\boldsymbol{\alpha}=(\alpha_1,\alpha_2,\cdots,\alpha_N)$。可以使用通常的简单优化算法求解式(3.1.26)。

前面表明，如何利用一个核函数构造一个满足再生性的希尔伯特空间，同时知道，如果对称函数满足再生性，那么它满足有限半正定性质。引入再生核希尔伯特空间的意义在于无须具体计算高维空间或无穷维空间的内积(函数积分)，只需在原始空间计算核函数，这极大地减少了计算量。

将前面已介绍的和将要介绍的再生核的性质列写如下：

(1) 如果 Hilbert 函数空间有再生核，则此再生核是唯一的。

(2) Hilbert 函数空间$\mathcal{H}$有再生核的充要条件是，对任一 $\boldsymbol{x}\in X$，$f:\boldsymbol{x}\mapsto f(\boldsymbol{x})$都是$\mathcal{H}$上的有界泛函。

(3) 再生核是半正定的，即

$$\sum_i\sum_j\alpha_i\alpha_j\kappa(\boldsymbol{x}_i,\boldsymbol{x}_j)\geqslant 0$$

(4) 设 $\kappa(\cdot,\cdot)$是 Hilbert 函数空间的再生核，则有

$$\kappa(\boldsymbol{x},\boldsymbol{x})\geqslant 0,\quad \kappa(\boldsymbol{x},\boldsymbol{y})^2\leqslant\kappa(\boldsymbol{x},\boldsymbol{x})\kappa(\boldsymbol{y},\boldsymbol{y})$$

(5) 设函数 $\kappa(\cdot,\cdot)$在集合 X 上是半正定的，那么可以构造一个以 $\kappa(\cdot,\cdot)$为其再生核的 Hilbert 函数空间$\mathcal{H}$。

(6) 设$\mathcal{H}_1$是 Hilbert 函数空间$\mathcal{H}$的子空间，$\kappa(\cdot,\cdot)$是子空间$\mathcal{H}_1$的再生核，则

$$f(\boldsymbol{y})=\langle h(\boldsymbol{x}),\kappa(\boldsymbol{x},\boldsymbol{y})\rangle_{\boldsymbol{x}}$$

是 $h(\boldsymbol{x})\in\mathcal{H}$在子空间$\mathcal{H}_1$上的投影。

(7) 设 $\kappa(\cdot,\cdot)$是 Hilbert 函数空间$\mathcal{H}$的再生核，则$\mathcal{H}$的所有闭线性子空间均以 $\kappa(\cdot,\cdot)$为其再生核。

(8) 设 $\kappa(\cdot,\cdot)$是 Hilbert 函数空间$\mathcal{H}$的再生核，则

$$\max_{\|f(\boldsymbol{x})\|=1}|f(\boldsymbol{x})|=\|\kappa(\boldsymbol{x},\boldsymbol{y})\|$$

其中范数是由内积引入的：$\|.\|=\langle\cdot,\cdot\rangle^{1/2}$。

3.1.4 核矩阵在核方法中的作用

前面论述了核函数的一些基本知识，其中有的内容涉及核矩阵，核矩阵是由数据对上的核函数构造的一个矩阵，作为各数据对上核函数的总体，它不仅具有核函数的信息，还具有特殊的功能。下面将综述核矩阵在核方法中的意义和作用。

给定输入空间 X 的一个有限子集 $S=\{\boldsymbol{x}_1,\boldsymbol{x}_2,\cdots,\boldsymbol{x}_N\}$，在其上定义核函数 $\kappa(\boldsymbol{x},\boldsymbol{z})$和一个到核映射空间 F 的满足 $\kappa(\boldsymbol{x},\boldsymbol{z})=\langle\boldsymbol{\varphi}(\boldsymbol{x}),\boldsymbol{\varphi}(\boldsymbol{z})\rangle$的映射 $\boldsymbol{\varphi}$。令 $\boldsymbol{\varphi}(S)=\{\boldsymbol{\varphi}(\boldsymbol{x}_1),\boldsymbol{\varphi}(\boldsymbol{x}_2),\cdots,\boldsymbol{\varphi}(\boldsymbol{x}_N)\}$是 S 在映射$\boldsymbol{\varphi}$ 下的映像，因此 $\boldsymbol{\varphi}(S)$是内积空间 F 的一个子集。在 S 中所有元素对上定义的核矩阵$\boldsymbol{K}=(K_{ij})_{i,j=1}^{N}$的元素为

$$K_{ij}=\kappa(\boldsymbol{x}_i,\boldsymbol{x}_j),\quad i,j=1,2,\cdots,N$$

其是 Gram 矩阵，是半正定矩阵。

核函数、核矩阵与核技术为机器智能的数据传输、数据运算和数据分析提供了一个框架、载体和通道，是一个将线性算法简单地转化为非线性算法的重要手段。由核函数定义的映射不能显式表示一个数据在核映射空间中的映像，只能求得这个数据与自己或其他数据映像间的内积，但却可以从核函数或核矩阵 $\boldsymbol{K}$ 获得关于 $\boldsymbol{\varphi}(S)$的有用信息。核矩阵是半正定的，这使得能够对核函数操作，而无须考虑对应的核映射空间，在这个空间利用核函数隐含的相似性度量，可能比显式构造核映射空间更自然，更有意义。核矩阵虽然失去了数据关于坐标原点的距离和方向信息，以及各数据在数据空间中的整体分布信息，但其载荷的信息已能满足模式分析需要。核技术内在的模块性意味着可以使用任意一个核函数和相应的半正定核矩阵，而且可以应用任意一种能接受输入是核矩阵及必需的标记信息的核算法。

核矩阵是核方法中数据和信息的载体，承载并输送重要信息，核矩阵在采用了核技术的学习和分析系统的每个部分都起着重要作用，从系统设计到算法实现，从数据输入、算法运行到泛化分析，主要体现如下：

(1) 核矩阵是许多算法表达的数据模块。算法的阐述和表达用含有核矩阵的形式，便于理解和记忆。

(2) 核矩阵含有学习和分析算法所需的信息。学习和分析系统从核矩阵能获得数据在原始数据空间或核映射空间中映像的相对位置的基本信息。

(3) 核矩阵是学习和分析算法实现的数据模块、算法运行的数据平台、实际操作层面的核心数据结构。核矩阵担当数据输入和算法之间的界面，承载并输送重要信息。核映射空间中，数据运算和变换可以通过核矩阵运算和变换实现。

(4) 核矩阵含有核映射空间和模型的信息，改进核矩阵能提升系统性能。通过操作核矩阵，可以实现核映射空间或模型的选择和修改。信息如何表示影响系统性能，改进数据表示可通过改变核矩阵实现，这相当于调整核映射空间结构，在训练数据信息被传递到系统之前，通过操作核矩阵提升系统的整体性能。例如，给核矩阵的对角线元素加一个常数，相当于在分类或回归正则化中引入软间隔；通过核矩阵的调准选择核函数参数提高系统性能。

(5) 利用核矩阵估计系统的泛化性能。由于核矩阵具有算法需要的输入数据与核映射空间结构的信息，因此可以用核矩阵及其某些性质评估系统的泛化性能，尽管任务类型和分析方法不尽相同，但在泛化界推导及在实际中求这个界值时核矩阵起着重要作用。

(6) 半正定矩阵集合在同维度矩阵的线性空间构成一个锥体(cone)，此锥体是一个对非负标量的加法和乘法都封闭的集合，这表明它们是凸的，凸性保证最优化方法有唯一解，从而使得算法高效。

(7) 有限半正定性质描述的有效核可适用于任何类型的数据，不管它们是实数矢量，还是字符串、离散结构、图像、时间序列等。

3.2 核函数的运算——构造新的核映射空间

在核技术中，通过核函数的某些运算可以用现有的简单核函数构造更复杂的新的核函数，这相当于改变对应的核映射空间的结构，下面的命题反映了核函数运算满足一些封闭性质，同时也揭示了利用某些运算可以由现有核函数构造新核函数的方法，命题的证明大多采用了“函数满足有限半正定性表明其是核函数”的定理。

命题 3.2.1(封闭性质)　令 $X\subseteq\mathbb{R}^n$，$\boldsymbol{x},\boldsymbol{z}\in X$，$a\in\mathbb{R}^+$，$\boldsymbol{\varphi}:X\to\mathbb{R}^D$，$\kappa_1(\boldsymbol{x},\boldsymbol{z})$和$\kappa_2(\boldsymbol{x},\boldsymbol{z})$是定义在 $X\times X$ 上的核函数，κ_3 是定义在$\mathbb{R}^D\times\mathbb{R}^D$上的核函数，下列函数都是核函数：

(1) $\kappa(\boldsymbol{x},\boldsymbol{z})=\kappa_1(\boldsymbol{x},\boldsymbol{z})+\kappa_2(\boldsymbol{x},\boldsymbol{z})$；

(2) $\kappa(\boldsymbol{x},\boldsymbol{z})=a\kappa_1(\boldsymbol{x},\boldsymbol{z})$；

(3) $\kappa(\boldsymbol{x},\boldsymbol{z})=\kappa_1(\boldsymbol{x},\boldsymbol{z})\kappa_2(\boldsymbol{x},\boldsymbol{z})$；

(4) $\kappa(\boldsymbol{x},\boldsymbol{z})=\kappa_3(\boldsymbol{\varphi}(\boldsymbol{x}),\boldsymbol{\varphi}(\boldsymbol{z}))$。

下面给出核函数进行上述有关运算封闭性的证明。

设有限点集 $S=\{\boldsymbol{x}_1,\boldsymbol{x}_2,\cdots,\boldsymbol{x}_N\}$，令 $\boldsymbol{K}_1$ 和 $\boldsymbol{K}_2$ 分别是由在这些数据上计算的核函数 κ_1 和 κ_2 所构造的核矩阵，以及任意一个矢量 $\boldsymbol{\alpha}\in\mathbb{R}^N$。

(1) 考虑由 $\kappa_1+\kappa_2$ 构造的矩阵的二次型，有

$$\boldsymbol{\alpha}^{\mathrm{T}}(\boldsymbol{K}_1+\boldsymbol{K}_2)\boldsymbol{\alpha}=\boldsymbol{\alpha}^{\mathrm{T}}\boldsymbol{K}_1\boldsymbol{\alpha}+\boldsymbol{\alpha}^{\mathrm{T}}\boldsymbol{K}_2\boldsymbol{\alpha}\geqslant 0 \tag{3.2.1}$$

式(3.2.1)最右边的结果利用了 $\boldsymbol{K}_1$ 和 $\boldsymbol{K}_2$ 都是半正定的性质。这表明，$\boldsymbol{K}_1+\boldsymbol{K}_2$ 是半正定的，由此知 $\kappa_1+\kappa_2$ 是一个核函数。

(2) 类似地，$\boldsymbol{\alpha}^{\mathrm{T}}(a\boldsymbol{K}_1)\boldsymbol{\alpha}=a\boldsymbol{\alpha}^{\mathrm{T}}\boldsymbol{K}_1\boldsymbol{\alpha}\geqslant 0$，这表明 $a\kappa_1$ 是一个核函数。

(3) 两个 $m\times n$ 矩阵 $\boldsymbol{A}=(a_{ij})$ 和 $\boldsymbol{B}=(b_{ij})$ 的 Hadamard 积(或称 Schur 积)是一个 $m\times n$ 矩阵，其元素是这两个矩阵对应元素的乘积，记作 $\boldsymbol{A}\odot\boldsymbol{B}$，即 $\boldsymbol{A}\odot\boldsymbol{B}=(a_{ij}b_{ij})$。若 $m\times m$ 矩阵 $\boldsymbol{A}$ 和 $\boldsymbol{B}$ 都是半正定(或正定)的，则它们的 Hadamard 积也是半正定(或正定)

的。对应函数 $\kappa_1\kappa_2$ 的矩阵是核矩阵 $\boldsymbol{K}_1$ 和 $\boldsymbol{K}_2$ 的 Hadamard 积，由此得其是半正定矩阵，是核矩阵。

(4) κ_3 在点 $\boldsymbol{\varphi}(\boldsymbol{x}_1),\boldsymbol{\varphi}(\boldsymbol{x}_2),\cdots,\boldsymbol{\varphi}(\boldsymbol{x}_N)$ 上两两计算，由于 κ_3 是一个核函数，显然得到的矩阵是半正定的。

命题 3.2.2　令 $\kappa_1(\boldsymbol{x},\boldsymbol{z})$ 是一个定义在 $X\times X$ 上的核函数，$\boldsymbol{x},\boldsymbol{z}\in X$，$f(\cdot)$ 是 X 上的一个实值函数，$p(x)$ 是一个系数为正数的多项式，$\boldsymbol{B}$ 是一个 $n\times n$ 的半正定对称矩阵。下列函数也是核函数：

(1) $\kappa(\boldsymbol{x},\boldsymbol{z})=f(\boldsymbol{x})f(\boldsymbol{z})$；

(2) $\kappa(\boldsymbol{x},\boldsymbol{z})=\boldsymbol{x}^{\mathrm{T}}\boldsymbol{B}\boldsymbol{z}$；

(3) $\kappa(\boldsymbol{x},\boldsymbol{z})=p(\kappa_1(\boldsymbol{x},\boldsymbol{z}))$；

(4) $\kappa(\boldsymbol{x},\boldsymbol{z})=\exp(\kappa_1(\boldsymbol{x},\boldsymbol{z}))$。

证明：依次考虑各式。

(1) 考虑一维映射 $\varphi:\boldsymbol{x}\mapsto f(\boldsymbol{x})\in\mathbb{R}$，令 $\kappa(\boldsymbol{x},\boldsymbol{z})=f(\boldsymbol{x})f(\boldsymbol{z})$，显然这是内积，$\kappa(\boldsymbol{x},\boldsymbol{z})$ 是核函数。

(2) 设正交矩阵 $\boldsymbol{V}$ 将 $\boldsymbol{B}$ 对角化，$\boldsymbol{B}=\boldsymbol{V}^{\mathrm{T}}\boldsymbol{\Lambda}\boldsymbol{V}$，这里，$\boldsymbol{\Lambda}$ 是由 $\boldsymbol{B}$ 的本征值构成的对角矩阵，由于 $\boldsymbol{B}$ 的本征值非负，令 $\sqrt{\boldsymbol{\Lambda}}$ 是由 $\boldsymbol{B}$ 本征值的平方根构造的对角矩阵，并设 $\mathbf{A}=\sqrt{\boldsymbol{\Lambda}}\boldsymbol{V}$，于是有

$$\kappa(\boldsymbol{x},\boldsymbol{z})=\boldsymbol{x}^{\mathrm{T}}\boldsymbol{B}\boldsymbol{z}=\boldsymbol{x}^{\mathrm{T}}\boldsymbol{V}^{\mathrm{T}}\boldsymbol{\Lambda}\boldsymbol{V}\boldsymbol{z}=\boldsymbol{x}^{\mathrm{T}}\mathbf{A}^{\mathrm{T}}\mathbf{A}\boldsymbol{z}=\langle\mathbf{A}\boldsymbol{x},\mathbf{A}\boldsymbol{z}\rangle \tag{3.2.2}$$

式(3.2.2)表明，利用与矩阵 $\boldsymbol{B}$ 有关的线性变换 $\mathbf{A}$ 得到了所需的内积形式，可以通过矩阵 $\boldsymbol{B}$ 缩放空间的几何形状。

(3) 对于核函数的多项式，利用命题 3.2.1 的第(1)、(2)、(3)和本命题的(1)令 $f(\boldsymbol{x})$ 是常数，可以构造一个多项式，由此得到结论。

(4) 指数函数可以用具有正系数的多项式函数任意逼近，利用本命题的(3)可得指数函数是核函数多项式的极限，由于有限半正定性质在按点态方式取极限的情况下是封闭的，因此结论成立。

前面曾经给出常用的高斯核函数

$$\kappa(\boldsymbol{x},\boldsymbol{z})=\exp(-\|\boldsymbol{x}-\boldsymbol{z}\|^2/(2\sigma^2))$$

现在证明高斯函数是核函数。根据命题 3.2.2 的(4)，对于 $\sigma\in\mathbb{R}^+$，$\exp(\langle\boldsymbol{x},\boldsymbol{z}\rangle/\sigma^2)$ 是一个核函数，将其归一化，并利用同底指数函数相乘除性质，就可以得到上式，表明其是核函数：

$$\begin{aligned}\frac{\exp(\langle\boldsymbol{x},\boldsymbol{z}\rangle/\sigma^2)}{\sqrt{\exp(\|\boldsymbol{x}\|^2/\sigma^2)\exp(\|\boldsymbol{z}\|^2/\sigma^2)}}&=\exp\left(\frac{\langle\boldsymbol{x},\boldsymbol{z}\rangle}{\sigma^2}-\frac{\langle\boldsymbol{x},\boldsymbol{x}\rangle}{2\sigma^2}-\frac{\langle\boldsymbol{z},\boldsymbol{z}\rangle}{2\sigma^2}\right)\\&=\exp\left(-\frac{\|\boldsymbol{x}-\boldsymbol{z}\|^2}{2\sigma^2}\right)\end{aligned}$$

一个核函数对应一个线性嵌入，相当于确定一个核映射空间。命题 3.2.1 表明，核函数组合改变核映射空间的结构，这为使用者提供了有益的启示和工具。通过如下分析可以表明核函数组合后其对应的新映射矢量函数发生了变化，从而表明“核函数组合改变核

映射空间的结构"这个论断。

设两个映射矢量函数 $\boldsymbol{\varphi}_1(\boldsymbol{x}),\boldsymbol{\varphi}_2(\boldsymbol{x})$ 分别对应核函数 $\kappa_1(\boldsymbol{x},\boldsymbol{z}),\kappa_2(\boldsymbol{x},\boldsymbol{z})$，为表达方便、明确，令两个矢量 $\boldsymbol{\varphi}_1(\boldsymbol{x}),\boldsymbol{\varphi}_2(\boldsymbol{x})$ 串接成的矢量表示成 $[\boldsymbol{\varphi}_1(\boldsymbol{x}),\boldsymbol{\varphi}_2(\boldsymbol{x})]$。下面证明，命题 3.2.1 的(1)中，两个核函数 $\kappa_1(\boldsymbol{x},\boldsymbol{z}),\kappa_2(\boldsymbol{x},\boldsymbol{z})$ 相加得到的新核函数对应的新映射矢量函数是原来两个映射矢量函数的串接，即

$$\boldsymbol{\varphi}(\boldsymbol{x})=[\boldsymbol{\varphi}_1(\boldsymbol{x}),\boldsymbol{\varphi}_2(\boldsymbol{x})] \tag{3.2.3}$$

将核函数写成相应映射矢量函数的内积形式并推演，即

$$\begin{aligned}\kappa_1(\boldsymbol{x},\boldsymbol{z})+\kappa_2(\boldsymbol{x},\boldsymbol{z})&=\langle\boldsymbol{\varphi}_1(\boldsymbol{x}),\boldsymbol{\varphi}_1(\boldsymbol{z})\rangle+\langle\boldsymbol{\varphi}_2(\boldsymbol{x}),\boldsymbol{\varphi}_2(\boldsymbol{z})\rangle\\&=\langle[\boldsymbol{\varphi}_1(\boldsymbol{x}),\boldsymbol{\varphi}_2(\boldsymbol{x})],[\boldsymbol{\varphi}_1(\boldsymbol{z}),\boldsymbol{\varphi}_2(\boldsymbol{z})]\rangle\\&=\langle\boldsymbol{\varphi}(\boldsymbol{x}),\boldsymbol{\varphi}(\boldsymbol{z})\rangle\\&=\kappa(\boldsymbol{x},\boldsymbol{z})\end{aligned} \tag{3.2.4}$$

由式(3.2.4)可以看出，核函数 $\kappa(\boldsymbol{x},\boldsymbol{z})$ 对应的映射矢量函数是串接成的矢量 $[\boldsymbol{\varphi}_1(\boldsymbol{x}),\boldsymbol{\varphi}_2(\boldsymbol{x})]$，这表明两个核函数相加产生的核函数对应的隐式映射生成了新的空间结构。

命题 3.2.1 的(2)中，$a\kappa_1(\boldsymbol{x},\boldsymbol{z})$ 相当于用 $\sqrt{a}$ 简单地缩放原来的映射矢量函数。因为

$$\kappa(\boldsymbol{x},\boldsymbol{z})=a\kappa_1(\boldsymbol{x},\boldsymbol{z})=a\langle\boldsymbol{\varphi}_1(\boldsymbol{x}),\boldsymbol{\varphi}_1(\boldsymbol{z})\rangle=\langle\sqrt{a}\,\boldsymbol{\varphi}_1(\boldsymbol{x}),\sqrt{a}\,\boldsymbol{\varphi}_1(\boldsymbol{z})\rangle \tag{3.2.5}$$

命题 3.2.1 的(3) 表达了新的核映射空间的 Hadamard 构造。$\kappa(\boldsymbol{x},\boldsymbol{z})$ 对应的映射矢量函数 $\boldsymbol{\varphi}(\boldsymbol{x})$ 的所有分量是原先两个映射矢量函数对应分量乘积的全体，每个乘积中的一个因子来自第一个映射矢量函数的分量，另一个因子来自第二个映射矢量函数的分量，由于是交叉乘积，矢量 $\boldsymbol{\varphi}(\boldsymbol{x})$ 的某一个分量若第一个因子来自第一个映射矢量函数的第 i 个分量、第二个因子来自第二个映射矢量函数的第 j 个分量，则我们称之为第 (i,j) 分量，并且表示为

$$\boldsymbol{\varphi}(\boldsymbol{x})_{ij}=\boldsymbol{\varphi}_1(\boldsymbol{x})_i\boldsymbol{\varphi}_2(\boldsymbol{x})_j \tag{3.2.6}$$

设两个核函数 $\kappa_1(\boldsymbol{x},\boldsymbol{z}),\kappa_2(\boldsymbol{x},\boldsymbol{z})$ 对应的映射矢量函数分别为 $\boldsymbol{\varphi}_1(\boldsymbol{x})$ 和 $\boldsymbol{\varphi}_2(\boldsymbol{x})$，矢量 $\boldsymbol{\varphi}_l(\boldsymbol{x})$ 的第 i 个分量记为 $\boldsymbol{\varphi}_l(\boldsymbol{x})_i$，$l=1,2$，$D_l$ 是矢量 $\varphi_l(\boldsymbol{x})$ 的维数，于是有

$$\begin{aligned}\kappa(\boldsymbol{x},\boldsymbol{z})=\kappa_1(\boldsymbol{x},\boldsymbol{z})\kappa_2(\boldsymbol{x},\boldsymbol{z})&=\langle\boldsymbol{\varphi}_1(\boldsymbol{x}),\boldsymbol{\varphi}_1(\boldsymbol{z})\rangle\langle\boldsymbol{\varphi}_2(\boldsymbol{x}),\boldsymbol{\varphi}_2(\boldsymbol{z})\rangle\\&=\sum_{i=1}^{D_1}\boldsymbol{\varphi}_1(\boldsymbol{x})_i\boldsymbol{\varphi}_1(\boldsymbol{z})_i\sum_{j=1}^{D_2}\boldsymbol{\varphi}_2(\boldsymbol{x})_j\boldsymbol{\varphi}_2(\boldsymbol{z})_j\\&=\sum_{i=1}^{D_1}\sum_{j=1}^{D_2}\boldsymbol{\varphi}_1(\boldsymbol{x})_i\boldsymbol{\varphi}_1(\boldsymbol{z})_i\boldsymbol{\varphi}_2(\boldsymbol{x})_j\boldsymbol{\varphi}_2(\boldsymbol{z})_j\\&=\sum_{i=1}^{D_1}\sum_{j=1}^{D_2}(\boldsymbol{\varphi}_1(\boldsymbol{x})_i\boldsymbol{\varphi}_2(\boldsymbol{x})_j)(\boldsymbol{\varphi}_1(\boldsymbol{z})_i\boldsymbol{\varphi}_2(\boldsymbol{z})_j)\\&\triangleq\sum_{i=1}^{D_1}\sum_{j=1}^{D_2}\boldsymbol{\varphi}(\boldsymbol{x})_{ij}\boldsymbol{\varphi}(\boldsymbol{z})_{ij}\\&\triangleq\langle\boldsymbol{\varphi}(\boldsymbol{x}),\boldsymbol{\varphi}(\boldsymbol{z})\rangle\end{aligned} \tag{3.2.7}$$

结论得证。

可以看出，核函数 $\kappa(\boldsymbol{x},\boldsymbol{z})$ 的本征函数(即核映射矢量的分量)是核函数 $\kappa_1(\boldsymbol{x},\boldsymbol{z})$ 和 $\kappa_2(\boldsymbol{x},\boldsymbol{z})$ 所有本征函数对的乘积，其中一个来自第一个本征空间，另一个来自第二个本征

空间，形成了 Hadamard 构造。

3.3　核映射空间中一些量值的核函数表示

在内涵是内积的核函数定义的映射空间中，无法显式表示核函数定义的输入数据 $\boldsymbol{x}$ 的映像 $\boldsymbol{\varphi}(\boldsymbol{x})$，更无法得到矢量 $\boldsymbol{\varphi}(\boldsymbol{x})$ 的各个分量，只能求得一个数据和自己或其他数据映像间的内积，即核函数，尽管如此，仍可以从核函数获得用于映像分析、识别及检测的有用信息。

设在输入空间 X 上定义一个核函数 $\kappa(\boldsymbol{x},\boldsymbol{z})$ 和相应的一个到映射空间 $\mathcal{F}_\kappa$ 的满足 $\kappa(\boldsymbol{x},\boldsymbol{z})=\langle\boldsymbol{\varphi}(\boldsymbol{x}),\boldsymbol{\varphi}(\boldsymbol{z})\rangle$ 的映射 $\boldsymbol{\varphi}$。对于 X 的一个有限子集 $S=\{\boldsymbol{x}_1,\boldsymbol{x}_2\cdots,\boldsymbol{x}_N\}$，记 $\boldsymbol{\varphi}(S)=\{\boldsymbol{\varphi}(\boldsymbol{x}_1),\boldsymbol{\varphi}(\boldsymbol{x}_2),\cdots,\boldsymbol{\varphi}(\boldsymbol{x}_N)\}$ 是 S 在映射 $\boldsymbol{\varphi}$ 下的映像，因此 $\boldsymbol{\varphi}(S)$ 是空间 $\mathcal{F}_\kappa$ 的一个子集。在 S 的所有元素对上的核矩阵 $\boldsymbol{K}$ 的元素为

$$K_{ij}=\kappa(\boldsymbol{x}_i,\boldsymbol{x}_j),\quad i,j=1,2,\cdots,N$$

由核函数或核矩阵 $\boldsymbol{K}$ 可以计算核映射空间中映像的范数、距离、投影长度和映像点集的均值、方差。

1. 映像的范数

在核映射空间中，映像 $\boldsymbol{\varphi}(\boldsymbol{x})$ 的 l_2 范数为

$$\|\boldsymbol{\varphi}(\boldsymbol{x})\|_2\triangleq\|\boldsymbol{\varphi}(\boldsymbol{x})\|=\sqrt{\langle\boldsymbol{\varphi}(\boldsymbol{x}),\boldsymbol{\varphi}(\boldsymbol{x})\rangle}=\sqrt{\kappa(\boldsymbol{x},\boldsymbol{x})}\tag{3.3.1}$$

显然，规范化的 $\boldsymbol{\varphi}(\boldsymbol{x})$ 由式(3.3.2)计算：

$$\hat{\boldsymbol{\varphi}}(\boldsymbol{x})=\frac{\boldsymbol{\varphi}(\boldsymbol{x})}{\|\boldsymbol{\varphi}(\boldsymbol{x})\|}\tag{3.3.2}$$

规范化的核函数 $\hat{\kappa}$ 为

$$\begin{aligned}\hat{\kappa}(\boldsymbol{x},\boldsymbol{z})&=\langle\hat{\boldsymbol{\varphi}}(\boldsymbol{x}),\hat{\boldsymbol{\varphi}}(\boldsymbol{z})\rangle=\left\langle\frac{\boldsymbol{\varphi}(\boldsymbol{x})}{\|\boldsymbol{\varphi}(\boldsymbol{x})\|},\frac{\boldsymbol{\varphi}(\boldsymbol{z})}{\|\boldsymbol{\varphi}(\boldsymbol{z})\|}\right\rangle=\frac{\langle\boldsymbol{\varphi}(\boldsymbol{x}),\boldsymbol{\varphi}(\boldsymbol{z})\rangle}{\|\boldsymbol{\varphi}(\boldsymbol{x})\|\,\|\boldsymbol{\varphi}(\boldsymbol{z})\|}\\&=\frac{\kappa(\boldsymbol{x},\boldsymbol{z})}{\sqrt{\kappa(\boldsymbol{x},\boldsymbol{x})\kappa(\boldsymbol{z},\boldsymbol{z})}}\end{aligned}\tag{3.3.3}$$

可以求得映像的线性组合的范数，令矢量 $\boldsymbol{w}=\sum_{i=1}^{N}\alpha_i\boldsymbol{\varphi}(\boldsymbol{x}_i)$，则有

$$\begin{aligned}\|\boldsymbol{w}\|^2&=\left\|\sum_{i=1}^{N}\alpha_i\boldsymbol{\varphi}(\boldsymbol{x}_i)\right\|^2=\left\langle\sum_{i=1}^{N}\alpha_i\boldsymbol{\varphi}(\boldsymbol{x}_i),\sum_{j=1}^{N}\alpha_j\boldsymbol{\varphi}(\boldsymbol{x}_j)\right\rangle\\&=\sum_{i=1}^{N}\alpha_i\sum_{j=1}^{N}\alpha_j\langle\boldsymbol{\varphi}(\boldsymbol{x}_i),\boldsymbol{\varphi}(\boldsymbol{x}_j)\rangle\\&=\sum_{i,j=1}^{N}\alpha_i\alpha_j\kappa(\boldsymbol{x}_i,\boldsymbol{x}_j)\\&\triangleq\boldsymbol{\alpha}^{\mathrm{T}}\boldsymbol{K}\boldsymbol{\alpha}\end{aligned}\tag{3.3.4}$$

式中，核矩阵 $\boldsymbol{K}=\left(\kappa(\boldsymbol{x}_i,\boldsymbol{x}_j)\right)_{i,j=1}^{N}$。

2. 映像间的距离

两个映像 $\boldsymbol{\varphi}(\boldsymbol{x})$ 与 $\boldsymbol{\varphi}(\boldsymbol{z})$ 的距离平方为

$$\begin{aligned}\|\boldsymbol{\varphi}(\boldsymbol{x})-\boldsymbol{\varphi}(\boldsymbol{z})\|^2&=\langle\boldsymbol{\varphi}(\boldsymbol{x})-\boldsymbol{\varphi}(\boldsymbol{z}),\boldsymbol{\varphi}(\boldsymbol{x})-\boldsymbol{\varphi}(\boldsymbol{z})\rangle\\&=\langle\boldsymbol{\varphi}(\boldsymbol{x}),\boldsymbol{\varphi}(\boldsymbol{x})\rangle-2\langle\boldsymbol{\varphi}(\boldsymbol{x}),\boldsymbol{\varphi}(\boldsymbol{z})\rangle+\langle\boldsymbol{\varphi}(\boldsymbol{z}),\boldsymbol{\varphi}(\boldsymbol{z})\rangle\\&=\kappa(\boldsymbol{x},\boldsymbol{x})-2\kappa(\boldsymbol{x},\boldsymbol{z})+\kappa(\boldsymbol{z},\boldsymbol{z})\end{aligned}\tag{3.3.5}$$

3. 一点到集合中心的距离

映像集合 $\boldsymbol{\varphi}(\mathrm{S})$ 的平均矢量(中心矢量)为 $\bar{\boldsymbol{\varphi}}_S=\frac{1}{N}\sum_{i=1}^{N}\boldsymbol{\varphi}(\boldsymbol{x}_i)$,尽管无法直接计算 $\bar{\boldsymbol{\varphi}}_S$,但可以求得它的范数平方,即

$$\begin{aligned}\|\bar{\boldsymbol{\varphi}}_S\|^2&=\langle\bar{\boldsymbol{\varphi}}_S,\bar{\boldsymbol{\varphi}}_S\rangle=\left\langle\frac{1}{N}\sum_{i=1}^{N}\boldsymbol{\varphi}(\boldsymbol{x}_i),\frac{1}{N}\sum_{j=1}^{N}\boldsymbol{\varphi}(\boldsymbol{x}_j)\right\rangle\\&=\frac{1}{N^2}\sum_{i,j=1}^{N}\langle\boldsymbol{\varphi}(\boldsymbol{x}_i),\boldsymbol{\varphi}(\boldsymbol{x}_j)\rangle=\frac{1}{N^2}\sum_{i,j=1}^{N}\kappa(\boldsymbol{x}_i,\boldsymbol{x}_j)\end{aligned}\tag{3.3.6}$$

可知,平均矢量的范数平方等于核矩阵所有元素的平均值。由范数定义知,式(3.3.6)大于或等于零,当其位于坐标系原点时等于零。类似地,可以算得映像 $\boldsymbol{\varphi}(\boldsymbol{x})$ 到映像集合平均矢量 $\bar{\boldsymbol{\varphi}}_S$ 的距离平方,即

$$\begin{aligned}\|\boldsymbol{\varphi}(\boldsymbol{x})-\bar{\boldsymbol{\varphi}}_S\|^2&=\langle\boldsymbol{\varphi}(\boldsymbol{x}),\boldsymbol{\varphi}(\boldsymbol{x})\rangle+\langle\bar{\boldsymbol{\varphi}}_S,\bar{\boldsymbol{\varphi}}_S\rangle-2\langle\boldsymbol{\varphi}(\boldsymbol{x}),\bar{\boldsymbol{\varphi}}_S\rangle\\&=\kappa(\boldsymbol{x},\boldsymbol{x})+\frac{1}{N^2}\sum_{i,j=1}^{N}\kappa(\boldsymbol{x}_i,\boldsymbol{x}_j)-\frac{2}{N}\sum_{i=1}^{N}\kappa(\boldsymbol{x}_i,\boldsymbol{x})\end{aligned}\tag{3.3.7}$$

4. 集合到其中心的平均距离

由式(3.3.7)容易算得映像集合 $\boldsymbol{\varphi}(\mathrm{S})$ 各元素到其中心矢量的平均平方距离

$$\begin{aligned}\frac{1}{N}\sum_{i=1}^{N}\|\boldsymbol{\varphi}(\boldsymbol{x}_i)-\bar{\boldsymbol{\varphi}}_S\|^2&=\frac{1}{N}\sum_{i=1}^{N}\kappa(\boldsymbol{x}_i,\boldsymbol{x}_i)+\frac{1}{N^2}\sum_{i,j=1}^{N}\kappa(\boldsymbol{x}_i,\boldsymbol{x}_j)-\frac{2}{N^2}\sum_{i,j=1}^{N}\kappa(\boldsymbol{x}_i,\boldsymbol{x}_j)\\&=\frac{1}{N}\sum_{i=1}^{N}\kappa(\boldsymbol{x}_i,\boldsymbol{x}_i)-\frac{1}{N^2}\sum_{i,j=1}^{N}\kappa(\boldsymbol{x}_i,\boldsymbol{x}_j)\end{aligned}\tag{3.3.8}$$

可以看出,式(3.3.8)为核矩阵的对角元素的平均值减去全部元素的平均值。

核映射空间坐标系平移后,虽然各映像的范数发生改变,但由概念或由式(3.3.8)可以知道,式(3.3.8)的值保持不变。如果将坐标系原点移至中心矢量上,由式(3.3.6)可知,式(3.3.8)右边第二项为零,而左边的平均平方距离不变,可推得第一项将达最小。利用此事实可以处理优化问题:

$$\min_{\mu}\frac{1}{N}\sum_{i=1}^{N}\|\boldsymbol{\varphi}(\boldsymbol{x}_i)-\boldsymbol{\mu}\|^2$$

当 $\boldsymbol{\mu}=\bar{\boldsymbol{\varphi}}_S$ 时,即将坐标系原点平移至 $\boldsymbol{\mu}$ 得到最小。

5. 映像中心化

在核映射空间中,映像中心化相当于将坐标系原点移至数据集的中心处,映像中心化产生的相应的新映像为

$$\hat{\boldsymbol{\varphi}}(\boldsymbol{x})=\boldsymbol{\varphi}(\boldsymbol{x})-\bar{\boldsymbol{\varphi}}_S=\boldsymbol{\varphi}(\boldsymbol{x})-\frac{1}{N}\sum_{i=1}^{N}\boldsymbol{\varphi}(\boldsymbol{x}_i) \tag{3.3.9}$$

相应的核函数为

$$\begin{aligned}\hat{\kappa}(\boldsymbol{x},\boldsymbol{z})&=\langle\hat{\boldsymbol{\varphi}}(\boldsymbol{x}),\hat{\boldsymbol{\varphi}}(\boldsymbol{z})\rangle=\left\langle\boldsymbol{\varphi}(\boldsymbol{x})-\frac{1}{N}\sum_{i=1}^{N}\boldsymbol{\varphi}(\boldsymbol{x}_i),\boldsymbol{\varphi}(\boldsymbol{z})-\frac{1}{N}\sum_{j=1}^{N}\boldsymbol{\varphi}(\boldsymbol{x}_j)\right\rangle\\&=\kappa(\boldsymbol{x},\boldsymbol{z})+\frac{1}{N^2}\sum_{i,j=1}^{N}\kappa(\boldsymbol{x}_i,\boldsymbol{x}_j)-\frac{1}{N}\sum_{i=1}^{N}\kappa(\boldsymbol{x},\boldsymbol{x}_i)-\frac{1}{N}\sum_{i=1}^{N}\kappa(\boldsymbol{z},\boldsymbol{x}_i)\end{aligned} \tag{3.3.10}$$

式(3.3.10)相当于由原先的核矩阵 $\boldsymbol{K}$ 定义的映像中心化后对应的核矩阵 $\hat{\boldsymbol{K}}$ 所需的变换:

$$\hat{\boldsymbol{K}}=\boldsymbol{K}+\frac{1}{N^2}(\boldsymbol{1}^{\mathrm{T}}\boldsymbol{K}\boldsymbol{1})\boldsymbol{1}\boldsymbol{1}^{\mathrm{T}}-\frac{1}{N}\boldsymbol{1}\boldsymbol{1}^{\mathrm{T}}\boldsymbol{K}-\frac{1}{N}\boldsymbol{K}\boldsymbol{1}\boldsymbol{1}^{\mathrm{T}} \tag{3.3.11}$$

式中,$\boldsymbol{1}$ 是各元素都为 1 的矢量,即 $\boldsymbol{1}=(1,1,\cdots,1)^{\mathrm{T}}$。对于未中心化的映像,采用上述核函数或核矩阵变换公式计算核函数或核矩阵并参与有关运算,相当于映像被隐性中心化后进行有关运算。

6. 映像的投影

设 V_1,V_2 是线性空间 L 的子空间,$V_2=V_1^{\perp}$,令投影(projection)算子 P 对矢量 $\boldsymbol{x}\in L$ 沿着一个子空间向另一个子空间投影所得矢量记为 $\mathrm{P}(\boldsymbol{x})$,此正投影满足幂等性和正交性,即

$$\mathrm{P}(\boldsymbol{x})=\mathrm{P}^2(\boldsymbol{x}) \tag{3.3.12}$$

$$\langle\mathrm{P}(\boldsymbol{x}),\boldsymbol{x}-\mathrm{P}(\boldsymbol{x})\rangle=0 \tag{3.3.13}$$

在上述投影下,有

$$\|\mathrm{P}(\boldsymbol{x})\|\leqslant\|\boldsymbol{x}\|,\quad\forall\,\boldsymbol{x} \tag{3.3.14}$$

$$\|\boldsymbol{x}-\mathrm{P}(\boldsymbol{x})\|=\inf_{\boldsymbol{x}'}\|\boldsymbol{x}-\mathrm{P}(\boldsymbol{x}')\|,\quad\forall\,\boldsymbol{x} \tag{3.3.15}$$

以后谈及的投影都指正投影。

在核映射空间中,矢量 $\boldsymbol{\varphi}(\boldsymbol{x})$ 在矢量 $\boldsymbol{w}$ 上投影所产生的矢量 $\mathrm{P}_w(\boldsymbol{\varphi}(\boldsymbol{x}))$ 的范数(或称长度)$\|\mathrm{P}_w(\boldsymbol{\varphi}(\boldsymbol{x}))\|$ 由式(3.3.16)给出:

$$\|\mathrm{P}_w(\boldsymbol{\varphi}(\boldsymbol{x}))\|=\frac{\langle\boldsymbol{w},\boldsymbol{\varphi}(\boldsymbol{x})\rangle}{\|\boldsymbol{w}\|} \tag{3.3.16}$$

由此,投影矢量可表示为

$$\mathrm{P}_w(\boldsymbol{\varphi}(\boldsymbol{x}))=\frac{\langle\boldsymbol{w},\boldsymbol{\varphi}(\boldsymbol{x})\rangle}{\|\boldsymbol{w}\|^2}\boldsymbol{w}=\frac{\boldsymbol{w}\boldsymbol{w}^{\mathrm{T}}\boldsymbol{\varphi}(\boldsymbol{x})}{\|\boldsymbol{w}\|^2} \tag{3.3.17}$$

如果令矢量 $\boldsymbol{w}=\sum_{i=1}^{N}\alpha_i\boldsymbol{\varphi}(\boldsymbol{x}_i)$,则有

$$\|\mathrm{P}_w(\boldsymbol{\varphi}(\boldsymbol{x}))\|=\frac{\langle \boldsymbol{w},\boldsymbol{\varphi}(\boldsymbol{x})\rangle}{\|\boldsymbol{w}\|}=\frac{\sum_{i=1}^{N}\alpha_i\kappa(\boldsymbol{x}_i,\boldsymbol{x})}{\sqrt{\sum_{i,j=1}^{N}\alpha_i\alpha_j\kappa(\boldsymbol{x}_i,\boldsymbol{x}_j)}} \tag{3.3.18}$$

利用勾股定理(Pythagoras 定理)和式(3.3.18),可以算得 $\boldsymbol{\varphi}(\boldsymbol{x})$到它的(正)投影矢量 $\mathrm{P}_w(\boldsymbol{\varphi}(\boldsymbol{x}))$的距离平方,即

$$\begin{aligned}\|\boldsymbol{\varphi}(\boldsymbol{x})-\mathrm{P}_w(\boldsymbol{\varphi}(\boldsymbol{x}))\|^2&=\|\boldsymbol{\varphi}(\boldsymbol{x})\|^2-\|\mathrm{P}_w(\boldsymbol{\varphi}(\boldsymbol{x}))\|^2\\&=\kappa(\boldsymbol{x},\boldsymbol{x})-\frac{\left(\sum_{i=1}^{N}\alpha_i\kappa(\boldsymbol{x}_i,\boldsymbol{x})\right)^2}{\sum_{i,j=1}^{N}\alpha_i\alpha_j\kappa(\boldsymbol{x}_i,\boldsymbol{x}_j)}\end{aligned} \tag{3.3.19}$$

设子空间 V 由一组标准正交基矢量 $\boldsymbol{w}_1,\boldsymbol{w}_2,\cdots,\boldsymbol{w}_k$ 所张成,基矢量的对偶表示为 $\boldsymbol{\alpha}^1$, $\boldsymbol{\alpha}^2,\cdots,\boldsymbol{\alpha}^k$,即

$$\begin{aligned}\boldsymbol{w}_i&=\sum_{j=1}^{N}\alpha_j^i\boldsymbol{\varphi}(\boldsymbol{x}_j)=(\boldsymbol{\varphi}(\boldsymbol{x}_1)\ \ \boldsymbol{\varphi}(\boldsymbol{x}_2)\ \ \cdots\ \ \boldsymbol{\varphi}(\boldsymbol{x}_N))(\alpha_1^i,\alpha_2^i,\cdots,\alpha_N^i)^{\mathrm{T}}\\&\triangleq(\boldsymbol{\varphi}(\boldsymbol{x}_1)\ \ \boldsymbol{\varphi}(\boldsymbol{x}_2)\ \ \cdots\ \ \boldsymbol{\varphi}(\boldsymbol{x}_N))\boldsymbol{\alpha}^i\\&\triangleq\boldsymbol{X}^{\mathrm{T}}\boldsymbol{\alpha}^i\end{aligned} \tag{3.3.20}$$

式中,$\boldsymbol{X}=\left(\boldsymbol{\varphi}(\boldsymbol{x}_1)\ \ \boldsymbol{\varphi}(\boldsymbol{x}_2)\ \ \cdots\ \ \boldsymbol{\varphi}(\boldsymbol{x}_N)\right)^{\mathrm{T}}$。矢量 $\boldsymbol{\varphi}(\boldsymbol{x})$在以 $\boldsymbol{w}_1,\boldsymbol{w}_2,\cdots,\boldsymbol{w}_k$为标准正交基的子空间 V 中的投影矢量为

$$\mathrm{P}_V(\boldsymbol{\varphi}(\boldsymbol{x}))=\left(\boldsymbol{\varphi}(\boldsymbol{x})^{\mathrm{T}}\boldsymbol{w}_i\right)_{i=1}^{k}=\left(\sum_{j=1}^{N}\alpha_j^i\kappa(\boldsymbol{x}_j,\boldsymbol{x})\right)_{i=1}^{k} \tag{3.3.21}$$

设 $\boldsymbol{w}$ 为单位矢量,矢量 $\boldsymbol{\varphi}(\boldsymbol{x})$在 $\boldsymbol{w}$ 的正交补空间上的投影称为矢量 $\boldsymbol{\varphi}(\boldsymbol{x})$正交补投影:

$$\mathrm{P}_w^{\perp}(\boldsymbol{\varphi}(\boldsymbol{x}))=\boldsymbol{\varphi}(\boldsymbol{x})-\mathrm{P}_w(\boldsymbol{\varphi}(\boldsymbol{x}))=(\boldsymbol{I}-\boldsymbol{w}\boldsymbol{w}^{\mathrm{T}})\boldsymbol{\varphi}(\boldsymbol{x}) \tag{3.3.22}$$

式(3.3.22)利用了式(3.3.17),是对数据进行正交补投影的操作,是矩阵缩并(deflation)的基础,在第 4 章将要用到。

7. 映像的方差

设核映射空间维数为 D,映像矢量均值为零,以它们为行矢量构造一个 $N\times D$矩阵

$$\boldsymbol{X}=(\boldsymbol{\varphi}(\boldsymbol{x}_1)\ \ \boldsymbol{\varphi}(\boldsymbol{x}_2)\ \ \cdots\ \ \boldsymbol{\varphi}(\boldsymbol{x}_N))^{\mathrm{T}}$$

由其构造 $D\times D$ 样本协方差矩阵

$$\hat{\boldsymbol{C}}=\frac{1}{N}\boldsymbol{X}^{\mathrm{T}}\boldsymbol{X}=\frac{1}{N}\sum_{i=1}^{N}\boldsymbol{\varphi}(\boldsymbol{x}_i)\boldsymbol{\varphi}^{\mathrm{T}}(\boldsymbol{x}_i) \tag{3.3.23}$$

对于已中心化的随机矢量 $\boldsymbol{\varphi}(\boldsymbol{x})$,其在单位矢量 $\boldsymbol{w}$ 上的投影长度的期望

$$\mu_w=\mathrm{E}[\|\mathrm{P}_w(\boldsymbol{\varphi}(\boldsymbol{x}))\|]=\mathrm{E}[\boldsymbol{w}^{\mathrm{T}}\boldsymbol{\varphi}(\boldsymbol{x})]=\boldsymbol{w}^{\mathrm{T}}\mathrm{E}[\boldsymbol{\varphi}(\boldsymbol{x})]=0 \tag{3.3.24}$$

用样本平均近似期望 μ_w,有样本均值

$$\hat{\mu}_w=\boldsymbol{w}^{\mathrm{T}}\left(\frac{1}{N}\sum_{i=1}^{N}\boldsymbol{\varphi}(\boldsymbol{x}_i)\right)=\boldsymbol{\alpha}^{\mathrm{T}}\boldsymbol{X}\left(\frac{1}{N}\sum_{i=1}^{N}\boldsymbol{\varphi}(\boldsymbol{x}_i)\right)$$

$$=\boldsymbol{\alpha}^{\mathrm{T}}\left(\frac{1}{N}\sum_{i=1}^{N}\kappa(\boldsymbol{x}_1,\boldsymbol{x}_i),\frac{1}{N}\sum_{i=1}^{N}\kappa(\boldsymbol{x}_2,\boldsymbol{x}_i),\cdots,\frac{1}{N}\sum_{i=1}^{N}\kappa(\boldsymbol{x}_N,\boldsymbol{x}_i)\right)^{\mathrm{T}} \tag{3.3.25}$$

而投影长度的方差为

$$\begin{aligned}\sigma_w^2&=\mathrm{E}\left[(\|\mathrm{P}_w(\boldsymbol{\varphi}(\boldsymbol{x}))\|-\mu_w)^2\right]=\mathrm{E}\left[\|\mathrm{P}_w(\boldsymbol{\varphi}(\boldsymbol{x}))\|^2\right]\\&=\boldsymbol{w}^{\mathrm{T}}\mathrm{E}\left[\boldsymbol{\varphi}(\boldsymbol{x})\boldsymbol{\varphi}^{\mathrm{T}}(\boldsymbol{x})\right]\boldsymbol{w}\end{aligned} \tag{3.3.26}$$

若用平均近似期望,则有样本方差

$$\hat{\sigma}_w^2=\boldsymbol{w}^{\mathrm{T}}\frac{1}{N}\sum_{i=1}^{N}\boldsymbol{\varphi}(\boldsymbol{x}_i)\boldsymbol{\varphi}^{\mathrm{T}}(\boldsymbol{x}_i)\boldsymbol{w}=\frac{1}{N}\boldsymbol{w}^{\mathrm{T}}\boldsymbol{X}^{\mathrm{T}}\boldsymbol{X}\boldsymbol{w}=\boldsymbol{w}^{\mathrm{T}}\hat{\boldsymbol{C}}\boldsymbol{w} \tag{3.3.27}$$

如果矢量 $\boldsymbol{\varphi}(\boldsymbol{x})$ 没有中心化,则有

$$\begin{aligned}\sigma_w^2&=\mathrm{E}\left[(\|\mathrm{P}_w(\boldsymbol{\varphi}(\boldsymbol{x}))\|-\mu_w)^2\right]=\mathrm{E}\left[\|\mathrm{P}_w(\boldsymbol{\varphi}(\boldsymbol{x}))\|^2\right]-\mu_w^2\\&=\boldsymbol{w}^{\mathrm{T}}\mathrm{E}\left[\boldsymbol{\varphi}(\boldsymbol{x})\boldsymbol{\varphi}^{\mathrm{T}}(\boldsymbol{x})\right]\boldsymbol{w}-(\boldsymbol{w}^{\mathrm{T}}\mathrm{E}\left[\boldsymbol{\varphi}(\boldsymbol{x})\right])^2\end{aligned} \tag{3.3.28}$$

若用平均近似期望,则有样本方差

$$\begin{aligned}\hat{\sigma}_w^2&=\boldsymbol{w}^{\mathrm{T}}\frac{1}{N}\sum_{i=1}^{N}\boldsymbol{\varphi}(\boldsymbol{x}_i)\boldsymbol{\varphi}^{\mathrm{T}}(\boldsymbol{x}_i)\boldsymbol{w}-\left(\boldsymbol{w}^{\mathrm{T}}\frac{1}{N}\sum_{i=1}^{N}\boldsymbol{\varphi}(\boldsymbol{x}_i)\right)^2\\&=\frac{1}{N}\boldsymbol{w}^{\mathrm{T}}\boldsymbol{X}^{\mathrm{T}}\boldsymbol{X}\boldsymbol{w}-\left(\frac{1}{N}\boldsymbol{w}^{\mathrm{T}}\boldsymbol{X}^{\mathrm{T}}\boldsymbol{1}\right)^2\end{aligned} \tag{3.3.29}$$

式中,$\boldsymbol{1}=(1,1,\cdots,1)^{\mathrm{T}}$。

如果利用矢量对偶表示形式,$\boldsymbol{w}=\sum_{i=1}^{N}\alpha_i\boldsymbol{\varphi}(\boldsymbol{x}_i)=\boldsymbol{X}^{\mathrm{T}}\boldsymbol{\alpha}$,则有

$$\begin{aligned}\hat{\sigma}_w^2&=\frac{1}{N}\boldsymbol{w}^{\mathrm{T}}\boldsymbol{X}^{\mathrm{T}}\boldsymbol{X}\boldsymbol{w}-\left(\frac{1}{N}\boldsymbol{w}^{\mathrm{T}}\boldsymbol{X}^{\mathrm{T}}\boldsymbol{1}\right)^2=\frac{1}{N}\boldsymbol{\alpha}^{\mathrm{T}}\boldsymbol{X}\boldsymbol{X}^{\mathrm{T}}\boldsymbol{X}\boldsymbol{X}^{\mathrm{T}}\boldsymbol{\alpha}-\left(\frac{1}{N}\boldsymbol{\alpha}^{\mathrm{T}}\boldsymbol{X}\boldsymbol{X}^{\mathrm{T}}\boldsymbol{1}\right)^2\\&=\frac{1}{N}\boldsymbol{\alpha}^{\mathrm{T}}\boldsymbol{K}^2\boldsymbol{\alpha}-\frac{1}{N^2}(\boldsymbol{\alpha}^{\mathrm{T}}\boldsymbol{K}\boldsymbol{1})^2\end{aligned} \tag{3.3.30}$$

式中,$\boldsymbol{K}=\boldsymbol{X}\boldsymbol{X}^{\mathrm{T}}$ 是核矩阵。

从上面各式的推导结果可以看出,在核映射空间中用于模式分析的有关量值可以用核函数或核矩阵计算,这表明进行模式分析和识别时不需要知道核映射的明确表达式。

更一般地,核映射空间中许多量值可以直接计算核函数获得。求解多元线性方程组 $\boldsymbol{X}\boldsymbol{w}=\boldsymbol{y}$ 的准确解或近似解都可以运用最小二乘法,如果 $(\boldsymbol{X}^{\mathrm{T}}\boldsymbol{X})^{-1}$ 存在,$\boldsymbol{w}$ 的解可以表示为

$$\boldsymbol{w}=(\boldsymbol{X}^{\mathrm{T}}\boldsymbol{X})^{-1}\boldsymbol{X}^{\mathrm{T}}\boldsymbol{y}=\boldsymbol{X}^{\mathrm{T}}\boldsymbol{X}(\boldsymbol{X}^{\mathrm{T}}\boldsymbol{X})^{-2}\boldsymbol{X}^{\mathrm{T}}\boldsymbol{y}\triangleq\boldsymbol{X}^{\mathrm{T}}\boldsymbol{\alpha}$$

上式中,$\boldsymbol{\alpha}$ 称为 $\boldsymbol{w}$ 的对偶表示。采用变量对偶表示可使许多算法中矢量的内积成为核函数之和,相关矩阵的二次型变为核矩阵的二次型,规避了核映射空间中样本映像未知,使许多算法可以在核映射空间中实施数据的高维处理。

参考文献

[1] 斯米尔洛夫 B N. 高等数学教程(中文本,第 4 卷第 1 分册)[M]. 北京:人民教育出版社,1979.

[2] SHAWE-TAYLOR J, CRISTIANINI N. Kernel methods for pattern analysis[M]. Cambridge: Cambridge University Press, 2004.

[3] SAKTHIVEL N R, SARAVANAMURUGAN S, NAIR B B, et al. Effect of kernel function in support vector machine for the fault diagnosis of pump[J]. Journal of Engineering Science and Technology, 2016, 11(6): 826-838.

[4] LIN Z, YAN L. A support vector machine classifier based on a new kernel function model for hyperspectral data[J]. GIScience & Remote Sensing, 2016, 53(1): 85-101.

[5] CHEN C, LI X, BELKACEM A N, et al. The mixed kernel function SVM-based point cloud classification[J]. International Journal of Precision Engineering and Manufacturing, 2019, 20(5): 737-747.

[6] MUANDET K, FUKUMIZU K, SRIPERUMBUDUR B, et al. Kernel mean embedding of distributions: A review and beyond[J]. Foundations and Trends in Machine Learning, 2017, 10(1-2): 1-141.

[7] PAULSEN V I, RAGHUPATHI M. An introduction to the theory of reproducing kernel Hilbert spaces[M]. Cambridge: Cambridge University Press, 2016.

[8] BERRENDERO J R, CUEVAS A, TORRECILLA J L. On the use of reproducing kernel hilbert spaces in functional classification[J]. Journal of the American Statistical Association, 2018, 113(523): 1210-1218.

第4章

数 据 分 析

实际中许多重要问题，如分类问题、数值预测问题、关联问题等都可以采用Fisher判别分析(fisher discriminant analysis，FDA)、主成分分析(principal components analysis，PCA)、典型相关分析(canonical correlation analysis，CCA)、偏最小二乘回归(partial least squares regression，PLSR)等方法解决。Fisher判别分析是确定分类效果最好的子空间的基矢量；主成分分析是求得在嵌入空间中具有数据投影方差最大的方向矢量；典型相关分析用于寻找两个数据集之间的相关性；偏最小二乘回归用于寻找一个系统的输入变量和输出变量之间的相关性并建立函数模型。根据问题的数据分布情况，在原始数据空间或它的核映射空间中，上述分析方法将应用本征分析(eigenanalysis)或广义本征分析(generalized eigenanalysis)，在数学上是对给定的正方矩阵 $\boldsymbol{A}$，求解方程 $\boldsymbol{Au}=\lambda\boldsymbol{u}$，或对于给定的同阶正方矩阵 $\boldsymbol{A}$ 和 $\boldsymbol{B}$，求解方程 $\boldsymbol{Au}=\lambda\boldsymbol{Bu}$，本征分析是广义本征分析当 $\boldsymbol{B}=\boldsymbol{I}$ 时的特例。广义本征分析提供了把一族重要代价函数最优化的高效方法，利用线性代数研究广义本征分析问题，并利用计算数学的一些算法高效地求解或求出近似解。奇异值分解(singular value decomposition，SVD)是对一般矩阵正交变换使其对角化，它是许多分析方法的重要工具，可以认为是更一般的本征分析。在由核函数定义的核映射空间中，无法显式求得 $\boldsymbol{x}$ 的映像 $\boldsymbol{\varphi}(\boldsymbol{x})$，只能得到这个数据和自己或其他数据映像间的内积，但可以利用映像的内积构成的核矩阵的线性变换分析出数据集的有关信息。基于数据之间的内积信息，利用对偶表示形式这种数学技巧可以解决无法显式求得映像 $\boldsymbol{\varphi}(\boldsymbol{x})$ 的问题。

本章讨论基本和常用的模式分析方法，这些分析方法是奇异值分解、广义本征分解、Fisher判别分析、主成分分析、典型相关分析、偏最小二乘回归；基本的分析方法与相应的核方法并重讨论。

4.1 矩阵奇异值分解与矩阵广义本征分解

4.1.1 矩阵奇异值分解

矩阵奇异值分解是解决本征值问题、广义逆问题、最优化等问题的重要数学工具。矩阵奇异值分解是一种对一般矩阵的正交变换，变换结果矩阵各阶左上角正方子块构成的主子块阵(即顺序主子阵)是一对角矩阵，其余阵元均为零。主成分分析需要求得数据相关阵或协方差阵的本征值和本征矢量，但在核映射空间中无法知道原始数据 $\boldsymbol{x}$ 的映像 $\boldsymbol{\varphi}(\boldsymbol{x})$，从而无法直接计算映像相关阵或协方差阵，以及本征值和本征矢量，但可以利用矩阵奇异值分解理论由核矩阵得到映像相关阵或协方差阵的信息。矩阵奇异值分解能揭示核矩阵与映像相关阵或协方差阵的本征值及本征矢量之间的关系，通过核矩阵的本征值和本征矢量计算映像相关阵或协方差阵的本征值和本征矢量，利用核矩阵求出变量方差。矩阵奇异值分解是一种重要的数学工具，为了能深入理解、灵活运用，首先介绍矩阵奇异值分解的一般性知识，然后结合应用背景进行论述。

设 $\boldsymbol{A}$ 是一个 $m\times n$ 矩阵，rank $\boldsymbol{A}=r$(或记为 $\boldsymbol{A}\in\mathbb{R}_r^{m\times n}$)，由有关定理，有 rank $\boldsymbol{A}\boldsymbol{A}^{\mathrm{T}}=$ rank $\boldsymbol{A}^{\mathrm{T}}\boldsymbol{A}=r$。因 $\boldsymbol{A}\boldsymbol{A}^{\mathrm{T}}$ 是对角矩阵，所以存在标准正交矩阵 $\boldsymbol{V}$ 能使 $\boldsymbol{A}\boldsymbol{A}^{\mathrm{T}}$ 对角化，即

$$\boldsymbol{A}\boldsymbol{A}^{\mathrm{T}}=\boldsymbol{V}\mathrm{diag}(\lambda_1^2,\lambda_2^2,\cdots,\lambda_m^2)\boldsymbol{V}^{\mathrm{T}}\triangleq\boldsymbol{V}\boldsymbol{\Lambda}_m\boldsymbol{V}^{\mathrm{T}}\tag{4.1.1}$$

式中，矩阵 $\boldsymbol{A}\boldsymbol{A}^{\mathrm{T}}$ 的本征值 $\lambda_1^2\geqslant\lambda_2^2\geqslant\cdots\geqslant\lambda_r^2>\lambda_{r+1}^2=\cdots=\lambda_m^2=0$。标准正交矩阵 $\boldsymbol{V}$ 的列矢量 $\boldsymbol{v}_i$ 是 $\boldsymbol{A}\boldsymbol{A}^{\mathrm{T}}$ 的本征矢量，$m\times m$ 矩阵 $\boldsymbol{\Lambda}_m$ 是由各本征值 λ_i^2 构造的对角矩阵：

$$\boldsymbol{\Lambda}_m=\begin{pmatrix}\lambda_1^2 & 0 & \cdots & 0 & \\ 0 & \lambda_2^2 & 0 & \vdots & \boldsymbol{O}\\ \vdots & 0 & \ddots & 0 & \\ 0 & \cdots & 0 & \lambda_r^2 & \\ & \boldsymbol{O} & & & \boldsymbol{O}\end{pmatrix}\triangleq\begin{pmatrix}\boldsymbol{\Lambda}_r^2 & \boldsymbol{O}\\ \boldsymbol{O} & \boldsymbol{O}\end{pmatrix}\tag{4.1.2}$$

同样，$\boldsymbol{A}^{\mathrm{T}}\boldsymbol{A}$ 也是对称阵，存在标准正交矩阵 $\boldsymbol{U}$ 能使 $\boldsymbol{A}^{\mathrm{T}}\boldsymbol{A}$ 对角化，即

$$\boldsymbol{A}^{\mathrm{T}}\boldsymbol{A}\triangleq\boldsymbol{U}\boldsymbol{\Lambda}_n\boldsymbol{U}^{\mathrm{T}}\tag{4.1.3}$$

标准正交矩阵 $\boldsymbol{U}$ 的列矢量 $\boldsymbol{u}_i$ 是 $\boldsymbol{A}^{\mathrm{T}}\boldsymbol{A}$ 的本征矢量，$n\times n$ 对角矩阵 $\boldsymbol{\Lambda}_n$ 对角线上第 i 个元素是其对应的本征值。

由式(4.1.1)有

$$\boldsymbol{A}^{\mathrm{T}}\boldsymbol{A}(\boldsymbol{A}^{\mathrm{T}}\boldsymbol{v}_i)=\boldsymbol{A}^{\mathrm{T}}\boldsymbol{A}\boldsymbol{A}^{\mathrm{T}}\boldsymbol{v}_i=\lambda_i^2\boldsymbol{A}^{\mathrm{T}}\boldsymbol{v}_i\tag{4.1.4}$$

式(4.1.4)表明，λ_i^2 和 $\boldsymbol{A}^{\mathrm{T}}\boldsymbol{v}_i$ 是 $\boldsymbol{A}^{\mathrm{T}}\boldsymbol{A}$ 的一个本征值和相应的本征矢量，$\boldsymbol{A}^{\mathrm{T}}\boldsymbol{v}_i$ 的范数平方为

$$\|\boldsymbol{A}^{\mathrm{T}}\boldsymbol{v}_i\|^2=\boldsymbol{v}_i^{\mathrm{T}}\boldsymbol{A}\boldsymbol{A}^{\mathrm{T}}\boldsymbol{v}_i=\lambda_i^2\tag{4.1.5}$$

可知，$\boldsymbol{A}^{\mathrm{T}}\boldsymbol{A}$ 的归一化本征矢量

$$\boldsymbol{u}_i=\boldsymbol{A}^{\mathrm{T}}\boldsymbol{v}_i/\|\boldsymbol{A}^{\mathrm{T}}\boldsymbol{v}_i\|=\lambda_i^{-1}\boldsymbol{A}^{\mathrm{T}}\boldsymbol{v}_i\tag{4.1.6}$$

利用式(4.1.6)及式(4.1.1)可得

$$\boldsymbol{A}\boldsymbol{u}_i=\lambda_i^{-1}\boldsymbol{A}\boldsymbol{A}^{\mathrm{T}}\boldsymbol{v}_i=\lambda_i\boldsymbol{v}_i\tag{4.1.7}$$

即

$$\boldsymbol{v}_i=\lambda_i^{-1}\boldsymbol{A}\boldsymbol{u}_i\tag{4.1.8}$$

由式(4.1.8)易知，$\boldsymbol{v}_i$ 是单位矢量。

由式(4.1.7)可得

$$\boldsymbol{A}\boldsymbol{u}_i\boldsymbol{u}_i^{\mathrm{T}}=\lambda_i\boldsymbol{v}_i\boldsymbol{u}_i^{\mathrm{T}},\quad i=1,2,\cdots,r\tag{4.1.9}$$

设标准正交矩阵 $\boldsymbol{U}=(\boldsymbol{U}_1\ \boldsymbol{U}_2)$，子阵 $\boldsymbol{U}_2=(\boldsymbol{u}_{r+1}\ \boldsymbol{u}_{r+2}\ \cdots\ \boldsymbol{u}_n)$ 是由子阵 $\boldsymbol{U}_1=(\boldsymbol{u}_1\ \boldsymbol{u}_2\ \cdots\ \boldsymbol{u}_r)$ 扩充成的列正交矩阵，由 $\boldsymbol{\Lambda}_r=\mathrm{diag}(\lambda_1,\lambda_2,\cdots,\lambda_r)$ 增加 0 元素扩充成 $m\times n$ 矩阵 $\boldsymbol{\Lambda}$。利用

式(4.1.7)有

$$\boldsymbol{A}=\boldsymbol{A}(\boldsymbol{u}_1\ \boldsymbol{u}_2\ \cdots\ \boldsymbol{u}_n)(\boldsymbol{u}_1\ \boldsymbol{u}_2\ \cdots\ \boldsymbol{u}_n)^{\mathrm{T}}=\sum_{i=1}^{n}\boldsymbol{A}\boldsymbol{u}_i\boldsymbol{u}_i^{\mathrm{T}}=\sum_{i=1}^{r}\lambda_i\boldsymbol{v}_i\boldsymbol{u}_i^{\mathrm{T}} \tag{4.1.10}$$

式(4.1.10)表明

$$\boldsymbol{A}=\boldsymbol{V}\begin{pmatrix}\boldsymbol{\Lambda}_r & \boldsymbol{O}\\ \boldsymbol{O} & \boldsymbol{O}\end{pmatrix}\boldsymbol{U}^{\mathrm{T}}=\boldsymbol{V}\boldsymbol{\Lambda}\boldsymbol{U}^{\mathrm{T}} \tag{4.1.11}$$

更一般地可以证得：若矩阵 $\boldsymbol{A}$ 和 $\boldsymbol{B}$ 是交换可乘的，则 $\boldsymbol{AB}$ 与 $\boldsymbol{BA}$ 有相同的(包括重数)非零本征值。

定义 4.1.1　设 $\boldsymbol{A}$ 是一个 $m\times n$ 矩阵，rank $\boldsymbol{A}=r$，$\boldsymbol{U}$，$\boldsymbol{V}$ 分别是 $n\times n$ 和 $m\times m$ 标准正交矩阵，λ_i 是 $\boldsymbol{A}^{\mathrm{T}}\boldsymbol{A}$(及 $\boldsymbol{A}\boldsymbol{A}^{\mathrm{T}}$)的本征值的方根，$\boldsymbol{\Lambda}$ 是顺序主子阵为 $\boldsymbol{\Lambda}_r=\mathrm{diag}(\lambda_1,\lambda_2,\cdots,\lambda_r)$、其他阵元为 0 的 $m\times n$ 对角矩阵(为方便，这种非正方矩阵也称为对角矩阵)，则

$$\boldsymbol{V}^{\mathrm{T}}\boldsymbol{A}\boldsymbol{U}=\begin{pmatrix}\boldsymbol{\Lambda}_r & \boldsymbol{O}\\ \boldsymbol{O} & \boldsymbol{O}\end{pmatrix}\triangleq\boldsymbol{\Lambda} \tag{4.1.12}$$

称为矩阵 $\boldsymbol{A}$ 的奇异值变换。若记

$$\boldsymbol{U}\triangleq(\boldsymbol{u}_1\ \boldsymbol{u}_2\ \cdots\ \boldsymbol{u}_n),\qquad \boldsymbol{V}\triangleq(\boldsymbol{v}_1\ \boldsymbol{v}_2\ \cdots\ \boldsymbol{v}_m)$$

则

$$\boldsymbol{A}=\boldsymbol{V}\boldsymbol{\Lambda}\boldsymbol{U}^{\mathrm{T}}=(\boldsymbol{v}_1\ \boldsymbol{v}_2\ \cdots\ \boldsymbol{v}_m)\begin{pmatrix}\lambda_1 & 0 & \cdots & 0 & \\ 0 & \lambda_2 & 0 & \vdots & \boldsymbol{O}\\ \vdots & 0 & \ddots & 0 & \\ 0 & \cdots & 0 & \lambda_r & \\ & \boldsymbol{O} & & & \boldsymbol{O}\end{pmatrix}\begin{pmatrix}\boldsymbol{u}_1^{\mathrm{T}}\\ \boldsymbol{u}_2^{\mathrm{T}}\\ \vdots\\ \boldsymbol{u}_n^{\mathrm{T}}\end{pmatrix}=\sum_{i=1}^{r}\lambda_i\boldsymbol{v}_i\boldsymbol{u}_i^{\mathrm{T}} \tag{4.1.13}$$

称为矩阵 $\boldsymbol{A}$ 的奇异值分解。

现将上述内容的重要结果归纳成如下定理。

定理 4.1.1(奇异值分解)　任意非零秩的矩阵 $\boldsymbol{A}$ 总可以进行矩阵奇异值变换或奇异值分解，并且有

(1) 矩阵 $\boldsymbol{A}^{\mathrm{T}}\boldsymbol{A}$ 和 $\boldsymbol{A}\boldsymbol{A}^{\mathrm{T}}$ 按大小排序的非零本征值分别对应相同。

(2) $\boldsymbol{A}^{\mathrm{T}}\boldsymbol{A}$ 或 $\boldsymbol{A}\boldsymbol{A}^{\mathrm{T}}$ 的本征值的方根为矩阵 $\boldsymbol{A}$ 的奇异值，$\boldsymbol{A}$ 和 $\boldsymbol{A}^{\mathrm{T}}$ 有相同的非零奇异值。

(3) 若 $\boldsymbol{u}_i$ 和 $\boldsymbol{v}_i$ 分别为对应 $\boldsymbol{A}^{\mathrm{T}}\boldsymbol{A}$ 和 $\boldsymbol{A}\boldsymbol{A}^{\mathrm{T}}$ 的本征值 λ_i^2 的本征矢量，则有 $\boldsymbol{u}_i=\lambda_i^{-1}\boldsymbol{A}^{\mathrm{T}}\boldsymbol{v}_i$，$\boldsymbol{v}_i=\lambda_i^{-1}\boldsymbol{A}\boldsymbol{u}_i$。

(4) 任何矩阵 $\boldsymbol{A}_{m\times n}$ 都可以经过正交变换产生一个对角矩阵，即

$$\boldsymbol{A}=\boldsymbol{V}\boldsymbol{\Lambda}_{m\times n}\boldsymbol{U}^{\mathrm{T}}=(\boldsymbol{v}_1\ \boldsymbol{v}_2\ \cdots\ \boldsymbol{v}_m)\begin{pmatrix}\boldsymbol{\Lambda}_r & \boldsymbol{O}\\ \boldsymbol{O} & \boldsymbol{O}\end{pmatrix}_{m\times n}(\boldsymbol{u}_1\ \boldsymbol{u}_2\ \cdots\ \boldsymbol{u}_n)^{\mathrm{T}}$$

$$\boldsymbol{A}^{\mathrm{T}}=\boldsymbol{U}\boldsymbol{\Lambda}_{n\times m}\boldsymbol{V}^{\mathrm{T}}=(\boldsymbol{u}_1\ \boldsymbol{u}_2\ \cdots\ \boldsymbol{u}_n)\begin{pmatrix}\boldsymbol{\Lambda}_r & \boldsymbol{O}\\ \boldsymbol{O} & \boldsymbol{O}\end{pmatrix}_{n\times m}(\boldsymbol{v}_1\ \boldsymbol{v}_2\ \cdots\ \boldsymbol{v}_m)^{\mathrm{T}}$$

(5) 矩阵 $\boldsymbol{A}$ 的奇异值分解为 $\boldsymbol{A}=\sum_{i=1}^{r}\lambda_i\boldsymbol{v}_i\boldsymbol{u}_i^{\mathrm{T}}$，矩阵 $\boldsymbol{A}^{\mathrm{T}}$ 的奇异值分解为 $\boldsymbol{A}^{\mathrm{T}}=\sum_{i=1}^{r}\lambda_i\boldsymbol{u}_i\boldsymbol{v}_i^{\mathrm{T}}$。

以上是矩阵奇异值分解的推导和一些重要结论，矩阵奇异值分解可用于原始数据空间，也可用于核映射空间。由于在核映射空间中无法知道原始数据 $\boldsymbol{x}$ 的映像 $\boldsymbol{\varphi}(\boldsymbol{x})$，从而

无法直接求得映像的相关阵或协方差阵，以及它们的本征值和本征矢量，但根据矩阵奇异值分解理论，如果得到核矩阵的本征值，也就得到了映像的相关阵或协方差阵的本征值，即得到数据集在相关阵或协方差阵的本征矢量上投影的方差，并且通过核矩阵的本征分解，能够求得映像矢量 $\boldsymbol{\varphi}(\boldsymbol{x})$ 到核映射空间中相关阵或协方差阵本征矢量上的投影长度。

设核映射空间维数为 D，N 个矢量数据 $\{\boldsymbol{x}_i\}_{i=1}^N$ 的映像的均值为零矢量，以它们为行矢量构造一个 $N\times D$ 矩阵

$$\boldsymbol{X}=(\boldsymbol{\varphi}(\boldsymbol{x}_1)\quad \boldsymbol{\varphi}(\boldsymbol{x}_2)\quad \cdots\quad \boldsymbol{\varphi}(\boldsymbol{x}_N))^{\mathrm{T}} \tag{4.1.14}$$

$\operatorname{rank}\boldsymbol{X}=r$，映像矢量的相关阵（此时也是协方差阵）与数据核矩阵分别为

$$\boldsymbol{C}=\frac{1}{N}\boldsymbol{X}^{\mathrm{T}}\boldsymbol{X},\quad \boldsymbol{K}=\boldsymbol{X}\boldsymbol{X}^{\mathrm{T}} \tag{4.1.15}$$

由于它们是对称矩阵，因此存在标准正交矩阵使其对角化，本征分解为

$$N\boldsymbol{C}=\boldsymbol{X}^{\mathrm{T}}\boldsymbol{X}=\boldsymbol{U}\boldsymbol{\Lambda}_D\boldsymbol{U}^{\mathrm{T}} \tag{4.1.16}$$

$$\boldsymbol{K}=\boldsymbol{X}\boldsymbol{X}^{\mathrm{T}}=\boldsymbol{V}\boldsymbol{\Lambda}_N\boldsymbol{V}^{\mathrm{T}} \tag{4.1.17}$$

式中，

$$\boldsymbol{\Lambda}_N=\begin{pmatrix} \lambda_1^2 & 0 & \cdots & 0 & \\ 0 & \lambda_2^2 & 0 & \vdots & \boldsymbol{O} \\ \vdots & 0 & \ddots & 0 & \\ 0 & \cdots & 0 & \lambda_r^2 & \\ & \boldsymbol{O} & & & \boldsymbol{O} \end{pmatrix}\triangleq\begin{pmatrix} \boldsymbol{\Lambda}_r^2 & \boldsymbol{O} \\ \boldsymbol{O} & \boldsymbol{O} \end{pmatrix} \tag{4.1.18}$$

式中，$\lambda_1^2\geqslant\lambda_2^2\geqslant\cdots\geqslant\lambda_r^2$。

由矩阵奇异值分解理论知道：

(1) 矩阵 $\boldsymbol{X}^{\mathrm{T}}\boldsymbol{X}$ 和 $\boldsymbol{X}\boldsymbol{X}^{\mathrm{T}}$ 按大小排序的非零本征值分别对应相同。

(2) $\boldsymbol{X}^{\mathrm{T}}\boldsymbol{X}$ 和 $\boldsymbol{X}\boldsymbol{X}^{\mathrm{T}}$ 的本征值和本征矢量之间有 $\boldsymbol{u}_i=\lambda_i^{-1}\boldsymbol{X}^{\mathrm{T}}\boldsymbol{v}_i$，$\boldsymbol{v}_i=\lambda_i^{-1}\boldsymbol{X}\boldsymbol{u}_i$。

由于可以得到核矩阵 $\boldsymbol{K}=\boldsymbol{X}\boldsymbol{X}^{\mathrm{T}}$，因此可以算得 $\boldsymbol{\Lambda}_N$ 和 $\boldsymbol{V}$，令 $\boldsymbol{V}_1\triangleq(\boldsymbol{v}_1\ \boldsymbol{v}_2\ \cdots\ \boldsymbol{v}_r)$，利用 $\boldsymbol{u}_i=\lambda_i^{-1}\boldsymbol{X}^{\mathrm{T}}\boldsymbol{v}_i$，求得 $\boldsymbol{X}^{\mathrm{T}}\boldsymbol{X}$ 的本征矩阵 $\boldsymbol{U}=(\boldsymbol{U}_1\ \boldsymbol{U}_2)$ 中的子矩阵

$$\boldsymbol{U}_1\triangleq(\boldsymbol{u}_1\ \boldsymbol{u}_2\ \cdots\ \boldsymbol{u}_r)=\boldsymbol{X}^{\mathrm{T}}\boldsymbol{V}_1\boldsymbol{\Lambda}_r^{-1} \tag{4.1.19}$$

于是有

$$\boldsymbol{X}^{\mathrm{T}}\boldsymbol{X}=(\boldsymbol{U}_1\ \boldsymbol{U}_2)\begin{pmatrix} \boldsymbol{\Lambda}_r^2 & \boldsymbol{O} \\ \boldsymbol{O} & \boldsymbol{O} \end{pmatrix}(\boldsymbol{U}_1\ \boldsymbol{U}_2)^{\mathrm{T}}=\boldsymbol{U}_1\boldsymbol{\Lambda}_r^2\boldsymbol{U}_1^{\mathrm{T}} \tag{4.1.20}$$

由奇异值分解理论可以得出

$$\boldsymbol{X}^{\mathrm{T}}=\boldsymbol{U}\boldsymbol{\Lambda}\boldsymbol{V}^{\mathrm{T}} \tag{4.1.21}$$

在核映射空间中虽然无法知道具体的原始数据 $\boldsymbol{x}$ 的映像 $\boldsymbol{\varphi}(\boldsymbol{x})$，但可以利用变量对偶表示形式这种数学技巧，将本征矢量表示成 $\{\boldsymbol{\varphi}(\boldsymbol{x}_i)\}_{i=1}^N$ 的线性组合，这种形式在支持矢量机和支持矢量数据描述核方法中经常用到。由矩阵奇异值分解理论，已知

$$\begin{aligned}\boldsymbol{u}_j&=\lambda_j^{-1}\boldsymbol{X}^{\mathrm{T}}\boldsymbol{v}_j=\boldsymbol{X}^{\mathrm{T}}\lambda_j^{-1}\boldsymbol{v}_j\\ &\triangleq(\boldsymbol{\varphi}(\boldsymbol{x}_1)\quad \boldsymbol{\varphi}(\boldsymbol{x}_2)\quad \cdots\quad \boldsymbol{\varphi}(\boldsymbol{x}_N))\boldsymbol{\alpha}^j,\quad j=1,2,\cdots,r\\ &=\sum_{i=1}^N\alpha_i^j\boldsymbol{\varphi}(\boldsymbol{x}_i)\end{aligned} \tag{4.1.22}$$

式中，矢量

$$\boldsymbol{\alpha}^j = \lambda_j^{-1}\boldsymbol{v}_j = (\lambda_j^{-1}\boldsymbol{v}_{1j} \ \ \lambda_j^{-1}\boldsymbol{v}_{2j} \ \ \cdots \ \ \lambda_j^{-1}\boldsymbol{v}_{Nj})^{\mathrm{T}}$$
$$\triangleq (\alpha_1^j \ \ \alpha_2^j \ \ \cdots \ \ \alpha_N^j)^{\mathrm{T}} \tag{4.1.23}$$

类似于式(3.3.17)，矢量 $\boldsymbol{\alpha}^j = \lambda_j^{-1}\boldsymbol{v}_j$ 称为矢量 $\boldsymbol{u}_j$ 的对偶表示。

式(3.3.16)给出了一般的投影长度公式，映像矢量 $\boldsymbol{\varphi}(\boldsymbol{x})$ 在相关阵或协方差阵的本征矢量 $\boldsymbol{u}_j$ 方向上的投影长度为

$$\|\mathrm{P}_{\boldsymbol{u}_j}(\boldsymbol{\varphi}(\boldsymbol{x}))\| = \boldsymbol{u}_j^{\mathrm{T}}\boldsymbol{\varphi}(\boldsymbol{x}) = \left\langle \sum_{i=1}^{N} \alpha_i^j \boldsymbol{\varphi}(\boldsymbol{x}_i), \boldsymbol{\varphi}(\boldsymbol{x}) \right\rangle$$
$$= \sum_{i=1}^{N} \alpha_i^j \langle \boldsymbol{\varphi}(\boldsymbol{x}_i), \boldsymbol{\varphi}(\boldsymbol{x}) \rangle = \sum_{i=1}^{N} \alpha_i^j \kappa(\boldsymbol{x}_i, \boldsymbol{x}) \tag{4.1.24}$$

因此，通过核矩阵的本征分解和矢量对偶表示，能够求得映像矢量 $\boldsymbol{\varphi}(\boldsymbol{x})$ 到相关阵或协方差阵的本征矢量上的投影长度，进而可以求得映像矢量 $\boldsymbol{\varphi}(\boldsymbol{x})$ 在由正交矢量 $\boldsymbol{u}_1, \boldsymbol{u}_2, \cdots, \boldsymbol{u}_r$ 张成的子空间中的矢量表达。核主成分分析将使用上述有关公式。

注：样本矩阵用样本列矢量数据作其行矢量是为了与某些程序代码的数据表示形式和数据的实际调用相一致。

4.1.2 矩阵广义本征分解

无论是 Fisher 鉴别矢量、鉴别平面，还是后面讨论的 F-S 最佳鉴别矢量集及其他一些方法，都要利用矩阵的本征分解或广义本征分解。

我们熟知，一个 $n \times n$ 方阵 $\boldsymbol{A}$ 的本征分解需对含有待求未知量 λ 和非零矢量 $\boldsymbol{x}$ 的方程(4.1.25)求解：

$$\boldsymbol{Ax} = \lambda\boldsymbol{x} \tag{4.1.25}$$

相对于方程 $\boldsymbol{Ax} = \lambda\boldsymbol{x}$ 常规的本征分解，令

$$\boldsymbol{Ax} = \lambda\boldsymbol{Bx} \tag{4.1.26}$$

对含有待求未知量 λ 和非零矢量 $\boldsymbol{x}$ 的方程(4.1.26)求解是广义本征分解。

定义 4.1.2(正则矩阵对的广义本征分解)　设 $\boldsymbol{A}$ 是 $n \times n$ 对称矩阵，$\boldsymbol{B}$ 是同阶(即 $n \times n$)正定阵，$|\boldsymbol{A} - \lambda\boldsymbol{B}| = 0$ 称为正则矩阵$(\boldsymbol{A}, \boldsymbol{B})$的广义本征值多项式方程，$|\boldsymbol{A} - \lambda\boldsymbol{B}| = 0$ 的根 λ 称为 $\boldsymbol{A}$ 相对于 $\boldsymbol{B}$ 的本征值，$\boldsymbol{Ax} = \lambda\boldsymbol{Bx}$ 称为广义本征方程，而满足$(\boldsymbol{A} - \lambda\boldsymbol{B})\boldsymbol{x} = 0$ 的非零矢量 $\boldsymbol{x}$ 称为相应于 λ 的 $\boldsymbol{A}$ 相对于 $\boldsymbol{B}$ 的本征矢量，$(\lambda, \boldsymbol{x})$称为广义本征值—本征矢量对，求解广义本征方程的$(\lambda, \boldsymbol{x})$称为广义本征分解。

注：对于常规的本征分解，$\boldsymbol{Ax} = \lambda\boldsymbol{x}$ 通常称为矩阵 $\boldsymbol{A}$ 的本征值——本征矢量方程，本书中简称为本征方程；行列式 $|\boldsymbol{A} - \lambda\boldsymbol{I}|$ 称为本征值多项式(数学书中称为特征多项式)；$|\boldsymbol{A} - \lambda\boldsymbol{I}| = 0$ 称为本征值(多项式)方程(数学书中称为特征方程)。这种定义便于本书内容陈述简洁明确，同时便于与数学中其他领域概念不同但术语相同相区分，例如，齐次线性微分方程领域也有特征方程称谓。

显然，$\boldsymbol{Ax} = \lambda\boldsymbol{x}$ 的常规本征分解是 $\boldsymbol{Ax} = \lambda\boldsymbol{Bx}$ 广义本征分解当 $\boldsymbol{B} = \boldsymbol{I}$ 时的特例。上面定义的与两个矩阵有关的广义本征值和广义本征矢量实际上就是关于矩阵 $\boldsymbol{B}^{-1}\boldsymbol{A}$ 的本征值和本征矢量。

广义本征分解问题中,容易证明如下定理。

定理 4.1.2 广义本征方程 $\boldsymbol{Ax}=\lambda\boldsymbol{Bx}$ 中,$\boldsymbol{A}$ 是 $n\times n$ 对称矩阵,$\boldsymbol{B}$ 是同阶正定阵,则存在正交矩阵 $\boldsymbol{U}$,使得

$$\boldsymbol{U}^{\mathrm{T}}\boldsymbol{AU}=\operatorname{diag}(\lambda_1,\lambda_2,\cdots,\lambda_n),\quad \boldsymbol{U}^{\mathrm{T}}\boldsymbol{BU}=\operatorname{diag}(\mu_1,\mu_2,\cdots,\mu_n)$$

而 $\lambda_1/\mu_1,\lambda_2/\mu_2,\cdots,\lambda_n/\mu_n$ 是相应的广义本征值。特别地,存在可逆矩阵 $\boldsymbol{U}$,使得

$$\boldsymbol{U}^{\mathrm{T}}\boldsymbol{BU}=\boldsymbol{I}_n,\quad \boldsymbol{U}^{\mathrm{T}}\boldsymbol{AU}=\operatorname{diag}(\lambda_1,\lambda_2,\cdots,\lambda_n)$$

式中,$\lambda_1,\lambda_2,\cdots,\lambda_n$ 是相应的广义本征值。

定理 4.1.2 的后一部分还有另一种表述方式,如定理 4.1.3。

定理 4.1.3 广义本征方程 $\boldsymbol{Ax}=\lambda\boldsymbol{Bx}$ 中,$\boldsymbol{A}$ 是对称矩阵,$\boldsymbol{B}$ 是同阶正定阵,对于广义本征值——本征矢量对$(\lambda_i,\boldsymbol{x}_i)$,$i=1,2,\cdots$,若本征值各不相同,则有

$$\begin{aligned}\boldsymbol{x}_i^{\mathrm{T}}\boldsymbol{Bx}_j&=\delta_{ij}\\ \boldsymbol{x}_i^{\mathrm{T}}\boldsymbol{Ax}_j&=\delta_{ij}\lambda_i\end{aligned}\tag{4.1.27}$$

通常将满足上面第一式的两个矢量称为共轭正交或广义正交。

定理 4.1.4 如果$(\lambda_i,\boldsymbol{x}_i)$,$i=1,2,\cdots$,是广义本征方程 $\boldsymbol{Ax}=\lambda\boldsymbol{Bx}$ 的广义本征值——本征矢量对,那么可以把矩阵 $\boldsymbol{A}$ 分解为

$$\boldsymbol{A}=\sum_{i=1}^{N}\lambda_i\boldsymbol{Bx}_i(\boldsymbol{Bx}_i)^{\mathrm{T}}\tag{4.1.28}$$

下面两个矢量的函数

$$f(\boldsymbol{x})=\frac{\boldsymbol{x}^{\mathrm{T}}\boldsymbol{Ax}}{\boldsymbol{x}^{\mathrm{T}}\boldsymbol{x}},\quad f(\boldsymbol{x})=\frac{\boldsymbol{x}^{\mathrm{T}}\boldsymbol{Ax}}{\boldsymbol{x}^{\mathrm{T}}\boldsymbol{Bx}}\tag{4.1.29}$$

分别称为 Rayleigh 商和广义 Rayleigh 商。

容易看出:Rayleigh 商是广义 Rayleigh 商当 $\boldsymbol{B}=\boldsymbol{I}$ 时的特例;广义 Rayleigh 商可以化为 Rayleigh 商,通过对其变量替换使分母可以化为新矢量$\tilde{\boldsymbol{x}}=\boldsymbol{B}^{1/2}\boldsymbol{x}$与自己的内积。许多科技最优化问题可以化为求解 Rayleigh 商或广义 Rayleigh 商的极值,由于 $\boldsymbol{x}$ 按比例缩放不改变分式值,因此其极值问题可以描述为如下最优化问题:

$$\begin{cases}\max\ \boldsymbol{x}^{\mathrm{T}}\boldsymbol{Ax}\\ \text{s.t.}\ \boldsymbol{x}^{\mathrm{T}}\boldsymbol{Bx}=1\end{cases}\tag{4.1.30}$$

广义 Rayleigh 商最大化有如下重要定理可供直接利用。

定理 4.1.5 设 $\boldsymbol{A}$ 是 $n\times n$ 对称矩阵,$\boldsymbol{B}$ 是同阶正定阵,$\lambda_i(i=1,2,\cdots,n)$是 $\boldsymbol{A}$ 相对于 $\boldsymbol{B}$ 的第 i 大本征值,$\boldsymbol{u}_i$ 是相应于 λ_i 的 $\boldsymbol{A}$ 相对于 $\boldsymbol{B}$ 的本征矢量,各本征矢量两两正交,c 为非零常数,则有

$$\begin{aligned}&\max_{\boldsymbol{x}\neq\boldsymbol{0}}\left[\frac{\boldsymbol{x}^{\mathrm{T}}\boldsymbol{Ax}}{\boldsymbol{x}^{\mathrm{T}}\boldsymbol{Bx}}\right]=\lambda_1,\text{当 }\boldsymbol{x}=c\boldsymbol{u}_1\text{ 时达此最大值}\\ &\min_{\boldsymbol{x}\neq\boldsymbol{0}}\left[\frac{\boldsymbol{x}^{\mathrm{T}}\boldsymbol{Ax}}{\boldsymbol{x}^{\mathrm{T}}\boldsymbol{Bx}}\right]=\lambda_n,\text{当 }\boldsymbol{x}=c\boldsymbol{u}_n\text{ 时达此最小值}\\ &\max_{\substack{\boldsymbol{x}\neq\boldsymbol{0}\\ \boldsymbol{x}\perp\boldsymbol{u}_1,\boldsymbol{u}_2,\cdots,\boldsymbol{u}_k}}\left[\frac{\boldsymbol{x}^{\mathrm{T}}\boldsymbol{Ax}}{\boldsymbol{x}^{\mathrm{T}}\boldsymbol{Bx}}\right]=\lambda_{k+1},\text{当 }\boldsymbol{x}=c\boldsymbol{u}_{k+1}\text{ 时达此最大值}\end{aligned}\tag{4.1.31}$$

以上定理是下面论述的分析方法的数学依据和工具。

4.2　Fisher 判别分析

Fisher 判别分析(Fisher discriminant analysis，FDA)是在多维空间中以类别可分性最好为准则寻找最优投影子空间的技术。其在原始数据空间是线性判别分析，有的文献也称为 LDA；在核映射空间中，Fisher 判别分析称为 KFDA 或 KLDA，对于原始数据，KFDA 已为非线性。本节首先讨论 Fisher 判别分析的基本原理，概要介绍解决矩阵 $\boldsymbol{S}_W$ 奇异问题的方法，以及 Fisher 准则函数的一些变形，然后介绍基于一维最佳投影轴通过迭代方法扩展到寻找多维最佳投影轴，最后在这些一般性理论基础上讨论核映射空间中的 Fisher 判别分析。

4.2.1　Fisher 判别分析的原理

在 n 维输入空间 X 中，数据 $\boldsymbol{x}\in X$ 的线性判别函数的一般形式为

$$d(\boldsymbol{x})=w_1x_1+w_2x_2+\cdots+w_nx_n+w_{n+1}\triangleq \boldsymbol{w}_0^{\mathrm{T}}\boldsymbol{x}+w_{n+1} \tag{4.2.1}$$

设给定训练样本 $\boldsymbol{x}_1,\boldsymbol{x}_2,\cdots,\boldsymbol{x}_N$，其中有 N_1 个和 N_2 个样本分属 ω_1 类和 ω_2 类，$N=N_1+N_2$，为表示方便，两类样本又分别记为 $\{\boldsymbol{x}_j^{(1)}\}$ 和 $\{\boldsymbol{x}_j^{(2)}\}$，于是，各类样本均值矢量 $\boldsymbol{m}_i$ 为

$$\boldsymbol{m}_i=\frac{1}{N_i}\sum_{j=1}^{N_i}\boldsymbol{x}_j^{(i)},\quad i=1,2 \tag{4.2.2}$$

各类样本的类内离差阵 $\boldsymbol{S}_{Wi}$ 和总的类内离差阵 $\boldsymbol{S}_W$ 分别为

$$\boldsymbol{S}_{Wi}=\frac{1}{N_i}\sum_{j}(\boldsymbol{x}_j^{(i)}-\boldsymbol{m}_i)(\boldsymbol{x}_j^{(i)}-\boldsymbol{m}_i)^{\mathrm{T}},\quad i=1,2 \tag{4.2.3}$$

$$\boldsymbol{S}_W=\boldsymbol{S}_{W1}+\boldsymbol{S}_{W2} \tag{4.2.4}$$

上述的离差阵实际上是样本协方差阵。若想得到样本协方差阵的无偏估计，可将式(4.2.3)中的系数 $\frac{1}{N_i}$ 改为 $\frac{1}{N_i-1}$，式(4.2.4)改为加权平均，即

$$\boldsymbol{S}_W=\hat{P}(\omega_1)\boldsymbol{S}_{W1}+\hat{P}(\omega_2)\boldsymbol{S}_{W2} \tag{4.2.5}$$

在 Fisher 判别分析中，为了简单，通常取简单平均，而不是加权平均。

取类间离差阵 $\boldsymbol{S}_B$ 为

$$\boldsymbol{S}_B=(\boldsymbol{m}_1-\boldsymbol{m}_2)(\boldsymbol{m}_1-\boldsymbol{m}_2)^{\mathrm{T}} \tag{4.2.6}$$

作变换，n 维矢量 $\boldsymbol{x}$ 在以单位矢量 $\boldsymbol{u}$ 为方向的轴上进行投影，投影值(投影长度)为

$$y_j^{(i)}=\boldsymbol{u}^{\mathrm{T}}\boldsymbol{x}_j^{(i)} \tag{4.2.7}$$

变换后在一维 y 空间中各类样本的均值为

$$\tilde{m}_i=\frac{1}{N_i}\sum_{j}y_j^{(i)}=\frac{1}{N_i}\sum_{j}\boldsymbol{u}^{\mathrm{T}}\boldsymbol{x}_j^{(i)}=\boldsymbol{u}^{\mathrm{T}}\boldsymbol{m}_i,\quad i=1,2 \tag{4.2.8}$$

类内离差度 $\tilde{S}_{Wi}^2$ 和总的类内离差度 $\tilde{S}_W^2$ 分别为

$$\tilde{S}_{Wi}^2=\frac{1}{N_i}\sum_{j}(y_j^{(i)}-\tilde{m}_i)^2=\frac{1}{N_i}\sum_{j}(\boldsymbol{u}^{\mathrm{T}}\boldsymbol{x}_j^{(i)}-\boldsymbol{u}^{\mathrm{T}}\boldsymbol{m}_i)^2$$

$$= \frac{1}{N_i}\sum_j (\boldsymbol{u}^{\mathrm{T}}\boldsymbol{x}_j^{(i)} - \boldsymbol{u}^{\mathrm{T}}\boldsymbol{m}_i)(\boldsymbol{u}^{\mathrm{T}}\boldsymbol{x}_j^{(i)} - \boldsymbol{u}^{\mathrm{T}}\boldsymbol{m}_i)^{\mathrm{T}}$$

$$= \boldsymbol{u}^{\mathrm{T}}\boldsymbol{S}_{Wi}\boldsymbol{u},\quad i=1,2 \tag{4.2.9}$$

$$\widetilde{S}_W^2 = \widetilde{S}_{W1}^2 + \widetilde{S}_{W2}^2 = \boldsymbol{u}^{\mathrm{T}}(\boldsymbol{S}_{W1}+\boldsymbol{S}_{W2})\boldsymbol{u} = \boldsymbol{u}^{\mathrm{T}}\boldsymbol{S}_W\boldsymbol{u} \tag{4.2.10}$$

类间离差度为

$$\widetilde{S}_B^2 = (\widetilde{m}_1 - \widetilde{m}_2)^2 = (\boldsymbol{u}^{\mathrm{T}}\boldsymbol{m}_1 - \boldsymbol{u}^{\mathrm{T}}\boldsymbol{m}_2)(\boldsymbol{u}^{\mathrm{T}}\boldsymbol{m}_1 - \boldsymbol{u}^{\mathrm{T}}\boldsymbol{m}_2)^{\mathrm{T}}$$

$$= \boldsymbol{u}^{\mathrm{T}}\boldsymbol{S}_B\boldsymbol{u} \tag{4.2.11}$$

设希望找到一个最佳方向 $\boldsymbol{u}$，以期达到最好的降维分类效果，使各样本在 $\boldsymbol{u}$ 所确定方向的轴上投影后，在一维 y 空间中，同类样本尽可能地密聚，不同类样本尽可能地远离，即希望类内离差度 $\widetilde{S}_W^2$ 越小越好，类间离差度 $\widetilde{S}_B^2$ 越大越好，根据这个目标，同时也为了消除 $\boldsymbol{u}$ 的矢长对 $\widetilde{S}_W^2$ 和 $\widetilde{S}_B^2$ 的影响，作 Fisher 准则函数

$$J_{\mathrm{F}}(\boldsymbol{u}) = \frac{(\widetilde{m}_1 - \widetilde{m}_2)^2}{\widetilde{S}_W^2} = \frac{\boldsymbol{u}^{\mathrm{T}}\boldsymbol{S}_B\boldsymbol{u}}{\boldsymbol{u}^{\mathrm{T}}\boldsymbol{S}_W\boldsymbol{u}} \tag{4.2.12}$$

式(4.2.12)分母中的 $\boldsymbol{S}_W$ 也可以用无偏估计式(4.2.5)计算。$J_{\mathrm{F}}(\boldsymbol{u})$ 的分子、分母都是标量，为求极值，对式(4.2.12)表达的分式求导并令其值为零，这里的分子、分母分别用二次型关于矢量求导的公式，可得

$$\frac{\partial J_{\mathrm{F}}}{\partial \boldsymbol{u}} = \frac{\partial}{\partial \boldsymbol{u}}\left[\frac{\boldsymbol{u}^{\mathrm{T}}\boldsymbol{S}_B\boldsymbol{u}}{\boldsymbol{u}^{\mathrm{T}}\boldsymbol{S}_W\boldsymbol{u}}\right] = \frac{2(\boldsymbol{u}^{\mathrm{T}}\boldsymbol{S}_W\boldsymbol{u})\boldsymbol{S}_B\boldsymbol{u} - 2(\boldsymbol{u}^{\mathrm{T}}\boldsymbol{S}_B\boldsymbol{u})\boldsymbol{S}_W\boldsymbol{u}}{(\boldsymbol{u}^{\mathrm{T}}\boldsymbol{S}_W\boldsymbol{u})^2} = \boldsymbol{0}$$

令

$$\lambda = \frac{\boldsymbol{u}^{\mathrm{T}}\boldsymbol{S}_B\boldsymbol{u}}{\boldsymbol{u}^{\mathrm{T}}\boldsymbol{S}_W\boldsymbol{u}} \tag{4.2.13}$$

可得

$$\boldsymbol{S}_B\boldsymbol{u} = \lambda\boldsymbol{S}_W\boldsymbol{u} \tag{4.2.14}$$

若按广义 Rayleigh 商最大化方法，令分母等于 1 或非零常数，在此约束下求分子的极值，也可得到式(4.2.14)。

当 N 较大时，$\boldsymbol{S}_W$ 通常是非奇异的($N-2\leqslant n$ 时，$\boldsymbol{S}_W^{-1}$ 不存在)，于是有

$$\boldsymbol{S}_W^{-1}\boldsymbol{S}_B\boldsymbol{u} = \lambda\boldsymbol{u} \tag{4.2.15}$$

式(4.2.15)表明，$\boldsymbol{u}$ 是矩阵 $\boldsymbol{S}_W^{-1}\boldsymbol{S}_B$ 相应于本征值 λ 的本征矢量。对于两类问题，$\boldsymbol{S}_B$ 的秩为 1，因此，$\boldsymbol{S}_W^{-1}\boldsymbol{S}_B$ 只有一个非零本征值，由式(4.2.6)有

$$\lambda\boldsymbol{u} = \boldsymbol{S}_W^{-1}\boldsymbol{S}_B\boldsymbol{u} = \boldsymbol{S}_W^{-1}(\boldsymbol{m}_1 - \boldsymbol{m}_2)(\boldsymbol{m}_1 - \boldsymbol{m}_2)^{\mathrm{T}}\boldsymbol{u} \tag{4.2.16}$$

式(4.2.16)右边后两项因子的乘积为一标量，令其为 α，于是可得

$$\boldsymbol{u} = \frac{\alpha}{\lambda}\boldsymbol{S}_W^{-1}(\boldsymbol{m}_1 - \boldsymbol{m}_2)$$

式中，标量因子 $\frac{\alpha}{\lambda}$ 不改变轴的方向，可以取 1，于是有

$$\boldsymbol{u} = \boldsymbol{S}_W^{-1}(\boldsymbol{m}_1 - \boldsymbol{m}_2) \tag{4.2.17}$$

此时的 $\boldsymbol{u}$ 可使 Fisher 准则函数取最大值，即 $\boldsymbol{u}$ 是 n 维空间到一维空间投影轴的最佳方向，通常称 $\boldsymbol{u}$ 为最佳鉴别矢量。由式(4.2.13)可知，J_{F} 最大值等于最大的广义本征值，利

用推广的 Cauchy-Schwarz 不等式：$(\boldsymbol{x}^{\mathrm{T}}\boldsymbol{d})^2 \leqslant (\boldsymbol{x}^{\mathrm{T}}\boldsymbol{B}\boldsymbol{x})(\boldsymbol{d}^{\mathrm{T}}\boldsymbol{B}^{-1}\boldsymbol{d})$，$\boldsymbol{B}$ 正定，$\boldsymbol{x}\neq\boldsymbol{0}$，可得 $\max[J_{\mathrm{F}}]=(\boldsymbol{m}_1-\boldsymbol{m}_2)^{\mathrm{T}}\boldsymbol{S}_W^{-1}(\boldsymbol{m}_1-\boldsymbol{m}_2)$。变换

$$y=(\boldsymbol{m}_1-\boldsymbol{m}_2)^{\mathrm{T}}\boldsymbol{S}_W^{-1}\boldsymbol{x} \tag{4.2.18}$$

称为 Fisher 变换函数。

至此解决了将 n 维模式的分类转变为一维模式分类的问题，相当于解决了确定线性分类函数中 $\boldsymbol{w}_0$ 的问题。

图 4.2.1 示出了两类数据在 Fisher 方向 $\boldsymbol{u}$ 上的投影，这个方向把两类投影的均值尽量地远离，同时两类数据的方差要变小。

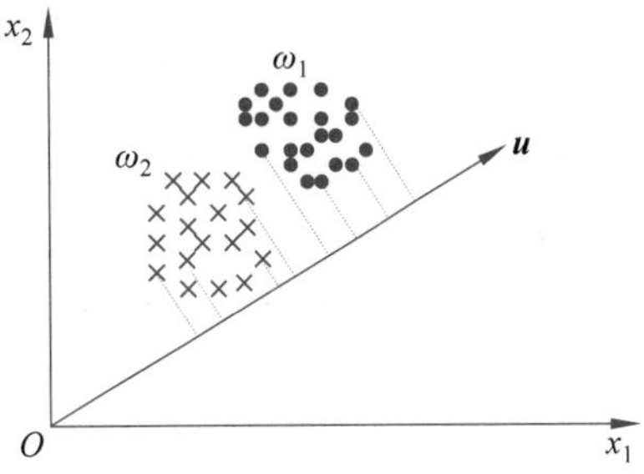

图 4.2.1　二维样本向一维空间投影示意图

由于变换后的数据是一维的，因此判别界面是各类样本所在投影轴上的一个点，可以根据训练样本确定一个阈值 y_t，于是 Fisher 判别规则为

$$\boldsymbol{u}^{\mathrm{T}}\boldsymbol{x}=y \gtrless y_t \Rightarrow \boldsymbol{x}\in\begin{cases}\omega_1\\ \omega_2\end{cases} \tag{4.2.19}$$

可取两类类心在 $\boldsymbol{u}$ 方向轴上的投影间的中点作为判别阈值，即

$$y_t=\frac{\widetilde{m}_1+\widetilde{m}_2}{2} \tag{4.2.20}$$

容易得出

$$\begin{aligned}y_t&=\frac{\boldsymbol{u}^{\mathrm{T}}\boldsymbol{m}_1+\boldsymbol{u}^{\mathrm{T}}\boldsymbol{m}_2}{2}=\frac{\boldsymbol{u}^{\mathrm{T}}(\boldsymbol{m}_1+\boldsymbol{m}_2)}{2}\\&=\frac{(\boldsymbol{m}_1-\boldsymbol{m}_2)^{\mathrm{T}}\boldsymbol{S}_W^{-1}(\boldsymbol{m}_1+\boldsymbol{m}_2)}{2}\\&=(\boldsymbol{m}_1-\boldsymbol{m}_2)^{\mathrm{T}}\boldsymbol{S}_W^{-1}\boldsymbol{m}\end{aligned} \tag{4.2.21}$$

式中，$\boldsymbol{m}$ 是 $\boldsymbol{m}_1$ 和 $\boldsymbol{m}_2$ 连线的中点。

若考虑类的先验概率，可取以各类样本的频率为权值的两类中心加权平均作为阈值，即

$$y_t=\frac{N_2\boldsymbol{u}^{\mathrm{T}}\boldsymbol{m}_1+N_1\boldsymbol{u}^{\mathrm{T}}\boldsymbol{m}_2}{N_1+N_2}=\boldsymbol{u}^{\mathrm{T}}\,\frac{N_2\boldsymbol{m}_1+N_1\boldsymbol{m}_2}{N_1+N_2}=\boldsymbol{u}^{\mathrm{T}}\boldsymbol{m} \tag{4.2.22}$$

式中，$\boldsymbol{m}$ 是 $\boldsymbol{m}_1$ 和 $\boldsymbol{m}_2$ 连线上以频率为比例的内分点。

利用 Bayes 判决中关于两类均为正态分布且协方差阵相同条件下的判决函数，阈值也可以取

$$\begin{aligned}y_t&=(\boldsymbol{m}_1-\boldsymbol{m}_2)^{\mathrm{T}}\boldsymbol{S}_W^{-1}\left[\frac{(\boldsymbol{m}_1+\boldsymbol{m}_2)}{2}+\frac{\ln[P(\omega_2)/P(\omega_1)](\boldsymbol{m}_1-\boldsymbol{m}_2)}{(\boldsymbol{m}_1-\boldsymbol{m}_2)^{\mathrm{T}}\boldsymbol{S}_W^{-1}(\boldsymbol{m}_1-\boldsymbol{m}_2)}\right]\\&=(\boldsymbol{m}_1-\boldsymbol{m}_2)^{\mathrm{T}}\boldsymbol{S}_W^{-1}(\boldsymbol{m}_1+\boldsymbol{m}_2)/2+\ln[P(\omega_2)/P(\omega_1)]\end{aligned} \tag{4.2.23}$$

与式(4.2.21)比较可知，当考虑先验概率时，阈值是在 $\boldsymbol{m}_1$ 和 $\boldsymbol{m}_2$ 连线中点的投影值基础上调整，若 $P(\omega_1)>P(\omega_2)$，阈值将变小，这有利于将样本判为 ω_1；实际中，当不知道各类先验概率时，$P(\omega_1)$ 和 $P(\omega_2)$ 可分别用样本出现频率 N_1/N 和 N_2/N 作为估计。

由上可知，$y \gtrless y_t$ 和 $\boldsymbol{u}^{\mathrm{T}}\boldsymbol{x}-\boldsymbol{u}^{\mathrm{T}}\boldsymbol{m} \gtrless 0$ 是等价的，从而可得 Fisher 线性判别函数为

$$d(\boldsymbol{x})=\boldsymbol{u}^{\mathrm{T}}\boldsymbol{x}-\boldsymbol{u}^{\mathrm{T}}\boldsymbol{m} \tag{4.2.24}$$

这时 Fisher 判别规则为

$$\boldsymbol{u}^{\mathrm{T}}(\boldsymbol{x}-\boldsymbol{m}) \gtrless 0 \quad \Rightarrow \quad \boldsymbol{x} \in \begin{cases}\omega_1 \\ \omega_2\end{cases} \tag{4.2.25}$$

取第一种门限，可以写出具体的判别规则：

$$(\boldsymbol{m}_1-\boldsymbol{m}_2)^{\mathrm{T}}\boldsymbol{S}_W^{-1}\left(\boldsymbol{x}-\frac{\boldsymbol{m}_1+\boldsymbol{m}_2}{2}\right) \gtrless 0 \quad \Rightarrow \quad \boldsymbol{x} \in \begin{cases}\omega_1 \\ \omega_2\end{cases} \tag{4.2.26}$$

由上可知，在使 J_{F} 取最大值的目标下，线性判别函数权矢量 $\boldsymbol{w}_0$ 及判别门限（相当于 w_{n+1}）的确定只需要一、二阶矩（或它们的估计）。可以证明，当训练样本数 N 足够大时，在使式(4.2.12)取最大值的要求下，在两类先验概率相等及正态等协方差阵的设定下，式(4.2.26)所示的 Fisher 线性判别与 Bayes 判决是等价的。

前面已经得到的 $\max J_{\mathrm{F}}=(\boldsymbol{m}_1-\boldsymbol{m}_2)^{\mathrm{T}}\boldsymbol{S}_W^{-1}(\boldsymbol{m}_1-\boldsymbol{m}_2)$ 为两类样本均值马氏距离平方，其可用于检测两类均值差别的显著性。设两类分布分别服从 $N(\boldsymbol{\mu}_1,\boldsymbol{\Sigma})$ 和 $N(\boldsymbol{\mu}_2,\boldsymbol{\Sigma})$，令

$$D^2=(\boldsymbol{m}_1-\boldsymbol{m}_2)^{\mathrm{T}}\boldsymbol{S}_W^{-1}(\boldsymbol{m}_1-\boldsymbol{m}_2) \tag{4.2.27}$$

则

$$\left(\frac{N-1-n}{(N-2)n}\right)\left(\frac{N_1N_2}{N}\right)D^2 \sim F_{n,N-1-n} \tag{4.2.28}$$

式中，n 为数据维数，右边表示 F 分布。假设检验 $H_0:\boldsymbol{\mu}_1=\boldsymbol{\mu}_2,H_1:\boldsymbol{\mu}_1\neq\boldsymbol{\mu}_2$，计算后查表确定检验结果。

实际中往往面临多类问题，一般地，高维数据向一维轴投影所得数据不能用于多类问题，这就要求数据向多维子空间投影，为此需要求解多维子空间的基矢量，这就是所谓的多重 Fisher 判别分析。

要将高维样本映射成二维样本，需要两个正交基矢量（或不相关基矢量），此时除了用本节方法求得第一个 Fisher 鉴别矢量 $\boldsymbol{u}_1$ 外，还要求出第二个鉴别矢量 $\boldsymbol{u}_2$，因 $\boldsymbol{u}_1$ 与 $\boldsymbol{u}_2$ 正交，所以可用 $\boldsymbol{u}_1^{\mathrm{T}}\boldsymbol{u}_2=0$ 作为约束条件使 $J_{\mathrm{F}}(\boldsymbol{u}_2)$ 最大，采用条件极值方法作准则函数，即

$$\frac{\boldsymbol{u}_2^{\mathrm{T}}\boldsymbol{S}_B\boldsymbol{u}_2}{\boldsymbol{u}_2^{\mathrm{T}}\boldsymbol{S}_W\boldsymbol{u}_2}-\gamma\boldsymbol{u}_1^{\mathrm{T}}\boldsymbol{u}_2 \quad \Rightarrow \quad \max \tag{4.2.29}$$

式(4.2.29)对 $\boldsymbol{u}_2$ 求偏导并令其值为零矢量，可得

$$\boldsymbol{u}_2=\beta\left[\boldsymbol{S}_W^{-1}-\frac{(\boldsymbol{m}_1-\boldsymbol{m}_2)^{\mathrm{T}}(\boldsymbol{S}_W^{-1})^2(\boldsymbol{m}_1-\boldsymbol{m}_2)}{(\boldsymbol{m}_1-\boldsymbol{m}_2)^{\mathrm{T}}(\boldsymbol{S}_W^{-1})^3(\boldsymbol{m}_1-\boldsymbol{m}_2)}(\boldsymbol{S}_W^{-1})^2\right](\boldsymbol{m}_1-\boldsymbol{m}_2) \tag{4.2.30}$$

式中，β 为一标量。

$\boldsymbol{u}_1$、$\boldsymbol{u}_2$ 及原点可构成最佳鉴别平面，高维样本向其投影所得二维样本比其他任何变换所得二维样本在 Fisher 准则下更易分类。为了直观，图 4.2.2 给出了二维模式分别向主轴 $\boldsymbol{u}_1$ 和 $\boldsymbol{u}_2$ 上的投影，在 $\boldsymbol{u}_1$ 轴上两类没有特征重叠，在 $\boldsymbol{u}_2$ 轴上两类存在特征重叠。

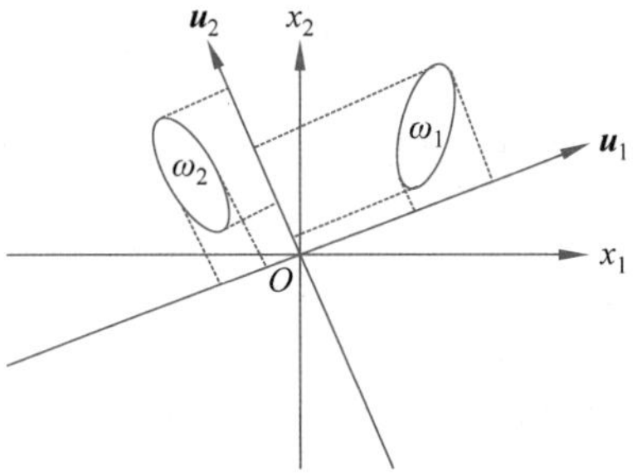

图 4.2.2　二维模式分别向主轴 u_1 和 u_2 上的投影

4.2.2 FDA 的奇异问题

Fisher 分析可能面临矩阵 $\boldsymbol{S}_W$ 奇异问题。根据矩阵有关知识可以知道，$\text{rank}\boldsymbol{S}_W \leqslant N-c$，$\text{rank}\boldsymbol{S}_B \leqslant c-1$。当有大量样本时，$\boldsymbol{S}_W$ 是非奇异的，然而许多实际应用中只可能获得小子样，训练样本数比其维数 n 小，不满足 $N-c>n$，此时 $\boldsymbol{S}_W$ 是奇异的。例如，图像识别、医学应用等高维识别问题，数据维数很高但又不易得到足够多的样本使 $\boldsymbol{S}_W$ 非奇异。当 $\boldsymbol{S}_W$ 奇异时，本征矢量的计算将变得较复杂，为了克服 $\boldsymbol{S}_W$ 奇异性带来的问题，产生了许多算法。可以使用广义逆 $\boldsymbol{S}_W^+$ 代替 $\boldsymbol{S}_W^{-1}$，此时称为广义逆 FDA（或广义逆 LDA，Tian，1986 年）；也可对 $\boldsymbol{S}_W$ 加上小的扰动使之成为非奇异阵 $\widetilde{\boldsymbol{S}}_W$（加扰 FDA）；另一种常用方法是给 $\boldsymbol{S}_W$ 添加一个正则项使其成为非奇异阵 $\boldsymbol{S}_W+\mu I$，μ 是一个很小的正数，此方法称为正则化 FDA（RLDA，Friedman，1989 年）。有一种方法是对于给定的 N 和 c，可以先运用 PCA 将数据降维到矩阵秩 $r\leqslant N-c$ 后进行 FDA，此方法称为 PCA＋LDA（Belhumeur，1997 年），由于损失了一些信息，因此分类效果不甚理想。有学者基于 $\boldsymbol{S}_W$ 和 $\boldsymbol{S}_B$ 的广义奇异值分解规避 $\boldsymbol{S}_W$ 的奇异问题（LDA/GSVD，Howland，2004 年）。有学者提出了基于 QR 分解的两步 LDA（LDA/QR，Ye，2005 年），方法是令 $\boldsymbol{S}_B=\boldsymbol{H}_B\boldsymbol{H}_B^{\mathrm{T}}$，对 $\boldsymbol{H}_B$ 作 QR 分解，$\boldsymbol{H}_B=\boldsymbol{QR}$，然后作 $\boldsymbol{Q}^{\mathrm{T}}\boldsymbol{S}_W\boldsymbol{Q}$ 相对 $\boldsymbol{Q}^{\mathrm{T}}\boldsymbol{S}_B\boldsymbol{Q}$ 的广义本征分解，本征值从小到大排序，相应的本征矢量组成矩阵 $\boldsymbol{T}$，矩阵 $\boldsymbol{QT}$ 前 r 个归一化的列矢量组成投影矩阵。直接 LDA（DLDA）方法是先对 $\boldsymbol{S}_B$ 作本征分解，取其 $c-1$ 个非零本征值对应的本征矢量组成列正交矩阵 $\boldsymbol{P}$，使 $\boldsymbol{P}^{\mathrm{T}}\boldsymbol{S}_B\boldsymbol{P}$ 和 $\boldsymbol{P}^{\mathrm{T}}\boldsymbol{S}_W\boldsymbol{P}$ 同时对角化，进一步使 $\boldsymbol{R}^{\mathrm{T}}\boldsymbol{P}^{\mathrm{T}}\boldsymbol{S}_B\boldsymbol{PR}=\boldsymbol{I}$，$\boldsymbol{R}^{\mathrm{T}}\boldsymbol{P}^{\mathrm{T}}\boldsymbol{S}_W\boldsymbol{PR}=\boldsymbol{\Lambda}$，对角矩阵 $\boldsymbol{\Lambda}$ 的对角元素从小到大排序，取矩阵 $\boldsymbol{PR}$ 前 r 个单位化的列组成的矩阵作为投影矩阵。DLDA 与 LDA/QR 的算法等价。克服 $\boldsymbol{S}_W$ 的奇异性也可以采用其他等价的准则函数。

在道理上，不论 $\boldsymbol{S}_W$ 是否可逆，本征值 λ 都可以通过求解本征值多项式的根得到：

$$|\boldsymbol{S}_B-\lambda\boldsymbol{S}_W|=0 \tag{4.2.31}$$

然后利用非零本征值 λ 求解本征方程

$$(\boldsymbol{S}_B-\lambda\boldsymbol{S}_W)\boldsymbol{u}=\boldsymbol{0} \tag{4.2.32}$$

中的非零解 $\boldsymbol{u}$。由于 $\text{tr}[\boldsymbol{S}_B]\leqslant c-1$，所以 $\boldsymbol{S}_B$ 最多有 $c-1$ 个非零本征值，所求本征矢量对应这些非零本征值。如果类内离差阵各向同性（isotropic），则可以按照文献[6]阐述的原理和方法求解投影轴矢量。

4.2.3 多类问题中 Fisher 方法的其他几种准则

前面讨论了寻求最优分类效果一维投影的最佳方向 $\boldsymbol{u}$，遵从的目标是 Fisher 准则

$$J_{\mathrm{F}}(\boldsymbol{u})=\frac{\boldsymbol{u}^{\mathrm{T}}\boldsymbol{S}_B\boldsymbol{u}}{\boldsymbol{u}^{\mathrm{T}}\boldsymbol{S}_W\boldsymbol{u}}\Rightarrow \max \tag{4.2.33}$$

其是二次型比值准则函数（型比准则函数），也称为比值准则函数。

为了改进算法性能或克服某些实际问题，由此产生了一些新的准则函数和迭代算法，例如，正则化 Fisher 准则函数

$$J_{\mathrm{RF}}(\boldsymbol{u})=\frac{\boldsymbol{u}^{\mathrm{T}}\boldsymbol{S}_B\boldsymbol{u}}{\boldsymbol{u}^{\mathrm{T}}(\boldsymbol{S}_W-\lambda\boldsymbol{I})\boldsymbol{u}} \tag{4.2.34}$$

可以规避 $\boldsymbol{S}_W$ 奇异问题。这些准则函数虽然形式有所不同，但它们的基本思想都是一致的，使变换后类间离差度最大化和类内离差度最小化，核心数学工具都是广义本征分解或奇异值分解，因此都归为 Fisher 判别分析。

对于多类问题，需要利用 Fisher 分析方法寻找多维子空间。设通过某种 Fisher 准则函数得到多维子空间的基矢量，称为鉴别矢量，它们组成的矩阵 $\boldsymbol{U}$ 称为投影矩阵或鉴别矩阵，令 $\boldsymbol{U}$ 是 $n\times d$ 矩阵，n 是 $\boldsymbol{x}$ 的维数，d 是投影轴个数，此时投影变换可以表示为

$$\boldsymbol{y}=\boldsymbol{U}^{\mathrm{T}}\boldsymbol{x} \tag{4.2.35}$$

Fisher 分析方法的基本思想是使变换后类间离差度最大化的同时类内离差度最小化，对于这种双目标最优化问题通常构造比值形式的准则函数，易于分析。其他几种比较典型的准则函数如下：

行列式比准则函数（行比准则函数，Rao C. R.，1948 年）：

$$J_{\mathrm{DR}}(\boldsymbol{U})=\frac{|\boldsymbol{U}^{\mathrm{T}}\boldsymbol{S}_B\boldsymbol{U}|}{|\boldsymbol{U}^{\mathrm{T}}\boldsymbol{S}_W\boldsymbol{U}|} \tag{4.2.36}$$

逆比迹准则函数（Fukunaga K.，1990 年）：

$$J_{\mathrm{IRT}}(\boldsymbol{U})=\mathrm{tr}[(\boldsymbol{U}^{\mathrm{T}}\boldsymbol{S}_W\boldsymbol{U})^{-1}\boldsymbol{U}^{\mathrm{T}}\boldsymbol{S}_B\boldsymbol{U}] \tag{4.2.37}$$

迹比准则函数（Liu，1992 年）：

$$J_{\mathrm{TR}}(\boldsymbol{U})=\frac{\mathrm{tr}[\boldsymbol{U}^{\mathrm{T}}\boldsymbol{S}_B\boldsymbol{U}]}{\mathrm{tr}[\boldsymbol{U}^{\mathrm{T}}\boldsymbol{S}_W\boldsymbol{U}]} \tag{4.2.38}$$

差迹准则函数（Webb，2002 年）：

$$J_{\mathrm{DT}}(\boldsymbol{U})=\mathrm{tr}[\boldsymbol{U}^{\mathrm{T}}(\boldsymbol{S}_B-\beta\boldsymbol{S}_W)\boldsymbol{U}] \tag{4.2.39}$$

型比准则、行比准则、逆比迹准则的最大化都采用广义本征分解方法。采用型比准则时运用 FST 递推算法，在逐步得到的最佳鉴别矢量所张成的子空间中未必可以得到最佳鉴别效果；逆比迹准则对可逆线性变换具有不变性，但微观机理不够明显；迹比准则直觉明确，要求样本集在所求子空间中类间离差度最大和类内离差度最小，但没有显式最优解，在已有相继产生的一些迭代算法基础上，有学者提出最佳迭代算法（WY 算法，2007 年）。差迹准则的含义比较明确，要求样本集在所求得的子空间中类间离差度最大和类内离差度最小，差迹准则也是采用本征分解方法。对于比值形式的准则函数，若要使比值变大，减小分母往往比增加分子更有效，因此最大化一个比值可能导致相对过分最小化分

母，这种现象称为平衡失调。差迹准则通过适当选择 β 可以克服比值形式准则函数最大化分子最小化分母平衡失调问题，如何选择 β 大小是一个需要研究的问题。规避平衡失调也是规范化 Fisher 分析目的之一。

按某种准则迭代寻找多个投影轴时，要求这些投影轴方向矢量正交或不相关。若要求鉴别矢量相互正交，$\boldsymbol{u}_i^{\mathrm{T}}\boldsymbol{u}_j=0, i\neq j$，则它们组成的鉴别矩阵称为正交鉴别矩阵（ODM），记为 $\boldsymbol{U}^{\mathrm{o}}$；若要求鉴别矢量共轭正交，$\boldsymbol{u}_i^{\mathrm{T}}\boldsymbol{S}_T\boldsymbol{u}_j=0, i\neq j$，则它们组成的鉴别矩阵称为不相关鉴别矩阵（UDM），记为 $\boldsymbol{U}^{\mathrm{u}}$。有研究表明，型比准则、行比准则、迹比准则和逆比迹准则的不相关鉴别矩阵是相同的，而且 $J_{\mathrm{IRT}}(\boldsymbol{U}^{\mathrm{u}})=J_{\mathrm{IRT}}(\boldsymbol{U}^{\mathrm{o}})$，$J_{\mathrm{TR}}(\boldsymbol{U}^{\mathrm{u}})\leqslant J_{\mathrm{TR}}(\boldsymbol{U}^{\mathrm{o}})$。尽管不同准则得到的鉴别矩阵有可能相同，但它们的计算开销、算法稳定性、对数据要求等方面有所不同，都存在被采用的可能。下面分别介绍上述准则的主流算法。

4.2.4　多类问题行比准则的 Fisher 分析方法

在模式识别中，对于 n 维模式 c 类问题（$c<n$），一般最少需要 $c-1$ 个判别函数，因此运用 Fisher 分析方法需产生 $c-1$ 维投影矢量，这等价于建立 $c-1$ 个判别函数。4.2.1 节处理问题的思想和方法可以推广到多类问题。我们的目标是寻找 $c-1$ 维子空间的坐标系统，使原 n 维空间中各样本投影后，在这个 $c-1$ 维子空间中最容易分类。设 $c-1$ 维子空间的坐标轴方向由基矢量 $\boldsymbol{u}_i(i=1,2,\cdots,c-1)$ 确定，原 n 维空间中样本 $\boldsymbol{x}$ 在 $c-1$ 维子空间各基矢量上的投影为

$$y_i=\boldsymbol{u}_i^{\mathrm{T}}\boldsymbol{x},\quad i=1,2,\cdots,c-1$$

令

$$\boldsymbol{y}=(y_1,y_2,\cdots,y_{c-1})^{\mathrm{T}}$$

$$\boldsymbol{U}=(\boldsymbol{u}_1\ \boldsymbol{u}_2\ \cdots\ \boldsymbol{u}_{c-1})$$

将上述 $c-1$ 个投影式写成矩阵方程形式

$$\boldsymbol{y}=\begin{pmatrix}\boldsymbol{u}_1^{\mathrm{T}}\\ \boldsymbol{u}_2^{\mathrm{T}}\\ \vdots\\ \boldsymbol{u}_{c-1}^{\mathrm{T}}\end{pmatrix}\boldsymbol{x}=\boldsymbol{U}^{\mathrm{T}}\boldsymbol{x} \tag{4.2.40}$$

样本在原 n 维空间中类内离差阵 $\boldsymbol{S}_W$、类间离差阵 $\boldsymbol{S}_B$ 与它们在 $c-1$ 维子空间上投影的类内离差阵 $\widetilde{\boldsymbol{S}}_W$、类间离差阵 $\widetilde{\boldsymbol{S}}_B$ 有关系

$$\widetilde{\boldsymbol{S}}_W=\boldsymbol{U}^{\mathrm{T}}\boldsymbol{S}_W\boldsymbol{U} \tag{4.2.41}$$

$$\widetilde{\boldsymbol{S}}_B=\boldsymbol{U}^{\mathrm{T}}\boldsymbol{S}_B\boldsymbol{U} \tag{4.2.42}$$

$\widetilde{\boldsymbol{S}}_W$ 和 $\widetilde{\boldsymbol{S}}_B$ 分别表示各样本的投影关于所属类的类心的平均平方距离和各类心关于总体中心的平均平方距离，它们的行列式分别表示各类在各个主轴方向上的均方差的积和各类心关于总体中心的平均平方距离的积。所求的各主轴矢量应使行比准则函数

$$J(\boldsymbol{U})=\frac{|\widetilde{\boldsymbol{S}}_B|}{|\widetilde{\boldsymbol{S}}_W|}=\frac{|\boldsymbol{U}^{\mathrm{T}}\boldsymbol{S}_B\boldsymbol{U}|}{|\boldsymbol{U}^{\mathrm{T}}\boldsymbol{S}_W\boldsymbol{U}|}\Rightarrow\max \tag{4.2.43}$$

经过数学运算可以得出[6]，最优矩阵$\boldsymbol{U}$的列矢量是下面广义本征方程前$c-1$个最大广义本征值所对应的广义本征矢量

$$\boldsymbol{S}_B\boldsymbol{u}_i=\lambda_i\boldsymbol{S}_W\boldsymbol{u}_i \tag{4.2.44}$$

如果$\boldsymbol{S}_W$有逆，式(4.2.44)可变为

$$\boldsymbol{S}_W^{-1}\boldsymbol{S}_B\boldsymbol{u}_i=\lambda_i\boldsymbol{u}_i \tag{4.2.45}$$

或不论$\boldsymbol{S}_W$是否有逆，道理上都可通过求解广义本征值多项式方程

$$|\boldsymbol{S}_B-\lambda\boldsymbol{S}_W|=0 \tag{4.2.46}$$

的根得到广义本征值λ_i，然后利用非零本征值λ_i求解广义本征方程

$$(\boldsymbol{S}_B-\lambda_i\boldsymbol{S}_W)\boldsymbol{u}_i=\boldsymbol{0} \tag{4.2.47}$$

中的$\boldsymbol{u}_i$。由于$\boldsymbol{S}_B$的秩小于或等于$c-1$，所以$\boldsymbol{S}_B$非零本征值最多有$c-1$个，所求的本征矢量对应这些非零本征值，这些本征矢量是不相关的，然后对它们进行Gram-Schmids正交化操作。

可以应用4.1.2节的矩阵广义本征分解知识采用迭代方法求得各鉴别矢量$\boldsymbol{u}_i$。运用Fisher准则函数$J_F(\boldsymbol{u})$求出最大本征值所对应的本征矢量$\boldsymbol{u}_1$，如果$\boldsymbol{S}_W$非奇异，那么第一个鉴别矢量$\boldsymbol{u}_1$是$\boldsymbol{S}_W^{-1}\boldsymbol{S}_B$最大本征值对应的单位本征矢量。然后以投影子空间中各样本在各坐标轴投影不相关、即$\mathrm{Cov}(\boldsymbol{u}_1^{\mathrm{T}}\boldsymbol{X}^{\mathrm{T}},\boldsymbol{u}_2^{\mathrm{T}}\boldsymbol{X}^{\mathrm{T}})=\boldsymbol{u}_1^{\mathrm{T}}\boldsymbol{S}_W\boldsymbol{u}_2=0$为约束，求出使Fisher准则函数最大化的第二大本征值对应的本征矢量$\boldsymbol{u}_2$，依此逐个地在共轭正交约束$\mathrm{Cov}(\boldsymbol{u}_i^{\mathrm{T}}\boldsymbol{X}^{\mathrm{T}},\boldsymbol{u}_j^{\mathrm{T}}\boldsymbol{X}^{\mathrm{T}})=\boldsymbol{u}_i^{\mathrm{T}}\boldsymbol{S}_W\boldsymbol{u}_j=\delta_{ij}\,(i\leqslant j\leqslant c-1)$下，求出使Fisher准则函数最大化的第$j$个本征矢量$\boldsymbol{u}_j$，求出$c-1$个本征矢量，相当于求出了$c-1$个判别函数的权矢量，这里，数据矩阵$\boldsymbol{X}^{\mathrm{T}}=(\boldsymbol{x}_1\ \boldsymbol{x}_2\ \cdots\ \boldsymbol{x}_N)$。

4.2.5 采用型比准则的Fisher迭代算法

可以运用Foley-Sammon(F-S)法求得最佳鉴别矩阵，F-S法的数学基础是4.1.2节的矩阵广义本征分解理论和最优化方法。在各个鉴别矢量$\boldsymbol{u}_i\,(i=1,2,\cdots)$相互正交约束下，逐个地迭代求出使$J_F$取最大的鉴别矢量。

设$\boldsymbol{u}_1$是使$J_F(\boldsymbol{u})$取最大的Fisher最佳鉴别矢量，且$\boldsymbol{u}_1$已规一化，即$\|\boldsymbol{u}_1\|=1$，则Fisher最佳单位鉴别矢量$\boldsymbol{u}_1$是F-S最佳鉴别矢量集$S=\{\boldsymbol{u}_i: i=1,2,\cdots,r\}$中的第一个矢量，该矢量集中第$i$个鉴别矢量$\boldsymbol{u}_i$通过求解下面最优化问题得到

$$\begin{cases}\max & J_F(\boldsymbol{u}_i)\\ \text{s.t.} & \boldsymbol{u}_i^{\mathrm{T}}\boldsymbol{u}_j=0,\quad j=1,2,\cdots,i-1\\ & \|\boldsymbol{u}_i\|=1\end{cases} \tag{4.2.48}$$

令$\boldsymbol{U}=(\boldsymbol{u}_1\ \boldsymbol{u}_2\ \cdots\ \boldsymbol{u}_r)$，则变换

$$\boldsymbol{y}=\boldsymbol{U}^{\mathrm{T}}\boldsymbol{x} \tag{4.2.49}$$

称为Foley-Sammon变换(FST)。当$r=2$时，这两个鉴别矢量等价为Fisher最佳鉴别平面中的两个坐标轴矢量。

上述两个递推算法的一般形式可以表示为(Zheng W. M，2004年)：

设$\boldsymbol{A}$和$\boldsymbol{B}$是$n\times n$对称矩阵，$\boldsymbol{A}\geqslant 0$，$\boldsymbol{B}>0$，求最佳鉴别矢量的准则函数为

$$J_F(\boldsymbol{u})=\frac{\boldsymbol{u}^{\mathrm{T}}\boldsymbol{A}\boldsymbol{u}}{\boldsymbol{u}^{\mathrm{T}}\boldsymbol{B}\boldsymbol{u}} \tag{4.2.50}$$

满足约束 $\boldsymbol{u}_i^{\mathrm{T}}\boldsymbol{G}\boldsymbol{u}_j=0(i\neq j,\boldsymbol{G}>0)$的最佳鉴别矢量可以用下述递推算法求得：设已得到前 i 个鉴别矢量，则第 $i+1$ 个鉴别矢量 $\boldsymbol{u}_{i+1}$是广义本征方程 $\boldsymbol{P}_i\boldsymbol{A}\boldsymbol{u}=\lambda\boldsymbol{B}\boldsymbol{u}$ 的最大本征值所对应的单位本征矢量，其中

$$\boldsymbol{P}_i=\boldsymbol{I}-\boldsymbol{G}\boldsymbol{U}_i\ (\boldsymbol{U}_i^{\mathrm{T}}\boldsymbol{G}\boldsymbol{B}^{-1}\boldsymbol{G}\boldsymbol{U}_i)^{-1}\boldsymbol{U}_i^{\mathrm{T}}\boldsymbol{G}\boldsymbol{B}^{-1} \tag{4.2.51}$$

$$\boldsymbol{U}_0=\boldsymbol{O},\quad \boldsymbol{U}_i=(\boldsymbol{u}_1\ \boldsymbol{u}_2\ \cdots\ \boldsymbol{u}_i),\quad i=1,2,\cdots,r-1 \tag{4.2.52}$$

令 $\boldsymbol{A}=\boldsymbol{S}_B,\boldsymbol{B}=\boldsymbol{S}_W,\boldsymbol{S}_W$ 非奇异，则

（1）当 $\boldsymbol{G}=\boldsymbol{I}$ 时，得到的鉴别矢量彼此正交。

（2）当 $\boldsymbol{G}=\boldsymbol{S}_W$或$\boldsymbol{G}=\boldsymbol{S}_T$时，得到的鉴别矢量彼此共轭正交。

4.2.6　采用迹比准则的 Fisher 迭代算法

迹比最佳鉴别矢量集求解是采用迹比准则的迭代算法。设$\widetilde{S}=\{\tilde{\boldsymbol{u}}_i:i=1,2,\cdots,r\}$表示迹比最佳鉴别矢量集，在求解$\widetilde{S}$迭代过程中，设已获得鉴别矢量集$\{\tilde{\boldsymbol{u}}_1,\tilde{\boldsymbol{u}}_2,\cdots,\tilde{\boldsymbol{u}}_{i-1}\}$，它们与要求解的$\tilde{\boldsymbol{u}}_i$构成矩阵$\widetilde{\boldsymbol{U}}_i=(\tilde{\boldsymbol{u}}_1\ \tilde{\boldsymbol{u}}_2\ \cdots\ \tilde{\boldsymbol{u}}_{i-1}\ \tilde{\boldsymbol{u}}_i)$，样本集 X 通过变换公式

$$\boldsymbol{y}=\widetilde{\boldsymbol{U}}_i^{\mathrm{T}}\boldsymbol{x} \tag{4.2.53}$$

变成 X_i，X_i的类间与类内均方距离之比为

$$J(\boldsymbol{U}_i)=\frac{\mathrm{tr}[\boldsymbol{U}_i^{\mathrm{T}}\boldsymbol{S}_B\boldsymbol{U}_i]}{\mathrm{tr}[\boldsymbol{U}_i^{\mathrm{T}}\boldsymbol{S}_W\boldsymbol{U}_i]}=\frac{\sum_{j=1}^{i}\tilde{\boldsymbol{u}}_j^{\mathrm{T}}\boldsymbol{S}_B\tilde{\boldsymbol{u}}_j}{\sum_{j=1}^{i}\tilde{\boldsymbol{u}}_j^{\mathrm{T}}\boldsymbol{S}_W\tilde{\boldsymbol{u}}_j} \tag{4.2.54}$$

求解$\tilde{\boldsymbol{u}}_i$使$J(\boldsymbol{U}_i)$最大化的目的是，样本集 X 投影到子空间 $\mathrm{span}\{\tilde{\boldsymbol{u}}_1,\tilde{\boldsymbol{u}}_2,\cdots,\tilde{\boldsymbol{u}}_i\}$所得到的样本集 X_i有最大的类间距离与类内距离比，即 X 在子空间 $\mathrm{span}\{\tilde{\boldsymbol{u}}_1,\tilde{\boldsymbol{u}}_2,\cdots,\tilde{\boldsymbol{u}}_i\}$中投影集 X_i 有最好的可分性。注意到式(4.2.54)的结构，$\widetilde{S}$中的每个矢量用如下方法逐步求得。

（1）$\tilde{\boldsymbol{u}}_1$是 n 维空间中使 Fisher 准则函数 $J_F(\boldsymbol{u})$最大的单位矢量，显然$\tilde{\boldsymbol{u}}_1=\boldsymbol{u}_1$，$\boldsymbol{u}_1$是 F-S 最佳鉴别矢量集的第一个鉴别矢量。

（2）第 i 个迹比最佳鉴别矢量$\tilde{\boldsymbol{u}}_i(2\leqslant i\leqslant r)$通过求解如下最优化问题得到：

$$\begin{cases}\max & J_i(\tilde{\boldsymbol{u}}_i)\\ \mathrm{s.t.} & \tilde{\boldsymbol{u}}_i^{\mathrm{T}}\tilde{\boldsymbol{u}}_j=0,\quad j=1,2,\cdots,i-1\\ & \|\tilde{\boldsymbol{u}}_i\|=1\end{cases} \tag{4.2.55}$$

式中，

$$J_i(\boldsymbol{u})=\frac{\sum_{j=1}^{i-1}\tilde{\boldsymbol{u}}_j^{\mathrm{T}}\boldsymbol{S}_B\tilde{\boldsymbol{u}}_j+\boldsymbol{u}^{\mathrm{T}}\boldsymbol{S}_B\boldsymbol{u}/\|\boldsymbol{u}\|^2}{\sum_{j=1}^{i-1}\tilde{\boldsymbol{u}}_j^{\mathrm{T}}\boldsymbol{S}_W\tilde{\boldsymbol{u}}_j+\boldsymbol{u}^{\mathrm{T}}\boldsymbol{S}_W\boldsymbol{u}/\|\boldsymbol{u}\|^2} \tag{4.2.56}$$

令 $\widetilde{\boldsymbol{U}}=(\tilde{\boldsymbol{u}}_1\ \tilde{\boldsymbol{u}}_2\ \cdots\ \tilde{\boldsymbol{u}}_r)$，下面的线性变换

$$\boldsymbol{y}=\widetilde{\boldsymbol{U}}^{\mathrm{T}}\boldsymbol{x} \tag{4.2.57}$$

称为广义最佳线性变换(GOLT),这个变换可以用于特征提取。

利用$\dfrac{\boldsymbol{u}^{\mathrm{T}}\boldsymbol{S}_B\boldsymbol{u}}{\boldsymbol{u}^{\mathrm{T}}\boldsymbol{S}_T\boldsymbol{u}}\Rightarrow\max$代替$\dfrac{\boldsymbol{u}^{\mathrm{T}}\boldsymbol{S}_B\boldsymbol{u}}{\boldsymbol{u}^{\mathrm{T}}\boldsymbol{S}_W\boldsymbol{u}}\Rightarrow\max$,算法性能可以进一步提高。

4.2.7 采用差迹准则的 Fisher 迭代算法

这里的最佳鉴别矢量求解算法的数学依据是有关迹比准则函数与差迹准则函数参数关系的定理,在此定理支持下形成了采用迹比准则函数或等价的差迹准则函数的迭代算法(WY 算法,Wang,Yan,2007 年)。

(1) 初始化:令 $\beta^{(0)}=0, t=1$,设定最大迭代次数 T。

(2) 对矩阵 $\boldsymbol{S}_B-\beta^{(t-1)}\boldsymbol{S}_W$ 进行本征分解,取前 r 个最大本征值所对应的单位本征矢量构成本征矢量矩阵 $\boldsymbol{U}^{(t)}$,即 $\boldsymbol{U}^{(t)}=\underset{\boldsymbol{u}_i^{\mathrm{T}}\boldsymbol{u}_j=0,\ \|\boldsymbol{u}_i\|=1}{\arg\max}\ \mathrm{tr}[\boldsymbol{U}^{\mathrm{T}}(\boldsymbol{S}_B-\beta^{(t-1)}\boldsymbol{S}_W)\boldsymbol{U}]$。

(3) 令 $\beta^{(t)}=\dfrac{\mathrm{tr}[(\boldsymbol{U}^{(t)})^{\mathrm{T}}\boldsymbol{S}_B\boldsymbol{U}^{(t)}]}{\mathrm{tr}[(\boldsymbol{U}^{(t)})^{\mathrm{T}}\boldsymbol{S}_W\boldsymbol{U}^{(t)}]}$。

(4) 若 $|\beta^{(t)}-\beta^{(t-1)}|<\varepsilon$,则算法结束,$\boldsymbol{U}=\boldsymbol{U}^{(t)}, \beta=\beta^{(t)}$;否则,若 $t<T$,令 $\boldsymbol{U}=\boldsymbol{U}^{(t)}$,转至(2),若 $t=T$,令 $\boldsymbol{U}=\boldsymbol{U}^{(T)}, \beta=\beta^{(T)}$。

4.2.8 核映射空间中的 Fisher 方法

基本的 Fisher 判别分析是线性方法,无法挖掘数据中的非线性信息,20 世纪 90 年代中期,随着支持矢量机的提出,出现了基于核函数的非线性模式分析方法,将核方法应用于 FDA(LDA)中很容易实现 FDA 非线性化。基于核函数的 FDA 非线性分析的方法称为核 Fisher 判别分析(KFDA, KLDA)。在核映射空间中运用 Fisher 方法,由于无法得到输入 $\boldsymbol{x}$ 的映像 $\boldsymbol{\varphi}(\boldsymbol{x})$ 的显式,因此在导出 Fisher 判别函数时要求不出现 $\boldsymbol{\varphi}(\boldsymbol{x})$ 而只含映像间内积即核函数。

设核映射空间中的判别函数形式为

$$d(\boldsymbol{x})=\langle\boldsymbol{w},\boldsymbol{\varphi}(\boldsymbol{x})\rangle-b \tag{4.2.58}$$

选择权矢量 $\boldsymbol{w}$ 使核 Fisher 准则函数最大化

$$J_{\mathrm{F}}(\boldsymbol{w})=\frac{(\tilde{\mu}_1-\tilde{\mu}_2)^2}{\tilde{\sigma}_1^2+\tilde{\sigma}_2^2}=\frac{\boldsymbol{w}^{\mathrm{T}}\boldsymbol{\Sigma}_B\boldsymbol{w}}{\boldsymbol{w}^{\mathrm{T}}\boldsymbol{\Sigma}_W\boldsymbol{w}}\Rightarrow\max \tag{4.2.59}$$

式中,$\tilde{\mu}_1$和$\tilde{\sigma}_1^2$分别是 ω_1 类样本在矢量 $\boldsymbol{w}$ 方向上投影的均值和方差,$\tilde{\mu}_2$和$\tilde{\sigma}_2^2$分别是 ω_2 类样本在矢量 $\boldsymbol{w}$ 方向上投影的均值和方差。

注:按式(4.2.24)或式(4.2.26),式(4.2.58)中的 b 前面取减号。

在核映射空间中,有关均值矢量、类内离差阵、总的类内离差阵、类间离差阵等原理上均可分别按前述相应公式计算,但此时参与计算的各样本 $\boldsymbol{\varphi}(\boldsymbol{x}_1), \boldsymbol{\varphi}(\boldsymbol{x}_2), \cdots, \boldsymbol{\varphi}(\boldsymbol{x}_N)$ 不能得到显式,为了规避这个障碍,采用 $\boldsymbol{w}$ 的矢量对偶表示:

$$\begin{aligned}\boldsymbol{w}&=\sum_{i=1}^{N}\alpha_i\boldsymbol{\varphi}(\boldsymbol{x}_i)=(\boldsymbol{\varphi}(\boldsymbol{x}_1)\ \ \boldsymbol{\varphi}(\boldsymbol{x}_2)\ \ \cdots\ \ \boldsymbol{\varphi}(\boldsymbol{x}_N))(\alpha_1,\alpha_2,\cdots,\alpha_N)^{\mathrm{T}}\\&\triangleq(\boldsymbol{\varphi}(\boldsymbol{x}_1)\ \ \boldsymbol{\varphi}(\boldsymbol{x}_2)\ \ \cdots\ \ \boldsymbol{\varphi}(\boldsymbol{x}_N))\boldsymbol{\alpha}\triangleq\boldsymbol{X}^{\mathrm{T}}\boldsymbol{\alpha}\end{aligned} \tag{4.2.60}$$

而均值矢量

$$\boldsymbol{\mu}_i = \frac{1}{N_i}\sum_{\boldsymbol{x}_j \in \omega_i}\boldsymbol{\varphi}(\boldsymbol{x}_j),\quad i=1,2 \tag{4.2.61}$$

于是

$$\begin{aligned}\boldsymbol{w}^{\mathrm{T}}\boldsymbol{\mu}_i &= \boldsymbol{\alpha}^{\mathrm{T}}\left(\frac{1}{N_i}\sum_{\boldsymbol{x}_j \in \omega_i}\boldsymbol{\varphi}(\boldsymbol{x}_1)^{\mathrm{T}}\boldsymbol{\varphi}(\boldsymbol{x}_j),\frac{1}{N_i}\sum_{\boldsymbol{x}_j \in \omega_i}\boldsymbol{\varphi}(\boldsymbol{x}_2)^{\mathrm{T}}\boldsymbol{\varphi}(\boldsymbol{x}_j),\cdots,\frac{1}{N_i}\sum_{\boldsymbol{x}_j \in \omega_i}\boldsymbol{\varphi}(\boldsymbol{x}_N)^{\mathrm{T}}\boldsymbol{\varphi}(\boldsymbol{x}_j)\right)^{\mathrm{T}}\\ &= \boldsymbol{\alpha}^{\mathrm{T}}\left(\frac{1}{N_i}\sum_{\boldsymbol{x}_j \in \omega_i}\kappa(\boldsymbol{x}_j,\boldsymbol{x}_1),\frac{1}{N_i}\sum_{\boldsymbol{x}_j \in \omega_i}\kappa(\boldsymbol{x}_j,\boldsymbol{x}_2),\cdots,\frac{1}{N_i}\sum_{\boldsymbol{x}_j \in \omega_i}\kappa(\boldsymbol{x}_j,\boldsymbol{x}_N)\right)^{\mathrm{T}}\\ &\triangleq \boldsymbol{\alpha}^{\mathrm{T}}\boldsymbol{v}_i\end{aligned} \tag{4.2.62}$$

式中

$$\boldsymbol{v}_i = \left(\frac{1}{N_i}\sum_{\boldsymbol{x}_j \in \omega_i}\kappa(\boldsymbol{x}_j,\boldsymbol{x}_1),\frac{1}{N_i}\sum_{\boldsymbol{x}_j \in \omega_i}\kappa(\boldsymbol{x}_j,\boldsymbol{x}_2),\cdots,\frac{1}{N_i}\sum_{\boldsymbol{x}_j \in \omega_i}\kappa(\boldsymbol{x}_j,\boldsymbol{x}_N)\right)^{\mathrm{T}} \tag{4.2.63}$$

利用式(4.2.63)计算核 Fisher 准则函数的分子：

$$\begin{aligned}\boldsymbol{w}^{\mathrm{T}}\boldsymbol{\Sigma}_B\boldsymbol{w} &= \boldsymbol{w}^{\mathrm{T}}(\boldsymbol{\mu}_1-\boldsymbol{\mu}_2)(\boldsymbol{\mu}_1-\boldsymbol{\mu}_2)^{\mathrm{T}}\boldsymbol{w}\\ &= \boldsymbol{\alpha}^{\mathrm{T}}(\boldsymbol{v}_1-\boldsymbol{v}_2)(\boldsymbol{v}_1-\boldsymbol{v}_2)^{\mathrm{T}}\boldsymbol{\alpha}\\ &\triangleq \boldsymbol{\alpha}^{\mathrm{T}}\boldsymbol{M}\boldsymbol{\alpha}\end{aligned} \tag{4.2.64}$$

式中

$$\boldsymbol{M} = (\boldsymbol{v}_1-\boldsymbol{v}_2)(\boldsymbol{v}_1-\boldsymbol{v}_2)^{\mathrm{T}} \tag{4.2.65}$$

类似地，计算核 Fisher 准则函数的分母：

$$\begin{aligned}\boldsymbol{w}^{\mathrm{T}}\boldsymbol{\Sigma}_W\boldsymbol{w} &= \boldsymbol{w}^{\mathrm{T}}(\boldsymbol{\Sigma}_{W_1}+\boldsymbol{\Sigma}_{W_2})\boldsymbol{w}\\ &= \boldsymbol{w}^{\mathrm{T}}\left(\sum_{i=1}^{2}\frac{1}{N_i}\sum_{\boldsymbol{x}_j \in \omega_i}\big(\boldsymbol{\varphi}(\boldsymbol{x}_j)-\boldsymbol{\mu}_i\big)\big(\boldsymbol{\varphi}(\boldsymbol{x}_j)-\boldsymbol{\mu}_i\big)^{\mathrm{T}}\right)\boldsymbol{w}\\ &\triangleq \boldsymbol{\alpha}^{\mathrm{T}}\boldsymbol{\Sigma}\boldsymbol{\alpha}\end{aligned} \tag{4.2.66}$$

此时，核 Fisher 准则函数成为

$$J_{\mathrm{F}}(\boldsymbol{\alpha}) = \frac{(\tilde{\mu}_1-\tilde{\mu}_2)^2}{\tilde{\sigma}_1^2+\tilde{\sigma}_2^2} = \frac{\boldsymbol{w}^{\mathrm{T}}\boldsymbol{\Sigma}_B\boldsymbol{w}}{\boldsymbol{w}^{\mathrm{T}}\boldsymbol{\Sigma}_W\boldsymbol{w}} = \frac{\boldsymbol{\alpha}^{\mathrm{T}}\boldsymbol{M}\boldsymbol{\alpha}}{\boldsymbol{\alpha}^{\mathrm{T}}\boldsymbol{\Sigma}\boldsymbol{\alpha}} \tag{4.2.67}$$

求式(4.2.67)表达的广义 Rayleigh 商的最优值，通常采用设定分母为某常数、分子作为优化的目标函数，然后运用拉格朗日乘数法求解。本节的核 Fisher 分析是 4.2.9 节正则化核 Fisher 分析的特例，关于对其求解问题可以归结到正则化核 Fisher 分析求解的讨论。

最终，在核映射空间中，输入 $\boldsymbol{x}$ 的映像 $\boldsymbol{\varphi}(\boldsymbol{x})$ 在矢量 $\boldsymbol{w}$ 方向上投影值为

$$\boldsymbol{w}^{\mathrm{T}}\boldsymbol{\varphi}(\boldsymbol{x}) = \sum_{i=1}^{N}\alpha_i\kappa(\boldsymbol{x}_i,\boldsymbol{x}) \tag{4.2.68}$$

分类判别阈值的选择可以采用类似于输入空间的公式，根据输入 $\boldsymbol{x}$ 的映像 $\boldsymbol{\varphi}(\boldsymbol{x})$ 在矢量 $\boldsymbol{w}$ 方向上投影值在阈值的哪一侧而确定它的类别。

4.2.9 正则化核 Fisher 判别分析

Fisher 分析方法的基本思想是使变换后类间离差度最大化，同时类内离差度最小化，为此构造两者比值形式的准则函数。最大化一个比值可能导致相对过分最小化分母，产

生平衡失调，规避平衡失调是正则化 Fisher 分析的目的之一。在原始数据空间中，正则化 Fisher 准则函数为

$$J_{\mathrm{RF}}(\boldsymbol{u})=\frac{\boldsymbol{u}^{\mathrm{T}}\boldsymbol{S}_B\boldsymbol{u}}{\boldsymbol{u}^{\mathrm{T}}(\boldsymbol{S}_W+\lambda\boldsymbol{I})\boldsymbol{u}} \tag{4.2.69}$$

在核映射空间中，由定理 2.3.4 的式(2.3.9)可知，若在准则函数的分母中引入判别函数的权矢量 $\boldsymbol{w}$ 范数作正则项，最大化准则函数可以减小所求函数的 Rademacher 复杂度，这会在很高概率下减小模式函数的经验误差与真实误差之间差的界(见定理 2.3.3)。在核映射空间中，设样本映像构成矩阵 $\boldsymbol{X}^{\mathrm{T}}=(\boldsymbol{\varphi}(\boldsymbol{x}_1)\ \ \boldsymbol{\varphi}(\boldsymbol{x}_2)\ \ \cdots\ \ \boldsymbol{\varphi}(\boldsymbol{x}_N))$。对于两类(正类和负类)问题，在核 Fisher 准则函数中引入判别函数的权矢量 $\boldsymbol{w}$ 范数正则项，所求的 $\boldsymbol{w}$ 使正则化核 Fisher 准则函数最大化：

$$J_{\mathrm{RF}}(\boldsymbol{w})=\frac{(\mu_w^+-\mu_w^-)^2}{(\sigma_w^+)^2+(\sigma_w^-)^2+\lambda\ \|\boldsymbol{w}\|^2}\underset{w}{\Rightarrow}\max \tag{4.2.70}$$

如前所述，基本的 Fisher 准则函数与矢量 $\boldsymbol{w}$ 缩放无关，添加 $\boldsymbol{w}$ 范数平方正则项后，显然式(4.2.70)比值与矢量 $\boldsymbol{w}$ 缩放也无关，令分母为一个常数，各标量用投影形式表示，利用式(3.3.25)、式(3.3.29)和式(4.1.30)，运用拉格朗日乘数法，容易得出如下具体的形式解矢量：

$$\begin{aligned}\boldsymbol{w}^*=\arg\max_{w}\Bigg((\boldsymbol{w}^{\mathrm{T}}\boldsymbol{X}^{\mathrm{T}}\boldsymbol{p})^2-\nu\Bigg(&\frac{1}{N^+}\boldsymbol{w}^{\mathrm{T}}\boldsymbol{X}^{\mathrm{T}}\boldsymbol{I}_+\boldsymbol{I}_+^{\mathrm{T}}\boldsymbol{X}\boldsymbol{w}-\left(\frac{1}{N^+}\boldsymbol{w}^{\mathrm{T}}\boldsymbol{X}^{\mathrm{T}}\boldsymbol{j}_+\right)^2\\&+\frac{1}{N^-}\boldsymbol{w}^{\mathrm{T}}\boldsymbol{X}^{\mathrm{T}}\boldsymbol{I}_-\boldsymbol{I}_-^{\mathrm{T}}\boldsymbol{X}\boldsymbol{w}-\left(\frac{1}{N^-}\boldsymbol{w}^{\mathrm{T}}\boldsymbol{X}^{\mathrm{T}}\boldsymbol{j}_-\right)^2+\lambda\boldsymbol{w}^{\mathrm{T}}\boldsymbol{w}-C\Bigg)\Bigg)\end{aligned} \tag{4.2.71}$$

式中，N^+，N^-分别为正类和负类的样本数，$N^++N^-=N$；矩阵 $\boldsymbol{X}$ 是由两个子矩阵 $\boldsymbol{X}_+$ 和 $\boldsymbol{X}_-$ 上下拼成的，正类映像矢量 $\boldsymbol{\varphi}(\boldsymbol{x}_+)$为行矢量构造子矩阵 $\boldsymbol{X}_+$，负类映像矢量 $\boldsymbol{\varphi}(\boldsymbol{x}_-)$为行矢量构造子矩阵 $\boldsymbol{X}_-$；样本类别标记值 $y_i\in\{-1,+1\}$，矢量 $\boldsymbol{p}$ 的元素 $p_i\in\{-1/N^-,1/N^+\}$，当矩阵 $\boldsymbol{X}^{\mathrm{T}}$ 的第 i 列 $\boldsymbol{\varphi}(\boldsymbol{x}_i)$是正类时，$y_i=1$，$p_i=1/N^+$，当矩阵 $\boldsymbol{X}^{\mathrm{T}}$ 的第 i 列 $\boldsymbol{\varphi}(\boldsymbol{x}_i)$是负类时，$y_i=-1$，$p_i=-1/N^-$，$\boldsymbol{p}$ 的作用是分别从 $\boldsymbol{X}^{\mathrm{T}}$中选取正类和负类的 $\boldsymbol{\varphi}(\boldsymbol{x})$后进行平均然后相减；$\boldsymbol{I}_+$ 和 $\boldsymbol{I}_-$ 分别是将 $\boldsymbol{X}^{\mathrm{T}}$ 中的正类和负类的列选出来的矩阵，分别是与 $\boldsymbol{X}^{\mathrm{T}}$ 中 $\boldsymbol{X}_+^{\mathrm{T}}$ 和 $\boldsymbol{X}_-^{\mathrm{T}}$ 对应的正方子块为单位矩阵而其余元素为零的方阵；$\boldsymbol{j}_+$ 是与 $\boldsymbol{X}^{\mathrm{T}}$的列是正类对应的元素为 1、其余元素为 0 的矢量，$\boldsymbol{j}_-$ 是与 $\boldsymbol{X}^{\mathrm{T}}$的列是负类对应的元素为 1、其余元素为 0 的矢量，$\boldsymbol{j}_+$ 和 $\boldsymbol{j}_-$ 的作用是分别从 $\boldsymbol{X}^{\mathrm{T}}$中选取正类和负类的$\boldsymbol{\varphi}(\boldsymbol{x})$。

注：式中目标函数的第一项是正类与负类样本集均值之差的平方，这里与文献[5]不同，这里正类和负类样本集分别除以各自样本数求平均，文献[5]是正类和负类样本集分别都除以样本数总求平均，第二项与第三项是正类样本集投影方差，第四项与第五项是负类样本集投影方差，它们利用了式(3.3.29)。

由式(4.2.71)进一步可得

$$\begin{aligned}\boldsymbol{w}^*=\arg\max_{w}\Bigg(&(\boldsymbol{w}^{\mathrm{T}}\boldsymbol{X}^{\mathrm{T}}\boldsymbol{p})^2\\&-\nu\left(\lambda\boldsymbol{w}^{\mathrm{T}}\boldsymbol{w}-C+\frac{N}{2N^+N^-}\boldsymbol{w}^{\mathrm{T}}\boldsymbol{X}^{\mathrm{T}}\left(\frac{2N^-}{N}\boldsymbol{I}_++\frac{2N^-}{NN^+}\boldsymbol{j}_+\boldsymbol{j}_+^{\mathrm{T}}-\frac{2N^+}{N}\boldsymbol{I}_-+\frac{2N^+}{NN^-}\boldsymbol{j}_-\boldsymbol{j}_-^{\mathrm{T}}\right)\boldsymbol{X}\boldsymbol{w}\right)\Bigg)\end{aligned} \tag{4.2.72}$$

令矩阵[5]

$$\boldsymbol{B}=\boldsymbol{D}-\boldsymbol{C}^{+}-\boldsymbol{C}^{-} \tag{4.2.73}$$

式中，对角矩阵 $\boldsymbol{D}$ 的元素为

$$D_{ii}=\begin{cases}\dfrac{2N^{-}}{N}, & y_i=+1\\ \dfrac{2N^{+}}{N}, & y_i=-1\end{cases} \tag{4.2.74}$$

矩阵 $\boldsymbol{C}^{+}$ 和 $\boldsymbol{C}^{-}$ 的元素分别为

$$C_{ij}^{+}=\begin{cases}\dfrac{2N^{-}}{NN^{+}}, & y_i=y_j=+1\\ 0, & \text{否则}\end{cases} \tag{4.2.75}$$

$$C_{ij}^{-}=\begin{cases}\dfrac{2N^{+}}{NN^{-}}, & y_i=y_j=-1\\ 0, & \text{否则}\end{cases} \tag{4.2.76}$$

于是

$$\boldsymbol{w}^{*}=\arg\max_{\boldsymbol{w}}\left((\boldsymbol{w}^{\mathrm{T}}\boldsymbol{X}^{\mathrm{T}}\boldsymbol{p})^{2}-\nu\left(\lambda\boldsymbol{w}^{\mathrm{T}}\boldsymbol{w}-C+\frac{N}{2N^{+}N^{-}}\boldsymbol{w}^{\mathrm{T}}\boldsymbol{X}^{\mathrm{T}}\boldsymbol{B}\boldsymbol{X}\boldsymbol{w}\right)\right) \tag{4.2.77}$$

使 $\boldsymbol{w}^{\mathrm{T}}\boldsymbol{X}^{\mathrm{T}}\boldsymbol{p}$ 最大化的权矢量 $\boldsymbol{w}$ 也同样使 $(\boldsymbol{w}^{\mathrm{T}}\boldsymbol{X}^{\mathrm{T}}\boldsymbol{p})^{2}$ 最大化，所以，在不计最优解正负方向和矢长意义上，式(4.2.77)与式(4.2.78)等价：

$$\boldsymbol{w}^{*}=\arg\max_{\boldsymbol{w}}\left(\boldsymbol{w}^{\mathrm{T}}\boldsymbol{X}^{\mathrm{T}}\boldsymbol{p}-\nu\left(\lambda\boldsymbol{w}^{\mathrm{T}}\boldsymbol{w}-C+\frac{N}{2N^{+}N^{-}}\boldsymbol{w}^{\mathrm{T}}\boldsymbol{X}^{\mathrm{T}}\boldsymbol{B}\boldsymbol{X}\boldsymbol{w}\right)\right) \tag{4.2.78}$$

为简化，重新恰当赋值 ν,λ,C，式(4.2.78)可以写成下面的形式：

$$\boldsymbol{w}^{*}=\arg\max_{\boldsymbol{w}}\left(\boldsymbol{w}^{\mathrm{T}}\boldsymbol{X}^{\mathrm{T}}\boldsymbol{p}-\frac{\nu}{2}\boldsymbol{w}^{\mathrm{T}}\boldsymbol{X}^{\mathrm{T}}\boldsymbol{B}\boldsymbol{X}\boldsymbol{w}+C-\frac{\lambda\nu}{2}\boldsymbol{w}^{\mathrm{T}}\boldsymbol{w}\right) \tag{4.2.79}$$

对式(4.2.79)括号中的目标函数求关于 $\boldsymbol{w}$ 的导数并令其值为零矢量，有

$$\boldsymbol{X}^{\mathrm{T}}\boldsymbol{p}-\nu\boldsymbol{X}^{\mathrm{T}}\boldsymbol{B}\boldsymbol{X}\boldsymbol{w}-\lambda\nu\boldsymbol{w}=\boldsymbol{0} \tag{4.2.80}$$

由式(4.2.80)得到

$$\lambda\nu\boldsymbol{w}=\boldsymbol{X}^{\mathrm{T}}(\boldsymbol{p}-\nu\boldsymbol{B}\boldsymbol{X}\boldsymbol{w}) \tag{4.2.81}$$

利用矢量对偶表示技巧，令 $\boldsymbol{w}=\boldsymbol{X}^{\mathrm{T}}\boldsymbol{\alpha}$，并代入式(4.2.81)，得到

$$\lambda\nu\boldsymbol{\alpha}=\boldsymbol{p}-\nu\boldsymbol{B}\boldsymbol{X}\boldsymbol{X}^{\mathrm{T}}\boldsymbol{\alpha}=\boldsymbol{p}-\nu\boldsymbol{B}\boldsymbol{K}\boldsymbol{\alpha} \tag{4.2.82}$$

从而有

$$(\nu\boldsymbol{B}\boldsymbol{K}+\lambda\nu\boldsymbol{I})\boldsymbol{\alpha}=\boldsymbol{p} \tag{4.2.83}$$

因分类判别函数权矢量缩放并不改变判别结果，故所求的 $\boldsymbol{\alpha}$ 满足

$$(\boldsymbol{B}\boldsymbol{K}+\lambda\boldsymbol{I})\boldsymbol{\alpha}=\boldsymbol{p} \tag{4.2.84}$$

易知

$$\boldsymbol{\alpha}=(\boldsymbol{B}\boldsymbol{K}+\lambda\boldsymbol{I})^{-1}\boldsymbol{p} \tag{4.2.85}$$

由此并根据式(4.2.85)可得对应的分类判别函数是

$$
\begin{aligned}
d(\boldsymbol{x}) &= \boldsymbol{\varphi}(\boldsymbol{x})^{\mathrm{T}}\boldsymbol{w} - b = \boldsymbol{\varphi}(\boldsymbol{x})^{\mathrm{T}}\boldsymbol{X}^{\mathrm{T}}\boldsymbol{\alpha} - b \\
&= \sum_{i=1}^{N}\alpha_i\kappa(\boldsymbol{x}_i,\boldsymbol{x}) - b \triangleq \boldsymbol{k}^{\mathrm{T}}(\boldsymbol{BK}+\lambda\boldsymbol{I})^{-1}\boldsymbol{p} - b
\end{aligned} \tag{4.2.86}
$$

式中，矢量 $\boldsymbol{k}=\big(\kappa(\boldsymbol{x}_1,\boldsymbol{x}),\kappa(\boldsymbol{x}_2,\boldsymbol{x}),\cdots,\kappa(\boldsymbol{x}_N,\boldsymbol{x})\big)^{\mathrm{T}}$，由 4.2.1 节知道，常数 b 可以根据先验知识取不同的值，一个典型的取值是 $b=\frac{1}{2}\boldsymbol{w}^{\mathrm{T}}(\boldsymbol{\mu}_w^{+}+\boldsymbol{\mu}_w^{-})$，利用 $\boldsymbol{w}=\boldsymbol{X}^{\mathrm{T}}\boldsymbol{\alpha}$，有

$$
b=\frac{1}{2}\boldsymbol{\alpha}^{\mathrm{T}}\boldsymbol{X}\left(\frac{1}{N^{+}}\boldsymbol{X}^{\mathrm{T}}\boldsymbol{j}_{+}+\frac{1}{N^{-}}\boldsymbol{X}^{\mathrm{T}}\boldsymbol{j}_{-}\right)=\frac{1}{2}\boldsymbol{\alpha}^{\mathrm{T}}\boldsymbol{XX}^{\mathrm{T}}\boldsymbol{q}=\frac{1}{2}\boldsymbol{\alpha}^{\mathrm{T}}\boldsymbol{Kq} \tag{4.2.87}
$$

式中，矢量 $\boldsymbol{q}$ 的元素为

$$
q_i=\begin{cases}\dfrac{1}{N^{+}}, & y_i=+1\\[2mm] \dfrac{1}{N^{-}}, & y_i=-1\end{cases} \tag{4.2.88}
$$

将上面讨论的结果概括为下面的命题。

命题 4.2.1 设训练集 $D=\{(\boldsymbol{x}_1,y_1),(\boldsymbol{x}_2,y_2),\cdots,(\boldsymbol{x}_N,y_N)\}$，核映射空间由核函数 $\kappa(\boldsymbol{x},\boldsymbol{z})$ 隐式定义。由参数 λ 正则化的核 Fisher 判别函数为

$$
d(\boldsymbol{x})=\boldsymbol{k}^{\mathrm{T}}(\boldsymbol{BK}+\lambda\boldsymbol{I})^{-1}\boldsymbol{p}-b \tag{4.2.89}
$$

式中，$\boldsymbol{K}$ 是元素为 $K_{ij}=\kappa(\boldsymbol{x}_i,\boldsymbol{x}_j)$ 的 $N\times N$ 核矩阵，矢量 $\boldsymbol{k}$ 的元素为 $k_i=\kappa(\boldsymbol{x}_i,\boldsymbol{x})$，$\boldsymbol{B}$ 由式(4.2.73)～式(4.2.76)定义，b 由式(4.2.87)定义。函数 $d(\boldsymbol{x})$ 等价于由核函数 $\kappa(\boldsymbol{x},\boldsymbol{z})$ 隐式定义的核映射空间中的超平面。

4.3 局部均值判别分析

经典的 Fisher 判别分析是一种重要的类别分析方法，更是开创性、方向性和基础性的工作，其后，基于其原理思想许多学者又研发了一些算法，引入了核技术，产生了核 Fisher 判别分析，形成了一类分析方法。4.2 节中，在构造 Fisher 准则函数与核 Fisher 准则函数时，在均值矢量、类内离差阵和类间离差阵计算中，对有关样本是简单平均，或简单求差，虽然样本的坐标反映了它们之间的差别或相似程度，但对于各类分布比较复杂或模糊的情况，用它们构造的 Fisher 准则函数所导出的判别函数分类效果可能不理想。为了增强样本之间的差异性或相似性，在计算均值矢量、类内离差阵和类间离差阵时，有关项可以进行加权，权值能反映样本之间的差异性或相似性，由此形成了 LMDA(局部均值判别分析)算法与核 LMDA 算法[16-18]，由于做了加权处理，因此这相当于在按经典公式计算均值矢量、类内离差阵和类间离差阵前对样本在空间的分布预先进行了有益的变换，显然这类算法的分类效果更好。

4.3.1 局部均值判别

对于 c 类问题，设给定 n 维 N 个训练样本 $\boldsymbol{x}_1,\boldsymbol{x}_2,\cdots,\boldsymbol{x}_N$，其中分别有 N_i 个样本分属 ω_i 类，$N=\sum_{i=1}^{c}N_i$，为了方便，第 i 类样本又可记为 $\{\boldsymbol{x}_j^{(i)}\}$，$\boldsymbol{x}_j^{(i)}$ 表示第 i 类第 j 个样本。

在 LMDA 算法中，令矩阵 $\boldsymbol{D}\in\mathbb{R}^{N\times N}$ 表示各个样本之间的相似程度，其阵元 $d(\boldsymbol{x}_j^{(i)},\boldsymbol{x}_l^{(k)})$

通常采用相应两个样本距离的高斯函数

$$d(\boldsymbol{x}_j^{(i)},\boldsymbol{x}_l^{(k)})=\exp\left(-\frac{\|\boldsymbol{x}_j^{(i)}-\boldsymbol{x}_l^{(k)}\|^2}{\sigma_1}\right) \tag{4.3.1}$$

第 k 类相对样本 $\boldsymbol{x}_j^{(i)}$ 关于相似的局部均值定义为

$$\boldsymbol{m}_{(\boldsymbol{x}_j^{(i)},k)}=\frac{\sum_{l=1}^{N_k}d(\boldsymbol{x}_j^{(i)},\boldsymbol{x}_l^{(k)})\boldsymbol{x}_l^{(k)}}{\sum_{l=1}^{N_k}d(\boldsymbol{x}_j^{(i)},\boldsymbol{x}_l^{(k)})} \tag{4.3.2}$$

由式(4.3.2)可以看出，第 k 类相对样本 $\boldsymbol{x}_j^{(i)}$ 关于相似的局部均值是第 k 类样本加权平均，权值是 $\boldsymbol{x}_l^{(k)}$ 与 $\boldsymbol{x}_j^{(i)}$ 的相似度，相似度越高，权值越大，相对不同样本关于相似的局部均值也不同，本质上讲，通过加权突出相似的非线性化，增强样本可分性，有益于分类。

对于 c 类问题，相应的类内离差阵 $\boldsymbol{S}_W$ 和类间离差阵 $\boldsymbol{S}_B$ 分别定义为

$$\boldsymbol{S}_W=\sum_{i=1}^{c}\sum_{j=1}^{N_i}[\boldsymbol{x}_j^{(i)}-\boldsymbol{m}_{(\boldsymbol{x}_j^{(i)},i)}][\boldsymbol{x}_j^{(i)}-\boldsymbol{m}_{(\boldsymbol{x}_j^{(i)},i)}]^{\mathrm{T}} \tag{4.3.3}$$

$$\boldsymbol{S}_B=\sum_{i=1}^{c}\sum_{j=1}^{N_i}\sum_{\substack{k=1\\k\neq i}}^{c}[\boldsymbol{x}_j^{(i)}-\boldsymbol{m}_{(\boldsymbol{x}_j^{(i)},k)}][\boldsymbol{x}_j^{(i)}-\boldsymbol{m}_{(\boldsymbol{x}_j^{(i)},k)}]^{\mathrm{T}} \tag{4.3.4}$$

基于 Fisher 判别原理，采用迹比准则，所求的最优投影矩阵为

$$\boldsymbol{P}=\arg\max_{\boldsymbol{P}}\frac{\mathrm{tr}[\boldsymbol{P}^{\mathrm{T}}\boldsymbol{S}_B\boldsymbol{P}]}{\mathrm{tr}[\boldsymbol{P}^{\mathrm{T}}\boldsymbol{S}_W\boldsymbol{P}]} \tag{4.3.5}$$

采用相似的局部均值除了可以提高类别可分性外，LMDA 算法还能克服 FDA 算法投影子空间维数过小的缺陷。FDA 算法投影子空间维数为 $\min[n,N,c-1]$，其中 n、N、c 分别表示数据维数、样本数、类数，当数据维数较小或样本数较少，或类数较少，而数据分布相对复杂时，采用 FDA 算法投影子空间维数较小，将有不少的信息损失，造成识别率降低；采用 LMDA 算法，投影子空间维数为 $\min[n,N]$，相对 FDA 算法，可以增加提取特征的维数，保留更多的信息。

4.3.2　加权 LMDA

为了提升 LMDA 算法的分类性能，在构造有关离差阵时对各样本与自类中心和与他类中心的差矢量给予不同的权值，通过赋予平均可分性较弱的样本相应的距离矢量比较大的权值，使得可分性较弱的样本向同类局部均值矢量移动，从而提高它们总体可分性。为此定义

$$\boldsymbol{S}_{\mathrm{LMDA}}^{W}=\sum_{i=1}^{c}\sum_{j=1}^{N_i}w_{(\boldsymbol{x}_j^{(i)},i)}^{W}[\boldsymbol{x}_j^{(i)}-\boldsymbol{m}_{(\boldsymbol{x}_j^{(i)},i)}][\boldsymbol{x}_j^{(i)}-\boldsymbol{m}_{(\boldsymbol{x}_j^{(i)},i)}]^{\mathrm{T}} \tag{4.3.6}$$

$$\boldsymbol{S}_{\mathrm{LMDA}}^{B}=\sum_{i=1}^{c}\sum_{j=1}^{N_i}\sum_{\substack{k=1\\k\neq i}}^{c}w_{(\boldsymbol{x}_j^{(i)},k)}^{B}[\boldsymbol{x}_j^{(i)}-\boldsymbol{m}_{(\boldsymbol{x}_j^{(i)},k)}][\boldsymbol{x}_j^{(i)}-\boldsymbol{m}_{(\boldsymbol{x}_j^{(i)},k)}]^{\mathrm{T}} \tag{4.3.7}$$

上面两式中的权值分别定义为

$$w_{(\boldsymbol{x}_j^{(i)},k)}^{B}=\exp\left(\frac{\|\boldsymbol{x}_j^{(i)}-\boldsymbol{m}_{(\boldsymbol{x}_j^{(i)},i)}\|-\|\boldsymbol{x}_j^{(i)}-\boldsymbol{m}_{(\boldsymbol{x}_j^{(i)},k)}\|}{\|\boldsymbol{x}_j^{(i)}-\boldsymbol{m}_{(\boldsymbol{x}_j^{(i)},i)}\|+\|\boldsymbol{x}_j^{(i)}-\boldsymbol{m}_{(\boldsymbol{x}_j^{(i)},k)}\|}\Big/\sigma_2\right) \tag{4.3.8}$$

$$w^{W}_{(x_j^{(i)},i)} = \frac{1}{c-1}\sum_{\substack{k=1\\k\neq i}}^{c} w^{B}_{(x_j^{(i)},k)} \tag{4.3.9}$$

权值 $w^{B}_{(x_j^{(i)},k)}$ 可以进一步表示为

$$w^{B}_{(x_j^{(i)},k)} = \exp\left(\frac{1-\eta_j^{i,k}}{1+\eta_j^{i,k}}\Big/\sigma_2\right) \tag{4.3.10}$$

$$\eta_j^{i,k} = \frac{\|\boldsymbol{x}_j^{(i)} - \boldsymbol{m}_{(x_j^{(i)},k)}\|}{\|\boldsymbol{x}_j^{(i)} - \boldsymbol{m}_{(x_j^{(i)},i)}\|} \tag{4.3.11}$$

可见，若 $\eta_j^{i,k}$ 较大，则第 i 类样本 $\boldsymbol{x}_j^{(i)}$ 与第 k 类样本可分性较强，相应所算得的 $w^{B}_{(x_j^{(i)},k)}$ 较小；若 $\eta_j^{i,k}$ 较小，则 $\boldsymbol{x}_j^{(i)}$ 与第 k 类样本可分性较弱，所算得的 $w^{B}_{(x_j^{(i)},k)}$ 较大。具体地，当 $\eta_j^{i,k}>1$ 时，$\boldsymbol{x}_j^{(i)}$ 与第 k 类样本有较好的可分性，相应的 $w^{B}_{(x_j^{(i)},k)}\in(0,1)$；当 $\eta_j^{i,k}<1$ 时，$\boldsymbol{x}_j^{(i)}$ 与第 k 类样本可分性较差，相应的 $w^{B}_{(x_j^{(i)},k)}\in(1,\infty)$。采用赋予可分性较差的样本相应的差矢量较大权值的方法，相当于通过运算使其向同类局部均值矢量移动，增强样本的可分性。可以分析出，若 $w^{W}_{(x_j^{(i)},i)}$ 较大，则表明 $\boldsymbol{x}_j^{(i)}$ 与其他各类样本可分性较弱，权值使得在构建离差阵时差矢量 $\boldsymbol{x}_j^{(i)}-\boldsymbol{m}_{(x_j^{(i)},i)}$ 将起较大作用；$w^{W}_{(x_j^{(i)},i)}$ 较小，则表明 $\boldsymbol{x}_j^{(i)}$ 与其他各类样本可分性较强，权值使得在构建离差阵时差矢量 $\boldsymbol{x}_j^{(i)}-\boldsymbol{m}_{(x_j^{(i)},i)}$ 将起较小的作用。将得到的 $\boldsymbol{S}^{W}_{\mathrm{LMDA}}$ 和 $\boldsymbol{S}^{B}_{\mathrm{LMDA}}$ 代入式(4.3.5)后即加权 LMDA 算法。

4.3.3 核局部均值判别

对于 c 类问题，设给定 n 维训练样本 $\boldsymbol{x}_1,\boldsymbol{x}_2,\cdots,\boldsymbol{x}_N$，其中分别有 N_i 个样本分属 ω_i 类，$N=\sum_{i=1}^{c}N_i$，第 i 类样本又可记为 $\{\boldsymbol{x}_j^{(i)}\}$。

在核映射空间中，令矩阵 $\boldsymbol{D}\in\mathbb{R}^{N\times N}$ 表示各个样本映像之间的相似程度，其阵元通常采用相应两个样本映像之间距离的高斯函数

$$d(\boldsymbol{x}_j^{(i)},\boldsymbol{x}_l^{(k)}) = \exp\left(-\frac{\|\boldsymbol{\varphi}(\boldsymbol{x}_j^{(i)})-\boldsymbol{\varphi}(\boldsymbol{x}_l^{(k)})\|^2}{\sigma_1}\right) \tag{4.3.12}$$

式中

$$\|\boldsymbol{\varphi}(\boldsymbol{x}_j^{(i)})-\boldsymbol{\varphi}(\boldsymbol{x}_l^{(k)})\|^2=\kappa(\boldsymbol{x}_j^{(i)},\boldsymbol{x}_j^{(i)})-2\kappa(\boldsymbol{x}_j^{(i)},\boldsymbol{x}_l^{(k)})+\kappa(\boldsymbol{x}_l^{(k)},\boldsymbol{x}_l^{(k)}) \tag{4.3.13}$$

第 k 类相对样本 $\boldsymbol{x}_j^{(i)}$ 关于相似的局部均值定义为

$$\boldsymbol{m}^{\boldsymbol{\varphi}}_{(x_j^{(i)},k)} = \frac{\sum_{l=1}^{N_k} d(\boldsymbol{x}_j^{(i)},\boldsymbol{x}_l^{(k)})\boldsymbol{\varphi}(\boldsymbol{x}_l^{(k)})}{\sum_{l=1}^{N_k} d(\boldsymbol{x}_j^{(i)},\boldsymbol{x}_l^{(k)})} \tag{4.3.14}$$

相应地，类内离差阵 $\boldsymbol{S}_W$ 和类间离差阵 $\boldsymbol{S}_B$ 分别定义为

$$\boldsymbol{S}^{W}_{\mathrm{KLMDA}} = \sum_{i=1}^{c}\sum_{j=1}^{N_i}[\boldsymbol{\varphi}(\boldsymbol{x}_j^{(i)})-\boldsymbol{m}^{\boldsymbol{\varphi}}_{(x_j^{(i)},i)}][\boldsymbol{\varphi}(\boldsymbol{x}_j^{(i)})-\boldsymbol{m}^{\boldsymbol{\varphi}}_{(x_j^{(i)},i)}]^{\mathrm{T}} \tag{4.3.15}$$

$$\boldsymbol{S}^{B}_{\mathrm{KLMDA}} = \sum_{i=1}^{c}\sum_{j=1}^{N_i}\sum_{\substack{k=1\\k\neq i}}^{c}[\boldsymbol{\varphi}(\boldsymbol{x}_j^{(i)})-\boldsymbol{m}^{\boldsymbol{\varphi}}_{(x_j^{(i)},k)}][\boldsymbol{\varphi}(\boldsymbol{x}_j^{(i)})-\boldsymbol{m}^{\boldsymbol{\varphi}}_{(x_j^{(i)},k)}]^{\mathrm{T}} \tag{4.3.16}$$

在核映射空间中，设线性判别函数的权矢量为 $\boldsymbol{w}$，于是，核局部均值判别分析 Fisher 准则函数

$$J_{\text{KLMDA}}(\boldsymbol{w})=\frac{\boldsymbol{w}^{\mathrm{T}}\boldsymbol{S}_{\text{KLMDA}}^{B}\boldsymbol{w}}{\boldsymbol{w}^{\mathrm{T}}\boldsymbol{S}_{\text{KLMDA}}^{W}\boldsymbol{w}} \tag{4.3.17}$$

算法的目标是所求的 $\boldsymbol{w}$ 使 Fisher 准则函数达最大值。

类似于 4.2.8 节，采用矢量对偶表示，令

$$\boldsymbol{w}=\sum_{l=1}^{N}\alpha_{l}\boldsymbol{\varphi}(\boldsymbol{x}_{l}),\quad \boldsymbol{\alpha}\triangleq(\alpha_{1},\alpha_{2},\cdots,\alpha_{N})^{\mathrm{T}} \tag{4.3.18}$$

但是，采用不同于 4.2.8 节的推演方式，首先作

$$\boldsymbol{w}^{\mathrm{T}}\boldsymbol{\varphi}(\boldsymbol{x}_{j})=\boldsymbol{\alpha}^{\mathrm{T}}\boldsymbol{\xi}_{\boldsymbol{x}_{j}} \tag{4.3.19}$$

式中

$$\boldsymbol{\xi}_{\boldsymbol{x}_{j}}=\left(\kappa(\boldsymbol{x}_{j},\boldsymbol{x}_{1}),\kappa(\boldsymbol{x}_{j},\boldsymbol{x}_{2}),\cdots,\kappa(\boldsymbol{x}_{j},\boldsymbol{x}_{N})\right)^{\mathrm{T}} \tag{4.3.20}$$

于是，式(4.2.63)中的 $\boldsymbol{v}_{i}$ 这里表示为

$$\boldsymbol{v}_{i}=\frac{1}{N_{i}}\sum_{j=1}^{N_{i}}\boldsymbol{\xi}_{\boldsymbol{x}_{j}^{(i)}} \tag{4.3.21}$$

式中

$$\boldsymbol{\xi}_{\boldsymbol{x}_{j}^{(i)}}=\left(\kappa(\boldsymbol{x}_{j}^{(i)},\boldsymbol{x}_{1}),\kappa(\boldsymbol{x}_{j}^{(i)},\boldsymbol{x}_{2}),\cdots,\kappa(\boldsymbol{x}_{j}^{(i)},\boldsymbol{x}_{N})\right)^{\mathrm{T}} \tag{4.3.22}$$

经推导可得

$$\boldsymbol{w}^{\mathrm{T}}\boldsymbol{S}_{\text{KLMDA}}^{W}\boldsymbol{w}=\boldsymbol{\alpha}^{\mathrm{T}}\left\{\sum_{i=1}^{c}\sum_{j=1}^{N_{i}}[\boldsymbol{\xi}_{\boldsymbol{x}_{j}^{(i)}}-\boldsymbol{\mu}_{\boldsymbol{x}_{j}^{(i)}}^{i}/g_{\boldsymbol{x}_{j}^{(i)}}^{i}][\boldsymbol{\xi}_{\boldsymbol{x}_{j}^{(i)}}-\boldsymbol{\mu}_{\boldsymbol{x}_{j}^{(i)}}^{i}/g_{\boldsymbol{x}_{j}^{(i)}}^{i}]^{\mathrm{T}}\right\}\boldsymbol{\alpha}\triangleq\boldsymbol{\alpha}^{\mathrm{T}}\boldsymbol{K}_{W}\boldsymbol{\alpha} \tag{4.3.23}$$

$$\boldsymbol{w}^{\mathrm{T}}\boldsymbol{S}_{\text{KLMDA}}^{B}\boldsymbol{w}=\boldsymbol{\alpha}^{\mathrm{T}}\left\{\sum_{i=1}^{c}\sum_{j=1}^{N_{i}}\sum_{\substack{k=1\\k\neq i}}^{c}[\boldsymbol{\xi}_{\boldsymbol{x}_{j}^{(i)}}-\boldsymbol{\mu}_{\boldsymbol{x}_{j}^{(i)}}^{k}/g_{\boldsymbol{x}_{j}^{(i)}}^{k}][\boldsymbol{\xi}_{\boldsymbol{x}_{j}^{(i)}}-\boldsymbol{\mu}_{\boldsymbol{x}_{j}^{(i)}}^{k}/g_{\boldsymbol{x}_{j}^{(i)}}^{k}]^{\mathrm{T}}\right\}\boldsymbol{\alpha}\triangleq\boldsymbol{\alpha}^{\mathrm{T}}\boldsymbol{K}_{B}\boldsymbol{\alpha} \tag{4.3.24}$$

式中

$$\begin{gathered}\boldsymbol{\mu}_{\boldsymbol{x}_{j}^{(i)}}^{i}=\boldsymbol{K}_{i}\boldsymbol{d}_{\boldsymbol{x}_{j}^{(i)}}^{i},\quad \boldsymbol{\mu}_{\boldsymbol{x}_{j}^{(i)}}^{k}=\boldsymbol{K}_{k}\boldsymbol{d}_{\boldsymbol{x}_{j}^{(i)}}^{k}\\ g_{\boldsymbol{x}_{j}^{(i)}}^{i}=(\boldsymbol{d}_{\boldsymbol{x}_{j}^{(i)}}^{i})^{\mathrm{T}}\boldsymbol{e}_{i},\quad g_{\boldsymbol{x}_{j}^{(i)}}^{k}=(\boldsymbol{d}_{\boldsymbol{x}_{j}^{(i)}}^{k})^{\mathrm{T}}\boldsymbol{e}_{k}\end{gathered} \tag{4.3.25}$$

$$\boldsymbol{K}_{i}=\begin{pmatrix}\kappa(\boldsymbol{x}_{1}^{(i)},\boldsymbol{x}_{1}) & \kappa(\boldsymbol{x}_{2}^{(i)},\boldsymbol{x}_{1}) & \cdots & \kappa(\boldsymbol{x}_{N_{i}}^{(i)},\boldsymbol{x}_{1})\\ \kappa(\boldsymbol{x}_{1}^{(i)},\boldsymbol{x}_{2}) & \kappa(\boldsymbol{x}_{2}^{(i)},\boldsymbol{x}_{2}) & \cdots & \kappa(\boldsymbol{x}_{N_{i}}^{(i)},\boldsymbol{x}_{2})\\ \vdots & \vdots & & \vdots\\ \kappa(\boldsymbol{x}_{1}^{(i)},\boldsymbol{x}_{N}) & \kappa(\boldsymbol{x}_{2}^{(i)},\boldsymbol{x}_{N}) & \cdots & \kappa(\boldsymbol{x}_{N_{i}}^{(i)},\boldsymbol{x}_{N})\end{pmatrix} \tag{4.3.26}$$

$$\boldsymbol{K}_{k}=\begin{pmatrix}\kappa(\boldsymbol{x}_{1}^{(k)},\boldsymbol{x}_{1}) & \kappa(\boldsymbol{x}_{2}^{(k)},\boldsymbol{x}_{1}) & \cdots & \kappa(\boldsymbol{x}_{N_{k}}^{(k)},\boldsymbol{x}_{1})\\ \kappa(\boldsymbol{x}_{1}^{(k)},\boldsymbol{x}_{2}) & \kappa(\boldsymbol{x}_{2}^{(k)},\boldsymbol{x}_{2}) & \cdots & \kappa(\boldsymbol{x}_{N_{k}}^{(k)},\boldsymbol{x}_{2})\\ \vdots & \vdots & & \vdots\\ \kappa(\boldsymbol{x}_{1}^{(k)},\boldsymbol{x}_{N}) & \kappa(\boldsymbol{x}_{2}^{(k)},\boldsymbol{x}_{N}) & \cdots & \kappa(\boldsymbol{x}_{N_{k}}^{(k)},\boldsymbol{x}_{N})\end{pmatrix} \tag{4.3.27}$$

$$\boldsymbol{d}_{\boldsymbol{x}_{j}^{(i)}}^{i}=\left(d(\boldsymbol{x}_{j}^{(i)},\boldsymbol{x}_{1}^{(i)}),d(\boldsymbol{x}_{j}^{(i)},\boldsymbol{x}_{2}^{(i)}),\cdots,d(\boldsymbol{x}_{j}^{(i)},\boldsymbol{x}_{N_{i}}^{(i)})\right)^{\mathrm{T}} \tag{4.3.28}$$

$$\boldsymbol{d}_{\boldsymbol{x}_j^{(i)}}^k = \left(d(\boldsymbol{x}_j^{(i)}, \boldsymbol{x}_1^{(k)}), d(\boldsymbol{x}_j^{(i)}, \boldsymbol{x}_2^{(k)}), \cdots, d(\boldsymbol{x}_j^{(i)}, \boldsymbol{x}_{N_k}^{(k)}) \right)^{\mathrm{T}} \tag{4.3.29}$$

$$\boldsymbol{e}_i = (1)_{N_i \times 1}, \quad \boldsymbol{e}_k = (1)_{N_k \times 1} \tag{4.3.30}$$

$$\boldsymbol{K}_W = \sum_{i=1}^{c} \sum_{j=1}^{N_i} [\boldsymbol{\xi}_{\boldsymbol{x}_j^{(i)}} - \boldsymbol{\mu}_{\boldsymbol{x}_j^{(i)}}^i / g_{\boldsymbol{x}_j^{(i)}}^i][\boldsymbol{\xi}_{\boldsymbol{x}_j^{(i)}} - \boldsymbol{\mu}_{\boldsymbol{x}_j^{(i)}}^i / g_{\boldsymbol{x}_j^{(i)}}^i]^{\mathrm{T}} \tag{4.3.31}$$

$$\boldsymbol{K}_B = \sum_{i=1}^{c} \sum_{j=1}^{N_i} \sum_{\substack{k=1 \\ k \neq i}}^{c} [\boldsymbol{\xi}_{\boldsymbol{x}_j^{(i)}} - \boldsymbol{\mu}_{\boldsymbol{x}_j^{(i)}}^k / g_{\boldsymbol{x}_j^{(i)}}^k][\boldsymbol{\xi}_{\boldsymbol{x}_j^{(i)}} - \boldsymbol{\mu}_{\boldsymbol{x}_j^{(i)}}^k / g_{\boldsymbol{x}_j^{(i)}}^k]^{\mathrm{T}} \tag{4.3.32}$$

为了化简有关公式，令

$$\boldsymbol{m}_{(\boldsymbol{x}_j^{(i)}, k)}^{\boldsymbol{\varphi}} = \frac{\sum_{l=1}^{N_k} d(\boldsymbol{x}_j^{(i)}, \boldsymbol{x}_l^{(k)}) \boldsymbol{\xi}_{\boldsymbol{x}_l^{(k)}}}{\sum_{l=1}^{N_k} d(\boldsymbol{x}_j^{(i)}, \boldsymbol{x}_l^{(k)})} \tag{4.3.33}$$

于是有

$$\boldsymbol{w}^{\mathrm{T}} \boldsymbol{S}_{\mathrm{KLMDA}}^{W} \boldsymbol{w} = \boldsymbol{\alpha}^{\mathrm{T}} \left\{ \sum_{i=1}^{c} \sum_{j=1}^{N_i} [\boldsymbol{\xi}_{\boldsymbol{x}_j^{(i)}} - \boldsymbol{m}_{(\boldsymbol{x}_j^{(i)}, i)}^{\boldsymbol{\varphi}}][\boldsymbol{\xi}_{\boldsymbol{x}_j^{(i)}} - \boldsymbol{m}_{(\boldsymbol{x}_j^{(i)}, i)}^{\boldsymbol{\varphi}}]^{\mathrm{T}} \right\} \boldsymbol{\alpha} \triangleq \boldsymbol{\alpha}^{\mathrm{T}} \boldsymbol{K}_W \boldsymbol{\alpha} \tag{4.3.34}$$

$$\boldsymbol{w}^{\mathrm{T}} \boldsymbol{S}_{\mathrm{KLMDA}}^{B} \boldsymbol{w} = \boldsymbol{\alpha}^{\mathrm{T}} \left\{ \sum_{i=1}^{c} \sum_{j=1}^{N_i} \sum_{\substack{k=1 \\ k \neq i}}^{c} [\boldsymbol{\xi}_{\boldsymbol{x}_j^{(i)}} - \boldsymbol{m}_{(\boldsymbol{x}_j^{(i)}, k)}^{\boldsymbol{\varphi}}][\boldsymbol{\xi}_{\boldsymbol{x}_j^{(i)}} - \boldsymbol{m}_{(\boldsymbol{x}_j^{(i)}, k)}^{\boldsymbol{\varphi}}]^{\mathrm{T}} \right\} \boldsymbol{\alpha} \triangleq \boldsymbol{\alpha}^{\mathrm{T}} \boldsymbol{K}_B \boldsymbol{\alpha} \tag{4.3.35}$$

$$\boldsymbol{K}_W = \sum_{i=1}^{c} \sum_{j=1}^{N_i} [\boldsymbol{\xi}_{\boldsymbol{x}_j^{(i)}} - \boldsymbol{m}_{(\boldsymbol{x}_j^{(i)}, i)}^{\boldsymbol{\varphi}}][\boldsymbol{\xi}_{\boldsymbol{x}_j^{(i)}} - \boldsymbol{m}_{(\boldsymbol{x}_j^{(i)}, i)}^{\boldsymbol{\varphi}}]^{\mathrm{T}} \tag{4.3.36}$$

$$\boldsymbol{K}_B = \sum_{i=1}^{c} \sum_{j=1}^{N_i} \sum_{\substack{k=1 \\ k \neq i}}^{c} [\boldsymbol{\xi}_{\boldsymbol{x}_j^{(i)}} - \boldsymbol{m}_{(\boldsymbol{x}_j^{(i)}, k)}^{\boldsymbol{\varphi}}][\boldsymbol{\xi}_{\boldsymbol{x}_j^{(i)}} - \boldsymbol{m}_{(\boldsymbol{x}_j^{(i)}, k)}^{\boldsymbol{\varphi}}]^{\mathrm{T}} \tag{4.3.37}$$

由此可知，核局部均值判别分析 Fisher 准则函数成为

$$J_{\mathrm{KLMDA}}(\boldsymbol{w}) = \frac{\boldsymbol{w}^{\mathrm{T}} \boldsymbol{S}_{\mathrm{KLMDA}}^{B} \boldsymbol{w}}{\boldsymbol{w}^{\mathrm{T}} \boldsymbol{S}_{\mathrm{KLMDA}}^{W} \boldsymbol{w}} = \frac{\boldsymbol{\alpha}^{\mathrm{T}} \boldsymbol{K}_B \boldsymbol{\alpha}}{\boldsymbol{\alpha}^{\mathrm{T}} \boldsymbol{K}_W \boldsymbol{\alpha}} \tag{4.3.38}$$

4.3.4 加权 KLMDA

进一步，在 KLMDA 算法中构造有关离差阵时对各个差矢量给予不同的权值，为此定义

$$\boldsymbol{S}_{\mathrm{KLMDA}}^{W} = \sum_{i=1}^{c} \sum_{j=1}^{N_i} w_{(\boldsymbol{x}_j^{(i)}, i)}^{W, \boldsymbol{\varphi}} [\boldsymbol{\varphi}(\boldsymbol{x}_j^{(i)}) - \boldsymbol{m}_{(\boldsymbol{x}_j^{(i)}, i)}^{\boldsymbol{\varphi}}][\boldsymbol{\varphi}(\boldsymbol{x}_j^{(i)}) - \boldsymbol{m}_{(\boldsymbol{x}_j^{(i)}, i)}^{\boldsymbol{\varphi}}]^{\mathrm{T}} \tag{4.3.39}$$

$$\boldsymbol{S}_{\mathrm{KLMDA}}^{B} = \sum_{i=1}^{c} \sum_{j=1}^{N_i} \sum_{\substack{k=1 \\ k \neq i}}^{c} w_{(\boldsymbol{x}_j^{(i)}, k)}^{B, \boldsymbol{\varphi}} [\boldsymbol{\varphi}(\boldsymbol{x}_j^{(i)}) - \boldsymbol{m}_{(\boldsymbol{x}_j^{(i)}, k)}^{\boldsymbol{\varphi}}][\boldsymbol{\varphi}(\boldsymbol{x}_j^{(i)}) - \boldsymbol{m}_{(\boldsymbol{x}_j^{(i)}, k)}^{\boldsymbol{\varphi}}]^{\mathrm{T}} \tag{4.3.40}$$

上面两式的权值分别定义为

$$w_{(\boldsymbol{x}_j^{(i)}, k)}^{B, \boldsymbol{\varphi}} = \exp\left(\frac{\|\boldsymbol{\varphi}(\boldsymbol{x}_j^{(i)}) - \boldsymbol{m}_{(\boldsymbol{x}_j^{(i)}, i)}^{\boldsymbol{\varphi}}\| - \|\boldsymbol{\varphi}(\boldsymbol{x}_j^{(i)}) - \boldsymbol{m}_{(\boldsymbol{x}_j^{(i)}, k)}^{\boldsymbol{\varphi}}\|}{\|\boldsymbol{\varphi}(\boldsymbol{x}_j^{(i)}) - \boldsymbol{m}_{(\boldsymbol{x}_j^{(i)}, i)}^{\boldsymbol{\varphi}}\| + \|\boldsymbol{\varphi}(\boldsymbol{x}_j^{(i)}) - \boldsymbol{m}_{(\boldsymbol{x}_j^{(i)}, k)}^{\boldsymbol{\varphi}}\|} \Bigg/ \sigma_2 \right) \tag{4.3.41}$$

$$w_{(x_j^{(i)},i)}^{W,\varphi}=\frac{1}{c-1}\sum_{\substack{k=1\\k\neq i}}^{c}w_{(x_j^{(i)},k)}^{B,\varphi} \tag{4.3.42}$$

$$\begin{aligned}\|\boldsymbol{\varphi}(\boldsymbol{x}_j^{(i)})-\boldsymbol{m}_{(x_j^{(i)},k)}^{\varphi}\|^2=&\kappa(\boldsymbol{x}_j^{(i)},\boldsymbol{x}_j^{(i)})-2\frac{\sum\limits_{l=1}^{N_k}d(\boldsymbol{x}_j^{(i)},\boldsymbol{x}_l^{(k)})\kappa(\boldsymbol{x}_j^{(i)},\boldsymbol{x}_l^{(k)})}{\sum\limits_{l=1}^{N_k}d(\boldsymbol{x}_j^{(i)},\boldsymbol{x}_l^{(k)})}\\&+\frac{\sum\limits_{m=1}^{N_k}\sum\limits_{l=1}^{N_k}d(\boldsymbol{x}_j^{(i)},\boldsymbol{x}_l^{(k)})d(\boldsymbol{x}_j^{(i)},\boldsymbol{x}_m^{(k)})\cdot\kappa(\boldsymbol{x}_l^{(k)},\boldsymbol{x}_m^{(k)})}{\sum\limits_{m=1}^{N_k}\sum\limits_{l=1}^{N_k}d(\boldsymbol{x}_j^{(i)},\boldsymbol{x}_l^{(k)})d(\boldsymbol{x}_j^{(i)},\boldsymbol{x}_m^{(k)})}\end{aligned} \tag{4.3.43}$$

由此可得

$$\begin{aligned}\boldsymbol{w}^{\mathrm{T}}\boldsymbol{S}_{\mathrm{KLMDA}}^{W}\boldsymbol{w}&=\boldsymbol{\alpha}^{\mathrm{T}}\left\{\sum_{i=1}^{c}\sum_{j=1}^{N_i}w_{(x_j^{(i)},i)}^{W,\varphi}[\boldsymbol{\xi}_{x_j^{(i)}}-\boldsymbol{m}_{(x_j^{(i)},i)}^{\varphi}][\boldsymbol{\xi}_{x_j^{(i)}}-\boldsymbol{m}_{(x_j^{(i)},i)}^{\varphi}]^{\mathrm{T}}\right\}\boldsymbol{\alpha}\\&\triangleq\boldsymbol{\alpha}^{\mathrm{T}}\boldsymbol{K}_W^{Q}\boldsymbol{\alpha}\end{aligned} \tag{4.3.44}$$

$$\begin{aligned}\boldsymbol{w}^{\mathrm{T}}\boldsymbol{S}_{\mathrm{KLMDA}}^{B}\boldsymbol{w}&=\boldsymbol{\alpha}^{\mathrm{T}}\left\{\sum_{i=1}^{c}\sum_{j=1}^{N_i}\sum_{\substack{k=1\\k\neq i}}^{c}w_{(x_j^{(i)},k)}^{B,\varphi}[\boldsymbol{\xi}_{x_j^{(i)}}-\boldsymbol{m}_{(x_j^{(i)},k)}^{\varphi}][\boldsymbol{\xi}_{x_j^{(i)}}-\boldsymbol{m}_{(x_j^{(i)},k)}^{\varphi}]^{\mathrm{T}}\right\}\boldsymbol{\alpha}\\&\triangleq\boldsymbol{\alpha}^{\mathrm{T}}\boldsymbol{K}_B^{Q}\boldsymbol{\alpha}\end{aligned} \tag{4.3.45}$$

于是,在核映射空间中,基于核加权局部均值判别分析的核 Fisher 准则函数为

$$J_{\mathrm{KLMDA}}^{Q}(\boldsymbol{w})\Rightarrow J_{\mathrm{KLMDA}}^{Q}(\boldsymbol{\alpha})=\frac{\boldsymbol{\alpha}^{\mathrm{T}}\boldsymbol{K}_B^{Q}\boldsymbol{\alpha}}{\boldsymbol{\alpha}^{\mathrm{T}}\boldsymbol{K}_W^{Q}\boldsymbol{\alpha}} \tag{4.3.46}$$

得到核 Fisher 准则函数式(4.3.46)之后,可以利用 4.2.9 节有关公式求解 $\boldsymbol{\alpha}$,进而得到判别函数。

4.4　主成分分析

主成分分析(principal components analysis,PCA)本质上是一种数学变换,通常称为 KL 变换(karhunen-loeve transformation,KLT),对于离散数据称为离散 KL 变换(DKLT)或 Hotelling 变换(Hotelling,1933 年)。主成分分析的概念、方法可以应用到许多领域,可以最佳逼近为目标,用于高精度近似,或以变换后所得主成分正交或不相关为目标,提高表示效率,用于数据压缩、特征提取,或以寻找投影方差最大为目标,获取携带更多变异信息变量,或以具有最强的代表性为目标,求得具有最佳的原始变量综合能力的变量。实际上,它们的内在机理是一致的,运用的数学工具(本征分解、广义本征分解)相同,但采用的问题切入和技术途径的物理、数学概念不同。可以在原始数据空间中进行 PCA,也可以在核映射空间中实施 PCA,此时称为核主成分分析,或称为核 PCA(KPCA)。原始数据空间和核映射空间中导出主成分分析的思路是相同的。本节首先比较详细地论述原始数据空间中的 PCA,以容易理解的"最佳逼近表达"为切入点,然后阐述其他观点下的 PCA。在此基础上借助奇异值分解简捷地导出核 PCA,在核映射空间中映像数据无法显式表

达，不能直接计算样本相关阵或样本协方差阵，介绍规避这一障碍的技巧；最后给出有关的性能。

主成分分析有广泛的应用，除了我们熟知应用于特征提取、数据压缩、去除噪声、可视化等外，主成分分析的基本思想和方法可以引申到本章的典型相关分析、线性回归等模式分析方法中。

4.4.1 主成分分析原理与性质

在实际应用和理论研究中，除了要求准确地表示对象之外，往往还要求高效地表示对象，当用特征矢量描述对象时，就要求各分量统计独立。某些应用中在尽量保留原始数据信息原则下，需要适当对数据做些"简化"，高维矢量用低维矢量近似。一般要在一定准则下进行某种变换，在新坐标系中表达原始数据，然后删去或修改一些分量。主成分分析的任务是通过线性变换，线性综合所有变量，寻求最具代表性的分量，从而找出具有"最佳逼近"特性的低维子空间。下面考虑在输入数据空间中的最佳逼近问题。

设 n 维随机矢量 $\boldsymbol{x}=(x_1,x_2,\cdots,x_n)^{\mathrm{T}}$，其均值矢量 $\bar{\boldsymbol{x}}=\mathrm{E}[\boldsymbol{x}]$，相关阵 $\boldsymbol{R}_x=\mathrm{E}[\boldsymbol{x}\boldsymbol{x}^{\mathrm{T}}]$，协方差阵 $\boldsymbol{C}_x=\mathrm{E}[(\boldsymbol{x}-\bar{\boldsymbol{x}})(\boldsymbol{x}-\bar{\boldsymbol{x}})^{\mathrm{T}}]$，$\boldsymbol{x}$ 经标准正交矩阵 $\boldsymbol{U}^{\mathrm{T}}$ 变换后成为矢量 $\boldsymbol{y}=(y_1,y_2,\cdots,y_n)^{\mathrm{T}}$，即

$$\boldsymbol{y}=\boldsymbol{U}^{\mathrm{T}}\boldsymbol{x}\triangleq(\boldsymbol{u}_1\ \boldsymbol{u}_2\ \cdots\ \boldsymbol{u}_n)^{\mathrm{T}}\boldsymbol{x}=\begin{pmatrix}\boldsymbol{u}_1^{\mathrm{T}}\\\boldsymbol{u}_2^{\mathrm{T}}\\\vdots\\\boldsymbol{u}_n^{\mathrm{T}}\end{pmatrix}\boldsymbol{x}\tag{4.4.1}$$

可知矢量 $\boldsymbol{y}$ 的各分量

$$y_i=\boldsymbol{u}_i^{\mathrm{T}}\boldsymbol{x},\quad i=1,2,\cdots,n\tag{4.4.2}$$

而原矢量

$$\boldsymbol{x}=(\boldsymbol{U}^{\mathrm{T}})^{-1}\boldsymbol{y}=\boldsymbol{U}\boldsymbol{y}=(\boldsymbol{u}_1\ \boldsymbol{u}_2\ \cdots\ \boldsymbol{u}_n)\begin{pmatrix}y_1\\y_2\\\vdots\\y_n\end{pmatrix}=\sum_{i=1}^{n}y_i\boldsymbol{u}_i\tag{4.4.3}$$

在 $\boldsymbol{x}$ 关于 y_i 的展开式(4.4.3)中选择 m 项在最小均方误差准则下线性表达 $\boldsymbol{x}$，此时 $\boldsymbol{x}$ 的表达式可表示为

$$\hat{\boldsymbol{x}}=\sum_{i=1}^{m}y_i\boldsymbol{u}_i,\quad 1\leqslant m<n\tag{4.4.4}$$

由此引入的均方误差为

$$\begin{aligned}\varepsilon^2(m)&=\mathrm{E}[(\boldsymbol{x}-\hat{\boldsymbol{x}})^{\mathrm{T}}(\boldsymbol{x}-\hat{\boldsymbol{x}})]=\sum_{i=m+1}^{n}\mathrm{E}[y_i^2]=\sum_{i=m+1}^{n}\mathrm{E}[y_i\,y_i^{\mathrm{T}}]\\&=\sum_{i=m+1}^{n}\boldsymbol{u}_i^{\mathrm{T}}\mathrm{E}[\boldsymbol{x}\boldsymbol{x}^{\mathrm{T}}]\boldsymbol{u}_i=\sum_{i=m+1}^{n}\boldsymbol{u}_i^{\mathrm{T}}\boldsymbol{R}_x\boldsymbol{u}_i\end{aligned}\tag{4.4.5}$$

希望在 $\boldsymbol{U}$ 为标准正交阵的约束下（即 $\boldsymbol{u}_i^{\mathrm{T}}\boldsymbol{u}_j=\delta_{ij}$），使 $\varepsilon^2(m)$ 取最小，为此作拉格朗日函数

$$J=\sum_{i=m+1}^{n}\boldsymbol{u}_i^{\mathrm{T}}\boldsymbol{R}_x\boldsymbol{u}_i-\sum_{i=m+1}^{n}\lambda_i(\boldsymbol{u}_i^{\mathrm{T}}\boldsymbol{u}_i-1) \tag{4.4.6}$$

根据极值必要条件，由$\frac{\partial J}{\partial \boldsymbol{u}_i}=\mathbf{0}$ 可得

$$(\boldsymbol{R}_x-\lambda_i\boldsymbol{I})\boldsymbol{u}_i=\mathbf{0},\quad i=m+1,\cdots,n$$

即

$$\boldsymbol{R}_x\boldsymbol{u}_i=\lambda_i\boldsymbol{u}_i,\quad i=m+1,\cdots,n \tag{4.4.7}$$

式(4.4.7)表明，λ_i 为 $\boldsymbol{x}$ 的相关阵 $\boldsymbol{R}_x$ 的本征值，$\boldsymbol{u}_i$ 为 $\boldsymbol{R}_x$ 对应于 λ_i 的本征矢量。

将式(4.4.7)代入式(4.4.5)中，可得

$$\varepsilon^2(m)=\sum_{i=m+1}^{n}\boldsymbol{u}_i^{\mathrm{T}}\lambda_i\boldsymbol{u}_i=\sum_{i=m+1}^{n}\lambda_i \tag{4.4.8}$$

在 $\boldsymbol{x}$ 的估计式中，如果保留 m 个分量 y_i，而余下的$(n-m)$个分量 $y_i(i=m+1,\cdots,n)$ 分别由预选的$(n-m)$个常数 b_i 代替，则此时的估计式为

$$\hat{\boldsymbol{x}}=\sum_{i=1}^{m}y_i\boldsymbol{u}_i+\sum_{i=m+1}^{n}b_i\boldsymbol{u}_i \tag{4.4.9}$$

估计均方误差为

$$\varepsilon^2(m)=\mathrm{E}[(\boldsymbol{x}-\hat{\boldsymbol{x}})^{\mathrm{T}}(\boldsymbol{x}-\hat{\boldsymbol{x}})]=\sum_{i=m+1}^{n}\mathrm{E}[(y_i-b_i)^2] \tag{4.4.10}$$

(1) 最佳的 b_i 通过计算$\partial\varepsilon^2/\partial b_i=0$ 求得。由

$$\frac{\partial}{\partial b_i}\{\mathrm{E}[(y_i-b_i)^2]\}=0$$

得

$$b_i=\mathrm{E}[y_i]=\boldsymbol{u}_i^{\mathrm{T}}\mathrm{E}[\boldsymbol{x}]\triangleq\boldsymbol{u}_i^{\mathrm{T}}\bar{\boldsymbol{x}} \tag{4.4.11}$$

于是

$$\begin{aligned}\varepsilon^2(m)&=\sum_{i=m+1}^{n}\mathrm{E}[(y_i-b_i)^2]=\sum_{i=m+1}^{n}\mathrm{E}[(y_i-b_i)(y_i-b_i)^{\mathrm{T}}]\\&=\sum_{i=m+1}^{n}\boldsymbol{u}_i^{\mathrm{T}}\mathrm{E}[(\boldsymbol{x}-\bar{\boldsymbol{x}})(\boldsymbol{x}-\bar{\boldsymbol{x}})^{\mathrm{T}}]\boldsymbol{u}_i=\sum_{i=m+1}^{n}\boldsymbol{u}_i^{\mathrm{T}}\boldsymbol{C}_x\boldsymbol{u}_i\end{aligned} \tag{4.4.12}$$

(2) 求最佳的 $\boldsymbol{u}_i$。在 $\boldsymbol{U}$ 为标准正交阵的约束下，求使 $\varepsilon^2(m)\Rightarrow\min$ 的 $\boldsymbol{u}_i$ 的方法和前述类似，作拉格朗日函数

$$J=\sum_{i=m+1}^{n}\boldsymbol{u}_i^{\mathrm{T}}\boldsymbol{C}_x\boldsymbol{u}_i-\sum_{i=m+1}^{n}\lambda_i(\boldsymbol{u}_i^{\mathrm{T}}\boldsymbol{u}_i-1) \tag{4.4.13}$$

由$\frac{\partial J}{\partial \boldsymbol{u}_i}=\mathbf{0}$ 得

$$\boldsymbol{C}_x\boldsymbol{u}_i=\lambda_i\boldsymbol{u}_i,\quad i=m+1,\cdots,n \tag{4.4.14}$$

式(4.4.14)表明，所求的 $\boldsymbol{u}_i$ 为 $\boldsymbol{x}$ 的协方差阵 $\boldsymbol{C}_x$ 对应于本征值 λ_i 的本征矢量。

将式(4.4.14)代入式(4.4.12)中，可得

$$\varepsilon^2(m)=\sum_{i=m+1}^{n}\lambda_i \tag{4.4.15}$$

上述的讨论可以归纳如下。当用简单的“截断”方式产生估计式时，使均方误差最小的正交变换矩阵是随机矢量 $\boldsymbol{x}$ 的相关阵 $\boldsymbol{R}_x$ 的本征矢量矩阵的转置；当估计式除选用 m 个分量 $y_i(i=1,2,\cdots,m)$ 之外，还用余下的各 y_i 的均值 $\bar{y}_i$ 代替相应分量 y_i 时，使均方误差最小的正交变换矩阵是 $\boldsymbol{x}$ 的协方差阵 $\boldsymbol{C}_x$ 的本征矢量矩阵的转置。无论哪种情况，为使 $\varepsilon^2(m)$ 最小化，都应取前 m 个较大本征值对应的本征矢量构造 $m\times n$ 变换矩阵。由代数学知，因为 $\boldsymbol{R}_x-\boldsymbol{C}_x$ 为非负定阵，故有

$$\lambda_i(\boldsymbol{R}_x)\geqslant\lambda_i(\boldsymbol{C}_x),\quad i=1,2,\cdots,n$$

式中，$\lambda_i(\boldsymbol{R}_x)$ 和 $\lambda_i(\boldsymbol{C}_x)$ 分别表示 $\boldsymbol{R}_x$ 和 $\boldsymbol{C}_x$ 的第 i 大的本征值，从而可知对于相同的 m，第一种估计式比第二种估计式的均方差大。总结上面的内容，可以得出如下定理。

定理 4.4.1 在一切标准正交变换 $\boldsymbol{z}=\boldsymbol{V}^{\mathrm{T}}\boldsymbol{x}=(\boldsymbol{v}_1\ \boldsymbol{v}_2\ \cdots\ \boldsymbol{v}_n)^{\mathrm{T}}\boldsymbol{x}$ 中，用随机矢量 $\boldsymbol{x}$ 的协方差阵 $\boldsymbol{C}_x$ 的本征矢量矩阵的转置 $(\boldsymbol{u}_1\ \boldsymbol{u}_2\ \cdots\ \boldsymbol{u}_n)^{\mathrm{T}}$ 对其变换所得矢量 $\boldsymbol{y}$，可使

$$\mathrm{E}\left[\left\|(\boldsymbol{x}-\bar{\boldsymbol{x}})-\sum_{i=1}^{m}(y_i-\bar{y}_i)\boldsymbol{u}_i\right\|^2\right]=\min_{\boldsymbol{V}}\mathrm{E}\left[\left\|(\boldsymbol{x}-\bar{\boldsymbol{x}})-\sum_{i=1}^{m}(z_i-\bar{z}_i)\boldsymbol{v}_i\right\|^2\right] \tag{4.4.16}$$

这里，$(\boldsymbol{u}_1\ \boldsymbol{u}_2\ \cdots\ \boldsymbol{u}_n)$ 的各列对应的本征值满足 $\lambda_1\geqslant\lambda_2\geqslant\cdots\geqslant\lambda_n$，$\bar{y}_i=\mathrm{E}[y_i]$，$\bar{z}_i=\mathrm{E}[z_i]$。

这种取 $\boldsymbol{x}$ 的相关阵 $\boldsymbol{R}_x$ 或协方差阵 $\boldsymbol{C}_x$ 的本征矢量矩阵的转置作为变换矩阵的变换称为离散 K-L 变换(DKLT)，式(4.4.3)称为 $\boldsymbol{x}$ 的 K-L 展开。

实际上，量测数据的相关阵 $\hat{\boldsymbol{R}}_x$ 或协方差阵 $\hat{\boldsymbol{C}}_x$ 的本征值和对应的本征矢量蕴含了数据在新坐标空间的特性，它们前 m 个本征矢量张成一个具有特定性质的子空间，这些特性在不同应用背景下反映不同的数学或物理概念。

最大本征值所对应的本征矢量给出数据投影值平方平均或方差最大化的方向，最大本征值就是最大化的数据投影值平方平均或方差，第二大本征值则是次大数据投影值平方平均或方差，对应的本征矢量给出相应的投影方向，第三、四等大的本征值及对应的本征矢量含义以此类推，这些本征矢量称为给定数据源的主轴(principal axes)矢量，这些主轴矢量定义了一个坐标系，数据的新坐标称为主成分(principal coordinates)，$\boldsymbol{x}^{\mathrm{T}}\boldsymbol{u}_i$ 称为随机变量 $\boldsymbol{x}$ 的第 i 个主成分(或主坐标)，对于 $\boldsymbol{x}$ 的量测数据矩阵 $\boldsymbol{X}^{\mathrm{T}}=(\boldsymbol{x}_j)_{j=1}^{N}$，$\boldsymbol{X}\boldsymbol{u}_i$ 称为数据集的第 i 个主成分，其中 $\boldsymbol{x}_j^{\mathrm{T}}\boldsymbol{u}_i$ 为 $\boldsymbol{x}_j$ 的第 i 个主成分，各本征值是相应主成分的平方平均或方差。对于 N 个数据，设 $m<N$，通过把数据集投影到由数据相关阵或协方差阵的前 m 个本征矢量张成的子空间提取有关本征值或本征矢量的方法称为主成分分析。

以上是以最佳逼近为目标引入主成分分析，主成分分析也可以从寻找具有最大方差的新分量的问题切入。

根据定义，随机数据 $\boldsymbol{x}$ 在单位矢量 $\boldsymbol{u}$ 上的投影值平方期望

$$\mathrm{E}\|\mathrm{P}_{\boldsymbol{u}}(\boldsymbol{x})\|^2=\mathrm{E}[\boldsymbol{u}^{\mathrm{T}}\boldsymbol{x}\boldsymbol{x}^{\mathrm{T}}\boldsymbol{u}]=\boldsymbol{u}^{\mathrm{T}}\mathrm{E}[\boldsymbol{x}\boldsymbol{x}^{\mathrm{T}}]\boldsymbol{u}=\boldsymbol{u}^{\mathrm{T}}\boldsymbol{R}_x\boldsymbol{u} \tag{4.4.17}$$

式中，$\|\mathrm{P}_{\boldsymbol{u}}(\boldsymbol{x})\|$ 表示投影矢量的长度(范数)。使数据投影值平方期望最大化的方向是如下问题的解：

$$\begin{cases}\max\limits_{\boldsymbol{u}} \ \boldsymbol{u}^{\mathrm{T}}\boldsymbol{R}_x\boldsymbol{u} \\ \text{s.t. } \|\boldsymbol{u}\|=1\end{cases} \tag{4.4.18a}$$

或表达成 Raleigh 商形式

$$\arg\max_{\boldsymbol{u}} \frac{\boldsymbol{u}^{\mathrm{T}}\boldsymbol{R}_x\boldsymbol{u}}{\boldsymbol{u}^{\mathrm{T}}\boldsymbol{u}} \tag{4.4.18b}$$

利用拉格朗日乘数法得到

$$\boldsymbol{R}_x\boldsymbol{u}=\lambda\boldsymbol{u} \tag{4.4.19}$$

由上可知，使数据投影值平方期望最大化的方向由 $\boldsymbol{R}_x$ 最大本征值对应的本征矢量给出，目标函数（或 Raleigh 商）最大值等于最大本征值，即最大本征值等于最大化的投影值平方期望。

数据 $\boldsymbol{x}$ 与中心的差矢量在单位矢量 $\boldsymbol{u}$ 上的投影值平方期望

$$\mathrm{E}\|\mathrm{P}_{\boldsymbol{u}}(\boldsymbol{x}-\bar{\boldsymbol{x}})\|^2=\boldsymbol{u}^{\mathrm{T}}\mathrm{E}[(\boldsymbol{x}-\bar{\boldsymbol{x}})(\boldsymbol{x}-\bar{\boldsymbol{x}})^{\mathrm{T}}]\boldsymbol{u}=\boldsymbol{u}^{\mathrm{T}}\boldsymbol{C}_x\boldsymbol{u} \tag{4.4.20}$$

最大化投影值方差的方向是如下问题的解：

$$\begin{cases}\max\limits_{\boldsymbol{u}} \ \boldsymbol{u}^{\mathrm{T}}\boldsymbol{C}_x\boldsymbol{u} \\ \text{s.t. } \|\boldsymbol{u}\|=1\end{cases} \tag{4.4.21}$$

利用拉格朗日乘数法得到

$$\boldsymbol{C}_x\boldsymbol{u}=\lambda\boldsymbol{u} \tag{4.4.22}$$

由上可知，使数据投影值方差最大化的方向由 $\boldsymbol{C}_x$ 最大本征值对应的本征矢量给出，目标函数（或 Raleigh 商）最大值等于最大本征值，即最大本征值等于最大化的投影方差。

在求得最大化的数据投影值平方期望或方差 λ_1 及相应投影轴矢量 $\boldsymbol{u}_1$ 后，可以在 $\boldsymbol{u}_1$ 的正交子空间中寻找第二大投影值平方期望或方差及相应投影轴矢量，其是第二大本征值 λ_2 及对应的本征矢量 $\boldsymbol{u}_2$，重复这个过程，可以得到大小递减的投影值平方期望或方差和相互正交的投影矢量。上述过程也可以通过正交变换或奇异值分解确定它们。

由式(4.4.19)、式(4.4.22)分别与式(4.4.7)、式(4.4.14)一致可知，为实现最佳逼近，就要求解最大化的投影值平方期望或方差及相应子空间的坐标系。

考虑有限数据情况。对于含有 N 个矢量数据的集合，由它们所构成的矩阵 $\boldsymbol{X}=(\boldsymbol{x}_1\ \boldsymbol{x}_2\ \cdots\ \boldsymbol{x}_N)^{\mathrm{T}}$ 构造样本相关阵近似统计相关阵：

$$\hat{\boldsymbol{R}}_x \triangleq \frac{1}{N}\sum_{j=1}^{N}\boldsymbol{x}_j\boldsymbol{x}_j^{\mathrm{T}}=\frac{1}{N}\boldsymbol{X}^{\mathrm{T}}\boldsymbol{X} \tag{4.4.23}$$

对于 $\hat{\boldsymbol{R}}_x$ 的一个本征值 λ_i 和对应的本征矢量 $\boldsymbol{u}_i$，有

$$\boldsymbol{u}_i^{\mathrm{T}}\hat{\boldsymbol{R}}_x\boldsymbol{u}_i=\frac{1}{N}\sum_{j=1}^{N}\boldsymbol{u}_i^{\mathrm{T}}\boldsymbol{x}_j\boldsymbol{x}_j^{\mathrm{T}}\boldsymbol{u}_i=\boldsymbol{u}_i^{\mathrm{T}}\lambda_i\boldsymbol{u}_i=\lambda_i \tag{4.4.24}$$

即

$$\frac{1}{N}\sum_{j=1}^{N}(\boldsymbol{x}_j^{\mathrm{T}}\boldsymbol{u}_i)^2=\lambda_i \tag{4.4.25}$$

式(4.4.25)表明，λ_i 是 N 个数据在 $\boldsymbol{u}_i$ 上投影值平方的平均，在分布未知情况下，用有限数据平均代替数学期望。显然，对于多个本征值，进一步有

$$\sum_{i=1}^{m}\lambda_i=\sum_{i=1}^{m}\frac{1}{N}\sum_{j=1}^{N}(\boldsymbol{x}_j^{\mathrm{T}}\boldsymbol{u}_i)^2=\frac{1}{N}\sum_{j=1}^{N}\sum_{i=1}^{m}(\boldsymbol{x}_j^{\mathrm{T}}\boldsymbol{u}_i)^2=\frac{1}{N}\sum_{j=1}^{N}\|\mathrm{P}_{U_m}(\boldsymbol{x}_j)\|^2 \tag{4.4.26}$$

式中，$\|\mathrm{P}_{U_m}(\boldsymbol{x}_j)\|$表示 $\boldsymbol{x}_j$ 在由$\{\boldsymbol{u}_1,\boldsymbol{u}_2,\cdots,\boldsymbol{u}_m\}$所张成的子空间 U_m 上的投影。

令 $m=n$，此时是在原数据空间中通过坐标系旋转实施主成分分析，由于它的保范性，进一步可得

$$\sum_{i=1}^{n}\lambda_i=\frac{1}{N}\sum_{j=1}^{N}\|\mathrm{P}_{U_n}(\boldsymbol{x}_j)\|^2=\frac{1}{N}\sum_{j=1}^{N}\|\boldsymbol{x}_j\|^2 \tag{4.4.27}$$

因 $\boldsymbol{X}^{\mathrm{T}}\boldsymbol{X}$ 的本征值$\tilde{\lambda}_i=N\lambda_i$，则相应有

$$\sum_{i=1}^{n}\tilde{\lambda}_i=\sum_{j=1}^{N}\|\mathrm{P}_{U_n}(\boldsymbol{x}_j)\|^2=\sum_{j=1}^{N}\|\boldsymbol{x}_j\|^2 \tag{4.4.28}$$

式(4.4.27)和式(4.4.28)反映了能量守恒。

类似地，用样本集构成的矩阵 $\boldsymbol{X}=(\boldsymbol{x}_1\ \boldsymbol{x}_2\ \cdots\ \boldsymbol{x}_N)^{\mathrm{T}}$ 构造样本协方差阵近似统计协方差阵，所得的本征值 λ_i 是数据集在本征矢量 $\boldsymbol{u}_i$ 上投影值的样本方差，总的方差等于对应本征值之和。

由上述分析可以知道，求解最佳逼近所在子空间的坐标系或最大化投影值平方期望或方差的子空间坐标系中，无论变换矩阵是 $\boldsymbol{x}$ 的相关阵 $\boldsymbol{R}_x$ 或协方差阵 $\boldsymbol{C}_x$ 的本征矢量矩阵的转置，它们都具有如下相同或类似的重要结论，其中性质 1 和性质 2 是 PCA 或 DKLT 最基本的重要性质。

1. 变换后各分量(主成分)不相关或正交

设 λ_i 是 $\boldsymbol{R}_x$ 或 $\boldsymbol{C}_x$ 的本征值，$\boldsymbol{u}_i$ 是对应于 λ_i 的本征矢量，即

$$\boldsymbol{R}_x\boldsymbol{u}_i=\lambda_i\boldsymbol{u}_i,\quad i=1,2,\cdots,n$$

或

$$\boldsymbol{C}_x\boldsymbol{u}_i=\lambda_i\boldsymbol{u}_i,\quad i=1,2,\cdots,n$$

若各本征值互不相等，则它们对应的本征矢量互不相关或相互正交；即使一些本征值有重根，也能够求出对应于有重根的本征值的各不相关或正交本征矢量。以 $\boldsymbol{R}_x$ 的本征矢量矩阵 $\boldsymbol{U}=(\boldsymbol{u}_1\ \boldsymbol{u}_2\ \cdots\ \boldsymbol{u}_n)$ 的转置作变换矩阵，变换后矢量 $\boldsymbol{y}$ 的相关阵为

$$\boldsymbol{R}_y=\mathrm{E}[\boldsymbol{y}\boldsymbol{y}^{\mathrm{T}}]=\mathrm{E}[(\boldsymbol{U}^{\mathrm{T}}\boldsymbol{x})(\boldsymbol{U}^{\mathrm{T}}\boldsymbol{x})^{\mathrm{T}}]=\boldsymbol{U}^{\mathrm{T}}\boldsymbol{R}_x\boldsymbol{U}=\begin{pmatrix}\lambda_1 & 0 & \cdots & 0\\ 0 & \lambda_2 & 0 & \vdots\\ \vdots & 0 & \ddots & 0\\ 0 & \cdots & 0 & \lambda_n\end{pmatrix} \tag{4.4.29}$$

或以 $\boldsymbol{C}_x$ 的本征矢量矩阵 $\boldsymbol{U}$ 的转置作为变换矩阵时，变换后 $\boldsymbol{y}$ 的协方差阵为

$$\boldsymbol{C}_y=\mathrm{E}[(\boldsymbol{y}-\bar{\boldsymbol{y}})(\boldsymbol{y}-\bar{\boldsymbol{y}})^{\mathrm{T}}]=\boldsymbol{U}^{\mathrm{T}}\boldsymbol{C}_x\boldsymbol{U}=\begin{pmatrix}\lambda_1 & 0 & \cdots & 0\\ 0 & \lambda_2 & 0 & \vdots\\ \vdots & 0 & \ddots & 0\\ 0 & \cdots & 0 & \lambda_n\end{pmatrix} \tag{4.4.30}$$

可以看出：

(1) 变换后，矢量 $\boldsymbol{y}$ 的各分量正交，或 $\boldsymbol{y}$ 的各分量不相关(当$\bar{\boldsymbol{x}}=0$ 时，不相关即

正交)。

(2) λ_i 是 y_i^2 的期望,或 λ_i 是 y_i 的方差,即

$$\lambda_i = \mathrm{E}[y_i^2] \quad 或 \quad \lambda_i = \mathrm{E}[(y_i - \bar{y}_i)^2] \tag{4.4.31}$$

图 4.4.1 示出了 PCA 使新的分量 y_1 和 y_2 不相关(或正交),两个新的坐标轴方向分别由 $\boldsymbol{u}_1$ 和 $\boldsymbol{u}_2$ 确定。图 4.4.2 示出了一个二元高斯分布样本集确定正交主轴矢量的实例。

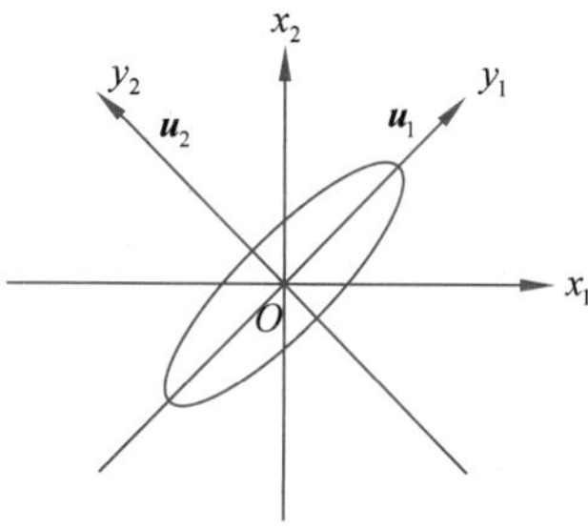

图 4.4.1　PCA 使新的分量 y_1 和 y_2 不相关(或正交)

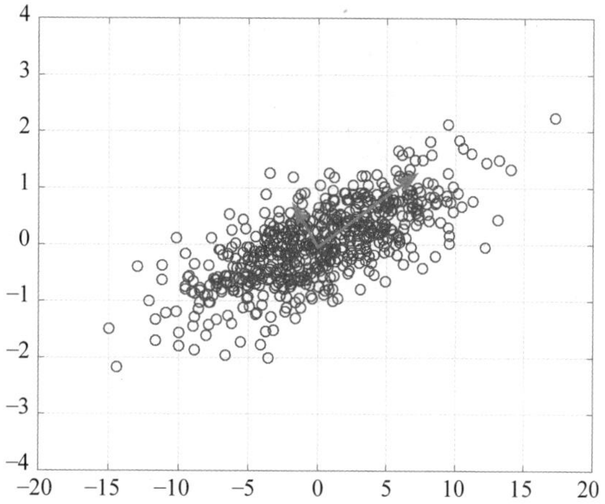

图 4.4.2　二元高斯分布样本集确定正交主轴矢量

2. 主轴矢量所张成的子空间中数据投影平方期望或方差最大

主成分分析是寻找具有最大投影值平方期望或方差的投影方向和投影值,由于各个投影方向(主轴)正交,数据在子空间中投影值平方期望或方差等于各分量(主成分)的平方期望或方差之和,因此主成分分析所得子空间中数据投影值平方期望或方差最大。主成分分析得到的前 m 个新的变量具有最大变差,或者说具有最大变异信息。上述结论可以等价地表达成如下定理[3]。

定理 4.4.2　设 $\boldsymbol{A}$ 是 $n\times n$ 对称矩阵,其本征值为 $\lambda_1 \geqslant \lambda_2 \geqslant \cdots \geqslant \lambda_n$,$\boldsymbol{u}_1,\boldsymbol{u}_2,\cdots,\boldsymbol{u}_n$ 是对应的标准正交本征矢量,又设 $\boldsymbol{v}_1,\boldsymbol{v}_2,\cdots,\boldsymbol{v}_k$ 是相互正交的矢量,则

$$\begin{aligned}&\sum_{i=1}^{k}\frac{\boldsymbol{v}_i^{\mathrm{T}}\boldsymbol{A}\boldsymbol{v}_i}{\boldsymbol{v}_i^{\mathrm{T}}\boldsymbol{v}_i} \leqslant \sum_{i=1}^{k}\lambda_i, \quad k=1,2,\cdots,n-1\\ &\sum_{i=1}^{n}\frac{\boldsymbol{v}_i^{\mathrm{T}}\boldsymbol{A}\boldsymbol{v}_i}{\boldsymbol{v}_i^{\mathrm{T}}\boldsymbol{v}_i} \leqslant \mathrm{tr}\boldsymbol{A}\end{aligned} \tag{4.4.32}$$

且当 $\boldsymbol{v}_i \infty \boldsymbol{u}_i, i=1,2,\cdots,n$ 时,等号成立。

3. 数据与它的主轴矢量所张成的子空间正投影之间的均方距离最小

设矢量数据 $\boldsymbol{x}_j$ 在由前 m 个本征矢量所张成的子空间 $U_m(1\leqslant m<n)$ 上正投影矢量为 $\mathrm{P}_{U_m}(\boldsymbol{x}_j)$,$\boldsymbol{x}_j$ 在与 U_m 正交的子空间 $U_m^{\perp}$ 上的投影矢量

$$\mathrm{P}_{U_m}^{\perp}(\boldsymbol{x}_j) = \boldsymbol{x}_j - \mathrm{P}_{U_m}(\boldsymbol{x}_j) \tag{4.4.33}$$

由勾股定理(Pythagoras 定理),数据 $\boldsymbol{x}_j$ 与它的投影之间的距离 $\|\mathrm{P}_{U_m}^{\perp}(\boldsymbol{x}_j)\|$,有

$$\begin{aligned}\|\mathrm{P}_{U_m}^{\perp}(\boldsymbol{x}_j)\|^2 &= \|\boldsymbol{x}_j - \mathrm{P}_{U_m}(\boldsymbol{x}_j)\|^2 \\ &= \|\boldsymbol{x}_j\|^2 - \|\mathrm{P}_{U_m}(\boldsymbol{x}_j)\|^2\end{aligned} \tag{4.4.34}$$

可知,使 $\|\mathrm{P}_{U_m}(\boldsymbol{x}_j)\| \Rightarrow \max$,必然使 $\|\mathrm{P}_{U_m}^{\perp}(\boldsymbol{x}_j)\| \Rightarrow \min$。

对于 N 个样本的数据集,显然下面两个问题等价:

$$\max_{U_m} J(U_m) = \sum_{j=1}^{N} \|\mathrm{P}_{U_m}(\boldsymbol{x}_j)\|^2 \Longleftrightarrow \min_{U_m} J(U_m^{\perp}) = \sum_{j=1}^{N} \|\mathrm{P}_{U_m}^{\perp}(\boldsymbol{x}_j)\|^2 \tag{4.4.35}$$

可知,寻求具有“最佳逼近”特性的 m 维子空间 U_m,等价为使所有数据在子空间 U_m 中的正投影矢量平均长度最大,这相当于使所有数据在与子空间 U_m 正交的子空间 $U_m^{\perp}$ 上的投影矢量平均长度最小,并且 $\min\limits_{U_m} J(U_m^{\perp}) = \sum\limits_{i=m+1}^{N} \lambda_i$,其中 $\{\lambda_i\}$ 是最小的 $N-m$ 个本征值。

4. 变换后各分量的非零平方期望或方差更趋不均

设 $\boldsymbol{U}=(\boldsymbol{u}_1\ \boldsymbol{u}_2\ \cdots\ \boldsymbol{u}_n)$ 是 n 维随机矢量 $\boldsymbol{x}$ 依据相关阵的 PCA 变换矩阵的转置,用其对 $\boldsymbol{x}$ 作变换,$\boldsymbol{y}=\boldsymbol{U}^{\mathrm{T}}\boldsymbol{x}$;又有另一标准正交矩阵 $\boldsymbol{V}=(\boldsymbol{v}_1\ \boldsymbol{v}_2\ \cdots\ \boldsymbol{v}_n)$ 对 $\boldsymbol{x}$ 作变换

$$\boldsymbol{z} = \boldsymbol{V}^{\mathrm{T}}\boldsymbol{x} \tag{4.4.36}$$

矢量 $\boldsymbol{y}$、$\boldsymbol{z}$ 的各分量

$$y_i = \boldsymbol{u}_i^{\mathrm{T}}\boldsymbol{x},\quad i=1,2,\cdots,n \tag{4.4.37a}$$

$$z_i = \boldsymbol{v}_i^{\mathrm{T}}\boldsymbol{x},\quad i=1,2,\cdots,n \tag{4.4.37b}$$

在前面设定下,有

$$\sigma_i^2(\boldsymbol{U}) = \mathrm{E}[y_i^2] = \mathrm{E}[\boldsymbol{u}_i^{\mathrm{T}}\boldsymbol{x}\boldsymbol{x}^{\mathrm{T}}\boldsymbol{u}_i] = \boldsymbol{u}_i^{\mathrm{T}}\boldsymbol{R}_x\boldsymbol{u}_i = \lambda_i \tag{4.4.38a}$$

$$\sigma_i^2(\boldsymbol{V}) = \mathrm{E}[z_i^2] = \mathrm{E}[\boldsymbol{v}_i^{\mathrm{T}}\boldsymbol{x}\boldsymbol{x}^{\mathrm{T}}\boldsymbol{v}_i] = \boldsymbol{v}_i^{\mathrm{T}}\boldsymbol{R}_x\boldsymbol{v}_i \tag{4.4.38b}$$

写成矩阵形式

$$\boldsymbol{U}^{\mathrm{T}}\boldsymbol{R}_x\boldsymbol{U} = \mathrm{diag}(\lambda_1,\lambda_2,\cdots,\lambda_n) \tag{4.4.39a}$$

$$\boldsymbol{V}^{\mathrm{T}}\boldsymbol{R}_x\boldsymbol{V} = \begin{pmatrix} \sigma_1^2(\boldsymbol{V}) & \sigma_{12}^2(\boldsymbol{V}) & \cdots & \sigma_{1n}^2(\boldsymbol{V}) \\ \sigma_{21}^2(\boldsymbol{V}) & \sigma_2^2(\boldsymbol{V}) & \cdots & \sigma_{2n}^2(\boldsymbol{V}) \\ \vdots & \vdots & & \vdots \\ \sigma_{n1}^2(\boldsymbol{V}) & \sigma_{n2}^2(\boldsymbol{V}) & \cdots & \sigma_n^2(\boldsymbol{V}) \end{pmatrix} \tag{5.4.39b}$$

为考量上面两个矩阵对角线上元素 $\{\sigma_1^2(\boldsymbol{U}),\cdots,\sigma_n^2(\boldsymbol{U})\}$ 和 $\{\sigma_1^2(\boldsymbol{V}),\cdots,\sigma_n^2(\boldsymbol{V})\}$ 分布不均匀性,可以利用信息论的熵的性质,为此用这两组数据构造熵函数,记

$$\begin{cases} \rho_i(\boldsymbol{U}) = \dfrac{\sigma_i^2(\boldsymbol{U})}{\sum\limits_{j=1}^{n}\sigma_j^2(\boldsymbol{U})} \\ \rho_i(\boldsymbol{V}) = \dfrac{\sigma_i^2(\boldsymbol{V})}{\sum\limits_{j=1}^{n}\sigma_j^2(\boldsymbol{V})} \end{cases} \tag{4.4.40}$$

由于 $\{\rho_i(\cdot)\}$ 具有概率的数值特点,因此可利用它们构造“熵”函数,并比较这两个熵的大

小。将各标准正交矢量 $\boldsymbol{v}_i$ 按正交基 $\{\boldsymbol{u}_j\}$ 展开

$$\boldsymbol{v}_i = \sum_{j=1}^{n} a_{ij}\boldsymbol{u}_j,\quad i=1,2,\cdots,n \tag{4.4.41}$$

式中，系数

$$a_{ij} = \boldsymbol{u}_j^{\mathrm{T}}\boldsymbol{v}_i,\quad i,j=1,2,\cdots,n \tag{4.4.42}$$

令 $\boldsymbol{a}_i=(a_{i1},a_{i2},\cdots,a_{in})^{\mathrm{T}}$，由式(4.4.41)及 $\boldsymbol{v}_i$ 与 $\boldsymbol{v}_j(i\neq j)$ 正交，易知 $\boldsymbol{a}_1,\boldsymbol{a}_2,\cdots,\boldsymbol{a}_n$ 仍为标准正交矢量。于是

$$\begin{aligned}\sigma_i^2(\mathbf{V}) &= \mathrm{E}[\boldsymbol{v}_i^{\mathrm{T}}\boldsymbol{x}\boldsymbol{x}^{\mathrm{T}}\boldsymbol{v}_i] = \boldsymbol{v}_i^{\mathrm{T}}\boldsymbol{R}_x\boldsymbol{v}_i = \left(\sum_{j=1}^{n} a_{ij}\boldsymbol{u}_j\right)^{\mathrm{T}}\boldsymbol{R}_x\left(\sum_{j=1}^{n} a_{ij}\boldsymbol{u}_j\right)\\ &= \left(\sum_{j=1}^{n} a_{ij}\boldsymbol{u}_j\right)^{\mathrm{T}}\left(\sum_{j=1}^{n} a_{ij}\lambda_j\boldsymbol{u}_j\right) = \sum_{j=1}^{n} a_{ij}^2\lambda_j = \sum_{j=1}^{n} a_{ij}^2\sigma_j^2(\boldsymbol{U})\end{aligned} \tag{4.4.43}$$

从而有

$$\sum_{i=1}^{n}\sigma_i^2(\mathbf{V}) = \sum_{i=1}^{n}\left[\sum_{j=1}^{n} a_{ij}^2\sigma_j^2(\boldsymbol{U})\right] = \sum_{j=1}^{n}\left(\sum_{i=1}^{n} a_{ij}^2\right)\sigma_j^2(\boldsymbol{U}) = \sum_{j=1}^{n}\sigma_j^2(\boldsymbol{U}) \tag{4.4.44}$$

式(4.4.44)表明，$\boldsymbol{x}$ 的任意两个标准正交变换所得矢量 $\boldsymbol{z}_1$ 和 $\boldsymbol{z}_2$，它们各分量平方的期望之和相等。用代数学的观点看上述结论是显然的，因相似变换不改变方阵的迹，而正交矩阵的转置与其逆相同。

由式(4.4.43)和式(4.4.44)，有

$$\rho_i(\mathbf{V}) = \frac{\sigma_i^2(\mathbf{V})}{\sum_{j=1}^{n}\sigma_j^2(\mathbf{V})} = \frac{\sum_{j=1}^{n} a_{ij}^2\sigma_j^2(\boldsymbol{U})}{\sum_{j=1}^{n}\sigma_j^2(\boldsymbol{U})} = \sum_{j=1}^{n} a_{ij}^2\rho_j(\boldsymbol{U}) \tag{4.4.45}$$

注意到 $\sum_{j=1}^{n} a_{ij}^2 = 1$，对下凸函数 $\boldsymbol{x}\log\boldsymbol{x}$ 运用 Jensen 不等式，得

$$\begin{aligned}\rho_i(\mathbf{V})\log\rho_i(\mathbf{V}) &= \left(\sum_{j=1}^{n} a_{ij}^2\rho_j(\boldsymbol{U})\right)\log\left(\sum_{j=1}^{n} a_{ij}^2\rho_j(\boldsymbol{U})\right)\\ &\leqslant \sum_{j=1}^{n} a_{ij}^2\rho_j(\boldsymbol{U})\log\rho_j(\boldsymbol{U})\end{aligned} \tag{4.4.46}$$

这里，若 $\boldsymbol{x}=0$，则按 $\boldsymbol{x}\to 0$ 处理，由洛必达定理，$\boldsymbol{x}\log\boldsymbol{x}=0$。由于 $\{\rho_i(\cdot)\}$ 具有概率的数值特点，因此可从数学角度类似地定义“熵”，并由式(4.4.46)可得

$$\begin{aligned}H(\mathbf{V}) &= -\sum_{i=1}^{n}\rho_i(\mathbf{V})\log\rho_i(\mathbf{V}) \geqslant -\sum_{i=1}^{n}\left\{\sum_{j=1}^{n} a_{ij}^2\rho_j(\boldsymbol{U})\log\rho_j(\boldsymbol{U})\right\}\\ &= -\sum_{j=1}^{n}\left(\sum_{i=1}^{n} a_{ij}^2\right)[\rho_j(\boldsymbol{U})\log\rho_j(\boldsymbol{U})] = -\sum_{j=1}^{n}\rho_j(\boldsymbol{U})\log\rho_j(\boldsymbol{U})\end{aligned} \tag{4.4.47}$$

从而对任一标准正交矩阵 $\mathbf{V}$，有

$$H(\boldsymbol{U}) = \min_{\mathbf{V}}[H(\mathbf{V})] \tag{4.4.48}$$

以上是依据 $\boldsymbol{x}$ 的相关阵 $\boldsymbol{R}_x$ 进行 PCA 的变换性质，若依据协方差阵 $\boldsymbol{C}_x$，并记

$$\sigma_i^2(\boldsymbol{U})=\mathrm{E}[(y_i-\bar{y}_i)^2]=\lambda_i$$

$$\sigma_i^2(\boldsymbol{V})=\mathrm{E}[(z_i-\bar{z}_i)^2]$$

则所推得的结果是相同的，因此结论也是相同的。

由熵的性质可知，$H(\cdot)$ 反映了各 $\rho_i(\cdot)$ 或 $\sigma_i^2(\cdot)$ 分布不均匀性，各 $\rho_i(\cdot)$ 相等时，熵最大，$\rho_i(\cdot)$ 越不均匀熵越小。上式表明，$\boldsymbol{x}$ 的 PCA 比其他任何标准正交变换所产生分量的非零平方期望或方差更趋于不均衡；这也意味着，当各 $\sigma_i^2(\cdot)$ 递减排序时，有 $\sum_{i=1}^{k}\sigma_i^2(\boldsymbol{U})\geqslant\sum_{i=1}^{k}\sigma_i^2(\boldsymbol{V}),1\leqslant k\leqslant n$，定理 4.4.2 也直接表明了这个结论。

上述证明虽然没有难度但过程相对长了一些，为简洁，也可以直接利用数学上的有关定理证明上述结论。下面首先不加证明地给出这个定理[3]，然后利用这个定理简单地导出上述结论。

定理 4.4.3 设 $\boldsymbol{A}=(a_{ij})_{n\times n}$ 为 Hermite 阵，$\lambda_1,\lambda_2,\cdots,\lambda_n$ 为其本征值，对于任意定义在$\mathbb{R}$上的下凸函数 $f(\boldsymbol{x})$，都有

$$\sum_{i=1}^{n}f(\lambda_i)\geqslant\sum_{i=1}^{n}f(a_{ii}) \tag{4.4.49}$$

在熵函数 $H(\boldsymbol{x})=-\sum_{i=1}^{n}\boldsymbol{x}_i\log\boldsymbol{x}_i$ 中，$\boldsymbol{x}\log\boldsymbol{x}$ 是下凸函数，$-\boldsymbol{x}\log\boldsymbol{x}$ 是上凸函数。相似变换不改变方阵的迹，而正交变换是相似变换，故有

$$\sum_{i=1}^{n}\sigma_i^2(\boldsymbol{V})=\sum_{j=1}^{n}\sigma_j^2(\boldsymbol{U}) \tag{4.4.50}$$

取变换矩阵 $\widetilde{\boldsymbol{U}}=\boldsymbol{V}^{-1}\boldsymbol{U}$，可以由 $\boldsymbol{z}$ 变换成 $\boldsymbol{y}$，$\widetilde{\boldsymbol{U}}^{\mathrm{T}}\boldsymbol{z}=(\boldsymbol{V}^{-1}\boldsymbol{U})^{\mathrm{T}}\boldsymbol{V}^{\mathrm{T}}\boldsymbol{x}=\boldsymbol{y}$，利用定理 4.4.3 可以直接得出

$$H(\boldsymbol{V})=-\sum_{i=1}^{n}\rho_i(\boldsymbol{V})\log\rho_i(\boldsymbol{V})\geqslant-\sum_{j=1}^{n}\rho_j(\boldsymbol{U})\log\rho_j(\boldsymbol{U}) \tag{4.4.51}$$

上面的 $\boldsymbol{V}$ 为任一标准正交矩阵，从而有

$$H(\boldsymbol{U})=\min_{\boldsymbol{V}}[H(\boldsymbol{V})] \tag{4.4.52}$$

所得结果与式(4.4.48)相同。

5. 最佳逼近性

设随机矢量 $\boldsymbol{x}$ 的相关阵或协方差阵的本征矢量矩阵$(\boldsymbol{u}_1\ \boldsymbol{u}_2\ \cdots\ \boldsymbol{u}_n)$各列相应的本征值满足：

$$\lambda_1\geqslant\lambda_2\geqslant\cdots\geqslant\lambda_n$$

对于给定的 m，取前 m 个本征值所对应的本征矢量作变换矩阵，求得的 $\boldsymbol{x}$ 的 PCA 的变换分量

$$y_i=\boldsymbol{u}_i^{\mathrm{T}}\boldsymbol{x},\quad i=1,2,\cdots,m;m\leqslant n$$

按式(4.4.4)或式(4.4.9)表示 $\boldsymbol{x}$，它的均方误差 $\varepsilon^2(m)=\sum_{i=m+1}^{n}\lambda_i$ 比其他任何标准正交变换所得的矢量 $\boldsymbol{z}$ 中取 m 个分量按上述方法表示 $\boldsymbol{x}$ 所引入的误差都更小，即

$$\varepsilon^2(m)=\sum_{i=m+1}^{n}\lambda_i\Rightarrow\min$$

其内在原因是性质 1 和性质 2。用 $\boldsymbol{x}$ 的协方差阵的本征矢量矩阵作变换比用 $\boldsymbol{x}$ 的相关阵的本征矢量矩阵作变换逼近效果更佳，即采用式(4.4.9)比采用式(4.4.4)近似精度更高，所以通常针对协方差阵论述 PCA。

6. 使能量向某些分量相对集中

如果用能量的观点看，在性质 4 的推导过程中，式(4.4.44)表明，任何标准正交变换下模式总的能量保持不变，或模式总的交变能量不变，但性质 4 表明 PCA 使各分量能量分布更趋不均，即能量更相对集中。

7. 主成分对原始变量有最强的综合能力

设原始各变量均已标准化，主成分 y_i 的方差

$$\mathrm{Var}[y_i]=\mathrm{E}[y_i^2]=\lambda_i=\lambda_i\boldsymbol{u}_i^{\mathrm{T}}\boldsymbol{u}_i=\lambda_i\sum_{j=1}^{n}u_{ji}^2 \tag{4.4.53}$$

考虑主轴矢量 $\boldsymbol{u}_i$ 的各分量 u_{ji}，由 $\boldsymbol{R}_x\boldsymbol{u}_i=\lambda_i\boldsymbol{u}_i$，可得

$$\begin{aligned}\boldsymbol{u}_i&=\frac{1}{\lambda_i}\boldsymbol{R}_x\boldsymbol{u}_i=\frac{1}{\lambda_i}\mathrm{E}[\boldsymbol{x}\boldsymbol{x}^{\mathrm{T}}]\boldsymbol{u}_i=\frac{1}{\lambda_i}\mathrm{E}[\boldsymbol{x}\boldsymbol{x}^{\mathrm{T}}\boldsymbol{u}_i]\\&=\frac{1}{\lambda_i}\mathrm{E}\left[\boldsymbol{x}\sum_{j=1}^{n}x_ju_{ji}\right]=\frac{1}{\lambda_i}\mathrm{E}[\boldsymbol{x}\cdot y_i]\end{aligned} \tag{4.4.54}$$

由于 $\mathrm{Var}[x_j]=1$，$\mathrm{Var}[y_i]=\lambda_i$，主成分 y_i 与原始变量 x_j 的相关系数

$$r(y_i,x_j)=\mathrm{E}[y_ix_j]/\sqrt{\lambda_i} \tag{4.4.55}$$

将式(4.4.55)代入式(4.4.54)，可得

$$\boldsymbol{u}_i=\frac{1}{\lambda_i}\mathrm{E}[\boldsymbol{x}\cdot y_i]=\frac{1}{\sqrt{\lambda_i}}\big(r(y_i,x_j)\big)_{j=1}^{n} \tag{4.4.56}$$

$$u_{ji}=r(y_i,x_j)/\sqrt{\lambda_i} \tag{4.4.57}$$

主轴矢量 $\boldsymbol{u}_i$ 第 j 分量 u_{ji} 是主成分 y_i 与原始变量 x_j 的相关系数的 $1/\sqrt{\lambda_i}$ 倍。

将式(4.4.56)代入式(4.4.53)，可得

$$\mathrm{Var}[y_i]=\sum_{j=1}^{n}r(y_i,x_j)^2 \tag{4.4.58}$$

这表明主成分的方差是其与所有原始变量的相关系数平方之和，$\mathrm{Var}[y_1]\Rightarrow\max$ 等价于 $\sum_{j=1}^{n}r(y_1,x_j)^2\Rightarrow\max$，可知，第一主成分对所有原始变量有最强的综合能力，有最好的总体代表性，这个性质是后面要讨论的典型相关分析、回归建模方法中利用主成分分析的理论依据。

8. 增强随机矢量总体的确定性

前面通过构造熵函数证明了数据经 PCA 变换后各分量的非零平方期望或方差更趋不均,用另一观点看,这表明数据进行 PCA 后总体确定性增大。在统计分析中,样本协方差矩阵的行列式值称为广义样本方差[1],其从总体上描述各变量的随机性,方差大随机性强。样本协方差矩阵的行列式值等于其本征值的乘积,由数学极值知识,若各变量之和为常数,当各变量相等时其积最大,相反,各变量越不相等其积越小。从统计观点看,其表示由各分量方差界定了一个含统计意义的体积。函数 $V=\prod_{i=1}^{n}\rho_i(\cdot)^2$ 或 $V=\prod_{i=1}^{n}\sigma_i^2(\cdot)$ 与熵函数 $H(\cdot)=-\sum_{i=1}^{n}\rho_i(\cdot)\log\rho_i(\cdot)$ 特性等价,在这里,当 $\rho_i(\cdot)=0$ 时,$\rho_i(\cdot)$ 可看作一个非常小的数。对于不同标准正交变换,各 $\rho_i(\cdot)$ 之和都相等,但 PCA 使各 $\rho_i(\cdot)$ 更趋不均,从而对应的 V 变得最小,可知,PCA 使变换后的矢量在总体上更趋确定,但如果取最大的或最小的一些本征值对应的变量,其总体确定性将变小或变大。

需要说明的是,PCA 目前还没有普遍适用的快速算法,也不像其他一些正交变换那样变换矩阵是确定的,它的变换矩阵依赖于具体观测数据的二阶统计特性,为达到较好效果,在实际中需要大量的样本以便精确估计二阶矩。

4.4.2 核映射空间中的主成分分析

主成分分析是一种线性分析,如果原始数据存在复杂的非线性结构,那么应用线性子空间方法将得不到满意效果,为了能较好地处理非线性问题,可以将核函数方法引入 PCA,形成基于核函数的主成分分析(核 PCA,KPCA)。在由核函数隐式定义的核映射空间中,原理上对映像数据同样可以进行主成分分析,有关的概念、结论同样成立。由于不能显式地得到具体的映像数据集 $X=\{\boldsymbol{\varphi}(\boldsymbol{x}_1),\boldsymbol{\varphi}(\boldsymbol{x}_2),\cdots,\boldsymbol{\varphi}(\boldsymbol{x}_N)\}$,因此关于 PCA 的算式不能直接移用,采用奇异值分解和矢量对偶表示可规避这个障碍。

设核映射空间维数为 D,以各映像数据为行矢量构造一个 $N\times D$ 矩阵

$$\boldsymbol{X}=\begin{pmatrix}\boldsymbol{\varphi}(\boldsymbol{x}_1) & \boldsymbol{\varphi}(\boldsymbol{x}_2) & \cdots & \boldsymbol{\varphi}(\boldsymbol{x}_N)\end{pmatrix}^{\mathrm{T}} \tag{4.4.59}$$

映像数据的相关阵$\widetilde{\boldsymbol{R}}$与核矩阵 $\boldsymbol{K}$ 分别为

$$\widetilde{\boldsymbol{R}}=\boldsymbol{X}^{\mathrm{T}}\boldsymbol{X},\quad \boldsymbol{K}=\boldsymbol{X}\boldsymbol{X}^{\mathrm{T}} \tag{4.4.60}$$

这里定义的$\widetilde{\boldsymbol{R}}=\boldsymbol{X}^{\mathrm{T}}\boldsymbol{X}=N\hat{\boldsymbol{R}}$,$\hat{\boldsymbol{R}}$如式(4.4.23)定义,$\widetilde{\boldsymbol{R}}$没乘 $1/N$ 求平均;由于缩放(数乘)一个矩阵不改变其(单位)本征矢量,而只相应地缩放本征值,$\widetilde{\boldsymbol{R}}$的本征值是$\hat{\boldsymbol{R}}$的本征值的 N 倍。对上述两个对称矩阵进行本征分解,使用标准正交矩阵使其对角化

$$\widetilde{\boldsymbol{R}}=\boldsymbol{X}^{\mathrm{T}}\boldsymbol{X}=\boldsymbol{U}\boldsymbol{\Lambda}_D\boldsymbol{U}^{\mathrm{T}},\quad \boldsymbol{K}=\boldsymbol{X}\boldsymbol{X}^{\mathrm{T}}=\boldsymbol{V}\boldsymbol{\Lambda}_N\boldsymbol{V}^{\mathrm{T}} \tag{4.4.61}$$

由奇异值分解知识可知,矩阵$\widetilde{\boldsymbol{R}}$和 $\boldsymbol{K}$ 有相同的非零本征值$\{\lambda_i\}$,并且未知的$\widetilde{\boldsymbol{R}}$的第 i 个本征矢量 $\boldsymbol{u}_i$ 和已知的 $\boldsymbol{K}$ 的第 i 个本征矢量 $\boldsymbol{v}_i$ 有如下关系:

$$\begin{aligned}\boldsymbol{u}_i &= \lambda_i^{-1/2}\boldsymbol{X}^{\mathrm{T}}\boldsymbol{v}_i = \boldsymbol{X}^{\mathrm{T}}(\lambda_i^{-1/2}\boldsymbol{v}_i) \triangleq \boldsymbol{X}^{\mathrm{T}}\boldsymbol{\alpha}^i \\ &= (\boldsymbol{\varphi}(\boldsymbol{x}_1) \quad \boldsymbol{\varphi}(\boldsymbol{x}_2) \quad \cdots \quad \boldsymbol{\varphi}(\boldsymbol{x}_N))(\alpha_1^i,\alpha_2^i,\cdots,\alpha_N^i)^{\mathrm{T}} \\ &= \sum_{j=1}^{N}\alpha_j^i\boldsymbol{\varphi}(\boldsymbol{x}_j), \quad i=1,2,\cdots,m \end{aligned} \tag{4.4.62}$$

式中，

$$\boldsymbol{\alpha}^i = \lambda_i^{-1/2}\boldsymbol{v}_i \tag{4.4.63}$$

可知，通过计算核矩阵 $\boldsymbol{K}$ 的本征值 λ_i 和对应的本征矢量 $\boldsymbol{v}_i$ 就可以得到 $\boldsymbol{\alpha}^i$。至此，我们知道可以通过核矩阵 $\boldsymbol{K}$ 的本征分解得到 $\widetilde{\boldsymbol{R}}$ 的本征值和本征矢量的对偶表示。通过核矩阵的本征分解，由式(4.4.62)进一步得到映像 $\boldsymbol{\varphi}(\boldsymbol{x})$ 在主轴 $\boldsymbol{u}_i$ 上的投影值为

$$\begin{aligned}\|\mathrm{P}_{\boldsymbol{u}_i}(\boldsymbol{\varphi}(\boldsymbol{x}))\| &= \boldsymbol{u}_i^{\mathrm{T}}\boldsymbol{\varphi}(\boldsymbol{x}) = \left\langle \sum_{j=1}^{N}\alpha_j^i\boldsymbol{\varphi}(\boldsymbol{x}_j), \boldsymbol{\varphi}(\boldsymbol{x}) \right\rangle \\ &= \sum_{j=1}^{N}\alpha_j^i\langle\boldsymbol{\varphi}(\boldsymbol{x}_j),\boldsymbol{\varphi}(\boldsymbol{x})\rangle = \sum_{j=1}^{N}\alpha_j^i\kappa(\boldsymbol{x}_j,\boldsymbol{x}) \end{aligned} \tag{4.4.64}$$

映像 $\boldsymbol{\varphi}(\boldsymbol{x})$ 在单位正交主轴矢量 $\boldsymbol{u}_1,\boldsymbol{u}_2,\cdots,\boldsymbol{u}_m$ 张成的子空间 U_m 中的投影用其在各主轴 $\boldsymbol{u}_i$ 上的投影值构造的矢量表达：

$$\mathrm{P}_{U_m}(\boldsymbol{\varphi}(\boldsymbol{x})) = \left(\boldsymbol{u}_i^{\mathrm{T}}\boldsymbol{\varphi}(\boldsymbol{x})\right)_{i=1}^{m} = \left(\sum_{j=1}^{N}\alpha_j^i\kappa(\boldsymbol{x}_j,\boldsymbol{x})\right)_{i=1}^{m} \tag{4.4.65}$$

式(4.4.65)即映像 $\boldsymbol{\varphi}(\boldsymbol{x})$ 在主成分分析所确定的子空间 U_m 中的矢量表达：

$$\widetilde{\boldsymbol{\varphi}}(\boldsymbol{x}) = \left(\sum_{j=1}^{N}\alpha_j^1\kappa(\boldsymbol{x}_j,\boldsymbol{x}), \sum_{j=1}^{N}\alpha_j^2\kappa(\boldsymbol{x}_j,\boldsymbol{x}), \cdots, \sum_{j=1}^{N}\alpha_j^m\kappa(\boldsymbol{x}_j,\boldsymbol{x})\right)^{\mathrm{T}} \tag{4.4.66}$$

一旦得到映像 $\boldsymbol{\varphi}(\boldsymbol{x})$ 的矢量表达 $\widetilde{\boldsymbol{\varphi}}(\boldsymbol{x})$，就可以进行有关的分析。

如果需要对数据中心化后进行 KPCA，虽然不能显式地得到具体的映像数据集 $X=\{\boldsymbol{\varphi}(\boldsymbol{x}_1),\boldsymbol{\varphi}(\boldsymbol{x}_2),\cdots,\boldsymbol{\varphi}(\boldsymbol{x}_N)\}$ 后进行中心化处理，但运用式(3.3.11)在这里即式(4.4.67)计算核矩阵相当于实现中心化数据的核函数，从而可以隐式地实施中心化数据 KPCA。

$$\bar{\boldsymbol{K}} = \boldsymbol{K} + \frac{1}{N^2}(\boldsymbol{1}^{\mathrm{T}}\boldsymbol{K}\boldsymbol{1})\,\boldsymbol{1}\boldsymbol{1}^{\mathrm{T}} - \frac{1}{N}\boldsymbol{1}\boldsymbol{1}^{\mathrm{T}}\boldsymbol{K} - \frac{1}{N}\boldsymbol{K}\boldsymbol{1}\boldsymbol{1}^{T} \tag{4.4.67}$$

式中，$\boldsymbol{K}$ 是用未中心化的数据计算的核矩阵，$\bar{\boldsymbol{K}}$ 表示数据中心化后的核矩阵，$\boldsymbol{1}=(1,1,\cdots,1)^{\mathrm{T}}$。将式(4.4.67)代入上述 KPCA 算法中，实现已中心化的映像数据的 $N\hat{\boldsymbol{C}}$ 的核主成分分析，$N\hat{\boldsymbol{C}}$ 的本征值是样本协方差矩阵 $\hat{\boldsymbol{C}}$ 的本征值的 N 倍，本征矢量相同。

图 4.4.3 是核 PCA 的基本思想示意图，若在原始空间对数据进行 PCA，数据在两个正交主轴上投影的方差可能都比较大，在核映射空间中进行 PCA，数据在两个正交主轴上投影的方差其中一个变得更大，另一个相对更小。

除上述经典的核主成分分析方法外，为了节省存储空间和计算量，开发了基于稀疏最小二乘支持矢量机的稀疏核主成分分析方法。

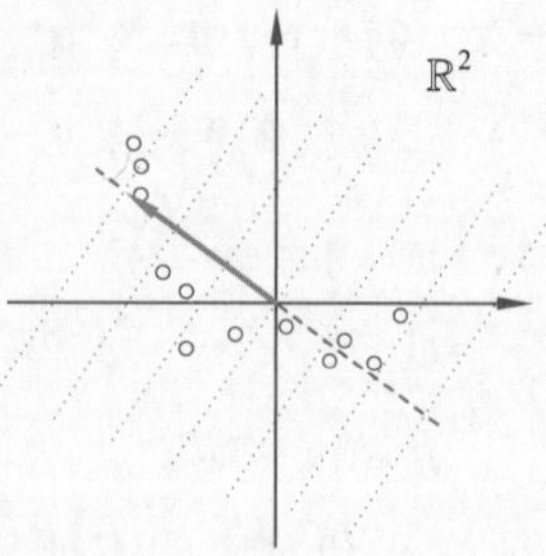

(a) 原始数据空间样本分布与PCA主轴

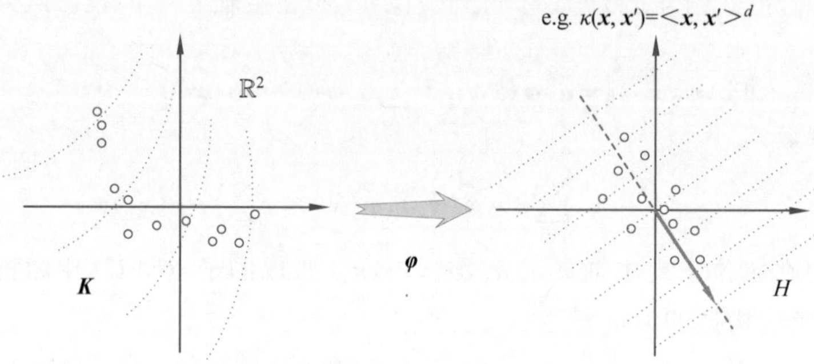

(b) 核映射空间的PCA主轴

图 4.4.3　核 PCA 的基本思想示意图

4.4.3　KPCA 性能稳定性分析

评估 KPCA 性能稳定性的基本思想是所确定的主轴多大程度上适合新的数据，当用最佳逼近观点考量时，就是引入的误差是否足够小。我们知道，数据 $\boldsymbol{\varphi}(\boldsymbol{x})$ 在前 m 个主轴矢量张成的子空间 U_m 的正交投影残差平方为

$$f(\boldsymbol{x}) = \|\mathrm{P}_{U_m}^{\perp}(\boldsymbol{\varphi}(\boldsymbol{x}))\|^2 = \|\boldsymbol{\varphi}(\boldsymbol{x}) - \mathrm{P}_{U_m}(\boldsymbol{\varphi}(\boldsymbol{x}))\|^2$$
$$= \|\boldsymbol{\varphi}(\boldsymbol{x})\|^2 - \|\mathrm{P}_{U_m}(\boldsymbol{\varphi}(\boldsymbol{x}))\|^2 \tag{4.4.68}$$

若 KPCA 性能稳定，对于已求得的主轴系统，该函数对于新出现的数据的残差平方期望 $\mathrm{E}[f(\boldsymbol{x})]$ 应该很小，为此应研究理论期望与经验期望或经验平均的关系，进而建立期望的界限。由于 $\widetilde{\boldsymbol{R}}$ 的本征值与核矩阵 $\boldsymbol{K}$ 的本征值相同，根据式(4.4.8)或式(4.4.15)可以推知函数式(4.4.68)的经验平均值的 N 倍是 $\boldsymbol{K}$ 的那些从 $m+1$ 到 $r=\mathrm{rank}\,\boldsymbol{K}$ 的本征值之和。研究 KPCA 性能稳健问题需要考虑真实期望

$$\mathrm{E}[\|\mathrm{P}_{U_m}^{\perp}(\boldsymbol{\varphi}(\boldsymbol{x}))\|^2] \tag{4.4.69}$$

对于某个 t 值，$t<m$，记 $\lambda^{>t}(s)=\sum_{i=t+1}^{r}\lambda_i$，看式(4.4.69)比由训练集 X 所得到的经验平均

$$\hat{\mathrm{E}}[\|\mathrm{P}_{U_t}^{\perp}(\boldsymbol{\varphi}(\boldsymbol{x}))\|^2] = \frac{1}{N}\lambda^{>t}(s) \tag{4.4.70}$$

大多少？如果有

$$\mathrm{E}[\|\mathrm{P}_{U_m}^{\perp}(\boldsymbol{\varphi}(\boldsymbol{x}))\|^2] \leqslant \hat{\mathrm{E}}[\|\mathrm{P}_{U_t}^{\perp}(\boldsymbol{\varphi}(\boldsymbol{x}))\|^2] \tag{4.4.71}$$

可以认为，t 维的误差界也适用于 m 维投影。下面定理给出了期望误差的界[5]。

定理 4.4.4　如果在由核函数 κ 定义的核映射空间中进行 PCA，对于任意的 $1 \leqslant m \leqslant N$，若把新数据 $\boldsymbol{\varphi}(\boldsymbol{x})$ 投影到前 m 个主轴矢量张成的子空间 U_m，那么在大于 $1-\delta$ 的概率下，残差平方的期望的界是

$$\mathrm{E}[\|\mathrm{P}_{U_m}^{\perp}(\boldsymbol{\varphi}(\boldsymbol{x}))\|^2] \leqslant \min_{1 \leqslant t \leqslant m}\left[\frac{1}{N}\sum_{i=t+1}^{N}\lambda_i + \frac{8}{N}\sqrt{(t+1)\sum_{i=1}^{N}\kappa(\boldsymbol{x}_i,\boldsymbol{x}_i)^2}\right] + 3R^2\sqrt{\frac{\ln(2N/\delta)}{2N}} \tag{4.4.72}$$

其中分布的支撑在核映射空间中一个半径为 R 的球内。

上述定理表明，当 N 比较大，t 相对 N 比较小，且各本征值 λ_i 比较快地变小时，核 PCA 性能是稳健的。

注：在概率论中，概率分布的支撑(support)为具有该分布的随机变量一切可能值的闭包。正式地讲，如果 $X:\Omega \to \mathbb{R}$ 是概率空间 (Ω, F, P) 上的 n 维随机矢量，那么 X 的分布支撑是最小闭集 $R_X \subset \mathbb{R}^n$，使得 $P(X \in R_X)=1$。具体地讲，离散随机变量 X 的分布支撑定义为集合 $R_X=\{\boldsymbol{x} \in \mathbb{R}^n : P(X=\boldsymbol{x})>0\}$；连续随机变量 X 的分布支撑定义为集合 $R_X=\{\boldsymbol{x} \in \mathbb{R}^n : f_X(\boldsymbol{x})>0\}$，其中 $f_X(\boldsymbol{x})$ 是 X 的概率密度函数。

可以看出，残差平方期望的界还与支撑所在球的半径 R 有关。当不知道数据的支撑时，可由已出现的样本粗略估计。可以选择适当的窗函数采用窗函数方法(如 Parzen 方法)对数据分布进行估计；此外，由样本集 $\{\boldsymbol{x}_i\}_{i=1}^N$ 确定最小球的半径 R 可以通过如下最优化问题求解最优球面 $(\boldsymbol{c}^*, R^*)$(详见本书 6.1 节)：

$$\begin{cases} \min\limits_{\boldsymbol{c},R} R^2 \\ \text{s.t. } \|\boldsymbol{\varphi}(\boldsymbol{x}_i)-\boldsymbol{c}\|^2 \leqslant R^2, \quad i=1,2,\cdots,N \end{cases} \tag{4.4.73}$$

利用 KKT 定理可以化为如下对偶优化问题：

$$\begin{cases} \max\limits_{\boldsymbol{\alpha}} \sum\limits_{i=1}^{N}\alpha_i\kappa(\boldsymbol{x}_i,\boldsymbol{x}_i) - \sum\limits_{i,j=1}^{N}\alpha_i\alpha_j\kappa(\boldsymbol{x}_i,\boldsymbol{x}_j) \\ \text{s.t. } \sum\limits_{i=1}^{N}\alpha_i = 1 \\ \qquad \alpha_i \geqslant 0, \quad i=1,2,\cdots,N \end{cases} \tag{4.4.74}$$

经求解可得

$$(R^*)^2 = \sum_{i=1}^{N}\alpha_i^*\kappa(\boldsymbol{x}_i,\boldsymbol{x}_i) - \sum_{i,j=1}^{N}\alpha_i^*\alpha_j^*\kappa(\boldsymbol{x}_i,\boldsymbol{x}_j) \tag{4.4.75}$$

由于球半径是利用有限样本估计的，为了使界更可靠，可以对所求得的 R^* 再加上一个裕量。若认为数据存在离群点，则可以寻找包含大部分训练样本的球半径，问题成为如下最优化问题：

$$\begin{cases}\min\limits_{c,R,\xi} R^2+\gamma\sum\limits_{i=1}^{N}\xi_i \\ \text{s.t. } \|\boldsymbol{\varphi}(\boldsymbol{x}_i)-\boldsymbol{c}\|^2\leqslant R^2+\xi_i \\ \quad \xi_i\geqslant 0,\quad i=1,2,\cdots,N\end{cases} \tag{4.4.76}$$

上述模型构建详见 6.3 节,球半径 R^*的值与数据点在球内的概率关系可参见 6.3.4 节的论述。

4.4.4 PCA 的应用

基于主成分分析的诸多性质以及本征值不同的数学或物理的含义,其有许多重要应用。主成分分析中,得到的相关阵或协方差阵的本征值是数据集的投影平方期望或方差,本征矢量是相应的投影主轴矢量,应用的背景确定了本征值的物理含义,本征值按递减顺序排列,根据某些先验信息设定一个阈值,舍去或只取低于阈值的主分量,完成特定的任务。例如,用于模式识别中对象的特征提取与选择[10],用于数据存储和传输中的数据压缩,消减信号噪声等,往往舍去低于阈值的主分量。在相关分析和回归预测中,主成分分析起到了重要作用,这将在另两节论述。一般地,方差比较小的主分量具有比较强的预测能力。下面将论述在模式识别特征提取中的应用。

在模式识别中,类别的可分性不仅取决于类间距离,还取决于各类模式围绕其中心的散布情况,而各类内离差阵、类间离差阵、总的类内、类间离差阵就含有这方面的信息,因此,可以依据总的类内、类间离差阵 $\boldsymbol{S}_W$、$\boldsymbol{S}_B$,或等价地依据相应的协方差阵进行 FDA 或 PCA,凸显变换后所得矢量的各分量对分类识别的贡献,本节主要讨论 PCA 的应用。

1. 运用 PCA 消除两类问题的特征相关性

两个随机分量间的相关性是指,当一个随机分量变化时另一个随机分量也随之发生具有确定倾向性的变化,它们之间存在着统计上的相依关系,相关性强表示一个随机分量的取值较大程度地依赖于另一个随机分量。两个分量间的归一化协方差(相关系数)刻画了这两个分量间的线性相关性程度。线性相关性表示当一个分量增大时另一个分量按线性关系增大或减小的趋势,相关系数绝对值越接近 1,这种趋势越明显。当只考虑一类的各特征分量时,如前所述,理论上 PCA 能完全消除分量间的(线性)相关性。对于非单类情况,PCA 消除分量相关的有效性依赖于各类样本围绕其中心分布的情况。只有各类协方差矩阵的本征矢量矩阵相同时,方可完全消除相关性;否则,依据 $\boldsymbol{S}_W$ 作 PCA 时只能减弱而不能完全消除相关性。这里就两类问题介绍一种完全消除相关性的方法。先依据 ω_1类的类内离差阵 $\boldsymbol{S}_{W1}$作 PCA 消除该类各分量的相关性,设 $\boldsymbol{U}$ 是 $\boldsymbol{S}_{W1}$的本征矢量矩阵(这里的 $\boldsymbol{S}_{W1}$ 可以理解为 ω_1类的协方差阵),对属于 ω_1类的样本 $\boldsymbol{x}^{(1)}$ 作变换:

$$\boldsymbol{y}^{(1)}=\boldsymbol{U}^{\mathrm{T}}\boldsymbol{x}^{(1)} \tag{4.4.77}$$

此时,$\boldsymbol{y}^{(1)}$的各分量不相关,其协方差阵为一对角阵 $\boldsymbol{\Lambda}_1$。再对 $\boldsymbol{y}^{(1)}$作变换

$$\tilde{\boldsymbol{y}}^{(1)}=\boldsymbol{\Lambda}_1^{-1/2}\boldsymbol{y}^{(1)}=\boldsymbol{\Lambda}_1^{-1/2}\boldsymbol{U}^{\mathrm{T}}\boldsymbol{x}^{(1)}\triangleq\boldsymbol{B}^{\mathrm{T}}\boldsymbol{x}^{(1)} \tag{4.4.78}$$

式中，对角矩阵 $\boldsymbol{\Lambda}_1^{-1/2}$ 对角线上非零元素为 $\boldsymbol{\Lambda}_1$ 对角线上非零元素方根的倒数。显然，$\widetilde{\boldsymbol{y}}^{(1)}$ 的协方差阵为单位矩阵，表明它的各分量也不相关。这两种变换合在一起称为白化变换。白化变换之后再作任何标准正交变换，其协方差阵仍为单位矩阵。这个白化变换 $\boldsymbol{B}$ 也同时使 ω_2 类样本作变换，其变换前的 $\boldsymbol{S}_{W2}$ 变为 $\widetilde{\boldsymbol{S}}_{W2}=\boldsymbol{B}^{\mathrm{T}}\boldsymbol{S}_{W2}\boldsymbol{B}$，然后依据 $\widetilde{\boldsymbol{S}}_{W2}$ 作 PCA，设 $\boldsymbol{V}$ 是 $\widetilde{\boldsymbol{S}}_{W2}$ 的本征矢量矩阵，因此，当以 $\boldsymbol{W}^{\mathrm{T}}=\boldsymbol{V}^{\mathrm{T}}\boldsymbol{\Lambda}_1^{-1/2}\boldsymbol{U}^{\mathrm{T}}$ 对各类样本 $\boldsymbol{x}$ 作变换

$$\boldsymbol{z}=\boldsymbol{V}^{\mathrm{T}}\boldsymbol{\Lambda}_1^{-1/2}\boldsymbol{U}^{\mathrm{T}}\boldsymbol{x},\quad \boldsymbol{x}\in\omega_1 \text{或} \boldsymbol{x}\in\omega_2 \tag{4.4.79}$$

显然，$\boldsymbol{z}$ 的各分量也不相关，也就是说，对两类的特征矢量来说，它们的各分量互不相关，于是可依据某种准则选择 $\boldsymbol{z}$ 的分量以降低维数。需要指出的是，由于白化变换不具有保范性(使矢量长度不变的性质)，因此不能依据 λ_i 的大小选择本征矢量。

2. 基于总的类间离差阵 $\boldsymbol{S}_B$ 的 PCA 的特征提取选择

对于 c 类问题，因总的类间离差阵 $\boldsymbol{S}_B$ 的秩不大于 $c-1$，故 $\boldsymbol{S}_B$ 最多有 $c-1$ 个非零本征值，而模式的维数 n 通常要大于 c，因此依据类间离差阵 $\boldsymbol{S}_B$ 进行特征提取是一个重要途径。具体方法是：求出 $\boldsymbol{S}_B$ 的非零本征值 λ_i 及其对应的本征矢量 $\boldsymbol{u}_i$ $(i=1,2,\cdots)$，按次序 $\lambda_1\geqslant\lambda_2\geqslant\cdots\geqslant\lambda_{c-1}$ 选取前 d 个较大本征值对应的本征矢量构成变换矩阵，可实现特征的提取。类间离差阵 $\boldsymbol{S}_B$ 反映了各类中心到总体中心的平均平方距离，依据 $\boldsymbol{S}_B$ 进行 PCA 的目的是使各类的中心在新的坐标系某些轴上的投影变得较远，相应这些轴上的分量具有更好的可分性。这种方法实质上是从各类的中心提取分类信息，因此它适用于类间距离比类内距离大得多的情况。

3. 基于总的类内离差阵 $\boldsymbol{S}_W$ 的 PCA 和 Fisher 准则的特征提取选择

类内离差阵 $\boldsymbol{S}_W$ 反映了全部分量总的平均方差，为了减少或消除各分量间的相关性，加大新的各分量方差的不均匀性，以便估计各分量对分类的作用，可先依据 $\boldsymbol{S}_W$ 作 PCA，求出相应的本征值 λ_i 和本征矢量 $\boldsymbol{u}_i$ $(i=1,2,\cdots)$，于是有

$$\lambda_i=\boldsymbol{u}_i^{\mathrm{T}}\boldsymbol{S}_W\boldsymbol{u}_i \tag{4.4.80}$$

λ_i 表示变换后的分量 $y_i=\boldsymbol{u}_i^{\mathrm{T}}\boldsymbol{x}$ 的平均方差，直接根据 λ_i 的大小选取 $\boldsymbol{u}_i$ 一般是不可靠的。从图 4.4.4 所示的简单例子可以看出，对于图 4.4.4(a)中两类的分布情况，宜取小的本征值对应的本征矢量构成变换矩阵，因为不同的类域在方差小的分量轴上的投影是不重叠的；在图 4.4.4(b)中，宜取大的本征值对应的本征矢量构成变换矩阵，因类域在方差大的分量轴上的投影是不重叠的；对于图 4.4.4(c)中的情况，PCA 后两个本征值差别不大。$\boldsymbol{u}_i^{\mathrm{T}}\boldsymbol{S}_B\boldsymbol{u}_i$ 可以理解为各类中心矢量第 i 个分量与总体中心矢量相应分量的均方距离，即该分量总的类间均方距离。一个分量对可分性的作用，不仅和类内距离有关，还和类间距离有关，因此，一个较可靠的方法是用类间距离与类内距离之比构造准则函数

$$J(y_i)=\frac{\boldsymbol{u}_i^{\mathrm{T}}\boldsymbol{S}_B\boldsymbol{u}_i}{\boldsymbol{u}_i^{\mathrm{T}}\boldsymbol{S}_W\boldsymbol{u}_i}=\frac{\boldsymbol{u}_i^{\mathrm{T}}\boldsymbol{S}_B\boldsymbol{u}_i}{\lambda_i} \tag{4.4.81}$$

来刻画变换后的分量 $y_i=\boldsymbol{u}_i^{\mathrm{T}}\boldsymbol{x}$ 的可分性能，$J(y_i)$ 越大，可分性越好。设 $J(y_1)\geqslant$

$J(y_2)\geqslant\cdots\geqslant J(y_n)$，为了降低维数，应从中选取含有较多分类信息的分量，对于给定的 d，取前 d 个较大的 J 值对应的本征矢量 $\boldsymbol{u}_i(i=1,2,\cdots,d)$ 作变换矩阵，等价地讲，取前 d 个分量 $y_i(i=1,2,\cdots,d)$ 代表原样本。

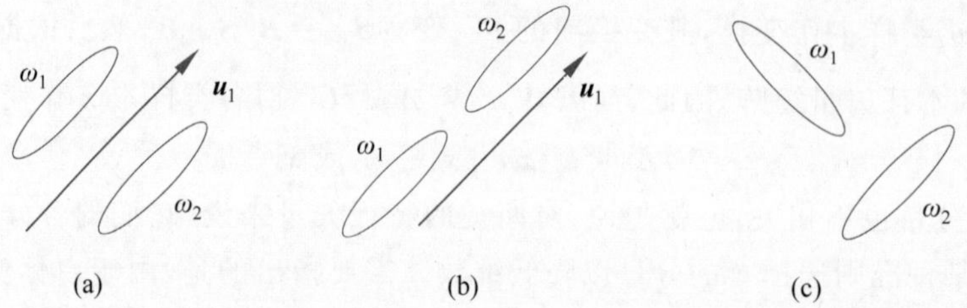

图 4.4.4 两类的中心与协方差主轴对依据 S_W 选取特征的影响

这种方法适用于各类模式分布结构相似以及类域在某些分量轴上的投影不重叠或较少重叠的情况。

4. 依据 $\boldsymbol{S}_W$ 与 $\boldsymbol{S}_B$ 作 PCA 降低特征维数的最优压缩

如上所述，直接依据总的类内离差阵 $\boldsymbol{S}_W$ 作 PCA，一般来讲不能保证使各类各分量不相关，参照消除相关性方法的思想，可以依据 $\boldsymbol{S}_W$ 和 $\boldsymbol{S}_B$ 作 PCA，通常认为其在保证不损失信息的前提下可实现将特征维数压缩至最小。这个保持信息的最优压缩方法如下。

设 $\boldsymbol{\Lambda}$ 和 $\boldsymbol{U}$ 是对称正定阵 $\boldsymbol{S}_W$ 的本征值对角阵和本征矢量矩阵，对 $\boldsymbol{S}_W$ 作白化变换

$$\boldsymbol{\Lambda}^{-1/2}\boldsymbol{U}^{\mathrm{T}}\boldsymbol{S}_W\boldsymbol{U}\boldsymbol{\Lambda}^{-1/2}=\boldsymbol{I} \tag{4.4.82}$$

$\boldsymbol{B}\triangleq\boldsymbol{U}\boldsymbol{\Lambda}^{-1/2}$ 称为白化矩阵。当然，对 $\boldsymbol{S}_B$ 也作了同样变换，$\widetilde{\boldsymbol{S}}_B=\boldsymbol{B}^{\mathrm{T}}\boldsymbol{S}_B\boldsymbol{B}$，易知，存在正交阵 $\widetilde{\boldsymbol{V}}$，可使

$$\boldsymbol{V}^{\mathrm{T}}\boldsymbol{B}^{\mathrm{T}}\boldsymbol{S}_B\boldsymbol{B}\boldsymbol{V}=\widetilde{\boldsymbol{\Lambda}} \tag{4.4.83}$$

式中，$\widetilde{\boldsymbol{\Lambda}}$ 是白化变换后的总的类间离差阵 $\widetilde{\boldsymbol{S}}_B=\boldsymbol{B}^{\mathrm{T}}\boldsymbol{S}_B\boldsymbol{B}$ 的本征值对角阵。由于 $\boldsymbol{S}_B$ 的秩不大于 $c-1$，所以 $\widetilde{\boldsymbol{S}}_B$ 最多只有 $c-1$ 个非零本征值，设 $\widetilde{\boldsymbol{S}}_B$ 非零本征值共有 d 个，用这 d 个非零本征值所对应的本征矢量 $\boldsymbol{v}_j(j=1,2,\cdots,d)$ 作变换矩阵，所得的 d 个分量含有原来 n 维模式的全部信息。设

$$\boldsymbol{V}=(\boldsymbol{v}_1\ \boldsymbol{v}_2\ \cdots\ \boldsymbol{v}_d) \tag{4.4.84}$$

则不损失信息而又达到最小维数的变换矩阵为

$$\boldsymbol{W}=\boldsymbol{B}\boldsymbol{V} \tag{4.4.85}$$

从而

$$\boldsymbol{y}=\boldsymbol{W}^{\mathrm{T}}\boldsymbol{x}=\boldsymbol{V}^{\mathrm{T}}\boldsymbol{\Lambda}^{-1/2}\boldsymbol{U}^{\mathrm{T}}\boldsymbol{x} \tag{4.4.86}$$

当类数 c 远比特征矢量维数 n 小时，该方法的压缩性能十分明显。图 4.4.5 给出了两类问题的 PCA 最优变换，其中，$\boldsymbol{W}=\boldsymbol{u}_1$ 表示基于 $\boldsymbol{S}_W$ 的 PCA 的主轴矢量，$\boldsymbol{W}=\boldsymbol{B}\boldsymbol{v}_1$ 表示 PCA 之后白化再根据 $\widetilde{\boldsymbol{S}}_B$ 进行 PCA 的主轴矢量。

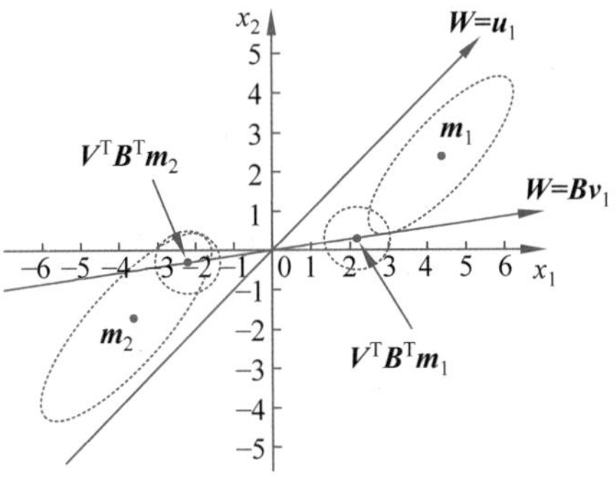

图 4.4.5　两类问题的 PCA 最优变换示意图

4.5　两个数据集间的相关分析

4.4 节论述了对一个多变量数据源提取主成分的原理、性质和应用，实际中可能经常要分析两个多变量数据源是否存在相关关系，或要确定一个数据源在两个量测空间中数据间的关系。关于后者，例如：机器视觉中，在两个视点得到一个目标场景的两幅图像，或不同光谱的传感器对一个目标场景摄取的两幅图像，要找出它们之间的对应，并据此进一步分析和识别目标；模式识别中，分类对象的量测矢量在特征空间中，而它们的类别属性值在类别标记空间中，需要得到特征矢量分布与类别的关系。具有某种关联的两个数据源的量测数据集，或一个数据源两种不同表示的数据集之间存在客观对应或人为规定的对应，这种数据称为配对数据或数据对。对于两个数据集关系的分析，一般分为两种方法：一种是模型式方法，找出一个数据集变量和另一个数据集变量之间的函数关系，建立它们的数学模型，4.6 节的回归分析属于这种方法；本节介绍另一种分析性方法，研究具有联合概率分布的两组变量或数据之间相关关系的统计方法。分析两个数据集是否存在相关关系的有效方法是分别在两个数据集中进行主成分分析，寻求两个数据空间中的两个主轴系统，提取相关性最大的两个对应主成分，即基于相关性"联合"两个数据空间分别进行主成分分析，在各自空间产生一个主轴系统和相应的主成分，然后依此推断两个数据集的相关性。这类方法分为：①基于协方差"联合"的双 PCA；②基于相关系数"联合"的双 PCA，通常称为典型相关分析(canonical correlation analysis，CCA)。

4.5.1　基于协方差和双 PCA 的两数据集相关分析

1. 基于协方差双 PCA 的两数据集相关分析原理

设表征两个数据源或一个数据源的两种不同表示的两组变量分别为$\{x_1,x_2,\cdots,x_n\}$和$\{y_1,y_2,\cdots,y_m\}$，为处理方便，将它们分别表示成 n 维矢量 $\boldsymbol{x}=(x_1,x_2,\cdots,x_n)^{\mathrm{T}}$ 和 m 维矢量 $\boldsymbol{y}=(y_1,y_2,\cdots,y_m)^{\mathrm{T}}$，令 n 维矢量数据集 $X=\{\boldsymbol{x}_1,\boldsymbol{x}_2,\cdots,\boldsymbol{x}_N\}$ 和 m 维矢量数据集 $Y=\{\boldsymbol{y}_1,\boldsymbol{y}_2,\cdots,\boldsymbol{y}_N\}$ 是分别来自这两个数据源的量测数据，或来自同一个数据源的两种不

同表示，即它们分别是关于 $\boldsymbol{x}$ 和 $\boldsymbol{y}$ 的 N 次采样，$\boldsymbol{x}_i$ 与 $\boldsymbol{y}_i$ 存在“对应性”构成数据对。我们考量这两个数据源或两个数据集的变量是否存在某种关系，最常关注的是统计线性相关关系，分析的基本思想是，分别在 X 和 Y 的数据空间中各提取一个彼此相关性最大的主成分，通过测定这两个主成分的相关关系推测这两个数据集的相关关系。因为两个数据集的空间分布一般是不同的，它们分别投影到两个主轴上然后计算相关或协方差要比投影到一个主轴上计算更合理，对是否有很强的统计相关性更敏感，从而更能准确反映统计关系。为此，数据集 X 中 $\boldsymbol{x}$ 投影到单位矢量 $\boldsymbol{u}$ 所指定的主轴上，数据集 Y 中 $\boldsymbol{y}$ 投影到另一个单位矢量 $\boldsymbol{v}$ 所指定的主轴上，生成两个随机变量 $\boldsymbol{x}^{\mathrm{T}}\boldsymbol{u}$ 和 $\boldsymbol{y}^{\mathrm{T}}\boldsymbol{v}$，计算它们的相关或协方差用于评估这两个数据集的统计关系。

设两个数据源(集)X 和 Y 中矢量数据 $\boldsymbol{x}$ 和 $\boldsymbol{y}$ 的均值矢量为零矢量，两个均值为零的随机变量 $\boldsymbol{x}^{\mathrm{T}}\boldsymbol{u}$ 和 $\boldsymbol{y}^{\mathrm{T}}\boldsymbol{v}$ 的协方差

$$\sigma=\mathrm{E}[(\boldsymbol{x}^{\mathrm{T}}\boldsymbol{u})(\boldsymbol{y}^{\mathrm{T}}\boldsymbol{v})]=\boldsymbol{u}^{\mathrm{T}}\mathrm{E}[\boldsymbol{x}\boldsymbol{y}^{\mathrm{T}}]\boldsymbol{v}\triangleq\boldsymbol{u}^{\mathrm{T}}\boldsymbol{C}_{xy}\boldsymbol{v} \tag{4.5.1}$$

式中，$\boldsymbol{C}_{xy}=\mathrm{E}[\boldsymbol{x}\boldsymbol{y}^{\mathrm{T}}]$是数据源 X 和 Y 的协方差阵。令矩阵 $\boldsymbol{X}=(\boldsymbol{x}_1\ \boldsymbol{x}_2\ \cdots\ \boldsymbol{x}_N)^{\mathrm{T}}$，$\boldsymbol{Y}=(\boldsymbol{y}_1\ \boldsymbol{y}_2\ \cdots\ \boldsymbol{y}_N)^{\mathrm{T}}$，样本协方差阵

$$\hat{\boldsymbol{C}}_{xy}=\hat{\mathrm{E}}[\boldsymbol{x}\boldsymbol{y}^{\mathrm{T}}]=\frac{1}{N}\sum_{j=1}^{N}\boldsymbol{x}_j\boldsymbol{y}_j^{\mathrm{T}}=\frac{1}{N}\boldsymbol{X}^{\mathrm{T}}\boldsymbol{Y} \tag{4.5.2}$$

对于有限数据集分析，用样本协方差阵$\hat{\boldsymbol{C}}_{xy}$替代 $\boldsymbol{C}_{xy}$。类似于一个数据集的 PCA，对于两个数据集，得到使协方差最大化的两个数据空间中方向矢量 $\boldsymbol{u}$ 和 $\boldsymbol{v}$ 可求解如下最优化问题：

$$\begin{cases}\max\limits_{\boldsymbol{u},\boldsymbol{v}}\sigma=\boldsymbol{u}^{\mathrm{T}}\hat{\boldsymbol{C}}_{xy}\boldsymbol{v}\\ \text{s.t. }\|\boldsymbol{u}\|=\|\boldsymbol{v}\|=1\end{cases} \tag{4.5.3}$$

由于$\hat{\boldsymbol{C}}_{xy}$不一定是方阵，即使是方阵，也不一定对称，故应用奇异值分解方法。令

$$\hat{\boldsymbol{C}}_{xy}=\boldsymbol{U}\boldsymbol{\Sigma}\boldsymbol{V}^{\mathrm{T}} \tag{4.5.4}$$

式中

$$\boldsymbol{\Sigma}=\begin{pmatrix}\sigma_1 & 0 & \cdots & 0 & \\ 0 & \sigma_2 & 0 & \vdots & \boldsymbol{O}\\ \vdots & 0 & \ddots & 0 & \\ 0 & \cdots & 0 & \sigma_r & \\ & \boldsymbol{O} & & & \boldsymbol{O}\end{pmatrix}_{n\times m}\triangleq\begin{pmatrix}\boldsymbol{\Sigma}_r & \boldsymbol{O}\\ \boldsymbol{O} & \boldsymbol{O}\end{pmatrix}$$

式中，r 为$\hat{\boldsymbol{C}}_{xy}$的秩。将式(4.5.4)代入式(4.5.3)，可得

$$\begin{cases}\max\limits_{\boldsymbol{u},\boldsymbol{v}}\sigma=\boldsymbol{u}^{\mathrm{T}}\boldsymbol{U}\boldsymbol{\Sigma}\boldsymbol{V}^{\mathrm{T}}\boldsymbol{v}\\ \text{s.t. }\|\boldsymbol{u}\|=\|\boldsymbol{v}\|=1\end{cases} \tag{4.5.5}$$

设对角阵 $\boldsymbol{\Sigma}_r$ 对角线上的奇异值已按由大到小顺序排列。对于任意的 $\boldsymbol{u}$，$\boldsymbol{v}$，总存在 $\tilde{\boldsymbol{u}}$，$\tilde{\boldsymbol{v}}$，使 $\boldsymbol{u}=\boldsymbol{U}\tilde{\boldsymbol{u}}$，$\boldsymbol{v}=\boldsymbol{V}\tilde{\boldsymbol{v}}$，由标准正交变换矢量范数不变性可知，$\|\boldsymbol{u}\|=\|\tilde{\boldsymbol{u}}\|$，$\|\boldsymbol{v}\|=\|\tilde{\boldsymbol{v}}\|$，将求解 $\boldsymbol{u}$，$\boldsymbol{v}$ 转变为求解$\tilde{\boldsymbol{u}}$，$\tilde{\boldsymbol{v}}$，于是原优化问题(4.5.3)变为

$$\max_{u,v:\|u\|=\|v\|=1} \boldsymbol{u}^{\mathrm{T}}\hat{\boldsymbol{C}}_{xy}\boldsymbol{v} = \max_{\tilde{u},\tilde{v}:\|U\tilde{u}\|=\|V\tilde{v}\|=1} (\boldsymbol{U}\tilde{\boldsymbol{u}})^{\mathrm{T}}\hat{\boldsymbol{C}}_{xy}(\boldsymbol{V}\tilde{\boldsymbol{v}})$$
$$= \max_{\tilde{u},\tilde{v}:\|\tilde{u}\|=\|\tilde{v}\|=1} \tilde{\boldsymbol{u}}^{\mathrm{T}}\boldsymbol{U}^{\mathrm{T}}\boldsymbol{U}\boldsymbol{\Sigma}\boldsymbol{V}^{\mathrm{T}}\boldsymbol{V}\tilde{\boldsymbol{v}}$$
$$= \max_{\tilde{u},\tilde{v}:\|\tilde{u}\|=\|\tilde{v}\|=1} \tilde{\boldsymbol{u}}^{\mathrm{T}}\boldsymbol{\Sigma}\tilde{\boldsymbol{v}}$$
$$= \max_{\tilde{u},\tilde{v}:\|\tilde{u}\|=\|\tilde{v}\|=1} \sum_{i=1}^{r}\sigma_i\tilde{u}_i\tilde{v}_i \tag{4.5.6}$$

由于

$$\sum_{i=1}^{r}\sigma_i\tilde{u}_i\tilde{v}_i \leqslant \sigma_1\sum_{i=1}^{r}\tilde{u}_i\tilde{v}_i \tag{4.5.7}$$

要求式(4.5.7)右边非零，即 $\sum_{i=1}^{r}\tilde{u}_i\tilde{v}_i \neq 0$，由 Cauchy-Schwartz 不等式知，$\sum_{i=1}^{r}\tilde{u}_i\tilde{v}_i \leqslant 1$。为使$\sum_{i=1}^{r}\sigma_i\tilde{u}_i\tilde{v}_i$取最大值$\sigma_1$，令$\tilde{\boldsymbol{u}}=\boldsymbol{e}_1$，$\tilde{\boldsymbol{v}}=\boldsymbol{e}'_1$，$\boldsymbol{e}_1=(1,0,\cdots,0)^{\mathrm{T}}$，$\boldsymbol{e}'_1=(1,0,\cdots,0)^{\mathrm{T}}$，它们分别是 n 维和 m 维的自然基矢量，此时，式(4.5.6) 等于最大的奇异值，由此可得最优解是 $\boldsymbol{u}=\boldsymbol{U}\boldsymbol{e}_1=\boldsymbol{u}_1$，$\boldsymbol{v}=\boldsymbol{V}\boldsymbol{e}'_1=\boldsymbol{v}_1$，它们分别是最大奇异值对应的 $\boldsymbol{U}$，$\boldsymbol{V}$ 的第一列。

如果要寻找使两个数据集投影值协方差最大的各数据空间第二个主轴，可以在已求得的主轴空间的正交补空间中继续按上述原理求解。具体地，在运用上述方法求得第一对主轴后，分别把数据投影到各自正交补空间上，在该空间寻找主轴，多次运用这种方法可以得到两个主轴系统。矢量 $\boldsymbol{x}$ 在矢量 $\boldsymbol{w}$ 上的投影长度$\|\mathrm{P}_w(\boldsymbol{x})\|$及其投影矢量 $\mathrm{P}_w(\boldsymbol{x})$分别为

$$\|\mathrm{P}_w(\boldsymbol{x})\| = \frac{\boldsymbol{x}^{\mathrm{T}}\boldsymbol{w}}{\|\boldsymbol{w}\|} \tag{4.5.8}$$

$$\mathrm{P}_w(\boldsymbol{x}) = \frac{\boldsymbol{x}^{\mathrm{T}}\boldsymbol{w}}{\|\boldsymbol{w}\|^2}\boldsymbol{w} = \frac{\boldsymbol{w}\boldsymbol{w}^{\mathrm{T}}\boldsymbol{x}}{\|\boldsymbol{w}\|^2} \tag{4.5.9}$$

设 $\boldsymbol{w}$ 为单位矢量，与 $\mathrm{P}_w(\boldsymbol{x})$正交的投影矢量为

$$\mathrm{P}_w^{\perp}(\boldsymbol{x}) = \boldsymbol{x} - \mathrm{P}_w(\boldsymbol{x}) = (\boldsymbol{I} - \boldsymbol{w}\boldsymbol{w}^{\mathrm{T}})\boldsymbol{x} \tag{4.5.10}$$

数据集在正交补空间中的投影表示为

$$\boldsymbol{X}_w^{\perp} = \left((\boldsymbol{I}-\boldsymbol{w}\boldsymbol{w}^{\mathrm{T}})\boldsymbol{x}_1,(\boldsymbol{I}-\boldsymbol{w}\boldsymbol{w}^{\mathrm{T}})\boldsymbol{x}_2,\cdots,(\boldsymbol{I}-\boldsymbol{w}\boldsymbol{w}^{\mathrm{T}})\boldsymbol{x}_N\right)^{\mathrm{T}} = \boldsymbol{X}(\boldsymbol{I}-\boldsymbol{w}\boldsymbol{w}^{\mathrm{T}}) \tag{4.5.11}$$

利用式(4.5.11)构造两个正交补空间中数据集间的协方差阵，容易算得

$$\frac{1}{N}(\boldsymbol{I}-\boldsymbol{u}_1\boldsymbol{u}_1^{\mathrm{T}})\boldsymbol{X}^{\mathrm{T}}\boldsymbol{Y}(\boldsymbol{I}-\boldsymbol{v}_1\boldsymbol{v}_1^{\mathrm{T}}) = (\boldsymbol{I}-\boldsymbol{u}_1\boldsymbol{u}_1^{\mathrm{T}})\boldsymbol{U}\boldsymbol{\Sigma}\boldsymbol{V}^{\mathrm{T}}(\boldsymbol{I}-\boldsymbol{v}_1\boldsymbol{v}_1^{\mathrm{T}})$$
$$= \boldsymbol{U}\boldsymbol{\Sigma}\boldsymbol{V}^{\mathrm{T}} - \sigma_1\boldsymbol{u}_1\boldsymbol{v}_1^{\mathrm{T}}$$
$$= \hat{\boldsymbol{C}}_{xy} - \sigma_1\boldsymbol{u}_1\boldsymbol{v}_1^{\mathrm{T}} \tag{4.5.12}$$

显然，两个数据集各自的第二主轴方向分别由$\hat{\boldsymbol{C}}_{xy}-\sigma_1\boldsymbol{u}_1\boldsymbol{v}_1^{\mathrm{T}}$ 的奇异矢量 $\boldsymbol{u}_2$，$\boldsymbol{v}_2$ 给出，最大协方差等于第二大奇异值 σ_2。按此方法进行，依奇异值递减顺序分别得出两个与前面已求得主轴正交的主轴，由此可以得到$\hat{\boldsymbol{C}}_{xy}$的奇异值分解

$$\hat{\boldsymbol{C}}_{xy} = \sum_{i=1}^{N}\sigma_i\boldsymbol{u}_i\boldsymbol{v}_i^{\mathrm{T}} \tag{4.5.13}$$

以及

$$\boldsymbol{u}_j^{\mathrm{T}}\hat{\boldsymbol{C}}_{xy}\boldsymbol{v}_j=\sum_{i=1}^{N}\sigma_i\boldsymbol{u}_j^{\mathrm{T}}\boldsymbol{u}_i\boldsymbol{v}_i^{\mathrm{T}}\boldsymbol{v}_j=\sigma_j \tag{4.5.14}$$

注：设 $\boldsymbol{u}$ 为单位矢量，矢量 $\boldsymbol{x}$ 在 $\boldsymbol{u}$ 的正交补空间上的正投影

$$\mathrm{P}_{\boldsymbol{u}}^{\perp}(\boldsymbol{x})=\boldsymbol{x}-\mathrm{P}_{\boldsymbol{u}}(\boldsymbol{x})=(\boldsymbol{I}-\boldsymbol{u}\boldsymbol{u}^{\mathrm{T}})\boldsymbol{x}$$

其也可以表示为

$$\left(\mathrm{P}_{\boldsymbol{u}}^{\perp}(\boldsymbol{x})\right)^{\mathrm{T}}=\boldsymbol{x}^{\mathrm{T}}(\boldsymbol{I}-\boldsymbol{u}\boldsymbol{u}^{\mathrm{T}})$$

此式是矩阵缩并(deflation)的基础。式 $\widetilde{\boldsymbol{X}}=\boldsymbol{X}(\boldsymbol{I}-\boldsymbol{u}\boldsymbol{u}^{\mathrm{T}})$ 称为矩阵 $\boldsymbol{X}$ 关于矢量 $\boldsymbol{u}$ 的缩并，等价于对数据进行正交补投影。按此式可使相关阵、协方差阵或核矩阵缩并，式(4.5.12)是奇异值分解的缩并。设一个对称矩阵 $\boldsymbol{A}$ 的本征值和本征矢量分别为 λ 和 $\boldsymbol{u}$，变换 $\widetilde{\boldsymbol{A}}=\boldsymbol{A}-\lambda\boldsymbol{u}\boldsymbol{u}^{\mathrm{T}}$ 称为 $\boldsymbol{A}$ 关于矢量 $\boldsymbol{u}$ 的缩并，$\boldsymbol{u}$ 仍然是缩并一个本征矢量，但是对应的本征值为 0。通过反复寻找对应最大本征值的本征矢量，然后作缩并变换，可以找到由本征矢量组成的正交基。

2. 基于协方差双 PCA 的两数据集相关分析另一求解方法

上述处理问题的思想是，运用奇异值分解理论直接求出两个数据空间的主轴系统和两个数据集变量间的协方差。处理该问题的另一个思路是[5]，在两个数据空间中分别寻找两个主轴系统，要求给定的两个数据集分别在待求的两个主轴系统上投影相似，这相当于寻求正交矩阵 $\hat{\boldsymbol{U}}$ 和 $\hat{\boldsymbol{V}}$，使得由两个数据集产生的矩阵 $\boldsymbol{S}=\boldsymbol{X}\hat{\boldsymbol{U}}$ 和 $\boldsymbol{T}=\boldsymbol{Y}\hat{\boldsymbol{V}}$ 的对应列矢量尽可能相似，这样就容易找出相关的变量以及相关程度。通常矢量数据 $\boldsymbol{x}$ 和 $\boldsymbol{y}$ 的维数不同，从而矩阵 $\boldsymbol{S}$ 与 $\boldsymbol{T}$ 的列数不同，设矩阵 $\boldsymbol{S}$ 的列数 n 大于 $\boldsymbol{T}$ 的列数 m，令 $\hat{\boldsymbol{T}}=(\boldsymbol{T}\ \boldsymbol{O})$，$\boldsymbol{O}$ 是若干个零矢量构成的子矩阵，使矩阵 $\hat{\boldsymbol{T}}$ 和 $\boldsymbol{S}$ 同型。最小化它们的列矢量之差

$$\begin{aligned}
D(\hat{\boldsymbol{U}},\hat{\boldsymbol{V}})&=\sum_{i=1}^{m}\|\boldsymbol{s}_i-\boldsymbol{t}_i\|^2+\sum_{i=m+1}^{n}\|\boldsymbol{s}_i\|^2\\
&=\|\boldsymbol{S}-\hat{\boldsymbol{T}}\|_{\mathrm{F}}^2=\langle\boldsymbol{S}-\hat{\boldsymbol{T}},\boldsymbol{S}-\hat{\boldsymbol{T}}\rangle_{\mathrm{F}}\\
&=\langle\boldsymbol{S},\boldsymbol{S}\rangle_{\mathrm{F}}-2\langle\boldsymbol{S},\hat{\boldsymbol{T}}\rangle_{\mathrm{F}}+\langle\hat{\boldsymbol{T}},\hat{\boldsymbol{T}}\rangle_{\mathrm{F}}\\
&=\mathrm{tr}[\boldsymbol{S}^{\mathrm{T}}\boldsymbol{S}]-2\mathrm{tr}[\boldsymbol{S}^{\mathrm{T}}\hat{\boldsymbol{T}}]+\mathrm{tr}[\hat{\boldsymbol{T}}^{\mathrm{T}}\hat{\boldsymbol{T}}]\\
&=\mathrm{tr}[\hat{\boldsymbol{U}}^{\mathrm{T}}\boldsymbol{X}^{\mathrm{T}}\boldsymbol{X}\hat{\boldsymbol{U}}]-2\mathrm{tr}[\hat{\boldsymbol{U}}^{\mathrm{T}}\boldsymbol{X}^{\mathrm{T}}\boldsymbol{Y}\hat{\boldsymbol{V}}]+\mathrm{tr}[\hat{\boldsymbol{V}}^{\mathrm{T}}\boldsymbol{Y}^{\mathrm{T}}\boldsymbol{Y}\hat{\boldsymbol{V}}]\\
&=\mathrm{tr}[\boldsymbol{X}^{\mathrm{T}}\boldsymbol{X}]+\mathrm{tr}[\boldsymbol{Y}^{\mathrm{T}}\boldsymbol{Y}]-2\mathrm{tr}[\hat{\boldsymbol{U}}^{\mathrm{T}}\boldsymbol{X}^{\mathrm{T}}\boldsymbol{Y}\hat{\boldsymbol{V}}]
\end{aligned} \tag{4.5.15}$$

式(4.5.15)右侧的前两项是确定的，$D(\hat{\boldsymbol{U}},\hat{\boldsymbol{V}})$ 最小化等价于 $\mathrm{tr}[\hat{\boldsymbol{U}}^{\mathrm{T}}\boldsymbol{X}^{\mathrm{T}}\boldsymbol{Y}\hat{\boldsymbol{V}}]$ 最大化。对 $\boldsymbol{X}^{\mathrm{T}}\boldsymbol{Y}$ 奇异值分解，可得

$$\mathrm{tr}[\hat{\boldsymbol{U}}^{\mathrm{T}}\boldsymbol{X}^{\mathrm{T}}\boldsymbol{Y}\hat{\boldsymbol{V}}]=N\,\mathrm{tr}[\hat{\boldsymbol{U}}^{\mathrm{T}}\boldsymbol{U}\boldsymbol{\Sigma}\boldsymbol{V}^{\mathrm{T}}\hat{\boldsymbol{V}}]=N\,\mathrm{tr}[(\hat{\boldsymbol{U}}^{\mathrm{T}}\boldsymbol{U})\boldsymbol{\Sigma}(\boldsymbol{V}^{\mathrm{T}}\hat{\boldsymbol{V}})] \tag{4.5.16}$$

式中，$\boldsymbol{\Sigma}$ 是 $n\times m$ 矩阵，其顺序主子阵主对角线上的元素为奇异值。

一个矩阵左乘一个标准正交阵或右乘一个标准正交阵，其 F-范数(欧几里得范数)不变。设 $\boldsymbol{X}^{\mathrm{T}}\boldsymbol{Y}=N\widetilde{\boldsymbol{U}}\widetilde{\boldsymbol{\Sigma}}\widetilde{\boldsymbol{V}}^{\mathrm{T}}$，对于一般的标准正交阵 $\widetilde{\boldsymbol{U}},\widetilde{\boldsymbol{V}}$，其中 $\widetilde{\boldsymbol{\Sigma}}$ 通常不是对角矩阵。由前述

可知，$\|\hat{\boldsymbol{U}}^{\mathrm{T}}\boldsymbol{X}^{\mathrm{T}}\boldsymbol{Y}\hat{\boldsymbol{V}}\|_{\mathrm{F}}=N\ \|\hat{\boldsymbol{U}}^{\mathrm{T}}\widetilde{\boldsymbol{U}}\widetilde{\boldsymbol{\Sigma}}\ \widetilde{\boldsymbol{V}}^{\mathrm{T}}\ \hat{\boldsymbol{V}}\|_{\mathrm{F}}=N\ \|\widetilde{\boldsymbol{U}}\widetilde{\boldsymbol{\Sigma}}\ \widetilde{\boldsymbol{V}}^{\mathrm{T}}\|_{\mathrm{F}}=N\ \|\widetilde{\boldsymbol{\Sigma}}\|_{\mathrm{F}}=N\ \|\boldsymbol{\Sigma}\|_{\mathrm{F}}$，对于式(4.5.16)，当$\hat{\boldsymbol{U}}^{\mathrm{T}}\boldsymbol{U}=\boldsymbol{I}_n$，$\boldsymbol{V}^{\mathrm{T}}\ \hat{\boldsymbol{V}}=\boldsymbol{I}_m$时，矩阵$\hat{\boldsymbol{U}}^{\mathrm{T}}\boldsymbol{X}^{\mathrm{T}}\boldsymbol{Y}\hat{\boldsymbol{V}}$的非零阵元都集中在其顺序主子阵的主对角线上，此时 $\mathrm{tr}[\hat{\boldsymbol{U}}^{\mathrm{T}}\boldsymbol{X}^{\mathrm{T}}\boldsymbol{Y}\hat{\boldsymbol{V}}]$最大，$\mathrm{tr}[\hat{\boldsymbol{U}}^{\mathrm{T}}\boldsymbol{X}^{\mathrm{T}}\boldsymbol{Y}\hat{\boldsymbol{V}}]=N\,\mathrm{tr}[\hat{\boldsymbol{U}}^{\mathrm{T}}\boldsymbol{U}\boldsymbol{\Sigma}\boldsymbol{V}^{\mathrm{T}}\ \hat{\boldsymbol{V}}]=N\,\mathrm{tr}[\boldsymbol{\Sigma}]$。可知，使$D(\hat{\boldsymbol{U}},\hat{\boldsymbol{V}})$最小化的正交矩阵$\hat{\boldsymbol{U}}$和$\hat{\boldsymbol{V}}$就是对$\boldsymbol{X}^{\mathrm{T}}\boldsymbol{Y}$实现奇异值分解的正交矩阵。

注：设$m\times n$矩阵$\boldsymbol{A}$，令$\boldsymbol{U}$是$m\times m$标准正交阵，$\boldsymbol{V}$是$n\times n$标准正交阵，则有$\|\boldsymbol{U}\boldsymbol{A}\|_{\mathrm{F}}=\|\boldsymbol{A}\|_{\mathrm{F}}$，$\|\boldsymbol{A}\boldsymbol{V}\|_{\mathrm{F}}=\|\boldsymbol{A}\|_{\mathrm{F}}$，两者合在一起即有$\|\boldsymbol{U}\boldsymbol{A}\boldsymbol{V}\|_{\mathrm{F}}=\|\boldsymbol{A}\|_{\mathrm{F}}$。

正方矩阵的本征分解思想已拓广至非正方矩阵的奇异值分解，为叙述和应用方便，不妨将正方矩阵迹的概念拓广到非正方矩阵的所谓“广义迹”，矩阵$\boldsymbol{A}=(a_{ij})_{m\times n}$的“广义迹”定义为$\mathrm{tr}[\boldsymbol{A}]=\sum_{i=1}^{l}a_{ii}$，$l=\min[m,n]$。上述问题实质是求$m\times n$矩阵$\boldsymbol{A}$的部分“广义迹”$\mathrm{tr}_k[\boldsymbol{A}]=\sum_{i=1}^{k}a_{ii}$的极值，$k\leqslant l$，基于前面两个论证有如下定理。

定理 4.5.1　设$m\times n$矩阵$\boldsymbol{A}$奇异值分解为$\boldsymbol{U}^{\mathrm{T}}\boldsymbol{A}\boldsymbol{V}=\begin{pmatrix}\boldsymbol{\Lambda}_r & \boldsymbol{O}\\ \boldsymbol{O} & \boldsymbol{O}\end{pmatrix}_{m\times n}$，其中$\boldsymbol{\Lambda}_r=\mathrm{diag}(\lambda_1,\lambda_2,\cdots,\lambda_r)$，$\boldsymbol{U}^{\mathrm{T}}\boldsymbol{U}=\boldsymbol{I}_m$，$\boldsymbol{V}^{\mathrm{T}}\boldsymbol{V}=\boldsymbol{I}_n$，$\lambda_i(\boldsymbol{A})$为$\boldsymbol{A}$的第$i$大奇异值，关于部分“广义迹”的极值，有

$$\max_{\boldsymbol{P}^{\mathrm{T}}\boldsymbol{P}=\boldsymbol{I}_k,\boldsymbol{Q}^{\mathrm{T}}\boldsymbol{Q}=\boldsymbol{I}_k}\mathrm{tr}_k[\boldsymbol{P}^{\mathrm{T}}\boldsymbol{A}\boldsymbol{Q}]=\sum_{i=1}^{k}\lambda_i(\boldsymbol{A})=\mathrm{tr}_k[\boldsymbol{U}_{(k)}^{\mathrm{T}}\boldsymbol{A}\boldsymbol{V}_{(k)}],\quad k\leqslant r$$

式中，$\boldsymbol{U}_{(k)}$，$\boldsymbol{V}_{(k)}$分别是矩阵$\boldsymbol{A}$的奇异值按由大到小顺序排列时奇异矢量矩阵$\boldsymbol{U}$，$\boldsymbol{V}$的前k列构成的矩阵。

3. 基于协方差的核映射空间中两数据集相关分析

以上是在原始数据空间中运用奇异值分解方法求解两个数据集间具有最大协方差的两个主成分和相应的两个主轴，在核映射空间中也可以达到同样的目的。

首先假设只对$\boldsymbol{x}$进行核映射，仍然在原始数据空间中考虑$\boldsymbol{y}$，则有关式子中的$\boldsymbol{x}$替换成$\boldsymbol{\varphi}_1(\boldsymbol{x})$，$\boldsymbol{y}$保持不变，令$\boldsymbol{X}=\big(\boldsymbol{\varphi}_1(\boldsymbol{x}_1)\ \ \boldsymbol{\varphi}_1(\boldsymbol{x}_2)\ \ \cdots\ \ \boldsymbol{\varphi}_1(\boldsymbol{x}_N)\big)^{\mathrm{T}}$，$\boldsymbol{Y}=(\boldsymbol{y}_1\ \ \boldsymbol{y}_2\ \cdots\ \boldsymbol{y}_N)^{\mathrm{T}}$，由于$\boldsymbol{\varphi}_1(\boldsymbol{x})$未知，因此应该规避直接对$\hat{\boldsymbol{C}}_{\boldsymbol{\varphi}_1(x)y}$奇异值分解，通过对矩阵$\hat{\boldsymbol{C}}_{\boldsymbol{\varphi}_1(x)y}^{\mathrm{T}}\hat{\boldsymbol{C}}_{\boldsymbol{\varphi}_1(x)y}$进行 PCA 获得它的本征值和本征矢量矩阵$\boldsymbol{V}$，从而得到$\hat{\boldsymbol{C}}_{\boldsymbol{\varphi}_1(x)y}$的奇异值和右奇异矢量矩阵。此情况中

$$\hat{\boldsymbol{C}}_{\boldsymbol{\varphi}_1(x)y}^{\mathrm{T}}\hat{\boldsymbol{C}}_{\boldsymbol{\varphi}_1(x)y}=\frac{1}{N^2}\boldsymbol{Y}^{\mathrm{T}}\boldsymbol{X}\boldsymbol{X}^{\mathrm{T}}\boldsymbol{Y}=\frac{1}{N^2}\boldsymbol{Y}^{\mathrm{T}}\boldsymbol{K}_x\boldsymbol{Y}\tag{4.5.17}$$

式中，$\boldsymbol{K}_x=\big(\kappa(\boldsymbol{x}_i,\boldsymbol{x}_j)\big)_{N\times N}$是关于数据$\{\boldsymbol{x}_i\}_{i=1}^{N}$的核矩阵。存在标准正交矩阵$\boldsymbol{V}$使对称阵$\hat{\boldsymbol{C}}_{\boldsymbol{\varphi}_1(x)y}^{\mathrm{T}}\hat{\boldsymbol{C}}_{\boldsymbol{\varphi}_1(x)y}$对角化，设为

$$\frac{1}{N^2}\boldsymbol{V}^{\mathrm{T}}\boldsymbol{Y}^{\mathrm{T}}\boldsymbol{K}_x\boldsymbol{Y}\boldsymbol{V}=\boldsymbol{\Lambda}_x\tag{4.5.18}$$

或写为

$$\frac{1}{N^2}\boldsymbol{Y}^{\mathrm{T}}\boldsymbol{K}_x\boldsymbol{Y}\boldsymbol{V}=\boldsymbol{V}\boldsymbol{\Lambda}_x \tag{4.5.19}$$

由式(4.5.19)可以求得$\frac{1}{N^2}\boldsymbol{Y}^{\mathrm{T}}\boldsymbol{K}_x\boldsymbol{Y}$ 的各本征值σ_i^2和本征矢量矩阵 $\boldsymbol{V}$。

类似式(4.5.13),有

$$\hat{\boldsymbol{C}}_{\boldsymbol{\varphi}_1(x)y}=\sum_{i=1}^{N}\sigma_i\boldsymbol{u}_i\boldsymbol{v}_i^{\mathrm{T}} \tag{4.5.20}$$

式(4.5.20)两边右乘 $\boldsymbol{v}_i$,由本征矢量的正交性,可以得出

$$\boldsymbol{u}_i=\frac{1}{\sigma_i}\hat{\boldsymbol{C}}_{\boldsymbol{\varphi}_1(x)y}\boldsymbol{v}_i \tag{4.5.21}$$

至此可知,数据 $\boldsymbol{\varphi}_1(\boldsymbol{x})$在 $\boldsymbol{u}_i$上的投影值为

$$\begin{aligned}\boldsymbol{\varphi}_1(\boldsymbol{x})^{\mathrm{T}}\boldsymbol{u}_i&=\frac{1}{N\sigma_i}\boldsymbol{\varphi}_1(\boldsymbol{x})^{\mathrm{T}}\boldsymbol{X}^{\mathrm{T}}\boldsymbol{Y}\boldsymbol{v}_i=\frac{1}{N\sigma_i}(\boldsymbol{\varphi}_1(\boldsymbol{x})^{\mathrm{T}}\boldsymbol{X}^{\mathrm{T}})\boldsymbol{Y}\boldsymbol{v}_i\\&\triangleq\sum_{j=1}^{N}\alpha_j^i\kappa_1(\boldsymbol{x}_j,\boldsymbol{x})\end{aligned} \tag{4.5.22}$$

式中,α_j^i 是矢量

$$\boldsymbol{\alpha}^i=\frac{1}{N\sigma_i}\boldsymbol{Y}\boldsymbol{v}_i \tag{4.5.23}$$

的分量。利用式(4.5.19)和式(4.5.23)可以求得 $\boldsymbol{\alpha}^i$。利用式(4.5.22)可以求得 $\boldsymbol{x}$ 的所有样本在核空间的映像在$\boldsymbol{u}_i$ 上的投影值,它们是数据集第 i 个主成分,用它们可以算出主成分的样本均值和样本方差。

设分别对 $\boldsymbol{x}$、$\boldsymbol{y}$ 进行核映射,则上面有关式子中的 $\boldsymbol{x}$ 替换成$\boldsymbol{\varphi}_1(\boldsymbol{x})$,$\boldsymbol{y}$ 替换成$\boldsymbol{\varphi}_2(\boldsymbol{y})$,令$\boldsymbol{X}=(\boldsymbol{\varphi}_1(\boldsymbol{x}_1)\ \ \boldsymbol{\varphi}_1(\boldsymbol{x}_2)\ \ \cdots\ \ \boldsymbol{\varphi}_1(\boldsymbol{x}_N))^{\mathrm{T}}$,$\boldsymbol{Y}=(\boldsymbol{\varphi}_2(\boldsymbol{y}_1)\ \ \boldsymbol{\varphi}_2(\boldsymbol{y}_2)\ \ \cdots\ \ \boldsymbol{\varphi}_2(\boldsymbol{y}_N))^{\mathrm{T}}$,由于 $\boldsymbol{\varphi}_1(\boldsymbol{x})$、$\boldsymbol{\varphi}_2(\boldsymbol{y})$未知,因此应该规避直接对$\hat{\boldsymbol{C}}_{\boldsymbol{\varphi}_1(x)\boldsymbol{\varphi}_2(y)}$ 奇异值分解,采用矢量对偶表示技巧,设 $\boldsymbol{u}=\boldsymbol{X}^{\mathrm{T}}\boldsymbol{\alpha}$,$\boldsymbol{v}=\boldsymbol{Y}^{\mathrm{T}}\boldsymbol{\beta}$,式(4.5.3)相应变为

$$\begin{cases}\max\limits_{\boldsymbol{\alpha},\boldsymbol{\beta}}\ \boldsymbol{\alpha}^{\mathrm{T}}\boldsymbol{X}\boldsymbol{X}^{\mathrm{T}}\boldsymbol{Y}\boldsymbol{Y}^{\mathrm{T}}\boldsymbol{\beta}\\ \text{s.t.}\ \ \boldsymbol{\alpha}^{\mathrm{T}}\boldsymbol{X}\boldsymbol{X}^{\mathrm{T}}\boldsymbol{\alpha}=1\\ \qquad\ \boldsymbol{\beta}^{\mathrm{T}}\boldsymbol{Y}\boldsymbol{Y}^{\mathrm{T}}\boldsymbol{\beta}=1\end{cases} \tag{4.5.24}$$

利用核矩阵表达,$\boldsymbol{X}\boldsymbol{X}^{\mathrm{T}}=\boldsymbol{K}_x$,$\boldsymbol{Y}\boldsymbol{Y}^{\mathrm{T}}=\boldsymbol{K}_y$,上述最优化问题成为

$$\begin{cases}\max\limits_{\boldsymbol{\alpha},\boldsymbol{\beta}}\ \boldsymbol{\alpha}^{\mathrm{T}}\boldsymbol{K}_x\boldsymbol{K}_y\boldsymbol{\beta}\\ \text{s.t.}\ \ \boldsymbol{\alpha}^{\mathrm{T}}\boldsymbol{K}_x\boldsymbol{\alpha}=1\\ \qquad\ \boldsymbol{\beta}^{\mathrm{T}}\boldsymbol{K}_y\boldsymbol{\beta}=1\end{cases} \tag{4.5.25}$$

上述最优化问题的求解方法在 4.5.2 节的核典型相关分析中有详细介绍。

4.5.2 典型相关分析

在模式识别中,尤其是图像目标识别,因为观测点、观测时刻或观测频谱的不同,一个目标可能有多种不同的描述,致使一个目标集合将有多个对应的描述集合,通过寻找两个数据集的相关性,得到数据源的本原信息或目标的可靠信息。更一般地,数据分析经

常要探究两组变量之间是否存在相关关系。前面论述了分别在两组变量或两个数据集中提取它们之间协方差最大的主成分和相应的主轴矢量，本节的典型相关分析(CCA)方法通过分别在两组变量或两个数据集中提取归一化协方差最大的主成分和相应的主轴矢量，归一化的协方差就是相关系数，根据这两个主成分的相关系数推测两组变量或数据的相关关系。典型相关分析本质上是基于主成分的规范互相关分析(canonical 也有规范含义)。

1. 典型相关分析原理

设表征两个数据源或同一个数据源两种不同表示的两组变量分别为 $x_1,x_2,\cdots,x_n$ 和 $y_1,y_2,\cdots,y_m$，将它们写成矢量形式，$\boldsymbol{x}=(x_1,x_2,\cdots,x_n)^{\mathrm{T}}$，$\boldsymbol{y}=(y_1,y_2,\cdots,y_m)^{\mathrm{T}}$，对这两组变量分别对应采集 N 个样本，第一组变量和第二组变量的矢量数据集分别为 $\{\boldsymbol{x}_1,\boldsymbol{x}_2,\cdots,\boldsymbol{x}_N\}\in X$ 和 $\{\boldsymbol{y}_1,\boldsymbol{y}_2,\cdots,\boldsymbol{y}_N\}\in Y$，$\boldsymbol{x}_i$ 与 $\boldsymbol{y}_i$ 构成数据对，考量这两个数据源或数据集是否存在线性相关关系。利用主成分分析的思想，在数据空间 X 中提取由变量 $x_1,x_2,\cdots,x_n$ 适当线性组合的一个主成分，在数据空间 Y 中提取由变量 $y_1,y_2,\cdots,y_m$ 适当线性组合的一个主成分，并要求这两个主成分相关系数达到最大。设两个数据源(集)X 和 Y 中的矢量数据 $\boldsymbol{x}$ 和 $\boldsymbol{y}$ 均值矢量为零，$\boldsymbol{x}$ 和 $\boldsymbol{y}$ 分别向各自数据空间中的一个主轴矢量 $\boldsymbol{u}$ 和 $\boldsymbol{v}$ 投影，求使所生成的两个均值为零的随机变量 $\boldsymbol{x}^{\mathrm{T}}\boldsymbol{u}$ 和 $\boldsymbol{y}^{\mathrm{T}}\boldsymbol{v}$ 的相关系数最大

$$r=\frac{\mathrm{Cov}[\boldsymbol{u}^{\mathrm{T}}\boldsymbol{x},\boldsymbol{y}^{\mathrm{T}}\boldsymbol{v}]}{\sqrt{\mathrm{Var}[\boldsymbol{u}^{\mathrm{T}}\boldsymbol{x}]\mathrm{Var}[\boldsymbol{v}^{\mathrm{T}}\boldsymbol{y}]}}=\frac{\mathrm{E}[\boldsymbol{u}^{\mathrm{T}}\boldsymbol{x}\boldsymbol{y}^{\mathrm{T}}\boldsymbol{v}]}{\sqrt{\mathrm{E}[\boldsymbol{u}^{\mathrm{T}}\boldsymbol{x}\boldsymbol{x}^{\mathrm{T}}\boldsymbol{u}]\mathrm{E}[\boldsymbol{v}^{\mathrm{T}}\boldsymbol{y}\boldsymbol{y}^{\mathrm{T}}\boldsymbol{v}]}}=\frac{\boldsymbol{u}^{\mathrm{T}}\boldsymbol{C}_{xy}\boldsymbol{v}}{\sqrt{\boldsymbol{u}^{\mathrm{T}}\boldsymbol{C}_{xx}\boldsymbol{u}\boldsymbol{v}^{\mathrm{T}}\boldsymbol{C}_{yy}\boldsymbol{v}}}\Rightarrow\max \tag{4.5.26}$$

分式结构的相关系数最大化会使其分母达最小，分母所表示的两个变量的方差变最小将失去主成分对两组变量的代表性，为此利用求解 Rayleigh 商方法，加约束进行规格化，式(4.5.26)分母中两个方差均限定为 1，于是问题化为如下最优化问题：

$$\begin{cases}\max\limits_{\boldsymbol{u},\boldsymbol{v}}\ \boldsymbol{u}^{\mathrm{T}}\boldsymbol{C}_{xy}\boldsymbol{v}\\ \mathrm{s.t.}\quad \boldsymbol{u}^{\mathrm{T}}\boldsymbol{C}_{xx}\boldsymbol{u}=1\\ \qquad\ \ \boldsymbol{v}^{\mathrm{T}}\boldsymbol{C}_{yy}\boldsymbol{v}=1\end{cases} \tag{4.5.27}$$

运用拉格朗日乘数法，构造拉格朗日函数并使其最大化

$$\max_{\boldsymbol{u},\boldsymbol{v},\lambda_x,\lambda_y}\boldsymbol{u}^{\mathrm{T}}\boldsymbol{C}_{xy}\boldsymbol{v}-\frac{\lambda_x}{2}(\boldsymbol{u}^{\mathrm{T}}\boldsymbol{C}_{xx}\boldsymbol{u}-1)-\frac{\lambda_y}{2}(\boldsymbol{v}^{\mathrm{T}}\boldsymbol{C}_{yy}\boldsymbol{v}-1) \tag{4.5.28}$$

式(4.5.28)分别对矢量 $\boldsymbol{u}$ 和 $\boldsymbol{v}$ 求导并令其值为零矢量，可得

$$\boldsymbol{C}_{xy}\boldsymbol{v}-\lambda_x\boldsymbol{C}_{xx}\boldsymbol{u}=\boldsymbol{0} \tag{4.5.29}$$

$$\boldsymbol{C}_{yx}\boldsymbol{u}-\lambda_y\boldsymbol{C}_{yy}\boldsymbol{v}=\boldsymbol{0} \tag{4.5.30}$$

式(4.5.29)和式(4.5.30)分别左乘 $\boldsymbol{u}^{\mathrm{T}}$ 和 $\boldsymbol{v}^{\mathrm{T}}$，得到

$$\boldsymbol{u}^{\mathrm{T}}\boldsymbol{C}_{xy}\boldsymbol{v}-\lambda_x\boldsymbol{u}^{\mathrm{T}}\boldsymbol{C}_{xx}\boldsymbol{u}=0 \tag{4.5.31}$$

$$\boldsymbol{v}^{\mathrm{T}}\boldsymbol{C}_{yx}\boldsymbol{u}-\lambda_y\boldsymbol{v}^{\mathrm{T}}\boldsymbol{C}_{yy}\boldsymbol{v}=0 \tag{4.5.32}$$

式(4.5.31)矩阵转置后与式(4.5.32)相减，可得

$$\lambda_x \boldsymbol{u}^{\mathrm{T}} \boldsymbol{C}_{xx} \boldsymbol{u} - \lambda_y \boldsymbol{v}^{\mathrm{T}} \boldsymbol{C}_{yy} \boldsymbol{v} = 0 \tag{4.5.33}$$

由式(4.5.27)中的约束条件可知，$\lambda_x = \lambda_y \triangleq \lambda$，并且进一步由式(4.5.31)和式(4.5.32)可知

$$\boldsymbol{u}^{\mathrm{T}} \boldsymbol{C}_{xy} \boldsymbol{v} = \lambda \boldsymbol{u}^{\mathrm{T}} \boldsymbol{C}_{xx} \boldsymbol{u} = \lambda \tag{4.5.34a}$$

$$\boldsymbol{v}^{\mathrm{T}} \boldsymbol{C}_{yx} \boldsymbol{u} = \lambda \boldsymbol{v}^{\mathrm{T}} \boldsymbol{C}_{yy} \boldsymbol{v} = \lambda \tag{4.5.34b}$$

将式(4.5.29)和式(4.5.30)联合成一个方程

$$\begin{pmatrix} \boldsymbol{C}_{xy} \boldsymbol{v} \\ \boldsymbol{C}_{yx} \boldsymbol{u} \end{pmatrix} = \lambda \begin{pmatrix} \boldsymbol{C}_{xx} \boldsymbol{u} \\ \boldsymbol{C}_{yy} \boldsymbol{v} \end{pmatrix} \tag{4.5.35}$$

将式(4.5.35)写成广义本征方程形式

$$\begin{pmatrix} \boldsymbol{O} & \boldsymbol{C}_{xy} \\ \boldsymbol{C}_{yx} & \boldsymbol{O} \end{pmatrix} \begin{pmatrix} \boldsymbol{u} \\ \boldsymbol{v} \end{pmatrix} = \lambda \begin{pmatrix} \boldsymbol{C}_{xx} & \boldsymbol{O} \\ \boldsymbol{O} & \boldsymbol{C}_{yy} \end{pmatrix} \begin{pmatrix} \boldsymbol{u} \\ \boldsymbol{v} \end{pmatrix} \tag{4.5.36}$$

由上面的广义本征方程求解 $\lambda, \boldsymbol{u}, \boldsymbol{v}$。由式(4.5.34)、式(4.5.26)和式(4.5.27)中的约束可知，本征值 λ 给出了(典型)相关系数值，$\boldsymbol{u}, \boldsymbol{v}$ 给出了两个数据源分别投影的两个(典型)主轴矢量。

由式(4.5.29)和式(4.5.30)，在矩阵有逆的设定下，通过适当的运算得出没有两个本征矢量"耦合"的本征方程，可以分别求解关于矢量 $\boldsymbol{u}, \boldsymbol{v}$ 的本征方程：

$$\boldsymbol{C}_{xx}^{-1} \boldsymbol{C}_{xy} \boldsymbol{C}_{yy}^{-1} \boldsymbol{C}_{yx} \boldsymbol{u} = \lambda^2 \boldsymbol{u} \tag{4.5.37}$$

$$\boldsymbol{C}_{yy}^{-1} \boldsymbol{C}_{yx} \boldsymbol{C}_{xx}^{-1} \boldsymbol{C}_{xy} \boldsymbol{v} = \lambda^2 \boldsymbol{v} \tag{4.5.38}$$

注意，上述本征方程对应的本征值是 λ^2。

求解上述两种类型的本征方程可以得到区间[−1，+1]中的全部本征值。由式(4.5.29)和式(4.5.30)可以看出，若有本征值 λ_i 和对应的本征矢量 $\begin{pmatrix} \boldsymbol{u}_i \\ \boldsymbol{v}_i \end{pmatrix}$，则有本征值 $-\lambda_i$ 和对应的本征矢量 $\begin{pmatrix} \boldsymbol{u}_i \\ -\boldsymbol{v}_i \end{pmatrix}$。通常只考虑正相关(或只考虑负相关)，若只考虑正的本征值，则对应于最大本征值的本征矢量给出最强的相关性——最大相关系数。

典型相关分析中通常要寻求多个主轴矢量和主分量，随机矢量 $\boldsymbol{x}$ 和 $\boldsymbol{y}$ 分别向各自数据空间中主轴矢量 $\boldsymbol{u}_i$ 和 $\boldsymbol{v}_i$ 的投影值 $p_i = \boldsymbol{x}^{\mathrm{T}} \boldsymbol{u}_i$ 和 $q_i = \boldsymbol{y}^{\mathrm{T}} \boldsymbol{v}_i$ 称为典型(主)成分或典型变量，p_i 与 q_i 称为典型相关成分对。

实际应用中，典型相关分析往往是在两个数据集中进行，有关的协方差阵用样本平均近似：

$$\boldsymbol{C}_{xy} = \mathrm{E}[\boldsymbol{x}\boldsymbol{y}^{\mathrm{T}}] \approx \frac{1}{N} \sum_{i=1}^{N} \boldsymbol{x}_i \boldsymbol{y}_i^{\mathrm{T}} \tag{4.5.39}$$

$$\boldsymbol{C}_{xx} = \mathrm{E}[\boldsymbol{x}\boldsymbol{x}^{\mathrm{T}}] \approx \frac{1}{N} \sum_{i=1}^{N} \boldsymbol{x}_i \boldsymbol{x}_i^{\mathrm{T}} \tag{4.5.40}$$

$$\boldsymbol{C}_{yy} = \mathrm{E}[\boldsymbol{y}\boldsymbol{y}^{\mathrm{T}}] \approx \frac{1}{N} \sum_{i=1}^{N} \boldsymbol{y}_i \boldsymbol{y}_i^{\mathrm{T}} \tag{4.5.41}$$

设两个数据集分别写成数据矩阵 $\boldsymbol{X} = (\boldsymbol{x}_1\ \boldsymbol{x}_2\ \cdots\ \boldsymbol{x}_N)^{\mathrm{T}}$ 和 $\boldsymbol{Y} = (\boldsymbol{y}_1\ \boldsymbol{y}_2\ \cdots\ \boldsymbol{y}_N)^{\mathrm{T}}$，相应的典型相关成分对为

$$\boldsymbol{p}_1 = \boldsymbol{X} \boldsymbol{u}_1 \tag{4.5.42}$$

$$\boldsymbol{q}_1 = \boldsymbol{Y} \boldsymbol{v}_1 \tag{4.5.43}$$

容易看出，上面两个典型相关成分对是两个数据集各样本分别在各自主轴矢量上的投影构成的矢量，相关成分对存在换算关系。

通常，只有一对典型相关成分还不能充分地反映两个数据集之间的相关关系，还要寻找第二对主轴矢量 $\boldsymbol{u}_2$、$\boldsymbol{v}_2$ 和典型相关成分对：

$$\boldsymbol{p}_2 = \boldsymbol{X}\boldsymbol{u}_2$$

$$\boldsymbol{q}_2 = \boldsymbol{Y}\boldsymbol{v}_2$$

仍由本征方程(4.5.36)或本征方程(4.5.37)和(4.5.38)求解第二大本征值 λ_2、相应主轴矢量对和典型相关成分对。同理，如果需要，还可依此求得其他较大的本征值、主轴矢量对和典型相关成分对。

典型相关分析的几何意义是：相关系数是典型相关成分对 $\boldsymbol{p}_i$ 与 $\boldsymbol{q}_i$ 的夹角余弦；两组观测样本分别确定了一个 n 维超平面和一个 m 维超平面，可以说它们都过坐标原点，主成分分析是线性变换产生新的点坐标，两个超平面在新坐标系的夹角余弦即典型相关系数，典型相关分析是使这两个超平面尽量平行。

2. 典型相关分析性质

典型相关分析有如下主要性质。

(1) 不同本征值对应的本征矢量共轭正交。由前面推导容易得出

$$\boldsymbol{u}_i^{\mathrm{T}}\boldsymbol{C}_{xx}\boldsymbol{u}_j = \boldsymbol{v}_i^{\mathrm{T}}\boldsymbol{C}_{yy}\boldsymbol{v}_j = 0 \tag{4.5.44}$$

(2) 典型相关成分对存在换算关系。由式(4.5.29)和式(4.5.30)有

$$\boldsymbol{u} = \frac{1}{\lambda}\boldsymbol{C}_{xx}^{-1}\boldsymbol{C}_{xy}\boldsymbol{v}$$

$$\boldsymbol{v} = \frac{1}{\lambda}\boldsymbol{C}_{yy}^{-1}\boldsymbol{C}_{yx}\boldsymbol{u}$$

由上面两式可以得出关于数据集的典型相关成分对的换算关系：

$$\boldsymbol{p} = \boldsymbol{X}\boldsymbol{u} = \frac{1}{\lambda}\boldsymbol{X}(\boldsymbol{X}^{\mathrm{T}}\boldsymbol{X})^{-1}\boldsymbol{X}^{\mathrm{T}}\boldsymbol{Y}\boldsymbol{v} = \frac{1}{\lambda}\boldsymbol{X}(\boldsymbol{X}^{\mathrm{T}}\boldsymbol{X})^{-1}\boldsymbol{X}^{\mathrm{T}}\boldsymbol{q} \tag{4.5.45a}$$

$$\boldsymbol{q} = \boldsymbol{Y}\boldsymbol{v} = \frac{1}{\lambda}\boldsymbol{Y}(\boldsymbol{Y}^{\mathrm{T}}\boldsymbol{Y})^{-1}\boldsymbol{Y}^{\mathrm{T}}\boldsymbol{X}\boldsymbol{u} = \frac{1}{\lambda}\boldsymbol{Y}(\boldsymbol{Y}^{\mathrm{T}}\boldsymbol{Y})^{-1}\boldsymbol{Y}^{\mathrm{T}}\boldsymbol{p} \tag{4.5.45b}$$

(3) 典型主成分相互正交

对于有限数据集，典型主成分相互正交

$$\boldsymbol{p}_i^{\mathrm{T}}\boldsymbol{p}_j = 0,\ \boldsymbol{q}_i^{\mathrm{T}}\boldsymbol{q}_j = 0,\ \boldsymbol{p}_i^{\mathrm{T}}\boldsymbol{q}_j = 0,\quad i \neq j \tag{4.5.46}$$

证明：由式(4.5.37)，有

$$\boldsymbol{C}_{xx}^{-1}\boldsymbol{C}_{xy}\boldsymbol{C}_{yy}^{-1}\boldsymbol{C}_{yx}\boldsymbol{u}_i = \lambda_i^2\boldsymbol{u}_i$$

上式左乘 $\boldsymbol{C}_{xx}^{1/2}$，得

$$\boldsymbol{C}_{xx}^{-1/2}\boldsymbol{C}_{xy}\boldsymbol{C}_{yy}^{-1}\boldsymbol{C}_{yx}\boldsymbol{C}_{xx}^{-1/2}\boldsymbol{C}_{xx}^{1/2}\boldsymbol{u}_i = \lambda_i^2\boldsymbol{C}_{xx}^{1/2}\boldsymbol{u}_i$$

可知，$\boldsymbol{C}_{xx}^{1/2}\boldsymbol{u}_i$ 是矩阵 $\boldsymbol{C}_{xx}^{-1/2}\boldsymbol{C}_{xy}\boldsymbol{C}_{yy}^{-1}\boldsymbol{C}_{yx}\boldsymbol{C}_{xx}^{-1/2}$ 的本征矢量，不同本征值对应的本征矢量正交，因此

$$\boldsymbol{p}_i^{\mathrm{T}}\boldsymbol{p}_j = \boldsymbol{u}_i^{\mathrm{T}}\boldsymbol{X}^{\mathrm{T}}\boldsymbol{X}\boldsymbol{u}_j = N\boldsymbol{u}_i^{\mathrm{T}}\hat{\boldsymbol{C}}_{xx}\boldsymbol{u}_j$$

$$=N\,(\hat{\boldsymbol{C}}_{xx}^{1/2}\boldsymbol{u}_i)^{\mathrm{T}}(\hat{\boldsymbol{C}}_{xx}^{1/2}\boldsymbol{u}_j)=0$$

类似地,由式(4.5.38)可以得到 $\boldsymbol{q}_i^{\mathrm{T}}\boldsymbol{q}_j=0$。利用典型相关成分对转换关系和式(4.5.37)或式(4.5.38)可得,$\boldsymbol{p}_i^{\mathrm{T}}\boldsymbol{q}_j=0$。这也证明了式(4.5.44)。

(4) 设变量 x_i 的 N 个采样值构成矢量 $\boldsymbol{x}^i$,变量 y_j 的 N 个采样值构成矢量 $\boldsymbol{y}^j$,各变量的采样 $\boldsymbol{x}^i$、$\boldsymbol{y}^j$ 与 $\boldsymbol{p}_k$、$\boldsymbol{q}_k$ 的相关系数成比例

$$r(\boldsymbol{x}^i,\boldsymbol{q}_k)=\lambda_k r(\boldsymbol{x}^i,\boldsymbol{p}_k),\quad i=1,2,\cdots,n \tag{4.5.47a}$$

$$r(\boldsymbol{y}^j,\boldsymbol{p}_k)=\lambda_k r(\boldsymbol{y}^j,\boldsymbol{q}_k),\quad j=1,2,\cdots,m \tag{4.5.47b}$$

证明:由式(4.5.35)对于数据集,有 $(\boldsymbol{X}^{\mathrm{T}}\boldsymbol{X})^{-1}\boldsymbol{X}^{\mathrm{T}}\boldsymbol{Y}\boldsymbol{v}_k=\lambda\boldsymbol{u}_k$,其两边左乘 $\boldsymbol{X}^{\mathrm{T}}\boldsymbol{X}$ 可得

$$\boldsymbol{X}^{\mathrm{T}}\boldsymbol{X}\,(\boldsymbol{X}^{\mathrm{T}}\boldsymbol{X})^{-1}\boldsymbol{X}^{\mathrm{T}}\boldsymbol{Y}\boldsymbol{v}_k=\lambda_k\boldsymbol{X}^{\mathrm{T}}\boldsymbol{X}\boldsymbol{u}_k$$

由此有

$$\boldsymbol{X}^{\mathrm{T}}\boldsymbol{Y}\boldsymbol{v}_k=\lambda_k\boldsymbol{X}^{\mathrm{T}}\boldsymbol{X}\boldsymbol{u}_k$$

即

$$(\boldsymbol{x}_1\ \boldsymbol{x}_2\ \cdots\ \boldsymbol{x}_N)\boldsymbol{q}_k=\lambda_k(\boldsymbol{x}_1\ \boldsymbol{x}_2\ \cdots\ \boldsymbol{x}_N)\boldsymbol{p}_k$$

由此可得

$$r(\boldsymbol{x}^i,\boldsymbol{q}_k)=\lambda_k r(\boldsymbol{x}^i,\boldsymbol{p}_k),\quad i=1,2,\cdots,n$$

类似地,可证得

$$r(\boldsymbol{y}^j,\boldsymbol{p}_k)=\lambda_k r(\boldsymbol{y}^j,\boldsymbol{q}_k),\quad j=1,2,\cdots,m$$

(5) 各变量 x_i 和 y_j 的采样 $\boldsymbol{x}^i$、$\boldsymbol{y}^j$ 的相关系数由它们与典型成分 $\boldsymbol{p}_k$ 和 $\boldsymbol{q}_k$ 的相关系数构成。设 $s=\mathrm{rank}(\boldsymbol{X},\boldsymbol{Y})$,于是有

$$r(\boldsymbol{x}^i,\boldsymbol{y}^j)=\sum_{k=1}^{s}r(\boldsymbol{x}^i,\boldsymbol{p}_k)r(\boldsymbol{y}^j,\boldsymbol{p}_k) \tag{4.5.48a}$$

$$r(\boldsymbol{x}^i,\boldsymbol{y}^j)=\sum_{k=1}^{s}r(\boldsymbol{x}^i,\boldsymbol{q}_k)r(\boldsymbol{y}^j,\boldsymbol{q}_k) \tag{4.5.48b}$$

证明略。此关系在分析两个数据集的相关性时十分有用。

3. 正则化典型相关分析

数据源的两个观测数据集(尤其是它们核映射数据的分布)有时不能真实反映它们的相关关系,或不利于优化处理,此时需要应用正则化技术,由前面的讨论及式(4.5.27)容易得出正则化 CCA:

$$\begin{cases}\max\limits_{\boldsymbol{u},\boldsymbol{v}}\ \boldsymbol{u}^{\mathrm{T}}\boldsymbol{C}_{xy}\boldsymbol{v}\\ \text{s.t.}\quad (1-\mu_x)\boldsymbol{u}^{\mathrm{T}}\boldsymbol{C}_{xx}\boldsymbol{u}+\mu_x\|\boldsymbol{u}\|^2=1\\ \qquad\ (1-\mu_y)\boldsymbol{v}^{\mathrm{T}}\boldsymbol{C}_{yy}\boldsymbol{v}+\mu_y\|\boldsymbol{v}\|^2=1\end{cases} \tag{4.5.49}$$

式中,正则化参数 μ_x,μ_y 用于防止产生伪相关。由式(4.5.49)和式(4.5.3)可以看出,μ_x、μ_y 用于权衡本节所讨论的相关性和 4.5.1 节第一部分所讨论的协方差,正则化 CCA 可以看作是本节方法与 4.5.1 节第一部分所讨论方法的融合。可以运用拉格朗日乘数法求解优化问题(4.5.49)。

4. 典型相关系数的显著性检验

典型相关分析中通常要寻求多个主轴矢量和主分量，可以采用显著性检验确定要取多少个典型成分[2]。设数据集的数据均来自多维标准正态分布的总体，在不断增加检验相关系数个数的过程中，检验 c 个(或第 $c+1$ 个)典型相关系数$\{\rho_k\}$显著性的 H_0 和 H_1 假设是

$$H_0^c:\quad \rho_1^2 \geqslant \rho_2^2 \geqslant \cdots \geqslant \rho_c^2 \neq 0,\quad \rho_{c+1} = \rho_{c+2} = \cdots = \rho_s = 0$$

$$H_1^c:\quad \forall \rho_j \neq 0,\quad j \geqslant c+1$$

其中，$s=\mathrm{rank}(\boldsymbol{X},\boldsymbol{Y})$。由 Gittes 统计量

$$\Lambda_c = \prod_{k=c+1}^{s}(1-\rho_k^2)$$

构造 Bartlett 统计量和 Roa 统计量检验 H_0。

(1) Bartlett 统计量用于检验大样本多维正态母体方差的齐性或分布的拖尾性，定义为

$$\chi^2 = -\left[N - \frac{1}{2}(n+m+3)\right]\ln \Lambda_c$$

该统计量近似服从自由度为$(n-c)(m-c)$的 χ^2 分布，在给定的显著性水平 α 下，若 $\chi^2 \geqslant \chi^2(\alpha)$，则拒绝原假设，认为至少还有一对典型变量之间显著相关。相关显著性检验统计量还有其他修正形式，如上式中括号中添加一项：$-c$，又如(Glynn，Muirhead，1978 年)：

$$\chi^2 = -\left[N - \frac{1}{2}(n+m+3) - c + \sum_{i=1}^{c}\rho_i^{-2}\right]\ln \Lambda_c$$

(2) Roa 统计量

$$F = \frac{1-\Lambda_c^{1/t}}{\Lambda_c^{1/t}}\frac{dl_2}{dl_1}$$

式中

$$dl_1 = (n-c)(m-c)$$

$$dl_2 = wt - \frac{1}{2}(n-c)(m-c) + 1$$

$$w = N - \frac{1}{2}(n+m+3)$$

$$t = \sqrt{\frac{(n-c)^2\,(m-c)^2 - 4}{(n-c)^2 + (m-c)^2 - 5}}$$

该统计量近似服从 F 分布，第一自由度为 dl_1，第二自由度为 dl_2。

5. 核典型相关分析

典型相关分析也可以在核映射空间中实施。设 $\boldsymbol{\varphi}_1(\boldsymbol{x})$、$\boldsymbol{\varphi}_2(\boldsymbol{y})$分别是关于数据集 X 和 Y 的映射函数，有关协方差阵用平均代替期望

$$\boldsymbol{C}_{xy} = \mathrm{E}[\boldsymbol{\varphi}_1(\boldsymbol{x})\boldsymbol{\varphi}_2(\boldsymbol{y})^{\mathrm{T}}] \approx \frac{1}{N}\sum_{i=1}^{N}\boldsymbol{\varphi}_1(\boldsymbol{x}_i)\boldsymbol{\varphi}_2(\boldsymbol{y}_i)^{\mathrm{T}} \tag{4.5.50}$$

$$\boldsymbol{C}_{xx} = \mathrm{E}[\boldsymbol{\varphi}_1(\boldsymbol{x})\boldsymbol{\varphi}_1(\boldsymbol{x})^{\mathrm{T}}] \approx \frac{1}{N}\sum_{i=1}^{N}\boldsymbol{\varphi}_1(\boldsymbol{x}_i)\boldsymbol{\varphi}_1(\boldsymbol{x}_i)^{\mathrm{T}} \tag{4.5.51}$$

$$\boldsymbol{C}_{yy}=\mathrm{E}[\boldsymbol{\varphi}_2(\boldsymbol{y})\boldsymbol{\varphi}_2(\boldsymbol{y})^{\mathrm{T}}]\approx\frac{1}{N}\sum_{i=1}^{N}\boldsymbol{\varphi}_2(\boldsymbol{y}_i)\boldsymbol{\varphi}_2(\boldsymbol{y}_i)^{\mathrm{T}} \tag{4.5.52}$$

令矩阵 $\boldsymbol{X}=\big(\boldsymbol{\varphi}_1(\boldsymbol{x}_1)\ \ \boldsymbol{\varphi}_1(\boldsymbol{x}_2)\ \ \cdots\ \ \boldsymbol{\varphi}_1(\boldsymbol{x}_N)\big)^{\mathrm{T}}$，$\boldsymbol{Y}=\big(\boldsymbol{\varphi}_2(\boldsymbol{y}_1)\ \ \boldsymbol{\varphi}_2(\boldsymbol{y}_2)\ \ \cdots\ \ \boldsymbol{\varphi}_2(\boldsymbol{y}_N)\big)^{\mathrm{T}}$，采用矢量对偶表示技巧，设 $\boldsymbol{u}=\boldsymbol{X}^{\mathrm{T}}\boldsymbol{\alpha}$，$\boldsymbol{v}=\boldsymbol{Y}^{\mathrm{T}}\boldsymbol{\beta}$，式(4.5.27)相应变为

$$\begin{cases}\max\limits_{\boldsymbol{\alpha},\boldsymbol{\beta}}\ \boldsymbol{\alpha}^{\mathrm{T}}\boldsymbol{X}\boldsymbol{X}^{\mathrm{T}}\boldsymbol{Y}\boldsymbol{Y}^{\mathrm{T}}\boldsymbol{\beta}\\ \text{s.t.}\ \ \boldsymbol{\alpha}^{\mathrm{T}}\boldsymbol{X}\boldsymbol{X}^{\mathrm{T}}\boldsymbol{X}\boldsymbol{X}^{\mathrm{T}}\boldsymbol{\alpha}=1\\ \qquad \boldsymbol{\beta}^{\mathrm{T}}\boldsymbol{Y}\boldsymbol{Y}^{\mathrm{T}}\boldsymbol{Y}\boldsymbol{Y}^{\mathrm{T}}\boldsymbol{\beta}=1\end{cases} \tag{4.5.53}$$

利用核矩阵表达，$\boldsymbol{X}\boldsymbol{X}^{\mathrm{T}}=\boldsymbol{K}_x$，$\boldsymbol{Y}\boldsymbol{Y}^{\mathrm{T}}=\boldsymbol{K}_y$，上面的最优化问题成为

$$\begin{cases}\max\limits_{\boldsymbol{\alpha},\boldsymbol{\beta}}\ \boldsymbol{\alpha}^{\mathrm{T}}\boldsymbol{K}_x\boldsymbol{K}_y\boldsymbol{\beta}\\ \text{s.t.}\ \ \boldsymbol{\alpha}^{\mathrm{T}}\boldsymbol{K}_x^2\boldsymbol{\alpha}=1\\ \qquad \boldsymbol{\beta}^{\mathrm{T}}\boldsymbol{K}_y^2\boldsymbol{\beta}=1\end{cases} \tag{4.5.54}$$

对此最优化问题可以运用前述同样的最优化方法求解。

由式(4.5.54)、式(4.5.49)及 $\boldsymbol{u}=\boldsymbol{X}^{\mathrm{T}}\boldsymbol{\alpha}$，$\boldsymbol{v}=\boldsymbol{Y}^{\mathrm{T}}\boldsymbol{\beta}$，容易得出核正则化 CCA 成为如下最优化问题：

$$\begin{cases}\max\limits_{\boldsymbol{\alpha},\boldsymbol{\beta}}\ \boldsymbol{\alpha}^{\mathrm{T}}\boldsymbol{K}_x\boldsymbol{K}_y\boldsymbol{\beta}\\ \text{s.t.}\ \ (1-\mu_x)\boldsymbol{\alpha}^{\mathrm{T}}\boldsymbol{K}_x^2\boldsymbol{\alpha}+\mu_x\boldsymbol{\alpha}^{\mathrm{T}}\boldsymbol{K}_x\boldsymbol{\alpha}=1\\ \qquad (1-\mu_y)\boldsymbol{\beta}^{\mathrm{T}}\boldsymbol{K}_y^2\boldsymbol{\beta}+\mu_y\boldsymbol{\beta}^{\mathrm{T}}\boldsymbol{K}_y\boldsymbol{\beta}=1\end{cases} \tag{4.5.55}$$

采用拉格朗日乘数法，建立类似于式(4.5.28)的拉格朗日函数，然后分别对 $\boldsymbol{\alpha}$、$\boldsymbol{\beta}$ 求偏导并令结果为零矢量，利用 4.5.2 节所得的 $\lambda_x=\lambda_y\triangleq\lambda$ 结论，可得

$$\boldsymbol{K}_x\boldsymbol{K}_y\boldsymbol{\beta}-\lambda(1-\mu_x)\boldsymbol{K}_x^2\boldsymbol{\alpha}-\lambda\mu_x\boldsymbol{K}_x\boldsymbol{\alpha}=\boldsymbol{0} \tag{4.5.56}$$

$$\boldsymbol{K}_y\boldsymbol{K}_x\boldsymbol{\alpha}-\lambda(1-\mu_y)\boldsymbol{K}_y^2\boldsymbol{\beta}-\lambda\mu_y\boldsymbol{K}_y\boldsymbol{\beta}=\boldsymbol{0} \tag{4.5.57}$$

式中，$\boldsymbol{\alpha}$、$\boldsymbol{\beta}$ 分别是 $\boldsymbol{u}$、$\boldsymbol{v}$ 的矢量对偶表示。

因 $\boldsymbol{X}^{\mathrm{T}}$、$\boldsymbol{Y}^{\mathrm{T}}$未知，不能直接由其求出$\boldsymbol{u}$和$\boldsymbol{v}$，为了规避这个问题，采用矩阵 Cholesky 分解方法。设原始矢量数据集为$\{\boldsymbol{x}_1,\boldsymbol{x}_2,\cdots,\boldsymbol{x}_N\}$，它们的核映像构成矩阵 $\boldsymbol{X}=\big(\boldsymbol{\varphi}(\boldsymbol{x}_1)\ \ \boldsymbol{\varphi}(\boldsymbol{x}_2)\ \ \cdots\ \ \boldsymbol{\varphi}(\boldsymbol{x}_N)\big)^{\mathrm{T}}$，由矩阵 QR 分解$\boldsymbol{X}^{\mathrm{T}}=\boldsymbol{Q}\boldsymbol{R}$导出对称正定核矩阵 Cholesky 分解

$$\boldsymbol{K}=\boldsymbol{X}\boldsymbol{X}^{\mathrm{T}}=\boldsymbol{R}^{\mathrm{T}}\boldsymbol{Q}^{\mathrm{T}}\boldsymbol{Q}\boldsymbol{R}=\boldsymbol{R}^{\mathrm{T}}\boldsymbol{R} \tag{4.5.58}$$

式中，$\boldsymbol{R}$ 是对角线上元素为正数的上三角矩阵，$\boldsymbol{Q}$ 是列正交矩阵。由式 $\boldsymbol{X}^{\mathrm{T}}=\boldsymbol{Q}\boldsymbol{R}$ 可知，对核矩阵进行 Cholesky 分解等价于在核映射空间中进行 Gram-Schmidt 标准正交化，$\boldsymbol{R}=(\boldsymbol{r}_1\ \boldsymbol{r}_2\ \cdots\ \boldsymbol{r}_N)$的各列是$\{\boldsymbol{\varphi}(\boldsymbol{x}_1),\boldsymbol{\varphi}(\boldsymbol{x}_2),\cdots,\boldsymbol{\varphi}(\boldsymbol{x}_N)\}$在 $\boldsymbol{Q}$ 的列作为正交基上新的表示，$\boldsymbol{\varphi}(\boldsymbol{x}_i)=\boldsymbol{Q}\boldsymbol{r}_i$。将数据$\{\boldsymbol{x}_1,\boldsymbol{x}_2,\cdots,\boldsymbol{x}_N\}$表示成 $\boldsymbol{R}$ 的各列隐含定义一个映射

$$\hat{\boldsymbol{\varphi}}:\boldsymbol{x}_i\mapsto\boldsymbol{r}_i$$

这个映射所产生的核函数$\hat{\kappa}$与原核函数 κ 相同，即

$$\langle\hat{\boldsymbol{\varphi}}(\boldsymbol{x}_i),\hat{\boldsymbol{\varphi}}(\boldsymbol{x}_j)\rangle\triangleq\hat{\kappa}(\boldsymbol{x}_i,\boldsymbol{x}_j)=\kappa(\boldsymbol{x}_i,\boldsymbol{x}_j) \tag{4.5.59}$$

矩阵 $\boldsymbol{R}$ 可以利用核矩阵求解[5]。

此外，由矢量对偶表示可知，$\boldsymbol{\alpha}$ 与 $\boldsymbol{\beta}$ 串接成的矢量的分量个数是样本个数的两倍，这意味着广义本征值个数是样本个数的两倍，数量比较大，解决此问题的一种方法是对数据

偏 Gram-Schmidt 标准正交化，以形成数据低维表示。对核矩阵进行不完全 Cholesky 分解

$$\boldsymbol{K}_x=\boldsymbol{R}_x^{\mathrm{T}}\boldsymbol{R}_x$$

$$\boldsymbol{K}_y=\boldsymbol{R}_y^{\mathrm{T}}\boldsymbol{R}_y$$

不完全 Cholesky 分解保证 $\boldsymbol{R}_x\in\mathbb{R}^{n_x\times N}$ 行矢量线性无关，所以 $\boldsymbol{R}_x\boldsymbol{R}_x^{\mathrm{T}}$ 可逆，对于 $\boldsymbol{R}_y\in\mathbb{R}^{n_y\times N}$，$\boldsymbol{R}_y\boldsymbol{R}_y^{\mathrm{T}}$ 也有同样的结论。将上面两式代入式(4.5.56)和式(4.5.57)中，由于 $\boldsymbol{R}_x$ 和 $\boldsymbol{R}_y$ 的列都是由 Gram-Schmidt 过程建立的标准正交基中训练样本新的核映射矢量，且构成的核矩阵与原核矩阵相同，因此可令 $\boldsymbol{u}=\boldsymbol{R}_x\boldsymbol{\alpha}$，$\boldsymbol{v}=\boldsymbol{R}_y\boldsymbol{\beta}$，使其返回关于 $\boldsymbol{u}$、$\boldsymbol{v}$ 的方程可以看作原始典型相关分析，由式(4.5.56)和式(4.5.57)得出方程

$$\boldsymbol{R}_x\boldsymbol{R}_y^{\mathrm{T}}\boldsymbol{v}-\lambda(1-\mu_x)\boldsymbol{R}_x\boldsymbol{R}_x^{\mathrm{T}}\boldsymbol{u}-\lambda\mu_x\boldsymbol{u}=\boldsymbol{0} \tag{4.5.60}$$

$$\boldsymbol{R}_y\boldsymbol{R}_x^{\mathrm{T}}\boldsymbol{u}-\lambda(1-\mu_y)\boldsymbol{R}_y\boldsymbol{R}_y^{\mathrm{T}}\boldsymbol{v}-\lambda\mu_y\boldsymbol{v}=\boldsymbol{0} \tag{4.5.61}$$

仿 4.5.2 节，由式(4.5.60)和式(4.5.61)导出 $\boldsymbol{u}$、$\boldsymbol{v}$ 不耦合的广义本征方程。由式(4.5.60)得到

$$\boldsymbol{u}=\frac{1}{\lambda}((1-\mu_x)\boldsymbol{R}_x\boldsymbol{R}_x^{\mathrm{T}}+\mu_x\boldsymbol{I})^{-1}\boldsymbol{R}_x\boldsymbol{R}_y^{\mathrm{T}}\boldsymbol{v} \tag{4.5.62}$$

将式(4.5.62)代入式(4.5.61)，可得

$$[(1-\mu_y)\boldsymbol{R}_y\boldsymbol{R}_y^{\mathrm{T}}+\mu_y\boldsymbol{I}]^{-1}\boldsymbol{R}_y\boldsymbol{R}_x^{\mathrm{T}}[(1-\mu_x)\boldsymbol{R}_x\boldsymbol{R}_x^{\mathrm{T}}+\mu_x\boldsymbol{I}]^{-1}\boldsymbol{R}_x\boldsymbol{R}_y^{\mathrm{T}}\boldsymbol{v}=\lambda^2\boldsymbol{v} \tag{4.5.63}$$

对式(4.5.63)的左侧对称正定矩阵进行完全 Cholesky 分解：

$$(1-\mu_y)\boldsymbol{R}_y\boldsymbol{R}_y^{\mathrm{T}}+\mu_y\boldsymbol{I}=\boldsymbol{R}^{\mathrm{T}}\boldsymbol{R} \tag{4.5.64}$$

并取

$$\tilde{\boldsymbol{v}}=\boldsymbol{R}\boldsymbol{v} \tag{4.5.65}$$

将式(4.5.64)代入式(4.5.63)，并利用式(4.5.65)以及定理：若 $\boldsymbol{A}$、$\boldsymbol{B}$ 为可逆矩阵，则 $(\boldsymbol{AB})^{-1}=\boldsymbol{B}^{-1}\boldsymbol{A}^{-1}$，可得

$$(\boldsymbol{R}^{\mathrm{T}})^{-1}\boldsymbol{R}_y\boldsymbol{R}_x^{\mathrm{T}}[(1-\mu_x)\boldsymbol{R}_x\boldsymbol{R}_x^{\mathrm{T}}+\mu_x\boldsymbol{I}]^{-1}\boldsymbol{R}_x\boldsymbol{R}_y^{\mathrm{T}}\boldsymbol{R}^{-1}\tilde{\boldsymbol{v}}=\lambda^2\tilde{\boldsymbol{v}} \tag{4.5.66}$$

这样，可以将本征值个数化为分别在两个数据空间进行偏 Gram-Schmidt 正交化后维数中比较小的那个。如果 $n_x=\mathrm{rank}(\boldsymbol{K}_x)$，$n_y=\mathrm{rank}(\boldsymbol{K}_y)$，上述处理就是完全非近似的核典型相关分析，由于 $\min[n_x,n_y]\leqslant N$，因此求解式(4.5.66)本征方程问题的维数相对原来至少降低一半。

注：矩阵分解的目的通常是为后续的矩阵运算简捷或进行概念变换。下面给出经常用到的 QR 分解定理和 Cholesky 分解。

定理(QR 分解)　设矩阵 $\boldsymbol{A}\in\mathbb{R}^{m\times n}$，$m\geqslant n$，那么

(1) 存在单位正交阵 $\boldsymbol{V}\in\mathbb{R}^{m\times m}$ 与一个对角线上元素为非负实数的上三角阵 $\boldsymbol{R}\in\mathbb{R}^{n\times n}$，使得

$$\boldsymbol{A}=\boldsymbol{V}\begin{pmatrix}\boldsymbol{R}\\ \boldsymbol{O}\end{pmatrix} \tag{4.5.67}$$

式中，$\boldsymbol{O}$ 为零矩阵。若令 $\boldsymbol{V}=(\boldsymbol{Q}_{m\times n}\ \ \boldsymbol{Q}'_{m\times(m-n)})$，则有

$$\boldsymbol{A}=\boldsymbol{QR} \tag{4.5.68}$$

(2) 如果 $\mathrm{rank}\,\boldsymbol{A}=n$，那么因子矩阵 $\boldsymbol{Q}$，$\boldsymbol{R}$ 是唯一确定的，且 $\boldsymbol{R}$ 的对角线上元素皆为正数。

(3) 如果 $m=n$，那么 $\boldsymbol{Q}$ 是单位正交阵。

(4) 存在单位正交阵 $\boldsymbol{Q}\in\mathbb{R}^{m\times m}$ 及一个对角线上元素为非负实数的上三角阵 $\boldsymbol{R}'\in$

$\mathbb{R}^{m\times n}$，使得 $\boldsymbol{A}=\boldsymbol{QR}'$。

式(4.5.67)称为宽 QR 分解，式(4.5.68)称为窄 QR 分解。定理的(3)和(4)容易由式(4.5.68)和式(4.5.67)得出。

上述定理表明，$m\times n$ 列满秩矩阵 $\boldsymbol{A}$ 可以唯一地分解为一个列正交矩阵 $\boldsymbol{Q}_{m\times n}$ 和一个 n 阶对角线上元素为正数的上三角矩阵 $\boldsymbol{R}_{n\times n}$ 的乘积：$\boldsymbol{A}=\boldsymbol{QR}$；$m\times n$ 行满秩矩阵 $\boldsymbol{A}$ 可以唯一地分解为一个 m 阶对角线上元素为正数的下三角矩阵 $\boldsymbol{L}_{m\times m}$ 与一个行正交矩阵 $\boldsymbol{Q}_{m\times n}$ 的乘积：$\boldsymbol{A}=\boldsymbol{LQ}$；若 $m=n$，$\mathrm{rank}\,\boldsymbol{A}=n$，则有 $\boldsymbol{A}=\boldsymbol{QR}$，其中 $\boldsymbol{Q}$ 是标准正交矩阵，$\boldsymbol{R}$ 是对角线上元素为正数的上三角矩阵；若 $\boldsymbol{A}\in\mathbb{C}_r^{m\times n}$，则 $\boldsymbol{A}=\boldsymbol{Q}_1\boldsymbol{R}_1\boldsymbol{L}_2\boldsymbol{Q}_2$，其中 $\boldsymbol{Q}_1\in\mathbb{C}_r^{m\times r}$，$\boldsymbol{Q}_2\in\mathbb{C}_r^{r\times n}$，$\boldsymbol{R}_1$、$\boldsymbol{L}_2$ 分别是 r 阶对角线上元素为正数的上三角矩阵和下三角矩阵；上述的矩阵分解统称为矩阵 QR 分解，矩阵 QR 分解可以利用 Gram-Schmidt 正交化方法实现。矩阵 QR 分解可以认为是此矩阵在一个正交基上新的表示，例如 $\boldsymbol{A}=\boldsymbol{QR}$，矩阵 $\boldsymbol{R}$ 的各列认为是矩阵 $\boldsymbol{A}$ 的各列在 $\boldsymbol{Q}$ 的列作为正交基上新的表示。把一个非负定矩阵分解为一个下三角矩阵与其转置的乘积称为 Cholesky 分解(cholesky decomposition)。对称正定矩阵 $\boldsymbol{A}$ 可以唯一地分解成一个对角线上元素为正数的下三角矩阵 $\boldsymbol{L}$ 与其转置 $\boldsymbol{L}^{\mathrm{T}}$ 的乘积：$\boldsymbol{A}=\boldsymbol{LL}^{\mathrm{T}}$，半正定矩阵的 Cholesky 分解不是唯一的，$\boldsymbol{L}$ 的对角线上元素非负。为了降低计算成本，可求 Cholesky 分解的一个近似分解，或由于有些数据矢量不是线性无关的，算法忽略那些与前面的数据线性相关或弱相关的数据，不将所有数据都包括进来处理，这种情况下的矩阵分解称为不完全 Cholesky 分解(incomplete cholesky decomposition)。如果 $\boldsymbol{L}$ 是 $m\times m$ 矩阵，不完全 Cholesky 分解的目标是找到一个 $m\times n$ 矩阵 $\tilde{\boldsymbol{L}}$，其中 $n<m$，使得差阵 $\boldsymbol{A}-\tilde{\boldsymbol{L}}\tilde{\boldsymbol{L}}^{\mathrm{T}}$ 某个测度小于一个给定的值 η。相应地，不完全 Cholesky 分解中等价进行的 Gram-Schmidt 标准正交化称为偏 Gram-Schmidt 标准正交化。

6. 核 CCA 算法的伪代码

经过上述分析和推导，利用有关公式写出核正则化 CCA 算法的伪代码。

核正则化 CCA 算法的伪代码

输　入	核矩阵 $\boldsymbol{K}_x$ 和 $\boldsymbol{K}_y$，正则化参数 μ_x、μ_y
输　出	主轴矢量 $\boldsymbol{u}_i$，$\boldsymbol{v}_i$ 和本征值 λ_i，$i=1,2,\cdots,\min[n_x,n_y]$
过　程	对 $\boldsymbol{K}_x$ 和 $\boldsymbol{K}_y$ 进行不完全 Cholesky 分解 $\boldsymbol{K}_x=\boldsymbol{R}_x^{\mathrm{T}}\boldsymbol{R}_x$，$\boldsymbol{K}_y=\boldsymbol{R}_y^{\mathrm{T}}\boldsymbol{R}_y$，求出 $\boldsymbol{R}_x$、$\boldsymbol{R}_y$；$\boldsymbol{R}_x$、$\boldsymbol{R}_y$ 的行数是 n_x、n_y； 进行完全 Cholesky 分解：$(1-\mu_y)\boldsymbol{R}_y\boldsymbol{R}_y^{\mathrm{T}}+\mu_y\boldsymbol{I}=\boldsymbol{R}^{\mathrm{T}}\boldsymbol{R}$，求出 $\boldsymbol{R}$； 解本征方程 $(\boldsymbol{R}^{\mathrm{T}})^{-1}\boldsymbol{R}_y\boldsymbol{R}_x^{\mathrm{T}}[(1-\mu_x)\boldsymbol{R}_x\boldsymbol{R}_x^{\mathrm{T}}+\mu_x\boldsymbol{I}]^{-1}\boldsymbol{R}_x\boldsymbol{R}_y^{\mathrm{T}}\boldsymbol{R}^{-1}\tilde{\boldsymbol{v}}=\lambda^2\tilde{\boldsymbol{v}}$，求出每一个本征值 λ_i 和本征矢量 $\tilde{\boldsymbol{v}}_i$； 求解 $\boldsymbol{u}_i$、$\tilde{\boldsymbol{v}}_i$ 并分别对其进行归一化，即 for　$i=1$ to $\min[n_x,n_y]$ 　　$\boldsymbol{v}_i\leftarrow\boldsymbol{R}^{-1}\tilde{\boldsymbol{v}}_i$，　$\boldsymbol{v}_i\leftarrow\boldsymbol{v}_i/\lVert\boldsymbol{v}_i\rVert$ 　　$\boldsymbol{u}_i\leftarrow[(1-\mu_x)\boldsymbol{R}_x\boldsymbol{R}_x^{\mathrm{T}}+\mu_x\boldsymbol{I}]^{-1}\boldsymbol{R}_x\boldsymbol{R}_y^{\mathrm{T}}\boldsymbol{v}_i$ 　　$\boldsymbol{u}_i\leftarrow\boldsymbol{u}_i/\lVert\boldsymbol{u}_i\rVert$ end for

4.6 回归分析

在自然科学与技术、社会经济科学、人文科学中，某些现象或事实之间存在关联或制约关系，对它们进行量化后会发现变量之间存在某种形式的数学关系，其可能是确定性的函数关系，也可能是含有随机因素的统计关系，或其他某种数学关系。模式分析中，模式识别本质上是定性分析，本节讨论广泛运用的一类定量预测的模式分析——回归分析(regression analysis)。回归分析现已形成较完善的理论和算法体系。回归分析是利用数据空间 X 中的样本集$\{\boldsymbol{x}_i\}$和有关联的数据空间 Y 中对应的样本集$\{\boldsymbol{y}_i\}$确定这两个数据空间变量的统计函数关系，并运用该函数关系，由空间 X 中一个矢量数据 $\boldsymbol{x}$ 预测空间 Y 中一个矢量数据 $\boldsymbol{y}$。用术语讲，回归分析是由一组预测变量(或称自变量，输入变量，解释变量)预测一个或多个响应变量(因变量，输出变量，被解释变量)，回归分析的目的之一是根据两组变量$\{x_1,x_2,\cdots,x_n\}$和$\{y_1,y_2,\cdots,y_m\}$的量测数据确定它们的函数关系，建立回归方程。这两组变量分别记为矢量 $\boldsymbol{x}=(x_1,x_2,\cdots,x_n)^{\mathrm{T}}$ 和 $\boldsymbol{y}=(y_1,y_2,\cdots,y_m)^{\mathrm{T}}$，根据相关的两组变量的量测数据集建立预测模型 $\boldsymbol{y}=\boldsymbol{f}(\boldsymbol{x})$。通常认为这两组变量之间存在确定性关系和统计性关系，随机因素使输出变量偏离确定性关系。进一步认为，输出 $\boldsymbol{y}$ 由其平均和误差所组成，回归分析是用 $\boldsymbol{y}$ 的条件期望 $\mathrm{E}[\boldsymbol{y}|\boldsymbol{x}]$作为 $\boldsymbol{y}$ 的预测值。线性回归分析是假设回归函数 $\mathrm{E}[\boldsymbol{y}|\boldsymbol{x}]$是线性的或近似线性的，线性回归分析方法简单、直观，在训练样本数量较少、干扰较大或稀疏数据情况下通常要好于非线性模型。线性回归可以采用核函数技术，可实现对输入空间中的数据非线性处理，大大扩展应用范围，有时也称其为基函数方法。实际上，回归分析也可以用于定性分析和预测。Logistic 函数是$[0,1]$区间内的连续函数，用其构造回归模型可用于定性分析和预测，其值表示在输入的条件下输出为 0-1 型离散变量 1(代表状态)的概率分布。

很多情况下，数据空间 X 中矢量 $\boldsymbol{x}$ 的一些分量相关，这就需要对 $\boldsymbol{x}$ 进行 PCA，用 $\boldsymbol{x}$ 各分量的线性组合的若干个主成分作为回归分析的输入数据，这种对输入数据作 PCA 后进行回归分析的方法称为主成分回归(principal components regression，PCR)。主成分回归是基于主成分分析对最小二乘回归的一种改进(Massy，1965 年)。此外，为了进一步提高回归预测精度，选择输入与输出相关性强的主成分建立回归方程，为此寻找两者具有最大协方差的主成分和相应主轴，最大协方差及主轴矢量由数据协方差阵 $\boldsymbol{X}^{\mathrm{T}}\boldsymbol{Y}$ 的奇异值和奇异矢量给出，这种方法是基于两数据集协方差阵奇异值分解找出具有最大协方差的主成分回归(CPCR)。另一种方法是集多元多响应(多元多重)线性回归分析、典型相关分析和主成分分析的基本功能于一体的偏最小二乘回归(PLS)。下面在回顾线性回归基本知识后分别论述这三种回归分析，基本的回归方法与核回归方法并重讨论。

4.6.1 线性回归

首先给出线性回归的一般描述。考量一个数据空间中的变矢量 $\boldsymbol{x}=(x_1,x_2,\cdots,x_n)^{\mathrm{T}}$与另一数据空间中的变矢量 $\boldsymbol{y}=(y_1,y_2,\cdots,y_m)^{\mathrm{T}}$的统计关系，建立预测矢量 $\boldsymbol{x}$ 和响应矢量 $\boldsymbol{y}$ 线性回归函数，响应矢量 $\boldsymbol{y}$ 的每个分量 y_k 利用待定的回归系数$\{b_{0k},b_{1k},\cdots,b_{nk}\}$

建模为

$$y_k = b_{0k} + \sum_{j=1}^{n} x_j b_{jk} + \varepsilon_k \triangleq f_k(\boldsymbol{x}) + \varepsilon_k, \quad k = 1,2,\cdots,m \tag{4.6.1}$$

式中,模型误差项 ε_k 满足 $\mathrm{E}[\varepsilon_k]=0$, $\mathrm{Var}[\varepsilon_k]=\sigma_k^2$。为表达简洁,$\boldsymbol{x}$ 补 1 增广成为 $(1,x_1,x_2,\cdots,x_n)^{\mathrm{T}}$,并重记 $\boldsymbol{x}=(1,x_1,x_2,\cdots,x_n)^{\mathrm{T}}$,式(4.6.1)可表示为

$$y_k = \boldsymbol{x}^{\mathrm{T}} \boldsymbol{b}_k + \varepsilon_k, \quad k = 1,2,\cdots,m \tag{4.6.2}$$

将上面各式写成一个矢量方程形式

$$(y_1, y_2, \cdots, y_m) = \boldsymbol{x}^{\mathrm{T}} (\boldsymbol{b}_1 \; \boldsymbol{b}_2 \; \cdots \; \boldsymbol{b}_m) + (\varepsilon_1, \varepsilon_2, \cdots, \varepsilon_m) \tag{4.6.3}$$

设对相关的两个变矢量 $\boldsymbol{x}$ 和 $\boldsymbol{y}$ 分别进行 N 次同步观测得到数据集 X 和 Y,用数据集 X 和 Y 中的矢量数据求解 $\boldsymbol{x}=(x_1,x_2,\cdots,x_n)^{\mathrm{T}}$ 和 $\boldsymbol{y}=(y_1,y_2,\cdots,y_m)^{\mathrm{T}}$ 线性回归模型(4.6.3)中的回归系数 $\{b_{0k},b_{1k},\cdots,b_{nk}\}$。设 N 个样本对 $(\boldsymbol{x}_i,\boldsymbol{y}_i)$,令样本数据矩阵 $\boldsymbol{X}=(\boldsymbol{x}_1 \; \boldsymbol{x}_2 \; \cdots \; \boldsymbol{x}_N)^{\mathrm{T}}$,$\boldsymbol{Y}=(\boldsymbol{y}_1 \; \boldsymbol{y}_2 \; \cdots \; \boldsymbol{y}_N)^{\mathrm{T}} \triangleq (\boldsymbol{y}^1 \; \boldsymbol{y}^2 \; \cdots \; \boldsymbol{y}^m)$,回归系数矩阵 $\boldsymbol{B}=(\boldsymbol{b}_1 \; \boldsymbol{b}_2 \; \cdots \; \boldsymbol{b}_m)$,对应的 N 个拟合误差 $(\varepsilon_1,\varepsilon_2,\cdots,\varepsilon_m)$ 也类似地表示成矩阵 $\boldsymbol{E}$,于是有回归模型

$$\boldsymbol{Y} = \boldsymbol{X}\boldsymbol{B} + \boldsymbol{E} \tag{4.6.4}$$

式中,$\boldsymbol{E}$ 的阵元 ε_{ij} 满足 $\mathrm{Cov}(\varepsilon_{ij},\varepsilon_{kl})=\sigma_{jl}^2\delta_{ik}$,$\delta_{ik}$ 为 δ-函数,此式表达了同一个响应矢量的不同分量可以相关,不同响应矢量的分量互不相关。因 $\|\boldsymbol{A}\|_{\mathrm{F}}^2=\mathrm{tr}[\boldsymbol{A}^{\mathrm{T}}\boldsymbol{A}]$,为求 $\boldsymbol{B}$ 的估计,运用最小二乘法,最小化目标函数

$$J = \|\boldsymbol{X}\boldsymbol{B} - \boldsymbol{Y}\|_{\mathrm{F}}^2 = \mathrm{tr}[(\boldsymbol{X}\boldsymbol{B} - \boldsymbol{Y})^{\mathrm{T}}(\boldsymbol{X}\boldsymbol{B} - \boldsymbol{Y})] \Rightarrow \min \tag{4.6.5}$$

式(4.6.5)对矩阵 $\boldsymbol{B}$ 求导并令结果为零矩阵(利用有关的公式,参见文献[4],也可采用对矢量求导的方法,最后将所得结果拼起来),可得回归系数矩阵估计(这里仍记为 $\boldsymbol{B}$)

$$\boldsymbol{B} = (\boldsymbol{X}^{\mathrm{T}}\boldsymbol{X})^{-1}\boldsymbol{X}^{\mathrm{T}}\boldsymbol{Y} \tag{4.6.6}$$

回归方程为

$$\hat{\boldsymbol{Y}} = \boldsymbol{X}\boldsymbol{B} = \boldsymbol{X}(\boldsymbol{X}^{\mathrm{T}}\boldsymbol{X})^{-1}\boldsymbol{X}^{\mathrm{T}}\boldsymbol{Y} \tag{4.6.7}$$

易知,矩阵 $\boldsymbol{X}(\boldsymbol{X}^{\mathrm{T}}\boldsymbol{X})^{-1}\boldsymbol{X}^{\mathrm{T}}$ 是对称矩阵、幂等矩阵,因此是一个投影矩阵,$\hat{\boldsymbol{Y}}$ 是 $\boldsymbol{Y}$ 在 $\boldsymbol{X}$ 生成的空间上的投影。

实际中存在许多随机因素,通常基于中心极限定理假设式(4.6.2)中各随机误差项 ε_k 是正态分布,且同一个响应变量的不同采样是同方差,此设定称为高斯-马尔可夫(Gauss-Markov)条件,此设定下,最小二乘估计是最小方差无偏估计,且与最大似然估计相同。若存在异方差,通常采用加权最小二乘估计,给予方差小的较大的权值,给予方差大的较小的权值。

回归分析中,通常要对观测数据标准化,其包括数据中心化和方差归一化。中心化可以将回归方程中的回归常数化为零,但其他回归系数不变,方差归一化可以消除因量纲导致变量数量级差异的影响。

可以采用 PCA 或 SVD 对基本的线性回归方法进行改进。为了消除输入矢量数据分量间的相关性,或寻找输入与输出相关性强的主成分,分别采用如下方案。

(1) 主成分回归(PCR):只在 X 的数据空间中作 PCA,消除输入矢量数据分量间的相关性,这相当于在 PCA 处理后的 X 数据空间中作回归。

(2) 基于两数据集协方差矩阵奇异值分解的回归(CPCR)：分别在 X 与 Y 数据空间中联合作主成分分析，寻找输入与输出相关性最强的主成分，为此需要对数据 X 与 Y 的协方差矩阵作 SVD，在 X 数据空间与 Y 数据空间寻找主轴和主成分，然后用综合了 X 数据空间各变量的主成分与综合了 Y 数据空间各变量的主成分实现没有变量相关的 X 数据与 Y 数据的回归。

为了上述两种回归分析陈述简洁，将它们共同的内容表达如下。

考虑在 X 的数据空间中进行 PCA。设 $\boldsymbol{X}^{\mathrm{T}}\boldsymbol{X}=\boldsymbol{U}\boldsymbol{\Lambda}_n\boldsymbol{U}^{\mathrm{T}}$，其中 $\boldsymbol{U}$ 是标准正交矩阵，$\boldsymbol{\Lambda}_n=\mathrm{diag}(\lambda_1^2,\lambda_2^2,\cdots,\lambda_r^2,0,\cdots,0)$，令 $\boldsymbol{U}_k=(\boldsymbol{u}_1\ \boldsymbol{u}_2\ \cdots\ \boldsymbol{u}_k)$ 是标准正交矩阵 $\boldsymbol{U}$ 前 k 个列矢量构成的矩阵，数据集 X 在第一主轴矢量 $\boldsymbol{u}_1$ 投影值构成的矢量为 $\boldsymbol{X}\boldsymbol{u}_1$，其第 i 个分量是 $\boldsymbol{x}_i$ 在 $\boldsymbol{u}_1$ 上的投影，数据集 X 在第二主轴矢量投影值构成的矢量为 $\boldsymbol{X}\boldsymbol{u}_2$，其第 i 个分量是 $\boldsymbol{x}_i$ 在 $\boldsymbol{u}_2$ 上的投影，进一步可知，数据集 X 在前 k 个主轴矢量张成的空间中的数据矩阵为 $\boldsymbol{X}\boldsymbol{U}_k$，其第 i 行是 $\boldsymbol{x}_i$ 在前 k 个主轴空间中的坐标，因在前 k 个主轴空间中作回归，所以此时应用数据矩阵 $\boldsymbol{X}\boldsymbol{U}_k$ 代替式(4.6.6)中数据矩阵 $\boldsymbol{X}$，于是有

$$\boldsymbol{B}=(\boldsymbol{U}_k^{\mathrm{T}}\boldsymbol{X}^{\mathrm{T}}\boldsymbol{X}\boldsymbol{U}_k)^{-1}\boldsymbol{U}_k^{\mathrm{T}}\boldsymbol{X}^{\mathrm{T}}\boldsymbol{Y} \tag{4.6.8}$$

这里设 $k\leqslant\mathrm{rank}[\boldsymbol{X}^{\mathrm{T}}\boldsymbol{X}]=r$，矩阵 $\boldsymbol{U}_k^{\mathrm{T}}\boldsymbol{X}^{\mathrm{T}}\boldsymbol{X}\boldsymbol{U}_k$ 有逆。在下面的推导中利用了 $\boldsymbol{U}_k^{\mathrm{T}}\boldsymbol{U}=(\boldsymbol{I}_k\ \boldsymbol{O})$，$\boldsymbol{U}^{\mathrm{T}}\boldsymbol{U}_k=(\boldsymbol{I}_k\ \boldsymbol{O})^{\mathrm{T}}$，以及

$$\begin{aligned}\boldsymbol{U}_k^{\mathrm{T}}\boldsymbol{X}^{\mathrm{T}}\boldsymbol{X}\boldsymbol{U}_k&=\boldsymbol{U}_k^{\mathrm{T}}\boldsymbol{U}\boldsymbol{\Lambda}_n\boldsymbol{U}^{\mathrm{T}}\boldsymbol{U}_k=\boldsymbol{U}_k^{\mathrm{T}}\boldsymbol{U}\mathrm{diag}(\lambda_1^2,\lambda_2^2,\cdots,\lambda_r^2,0,\cdots,0)\boldsymbol{U}^{\mathrm{T}}\boldsymbol{U}_k\\&=(\boldsymbol{I}_k\ \boldsymbol{O})\mathrm{diag}(\lambda_1^2,\lambda_2^2,\cdots,\lambda_r^2,0,\cdots,0)(\boldsymbol{I}_k\ \boldsymbol{O})^{\mathrm{T}}\\&=\mathrm{diag}(\lambda_1^2,\lambda_2^2,\cdots,\lambda_k^2)\triangleq\boldsymbol{\Lambda}_k\end{aligned} \tag{4.6.9}$$

4.6.2　主成分回归

设数据集 Y 保持不变，在已中心化的数据集 X 所在数据空间中，根据 $\boldsymbol{X}^{\mathrm{T}}\boldsymbol{X}$ 进行 PCA，选择原始输入变量线性组合的 k 个主成分作为输入变量对 $\boldsymbol{Y}$ 进行线性回归，由于各主成分之间互不相关，因此回归方程得到简化，具有更高的预测精度和效率。这种把 PCA 作为回归分析输入数据 X 预处理的回归方法称为主成分回归。

在 X 的数据空间中提取具有最大方差的主成分，为此在 $\boldsymbol{B}$ 的公式中对 $\boldsymbol{X}^{\mathrm{T}}\boldsymbol{X}$ 作 PCA，对 $\boldsymbol{X}^{\mathrm{T}}$ 作 SVD，由奇异值理论，设 $\boldsymbol{X}^{\mathrm{T}}=\boldsymbol{U}\boldsymbol{\Lambda}_{n\times N}^{1/2}\boldsymbol{V}^{\mathrm{T}}$，其中 $\boldsymbol{\Lambda}_{n\times N}^{1/2}$ 是由对角矩阵 $\boldsymbol{\Lambda}_n$ 对角线上元素取方根构造的 $n\times N$ 矩阵，由式(4.6.8)和式(4.6.9)，有

$$\begin{aligned}\boldsymbol{B}&=(\boldsymbol{U}_k^{\mathrm{T}}\boldsymbol{X}^{\mathrm{T}}\boldsymbol{X}\boldsymbol{U}_k)^{-1}\boldsymbol{U}_k^{\mathrm{T}}\boldsymbol{X}^{\mathrm{T}}\boldsymbol{Y}\\&=(\boldsymbol{U}_k^{\mathrm{T}}\boldsymbol{U}\boldsymbol{\Lambda}_n\boldsymbol{U}^{\mathrm{T}}\boldsymbol{U}_k)^{-1}\boldsymbol{U}_k^{\mathrm{T}}\boldsymbol{U}\boldsymbol{\Lambda}_{n\times N}^{1/2}\boldsymbol{V}^{\mathrm{T}}\boldsymbol{Y}\\&=\boldsymbol{\Lambda}_k^{-1}(\boldsymbol{\Lambda}_k^{1/2}\ \ \boldsymbol{O})\boldsymbol{V}^{\mathrm{T}}\boldsymbol{Y}\\&=\boldsymbol{\Lambda}_k^{-1/2}\boldsymbol{V}_k^{\mathrm{T}}\boldsymbol{Y}\end{aligned} \tag{4.6.10}$$

式中，$\boldsymbol{\Lambda}_k$ 是 $\boldsymbol{\Lambda}_n$ 的 $k\times k$ 顺序主子阵，$\boldsymbol{\Lambda}_k^{1/2}$ 是 $\boldsymbol{\Lambda}_{n\times N}^{1/2}$ 的 $k\times k$ 顺序主子阵，$\boldsymbol{\Lambda}_k^{1/2}\boldsymbol{\Lambda}_k^{1/2}=\boldsymbol{\Lambda}_k$，$\boldsymbol{V}_k^{\mathrm{T}}$ 是 $\boldsymbol{V}^{\mathrm{T}}$ 的前 k 个行矢量组成的矩阵。

注：这里顺序主子阵是指一个矩阵最左上角正方子块构成的矩阵。

在下面的讨论中，为了论述简洁，矢量数据 $\boldsymbol{x}$ 或表示输入空间中的原始数据，或表示原始数据在核映射空间中的映像，相应地，核函数 $\kappa(\boldsymbol{x},\boldsymbol{x}_i)=\boldsymbol{x}^{\mathrm{T}}\boldsymbol{x}_i$ 或表示原始数据内积，

或表示原始数据在核映射空间中映像的内积。

对于多元单响应回归(单一响应变量,$n>1,m=1$),此时的 $\boldsymbol{Y}$ 是矢量 $\boldsymbol{y}$,数据矢量 $\boldsymbol{x}$ 在由 $\boldsymbol{U}_k$ 所确定的子空间的投影矢量(的转置)为 $\boldsymbol{x}^{\mathrm{T}}\boldsymbol{U}_k$,设核矩阵 $\boldsymbol{K}=\boldsymbol{X}\boldsymbol{X}^{\mathrm{T}}=\left(\kappa(\boldsymbol{x}_i,\boldsymbol{x}_j)\right)_{i,j=1}^{N}$ 第 i 个本征值是 λ_i^2,可知 λ_i 为矩阵 $\boldsymbol{X}$ 的奇异值,利用 $\boldsymbol{u}_i=\lambda_i^{-1}\boldsymbol{X}^{\mathrm{T}}\boldsymbol{v}_i$ 和式(4.6.10),可以得到回归预测

$$\begin{aligned}\hat{y} &\triangleq f(\boldsymbol{x})=\boldsymbol{x}^{\mathrm{T}}\boldsymbol{U}_k\boldsymbol{B}\\ &=\boldsymbol{x}^{\mathrm{T}}\boldsymbol{X}^{\mathrm{T}}(\lambda_1^{-1}\boldsymbol{v}_1\ \lambda_2^{-1}\boldsymbol{v}_2\ \cdots\ \lambda_k^{-1}\boldsymbol{v}_k)\operatorname{diag}(\lambda_1^{-1},\lambda_2^{-1},\cdots,\lambda_k^{-1})(\boldsymbol{v}_1\ \boldsymbol{v}_2\ \cdots\ \boldsymbol{v}_k)^{\mathrm{T}}\boldsymbol{y}\\ &=\sum_{i=1}^{N}\alpha_i\kappa(\boldsymbol{x}_i,\boldsymbol{x})\end{aligned}\tag{4.6.11}$$

式中

$$\boldsymbol{\alpha}=(\alpha_1,\alpha_2,\cdots,\alpha_N)^{\mathrm{T}}=\sum_{j=1}^{k}\frac{1}{\lambda_j^2}(\boldsymbol{v}_j^{\mathrm{T}}\boldsymbol{y})\boldsymbol{v}_j\tag{4.6.12}$$

具体地,表示为

$$\hat{y}\triangleq f(\boldsymbol{x})=\sum_{i=1}^{N}\left(\sum_{j=1}^{k}\frac{1}{\lambda_j^2}\nu_{ji}\sum_{l=1}^{N}\nu_{jl}y_l\right)\kappa(\boldsymbol{x}_i,\boldsymbol{x})\tag{4.6.13}$$

式中,ν_{ji}、ν_{jl} 分别是是奇异矢量 $\boldsymbol{v}_j$ 的第 i、l 分量。

一般地,对于多元多响应回归($n>1,m>1$),除利用 PCA、SVD 和回归系数矩阵公式外,还要首先采用式(3.3.11)隐含实现数据中心化,下式实现由原先的核矩阵 $\boldsymbol{K}$ 产生中心化后的核矩阵 $\hat{\boldsymbol{K}}$ 所要进行的运算:

$$\hat{\boldsymbol{K}}=\boldsymbol{K}+\frac{1}{N^2}(\boldsymbol{1}^{\mathrm{T}}\boldsymbol{K}\boldsymbol{1})\boldsymbol{1}\boldsymbol{1}^{\mathrm{T}}-\frac{1}{N}\boldsymbol{1}\boldsymbol{1}^{\mathrm{T}}\boldsymbol{K}-\frac{1}{N}\boldsymbol{K}\boldsymbol{1}\boldsymbol{1}^{\mathrm{T}}$$

式中,$\boldsymbol{1}$ 是全部元素都为 1 的矢量,$\boldsymbol{1}=(1,1,\cdots,1)^{\mathrm{T}}$。

根据线性回归函数的结构,回归响应矢量各分量

$$\hat{y}^{l}\triangleq f^{l}(\boldsymbol{x})=\sum_{i=1}^{N}\alpha_i^{l}\kappa(\boldsymbol{x}_i,\boldsymbol{x}),\quad l=1,2,\cdots,m\tag{4.6.14}$$

将式中各核函数的系数表示成矢量 $\boldsymbol{\alpha}^{l}$,于是有

$$\boldsymbol{\alpha}^{l}=(\alpha_1^{l},\alpha_2^{l},\cdots,\alpha_N^{l})^{\mathrm{T}}=\sum_{j=1}^{k}\frac{1}{\lambda_j^2}(\boldsymbol{v}_j^{\mathrm{T}}\boldsymbol{y}^{l})\boldsymbol{v}_j,\quad l=1,2,\cdots,m\tag{4.6.15}$$

根据奇异值分解定理,在上面基于主成分回归原理推导中,有关式子中的 $\boldsymbol{\Lambda}_k$ 和 $\boldsymbol{V}_k$ 可以通过求核矩阵 $\hat{\boldsymbol{K}}$ 的本征值矩阵和本征矢量矩阵得到。

需要指出的是,在主成分回归中,简单地根据方差大小选择最重要的主成分是不可靠的。方差最大的主成分虽然携带变量的大变异信息,似乎更能“代表”输入数据,但在回归预测上有时精度不高,因为它们和需要预测的变量关联性不强,携带回归信息的变量可能具有相对较低的方差,方差比较小的主成分有时却有很强的预测能力。为了可靠地预测,可以在 PCA 后采用逐步回归方法选择变量;也可以在回归中除了考虑 $\boldsymbol{X}$ 还要考虑 $\boldsymbol{Y}$,寻找 $\boldsymbol{X}$ 与 $\boldsymbol{Y}$ 有较大协方差值的主成分,得出具有最强相关性的输入主成分和输出主成分,由此可以进一步得出高精度的回归预测模型。

4.6.3　基于两数据集协方差阵奇异值分解的回归

在确定回归方程时，输入变量与输出变量之间的协方差比输入变量方差更重要，为了保证回归预测精度，应该选择输入数据集 X 与输出数据集 Y 相关性最强的主成分，寻找具有最大协方差的主分量，协方差最大化的方向由协方差阵 $\boldsymbol{X}^{\mathrm{T}}\boldsymbol{Y}$ 的奇异矢量给出，为此对这两个数据集的协方差阵 $\boldsymbol{X}^{\mathrm{T}}\boldsymbol{Y}$ 作 SVD，在 X 数据空间和 Y 数据空间中分别得出具有最大协方差的两个主轴方向、主成分和协方差。

设协方差阵 $\boldsymbol{X}^{\mathrm{T}}\boldsymbol{Y}$ 的奇异值分解为

$$\boldsymbol{X}^{\mathrm{T}}\boldsymbol{Y}=\boldsymbol{U}\boldsymbol{\Sigma}\boldsymbol{V}^{\mathrm{T}} \tag{4.6.16}$$

根据矩阵积奇异值分解知识，式(4.6.16)中的 $\boldsymbol{U}$ 就是式(4.6.9)或式(4.6.10)中的 $\boldsymbol{U}$。数据集 X 在 $\boldsymbol{U}_k$ 所确定的子空间中数据矩阵为 $\boldsymbol{X}\boldsymbol{U}_k$，利用式(4.6.8)，有

$$\begin{aligned}\boldsymbol{B}&=(\boldsymbol{U}_k^{\mathrm{T}}\boldsymbol{X}^{\mathrm{T}}\boldsymbol{X}\boldsymbol{U}_k)^{-1}\boldsymbol{U}_k^{\mathrm{T}}\boldsymbol{X}^{\mathrm{T}}\boldsymbol{Y}\\&=(\boldsymbol{U}_k^{\mathrm{T}}\boldsymbol{U}\boldsymbol{\Lambda}_n\boldsymbol{U}^{\mathrm{T}}\boldsymbol{U}_k)^{-1}\boldsymbol{U}_k^{\mathrm{T}}\boldsymbol{U}\boldsymbol{\Sigma}\boldsymbol{V}^{\mathrm{T}}\\&=\boldsymbol{\Lambda}_k^{-1}\boldsymbol{\Sigma}_k\boldsymbol{V}_k^{\mathrm{T}}\end{aligned} \tag{4.6.17}$$

式中，$\boldsymbol{\Sigma}_k=\mathrm{diag}(\sigma_1,\sigma_2,\cdots,\sigma_k)$是 $\boldsymbol{\Sigma}$ 的 $k\times k$ 顺序主子阵。

对于 $k=1$，有

$$\boldsymbol{B}=\frac{\sigma_1}{\boldsymbol{u}_1^{\mathrm{T}}\boldsymbol{X}^{\mathrm{T}}\boldsymbol{X}\boldsymbol{u}_1}\boldsymbol{v}_1^{\mathrm{T}}=\frac{\sigma_1}{\lambda_1^2}\boldsymbol{v}_1^{\mathrm{T}} \tag{4.6.18}$$

仍然利用矢量对偶表示技巧，使回归预测函数能产生类似于式(4.6.11)的形式：

$$\hat{y}=\boldsymbol{x}^{\mathrm{T}}\boldsymbol{u}_1\boldsymbol{B}=\sum_{i=1}^{N}\alpha_i\kappa(\boldsymbol{x}_i,\boldsymbol{x})$$

由式(4.6.18)有

$$\boldsymbol{u}_1\boldsymbol{B}=\frac{\sigma_1}{\boldsymbol{u}_1^{\mathrm{T}}\boldsymbol{X}^{\mathrm{T}}\boldsymbol{X}\boldsymbol{u}_1}\boldsymbol{u}_1\boldsymbol{v}_1^{\mathrm{T}} \tag{4.6.19}$$

直接由式(4.6.16)有，$\boldsymbol{u}_1=\dfrac{1}{\sigma_1}\boldsymbol{X}^{\mathrm{T}}\boldsymbol{Y}\boldsymbol{v}_1$，将其代入式(4.6.19)可得

$$\boldsymbol{u}_1\boldsymbol{B}=\frac{\boldsymbol{X}^{\mathrm{T}}}{\boldsymbol{u}_1^{\mathrm{T}}\boldsymbol{X}^{\mathrm{T}}\boldsymbol{X}\boldsymbol{u}_1}\boldsymbol{Y}\boldsymbol{v}_1\boldsymbol{v}_1^{\mathrm{T}}\triangleq\boldsymbol{X}^{\mathrm{T}}\boldsymbol{\alpha} \tag{4.6.20}$$

式中

$$\boldsymbol{\alpha}=\frac{1}{\boldsymbol{u}_1^{\mathrm{T}}\boldsymbol{X}^{\mathrm{T}}\boldsymbol{X}\boldsymbol{u}_1}\boldsymbol{Y}\boldsymbol{v}_1\boldsymbol{v}_1^{\mathrm{T}} \tag{4.6.21}$$

对于 $k>1$，要解一组线性方程。从回归精度来讲，CPCR 比 PCR 效果要好，但是 PCR 通过简单内积而不用解线性方程就可以得到回归方程系数。

4.6.4　偏最小二乘回归

在处理多元多响应线性回归问题时，常常面临回归变量数目较大且回归变量间存在多重相关性，或量测样本相对回归变量数较少的情况，变量多重相关会损害模型精确性和模型稳健性，变量严重多重相关或样本数量小于变量个数会使回归系数矩阵估计式(4.6.6)中的矩阵逆不存在(可以采用广义逆，其是从多解中选取满足某个条件的解)，

虽然主成分回归方法和岭回归方法原理上可以应对这种困扰,但当响应变量个数很多时,这两种方法的计算量都非常大,而且主成分回归还需要选择主成分,岭回归需要估计岭参数。偏最小二乘回归(PLSR)是解决这类问题的有效方法。偏最小二乘回归集多元多响应线性回归分析、典型相关分析和主成分分析的基本功能于一体,将模型式方法和分析式方法有机地结合起来,其具有的主成分分析的基本功能类似于主成分回归,有效解决了回归变量相关性问题,其具有的典型相关分析基本功能顾及到了主成分回归忽略的回归变量和响应变量关系,有效地解决了变量选择问题,其比逐步回归方法更有效,样本数目相对较少,从数学本质上看类似于变量多重相关性,因此也能比较好地解决此问题。由于偏最小二乘回归在建模过程中采用了信息综合和筛选技术,因此其能提取最具有回归变量综合能力和对响应变量解释能力的变量,然后利用它们进行回归建模。由于选取与响应变量最相关的一部分主成分输入变量建模,所以称其为偏最小二乘回归。

1. 偏最小二乘回归的基本原理

在回归问题中,设有 n 个自变量(回归变量)和 m 个因变量(响应变量),为了建立自变量与因变量之间关系的数学模型(回归方程),同步采集 N 个样例,得到回归数据集$X=\{\boldsymbol{x}_1,\boldsymbol{x}_2,\cdots,\boldsymbol{x}_N\}$和响应数据集 $Y=\{\boldsymbol{y}_1,\boldsymbol{y}_2,\cdots,\boldsymbol{y}_N\}$,设数据集 X、Y 已标准化(均值为零,方差为 1),由这两个矢量数据集分别组成两个数据矩阵 $\boldsymbol{X}=(\boldsymbol{x}_1\ \ \boldsymbol{x}_2\ \cdots\ \boldsymbol{x}_N)^{\mathrm{T}}\triangleq(\boldsymbol{x}^1\ \ \boldsymbol{x}^2\ \cdots\ \boldsymbol{x}^n)_{N\times n}$,$\boldsymbol{Y}=(\boldsymbol{y}_1\ \ \boldsymbol{y}_2\ \cdots\ \boldsymbol{y}_N)^{\mathrm{T}}\triangleq(\boldsymbol{y}^1\ \ \boldsymbol{y}^2\ \cdots\ \boldsymbol{y}^m)_{N\times m}$。偏最小二乘回归分别在数据集 X、Y 中提取主成分,两个数据空间中的主成分分别是自变量、因变量的线性组合,要求它们尽可能携带各自数据集大的变异信息,即方差要大,并且它们的相关程度最大,有最强的解释能力,具体表述如下。

在数据集 X 的空间中,数据集 X 在其第一主轴矢量 $\boldsymbol{u}_1$上投影 $\boldsymbol{Xu}_1$是数据集 X 的第一主成分,$\boldsymbol{Xu}_1\triangleq\boldsymbol{p}_1=(p_{11},\cdots,p_{j1},\cdots,p_{N1})^{\mathrm{T}}$,在数据集 Y 的空间中,数据集 Y 在其第一主轴矢量 $\boldsymbol{v}_1$上投影 $\boldsymbol{Yv}_1$是数据集 Y 的第一主成分,$\boldsymbol{Yv}_1\triangleq\boldsymbol{q}_1=(q_{11},\cdots,q_{j1},\cdots,q_{N1})^{\mathrm{T}}$,它们的各分量分别为各样本在两个主轴矢量上的投影,$p_{11}=\sum_{i=1}^{n}x_{1i}u_{i1}$,$p_{j1}=\sum_{i=1}^{n}x_{ji}u_{i1}$,$\cdots$,$q_{11}=\sum_{i=1}^{m}y_{1i}\nu_{i1}$,$q_{j1}=\sum_{i=1}^{m}y_{ji}\nu_{i1}\cdots$,式中,$u_{i1}$和$\nu_{i1}$分别是主轴矢量$\boldsymbol{u}_1$和$\boldsymbol{v}_1$的分量,$x_{ji}$和 y_{ji}分别是 $\boldsymbol{x}_j$ 和 $\boldsymbol{y}_j$ 的分量。$\boldsymbol{Xu}_1$ 和 $\boldsymbol{Yv}_1$ 分别是两组样本经 PCA 变换后第一个变量(主成分)的样值,具有各自数据集的最大的变异信息;同时 $\boldsymbol{Xu}_1$ 和 $\boldsymbol{Yv}_1$ 具有最大的相关性。

上述两个核心操作(求各数据集最大变异信息和两数据集最大相关性)相当于对协方差矩阵 $\boldsymbol{X}^{\mathrm{T}}\boldsymbol{Y}$ 作 SVD,寻求最大奇异值和奇异矢量。在第一主成分 $\boldsymbol{p}_1$、$\boldsymbol{q}_1$ 提取后,偏最小二乘回归分别实施 $\boldsymbol{X}$ 关于 $\boldsymbol{p}_1$ 主成分回归以及 $\boldsymbol{Y}$ 关于 $\boldsymbol{p}_1$ 典型成分回归,如果回归方程达到满意精度,则算法终止。否则,利用 $\boldsymbol{X}$ 被 $\boldsymbol{p}_1$ 表达后的残余信息以及 $\boldsymbol{Y}$ 被 $\boldsymbol{p}_1$ 解释后的残余信息进行第二轮操作,求解第二个主轴对时,是对已求得的回归残差矩阵按上述方法寻找。如此反复,直到达到满意精度为止。最终,若对 $\boldsymbol{X}$ 提取了主成分 $\boldsymbol{p}_1,\boldsymbol{p}_2,\cdots,\boldsymbol{p}_k$,偏最小二乘回归将通过 y_i 对 $\boldsymbol{p}_1,\boldsymbol{p}_2,\cdots,\boldsymbol{p}_k$ 的回归,然后再表达 y_i 关于原始变量 $x_1,x_2,\cdots,x_n$

的回归方程，$i=1,2,\cdots,m$。

数据集 X 在其第一主轴 $\boldsymbol{u}_1$ 投影值构成的矢量为 $\boldsymbol{X}\boldsymbol{u}_1$，是 X 的第一主成分，数据集 Y 在其第一主轴 $\boldsymbol{v}_1$ 投影值构成的矢量 $\boldsymbol{Y}\boldsymbol{v}_1$ 是 Y 的第一主成分。在建立反映两组变量关系的回归方程中，主成分的方差并不最重要，应该求出相关程度最大的一对主成分，上述目标成为如下最优化问题：

$$\begin{cases}\max\limits_{\boldsymbol{u}_1,\boldsymbol{v}_1} \langle \boldsymbol{X}\boldsymbol{u}_1,\boldsymbol{Y}\boldsymbol{v}_1\rangle \\ \text{s.t.}\quad \boldsymbol{u}_1^{\mathrm{T}}\boldsymbol{u}_1=1 \\ \qquad \boldsymbol{v}_1^{\mathrm{T}}\boldsymbol{v}_1=1\end{cases} \tag{4.6.22}$$

运用拉格朗日乘数法，作拉格朗日函数

$$L=\boldsymbol{u}_1^{\mathrm{T}}\boldsymbol{X}^{\mathrm{T}}\boldsymbol{Y}\boldsymbol{v}_1-\lambda_1(\boldsymbol{u}_1^{\mathrm{T}}\boldsymbol{u}_1-1)-\lambda_2(\boldsymbol{v}_1^{\mathrm{T}}\boldsymbol{v}_1-1) \tag{4.6.23}$$

式(4.6.23)分别对 $\boldsymbol{u}_1$、$\boldsymbol{v}_1$ 求偏导并令结果等于零矢量，可得

$$\frac{\partial L}{\partial \boldsymbol{u}_1}=\boldsymbol{X}^{\mathrm{T}}\boldsymbol{Y}\boldsymbol{v}_1-2\lambda_1\boldsymbol{u}_1=\boldsymbol{0} \tag{4.6.24}$$

$$\frac{\partial L}{\partial \boldsymbol{v}_1}=\boldsymbol{Y}^{\mathrm{T}}\boldsymbol{X}\boldsymbol{u}_1-2\lambda_2\boldsymbol{v}_1=\boldsymbol{0} \tag{4.6.25}$$

式(4.6.24)、式(4.6.25)分别左乘单位矢量 $\boldsymbol{u}_1^{\mathrm{T}}$、$\boldsymbol{v}_1^{\mathrm{T}}$，得

$$2\lambda_1=2\lambda_2=\boldsymbol{u}_1^{\mathrm{T}}\boldsymbol{X}^{\mathrm{T}}\boldsymbol{Y}\boldsymbol{v}_1\triangleq\sigma_1 \tag{4.6.26}$$

式中，σ_1 是目标函数值，由式(4.6.24)和式(4.6.25)有

$$\boldsymbol{X}^{\mathrm{T}}\boldsymbol{Y}\boldsymbol{v}_1=\sigma_1\boldsymbol{u}_1 \tag{4.6.27}$$

$$\boldsymbol{Y}^{\mathrm{T}}\boldsymbol{X}\boldsymbol{u}_1=\sigma_1\boldsymbol{v}_1 \tag{4.6.28}$$

式(4.6.27)和式(4.6.28)相互代入，可得

$$\boldsymbol{X}^{\mathrm{T}}\boldsymbol{Y}\boldsymbol{Y}^{\mathrm{T}}\boldsymbol{X}\boldsymbol{u}_1=\sigma_1^2\boldsymbol{u}_1 \tag{4.6.29}$$

$$\boldsymbol{Y}^{\mathrm{T}}\boldsymbol{X}\boldsymbol{X}^{\mathrm{T}}\boldsymbol{Y}\boldsymbol{v}_1=\sigma_1^2\boldsymbol{v}_1 \tag{4.6.30}$$

由上可知，$\boldsymbol{u}_1$ 是矩阵 $\boldsymbol{X}^{\mathrm{T}}\boldsymbol{Y}\boldsymbol{Y}^{\mathrm{T}}\boldsymbol{X}$ 对应于本征值 σ_1^2 的本征矢量，$\boldsymbol{v}_1$ 是矩阵 $\boldsymbol{Y}^{\mathrm{T}}\boldsymbol{X}\boldsymbol{X}^{\mathrm{T}}\boldsymbol{Y}$ 对应于本征值 σ_1^2 的本征矢量。由式(4.6.29)和式(4.6.30)求得两个主轴矢量 $\boldsymbol{u}_1$、$\boldsymbol{v}_1$ 之后，可以分别得出两个数据集在这两个主轴上的投影(主成分)

$$\boldsymbol{p}_1=\boldsymbol{X}\boldsymbol{u}_1 \tag{4.6.31}$$

$$\boldsymbol{q}_1=\boldsymbol{Y}\boldsymbol{v}_1 \tag{4.6.32}$$

然后分别求出数据集 X、Y 对主成分 $\boldsymbol{p}_1$ 和 $\boldsymbol{q}_1$ 的回归(建模)方程

$$\boldsymbol{X}=\boldsymbol{p}_1\boldsymbol{s}_1^{\mathrm{T}}+\boldsymbol{X}_1 \tag{4.6.33}$$

$$\boldsymbol{Y}=\boldsymbol{p}_1\boldsymbol{t}_1^{\mathrm{T}}+\boldsymbol{Y}_1 \tag{4.6.34}$$

$$\boldsymbol{Y}=\boldsymbol{q}_1\boldsymbol{r}_1^{\mathrm{T}}+\boldsymbol{Y}_1^{*} \tag{4.6.35}$$

式中，$\boldsymbol{X}_1$、$\boldsymbol{Y}_1$ 和 $\boldsymbol{Y}_1^{*}$ 分别是上述三个方程的残差矩阵，相对于主成分，回归系数矢量

$$\begin{gathered}\boldsymbol{s}_1=\boldsymbol{X}^{\mathrm{T}}\boldsymbol{p}_1/\|\boldsymbol{p}_1\|^2\\ \boldsymbol{t}_1=\boldsymbol{Y}^{\mathrm{T}}\boldsymbol{p}_1/\|\boldsymbol{p}_1\|^2\\ \boldsymbol{r}_1=\boldsymbol{Y}^{\mathrm{T}}\boldsymbol{q}_1/\|\boldsymbol{q}_1\|^2\end{gathered} \tag{4.6.36}$$

若回归精度不够，则进一步对回归残差矩阵按上述方法求第二个主轴矢量对 $\boldsymbol{u}_2$、$\boldsymbol{v}_2$

和第二个主成分对，主成分：

$$\begin{aligned}\boldsymbol{p}_2 &= \boldsymbol{X}_1\boldsymbol{u}_2 \\ \boldsymbol{q}_2 &= \boldsymbol{Y}_1\boldsymbol{v}_2 \\ \sigma_2 &= \boldsymbol{u}_2^{\mathrm{T}}\boldsymbol{X}_1^{\mathrm{T}}\boldsymbol{Y}_1\boldsymbol{v}_2 = \langle \boldsymbol{p}_2, \boldsymbol{q}_2 \rangle\end{aligned} \tag{4.6.37}$$

回归系数矢量是

$$\begin{aligned}\boldsymbol{s}_2 &= \boldsymbol{X}_1^{\mathrm{T}}\boldsymbol{p}_2/\|\boldsymbol{p}_2\|^2 \\ \boldsymbol{t}_2 &= \boldsymbol{Y}_1^{\mathrm{T}}\boldsymbol{p}_2/\|\boldsymbol{p}_2\|^2 \\ \boldsymbol{r}_2 &= \boldsymbol{Y}_1^{\mathrm{T}}\boldsymbol{q}_2/\|\boldsymbol{q}_2\|^2\end{aligned} \tag{4.6.38}$$

由它们构造回归方程为

$$\boldsymbol{X}_1 = \boldsymbol{p}_2\boldsymbol{s}_2^{\mathrm{T}} + \boldsymbol{X}_2 \tag{4.6.39}$$

$$\boldsymbol{Y}_1 = \boldsymbol{p}_2\boldsymbol{t}_2^{\mathrm{T}} + \boldsymbol{Y}_2 \tag{4.6.40}$$

$$\boldsymbol{Y}_1 = \boldsymbol{q}_2\boldsymbol{r}_2^{\mathrm{T}} + \boldsymbol{Y}_2^* \tag{4.6.41}$$

若依此计算下去，设矩阵 $\boldsymbol{X}$ 的秩为 k，则有

$$\boldsymbol{X} = \boldsymbol{p}_1\boldsymbol{s}_1^{\mathrm{T}} + \boldsymbol{p}_2\boldsymbol{s}_2^{\mathrm{T}} + \cdots + \boldsymbol{p}_k\boldsymbol{s}_k^{\mathrm{T}} \tag{4.6.42}$$

$$\boldsymbol{Y} = \boldsymbol{p}_1\boldsymbol{t}_1^{\mathrm{T}} + \boldsymbol{p}_2\boldsymbol{t}_2^{\mathrm{T}} + \cdots + \boldsymbol{p}_k\boldsymbol{t}_k^{\mathrm{T}} + \boldsymbol{Y}_k \tag{4.6.43}$$

由于 $\boldsymbol{p}_1, \boldsymbol{p}_2, \cdots, \boldsymbol{p}_k$ 均可以表示成 $\boldsymbol{x}^1, \boldsymbol{x}^2, \cdots, \boldsymbol{x}^n$ 的线性组合，从而式(4.6.43)中 N 个数据的各分量矢量 $\boldsymbol{y}^1, \boldsymbol{y}^2, \cdots, \boldsymbol{y}^m$ 可以表示为

$$\boldsymbol{y}^j = \alpha^{j1}\boldsymbol{x}^1 + \alpha^{j2}\boldsymbol{x}^2 + \cdots + \alpha^{jn}\boldsymbol{x}^n + \boldsymbol{y}_{kj} \tag{4.6.44}$$

式中，$\boldsymbol{y}_{kj}$ 是残差矩阵 $\boldsymbol{Y}_k$ 的第 j 列。

2. 偏最小二乘回归性质

偏最小二乘回归建模过程中求得的主轴矢量、主成分矢量、回归系数矢量和残差矩阵具有许多性质，了解它们对偏最小二乘回归建模机理理解和算法应用是有益的。

偏最小二乘回归有如下性质[2]。

(1) 在偏最小二乘回归建模过程中，各递进阶段求得 $\boldsymbol{X}_i^{\mathrm{T}}\boldsymbol{Y}_i\boldsymbol{Y}_i^{\mathrm{T}}\boldsymbol{X}_i$ 的本征矢量(主轴矢量) $\boldsymbol{u}_1, \boldsymbol{u}_2, \cdots, \boldsymbol{u}_k$ 之间相互正交。

(2) 各递进阶段求得的相应主成分 $\boldsymbol{p}_1, \boldsymbol{p}_2, \cdots, \boldsymbol{p}_k$ 之间相互正交。这使得当采用最小二乘法求 $\boldsymbol{Y}$ 关于 $\boldsymbol{p}_1, \boldsymbol{p}_2, \cdots, \boldsymbol{p}_k$ 的回归方程时不存在多重相关性，即各步抽取的原始变量的综合变量没有信息冗余。

(3) 回归系数矢量 $\boldsymbol{s}_i$ 与其对应的主轴矢量 $\boldsymbol{u}_i$ 有 $\boldsymbol{s}_i^{\mathrm{T}}\boldsymbol{u}_i = 1$。

(4) 主轴矢量 $\boldsymbol{u}_i$ 与其后续的回归系数矢量 $\boldsymbol{s}_j$ 正交，即 $j > i$ 时，有 $\boldsymbol{u}_i^{\mathrm{T}}\boldsymbol{s}_j = 0$。

(5) 主轴矢量 $\boldsymbol{u}_1, \boldsymbol{u}_2, \cdots, \boldsymbol{u}_k$ 和主成分 $\boldsymbol{p}_1, \boldsymbol{p}_2, \cdots, \boldsymbol{p}_k$ 与其同阶或后续的回归残差项均正交，即 $j \geqslant i$ 时，有 $\boldsymbol{u}_i^{\mathrm{T}}\boldsymbol{X}_j^{\mathrm{T}} = \boldsymbol{0}^{\mathrm{T}}, \boldsymbol{p}_i^{\mathrm{T}}\boldsymbol{X}_j = \boldsymbol{0}^{\mathrm{T}}$。证明 $\boldsymbol{p}_i$ 与 $\boldsymbol{X}_i$ 正交：

$$\begin{aligned}\boldsymbol{p}_i^{\mathrm{T}}\boldsymbol{X}_i &= \boldsymbol{p}_i^{\mathrm{T}}(\boldsymbol{X}_{i-1} - \boldsymbol{p}_i\boldsymbol{s}_i^{\mathrm{T}}) \\ &= \boldsymbol{p}_i^{\mathrm{T}}\boldsymbol{X}_{i-1} - \boldsymbol{p}_i^{\mathrm{T}}\boldsymbol{p}_i\boldsymbol{p}_i^{\mathrm{T}}\boldsymbol{X}_{i-1}/\|\boldsymbol{p}_i\|^2 = \boldsymbol{0}^{\mathrm{T}}\end{aligned}$$

(6) 主轴矢量 $\boldsymbol{u}_i$、$\boldsymbol{v}_i$ 与主成分矢量 $\boldsymbol{p}_i$、$\boldsymbol{q}_i$ 之间存在函数关联，若已求得其中一个，则其他均可由其求出。式(4.6.31)和式(4.6.32)分别给出了 $\boldsymbol{p}_i, \boldsymbol{u}_i$ 和 $\boldsymbol{q}_i, \boldsymbol{v}_i$ 的关系，此外 $\boldsymbol{u}_i = \dfrac{1}{\sigma_i}$

$\boldsymbol{X}_{i-1}^{\mathrm{T}}\boldsymbol{q}_i$，$\boldsymbol{v}_i=\frac{1}{\sigma_i}\boldsymbol{Y}_{i-1}^{\mathrm{T}}\boldsymbol{p}_i$。只推导其一，由式(4.6.26)，$\boldsymbol{X}_{i-1}^{\mathrm{T}}\boldsymbol{Y}_{i-1}\boldsymbol{v}_i=\sigma_i\boldsymbol{u}_i$，可得

$$\boldsymbol{u}_i=\frac{1}{\sigma_i}\boldsymbol{X}_{i-1}^{\mathrm{T}}\boldsymbol{Y}_{i-1}\boldsymbol{v}_i=\frac{1}{\sigma_i}\boldsymbol{X}_{i-1}^{\mathrm{T}}\boldsymbol{q}_i \tag{4.6.45}$$

3. 建模递进过程

为了算法原理程序化，将上面的建模递进过程具体化。为了使下标简明可进行调整，令 $\boldsymbol{X}=\boldsymbol{X}_1$，各残差矩阵下标相应减 1。利用式(4.6.33)、式(4.6.31)、式(4.6.36)，将式(4.6.33)改写为

$$\boldsymbol{X}_2=\boldsymbol{X}_1\left(\boldsymbol{I}-\boldsymbol{u}_1\frac{\boldsymbol{u}_1^{\mathrm{T}}\boldsymbol{X}_1^{\mathrm{T}}\boldsymbol{X}_1}{\boldsymbol{u}_1^{\mathrm{T}}\boldsymbol{X}_1^{\mathrm{T}}\boldsymbol{X}_1\boldsymbol{u}_1}\right)\triangleq\boldsymbol{X}_1(\boldsymbol{I}-\boldsymbol{u}_1\boldsymbol{p}_1^{\mathrm{T}}) \tag{4.6.46}$$

式中，回归系数矢量

$$\boldsymbol{p}_1^{\mathrm{T}}=\frac{\boldsymbol{u}_1^{\mathrm{T}}\boldsymbol{X}_1^{\mathrm{T}}\boldsymbol{X}_1}{\boldsymbol{u}_1^{\mathrm{T}}\boldsymbol{X}_1^{\mathrm{T}}\boldsymbol{X}_1\boldsymbol{u}_1} \tag{4.6.47a}$$

即

$$\boldsymbol{p}_1=\frac{\boldsymbol{X}_1^{\mathrm{T}}\boldsymbol{X}_1\boldsymbol{u}_1}{\boldsymbol{u}_1^{\mathrm{T}}\boldsymbol{X}_1^{\mathrm{T}}\boldsymbol{X}_1\boldsymbol{u}_1} \tag{4.6.47b}$$

类似地，有

$$\begin{aligned}\boldsymbol{Y}_2&=\left(\boldsymbol{I}-\frac{\boldsymbol{X}_1\boldsymbol{u}_1\boldsymbol{u}_1^{\mathrm{T}}\boldsymbol{X}_1^{\mathrm{T}}}{\boldsymbol{u}_1^{\mathrm{T}}\boldsymbol{X}_1^{\mathrm{T}}\boldsymbol{X}_1\boldsymbol{u}_1}\right)\boldsymbol{Y}_1=\boldsymbol{Y}_1-\boldsymbol{X}_1\boldsymbol{u}_1\frac{\boldsymbol{u}_1^{\mathrm{T}}\boldsymbol{X}_1^{\mathrm{T}}\boldsymbol{Y}_1}{\boldsymbol{u}_1^{\mathrm{T}}\boldsymbol{X}_1^{\mathrm{T}}\boldsymbol{X}_1\boldsymbol{u}_1}\\&\triangleq\boldsymbol{Y}_1-\boldsymbol{X}_1\boldsymbol{u}_1\boldsymbol{q}_1^{\mathrm{T}}\end{aligned} \tag{4.6.48}$$

式中，回归系数矢量

$$\boldsymbol{q}_1^{\mathrm{T}}=\frac{\boldsymbol{u}_1^{\mathrm{T}}\boldsymbol{X}_1^{\mathrm{T}}\boldsymbol{Y}_1}{\boldsymbol{u}_1^{\mathrm{T}}\boldsymbol{X}_1^{\mathrm{T}}\boldsymbol{X}_1\boldsymbol{u}_1} \tag{4.6.49a}$$

即

$$\boldsymbol{q}_1=\frac{\boldsymbol{Y}_1^{\mathrm{T}}\boldsymbol{X}_1\boldsymbol{u}_1}{\boldsymbol{u}_1^{\mathrm{T}}\boldsymbol{X}_1^{\mathrm{T}}\boldsymbol{X}_1\boldsymbol{u}_1} \tag{4.6.49b}$$

式(4.6.46)、式(4.6.48)可写成如下回归方程形式：

$$\boldsymbol{X}_1=\boldsymbol{X}_1\boldsymbol{u}_1\boldsymbol{p}_1^{\mathrm{T}}+\boldsymbol{X}_2 \tag{4.6.50}$$

$$\boldsymbol{Y}_1=\boldsymbol{X}_1\boldsymbol{u}_1\boldsymbol{q}_1^{\mathrm{T}}+\boldsymbol{Y}_2 \tag{4.6.51}$$

如前所述，$\boldsymbol{X}_1\boldsymbol{u}_1$ 为主成分，$\boldsymbol{p}_1$、$\boldsymbol{q}_1$ 为回归系数矢量，$\boldsymbol{X}_2$、$\boldsymbol{Y}_2$ 为回归残差矩阵。进一步用回归残差矩阵按上述方法求第二个主轴对 $\boldsymbol{u}_2$，$\boldsymbol{v}_2$ 和第二个主成分对。将式(4.6.46)写成一般形式：

$$\boldsymbol{X}_{i+1}=\boldsymbol{X}_i(\boldsymbol{I}-\boldsymbol{u}_i\boldsymbol{p}_i^{\mathrm{T}}) \tag{4.6.52}$$

$$\boldsymbol{p}_i^{\mathrm{T}}=\frac{\boldsymbol{u}_i^{\mathrm{T}}\boldsymbol{X}_i^{\mathrm{T}}\boldsymbol{X}_i}{\boldsymbol{u}_i^{\mathrm{T}}\boldsymbol{X}_i^{\mathrm{T}}\boldsymbol{X}_i\boldsymbol{u}_i} \tag{4.6.53a}$$

$$\boldsymbol{p}_i=\frac{\boldsymbol{X}_i^{\mathrm{T}}\boldsymbol{X}_i\boldsymbol{u}_i}{\boldsymbol{u}_i^{\mathrm{T}}\boldsymbol{X}_i^{\mathrm{T}}\boldsymbol{X}_i\boldsymbol{u}_i}=\boldsymbol{X}_i^{\mathrm{T}}(\boldsymbol{X}_i\boldsymbol{u}_i)/\|\boldsymbol{X}_i\boldsymbol{u}_i\|^2 \tag{4.6.53b}$$

利用上面的有关公式容易证明前述的性质(3)、(4)。由式(4.6.53)容易得到，$\boldsymbol{u}_i^{\mathrm{T}}\boldsymbol{p}_i=1$；且对于 $j>i$，$\boldsymbol{u}_i^{\mathrm{T}}\boldsymbol{p}_j=0$，因为 $\boldsymbol{u}_i^{\mathrm{T}}\boldsymbol{X}_j=\boldsymbol{0}^{\mathrm{T}}$，故有

$$\boldsymbol{u}_i^{\mathrm{T}}\boldsymbol{p}_j=\frac{\boldsymbol{u}_i^{\mathrm{T}}\boldsymbol{X}_j^{\mathrm{T}}\boldsymbol{X}_j\boldsymbol{u}_j}{\boldsymbol{u}_j^{\mathrm{T}}\boldsymbol{X}_j^{\mathrm{T}}\boldsymbol{X}_j\boldsymbol{u}_j}=0 \tag{4.6.54}$$

类似地，有

$$\boldsymbol{Y}_{i+1}=\boldsymbol{Y}_i-\boldsymbol{X}_i\boldsymbol{u}_i\boldsymbol{q}_i^{\mathrm{T}} \tag{4.6.55}$$

$$\boldsymbol{q}_i^{\mathrm{T}}=\frac{\boldsymbol{u}_i^{\mathrm{T}}\boldsymbol{X}_i^{\mathrm{T}}\boldsymbol{Y}_i}{\boldsymbol{u}_i^{\mathrm{T}}\boldsymbol{X}_i^{\mathrm{T}}\boldsymbol{X}_i\boldsymbol{u}_i} \tag{4.6.56a}$$

$$\boldsymbol{q}_i=\boldsymbol{Y}_i^{\mathrm{T}}(\boldsymbol{X}_i\boldsymbol{u}_i)/\|\boldsymbol{X}_i\boldsymbol{u}_i\|^2 \tag{4.6.56b}$$

4. 回归系数的计算

前面讨论了建模过程的递进关系，下面导出递进过程的结果，得出回归系数。在原始数据空间中考虑一个输入矢量数据 $\boldsymbol{x}$，令 $\boldsymbol{x}_1=\boldsymbol{x}$，利用式(4.6.52)，递进过程中有

$$\boldsymbol{x}_{i+1}^{\mathrm{T}}=\boldsymbol{x}_i^{\mathrm{T}}(\boldsymbol{I}-\boldsymbol{u}_i\boldsymbol{p}_i^{\mathrm{T}}) \tag{4.6.57}$$

连续利用式(4.6.57)，可得

$$\boldsymbol{x}^{\mathrm{T}}=\boldsymbol{x}_{k+1}^{\mathrm{T}}+\sum_{i=1}^{k}\boldsymbol{x}_i^{\mathrm{T}}\boldsymbol{u}_i\boldsymbol{p}_i^{\mathrm{T}} \tag{4.6.58}$$

因为在递进过程第 $i-1$ 阶段的残差矢量 $\boldsymbol{x}_i$ 在下一个本征矢量 $\boldsymbol{u}_i$ 的投影是回归所需的主成分，所以各主成分构成的矢量表示成

$$\hat{\boldsymbol{x}}=(\boldsymbol{x}_i^{\mathrm{T}}\boldsymbol{u}_i)_{i=1}^{k} \tag{4.6.59}$$

式(4.6.58)的两边右乘一个列矢量为 $\boldsymbol{u}_i$ 的 k 列矩阵 $\boldsymbol{U}_k$，并利用式(4.6.59)，得

$$\begin{aligned}\boldsymbol{x}^{\mathrm{T}}\boldsymbol{U}_k&=\boldsymbol{x}_{k+1}^{\mathrm{T}}\boldsymbol{U}_k+\sum_{i=1}^{k}\boldsymbol{x}_i^{\mathrm{T}}\boldsymbol{u}_i\boldsymbol{p}_i^{\mathrm{T}}\boldsymbol{U}_k\\&=\boldsymbol{x}_{k+1}^{\mathrm{T}}\boldsymbol{U}_k+\hat{\boldsymbol{x}}^{\mathrm{T}}\boldsymbol{P}_k^{\mathrm{T}}\boldsymbol{U}_k\end{aligned} \tag{4.6.60}$$

式中，矩阵 $\boldsymbol{P}_k=(\boldsymbol{p}_1\ \boldsymbol{p}_2\ \cdots\ \boldsymbol{p}_k)$。对于 $k>i$，由前述性质(5)有 $\boldsymbol{x}_{k+1}^{\mathrm{T}}\boldsymbol{u}_i=0$，再由式(4.6.60)可以推出

$$\hat{\boldsymbol{x}}^{\mathrm{T}}=\boldsymbol{x}^{\mathrm{T}}\boldsymbol{U}_k(\boldsymbol{P}_k^{\mathrm{T}}\boldsymbol{U}_k)^{-1} \tag{4.6.61}$$

注意到式(4.6.18)，新的矢量数据第 i 维的回归系数是

$$\boldsymbol{b}_i=\frac{\sigma_i}{\boldsymbol{u}_i^{\mathrm{T}}\boldsymbol{X}_i^{\mathrm{T}}\boldsymbol{X}_i\boldsymbol{u}_i}\boldsymbol{v}_i^{\mathrm{T}}$$

式中，奇异矢量 $\boldsymbol{v}_i$ 与其互补的奇异矢量 $\boldsymbol{u}_i$ 有如下关系：

$$\sigma_i\boldsymbol{v}_i=\boldsymbol{Y}^{\mathrm{T}}\boldsymbol{X}_i\boldsymbol{u}_i$$

利用式(4.6.61)，将式中原始数据之外的部分和相对主成分的回归系数矩阵 $\boldsymbol{B}$ 合写成 $\boldsymbol{W}$，于是，相对于原始数据矩阵 $\boldsymbol{X}$，容易得出全部回归系数

$$\boldsymbol{W}=\boldsymbol{U}(\boldsymbol{P}^{\mathrm{T}}\boldsymbol{U})^{-1}\boldsymbol{Q}^{\mathrm{T}} \tag{4.6.62}$$

式中，矩阵 $\boldsymbol{Q}$ 的列为

$$\boldsymbol{q}_i=\frac{\boldsymbol{Y}^{\mathrm{T}}\boldsymbol{X}_i\boldsymbol{u}_i}{\boldsymbol{u}_i^{\mathrm{T}}\boldsymbol{X}_i^{\mathrm{T}}\boldsymbol{X}_i\boldsymbol{u}_i} \tag{4.6.63}$$

根据式(4.6.54)推知 $\boldsymbol{P}_k^{\mathrm{T}}\boldsymbol{U}_k$ 是对角线元素为 1 的上三角矩阵，计算 $(\boldsymbol{P}_k^{\mathrm{T}}\boldsymbol{U}_k)^{-1}\boldsymbol{Q}_k^{\mathrm{T}}$ 是解算 m 个线性方程组和一个上三角矩阵，其中每个方程组包含 k 个未知数和 k 个方程。

注：易知，式(4.6.62)不仅适用于原始数据，也适用于核映射的映像。

5. 奇异矢量的计算

奇异矢量 $\boldsymbol{u}_i$ 由下面的本征方程求得

$$\boldsymbol{X}_i^{\mathrm{T}}\boldsymbol{Y}_i\boldsymbol{Y}_i^{\mathrm{T}}\boldsymbol{X}_i\boldsymbol{u}_i=\sigma_i^2\boldsymbol{u}_i \tag{4.6.64}$$

因为在回归建模过程中，对 $\boldsymbol{u}_i$ 还要归一化，为了简单只求 $\boldsymbol{u}_i$，式(4.6.64)取为

$$\boldsymbol{X}_i^{\mathrm{T}}\boldsymbol{Y}_i\boldsymbol{Y}_i^{\mathrm{T}}\boldsymbol{X}_i\boldsymbol{u}_i=\boldsymbol{u}_i \tag{4.6.65}$$

可以证明[2]，在回归建模计算过程中，有

$$\boldsymbol{X}_i^{\mathrm{T}}\boldsymbol{Y}_i\boldsymbol{Y}_i^{\mathrm{T}}\boldsymbol{X}_i=\boldsymbol{X}_i^{\mathrm{T}}\boldsymbol{Y}\boldsymbol{Y}^{\mathrm{T}}\boldsymbol{X}_i \tag{4.6.66}$$

所以，在迭代过程中，可以始终采用 $\boldsymbol{Y}$ 计算主轴和主成分，而无须求残差矩阵 $\boldsymbol{Y}_i$。下面的 PLSR 算法伪代码利用了式(4.6.66)所表达的关系，以及利用式(4.6.65)隐含实现了标准化的方差为 1。

定理 4.1.1 已经给出，矩阵 $\boldsymbol{A}$ 的非零奇异值是矩阵 $\boldsymbol{A}^{\mathrm{T}}\boldsymbol{A}$ 或 $\boldsymbol{A}\boldsymbol{A}^{\mathrm{T}}$ 对应序号的本征值的方根，$\boldsymbol{A}=\boldsymbol{V}\boldsymbol{\Lambda}_{m\times n}\boldsymbol{U}^{\mathrm{T}}$ 的左右奇异矢量矩阵分别是 $\boldsymbol{A}\boldsymbol{A}^{\mathrm{T}}$ 和 $\boldsymbol{A}^{\mathrm{T}}\boldsymbol{A}$ 的本征矢量矩阵，因此可以利用求解方阵 $\boldsymbol{A}\boldsymbol{A}^{\mathrm{T}}$ 或 $\boldsymbol{A}^{\mathrm{T}}\boldsymbol{A}$ 的本征值和本征矢量得出 $\boldsymbol{A}$ 的非零奇异值和奇异矢量。

求解方阵 $\boldsymbol{A}$ 最大本征值及其对应的本征矢量可以采用迭代幂方法，该方法形式如下：

$$\begin{cases}\boldsymbol{A}\boldsymbol{u}^{(k)}=\lambda_1^{(k+1)}\boldsymbol{u}^{(k+1)}, & k=0,1,2,\cdots\\ \boldsymbol{u}^{(0)}=\boldsymbol{b}\end{cases} \tag{4.6.67}$$

当差矢量 $\boldsymbol{u}^{(m)}-\boldsymbol{u}^{(m+1)}$ 每个分量都小于设定阈值，或 $\|\boldsymbol{u}^{(m)}-\boldsymbol{u}^{(m+1)}\|<\varepsilon$ 时，迭代到 $k=m$ 为止，$\lambda_1^{(m+1)}$ 为矩阵 $\boldsymbol{A}$ 最大本征值的近似值，$\boldsymbol{u}^{(m+1)}$ 为对应的本征矢量。此算法的原理是，设矩阵 $\boldsymbol{A}$ 的本征分解为 $\boldsymbol{A}=\boldsymbol{U}\boldsymbol{\Lambda}\boldsymbol{U}^{\mathrm{T}}$，令 $\boldsymbol{z}$ 是一个随机选取的初始矢量，对 $\boldsymbol{A}\boldsymbol{z}$ 迭代左乘 $\boldsymbol{A}$，可以得出

$$\boldsymbol{A}^s\boldsymbol{z}=(\boldsymbol{U}\boldsymbol{\Lambda}\boldsymbol{U}^{\mathrm{T}})^s\boldsymbol{z}=\boldsymbol{U}\boldsymbol{\Lambda}^s\boldsymbol{U}^{\mathrm{T}}\boldsymbol{z}\approx\boldsymbol{u}_1\lambda_1^s\boldsymbol{u}_1^{\mathrm{T}}\boldsymbol{z}\triangleq w_1\lambda_1^s\boldsymbol{u}_1 \tag{4.6.68}$$

式(4.6.68)利用了：若 λ_1 是 $\boldsymbol{A}$ 的最大本征值，则 λ_1^s 是 $\boldsymbol{A}^s$ 的最大本征值，而且当 s 足够大时，λ_2^s 及其他本征值变得非常小，近似为零。若 $w_1=\boldsymbol{u}_1^{\mathrm{T}}\boldsymbol{z}\neq 0$，则 $\boldsymbol{A}^s\boldsymbol{z}$ 收敛于最大本征值对应的本征矢量。在应用该方法时，每次迭代中都要对所得本征矢量模长归一化。通常这种算法效率不高，但对于低秩矩阵 $\boldsymbol{C}_{xy}$，矢量 $\boldsymbol{y}$ 的维数 m 较小时，它的效率还是非常高的，在 $m=1$ 时，进行一次迭代就可以找到准确解。迭代幂算法如下：

(1) 随机选取一个初始矢量 $\boldsymbol{u}^{(0)}$。

(2) 进行迭代 $\boldsymbol{u}^{(k+1)}=\boldsymbol{A}\boldsymbol{u}^{(k)}$。

(3) 归一化 $\boldsymbol{u}^{(k+1)}=\boldsymbol{u}^{(k)}/\|\boldsymbol{u}^{(k)}\|$。

(4) 判断是否收敛。若 $\|\boldsymbol{u}^{(m+1)}-\boldsymbol{u}^{(m)}\|<\varepsilon$，则停止，否则转(2)。

迭代幂算法已用于下面的偏最小二乘回归算法，这种方法效率要高于对 $\boldsymbol{X}^{\mathrm{T}}\boldsymbol{Y}$ 进行 SVD 的效率。

6. 偏最小二乘回归算法伪代码

上面给出了偏最小二乘回归算法的原理、公式和分析，在此基础上按有关符号约定，给出该算法的伪代码[5]。

偏最小二乘回归(PLSR)算法的伪代码

输　入	输入数据 $\boldsymbol{X}=(\boldsymbol{x}_1\ \boldsymbol{x}_2\ \cdots\ \boldsymbol{x}_N)^{\mathrm{T}}$,响应数据 $\boldsymbol{Y}=(\boldsymbol{y}_1\ \boldsymbol{y}_2\ \cdots\ \boldsymbol{y}_N)^{\mathrm{T}}$,维数 k
输　出	回归系数 $\boldsymbol{W}$,均值矢量 $\boldsymbol{\mu}$,训练输出 $\hat{\boldsymbol{Y}}$

过　程	初始化:$\hat{\boldsymbol{Y}}=\boldsymbol{O}$
	计算数据中心矢量:$\boldsymbol{\mu}\leftarrow\frac{1}{N}\boldsymbol{X}^{\mathrm{T}}\boldsymbol{1}$
	数据中心化:$\boldsymbol{X}_1\leftarrow\boldsymbol{X}-\boldsymbol{1}\boldsymbol{\mu}^{\mathrm{T}}$
	for　$i=1,2,\cdots,k$
	　$\boldsymbol{u}_i\leftarrow\boldsymbol{X}_i^{\mathrm{T}}\boldsymbol{Y}$ 的第一列
	　$\boldsymbol{u}_i\leftarrow\boldsymbol{u}_i/\Vert\boldsymbol{u}_i\Vert$
	　repeat
	　　$\boldsymbol{u}_i\leftarrow\boldsymbol{X}_i^{\mathrm{T}}\boldsymbol{Y}\boldsymbol{Y}^{\mathrm{T}}\boldsymbol{X}_i\boldsymbol{u}_i$
	　　$\boldsymbol{u}_i\leftarrow\boldsymbol{u}_i/\Vert\boldsymbol{u}_i\Vert$
	　until 收敛
	　　$\boldsymbol{p}_i\leftarrow\frac{\boldsymbol{X}_i^{\mathrm{T}}\boldsymbol{X}_i\boldsymbol{u}_i}{\boldsymbol{u}_i^{\mathrm{T}}\boldsymbol{X}_i^{\mathrm{T}}\boldsymbol{X}_i\boldsymbol{u}_i}$
	　　$\boldsymbol{q}_i\leftarrow\frac{\boldsymbol{Y}^{\mathrm{T}}\boldsymbol{X}_i\boldsymbol{u}_i}{\boldsymbol{u}_i^{\mathrm{T}}\boldsymbol{X}_i^{\mathrm{T}}\boldsymbol{X}_i\boldsymbol{u}_i}$
	　　$\boldsymbol{X}_{i+1}\leftarrow\boldsymbol{X}_i(\boldsymbol{I}-\boldsymbol{u}_i\boldsymbol{p}_i^{\mathrm{T}})$
	　　$\hat{\boldsymbol{Y}}\leftarrow\hat{\boldsymbol{Y}}+\boldsymbol{X}_i\boldsymbol{u}_i\boldsymbol{q}_i^{\mathrm{T}}$
	end for
	$\boldsymbol{W}\leftarrow\boldsymbol{U}(\boldsymbol{P}^{\mathrm{T}}\boldsymbol{U})^{-1}\boldsymbol{Q}^{\mathrm{T}}$

7. 核偏最小二乘回归[5]

1) 核偏最小二乘回归有关量的对偶表达

令 $\boldsymbol{X}_i$,$\boldsymbol{Y}_i$ 分别是原始数据构成的矩阵,为使偏最小二乘回归通过核函数在核映射空间中实施,可采用矢量对偶表示技巧,将主轴矢量 $\boldsymbol{u}_i$ 表示成对偶形式

$$a_i\boldsymbol{u}_i=\boldsymbol{X}_i^{\mathrm{T}}\boldsymbol{\beta}_i \tag{4.6.69}$$

将式(4.6.69)代入式(4.6.65),可得对偶投影方向矢量方程

$$\boldsymbol{\beta}_i=\boldsymbol{Y}_i\boldsymbol{Y}_i^{\mathrm{T}}\boldsymbol{X}_i\boldsymbol{X}_i^{\mathrm{T}}\boldsymbol{\beta}_i=\boldsymbol{Y}_i\boldsymbol{Y}_i^{\mathrm{T}}\boldsymbol{K}_i\boldsymbol{\beta}_i \tag{4.6.70}$$

在建模过程每个阶段 $\boldsymbol{\beta}_i$ 都需归一化。令主成分

$$\boldsymbol{\tau}_i=a_i\boldsymbol{X}_i\boldsymbol{u}_i=\boldsymbol{X}_i\boldsymbol{X}_i^{\mathrm{T}}\boldsymbol{\beta}_i=\boldsymbol{K}_i\boldsymbol{\beta}_i \tag{4.6.71}$$

$\boldsymbol{\tau}_i$ 已经用核矩阵表示,可以在建模过程中使用,因此有关式子要表达成含 $\boldsymbol{\tau}_i$ 的形式。令

$$\boldsymbol{q}_i=\frac{\boldsymbol{Y}_i^{\mathrm{T}}\boldsymbol{X}_i\boldsymbol{u}_i}{\boldsymbol{u}_i^{\mathrm{T}}\boldsymbol{X}_i^{\mathrm{T}}\boldsymbol{X}_i\boldsymbol{u}_i}=\frac{a_i\boldsymbol{Y}_i^{\mathrm{T}}\boldsymbol{\tau}_i}{\boldsymbol{\tau}_i^{\mathrm{T}}\boldsymbol{\tau}_i}\triangleq a_i\hat{\boldsymbol{q}}_i \tag{4.6.72}$$

利用式(4.6.71)将式(4.6.46)的递归形式

$$\boldsymbol{X}_{i+1}=\left(\boldsymbol{I}-\frac{\boldsymbol{X}_i\boldsymbol{u}_i\boldsymbol{u}_i^{\mathrm{T}}\boldsymbol{X}_i^{\mathrm{T}}}{\boldsymbol{u}_i^{\mathrm{T}}\boldsymbol{X}_i^{\mathrm{T}}\boldsymbol{X}_i\boldsymbol{u}_i}\right)\boldsymbol{X}_i$$

及核函数、回归系数矢量等表达成含 $\boldsymbol{\tau}_i$ 的形式

$$\boldsymbol{X}_{i+1}=\left(\boldsymbol{I}-\frac{\boldsymbol{\tau}_i\boldsymbol{\tau}_i^{\mathrm{T}}}{\boldsymbol{\tau}_i^{\mathrm{T}}\boldsymbol{\tau}_i}\right)\boldsymbol{X}_i \tag{4.6.73}$$

$$\boldsymbol{K}_{i+1}=\boldsymbol{X}_{i+1}\boldsymbol{X}_{i+1}^{\mathrm{T}}=\left(\boldsymbol{I}-\frac{\boldsymbol{\tau}_i\boldsymbol{\tau}_i^{\mathrm{T}}}{\boldsymbol{\tau}_i^{\mathrm{T}}\boldsymbol{\tau}_i}\right)\boldsymbol{X}_i\boldsymbol{X}_i^{\mathrm{T}}\left(\boldsymbol{I}-\frac{\boldsymbol{\tau}_i\boldsymbol{\tau}_i^{\mathrm{T}}}{\boldsymbol{\tau}_i^{\mathrm{T}}\boldsymbol{\tau}_i}\right)$$

$$=\left(\boldsymbol{I}-\frac{\boldsymbol{\tau}_i\boldsymbol{\tau}_i^{\mathrm{T}}}{\boldsymbol{\tau}_i^{\mathrm{T}}\boldsymbol{\tau}_i}\right)\boldsymbol{K}_i\left(\boldsymbol{I}-\frac{\boldsymbol{\tau}_i\boldsymbol{\tau}_i^{\mathrm{T}}}{\boldsymbol{\tau}_i^{\mathrm{T}}\boldsymbol{\tau}_i}\right)\tag{4.6.74}$$

$$\boldsymbol{p}_i=\frac{\boldsymbol{X}_i^{\mathrm{T}}\boldsymbol{X}_i\boldsymbol{u}_i}{\boldsymbol{u}_i^{\mathrm{T}}\boldsymbol{X}_i^{\mathrm{T}}\boldsymbol{X}_i\boldsymbol{u}_i}=a_i\frac{\boldsymbol{X}_i^{\mathrm{T}}\boldsymbol{\tau}_i}{\boldsymbol{\tau}_i^{\mathrm{T}}\boldsymbol{\tau}_i}\tag{4.6.75}$$

$$\boldsymbol{Y}_{i+1}=\left(\boldsymbol{I}-\frac{\boldsymbol{\tau}_i\boldsymbol{\tau}_i^{\mathrm{T}}}{\boldsymbol{\tau}_i^{\mathrm{T}}\boldsymbol{\tau}_i}\right)\boldsymbol{Y}_i\tag{4.6.76}$$

2）对偶表示中 $\boldsymbol{\tau}_i$ 和 $\boldsymbol{\beta}_i$ 的性质

对偶表示中 $\boldsymbol{\tau}_i$ 和 $\boldsymbol{\beta}_i$ 的性质使得建模递进过程中，有关式子始终可以采用 $\boldsymbol{X}^{\mathrm{T}}\boldsymbol{\tau}_i$，而无须求 $\boldsymbol{X}_i^{\mathrm{T}}\boldsymbol{\tau}_i$，采用 $\boldsymbol{X}^{\mathrm{T}}\boldsymbol{\beta}_i$，而无须求 $\boldsymbol{X}_i^{\mathrm{T}}\boldsymbol{\beta}_i$。

(1) 各 $\boldsymbol{\tau}_i$ 之间正交。由前述性质(5)知，对于 $j>i$，回归残差矩阵 $\boldsymbol{X}_j$ 的列都与主成分 $\boldsymbol{X}_i\boldsymbol{u}_i$ 正交，故有

$$\boldsymbol{\tau}_j^{\mathrm{T}}\boldsymbol{\tau}_i=a_ja_i\boldsymbol{u}_j^{\mathrm{T}}\boldsymbol{X}_j^{\mathrm{T}}\boldsymbol{X}_i\boldsymbol{u}_i=0\tag{4.6.77}$$

这也相当于证明了前述性质(2)。由此可知

$$\left(\boldsymbol{I}-\frac{\boldsymbol{\tau}_i\boldsymbol{\tau}_i^{\mathrm{T}}}{\boldsymbol{\tau}_i^{\mathrm{T}}\boldsymbol{\tau}_i}\right)\boldsymbol{\tau}_j=\boldsymbol{\tau}_j\tag{4.6.78}$$

再利用式(4.6.73)，可得

$$\boldsymbol{X}_i^{\mathrm{T}}\boldsymbol{\tau}_i=\boldsymbol{X}^{\mathrm{T}}\boldsymbol{\tau}_i\tag{4.6.79}$$

(2) 由式(4.6.70)及式(4.6.71)，有

$$\boldsymbol{\beta}_j=\boldsymbol{Y}_j\boldsymbol{Y}_j^{\mathrm{T}}\boldsymbol{X}_j\boldsymbol{X}_j^{\mathrm{T}}\boldsymbol{\beta}_j=a_j\boldsymbol{Y}_j\boldsymbol{Y}_j^{\mathrm{T}}\boldsymbol{X}_j\boldsymbol{u}_j=\boldsymbol{Y}_j\boldsymbol{Y}_j^{\mathrm{T}}\boldsymbol{\tau}_j$$

类似可知，对于 $j>i$，回归残差矩阵 $\boldsymbol{Y}_j$ 的列都与 $\boldsymbol{X}_i\boldsymbol{u}_i$ 正交，可得

$$\boldsymbol{\beta}_j^{\mathrm{T}}\boldsymbol{\tau}_i=a_i\boldsymbol{\tau}_j^{\mathrm{T}}\boldsymbol{Y}_j\boldsymbol{Y}_j^{\mathrm{T}}\boldsymbol{X}_i\boldsymbol{u}_i=0\tag{4.6.80}$$

由此可知

$$\left(\boldsymbol{I}-\frac{\boldsymbol{\tau}_i\boldsymbol{\tau}_i^{\mathrm{T}}}{\boldsymbol{\tau}_i^{\mathrm{T}}\boldsymbol{\tau}_i}\right)\boldsymbol{\beta}_j=\boldsymbol{\beta}_j\tag{4.6.81}$$

再利用式(4.6.73)，可得

$$\boldsymbol{X}_i^{\mathrm{T}}\boldsymbol{\beta}_i=\boldsymbol{X}^{\mathrm{T}}\boldsymbol{\beta}_i\tag{4.6.82}$$

建模递进过程中，对于 $\boldsymbol{Y}_i$ 也有类似于式(4.6.79)和式(4.6.82)的结果。

3）对偶回归系数的计算

回归系数用对偶回归系数表示

$$\boldsymbol{W}=\boldsymbol{X}^{\mathrm{T}}\boldsymbol{\alpha}\tag{4.6.83}$$

由式(4.6.62)知

$$\boldsymbol{W}=\boldsymbol{U}(\boldsymbol{P}^{\mathrm{T}}\boldsymbol{U})^{-1}\boldsymbol{Q}^{\mathrm{T}}\tag{4.6.84}$$

设矩阵 $\boldsymbol{B}$ 的各列是相应的矢量 $\boldsymbol{\beta}_i$，对角矩阵 $\mathrm{diag}(\boldsymbol{a})=\mathrm{diag}(a_1,a_2,\cdots)$，由式(4.6.69)及式(4.6.82)有

$$\boldsymbol{U}=\boldsymbol{X}^{\mathrm{T}}\boldsymbol{B}\,\mathrm{diag}(\boldsymbol{a})^{-1}\tag{4.6.85}$$

设矩阵 $\boldsymbol{T}$ 的各列是相应的矢量 $\boldsymbol{\tau}_i$，利用式(4.6.75)和式(4.6.79)，类似地有

$$\begin{aligned}\boldsymbol{P}^{\mathrm{T}}\boldsymbol{U} &= \mathrm{diag}(\boldsymbol{a})\mathrm{diag}(\boldsymbol{\tau}_i^{\mathrm{T}}\boldsymbol{\tau}_i)^{-1}\boldsymbol{T}^{\mathrm{T}}\boldsymbol{X}\boldsymbol{X}^{\mathrm{T}}\boldsymbol{B}\,\mathrm{diag}(\boldsymbol{a})^{-1} \\ &= \mathrm{diag}(\boldsymbol{a})\mathrm{diag}(\boldsymbol{\tau}_i^{\mathrm{T}}\boldsymbol{\tau}_i)^{-1}\boldsymbol{T}^{\mathrm{T}}\boldsymbol{K}\boldsymbol{B}\,\mathrm{diag}(\boldsymbol{a})^{-1}\end{aligned} \tag{4.6.86}$$

式中，对角矩阵 $\mathrm{diag}(\boldsymbol{\tau}_i^{\mathrm{T}}\boldsymbol{\tau}_i)$ 对角线上的第 i 元素为 $\boldsymbol{\tau}_i^{\mathrm{T}}\boldsymbol{\tau}_i$。利用式(4.6.72)有

$$\boldsymbol{q}_i = \frac{\boldsymbol{Y}_i^{\mathrm{T}}\boldsymbol{X}_i\boldsymbol{u}_i}{\boldsymbol{u}_i^{\mathrm{T}}\boldsymbol{X}_i^{\mathrm{T}}\boldsymbol{X}_i\boldsymbol{u}_i} = \frac{a_i\boldsymbol{Y}^{\mathrm{T}}\boldsymbol{\tau}_i}{\boldsymbol{\tau}_i^{\mathrm{T}}\boldsymbol{\tau}_i} \tag{4.6.87}$$

以 $\boldsymbol{q}_i$ 为列组成的矩阵

$$\boldsymbol{Q} = \boldsymbol{Y}^{\mathrm{T}}\boldsymbol{T}\mathrm{diag}(\boldsymbol{\tau}_i^{\mathrm{T}}\boldsymbol{\tau}_i)^{-1}\mathrm{diag}(\boldsymbol{a}) \tag{4.6.88}$$

将式(4.6.84)～式(4.6.86)以及式(4.6.88)代入式(4.6.83)，去掉等式两边都存在的左乘 $\boldsymbol{X}^{\mathrm{T}}$，可得对偶回归系数

$$\boldsymbol{\alpha} = \boldsymbol{B}(\boldsymbol{T}^{\mathrm{T}}\boldsymbol{K}\boldsymbol{B})^{-1}\boldsymbol{T}^{\mathrm{T}}\boldsymbol{Y} \tag{4.6.89}$$

最后，回归函数

$$\hat{y}_j = f_j(\boldsymbol{x}) = \sum_{i=1}^{N}\alpha_i^j\kappa(\boldsymbol{x}_i,\boldsymbol{x}),\quad j=1,2,\cdots,m \tag{4.6.90}$$

式中，α_i^j 是矢量 $\boldsymbol{\alpha}_j$ 的分量。

上述通过矢量数据的对偶表达引入核函数实现了核偏最小二乘回归，下面给出该算法的伪代码。

核偏最小二乘回归(KPLSR)算法的伪代码[5]

输　入	输入数据 $\boldsymbol{X}=(\boldsymbol{x}_1\ \boldsymbol{x}_2\ \cdots\ \boldsymbol{x}_N)^{\mathrm{T}}$，响应数据 $\boldsymbol{Y}=(\boldsymbol{y}_1\ \boldsymbol{y}_2\ \cdots\ \boldsymbol{y}_N)^{\mathrm{T}}$，维数 k
输　出	对偶回归系数 $\boldsymbol{\alpha}$，残差 $\boldsymbol{Y}-\hat{\boldsymbol{Y}}$

过　程	$\boldsymbol{K}\leftarrow[\kappa(\boldsymbol{x}_i,\boldsymbol{x}_j)]_{i,j=1}^{N}$
	$\boldsymbol{K}_1\leftarrow\boldsymbol{K}$
	$\hat{\boldsymbol{Y}}\leftarrow\boldsymbol{Y}$
	for $i=1,2,\cdots,k$
	　$\boldsymbol{\beta}_i\leftarrow\hat{\boldsymbol{Y}}$的第一列
	　$\boldsymbol{\beta}_i\leftarrow\boldsymbol{\beta}_i/\Vert\boldsymbol{\beta}_i\Vert$
	　repeat
	　　$\boldsymbol{\beta}_i\leftarrow\hat{\boldsymbol{Y}}\hat{\boldsymbol{Y}}^{\mathrm{T}}\boldsymbol{K}_i\boldsymbol{\beta}_i$
	　　$\boldsymbol{\beta}_i\leftarrow\boldsymbol{\beta}_i/\Vert\boldsymbol{\beta}_i\Vert$
	　until 收敛
	　$\boldsymbol{\tau}_i\leftarrow\boldsymbol{K}_i\boldsymbol{\beta}_i$
	　$\boldsymbol{q}_i\leftarrow\hat{\boldsymbol{Y}}\boldsymbol{\tau}_i/\boldsymbol{\tau}_i^{\mathrm{T}}\boldsymbol{\tau}_i$
	　$\hat{\boldsymbol{Y}}\leftarrow\hat{\boldsymbol{Y}}-\boldsymbol{\tau}_i\boldsymbol{q}_i^{\mathrm{T}}$
	　$\boldsymbol{K}_{i+1}\leftarrow(\boldsymbol{I}-\boldsymbol{\tau}_i\boldsymbol{\tau}_i^{\mathrm{T}}/\boldsymbol{\tau}_i^{\mathrm{T}}\boldsymbol{\tau}_i)\boldsymbol{K}_i(\boldsymbol{I}-\boldsymbol{\tau}_i\boldsymbol{\tau}_i^{\mathrm{T}}/\boldsymbol{\tau}_i^{\mathrm{T}}\boldsymbol{\tau}_i)$
	end for
	$\boldsymbol{B}\leftarrow(\boldsymbol{\beta}_1\ \boldsymbol{\beta}_2\ \cdots\ \boldsymbol{\beta}_k)$
	$\boldsymbol{T}\leftarrow(\boldsymbol{\tau}_1\ \boldsymbol{\tau}_2\ \cdots\ \boldsymbol{\tau}_k)$
	$\boldsymbol{\alpha}\leftarrow\boldsymbol{B}(\boldsymbol{T}^{\mathrm{T}}\boldsymbol{K}\boldsymbol{B})^{-1}\boldsymbol{T}^{\mathrm{T}}\boldsymbol{Y}$

4.7 聚类分析

4.7.1 概述

聚类分析(clustering analysis)是模式分析和机器学习的经典问题。聚类分析是基于对象集客观存在着若干个自然类、每个自然类中个体的某些属性都具有较强的相似性而建立的一种数据描述和分析方法。在适当的特征空间中样本数据集存在簇聚结构，聚类分析根据各个待分类样本的属性或特征相似程度进行分组，相似的样本归为一组，不相似的样本分划到不同组，组内各样本相似，不同组的样本差别较大，由此将待分类样本集分成若干个互不重叠的子集，每个子集作为一类，或以此为基础将相似数据组成类的层次结构。在操作上通常定义适当的聚类准则函数，利用有关的概念和原理，运用适当的数学工具进行分类。聚类分析涉及的基本内容是：特征提取、样本相似性度量、点与类间的距离、类与类间的距离、聚类准则、聚类算法和有效性分析。

由于不需要训练样本进行学习和训练，故聚类分析称为无监督分类。应该指出，由于人为选定某些特征、采用某种样本相似性度量、运用某种聚类算法等，这实际上已引入某些知识和信息，从而隐含地对样本集的分类结构作了大致的设计。使用不同的特征，或采用不同的样本相似性度量，或运用不同的聚类方法等都可能会产生不同的分类结果，因每个环节都不同程度地隐含规定或约束了样本集的分类结构。所以，在处理实际问题时，必须深入了解问题，使所选定的特征，运用的聚类算法等能和问题很好地“适配”。

聚类的目标是，类内样本分布致密或规律、类间样本远离或各类内样本分布规律不同，或符合某种合理的结构，聚类结果应满足一定指标定量评价。

基于样本相似性而建立的分类方法的有效性，从根本上讲，取决于样本数据在特征空间中的分布情况。如果同类样本密聚，不同类样本疏远，样本按类聚集，一般的分类方法通常是有效的；反之，如果不同类的样本混杂散布，一般的分类方法往往无效或效果不佳。既然某些对象属于不同类别，那么它们之间必然有一些重要特征显著不同，出现不同类样本混杂情况的原因是特征选取不当，换言之，有显著差别的特征没有选取，这时应重新提取特征，选取不同类别之间显著不同的特征而形成新的数据分布。在定义了样本与样本的相似性测度、点与类之间距离、类与类之间距离后，为了能对样本集进行有效分类，许多算法需要一个准则函数，用于指导与评估分类过程或分类结果的优劣，如果聚类准则函数选择得好，聚类质量就会高。聚类准则函数往往与类的定义有关，是类的定义的某种体现。

分类方法有效性取决于聚类算法隐含的适宜某种结构和待分类数据分布结构是否很好地适配。聚类分析有许多具体的算法，有的比较简单，有的相对复杂、完善。从算法所运用的基本概念、理论基础和操作策略上看，可以分为如下几种典型方法，其他方法基本上是由它们衍生出来的或与它们相近。

1. 根据相似性阈值和最小距离原则的简单聚类方法

这种方法是最早期的聚类方法，聚类思想朴素、直观，适宜简单的数据分布。算法思想是针对具体问题确定相似性阈值，将样本到各聚类中心间的距离与阈值比较，都大于阈值时该样本作为另一类的类心，小于阈值时按最小距离原则将其分划到其中某一类中。这种算法运行中，样本的类别及类的中心一旦确定，在后面算法运行中将不会改变。

2. 按最小距离原则不断进行两类合并的方法

这类方法称为谱系聚类法。首先视各样本自成一类，然后将距离最小的两类合并成一类，不断地重复这个过程，直到达成所设定的停止条件为止。这类算法运行中，类心不断地修正，但样本一旦归为一类，就不再被划分。

3. 依据准则函数动态聚类法

设定一些分类的控制参数，定义一个能表征聚类过程或结果优劣的准则函数，聚类过程就是最大(小)化准则函数的优化过程。算法运行中，类心不断地修正，各样本的类别指定也可以更改。C-均值聚类法、ISODATA 方法是这类方法中的典型算法，亲近传播算法是基于亲近信息的动态聚类算法。

4. 基于局部信息的聚类算法

这种方法以样本邻域的某种信息作为对其分划类别的依据，近邻函数法是其中一种算法，其利用近邻函数的概念和有关的规则进行分类。这种方法可以处理类的分布结构较复杂的情况。

5. 基于图论的聚类方法

这种方法利用图论的有关概念和算法，结合聚类的基本知识实现对样本的分类，这种方法可以处理类的分布结构较复杂的情况。最小张树聚类法是其中一个典型算法，谱图聚类法是在此基础上开发的比较完善的方法，这种方法是基于图论应用代数谱分解的聚类方法。

6. 基于参数估计的聚类算法

基于参数估计的聚类算法是，根据样本与决策界的关系信息估计决策界参数，或估计聚类的分布参数，进而利用这些信息实现分类。

7. 基于模糊数学的聚类方法

这种方法以模糊集的贴近度、样本的隶属度、模糊相似矩阵等概念，并利用其他数学概念和方法或模式识别的有关方法进行分类，模糊 C-均值算法是其中典型方法之一。

8. 神经网络法

神经网络法是一种类仿生的非线性方法，其功能非常强大，有强大的容错能力、分类计算能力、信息存储能力、并行处理能力，因此导致极强的优化能力、映射能力、深度分析学习能力，能够完成各种类型的分类识别，其中包括利用数据的内部特征自组织映射挖掘未知的拓扑结构实现聚类。

9. 最大间隔聚类方法

在模式分析领域，最大间隔聚类方法受到广泛关注和应用。最大间隔聚类方法借鉴了支持矢量机的设计思想，同时采用了支持矢量机的计算框架，它的目标是在没有任何样本类别信息指导下寻求不同聚类之间的间隔最大的聚类结果，换言之，算法是求解使聚类间隔最大的数据最优标记，这里，样本类别标记也是求解的优化变量。

此外，还有基于粗糙集理论的方法、可能性方法等。许多聚类算法都有寻优过程，寻优方法除经典的微分寻优外，还有粒子群算法、蚁群算法、免疫进化计算等。

聚类算法的应用十分广泛，其主要原因如下。

(1) 在一些情况下，无法获得具有类别标记的训练样本。

(2) 虽然可以获得有标记的训练样本，但是需要耗费较多的人力、财力和时间。

(3) 聚类算法可作为后续较复杂分类识别算法的预处理，或由其获取一些有用的知识和信息。

聚类分析主要用于数据压缩、数据挖掘、模式分析、知识发现等领域。

C-均值算法是最常用的聚类方法，本节除讨论 C-均值算法外，还介绍最大间隔方法，其他聚类方法可参阅文献[10]。

4.7.2　C-均值算法

1. C-均值算法目标函数

C-均值算法(C-Means)是聚类分析常用的算法，首先阐述 C-均值算法聚类机理，相应给出目标函数。给定无类别标记的样本集 $X=\{\boldsymbol{x}_1,\boldsymbol{x}_2,\cdots,\boldsymbol{x}_N\}$，设数据集存在簇集结构，采用聚类分析方法将它们分划为 c 类

$$g:X\to\{1,2,\cdots,c\}$$

聚类分析的基本思想是相似的样本归为一类，不相似的样本划为异类，相似性或相异性有多种度量方式，应根据实际确定，若以样本的欧几里得距离量化两个样本的相似性，最小化类内距离和最大化类间距离的目标函数分别为

$$J_1=\sum_{i,j:g(\boldsymbol{x}_i)=g(\boldsymbol{x}_j)}\|\boldsymbol{x}_i-\boldsymbol{x}_j\|^2 \tag{4.7.1}$$

$$\begin{aligned}J_2&=\sum_{i,j:g(\boldsymbol{x}_i)\neq g(\boldsymbol{x}_j)}\|\boldsymbol{x}_i-\boldsymbol{x}_j\|^2\\&=\sum_{i,j}\|\boldsymbol{x}_i-\boldsymbol{x}_j\|^2-\sum_{i,j:g(\boldsymbol{x}_i)=g(\boldsymbol{x}_j)}\|\boldsymbol{x}_i-\boldsymbol{x}_j\|^2\\&=D-\sum_{i,j:g(\boldsymbol{x}_i)=g(\boldsymbol{x}_j)}\|\boldsymbol{x}_i-\boldsymbol{x}_j\|^2\end{aligned} \tag{4.7.2}$$

式中，对于给定的数据集，D 是常数。于是，双目标的聚类问题采用目标加权线性组合构成一个最优化问题，其目标函数为

$$J=\min_g[J_1-\lambda J_2]=\min_g\left((1+\lambda)\sum_{i,j:g(\boldsymbol{x}_i)=g(\boldsymbol{x}_j)}\|\boldsymbol{x}_i-\boldsymbol{x}_j\|-\lambda D\right) \tag{4.7.3}$$

式中，λ 为权值。式(4.7.3)表明，类内距离最小化同时达成类间距离最大化。已经证明，在各聚类样本个数相等设定下，最优解

$$g^* = \arg\min_{g} \sum_{i,j:g(\boldsymbol{x}_i)=g(\boldsymbol{x}_j)} \|\boldsymbol{x}_i - \boldsymbol{x}_j\|^2 \tag{4.7.4}$$

满足

$$g(\boldsymbol{x}_i) = \arg\min_{1 \leqslant k \leqslant c} \|\boldsymbol{x}_i - \boldsymbol{m}_k\|^2 \tag{4.7.5}$$

式中，$\boldsymbol{m}_k$ 是第 k 聚类 ω_k 的中心

$$\boldsymbol{m}_k = \frac{1}{|\omega_k|} \sum_{\boldsymbol{x}_i \in \omega_k} \boldsymbol{x}_i \tag{4.7.6}$$

2. C-均值算法

前面阐述了C-均值方法聚类机理，相应给出了目标函数，下面给出具体算法。

1) 条件及约定

设待分类的样本集为$\{\boldsymbol{x}_1, \boldsymbol{x}_2, \cdots, \boldsymbol{x}_N\}$，聚类的数目 c 预先取定。

2) 基本思想

该方法取定 c 个类别和选取 c 个初始聚类中心，按最小距离原则将各样本分划到 c 类中的某一类，之后不断地计算类心和调整各样本的类别，最终使各样本到其判属类别中心的距离平方之和最小。

3) 算法步骤

(1) 任选 c 个样本作为初始聚类中心：$\boldsymbol{z}_1^{(0)}, \boldsymbol{z}_2^{(0)}, \cdots, \boldsymbol{z}_c^{(0)}$，令 $k=0$。

(2) 将待分类的样本集$\{\boldsymbol{x}_i\}$中的样本逐个按最小距离原则分划给 c 类中的某一类，即

$$\text{如果} \quad d_{il}^{(k)} = \min_{j}[d_{ij}^{(k)}], \quad i = 1, 2, \cdots, N \tag{4.7.7}$$

$$\text{则判} \quad \boldsymbol{x}_i \in \omega_l^{(k+1)}$$

式中，$d_{ij}^{(k)}$ 表示 $\boldsymbol{x}_i$ 和 $\omega_j^{(k)}$ 的中心 $\boldsymbol{z}_j^{(k)}$ 的距离，上角标表示迭代次数，于是产生新的聚类 $\omega_j^{(k+1)}, j=1,2,\cdots,c$。

(3) 计算重新分类后的各类心

$$\boldsymbol{z}_j^{(k+1)} = \frac{1}{n_j^{(k+1)}} \sum_{\boldsymbol{x}_i \in \omega_j^{(k+1)}} \boldsymbol{x}_i, \quad j = 1, 2, \cdots, c$$

式中，$n_j^{(k+1)}$ 为 $\omega_j^{(k+1)}$ 类中所含样本的个数。

(4) 如果 $\boldsymbol{z}_j^{(k+1)} = \boldsymbol{z}_j^{(k)} (j=1,2,\cdots,c)$，则结束；否则，$k=k+1$，转至步骤(2)。

算法迭代中采取平均计算调整后的各类的中心，并以各类的均值作为各类的代表，以样本与其距离作为分类的依据，故称C-均值算法。

3. 收敛性分析

以欧几里得距离为例，简单地分析该算法的收敛性。在上述算法中，虽然没有直接运用准则函数

$$J^{(k)} = \sum_{j=1}^{c} \sum_{x_i \in \omega_j^{(k)}} \| \boldsymbol{x}_i - \boldsymbol{z}_j^{(k)} \|^2 \tag{4.7.8}$$

进行分类，但在(2)中根据式(4.7.7)进行样本划分可使 $J^{(k)}$ 趋于变小。设某样本 $\boldsymbol{x}_i$ 从聚类 ω_j 移至聚类 ω_k 中，ω_j 移出 $\boldsymbol{x}_i$ 后的集合记为 $\widetilde{\omega}_j$，ω_k 移入 $\boldsymbol{x}_i$ 后的集合记为 $\widetilde{\omega}_k$。设 ω_j 和 ω_k 所含样本数分别为 n_j 和 n_k，聚类 ω_j、$\widetilde{\omega}_j$、ω_k 和 $\widetilde{\omega}_k$ 的均值矢量分别为 $\boldsymbol{m}_j$、$\widetilde{\boldsymbol{m}}_j$、$\boldsymbol{m}_k$ 和 $\widetilde{\boldsymbol{m}}_k$，显然有

$$\widetilde{\boldsymbol{m}}_j = \boldsymbol{m}_j - \frac{1}{n_j - 1}(\boldsymbol{x}_i - \boldsymbol{m}_j) \tag{4.7.9}$$

$$\widetilde{\boldsymbol{m}}_k = \boldsymbol{m}_k + \frac{1}{n_k + 1}(\boldsymbol{x}_i - \boldsymbol{m}_k) \tag{4.7.10}$$

而这两个新的聚类的类内欧几里得距离（平方）$\widetilde{J}_j$ 和 $\widetilde{J}_k$ 与原来的两个聚类的类内欧几里得距离（平方）J_j 和 J_k 的关系是

$$\widetilde{J}_j = J_j - \frac{n_j}{n_j - 1} \| \boldsymbol{x}_i - \boldsymbol{m}_j \|^2 \tag{4.7.11}$$

$$\widetilde{J}_k = J_k + \frac{n_k}{n_k + 1} \| \boldsymbol{x}_i - \boldsymbol{m}_k \|^2 \tag{4.7.12}$$

当 $\boldsymbol{x}_i$ 距 $\boldsymbol{m}_k$ 比距 $\boldsymbol{m}_j$ 更近时，有

$$\frac{n_k}{n_k + 1} \| \boldsymbol{x}_i - \boldsymbol{m}_k \|^2 < \frac{n_j}{n_j - 1} \| \boldsymbol{x}_i - \boldsymbol{m}_j \|^2 \tag{4.7.13}$$

J_j 的减少量比 J_k 的增加量要大，导致 $\widetilde{J}_j + \widetilde{J}_k < J_j + J_k$，即将 $\boldsymbol{x}_i$ 分划给 ω_k 类可使 J 变小。这表明，在分类过程中不断地计算新分划的各类的类心，并按最小距离原则归类可使 J 值减至极小值。

也可以式(4.7.13)作为判据决定一个样本分划给哪一类而建立逐个样本处理的C-均值算法。

4. 性能

C-均值算法是以确定的类数及选定的初始聚类中心为前提，使各样本到其所判属类别中心距离（平方）之和最小的最佳聚类。显然，该算法的分类结果受到取定的类别数目及聚类中心初始位置的影响，所以结果只是局部最优的。但其方法简单，结果一般尚令人满意，故应用较多。如样本分布呈现类内团聚状，则该算法能得到很好的聚类结果。在实际应用中需试探不同的 c 值和选择不同的聚类中心初始值，以进一步达到更大范围的最优结果。上述算法的特点是所有待分类样本按最小距离原则分划类别之后再计算各类的中心，这称为批修改法；另一种方法是每向算法输入一个样本后就将它进行分类，并计算该样本所进入和离开的类的类心，这称为逐个修改法，这种方法要受样本读入次序的影响。逐个修改和按批修改方式的动态聚类法的收敛性已分别给出了严格证明。

C-均值算法的计算复杂度是 $O(NncT)$，其中 T 为迭代次数。

一般来讲，当实际上各类的概率密度函数之间重叠很小时，非监督的C-均值算法得到的结果会与最大似然方法的结果大致一样，因为C-均值算法是一种在对数似然函数空

间上的随机爬山法。

5. 改进

针对前述影响分类效果的一些因素，作如下改进。

1）类数 c 的调整

一种方法是利用问题的先验知识分析选取合理的聚类数。

在类数未知的情况下运用 C-均值算法时，可让类数 c 从较小的值开始逐步增加，在这个过程中，对于每个选定的 c 值都分别运用该算法。显然，准则函数 J 随 c 的增加而单调减小，在 c 增加过程中，总会出现使较密集的一些样本被分划开的情况，此时 J 虽减小，但减小速度将变缓，如果作一条 J-c 曲线，其曲率变化最大的点对应的类数是比较接近从样本几何分布上看最优的类数。然而，在许多情况下，曲线并无这样明显的点，此时可采取其他方法。

也可以采用类似于谱系聚类法中的假设检验方法以及其他方法确定类数。

2）初始聚类中心的选取

初始聚类中心可按以下几种方法之一选取。

① 凭经验选择初始类心。

② 将样本随机地分成 c 类，计算每类中心，以其作为初始类心。

③ 求以每个样本为球心、某一正数 r 为半径的球形域中的样本个数，这个数称为该点的密度。选取密度最大的样本作为第一个初始类心 $\boldsymbol{z}_1^{(0)}$，然后在与 $\boldsymbol{z}_1^{(0)}$ 大于某个距离 d 的那些样本中选取具有最大密度的样本作为第二个初始类心 $\boldsymbol{z}_2^{(0)}$，以下如此进行，选取 c 个初始聚类中心。

④ 用相距最远的 c 个样本作为初始类心。具体地，是按最大最小距离算法求取 c 个初始聚类中心。

⑤ 当 N 较大时，先随机地从 N 个样本中取出一部分样本用谱系聚类法聚成 c 类，以每类的重心作为初始类心。

⑥ 由 $c-1$ 类问题得出 $c-1$ 个类心，再找出一个最远点。

4.7.3 改进的 C-均值算法

1. K-中心法

在 C-均值算法中采用欧几里得距离度量两个样本的相似性，并且取类内平均矢量代表该类，当有少量的但距离很远的孤立点时，算法的效果很差，由于采用欧几里得距离，也使算法有较大的局限性，一个改进的方法是，算法可以使用任意定义的相似度，并且采用类的中心点代替该类。所谓类的中心点，就是类内一个样本，类内所有样本到它的距离之和最小。这种算法称为 K-中心法。

2. 用类核表征类

C-均值算法存在一个明显不足，只用一个聚类中心作为一类的代表，一个点往往不能充分地反映出该类的样本分布结构，会损失很多有用的信息。当类的分布是球状或近似球状时，算法尚能有较好的效果，然而，对于其他一些样本分布结构，例如样本各分量方差不等的正态分布，虽然两类的类心相距较远，若它们主轴比较靠近，经典的 C-均值算法分类效果不会理想。如果已知各类样本分布的某些知识，则可以利用它们指导聚类。为此，用一个类核 $K_j=K(\boldsymbol{x},V_j)$ 表示类 ω_j 的样本分布情况，其中 V_j 是关于 ω_j 的一个参数集，$\boldsymbol{x}$ 是 n 维空间中的样本矢量，K_j 可以是一个函数、一个点集或其他适当的模型。为了度量待识样本 $\boldsymbol{x}$ 和 ω_j 类的接近程度，还规定一个样本矢量 $\boldsymbol{x}$ 到类核 K_j 的距离 $d^2(\boldsymbol{x},K_j)$。实际上，马氏距离就是这种距离的一种简化。

当已知某类的分布近似为正态分布时，可以用以这类样本统计估计值为参数的正态分布函数作为类核，即

$$K_j(\boldsymbol{x},V_j)=\frac{1}{(2\pi)^{n/2}\ |\hat{\boldsymbol{\Sigma}}_j|^{1/2}}\exp\left[-\frac{1}{2}(\boldsymbol{x}-\hat{\boldsymbol{\mu}}_j)^{\mathrm{T}}\hat{\boldsymbol{\Sigma}}_j^{-1}(\boldsymbol{x}-\hat{\boldsymbol{\mu}}_j)\right] \tag{4.7.14}$$

式中，

$$V_j=\{\hat{\boldsymbol{\mu}}_j,\hat{\boldsymbol{\Sigma}}_j\},\quad \hat{\boldsymbol{\mu}}_j=\frac{1}{n_j}\sum_{x_i\in\omega_j}\boldsymbol{x}_i,\quad \hat{\boldsymbol{\Sigma}}_j=\frac{1}{n_j-1}\sum_{x_i\in\omega_j}(\boldsymbol{x}_i-\hat{\boldsymbol{\mu}}_j)(\boldsymbol{x}_i-\hat{\boldsymbol{\mu}}_j)^{\mathrm{T}}$$

式中，$\boldsymbol{x}_i$ 和 n_j 分别为参与参数估计的该类样本及其数目。从而，样本 $\boldsymbol{x}$ 与该类的距离为

$$d_{\mathrm{N}}^2(\boldsymbol{x},K_j)=\frac{1}{2}(\boldsymbol{x}-\hat{\boldsymbol{\mu}}_j)^{\mathrm{T}}\hat{\boldsymbol{\Sigma}}_j^{-1}(\boldsymbol{x}-\hat{\boldsymbol{\mu}}_j)+\frac{1}{2}\ln|\hat{\boldsymbol{\Sigma}}_j| \tag{4.7.15}$$

实际上，$-d_{\mathrm{N}}^2(\boldsymbol{x},K_j)$ 是最小误判概率准则下先验概率相同时的判决函数。

当已知各类样本分别在相应的主轴附近分布时，可以定义主轴类核

$$K_j(\boldsymbol{x},V_j)=\boldsymbol{U}_j^{\mathrm{T}}\boldsymbol{x} \tag{4.7.16}$$

式中，$\boldsymbol{U}_j=(\boldsymbol{u}_1\ \boldsymbol{u}_2\ \cdots\ \boldsymbol{u}_{m_j})$ 是 ω_j 类的样本协方差矩阵 $\hat{\boldsymbol{\Sigma}}_j$ 的 m_j 个最大本征值所对应的已规格化的本征矢量构成的矩阵，即 $\boldsymbol{U}_j$ 是样本协方差矩阵 $\hat{\boldsymbol{\Sigma}}_j$ 给出的部分主轴系统。$\boldsymbol{u}_i(i=1,2,\cdots,m_j)$ 给出了样本分布的主轴 u_i 的方向（散布的情况由本征值反映出来），$\boldsymbol{u}_i$ 为 u_i 轴上的单位矢量。设 $\hat{\boldsymbol{\mu}}_j$ 是 ω_j 类样本均值矢量，求样本 $\boldsymbol{x}$ 和轴 u_i 的距离如图 4.7.1 所示。样本 $\boldsymbol{x}$ 和 ω_j 类间的距离平方可以用 $\boldsymbol{x}$ 和该类主轴间的欧几里得距离的平方度量。

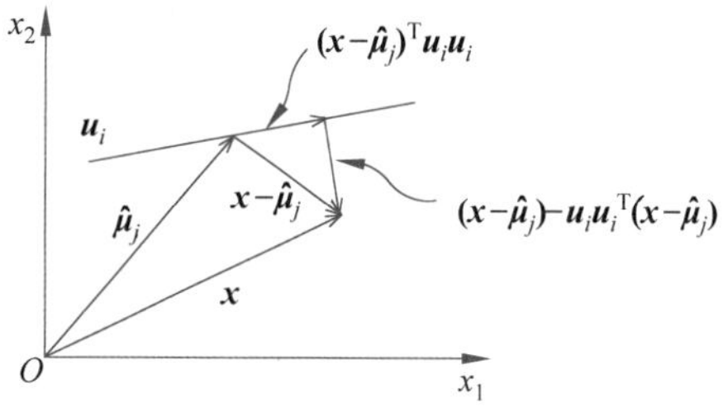

图 4.7.1　样本 x 和轴 u_i 的距离示意图

$$\begin{aligned}d_L^2(\boldsymbol{x},K_j)&=[(\boldsymbol{x}-\hat{\boldsymbol{\mu}}_j)-\boldsymbol{U}_j\boldsymbol{U}_j^{\mathrm{T}}(\boldsymbol{x}-\hat{\boldsymbol{\mu}}_j)]^{\mathrm{T}}[(\boldsymbol{x}-\hat{\boldsymbol{\mu}}_j)-\boldsymbol{U}_j\boldsymbol{U}_j^{\mathrm{T}}(\boldsymbol{x}-\hat{\boldsymbol{\mu}}_j)]\\&=\|\boldsymbol{x}-\hat{\boldsymbol{\mu}}_j\|^2-\sum_{i=1}^{m_j}[(\boldsymbol{x}-\hat{\boldsymbol{\mu}}_j)^{\mathrm{T}}\boldsymbol{u}_i]^2\end{aligned} \tag{4.7.17}$$

3. 基于统计判决的 C-均值算法

如果利用各聚类样本估计各聚类分布参数并用于距离计算，其分类性能要好于通常计算样本到类的距离时采用样本到类心欧几里得距离或马氏距离的 C-均值算法。

前面对 C-均值算法已进行过详细介绍，这里对这种改进的 C-均值算法简单表述。

(1) 对给定的待分类样本集$\{\boldsymbol{x}_1,\boldsymbol{x}_2,\cdots,\boldsymbol{x}_N\}$进行初始分划产生$c$类。

(2) 计算各聚类ω_j所含样本数n_j、均值矢量$\hat{\boldsymbol{\mu}}_j$和样本协方差矩阵$\hat{\boldsymbol{\Sigma}}_j$。

(3) 将各样本$\boldsymbol{x}_i$按最小距离原则分划到某一聚类中。计算样本$\boldsymbol{x}$到ω_j的距离

$$d(\boldsymbol{x},\omega_j)=\ln|\hat{\boldsymbol{\Sigma}}_j|+(\boldsymbol{x}-\hat{\boldsymbol{\mu}}_j)^{\mathrm{T}}\hat{\boldsymbol{\Sigma}}_j^{-1}(\boldsymbol{x}-\hat{\boldsymbol{\mu}}_j)-2\ln\frac{n_j}{N} \tag{4.7.18}$$

如果$d(\boldsymbol{x},\omega_k)=\min\limits_j[d(\boldsymbol{x},\omega_j)]$,则判$\boldsymbol{x}\in\omega_k$。

(4) 如果没有样本改变其类别,则停止算法;否则转至(2)。

这里采用了最小误判概率准则下正态分布情况的判决规则,$-d(\boldsymbol{x},\omega_j)$为贝叶斯(Bayes)判决函数。

4.7.4 核映射空间中C-均值聚类

上述聚类分析的基本结果容易推广到核函数定义的映射空间中,只需将有关结果中的$\boldsymbol{x}_i$改写成$\boldsymbol{\varphi}(\boldsymbol{x}_i)$,同时注意到有关式子中$\langle\boldsymbol{\varphi}(\boldsymbol{x}_i),\boldsymbol{\varphi}(\boldsymbol{x}_j)\rangle=\kappa(\boldsymbol{x}_i,\boldsymbol{x}_j)$。设$N\times c$聚类指示矩阵$\boldsymbol{A}$,对于硬聚类,矩阵$\boldsymbol{A}$的阵元

$$A_{ij}=\begin{cases}1, & \boldsymbol{x}_i\in\omega_j\\ 0, & \boldsymbol{x}_i\notin\omega_j\end{cases} \tag{4.7.19}$$

显然,$\boldsymbol{A}$的任一行只有一个阵元为1,其他为0,任一列的阵元之和为该列对应的聚类ω_j的样本个数。令$c\times c$对角矩阵$\boldsymbol{D}$的阵元D_{jj}为聚类ω_j中样本个数的倒数,设$\boldsymbol{X}=\big(\boldsymbol{\varphi}(\boldsymbol{x}_1)\ \ \boldsymbol{\varphi}(\boldsymbol{x}_2)\ \ \cdots\ \ \boldsymbol{\varphi}(\boldsymbol{x}_N)\big)^{\mathrm{T}}$,于是,各聚类中心矢量写成一个矩阵形式

$$(\boldsymbol{m}_1\ \boldsymbol{m}_2\ \cdots\ \boldsymbol{m}_c)=\boldsymbol{X}^{\mathrm{T}}\boldsymbol{AD} \tag{4.7.20}$$

易知,矩阵$\boldsymbol{A}$用于提取矩阵$\big(\boldsymbol{\varphi}(\boldsymbol{x}_1)\ \ \boldsymbol{\varphi}(\boldsymbol{x}_2)\ \ \cdots\ \ \boldsymbol{\varphi}(\boldsymbol{x}_N)\big)$中同一类的列并求和,矩阵$\boldsymbol{D}$用于对同一类的列之和除以样本个数而得到平均值。一个样本$\boldsymbol{\varphi}(\boldsymbol{x})$到聚类中心$\boldsymbol{m}_j$的距离平方为

$$\|\boldsymbol{\varphi}(\boldsymbol{x})-\boldsymbol{m}_j\|^2=\kappa(\boldsymbol{x},\boldsymbol{x})-2(\boldsymbol{k}^{\mathrm{T}}\boldsymbol{AD})_j+(\boldsymbol{DA}^{\mathrm{T}}\boldsymbol{XX}^{\mathrm{T}}\boldsymbol{AD})_{jj} \tag{4.7.21}$$

式中,$\boldsymbol{k}$是$\boldsymbol{\varphi}(\boldsymbol{x})$与各样本内积构成的矢量,$\boldsymbol{k}^{\mathrm{T}}=\boldsymbol{\varphi}(\boldsymbol{x})^{\mathrm{T}}(\boldsymbol{\varphi}(\boldsymbol{x}_1)\ \ \boldsymbol{\varphi}(\boldsymbol{x}_2)\ \ \cdots\ \ \boldsymbol{\varphi}(\boldsymbol{x}_N))$,$(\cdot)_j$和$(\cdot)_{jj}$分别表示一个矢量第$j$分量和一个矩阵第$jj$阵元。式中,$\boldsymbol{XX}^{\mathrm{T}}=\boldsymbol{K}$是核矩阵,于是,计算待分类样本到各类中心的距离,并忽略各距离的共同项,C-均值算法的核心计算式(4.7.5)成为

$$\underset{1\leqslant j\leqslant c}{\arg\min}\ \|\boldsymbol{\varphi}(\boldsymbol{x})-\boldsymbol{m}_j\|^2=\underset{1\leqslant j\leqslant c}{\arg\min}[(\boldsymbol{DA}^{\mathrm{T}}\boldsymbol{KAD})_{jj}-2(\boldsymbol{k}^{\mathrm{T}}\boldsymbol{AD})_j] \tag{4.7.22}$$

利用矩阵$\boldsymbol{A}^{\mathrm{T}}$具有选择性质,易知,$(\boldsymbol{m}_1\ \boldsymbol{m}_2\ \cdots\ \boldsymbol{m}_c)\boldsymbol{A}^{\mathrm{T}}=\boldsymbol{X}^{\mathrm{T}}\boldsymbol{ADA}^{\mathrm{T}}$的第$i$列是第$i$个样本所属聚类的中心,于是各样本到所属聚类中心的距离平方和

$$\begin{aligned}\|\boldsymbol{X}^{\mathrm{T}}-\boldsymbol{X}^{\mathrm{T}}\boldsymbol{ADA}^{\mathrm{T}}\|_{\mathrm{F}}^2&=\|\boldsymbol{X}^{\mathrm{T}}(\boldsymbol{I}-\boldsymbol{ADA}^{\mathrm{T}})\|_{\mathrm{F}}^2\\&=\mathrm{tr}[\boldsymbol{X}^{\mathrm{T}}(\boldsymbol{I}-\boldsymbol{ADA}^{\mathrm{T}})\boldsymbol{X}]\\&=\mathrm{tr}[\boldsymbol{XX}^{\mathrm{T}}]-\mathrm{tr}[\sqrt{\boldsymbol{D}}\boldsymbol{A}^{\mathrm{T}}\boldsymbol{XX}^{\mathrm{T}}\boldsymbol{A}\sqrt{\boldsymbol{D}}]\end{aligned} \tag{4.7.23}$$

式(4.7.23)推导过程中利用了$(\boldsymbol{I}-\boldsymbol{ADA}^{\mathrm{T}})^2=(\boldsymbol{I}-\boldsymbol{ADA}^{\mathrm{T}})$,此式的成立利用了$\boldsymbol{A}^{\mathrm{T}}\boldsymbol{AD}=\sqrt{\boldsymbol{D}}\boldsymbol{A}^{\mathrm{T}}\boldsymbol{A}\sqrt{\boldsymbol{D}}=\boldsymbol{I}$,第三个等式第二项的导出利用了:若矩阵$\boldsymbol{A}$、$\boldsymbol{B}$交换可乘,则有$\mathrm{tr}[\boldsymbol{AB}]=$

$\mathrm{tr}[\boldsymbol{BA}]$。由于式(4.7.23)第一项是常数，因此聚类的目标函数成为

$$\max_{\boldsymbol{A}} \mathrm{tr}[\sqrt{\boldsymbol{D}}\boldsymbol{A}^{\mathrm{T}}\boldsymbol{K}\boldsymbol{A}\sqrt{\boldsymbol{D}}] \tag{4.7.24}$$

此优化问题要求 $\boldsymbol{A}$ 是聚类指示矩阵，且对角矩阵 $\boldsymbol{D}$ 的阵元 D_{jj} 为聚类 ω_j 中样本个数的倒数，显然 $\boldsymbol{D}$ 与 $\boldsymbol{A}$ 有关，为求解方便，将这两个矩阵“合成”一个满足某要求的矩阵。注意到 $\sqrt{\boldsymbol{D}}\boldsymbol{A}^{\mathrm{T}}\boldsymbol{A}\sqrt{\boldsymbol{D}}=\boldsymbol{I}$，令 $\boldsymbol{H}=\boldsymbol{A}\sqrt{\boldsymbol{D}}$，聚类成为有约束的最优化问题：

$$\begin{cases}\max\limits_{\boldsymbol{H}} \mathrm{tr}[\boldsymbol{H}^{\mathrm{T}}\boldsymbol{K}\boldsymbol{H}] \\ \text{s.t. } \boldsymbol{H}^{\mathrm{T}}\boldsymbol{H}=\boldsymbol{I}\end{cases} \tag{4.7.25}$$

上述优化问题由于没有对 $\boldsymbol{A}$ 作出直接约束，得出的 $\boldsymbol{A}$ 可能不是严格的聚类指示矩阵，但可能导致一个好的聚类，因此上述最优化模型称为松弛聚类。上述松弛聚类算法的最优值为

$$\max_{\boldsymbol{H}^{\mathrm{T}}\boldsymbol{H}=\boldsymbol{I}} \mathrm{tr}[\boldsymbol{H}^{\mathrm{T}}\boldsymbol{K}\boldsymbol{H}]=\sum_{i=1}^{c}\lambda_i \tag{4.7.26}$$

式中，$\{\lambda_i\}_{i=1}^{c}$是核矩阵 $\boldsymbol{K}$ 前 c 个最大本征值。定理 4.5.1 是针对一般矩阵奇异值分解的迹的极值问题，关于对称矩阵的本征分解同样成立。由定理 4.5.1 易知，式(4.7.26)的最优解为

$$\boldsymbol{H}^*=\boldsymbol{V}_c \tag{4.7.27}$$

式中，$\boldsymbol{V}_c$ 是 $\boldsymbol{K}$ 的前 c 个最大本征值对应的本征矢量构成的矩阵，由此定理也可得出式(4.7.26)。

由式(4.7.26)进一步可知，最优聚类中各样本到类内中心距离平方和的下界：

$$\mathrm{tr}[\boldsymbol{K}]-\max_{\boldsymbol{A}} \mathrm{tr}[\sqrt{\boldsymbol{D}}\boldsymbol{A}^{\mathrm{T}}\boldsymbol{K}\boldsymbol{A}\sqrt{\boldsymbol{D}}] \geqslant \mathrm{tr}[\boldsymbol{K}]-\max_{\boldsymbol{H}^{\mathrm{T}}\boldsymbol{H}=\boldsymbol{I}} \mathrm{tr}[\boldsymbol{H}^{\mathrm{T}}\boldsymbol{K}\boldsymbol{H}]=\sum_{i=c+1}^{N}\lambda_i \tag{4.7.28}$$

前已指出，$\boldsymbol{H}$ 不是聚类指示矩阵，聚类指示矩阵 $\boldsymbol{A}=\boldsymbol{H}\boldsymbol{D}^{-1/2}=\boldsymbol{V}_c\boldsymbol{D}^{-1/2}$，$(D_{jj})^{-1}=|\omega_j|$，文献[5]介绍了一种方法，令 $\boldsymbol{W}=\boldsymbol{V}_c\boldsymbol{\Lambda}^{1/2}$，$\boldsymbol{\Lambda}^{1/2}=\mathrm{diag}(\lambda_1^{1/2},\lambda_2^{1/2},\cdots,\lambda_c^{1/2})$，然后通过将 $\boldsymbol{W}$ 的每一行中的最大阵元设为 1，其他阵元设为 0，使之成为聚类指示矩阵。可以粗略理解为，本征值 λ_i 表示相应综合变量的方差，其值反映了相应变量散布的情况，一定程度比拟为类中样本个数。

4.7.5　最大间隔聚类方法

1. 概述

最大间隔聚类方法借鉴了支持矢量机的设计思想，同时采用了支持矢量机的模型框架，它的目标是在没有任何样本类别信息指导下寻求不同聚类之间间隔最大的聚类，这里，样本类别标记是算法的寻优变量，最优性是利用该标记的样本训练支持矢量机并进行分类，得到的类间隔是所有可能标记中最大的。相比于传统的聚类算法，最大间隔聚类方法不仅能对给定数据进行聚类，还能基于得到的分类界面对新数据进行聚类，算法具有推广性。支持矢量机的详细内容将在第 5 章讨论，为了内容模块化，这里给出利用支持矢量机的思想聚类，为此简要说明支持矢量机的思想。支持矢量机是一种重要的监督学习的模式识别方法，这种方法的基本思想是利用训练样本采用最优化方法求解分类界面，所得分类界面位于相邻两类的中间，并且到各类最近样本距离最大，这种界面泛化性最好。软间隔支持矢量机优化模型是

$$\begin{cases}\min\limits_{w,b,\xi} & \frac{1}{2}\boldsymbol{w}^{\mathrm{T}}\boldsymbol{w}+\gamma\sum\limits_{i=1}^{N}\xi_i \\ \text{s.t.} & y_i(\boldsymbol{w}^{\mathrm{T}}\boldsymbol{x}_i+b)-1+\xi_i\geqslant 0 \\ & \xi_i\geqslant 0 \end{cases} \quad i=1,2,\cdots,N \tag{4.7.29}$$

在监督学习中，训练支持矢量机的每个样本所属类别标记是已知的，在求解支持矢量机时只需对分类界面的参数$(\boldsymbol{w},b)$进行优化；在聚类分析中，式(4.7.29)中每个样本类别标记未知，最大间隔聚类中不仅要求解参数$(\boldsymbol{w},b)$，同时还要对待分类的每个样本的标记$\{y_i\}_{i=1}^{N}$进行优化，因此与监督学习的二次规划模型不同，但类似于半监督学习的直推支持矢量机，在核函数定义的核映射空间中，最大间隔聚类对应的优化问题是一个非凸整数优化问题[33]：

$$\begin{cases}\min\limits_{y\in\{-1,1\}^N}\ \min\limits_{w,b,\xi} & \frac{1}{2}\boldsymbol{w}^{\mathrm{T}}\boldsymbol{w}+C\sum\limits_{i=1}^{N}\xi_i \\ \text{s.t.} & y_i(\boldsymbol{w}^{\mathrm{T}}\boldsymbol{\varphi}(\boldsymbol{x}_i)+b)\geqslant 1-\xi_i \\ & \xi_i\geqslant 0,\quad i=1,2,\cdots,N \end{cases} \tag{4.7.30}$$

式中，样本类别标记变量$\{y_i\}_{i=1}^{N}$隐含在目标函数$\boldsymbol{w}$中，$\boldsymbol{\varphi}(\boldsymbol{x})$表示样本$\boldsymbol{x}$在映射空间中的映像，在支持矢量机中，$\boldsymbol{\varphi}(\boldsymbol{x})$仅以内积形式出现，不需显式地得到$\boldsymbol{\varphi}(\boldsymbol{x})$的形式，可以由核矩阵$\boldsymbol{K}$得到聚类的有用信息，核矩阵$\boldsymbol{K}=(\kappa_{ij})_{N\times N}$，$\kappa_{ij}=\boldsymbol{\varphi}(\boldsymbol{x}_i)^{\mathrm{T}}\boldsymbol{\varphi}(\boldsymbol{x}_j)$。

在式(4.7.30)中，如果将所有样本归入同一类，得到的间隔将是无穷大，这显然不是期望的结果；如果把绝大多数样本归入同一类，而其余少数几个样本划为另一类，也会得到很大的间隔。为了得到有意义的聚类结果，类似于半监督学习，需要在原问题的基础上添加对两类样本个数差别约束条件以排除上述情况。令矢量$\boldsymbol{y}$是样本类别标记变量构成的矢量，加入平衡约束

$$-l\leqslant \boldsymbol{1}^{\mathrm{T}}\boldsymbol{y}\leqslant l \tag{4.7.31}$$

式中，参数$l\geqslant 0$用来控制不同聚类中样本个数的差别，矢量$\boldsymbol{1}$的所有元素均为1，称为1-矢量。在加入平衡约束后，最大间隔聚类问题可以表示如下

$$\begin{cases}\min\limits_{y\in\{-1,1\}^N}\ \min\limits_{w,b,\xi} & \frac{1}{2}\boldsymbol{w}^{\mathrm{T}}\boldsymbol{w}+C\sum\limits_{i=1}^{N}\xi_i \\ \text{s.t.} & y_i(\boldsymbol{w}^{\mathrm{T}}\boldsymbol{\varphi}(\boldsymbol{x}_i)+b)\geqslant 1-\xi_i \\ & \xi_i\geqslant 0,\quad i=1,2,\cdots,N \\ & -l\leqslant \boldsymbol{1}^{\mathrm{T}}\boldsymbol{y}\leqslant l \end{cases} \tag{4.7.32}$$

最大间隔聚类方法涉及非凸整数规划问题，在精确求解上存在很大困难，应寻找快速算法尽可能准确地求解对应的非凸整数规划问题。如果运用传统的整数规划方法求解上述问题，算法的时间复杂度将随着数据维数及个数呈指数级增长，因此必须对上述问题进行近似，变成可以在多项式时间内解决的问题。有多种典型的最大间隔聚类算法，如半正定规划方法[33]、广义最大间隔聚类方法[34]、迭代支持矢量回归方法[35]、切平面算法[28]等，本节将介绍半正定规划方法、迭代支持矢量回归方法、切平面算法。

对于最大间隔聚类的非凸整数规划问题，典型的方法可以分为两类：一类方法是首先对原问题进行松弛近似，转化为半正定问题，然后通过半正定规划求解；另一类方法是

对样本标记矢量 $\boldsymbol{y}$ 以及参数 $(\boldsymbol{w},b)$ 轮换迭代优化。

2. 半正定规划聚类方法

最早见著于 ANIPS(2004)关于最大间隔聚类的研究论文作者 Xu 等[33]提出用半正定规划求解最大间隔聚类，作者对原问题的非凸整数规划主要进行了如下近似：首先，将样本标记变量 y 的取值从整数 $\{-1,+1\}$ 松弛为连续变量 $y\in[-1,+1]$；其次，用半正定矩阵 $\boldsymbol{M}$ 取代原问题中的 $\boldsymbol{y}\boldsymbol{y}^{\mathrm{T}}$；经过以上处理后，最大间隔聚类近似为半正定规划问题。

在非监督学习中，样本的类别是未知的，设样本数据集为 $X=\{\boldsymbol{x}_1,\boldsymbol{x}_2,\cdots,\boldsymbol{x}_N\}$，在核映射空间中，扩展的软间隔支持矢量机如式(4.7.30)所示：

$$\begin{cases}\min\limits_{y\in\{-1,1\}^N}\ \min\limits_{\boldsymbol{w},b,\xi}\ \dfrac{1}{2}\boldsymbol{w}^{\mathrm{T}}\boldsymbol{w}+C\sum\limits_{i=1}^{N}\xi_i \\ \quad\text{s.t.}\qquad y_i(\boldsymbol{w}^{\mathrm{T}}\boldsymbol{\varphi}(\boldsymbol{x}_i)+b)\geqslant 1-\xi_i \\ \qquad\qquad\ \ \xi_i\geqslant 0,\quad i=1,2,\cdots,N\end{cases}$$

式中，样本类别标记 $\{y_i\}_{i=1}^{N}$ 是要寻优的决策变量，上述问题是一个整数规划。支持矢量机一般通过它的对偶问题求解，整数规划式(4.7.30)的对偶问题是

$$\begin{cases}\min\limits_{\boldsymbol{y}}\max\limits_{\boldsymbol{\lambda}}\ 2\boldsymbol{\lambda}^{\mathrm{T}}\mathbf{1}-\boldsymbol{\lambda}^{\mathrm{T}}(\boldsymbol{K}\odot\boldsymbol{y}\boldsymbol{y}^{\mathrm{T}})\boldsymbol{\lambda} \\ \quad\text{s.t.}\quad 0\leqslant\lambda_i\leqslant C,\quad i=1,2,\cdots,N \\ \qquad\quad \boldsymbol{y}\in\{-1,1\}^N\end{cases}\tag{4.7.33}$$

式中，$\boldsymbol{\lambda}$ 是对偶矢量，$\boldsymbol{K}$ 是由 $\boldsymbol{\varphi}(\boldsymbol{x})$ 构造的核矩阵，$\odot$ 表示两个矩阵的 Hadamard 积。令 $\boldsymbol{M}=\boldsymbol{y}\boldsymbol{y}^{\mathrm{T}}$，称其为标记矩阵，并令其作为问题(4.7.33)的约束。于是，目标函数关于 $\boldsymbol{\lambda}$ 是非凸的、关于 $\boldsymbol{M}$ 是线性的，所有约束条件是线性的，问题(4.7.33)是整数规划。易知 $\boldsymbol{M}$ 是对称矩阵，且 $\mathrm{rank}(\boldsymbol{M})=1$，$\mathrm{diag}(\boldsymbol{M})=\mathbf{1}$，$\mathrm{diag}(\boldsymbol{M})=\mathbf{1}$ 表示用矩阵 $\boldsymbol{M}$ 主对角线上元素有序产生矢量 $\mathbf{1}$，这意味着 $\boldsymbol{M}$ 是半正定矩阵。矩阵的秩约束不是必要的，上述问题可以进一步松弛为

$$\begin{cases}\min\limits_{\boldsymbol{M}}\max\limits_{\boldsymbol{\lambda}}\ 2\boldsymbol{\lambda}^{\mathrm{T}}\mathbf{1}-\boldsymbol{\lambda}^{\mathrm{T}}(\boldsymbol{K}\odot\boldsymbol{M})\boldsymbol{\lambda} \\ \quad\text{s.t.}\quad 0\leqslant\lambda_i\leqslant C,\quad i=1,2,\cdots,N \\ \qquad\quad \mathrm{diag}(\boldsymbol{M})=\mathbf{1} \\ \qquad\quad \boldsymbol{M}\geqslant 0\end{cases}\tag{4.7.34}$$

上述问题所得最优的 $\boldsymbol{M}$ 的元素 $m_{ij}\in[-1,1]$。对上述最优化问题应用拉格朗日乘数法，令 $\boldsymbol{\mu}>\mathbf{0}$ 和 $\boldsymbol{\upsilon}>\mathbf{0}$ 分别作为不等式约束 $\boldsymbol{\lambda}\geqslant\mathbf{0}$ 和 $\boldsymbol{\lambda}\leqslant(C,\cdots,C)^{\mathrm{T}}$ 的拉格朗日乘子，于是有

$$\begin{cases}\min\limits_{\boldsymbol{M},\boldsymbol{\mu},\boldsymbol{\upsilon}}\max\limits_{\boldsymbol{\lambda}}\ 2\boldsymbol{\lambda}^{\mathrm{T}}(\mathbf{1}+\boldsymbol{\mu}-\boldsymbol{\upsilon})-\boldsymbol{\lambda}^{\mathrm{T}}(\boldsymbol{K}\odot\boldsymbol{M})\boldsymbol{\lambda}+2C\boldsymbol{\upsilon}^{\mathrm{T}}\mathbf{1} \\ \quad\text{s.t.}\quad \boldsymbol{\mu}\geqslant\mathbf{0} \\ \qquad\quad \boldsymbol{\upsilon}\geqslant\mathbf{0}\end{cases}\tag{4.7.35}$$

求最优的 $\boldsymbol{\lambda}$，对目标函数求关于 $\boldsymbol{\lambda}$ 的导数且令其为零矢量，可得

$$\boldsymbol{\lambda}=(\boldsymbol{K}\odot\boldsymbol{M})^{+}(\mathbf{1}+\boldsymbol{\mu}-\boldsymbol{\upsilon})+\boldsymbol{\lambda}_0\tag{4.7.36}$$

式中，矩阵 $(\boldsymbol{K}\odot\boldsymbol{M})^{+}$ 是 $(\boldsymbol{K}\odot\boldsymbol{M})$ 的 M-P 逆，$\boldsymbol{\lambda}_0$ 是 $(\boldsymbol{K}\odot\boldsymbol{M})$ 的零空间的元素。令 $\boldsymbol{\lambda}_0=\mathbf{0}$，并将式(4.7.36)代入式(4.7.35)，可得

$$\begin{cases}\min\limits_{\boldsymbol{M},\boldsymbol{\mu},\boldsymbol{\upsilon}}(\mathbf{1}+\boldsymbol{\mu}-\boldsymbol{\upsilon})^{\mathrm{T}}(\boldsymbol{K}\odot\boldsymbol{M})^{+}(\mathbf{1}+\boldsymbol{\mu}-\boldsymbol{\upsilon})+2C\boldsymbol{\upsilon}^{\mathrm{T}}\mathbf{1}\\ \text{s.t. } \boldsymbol{\mu}\geqslant\mathbf{0}\\ \quad\ \ \boldsymbol{\upsilon}\geqslant\mathbf{0}\end{cases}\tag{4.7.37}$$

引入辅助变量作目标函数，式(4.7.37)成为

$$\begin{cases}\min\limits_{\boldsymbol{M},t,\boldsymbol{\mu},\boldsymbol{\upsilon}} \ t\\ \text{s.t.}\quad \boldsymbol{\mu}\geqslant\mathbf{0}\\ \qquad\ \ \boldsymbol{\upsilon}\geqslant\mathbf{0}\\ \qquad\ \ t\geqslant(\mathbf{1}+\boldsymbol{\mu}-\boldsymbol{\upsilon})^{\mathrm{T}}(\boldsymbol{K}\odot\boldsymbol{M})^{+}(\mathbf{1}+\boldsymbol{\mu}-\boldsymbol{\upsilon})+2C\boldsymbol{\upsilon}^{\mathrm{T}}\mathbf{1}\end{cases}\tag{4.7.38}$$

根据推广 Schur 补充引理：设对称矩阵 $\boldsymbol{A}\geqslant 0$ 和 $\boldsymbol{C}\geqslant 0$，有

$$\boldsymbol{C}\geqslant\boldsymbol{B}^{\mathrm{T}}\boldsymbol{A}^{-1}\boldsymbol{B}\Leftrightarrow\begin{pmatrix}\boldsymbol{A} & \boldsymbol{B}\\ \boldsymbol{B}^{\mathrm{T}} & \boldsymbol{C}\end{pmatrix}\geqslant 0$$

式(4.7.38)最后一个约束等价于

$$\begin{pmatrix}(\boldsymbol{K}\odot\boldsymbol{M}) & (\mathbf{1}+\boldsymbol{\mu}-\boldsymbol{\upsilon})\\ (\mathbf{1}+\boldsymbol{\mu}-\boldsymbol{\upsilon})^{\mathrm{T}} & t-2C\boldsymbol{\upsilon}^{\mathrm{T}}\mathbf{1}\end{pmatrix}\geqslant 0\tag{4.7.39}$$

至此，若还要添加聚类的平衡约束，原最优化问题通过松弛和演变成为如下半正定规划问题：

$$\begin{cases}\min\limits_{\boldsymbol{M},t,\boldsymbol{\mu},\boldsymbol{\upsilon}} \ t\\ \text{s.t.}\quad \boldsymbol{\mu}\geqslant\mathbf{0}\\ \qquad\ \ \boldsymbol{\upsilon}\geqslant\mathbf{0}\\ \qquad\ \ \operatorname{diag}(\boldsymbol{M})=\mathbf{1}\\ \qquad\ \ \boldsymbol{M}\geqslant 0\\ \qquad\ \ \begin{pmatrix}(\boldsymbol{K}\odot\boldsymbol{M}) & (\mathbf{1}+\boldsymbol{\mu}-\boldsymbol{\upsilon})\\ (\mathbf{1}+\boldsymbol{\mu}-\boldsymbol{\upsilon})^{\mathrm{T}} & t-2C\boldsymbol{\upsilon}^{\mathrm{T}}\mathbf{1}\end{pmatrix}\geqslant 0\\ \qquad\ \ -l\mathbf{1}\leqslant\boldsymbol{M}\mathbf{1}\leqslant l\mathbf{1}\end{cases}\tag{4.7.40}$$

这是一个凸优化问题，多项式时间可解。样本标记矢量 $\boldsymbol{y}$ 通过 $\boldsymbol{y}=\sqrt{\lambda_1}\,\boldsymbol{v}_1$ 解得，其中 λ_1 和 $\boldsymbol{v}_1$ 是最优矩阵 $\boldsymbol{M}^*$ 最大本征值和对应的本征矢量。

这个算法存在三个问题：①为能得到全局最优解，该算法对原问题做了近似处理将其转化为凸规划，根据凸优化得到的最优解并不是原问题的最优解，也不能保障是某个精度内的解，该算法没有给出得到的最优解与原问题最优解之间的误差估计。②对于 N 个样本的数据集，问题(4.7.40)的优化变量个数有 $O(N^2)$，算法计算复杂度是 $O(N^7)$，由于该算法在处理大规模数据时计算复杂度太高，因此在某些硬件条件下限制了算法的实际应用。③该方法只能得到样本的标记，对于新出现的样本，该算法必须重新求解优化问题得到它的聚类结果。

针对上述方法优化变量个数为 $O(N^2)$ 这一问题，Valizadegan[34] 提出一种改进算法，该算法同样还是归于半正定规划，但优化变量个数减少为 $O(N)$，算法时间复杂度下降到 $O(N^4)$。该算法将最大间隔聚类近似为如下半正定规划问题：

$$
\begin{cases}
\min\limits_{\boldsymbol{\gamma}\in\mathbf{R}^N} \sum\limits_{i=1}^{N}\gamma_i \\
\text{s.t.}\quad \boldsymbol{P}^{\mathrm{T}}\boldsymbol{K}^{-1}\boldsymbol{P}+C\boldsymbol{e}_0\boldsymbol{e}_0^{\mathrm{T}}-\sum\limits_{i=1}^{N}\gamma_i\boldsymbol{I}_{N+1}^{i}\succcurlyeq 0 \\
\qquad \gamma_i\geqslant 0,\quad i=1,2,\cdots,N
\end{cases}
\tag{4.7.41}
$$

式中,矩阵 $\boldsymbol{P}=(\boldsymbol{I}_N\ \boldsymbol{1})$,矢量 $\boldsymbol{e}_0$ 除最后一个元素为 0 外,其他元素均为 1,$(N+1)\times(N+1)$ 对角矩阵 $\boldsymbol{I}_{N+1}^{i}$ 除第 i 个对角元素为 1 外,其他元素均为 0。

这类算法的计算极为耗时问题在 Valizadegan 算法中并没有得到有效解决。

3. 迭代轮换寻优的聚类方法

基于半正定规划求解最大间隔聚类算法都存在计算量过大,有碍于实际问题应用等问题,Zhang 等[35]提出了一种求解最大间隔聚类非凸整数规划的算法,该算法采用轮换迭代寻优思想,首先给出各样本类别标记的初始值,然后在此标记的基础上利用支持矢量机技术设计分类器,之后运用得到的分类器对样本分类,再用得到的预标记样本对分类器设计,如此循环迭代,直到算法收敛。通过实验分析,作者认为如果采用支持矢量机中常用的 Hinge 损失函数,会导致算法收敛到局部极值,且聚类效果不佳,因此作者采用了支持矢量回归中用到的损失函数处理该问题。实验结果表明,该算法相比之前的最大间隔聚类算法,能够在保证聚类精度的基础上减少计算时间。然而,该方法仍然存在两个问题:首先,该算法基于迭代优化,作者尽管分析了每一步迭代所需的计算量,但并没有从理论上分析整个算法的迭代步数,如果迭代步数很多,就会导致算法时间复杂度很高;其次,该算法需要首先对所有样本标记初始化,而后面的优化过程在很大程度上依赖于初始化的优劣,如果初始给定的样本标记不合理,算法很可能收敛到较差的局部极值点,从而影响聚类效果。

4. 最大间隔聚类切平面方法

本部分介绍一种最大间隔聚类快速算法[28],该方法基于非线性优化中的切平面算法[38],通过构造系列近似优化问题逼近原问题。在这系列近似问题中,它们的优化目标函数和原问题相同,而约束条件是原问题约束条件的子集,并且在这系列问题中,约束条件子集的规模逐渐变大,从而使近似问题越来越逼近原问题。文献[28]理论上证明了该算法的时间复杂度随数据集规模呈线性增长,并且分析和实验验证了算法的计算精度和时间复杂度。

对于两类问题,前面介绍的最大间隔聚类法可以建模为如下非凸整数规划问题:

$$
\begin{cases}
\min\limits_{\boldsymbol{y}\in\{-1,1\}^N}\ \min\limits_{\boldsymbol{w},b,\boldsymbol{\xi}}\ \dfrac{1}{2}\|\boldsymbol{w}\|^2+\dfrac{C}{N}\sum\limits_{i=1}^{N}\xi_i \\
\text{s.t.}\quad y_i(\boldsymbol{w}^{\mathrm{T}}\boldsymbol{\varphi}(\boldsymbol{x}_i)+b)\geqslant 1-\xi_i \\
\qquad \xi_i\geqslant 0, \qquad\qquad i=1,2,\cdots,N \\
\qquad -l\leqslant \sum\limits_{i=1}^{N}(\boldsymbol{w}^{\mathrm{T}}\boldsymbol{\varphi}(\boldsymbol{x}_i)+b)\leqslant l
\end{cases}
\tag{4.7.42}
$$

式中,松弛变量项的系数变为 C/N,$1/N$ 起平均作用,用于避免随着数据增多松弛变量项单调增长,使其保持在某一个范围内,让目标函数的复杂度和惩罚项两者占比大体不变,问题(4.7.42)中最后一个约束条件是平衡约束,它是对传统最大间隔聚类算法中平衡约束 $-l\leqslant \boldsymbol{y}^{\mathrm{T}}\mathbf{1}\leqslant l$ 的连续化近似,用于防止某一个聚类过小。

1) 原问题的等价转化

最大间隔聚类问题求解的难点在于不仅需要对分类界面参数 $(\boldsymbol{w},b)$ 及松弛变量 $\{\xi_i\}_{i=1}^N$ 进行优化,同时还要对整数标记变量 $\{y_i\}_{i=1}^N$ 进行优化,处理该问题的一个思想是尽可能减少优化变量的个数以降低复杂度,为此需要对原问题进行等价变换,减少约束条件中优化变量的个数和目标函数优化变量的个数。

由于样本 $\boldsymbol{x}_i$ 的预测标记变量 $y_i=\mathrm{sgn}[\boldsymbol{w}^{\mathrm{T}}\boldsymbol{\varphi}(\boldsymbol{x}_i)+b]$,$y_i$ 与 $(\boldsymbol{w}^{\mathrm{T}}\boldsymbol{\varphi}(\boldsymbol{x}_i)+b)$ 同号且 $y_i\in\{+1,-1\}$,故有 $y_i(\boldsymbol{w}^{\mathrm{T}}\boldsymbol{\varphi}(\boldsymbol{x}_i)+b)=|\boldsymbol{w}^{\mathrm{T}}\boldsymbol{\varphi}(\boldsymbol{x}_i)+b|$,可知约束条件第一个式子 $y_i(\boldsymbol{w}^{\mathrm{T}}\boldsymbol{\varphi}(\boldsymbol{x}_i)+b)\geqslant 1-\xi_i$ 可以用 $|\boldsymbol{w}^{\mathrm{T}}\boldsymbol{\varphi}(\boldsymbol{x}_i)+b|\geqslant 1-\xi_i$ 代替,由此将含有未标记样本预测标记的约束改为不含预测标记的约束,不仅隐掉离散变量 y_i,减少了优化变量,而且得到了连续的约束条件。约束条件变换后两个模型有同样的优化结果。上述最大间隔聚类等价为如下的优化问题:

$$\begin{cases}\min\limits_{\boldsymbol{w},b,\boldsymbol{\xi}} \ \dfrac{1}{2}\|\boldsymbol{w}\|^2+\dfrac{C}{N}\sum\limits_{i=1}^N\xi_i \\ \text{s.t.} \quad |\boldsymbol{w}^{\mathrm{T}}\boldsymbol{\varphi}(\boldsymbol{x}_i)+b|\geqslant 1-\xi_i \\ \qquad\ \xi_i\geqslant 0, \qquad\qquad\qquad\qquad i=1,2,\cdots,N \\ \qquad\ -l\leqslant\sum\limits_{i=1}^N(\boldsymbol{w}^{\mathrm{T}}\boldsymbol{\varphi}(\boldsymbol{x}_i)+b)\leqslant l\end{cases} \tag{4.7.43}$$

经过上述约束条件等价变换,隐掉了预测标记 y_i,得出的最大间隔聚类问题(4.7.43)的优化变量个数减少了 N 个,但还有 N 个松弛变量需要进一步减少优化变量。

为了进一步减少寻优变量和在逼近原问题过程的系列模型中便于选择约束条件,在建立系列问题模型时还采取两个操作:通过设定参数 $c_i\in\{0,1\}$,$i=1,2,\cdots,N$,实现约束条件选择;将所有松弛变量化成一个松弛变量。由约束条件 $|\boldsymbol{w}^{\mathrm{T}}\boldsymbol{\varphi}(\boldsymbol{x}_i)+b|\geqslant 1-\xi_i$,有 $\xi_i=\max[0,1-|\boldsymbol{w}^{\mathrm{T}}\boldsymbol{\varphi}(\boldsymbol{x}_i)+b|]$,利用该式简化问题(4.7.43)目标函数中的惩罚项

$$\begin{aligned}\frac{1}{N}\sum_{i=1}^N\xi_i&=\sum_{i=1}^N\max\left(0,\frac{1}{N}(1-|\boldsymbol{w}^{\mathrm{T}}\boldsymbol{\varphi}(\boldsymbol{x}_i)+b|)\right)\\&=\sum_{i=1}^N\max_{c_i\in\{0,1\}}\left(\frac{1}{N}c_i-\frac{1}{N}c_i\,|\boldsymbol{w}^{\mathrm{T}}\boldsymbol{\varphi}(\boldsymbol{x}_i)+b|\right)\\&=\max_{\boldsymbol{c}\in\{0,1\}^N}\sum_{i=1}^N\left(\frac{1}{N}c_i-\frac{1}{N}c_i\,|\boldsymbol{w}^{\mathrm{T}}\boldsymbol{\varphi}(\boldsymbol{x}_i)+b|\right)\\&=\max_{\boldsymbol{c}\in\{0,1\}^N}\left\{\frac{1}{N}\sum_{i=1}^N c_i-\frac{1}{N}\sum_{i=1}^N c_i\,|\boldsymbol{w}^{\mathrm{T}}\boldsymbol{\varphi}(\boldsymbol{x}_i)+b|\right\}\\&\triangleq\xi\end{aligned} \tag{4.7.44}$$

于是,问题(4.7.43)与如下优化问题等价:

$$\begin{cases}\min\limits_{w,b,\xi\geqslant 0}\dfrac{1}{2}\|w\|^2+C\xi \\ \text{s.t.}\quad \dfrac{1}{N}\sum\limits_{i=1}^{N}c_i\,|w^{\mathrm{T}}\boldsymbol{\varphi}(\boldsymbol{x}_i)+b|\geqslant\dfrac{1}{N}\sum\limits_{i=1}^{N}c_i-\xi,\quad\forall c_i\in\{0,1\} \\ \qquad -l\leqslant\sum\limits_{i=1}^{N}(w^{\mathrm{T}}\boldsymbol{\varphi}(\boldsymbol{x}_i)+b)\leqslant l\end{cases}\tag{4.7.45}$$

可以看出,问题(4.7.45)中每个约束条件等价为问题(4.7.43)中某个约束条件子集中所有约束条件之和,并且由{0,1}二值矢量 $\boldsymbol{c}=(c_1,c_2,\cdots,c_N)^{\mathrm{T}}$ 确定子集。问题(4.7.45)的任意解(w^*,b)同时也是问题(4.7.43)的解,且满足 $\xi^*=\dfrac{1}{N}\sum\limits_{i=1}^{N}\xi_i^*$;反之也成立。

由于目标函数只有一个松弛变量 ξ,因此优化变量的个数进一步减少了 $N-1$ 个。两次等价变换使优化变量共减少 $2N-1$ 个,但约束条件个数由 N 增加到 2^N,因此求解问题(4.7.45)的思想是从多个约束条件中选取一个约束条件子集,求解松弛后的优化问题得到足够精确的解。若采用切平面算法求解问题(4.7.45),构造问题(4.7.45)的系列近似问题,这些近似问题目标函数与问题(4.7.45)相同,而约束条件逐渐增多,从而逐渐逼近原问题。另外,已从理论分析证明,对于任意 ε,总可以找到包含多项式个数约束条件的子集,使得在该子集中约束条件下得到的近似问题的解能够在精度 ε 下满足原问题的所有约束条件。

2）切平面算法

切平面方法(cutting plane method)主要用于求解约束条件很多情况下的最优化问题。该方法的基本思想是,取原问题约束的一个子集与原问题目标函数组成一个松弛的最优化问题并求解,然后在此基础上增加原问题的约束,新的约束子集与原问题目标函数再组成一个最优化问题并求解,仿此对原问题通过逐步添加它的约束条件并与目标函数联合产生系列近似问题,对此系列问题迭代寻优求得原问题的逼近解。此过程中,通过采用部分约束条件减少每个近似问题的计算复杂度。切平面方法也可以用于最大间隔聚类中[38,39]。支持矢量机是基于支持矢量构建分类界面,为减小复杂度,首先从较少的约束条件开始逐步添加部分约束条件,添加部分约束条件会增加复杂度,为提高"效率",选择每个近似问题当前解的支持矢量关联的约束条件,或添加最不满足的约束条件,以减少整个近似过程的计算复杂度。具体讲,切平面算法最初假定约束条件子集 Ω 为空集,然后在 Ω 中约束条件下求解问题(4.7.45),并寻找当前解下近似问题的支持矢量关联的约束条件,或当前解下原问题中最不满足的约束条件,把该约束条件加到集合 Ω 中,接着在 Ω 中约束条件下重新求解问题(4.7.45),这样就构造了问题(4.7.45)的系列近似:这系列近似问题中,对每个近似问题寻优并依此确定逐步增加的原约束条件。算法在求解近似问题和寻找最需优先选用的约束条件并添加到约束子集 Ω 中两个任务之间循环迭代,直到达到当前解在 ε 精度下满足问题(4.7.43)的所有约束条件,即

$$\frac{1}{N}\sum_{i=1}^{N}c_i\,|w^{\mathrm{T}}\boldsymbol{\varphi}(\boldsymbol{x}_i)+b|\geqslant\frac{1}{N}\sum_{i=1}^{N}c_i-(\xi+\varepsilon),\quad\forall\boldsymbol{c}\in\{0,1\}^N\tag{4.7.46}$$

求解最大间隔聚类的切平面算法流程框架如下。

求解最大间隔聚类的切平面算法框架

初始化约束条件子集 $\Omega=\varnothing$
repeat
  在约束条件子集 Ω 下求解问题(4.7.45)
  在当前解$(\boldsymbol{w},b)$下,寻找原问题(4.7.45)中最不满足的约束条件(标记)$\boldsymbol{c}$
  $\Omega=\Omega\cup\{\boldsymbol{c}\}$
until $(\boldsymbol{w},b)$在精度 ε 下满足约束条件 $\boldsymbol{c}$

下面给出切平面算法中涉及的在约束条件子集 Ω 下求解问题和寻找原问题中最不满足的约束条件的具体算法。

(1) 在约束子集下运用凹凸规划算法求解问题。

在约束条件子集 Ω 下,规划(4.7.45)近似为

$$\begin{cases}\min\limits_{w,b,\xi\geqslant 0}\dfrac{1}{2}\|\boldsymbol{w}\|^2+C\xi\\ \text{s.t.}\quad \dfrac{1}{N}\sum\limits_{i=1}^{N}c_i\left|\boldsymbol{w}^{\mathrm{T}}\boldsymbol{\varphi}(\boldsymbol{x}_i)+b\right|\geqslant\dfrac{1}{N}\sum\limits_{i=1}^{N}c_i-\xi,\quad\forall\boldsymbol{c}\in\Omega\\ \qquad -l\leqslant\sum\limits_{i=1}^{N}(\boldsymbol{w}^{\mathrm{T}}\boldsymbol{\varphi}(\boldsymbol{x}_i)+b)\leqslant l\end{cases}\tag{4.7.47}$$

在切平面算法的每一步迭代中,需要求解问题(4.7.47)得到约束条件子集 Ω 下问题(4.7.45)的近似解。在问题(4.7.47)中,目标函数和平衡约束条件都是凸函数,但第一个约束条件是非凸的,这是求解问题(4.7.47)的主要难点。若非凸目标函数和非凸约束函数分别可以分解为一个凸函数和一个凹函数之和(即两个凸函数的差),则可以运用约束凹凸规划(constrained concave-convex procedure,CCCP)算法求解。凹凸优化(CCP)算法最初是 Yuille[36] 等提出用于可以分解为两个凸函数之差的目标函数的优化算法,Smola 等[37] 又将该算法拓展成约束凹凸规划,用于求解目标函数和约束条件都可以表示为两个凸函数之差的优化问题。约束凹凸规划方法如下。

设要求解的优化问题为

$$\begin{cases}\min\limits_{z}\ f_0(\boldsymbol{z})-g_0(\boldsymbol{z})\\ \text{s.t.}\ \ f_i(\boldsymbol{z})-g_i(\boldsymbol{z})\leqslant c_i,\quad i=1,2,\cdots,N\end{cases}\tag{4.7.48}$$

式中,f_i 和 g_i 都是定义在空间 Z 上的可微凸函数,$c_i(i=1,2,\cdots,N)\in\mathbb{R}$。令 $T_1[g,\boldsymbol{z}'](\boldsymbol{z})$ 表示函数 g 在点 $\boldsymbol{z}'$ 处的一阶 Taylor 展开:

$$T_1[g,\boldsymbol{z}'](\boldsymbol{z})=g(\boldsymbol{z}')+\langle\boldsymbol{z}-\boldsymbol{z}',\partial_z g(\boldsymbol{z}')\rangle$$

给定初始解 $\boldsymbol{z}_0$,约束凹凸规划算法用函数 $g_i(\boldsymbol{z})$ 在当前解 $\boldsymbol{z}_t$ 的一阶 Taylor 展开 $T_1[g_i,\boldsymbol{z}_t](\boldsymbol{z})$ 代替 $g_i(\boldsymbol{z})$,并求解如下优化问题得到更新解 $\boldsymbol{z}_{t+1}$:

$$\begin{cases}\min\limits_{z}\ f_0(\boldsymbol{z})-T_1[g_0,\boldsymbol{z}_t](\boldsymbol{z})\\ \text{s.t.}\ f_i(\boldsymbol{z})-T_1[g_i,\boldsymbol{z}_t](\boldsymbol{z})\leqslant c_i,\quad i=1,2,\cdots,N\end{cases}\tag{4.7.49}$$

重复上述步骤,直到 $\boldsymbol{z}_t$ 收敛。Smola 等已经证明了约束凹凸规划算法最差也收敛到原问题的局部极小值。

问题(4.7.47)在形式上满足约束凹凸规划要求,可以用约束凹凸规划算法求解。考虑到非凸约束条件中$\frac{1}{N}\sum_{i=1}^{N}c_i\left|\boldsymbol{w}^{\mathrm{T}}\boldsymbol{\varphi}(\boldsymbol{x}_i)+b\right|$是$(\boldsymbol{w},b)$的非光滑函数,应用约束凹凸规划算法需求解它关于$\boldsymbol{w}$和$b$的次梯度[30]

$$\begin{aligned}&\partial_{w}\left[\frac{1}{N}\sum_{i=1}^{N}c_i\left|\boldsymbol{w}^{\mathrm{T}}\boldsymbol{\varphi}(\boldsymbol{x}_i)+b\right|\right]\Bigg|_{\boldsymbol{w}=\boldsymbol{w}_t}=\frac{1}{N}\sum_{i=1}^{N}c_i\operatorname{sgn}[\boldsymbol{w}_t^{\mathrm{T}}\boldsymbol{\varphi}(\boldsymbol{x}_i)+b_t]\boldsymbol{\varphi}(\boldsymbol{x}_i)\\&\partial_{b}\left[\frac{1}{N}\sum_{i=1}^{N}c_i\left|\boldsymbol{w}^{\mathrm{T}}\boldsymbol{\varphi}(\boldsymbol{x}_i)+b\right|\right]\Bigg|_{b=b_t}=\frac{1}{N}\sum_{i=1}^{N}c_i\operatorname{sgn}[\boldsymbol{w}_t^{\mathrm{T}}\boldsymbol{\varphi}(\boldsymbol{x}_i)+b_t]\end{aligned}\tag{4.7.50}$$

为此,将约束条件中的$\frac{1}{N}\sum_{i=1}^{N}c_i\left|\boldsymbol{w}^{\mathrm{T}}\boldsymbol{\varphi}(\boldsymbol{x}_i)+b\right|$替换为其在当前解$(\boldsymbol{w}_t,b_t)$处的一阶Taylor展开式:

$$\begin{aligned}&\frac{1}{N}\sum_{i=1}^{N}c_i\left|\boldsymbol{w}_t^{\mathrm{T}}\boldsymbol{\varphi}(\boldsymbol{x}_i)+b_t\right|+\frac{1}{N}\sum_{i=1}^{N}c_i\operatorname{sgn}[\boldsymbol{w}_t^{\mathrm{T}}\boldsymbol{\varphi}(\boldsymbol{x}_i)+b_t][\boldsymbol{\varphi}(\boldsymbol{x}_i)^{\mathrm{T}}(\boldsymbol{w}-\boldsymbol{w}_t)+(b-b_t)]\\&\quad=\frac{1}{N}\sum_{i=1}^{N}c_i\left|\boldsymbol{w}_t^{\mathrm{T}}\boldsymbol{\varphi}(\boldsymbol{x}_i)+b_t\right|-\frac{1}{N}\sum_{i=1}^{N}c_i\left|\boldsymbol{w}_t^{\mathrm{T}}\boldsymbol{\varphi}(\boldsymbol{x}_i)+b_t\right|\\&\qquad+\frac{1}{N}\sum_{i=1}^{N}c_i\operatorname{sgn}[\boldsymbol{w}_t^{\mathrm{T}}\boldsymbol{\varphi}(\boldsymbol{x}_i)+b_t][\boldsymbol{w}^{\mathrm{T}}\boldsymbol{\varphi}(\boldsymbol{x}_i)+b]\\&\quad=\frac{1}{N}\sum_{i=1}^{N}c_i\operatorname{sgn}[\boldsymbol{w}_t^{\mathrm{T}}\boldsymbol{\varphi}(\boldsymbol{x}_i)+b_t][\boldsymbol{w}^{\mathrm{T}}\boldsymbol{\varphi}(\boldsymbol{x}_i)+b]\end{aligned}\tag{4.7.51}$$

于是,可得到如下二次优化问题:

$$\begin{cases}\min\limits_{\boldsymbol{w},b,\xi}\ \dfrac{1}{2}\|\boldsymbol{w}\|^2+C\xi\\ \text{s.t.}\quad \xi\geqslant 0\\ \qquad -l\leqslant\sum\limits_{i=1}^{N}(\boldsymbol{w}^{\mathrm{T}}\boldsymbol{\varphi}(\boldsymbol{x}_i)+b)\leqslant l\\ \qquad \dfrac{1}{N}\sum\limits_{i=1}^{N}c_i-\xi-\dfrac{1}{N}\sum\limits_{i=1}^{N}c_i\operatorname{sgn}[\boldsymbol{w}_t^{\mathrm{T}}\boldsymbol{\varphi}(\boldsymbol{x}_i)+b_t][\boldsymbol{w}^{\mathrm{T}}\boldsymbol{\varphi}(\boldsymbol{x}_i)+b]\leqslant 0,\quad\forall\boldsymbol{c}\in\Omega\end{cases}\tag{4.7.52}$$

上述二次优化问题可以在多项式时间内解得。求解二次优化问题通常应用KKT定理转化为求解其对偶问题,以利用稀疏性降低计算复杂度。这里给出问题(4.7.52)的对偶问题,为了表述方便,定义如下变量:

$$\begin{aligned}&\|\boldsymbol{c}_k\|_m=\frac{1}{N}\sum_{i=1}^{N}c_{ki},\quad k=1,2,\cdots,|\Omega|\\&\boldsymbol{z}_k=\frac{1}{N}\sum_{i=1}^{N}c_{ki}\operatorname{sgn}[\boldsymbol{w}_t^{\mathrm{T}}\boldsymbol{\varphi}(\boldsymbol{x}_i)+b_t]\boldsymbol{\varphi}(\boldsymbol{x}_i),\quad k=1,2,\cdots,|\Omega|\\&\hat{\boldsymbol{x}}=\sum_{i=1}^{N}\boldsymbol{\varphi}(\boldsymbol{x}_i)\end{aligned}\tag{4.7.53}$$

其中$|\Omega|$为子集Ω中约束条件的个数。问题(4.7.52)的对偶问题为

$$\begin{cases} \max\limits_{\boldsymbol{\lambda}\geqslant\mathbf{0},\boldsymbol{\mu}\geqslant\mathbf{0}} & -\dfrac{1}{2}\sum\limits_{k=1}^{|\Omega|}\sum\limits_{l=1}^{|\Omega|}\lambda_k\lambda_l\boldsymbol{z}_k^{\mathrm{T}}\boldsymbol{z}_l+(\mu_1-\mu_2)\sum\limits_{k=1}^{|\Omega|}\lambda_k\hat{\boldsymbol{x}}^{\mathrm{T}}\boldsymbol{z}_k \\ & -\dfrac{1}{2}(\mu_1-\mu_2)^2\,\hat{\boldsymbol{x}}^{\mathrm{T}}\hat{\boldsymbol{x}}-(\mu_1+\mu_2)l+\sum\limits_{k=1}^{|\Omega|}\lambda_k\|\boldsymbol{c}_k\|_m \\ \text{s.t.} & \sum\limits_{k=1}^{|\Omega|}\lambda_k\leqslant C \\ & (\mu_1-\mu_2)N-\sum\limits_{k=1}^{|\Omega|}\dfrac{\lambda_k}{N}\sum\limits_{i=1}^{N}c_{ki}\,\mathrm{sgn}(\boldsymbol{w}_t^{\mathrm{T}}\boldsymbol{\varphi}(\boldsymbol{x}_i)+b_t)=0 \end{cases} \tag{4.7.54}$$

问题(4.7.54)是一个二次优化问题，优化变量的个数为$|\Omega|+2$。

综上所述，求解问题(4.7.47)的约束凹凸规划算法框架如下。

求解两类问题的约束凹凸规划算法框架

初始化：初始化$(\boldsymbol{w}_0,b_0)$。若当前为切平面算法的第一次迭代，则随机初始化$(\boldsymbol{w}_0,b_0)$；否则，用上一次切平面算法迭代的解作初始值$(\boldsymbol{w}_0,b_0)$。

repeat

　　求解二次优化问题(4.7.54)得到$(\boldsymbol{w}_{t+1},b_{t+1})$；

　　$\boldsymbol{w}=\boldsymbol{w}_{t+1},\quad b=b_{t+1},\quad t=t+1$

until　迭代终止条件满足。

在约束凹凸规划算法中，选择迭代终止条件为两次迭代中优化目标函数的差小于$\alpha\%$。

(2) 寻找原问题最不满足的约束条件。

在问题(4.7.45)中，因为松弛变量ξ是由全部约束条件组合产生的，所以约束条件满足程度由松弛变量ξ衡量，对于当前解$(\boldsymbol{w},b)$，最不满足的约束条件是导致ξ值最大的那个约束。问题(4.7.45)中对所有约束条件的各种选择都可以用一个$\{0,1\}$二值矢量$\boldsymbol{c}$表示和实现。由式(4.7.44)已知，ξ的取值为

$$\begin{aligned} \xi^* &= \max_{\boldsymbol{c}\in\{0,1\}^N}\left\{\frac{1}{N}\sum_{i=1}^{N}c_i-\frac{1}{N}\sum_{i=1}^{N}c_i\left|\boldsymbol{w}^{\mathrm{T}}\boldsymbol{\varphi}(\boldsymbol{x}_i)+b\right|\right\} \\ &=\sum_{i=1}^{N}\max_{c_i\in\{0,1\}}\left\{\frac{1}{N}c_i-\frac{1}{N}c_i\left|\boldsymbol{w}^{\mathrm{T}}\boldsymbol{\varphi}(\boldsymbol{x}_i)+b\right|\right\} \\ &=\frac{1}{N}\sum_{i=1}^{N}\max_{c_i\in\{0,1\}}\left\{c_i(1-\left|\boldsymbol{w}^{\mathrm{T}}\boldsymbol{\varphi}(\boldsymbol{x}_i)+b\right|)\right\} \end{aligned}$$

可知，在当前解$(\boldsymbol{w},b)$下，$1-|\boldsymbol{w}^{\mathrm{T}}\boldsymbol{\varphi}(\boldsymbol{x}_i)+b|>0$且$1-|\boldsymbol{w}^{\mathrm{T}}\boldsymbol{\varphi}(\boldsymbol{x}_i)+b|$越大$\xi$越大，其越是不满足的约束条件，导致$\xi$值最大的那个约束是最不满足的约束条件，可以将它们排序并令$c_i=1$实施选择。从机理分析，满足$|\boldsymbol{w}^{\mathrm{T}}\boldsymbol{\varphi}(\boldsymbol{x}_i)+b|<1$的样本$\boldsymbol{\varphi}(\boldsymbol{x}_i)$位于本聚类边缘界面的外侧，它们更应该参与分类界面的调整，若用支持矢量机观点看，它们是支持矢量，支持矢量机是基于支持矢量构建分类界面，所以根据支持矢量机技术并采用式(4.7.55)确定下一个迭代的约束条件：

$$c_i=\begin{cases}1, & |\boldsymbol{w}^{\mathrm{T}}\boldsymbol{\varphi}(\boldsymbol{x}_i)+b|<1 \\ 0, & \text{其他}\end{cases} \tag{4.7.55}$$

（3）切平面算法的时间复杂度和精度。

数据集的稀疏度 s 等于数据集所有样本非零特征个数的平均值，对于非稀疏数据集，s 近似等于样本数据维数 d；对于稀疏数据集，通常 $s \ll d$。文献[28]已经证得，关于含有 N 个样本、稀疏度为 s 的数据集，最大间隔聚类切平面算法每一次迭代的时间复杂度为 $O(sN)$。对于任意的 $\varepsilon>0, C>0$，最大间隔聚类切平面算法最多在 CR/ε^2 次迭代后收敛，其中 R 是独立于 N 和 s 的常数。有关切平面算法的时间复杂度和精度分析的详细内容参阅文献[28]。

4.8　基于流形学习的数据降维

现在模式分析与机器学习的处理对象已扩展到海量高维数据，如全球气候模式、恒星光谱数据、金融市场数据、网络文本数据、人类基因分布、生物特征数据等，这些数据通常具有非线性、非结构化等特点，利用经典模式分析技术直接处理这些数据往往效果不佳，且易产生维数灾难（curses of dimensionality）问题，这里的维数灾难是指为了使算法达到预期设计指标，要求训练样本个数随数据维数增加呈指数增长。研究表明，相当多的高维数据，其部分维度数据之间存在相关性或冗余，嵌入在高维空间的数据本征结构信息的自由度（能保持数据集内在结构或属性所需的最小数据维数，本征维数）一般低于数据本身的维数（外在维数），因此，在实际应用中没有必要所有维度的数据都直接利用。例如，人脸图像在不同光照条件下如果按矢量存储，其特征维数通常很高，研究表明，该数据的变化仅用一个 9 维的线性空间即可比较精确地建模；又如，在基于基因的疾病诊断中，尽管人类的基因总数达到约 3 万个，但对某种疾病真正致病的基因仅为少数几个，因此，人类一旦把握了致病机理，便无须对全体基因进行筛查，仅关注少数几个决定疾病成因的基因即可。解决维数灾难直观而有效的思路是降维（dimensionality reduction），寻找一种映射或投影，挖掘隐藏在高维观测数据中的低维结构。

传统的降维方法主要是线性的，如 PCA、FDA、ICA 等，其一般假设观测数据具有全局线性性质，通过定义不同的准则函数寻求相应的最佳线性模型，将高维数据投影到线性子空间完成降维。该类方法数学意义明确，一般存在解析的变换函数，计算简便、快捷，已取得系统的研究成果且有许多成功的实际应用。然而，现实中许多高维观测数据并不满足全局线性假设，尤其是当数据集在高维空间中呈现高度扭曲结构时，传统的线性降维技术难以获取满意的效果。为克服线性方法的不足，近年来非线性降维方法成为研究的热点，核方法、神经网络等均被用于非线性降维，其中基于流形学习（manifold learning）的研究和应用是最为引人注目的方法之一。1995 年，Bregler 和 Omohundro 将微分几何中流形的概念引入模式识别中，提出流形学习的概念[44]；2000 年，同期 *Science* 刊物发表了三篇与流形学习相关的重要论文[42,45,46]，提出人类感知以流形方式存在的重要假设并从算法层面验证了高维数据集本征结构的存在，由此引发了流形学习的研究热潮。

4.8.1　数据降维

降低给定数据的维数通常称为降维。降维的数学描述如下。

对于 D 维空间 $\mathbb{R}^D$ 中含有 N 个数据的集合 $X=\{\boldsymbol{x}_1,\boldsymbol{x}_2,\cdots,\boldsymbol{x}_N\}$，$\boldsymbol{x}_i\in\mathbb{R}^D$，映射 f 将数据 $\boldsymbol{x}_i$ 变换到 d 维空间 $\mathbb{R}^d$ 中($d<D$)，即

$$f:\boldsymbol{x}_i\mapsto\boldsymbol{y}_i\in\mathbb{R}^d \tag{4.8.1}$$

此处理称为降维，通常也称 $\boldsymbol{y}_i$ 为 $\boldsymbol{x}_i$ 的降维。需要说明的是，映射不一定存在解析表达式。

对于线性降维，映射 f 是一个线性投影算子，降维过程可描述为

$$\boldsymbol{y}_i=\boldsymbol{T}^{\mathrm{T}}\boldsymbol{x}_i \tag{4.8.2}$$

式中，$\boldsymbol{x}_i$ 和 $\boldsymbol{y}_i$ 分别为降维前后的数据，$\boldsymbol{T}$ 是一个 $D\times d$ 的变换矩阵。

用几何观点看，降维处理将数据从高维观测空间通过线性或非线性映射投影到一个低维空间，这种低维空间能够保留原始数据的几何特性，由此容易找出并利用隐藏在高维观测数据中有意义的低维线性或非线性结构。

数据降维的方法有很多，可以根据不同的考量点进行划分：①根据处理前后数据结构关系，可分为线性降维和非线性降维；②根据数据先验信息的利用情况，可分为监督降维、半监督降维和非监督降维；③根据降维过程中的优化类型，可分为凸优化降维和非凸优化降维；④根据本征几何结构保留的特性，可分为全局特性保持降维和局部特性保持降维。

数据降维在数据处理和分析很多领域都有重要意义和价值。对于模式分析，观测数据降维主要用于以下几个目的：

(1) 减少数据量，降低存储要求，减小计算复杂度。

(2) 消除冗余和噪声，挖掘数据内在结构信息，找出数据本质规律。

(3) 提高现有模式分析算法的泛化能力。

(4) 实现某种意义下的特征提取或选择，提高模式分析算法的效率和正确率。

(5) 将高维数据映射到二维或三维空间，实现高维数据可视化，加深对数据结构的理解。

4.8.2 流形与流形学习

流形源于微分几何与拓扑学，是欧几里得几何理论的推广，其通过引进局部坐标描述和分析曲面上"弯曲"的几何结构。流形学习是将流形与机器学习相结合发展起来的一种新的非线性数据降维方法。为了自然地理解有关基于流形的机器学习方法，下面给出与流形和流形学习相关的一些基本数学知识和概念[47-50]。

在有关拓扑空间范畴中，为了抽象，邻域和连续等基本概念都避免对距离概念的任何依赖，有关拓扑的一些概念是基于邻域和连续定义的，为此，首先定义邻域和连续的概念。

定义 4.8.1(邻域)　设集合 X，对于 X 的每一点 $\boldsymbol{x}$ 选定一个以 X 的开子集为成员的非空组，其每个子集叫作 $\boldsymbol{x}$ 的一个邻域。邻域需要满足下面四个公理：

(1) $\boldsymbol{x}$ 在它自己的每个邻域中。

(2) $\boldsymbol{x}$ 的任何两个邻域的交集都为 $\boldsymbol{x}$ 的一个邻域。

(3) 若 N 是 $\boldsymbol{x}$ 的邻域，U 为 X 的子集包含 N，则 U 是 $\boldsymbol{x}$ 的邻域。

(4) 若 N 是 $\boldsymbol{x}$ 的邻域，则存在集合 $\widetilde{N}\subseteq N$ 是 $\boldsymbol{x}$ 的邻域，使得 N 是 $\widetilde{N}$ 的每一点的邻域。

第(4)条款的含义是，若 N 是 $\boldsymbol{x}$ 的邻域，则 N 是 $\boldsymbol{x}$ 的相对较小的邻域中每个点的邻域。

基于上述邻域概念所定义的一套结构称为一个拓扑空间，每点 $\boldsymbol{x}\in X$ 的一组邻域称为 X 的一个拓扑(结构)，其抽象定义如下。

定义 4.8.2(拓扑空间)　集合 X 中，如果引入一组开子集 τ，且满足下面的条件：

(1) 集合 X 与空集都属于 τ。

(2) 任何一族属于 τ 的集的并都属于 τ。

(3) 任何有限个属于 τ 的集的交都属于 τ。

那么称 τ 为集合 X 的一个拓扑(结构)，集合 X 和它上面的拓扑称为拓扑空间 (X,τ)。当不对 τ 特别讨论时，也称为拓扑空间 X。

任何欧几里得空间按通常方式定义邻域就是一个拓扑空间。

定义 4.8.3(连续映射)　设 X、Y 是两个拓扑空间，$f:X\rightarrow Y$ 为拓扑空间的映射，若对于 X 的每一点 $\boldsymbol{x}$，以及 $f(\boldsymbol{x})$ 在 Y 内的任意邻域 V，都存在 $\boldsymbol{x}$ 的一个邻域 U 使得 $f(U)\subset V$，则称 f 为连续映射。

定义 4.8.4(同胚映射，同胚)　设 X、Y 是两个拓扑空间。若映射 $f:X\rightarrow Y$ 是一对一连续满射，且逆映射 f^{-1} 也是连续的，则称 f 为同胚映射，并称 X 和 Y 同胚(拓扑等价)，或称 X 同胚(拓扑等价)于 Y。

在同胚的定义下，不仅建立了拓扑空间 X 和 Y 的点之间双方单值的对应，而且建立了拓扑结构之间一对一的对应。

定义 4.8.5(子空间拓扑)　设 X 为拓扑空间，Y 是 X 的子集，对于每一点 $\boldsymbol{y}\in Y$，取出它在拓扑空间 X 的全体邻域，使每个邻域与 Y 相交，所得交集作为 $\boldsymbol{y}$ 在 Y 的邻域，则称 Y 具有子空间拓扑。

欧几里得空间的任何子集可以看作一个子空间拓扑。

定义 4.8.6(Haussdorff 空间)　设 X 为拓扑空间，若对 X 上任意两个不同点 $\boldsymbol{x}$ 和 $\boldsymbol{y}$，存在 $\boldsymbol{x}$ 的邻域 U 和 $\boldsymbol{y}$ 的邻域 V 满足 $U\cap V=\varnothing$，则称 X 为 Haussdorff 空间。

定义表明，Haussdorff 空间中任意两个不同点分别含于不相交的两个开集(开邻域)内。具有通常拓扑(满足 $\mathbb{C}^0$)的实数域 $\mathbb{R}$ 是 Haussdorff 空间。

定义 4.8.7(流形)　设 X 是一个 Haussdorff 空间，若对每一点 $\boldsymbol{x}\in X$，都存在 $\boldsymbol{x}$ 的一个邻域 U 与欧几里得空间 $\mathbb{R}^n$ 中的一个开子集同胚，则称 X 是一个 n 维拓扑流形，简称 n 维流形。

形象地说，流形每一点的邻域都和欧几里得空间的一个开集同胚，整个流形可以看作由一块块欧几里得空间粘贴而成。从拓扑空间开集到欧几里得空间开集是同胚映射，使得拓扑空间每个邻域可以近似地用对应的欧几里得空间的坐标表示，因此流形还可以看作一个局部可坐标化的拓扑空间。

强调流形是一个 Haussdorff 空间，是强调流形的可分性。

定义 4.8.8(流形学习)　流形学习是指，给定高维观测数据集 $X=\{\boldsymbol{x}_1,\boldsymbol{x}_2,\cdots,\boldsymbol{x}_N\}$，其中 $\boldsymbol{x}_i\in\mathbb{R}^D$ 是独立同分布的随机样本，散布在光滑的 d 维流形 $M\subset\mathbb{R}^D$ 上，定义嵌入映射 $f:M\subset\mathbb{R}^D\rightarrow\mathbb{R}^d$，$d\ll D$，根据有限数据集发现未知的嵌入映射 f，并且得出与高维观测数据一一对应的低维嵌入点 $Y=\{\boldsymbol{y}_1,\boldsymbol{y}_2,\cdots,\boldsymbol{y}_N\}$，即挖掘出高维数据中蕴含的低维流形

结构。

流形学习有效性基于以下三个基本假设。

(1) 局部同胚假设：在高维空间中靠近的点在低维空间中映像也相互靠近。

(2) 稠密性假设：要求所有采样点足够稠密地覆盖整个流形。

(3) 连续性假设：数据所处的流形被默认为光滑连续。

其中,局部同胚假设保证了嵌入映射后流形的局部结构几乎保持不变,稠密性假设保证了基本形状能够被数据近似表达;这两条假设保证了所构建邻域图的有效性,使样本点之间的距离可由邻域图中的最短路径近似,进而保障流形学习算法映射结果的有效性;连续性假设则是由局部同胚假设与低维嵌入的连续性导出的自然结论。

根据降维过程中的优化模型,可把降维分为凸优化流形学习和非凸优化流形学习。凸优化流形学习在求解目标函数时不存在局部最优解,基于谱图理论的流形学习方法均属于凸优化流形学习,如等距映射(ISOMAP)[42]、局部线性嵌入(LLE)[46]、拉普拉斯特征映射(LE)[51]、Hessian LLE(HLLE)[52]、局部切空间对齐(LTSA)[53]、半正定嵌入(SDE)[54]等。非凸优化的流形学习方法存在局部最优解,代表算法包括流形制图(Manifold Charting)[59]、局部线性坐标(LLC)[60]等。非线性方法几乎都有线性近似方法,都有相应的核化方法,这里只介绍 LE 的线性化的局部保持映射(Locality Preserving Projetion, LPP)[61]流形学习方法。

4.8.3 拉普拉斯本征映射

拉普拉斯本征映射(laplacian eigenmaps,LE)是一种基于谱图理论的流形学习方法,其基本思想是,使高维观测空间中距离很近的点映射到低维空间中的像的距离也很近,通过保持降维前后样本间邻近关系发现低维流形。由于 LE 算法中流形局部结构特征是利用 Laplacian-Beltrami 算子描述,并最终通过对图的 Laplacian 矩阵进行谱分析得到低维嵌入,所以该算法称为 Laplacian 本征映射。

定义一个图 $G=(X,\boldsymbol{S})$,数据集 $X=\{\boldsymbol{x}_1,\boldsymbol{x}_2,\cdots,\boldsymbol{x}_N\}$ 中的各样本 $\boldsymbol{x}_i$ 为图的节点,$\boldsymbol{x}_i\in\mathbb{R}^n$,节点间边的权值为邻近矩阵 $\boldsymbol{S}=(S_{ij})_{N\times N}$ 的元素,点间邻近关系 S_{ij} 通过两节点相似度体现,若样本 $\boldsymbol{x}_i$ 和 $\boldsymbol{x}_j$ 相距较近,则 S_{ij} 较大,否则 S_{ij} 较小。为简化,采用邻域决定策略,权值的计算通常有以下三种方式。

(1) 二值方式。当 $\boldsymbol{x}_i$ 和 $\boldsymbol{x}_j$ 邻近时,令 $S_{ij}=1$,否则 $S_{ij}=0$。

(2) 指数函数方式。当 $\boldsymbol{x}_i$ 和 $\boldsymbol{x}_j$ 邻近时,令 $S_{ij}=\exp(-\|\boldsymbol{x}_i-\boldsymbol{x}_j\|^2/\sigma^2)$,$\sigma$ 为设计参数,否则,$S_{ij}=0$。

(3) 规范化内积方式。当 $\boldsymbol{x}_i$ 和 $\boldsymbol{x}_j$ 邻近时,令 $S_{ij}=\boldsymbol{x}_i\cdot\boldsymbol{x}_j/(\|\boldsymbol{x}_i\|\|\boldsymbol{x}_j\|)$,否则,$S_{ij}=0$。

LE 算法试图找到一种保持局部邻域结构的映射 $\boldsymbol{y}=\boldsymbol{f}(\boldsymbol{x})$,$\boldsymbol{y}\in\mathbb{R}^d$,$d\ll n$,使图 G 中邻近点映射后也尽量邻近,通过最小化如下目标函数获得低维流形

$$J(Y)=\sum_{i=1}^{N}\sum_{j=1}^{N}S_{ij}\|\boldsymbol{y}_i-\boldsymbol{y}_j\|^2 \tag{4.8.3}$$

式中，S_{ij} 为样本 $\boldsymbol{x}_i$ 和 $\boldsymbol{x}_j$ 的连接权重。最小化目标函数获得距离特性保持的机理是，如果样本 $\boldsymbol{x}_i$ 和 $\boldsymbol{x}_j$ 的距离很近，按权值方式(2)的设定，S_{ij} 将较大，最小化式(4.8.3)，将使权值 S_{ij} 较大的映射点 $\boldsymbol{y}_i$ 和 $\boldsymbol{y}_j$ 的距离也很近。式(4.8.3)可进一步推导为

$$\begin{aligned}\sum_{i=1}^{N}\sum_{j=1}^{N}S_{ij}\|\boldsymbol{y}_i-\boldsymbol{y}_j\|^2 &= \sum_{i=1}^{N}\sum_{j=1}^{N}S_{ij}(\boldsymbol{y}_i-\boldsymbol{y}_j)^{\mathrm{T}}(\boldsymbol{y}_i-\boldsymbol{y}_j)\\ &= \sum_{i=1}^{N}\sum_{j=1}^{N}S_{ij}(\boldsymbol{y}_i^{\mathrm{T}}\boldsymbol{y}_i+\boldsymbol{y}_j^{\mathrm{T}}\boldsymbol{y}_j-2\boldsymbol{y}_i^{\mathrm{T}}\boldsymbol{y}_j)\\ &= \sum_{i=1}^{N}D_{ii}\boldsymbol{y}_i^{\mathrm{T}}\boldsymbol{y}_i+\sum_{j=1}^{N}D_{jj}\boldsymbol{y}_j^{\mathrm{T}}\boldsymbol{y}_j-2\sum_{i=1}^{N}\sum_{j=1}^{N}S_{ij}\boldsymbol{y}_i^{\mathrm{T}}\boldsymbol{y}_j\\ &= 2\mathrm{tr}[\boldsymbol{Y}(\boldsymbol{D}-\boldsymbol{S})\boldsymbol{Y}^{\mathrm{T}}]\\ &= 2\mathrm{tr}[\boldsymbol{YLY}^{\mathrm{T}}]\end{aligned} \tag{4.8.4}$$

式中，矩阵 $\boldsymbol{Y}=(\boldsymbol{y}_1\ \boldsymbol{y}_2\ \cdots\ \boldsymbol{y}_N)$，$Y=\{\boldsymbol{y}_1,\boldsymbol{y}_2,\cdots,\boldsymbol{y}_N\}$ 为 $X=\{\boldsymbol{x}_1,\boldsymbol{x}_2,\cdots,\boldsymbol{x}_N\}$ 低维流形上的映像，$\boldsymbol{D}$ 为对角矩阵，其对角线上元素 $D_{ii}=\sum_{j=1}^{N}S_{ij}$，矩阵

$$\boldsymbol{L}=\boldsymbol{D}-\boldsymbol{S} \tag{4.8.5}$$

称为 Laplacian 矩阵。

为了消除尺度因素的影响和避免出现 $\boldsymbol{y}_i$ 的元素全为 0，添加约束 $\boldsymbol{YDY}^{\mathrm{T}}=\boldsymbol{I}$，$\boldsymbol{I}$ 为单位矩阵，由此可以把 LE 算法描述为

$$\begin{cases}\min\ \mathrm{tr}[\boldsymbol{YLY}^{\mathrm{T}}]\\ \mathrm{s.t.}\ \ \boldsymbol{YDY}^{\mathrm{T}}=\boldsymbol{I}\end{cases} \tag{4.8.6}$$

运用 Lagrange 乘数法，上述约束最优化问题转化为求解如下广义本征值和本征矢量问题

$$\boldsymbol{LY}=\lambda\boldsymbol{DY} \tag{4.8.7}$$

即

$$\boldsymbol{Ly}=\lambda\boldsymbol{Dy} \tag{4.8.8}$$

对 $\boldsymbol{D}^{-1}\boldsymbol{L}$ 本征分解或求解$(\boldsymbol{L}-\lambda\boldsymbol{D})\boldsymbol{y}=\boldsymbol{0}$ 可得低维嵌入各映像$\{\boldsymbol{y}_1,\boldsymbol{y}_2,\cdots,\boldsymbol{y}_N\}$。

图 4.8.1 给出了使用 LE 方法将三维空间中的 S 形数据、Swiss roll 数据和平面数据降维到二维空间的结果。如图所示(扫描二维码观看)，降维获得的二维嵌入点依然能够较好地保持原始三维数据颜色分布变化的规律，这表示变换后样本间的远近关系保持不变。

图 4.8.1 彩图对应的二维码

4.8.4 局部保持映射算法

上面是求解输入数据的映像，为了可以直接求得后续样本的映像，作线性近似，考虑线性降维映射 $\boldsymbol{y}=\boldsymbol{W}^{\mathrm{T}}\boldsymbol{x}$，求解变换矩阵，这种算法称为局部保持映射(LPP)算法。设矩阵 $\boldsymbol{X}=(\boldsymbol{x}_1\ \boldsymbol{x}_2\ \cdots\ \boldsymbol{x}_N)$，式(4.8.6)成为

$$\begin{cases}\min\limits_{\boldsymbol{W}}\ \mathrm{tr}[\boldsymbol{W}^{\mathrm{T}}\boldsymbol{XLX}^{\mathrm{T}}\boldsymbol{W}]\\ \mathrm{s.t.}\ \ \boldsymbol{W}^{\mathrm{T}}\boldsymbol{XDX}^{\mathrm{T}}\boldsymbol{W}=\boldsymbol{I}\end{cases} \tag{4.8.9}$$

上述约束优化问题转化为求解广义本征值和本征矢量问题

$$\boldsymbol{XLX}^{\mathrm{T}}\boldsymbol{W}=\lambda\boldsymbol{XDX}^{\mathrm{T}}\boldsymbol{W} \tag{4.8.10}$$

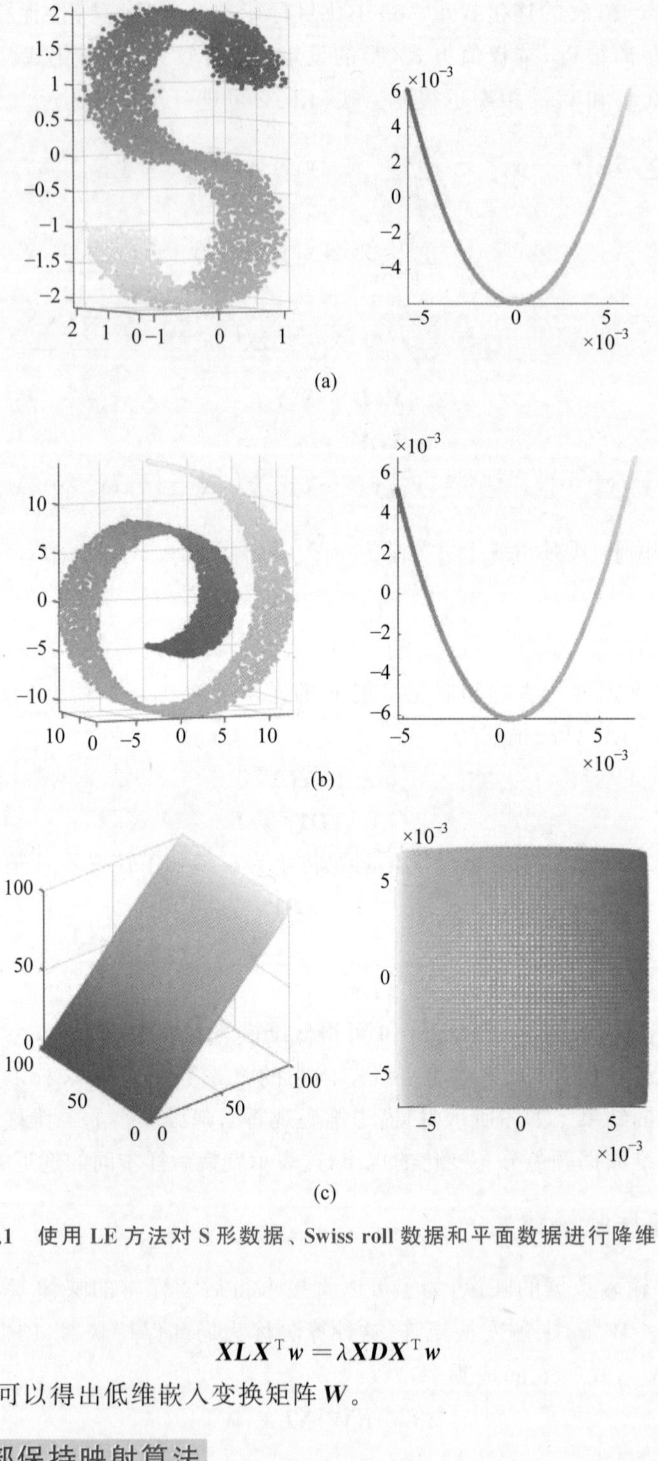

图 4.8.1 使用 LE 方法对 S 形数据、Swiss roll 数据和平面数据进行降维的结果

或即

$$XLX^{\mathrm{T}}w=\lambda XDX^{\mathrm{T}}w \tag{4.8.11}$$

求解式(4.8.11)可以得出低维嵌入变换矩阵 $\boldsymbol{W}$。

4.8.5 核局部保持映射算法

LPP 算法可以扩展到核映射空间中,形成核局部保持映射(kernel locality preserving projetion,KLPP)[62]算法,用于非线性降维或特征提取。在由核函数 $\kappa(\boldsymbol{x},\boldsymbol{x}')=\langle\boldsymbol{\varphi}(\boldsymbol{x}),$

$\boldsymbol{\varphi}(\boldsymbol{x}')\rangle$隐式定义的映射空间中，考虑线性降维映射

$$\boldsymbol{z}=\boldsymbol{W}^{\mathrm{T}}\boldsymbol{\varphi}(\boldsymbol{x}),\quad \boldsymbol{z}=\mathbb{R}^{d} \tag{4.8.12}$$

由于 $\boldsymbol{\varphi}(\boldsymbol{x})$的显式未知，因此采用矢量对偶表示技术。令矩阵 $\boldsymbol{\Phi}(X)=(\boldsymbol{\varphi}(\boldsymbol{x}_1)\ \boldsymbol{\varphi}(\boldsymbol{x}_2)\ \cdots\ \boldsymbol{\varphi}(\boldsymbol{x}_N))$，$\boldsymbol{W}$ 的第 j 列矢量

$$\boldsymbol{w}_j=\sum_{i=1}^{N}\alpha_{ij}\boldsymbol{\varphi}(\boldsymbol{x}_i)\triangleq\boldsymbol{\Phi}\boldsymbol{\alpha}_j \tag{4.8.13}$$

令矩阵 $\boldsymbol{A}=(\boldsymbol{\alpha}_1\ \boldsymbol{\alpha}_2\ \cdots\ \boldsymbol{\alpha}_d)$，线性降维变换矩阵表示为

$$\boldsymbol{W}=\boldsymbol{\Phi}\boldsymbol{A} \tag{4.8.14}$$

于是，线性降维映射各映像构成的矩阵

$$\boldsymbol{Z}=\boldsymbol{W}^{\mathrm{T}}\boldsymbol{\Phi}=\boldsymbol{A}^{\mathrm{T}}\boldsymbol{\Phi}^{\mathrm{T}}\boldsymbol{\Phi}=\boldsymbol{A}^{\mathrm{T}}\boldsymbol{K} \tag{4.8.15}$$

式中，$\boldsymbol{K}$ 为核矩阵，在核映射空间中利用式(4.8.9)，有

$$\begin{cases}\min\limits_{\boldsymbol{A}}\ \mathrm{tr}[\boldsymbol{ZLZ}^{\mathrm{T}}]=\mathrm{tr}[\boldsymbol{A}^{\mathrm{T}}\boldsymbol{KLKA}]\\ \text{s.t.}\ \ \boldsymbol{A}^{\mathrm{T}}\boldsymbol{KDKA}=\boldsymbol{I}\end{cases} \tag{4.8.16}$$

对核矩阵 $\boldsymbol{K}$ 进行本征分解

$$\boldsymbol{K}=\boldsymbol{P\Lambda P}^{\mathrm{T}}=\boldsymbol{P\Lambda}^{1/2}\boldsymbol{\Lambda}^{1/2}\boldsymbol{P}^{\mathrm{T}} \tag{4.8.17}$$

式中，$\boldsymbol{P}=(\boldsymbol{p}_1\ \boldsymbol{p}_2\ \cdots\ \boldsymbol{p}_m)$为本征矢量矩阵，$\boldsymbol{\Lambda}=\mathrm{diag}(\lambda_1,\lambda_2,\cdots,\lambda_m)$，其中$\{\lambda_i\}$为按由大到小排序的非零本征值，$m\leqslant N$。式(4.8.16)中

$$\boldsymbol{ZLZ}^{\mathrm{T}}=\boldsymbol{A}^{\mathrm{T}}\boldsymbol{P\Lambda}^{1/2}\boldsymbol{\Lambda}^{1/2}\boldsymbol{P}^{\mathrm{T}}\boldsymbol{LP\Lambda}^{1/2}\boldsymbol{\Lambda}^{1/2}\boldsymbol{P}^{\mathrm{T}}\boldsymbol{A}\triangleq\boldsymbol{B}^{\mathrm{T}}\widetilde{\boldsymbol{L}}\boldsymbol{B} \tag{4.8.18}$$

式中，$\boldsymbol{B}=(\boldsymbol{\beta}_1\ \boldsymbol{\beta}_2\ \cdots\ \boldsymbol{\beta}_d)=\boldsymbol{\Lambda}^{1/2}\boldsymbol{P}^{\mathrm{T}}\boldsymbol{A}$，$\widetilde{\boldsymbol{L}}=\boldsymbol{\Lambda}^{1/2}\boldsymbol{P}^{\mathrm{T}}\boldsymbol{LP\Lambda}^{1/2}$；可知 $\boldsymbol{A}=\boldsymbol{P\Lambda}^{-1/2}\boldsymbol{B}$。令 $\widetilde{\boldsymbol{D}}=\boldsymbol{\Lambda}^{1/2}\boldsymbol{P}^{\mathrm{T}}\boldsymbol{DP\Lambda}^{1/2}$，于是，式(4.8.16)成为

$$\begin{cases}\min\limits_{\boldsymbol{B}}\ \mathrm{tr}[\boldsymbol{B}^{\mathrm{T}}\widetilde{\boldsymbol{L}}\boldsymbol{B}]\\ \text{s.t.}\ \boldsymbol{B}^{\mathrm{T}}\widetilde{\boldsymbol{D}}\boldsymbol{B}=\boldsymbol{I}\end{cases} \tag{4.8.19}$$

运用 Lagrange 乘数法，上述优化问题转化为求解广义本征值和本征矢量问题

$$\widetilde{\boldsymbol{L}}\boldsymbol{B}=\lambda\widetilde{\boldsymbol{D}}\boldsymbol{B} \tag{4.8.20}$$

即

$$\widetilde{\boldsymbol{L}}\boldsymbol{\beta}=\lambda\widetilde{\boldsymbol{D}}\boldsymbol{\beta} \tag{4.8.21}$$

由式(4.8.14)，线性降维变换矩阵

$$\boldsymbol{W}=\boldsymbol{\Phi A}=\boldsymbol{\Phi P\Lambda}^{-1/2}\boldsymbol{B} \tag{4.8.22}$$

线性降维映像

$$\begin{aligned}\boldsymbol{Z}=(\boldsymbol{z}_1\ \boldsymbol{z}_2\ \cdots\ \boldsymbol{z}_N)&=\boldsymbol{W}^{\mathrm{T}}\boldsymbol{\Phi}=\boldsymbol{B}^{\mathrm{T}}\boldsymbol{\Lambda}^{-1/2}\boldsymbol{P}^{\mathrm{T}}\boldsymbol{\Phi}^{\mathrm{T}}\boldsymbol{\Phi}\\ &=\boldsymbol{B}^{\mathrm{T}}\left(\frac{\boldsymbol{p}_1}{\sqrt{\lambda_1}},\frac{\boldsymbol{p}_2}{\sqrt{\lambda_2}},\cdots,\frac{\boldsymbol{p}_m}{\sqrt{\lambda_m}}\right)^{\mathrm{T}}\boldsymbol{K}\end{aligned} \tag{4.8.23}$$

类似于原始数据空间，在核映射空间中，相似性度量除二值方式外，还可以采用指数函数方式，此时相似性系数(邻近关系)为

$$S_{ij}=\begin{cases}\exp\{-(\kappa(\boldsymbol{x}_i,\boldsymbol{x}_i)+\kappa(\boldsymbol{x}_j,\boldsymbol{x}_j)-2\kappa(\boldsymbol{x}_i,\boldsymbol{x}_j))/\delta\}, & \boldsymbol{x}_i\text{与}\boldsymbol{x}_j\text{互为邻近样本}\\ 0, & \text{其他}\end{cases}$$

将类的信息引入指数函数的方式：

$$S_{ij}=\begin{cases}\exp\{-(\kappa(\boldsymbol{x}_i,\boldsymbol{x}_i)+\kappa(\boldsymbol{x}_j,\boldsymbol{x}_j)-2\kappa(\boldsymbol{x}_i,\boldsymbol{x}_j))/\delta\}, & \boldsymbol{x}_i\text{与}\boldsymbol{x}_j\text{为同一类样本}\\ 0, & \text{其他}\end{cases}$$

用规格化核函数度量相似性：

$$S_{ij}=\begin{cases}\dfrac{\kappa(\boldsymbol{x}_i,\boldsymbol{x}_j)}{\sqrt{\kappa(\boldsymbol{x}_i,\boldsymbol{x}_i)}\sqrt{\kappa(\boldsymbol{x}_j,\boldsymbol{x}_j)}}, & \boldsymbol{x}_i\text{与}\boldsymbol{x}_j\text{为同一类样本}\\ 0, & \text{其他}\end{cases}$$

参考文献

[1] 王学仁，等. 实用多元统计分析[M]. 上海：上海科学技术出版社，1990.

[2] 王惠文. 偏最小二乘回归方法及其应用[M]. 北京：国防工业出版社，1999.

[3] 王松桂，等. 矩阵不等式[M]. 2 版. 北京：科学出版社，2006.

[4] 张贤达.矩阵分析与应用[M].北京：清华大学出版社，2004.

[5] SHAWE-TAYLOR J，CRISTIANINI N. Kernel methods for pattern analysis[M]. Cambridge：Cambridge University Press，2004.

[6] DUDA R O，HART P E，STORK D G. Pattern classification[M]. New York：John Wiley & Sons，2001.

[7] 程民德，等. 图象识别导论[M]. 上海：上海科学技术出版社，1983.

[8] 边肇祺，等. 模式识别[M]. 北京：清华大学出版社，2000.

[9] 福永圭之介. 统计图形识别导论[M]. 陶笃纯，译. 北京：科学出版社，1978.

[10] 孙即祥. 现代模式识别[M]. 2 版. 北京：高等教育出版社，2008.

[11] 孙即祥，等. 模式识别中的特征提取与计算机视觉不变量[M]. 北京：国防工业出版社，2001.

[12] 孙即祥，等. 矿产统计预报的多元信息复合方法及预测模型[J]. 国防科技大学学报，1992，14(1)：113-119.

[13] SAADI K，TALBOT N L C，CAWLEY G C. Optimally regularised kernel Fisher discriminant analysis[C]. International Conference on Pattern Recognition，IEEE Computer Society，2004.

[14] LAI P L，FYFE C. Kernel and nonlinear canonical correlation analysis [J]. International Journal of Neural Systems，2000，10(05)：365-377.

[15] ROSIPAL R，TREJO L J. Kernel partial least squares regression in reproducing kernel hilbert space[J]. Journal of Machine Learning Research，2001，2：97-123.

[16] CHAI J，LIU H W，BAO Z. Generalized re-weighting local sampling mean discriminant analysis [J]. Pattern Recognition，2010，43：3422-3432.

[17] YANG C，WANG L W，FENG J F. On feature extraction via kernels[J]. IEEE Transactions on Systems，Man，and Cybernetics，2008，38(2)：553-557.

[18] 冯国瑜. 基于核方法的雷达高分辨距离像目标识别方法研究[D].长沙：国防科学技术大学，2012.

[19] SUN S，et al. Multiview machine learning[M]. Springer Nature Singapore Pte Ltd. 2019.

[20] MARTIN S. The numerical stability of kernel methods[C]. International Symposium on Artificial Intelligence & Mathematics，2005.

[21] YE H，MOU Q，LIU Y. Enabling highly efficient spectral discretization-based eigen-analysis methods by Kronecker product[J]. IEEE Transactions on Power Systems，2017，32 (5)：4148-4150.

[22] SAKURAI T, FUTAMURA Y, IMAKURA A, et al. Scalable eigen-analysis engine for large-scale eigenvalue problems [J]. Advanced Software Technologies for Post-Peta Scale Computing. Springer, Singapore, 2019: 37-57.

[23] IOSIFIDIS A, GABBOUJ M. Class-specific kernel discriminant analysis based on Cholesky decomposition[C]. 2017 International Joint Conference on Neural Networks (IJCNN). IEEE, 2017: 1141-1146.

[24] LIU X Z, ZHANG C G. Fisher discriminant analysis based on kernel cuboid for face recognition [J]. Soft Computing, 2016, 20(3): 831-840.

[25] DIAZ-CHITO K, del RINCÓN J M, RUSIÑOL M, et al. Feature extraction by using dual-generalized discriminative common vectors[J]. Journal of Mathematical Imaging and Vision, 2019, 61(3): 331-351.

[26] IOSIFIDIS A, GABBOUJ M. Multi-class support vector machine classifiers using intrinsic and penalty graphs[J]. Pattern Recognition, 2016, 55: 231-246.

[27] JOLLIFFE I T, CADIMA J. Principal component analysis: a review and recent developments[J]. Philosophical Transactions of the Royal Society A: Mathematical, Physical and Engineering Sciences, 2016, 374(2065): 20150202.

[28] 周志华，王珏. 机器学习及其应用[M]//张长水，赵斌. 最大间隔聚类快速算法研究. 北京：清华大学出版社，2009：160-192.

[29] 焦李成，等.智能数据挖掘与知识发现[M]. 西安：西安电子科技大学出版，2006.

[30] MASAO F. 非线性最优化基础(中译本)[M]. 林贵华，译. 北京：科学出版社，2011.

[31] CHAPELLE O, SCHÖLKOPF B, ZIEN A. Semi-supervised learning[M]. Cambridge: The MIT Press, 2006.

[32] SHAWE-TAYLOR J, NELLO. Kernel methods for pattern analysis[M]. Cambridge: Cambridge University Press, 2004.

[33] XU L, NEUFELD J, LARSON B, SCHUURMANS D. Maximum margin clustering[C]. Advances in Neural information processing systems, 2004.

[34] VALIZADEGAN H, JIN R. Generalized maximum margin clustering and unsupervised kernel learning[C]. Advances in Neural Information Processing Systems, 2007, 29: 1417-1424.

[35] ZHANG K, TSANG I W, KOWK J T. Maximum margin clustering made practical[C]. Proceedings of the 24th International Conference on Machine Learning, 2007.

[36] YUILLE A, RANGARAJAN A. The concave-convex procedure[J]. Neural Computation, 2003, 15: 915-936.

[37] SMOLA A J, VISHWANATHAN S V N, HOFMANN T. Kernel methods for missing variables [C]. Proceedings of the Tenth International Workshop on Artificial Intelligence and Statistics, 2005.

[38] KELLEY J E. The cutting-plane method for solving convex programs[J]. Journal of the Society for Industrial Applied Mathematics, 1960, 8: 703-712.

[39] TSOCHANTARIDIS I, JOACHIMS T, HOFMANN T, et al. Large margin methods for structured and interdependent output variables[J]. Journal of Machine learning Research, 2005, 6: 1453-1484.

[40] CRAMMER K, SINGER Y. On the algorithmic implementation of multiclass kernel-based vector machines[J]. Journal of Machine learning Research, 2001, 2: 256-292.

[41] ZHAO B, WANG F, ZHANG C. Efficient Muti-class maximum margin clustering[C]. In:

ICML,2008.
[42] TENENBAUM J B,SILVA V D,LANGFORD J C. A global geometric framework for nonlinear dimensionality reduction[J]. Science,2000,290(22):2319-2323.
[43] ZHAO L,YANG Y. Theoretical analysis of illumination in pca-based vision systems[J]. Pattern Recognition,1999,32(4):547-564.
[44] BREGLER C,OMOHUNDRO S M. Nonlinear manifold learning for visual speech recognition[C]. Proceedings of the Tenth IEEE International Conference on Computer Vision. Washington,DC: IEEE Computer Society,1995:494-499.
[45] SEUNG H S,LEE D D. The manifold ways of perception[J]. Science,2000,290:2268-2269.
[46] ROWEIS S T,SAUL L K. Nonlinear dimensionality reduction by locally linear embedding[J]. Science,2000,290:2323-2326.
[47] 陈省身. 微分几何讲义[M]. 2版. 北京:北京大学出版社,2001.
[48] SILVA V D,TENENBAUM J B. Global versus local methods in nonlinear dimensionality reduction[C]. Advances in Neural Information Processing Systems. Cambridge,MA: MIT Press,2003: 721-728.
[49] 马天. 流形拓扑学——理论与概念的实质[M]. 北京:科学出版社,2010.
[50] 米先柯,福明柯. 微分几何与拓扑学简明教程(中译本)[M]. 张爱和,译. 北京:高等教育出版社,2006.
[51] BELKIN M,NIYOGI P. Laplacian eigcnmaps for dimensionality reduction and data representation [J]. Neural Computation,2003,15(6):1373-1396.
[52] DONOHO D L,GRIMES C. Hessian eigenmaps: Locally linear embedding techniques for high-dimensional data[J]. Proceedings of the National Academy of Sciences,2005,102(21):7426-7431.
[53] ZHANG Z,ZHA H. Principal manifolds and nonlinear dimensionality reduction via tangent space alignment[J]. Journal of Scientific Computing,2004,26(1):313-338.
[54] WEINBERGER K Q,SAUL L K. Unsupervised learning of image manifolds by semidefinite programming[J]. International Journal of Computer Vision,2006,70(1):77-90.
[55] LAFON S,LEE A B. Diffusion maps and coarse-graining: A unified framework for dimensionality reduction,graph partitioning,and data set parameterization[J]. IEEE Transactions on Pattern Analysis and Machine Intelligence,2006,28(9):1393-1403.
[56] HINTON G,ROWEIS S. Stochastic neighbor embedding[C]. Advances in Neural Information Processing Systems. Cambridge,MA: MIT Press,2003:833-840.
[57] LIN T,ZHA H. Riemannian manifold learning[J]. IEEE Transactions on Pattern Analysis and Machine Intelligence,2008,30(5):796-809.
[58] XIANG S,NIE F,ZHANG C,et al. Nonlinear dimensionality reduction with local spline embedding[J]. IEEE Transactions on Knowledge and Data Engineering,2009,21(9):1285-1298.
[59] TEH Y W,ROWEIS S T. Automatic alignment of hidden representations[C]. Advances in Neural Information Processing Systems. Cambridge,MA: MIT Press,2002:841-848.
[60] BRAND M M. Charting a manifold[C]. Advances in Neural Information Processing Systems. Cambridge,MA: MIT Press,2002:985-992.
[61] HE X,YAN S,HU Y,et al. Face recognition using laplacianfaces[J]. IEEE Transactions on Pattern Analysis and Machine Intelligence,2005,27(3):328-340.
[62] JIAN C,LIU Q,LU H,et al. Supervised kernel locality preserving projections for face recognition[J]. Neurocomputing,2005,67(Aug):443-449.
[63] 杜春. 流形学习及其应用算法研究[D]. 长沙:国防科技大学,2014.

第5章 支持矢量机

5.1 概　　述

机器学习和模式分析方法的性能和复杂度取决于对象属性表达方式、问题的数学模型，以及相应的求解方法。在机器学习和模式分析中，对象属性形式选择和转化是一项重要的学习策略，信息分析工作包括选择适当的数据表达形式；另一个重要环节是构建问题的数学模型和确定相应的求解方法。处理问题的思想、方法和算法有多种类型，它们具有各自的原理、性质、特点、应用对象和环境，设计预测器的顶层原则是对象属性表达、问题建模和求解方法要和具体问题适配。本章开始讨论基于经验风险最小化原则和结构风险最小化原则以及核函数理论、应用最优化技术求解具有最优泛化性能的机器学习和模式分析方法，首先讨论支持矢量机。

随着问题的复杂性增加和要求的提高，科技人员不仅要求训练阶段经验错误率尽量小，同时还希望训练后的预测器对训练样本外的数据具有良好的泛化性，即希望工作阶段的泛化错误率与训练错误率同样小，由此引发研究并形成了基于经验风险最小化(ERM)原则和结构风险最小化(SRM)原则下设计预测器的理论和方法。早期的预测器训练采用惩罚机制、见好就收策略，结构风险最小化原则采用最优化技术追求极致。经验风险最小化原则下设计预测器的期望风险(泛化错误率)由两部分组成：第一部分为训练样本产生的经验风险值；第二部分称为置信风险或置信范围，置信风险越小，期望风险越接近经验风险，期望风险越小。置信风险反映了对训练样本外的预测风险，它不但与置信水平有关，而且是函数类容量(Rademacher 复杂度或 VC 维等)和训练样本数 N 的函数。训练样本较多，置信风险较小，函数类的复杂度越低，置信风险越小。在 n 维数据空间中，线性函数的 VC 维 $h=n+1$，它等于自由参数的个数。在固定的数据维数下，相对于非线性函数，线性函数的容量最小，可使置信风险变小。Vapnik 在 1979 年提出了结构风险最小化设计原则，结构风险最小化原则要求经验风险与置信风险同时最小化，但实际中，两者通常是一升一降，例如，函数类的复杂度较高，经验风险往往较小，易产生过拟合，导致置信风险较大，使期望风险与经验风险差别较大，这就存在着使两者之和最小化问题。为同时最小化经验风险和置信风险，结构风险最小化原则的方法是，将函数类构造成一个嵌套的函数子类序列，这些函数子类按照 VC 维大小有序排列，对于一个给定的训练数据集，在每个子类中选择使经验风险最小的函数，然后在其中选择使期望风险上界最小的函数，或在一些子类中寻求经验风险最小和置信风险最小的函数。由于上述的具体实施方式，结构风险最小化也称为结构风险极小化。支持矢量机属于第二种方式，支持矢量机的预测模型的输出是离散 2 值或多值，是对输入数据在类空间中的预测。

支持矢量机是一种通用的机器学习算法，它有相对独立于实际问题的优化模型及最优解形式。统计学习理论表明，通过控制分类间隔可以实现对置信风险的控制，支持矢量机根据结构风险最小化原则，采用最优化方法在经验风险最小化基础目标下，同时以最大化分类间隔为目标实现置信风险最小化，支持矢量机也称为最大间隔分类器。在原始数据空间中，以最大分类间隔为目标函数、应用最优化方法求解，所得判别函数只含有样本矢量数据的数积(或称内积)、训练样本的类别标记值以及拉格朗日乘子。对于线性可分训练集，支持矢量机的最优线性分类界面不仅使经验风险为零，同时使分类间隔最大化实现置信风险最小化，其是经验风险为零条件下置信风险最小化的判别界面；在非线性可分情况下，支持矢量机的广义最优线性分类界面是在控制错分样本数量情况下寻求置信风险最小化。因此，最优线性分类界面和广义最优线性分类界面是在期望风险意义下最优，最大程度地减少经验风险和置信风险，极大地提高了判别函数对训练样本外数据的普适性，增强了支持矢量机应用的推广性，是结构风险最小化原则的具体实现。

Minsky 等曾指出线性学习机能力有限。模式识别中，原始数据集往往是非线性可分的，对此早期做法是：①采用分段线性界面方法进行分类[7]；②为了最大程度减少经验风险，依据 Cover 的模式可分性定理，采用某些熟悉的非线性函数，将原始数据空间中样本映射到高维空间中，使原始数据空间中非线性可分数据集在映射空间中的映像线性可分或基本线性可分，于是在映射空间中利用训练样本集产生线性判别函数实现完全正确分类或误差较小分类。

支持矢量机技术在映射空间中以最大分类间隔为目标函数采用最优化方法求解，显然，最优化模型、数学推演过程以及所得结果形式与原始数据空间中的情形相同，不同的只是原样本 $\boldsymbol{x}_i$ 在这里成为映像 $\boldsymbol{\varphi}(\boldsymbol{x}_i)$，数积 $\boldsymbol{x}_i^{\mathrm{T}}\boldsymbol{x}_j$ 成为$\boldsymbol{\varphi}(\boldsymbol{x}_i)^{\mathrm{T}}\boldsymbol{\varphi}(\boldsymbol{x}_j)$。满足 Mercer 条件的核函数相当于在其隐式定义的映射空间中的矢量数积，支持矢量机用满足 Mercer 定理的核函数代替判别函数中的矢量内积，无须使用非线性变换的具体函数形式实现原始数据非线性映射，并以简单的形式继承有关的算法结果。在高维核映射空间中产生的线性分类界面隐含地映射为原始数据空间中非线性分类界面，实现更好的分类效果。支持矢量机的泛化性能与核映射空间的维数无关，选择一种适当的核函数，可以进一步提高泛化性能。

用满足 Mercer 条件的核函数代替原始数据空间中矢量数积实质是将原始数据空间变换为一个高维甚至无限维的 Hilbert 空间，用满足 Mercer 条件的核函数代替原始数据空间中所建立的最优化模型或最后导出的判别函数中的数积有如下意义：

(1) 便捷地实现非线性映射，把原始数据空间隐式映射到一个高维空间，而无须显式地运用具体的非线性函数实操变换。

(2) 可以采用不同的核函数实现不同的高维空间映射，致使产生不同的映像分布，虽然在高维空间都是利用训练样本映像构造最优线性判别函数，但它们在原始数据空间中形成不同分类性能的非线性判别函数。

(3) 在高维映射空间中实施最优化运算，虽然高维空间维数增加许多，但生成的高维矢量数积是在低维原始数据空间中输入矢量的核函数，实际上没增加多少计算复杂度。

(4) 在求解问题对偶最优化模型时寻优变量的个数等于样本数，所导出的判别函数只含训练集中少量的支持矢量，判别时仅计算少量支持矢量的核函数，这属于稀疏数据建模。

因实际参与判别运算的只是支持矢量，所以上述方法所导出的分类器称为支持矢量机(support vector machines，SVM)，有的论著将原始数据空间中所导出的分类器称为最优线性判别函数、广义最优线性判别函数，因优化模型或判别函数中矢量数积是线性核，也称为线性支持矢量机，而采用其他核函数的分类器称为非线性支持矢量机。图 5.1.1 给出了高维映射空间中线性界面生成示意图。

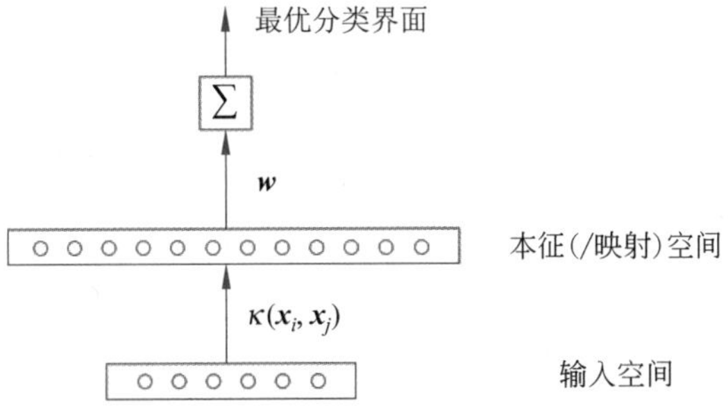

图 5.1.1　高维映射空间中线性界面生成示意图

支持矢量机是小子样条件下最好的统计学习方法，它的理论基础坚实完备，判别函数只由训练样本中少量支持矢量参与构造，分类运算简单。支持矢量机是当前最重要的机器学习理论和方法之一，已经在许多领域有很多成功的重要应用。

5.2 节讨论硬间隔支持矢量机，其中首先讨论原始数据空间中利用线性可分样本集训练产生最优线性分类界面，然后在此基础上应用核技巧产生核映射空间中的最优分类界面，其后给出硬间隔支持矢量机泛化性能。5.3 节讨论软间隔支持矢量机，因为在原始数据空间中训练样本集往往非线性可分，修正硬间隔支持矢量机方法的约束，放宽对非线性可分样本或两类边缘样本的要求，产生软间隔支持矢量机，陈述结构与 5.2 节相同，首先讨论原始数据空间中利用训练样本集产生广义最优线性分类界面，然后产生核映射空间中的广义最优分类界面，其后给出软间隔支持矢量机泛化性能。5.4 节给出含有不确定性因素的支持矢量机。5.5 节给出了改善样本分布和补偿两类训练样本数量不均的方法。上述各方法中，构建问题模型后都是基于 Karush-Kuhn-Tucher 定理(KKT 定理)求解最优化问题，KKT 定理给出了最优解必须满足的三个条件：极值条件、非负条件和互补松弛条件，在此基础上将原优化问题转化为求解相对简单的对偶优化问题。有关 KKT 定理和对偶优化理论详细内容可参阅文献[6,7]。需要说明的是，尽管可以在原始数据空间建立问题模型和求出最优解，然后利用 Mercer 定理直接转化为核映射空间中问题模型和最优解，但是为了本书内容结构模块化和表述清楚，我们还是分别在两个数据空间讨论构建分类界面的模型和问题求解。同样的原因，第 6 章的内容结构也如此安排。

5.2 硬间隔支持矢量机

早期，确定线性可分的两类训练样本集的判别函数方法中常采用错误惩罚策略，虽然通过算法的迭代得到一个能够正确分类的判别函数，但是在用它对工作样本进行分类识别时性能往往不够理想，泛化性能较差。为了提高算法普适性，不是传统方法那样"见好就收"，而是采用最优化方法追求极致，增强算法推广性，由此产生了支持矢量机技术。支持矢量机是一种通用的机器学习方法，是当前最重要的模式识别技术之一。

在输入的原始数据空间或核映射空间中，对于线性可分的两类样本集，我们的目标是寻求一个能够正确分类的线性判别函数，同时具有最好的泛化性能，几何直觉上，求得的线性判别界面应该位于两类样本边缘的中间，实现正确分类并且最大化判别界面到两类边缘样本的距离，已证明这个判别平面是唯一的且泛化性能最好，所得判别函数称为最优判别函数，也称为最大间隔分类器或硬间隔支持矢量机。在原始数据空间中求得的最优线性判别函数由支持矢量和线性核函数构造，故称其为线性支持矢量机；在核映射空间中导出的最优线性判别函数在原始数据空间中是非线性最优判别函数，由支持矢量和非线性核函数构造，故称其为非线性支持矢量机。在运用最优化方法求解最优判别函数时，采用的目标函数和约束形式不同导致两种优化模型，但基于它们导出的最优判别界面是相同的。本节首先讨论在原始数据空间中求解最优线性判别函数的方法，然后讨论在核映射空间中求解最优线性判别函数的方法，最后给出最优判别函数的泛化性能。

5.2.1 线性支持矢量机

在 n 维原始数据空间中，设分属两类的训练样本集为 $\{(\boldsymbol{x}_1, y_1), (\boldsymbol{x}_2, y_2), \cdots, (\boldsymbol{x}_N, y_N)\}$，其中，$\boldsymbol{x}_i \in \mathbb{R}^n$ 为特征矢量，类别标记值 $y_i \in \{+1, -1\}$，对于两类问题，线性判别函数的一般形式为

$$d(\boldsymbol{x}) = \boldsymbol{w}^{\mathrm{T}}\boldsymbol{x} + b \tag{5.2.1}$$

相应的线性分类界面 H 的方程为

$$\boldsymbol{w}^{\mathrm{T}}\boldsymbol{x} + b = 0 \tag{5.2.2}$$

所求最优分类界面不仅能够正确分类，而且极大化分类界面到两类最近样本的距离，前者是为了最小化经验风险，后者是为了最小化置信风险，保证学习结果有最好的泛化性能。为利用训练样本通过学习求得系数矢量 $\boldsymbol{w}$ 和常数 b，方法的几何直观描述为：建立分类界面 H 的同时，还在 H 两侧建立与 H 平行且距离都为 $\rho>0$ 的两个辅助界面，要求两类样本分别在这两个辅助平面两侧，最大化这两个辅助平面的宽度。由式(2.1.15)可知，点 $\boldsymbol{x}$ 到平面 $\boldsymbol{w}^{\mathrm{T}}\boldsymbol{x}+b=0$ 的距离为

$$d_x = |\boldsymbol{w}^{\mathrm{T}}\boldsymbol{x} + b| / \|\boldsymbol{w}\|$$

若设定 $\|\boldsymbol{w}\| = 1$，则与 H 平行且实际距离为 ρ 的两个辅助界面分别为

$$H_1: \boldsymbol{w}^{\mathrm{T}}\boldsymbol{x} + b = +\rho$$

$$H_2: \boldsymbol{w}^{\mathrm{T}}\boldsymbol{x} + b = -\rho$$

两类样本 $\boldsymbol{x}_i$ 要满足

$$\text{若 } y_i = +1, \quad \text{则 } \boldsymbol{w}^{\mathrm{T}}\boldsymbol{x}_i + b \geqslant \rho \tag{5.2.3a}$$

$$\text{若 } y_i = -1, \quad \text{则 } \boldsymbol{w}^{\mathrm{T}}\boldsymbol{x}_i + b \leqslant -\rho \tag{5.2.3b}$$

式(5.2.3a)和式(5.2.3b)表明，平行界面 H_1 和 H_2 分别过两类距分类界面 H 最近的样本点，界面 H_1 和 H_2 之间的区域中没有任何样本。界面 H_1 和 H_2 之间的区域称为两类边缘(margin)，H_1 和 H_2 分别称为相应类的边缘界面，所求最优分类界面位于两类边缘界面中间。可以将式(5.2.3a)和式(5.2.3b)合写成一个式子：

$$y_i(\boldsymbol{w}^{\mathrm{T}}\boldsymbol{x}_i + b) \geqslant \rho, \quad i = 1, 2, \cdots, N \tag{5.2.4}$$

于是，最优分类界面的系数矢量 $\boldsymbol{w}$ 和常数 b 是下面最优化问题的解：

$$\begin{cases} \max\limits_{\boldsymbol{w}, b} \quad \rho \\ \text{s.t.} \quad y_i(\boldsymbol{w}^{\mathrm{T}}\boldsymbol{x}_i + b) \geqslant \rho, \quad i = 1, 2, \cdots, N \\ \qquad\ \ \|\boldsymbol{w}\| = 1 \end{cases} \tag{5.2.5}$$

注意到 $\boldsymbol{w}$ 和 b 乘以相同的正常数后不影响分类结果，分类界面 H 可以表示为

$$(\boldsymbol{w}^{\mathrm{T}}\boldsymbol{x} + b) / \|\boldsymbol{w}\| = 0$$

令 $\|\boldsymbol{w}\| = 1/\rho$，与分类界面 H 平行的辅助界面 H_1 和 H_2 由

$$H_1: (\boldsymbol{w}^{\mathrm{T}}\boldsymbol{x} + b) / \|\boldsymbol{w}\| = +\rho$$

$$H_2: (\boldsymbol{w}^{\mathrm{T}}\boldsymbol{x} + b) / \|\boldsymbol{w}\| = -\rho$$

可以表示为

$$H_1: \boldsymbol{w}^{\mathrm{T}}\boldsymbol{x} + b = +1$$

$$H_2: \boldsymbol{w}^{\mathrm{T}}\boldsymbol{x} + b = -1$$

式(5.2.4)相应成为

$$y_i(\boldsymbol{w}^{\mathrm{T}}\boldsymbol{x}_i + b) \geqslant 1, \quad i = 1, 2, \cdots, N \tag{5.2.6}$$

由 $\rho = 1/\|\boldsymbol{w}\|$ 可知，使两类间隔 $\rho_c = 2/\|\boldsymbol{w}\|$ 最大化等价于使 $\|\boldsymbol{w}\|$ 最小化，于是求解最优分类函数的系数矢量 $\boldsymbol{w}$ 和常数 b 成为如下最优化问题：

$$\begin{cases} \min\limits_{\boldsymbol{w}, b} \quad \dfrac{1}{2}\boldsymbol{w}^{\mathrm{T}}\boldsymbol{w} \\ \text{s.t.} \quad y_i(\boldsymbol{w}^{\mathrm{T}}\boldsymbol{x}_i + b) \geqslant 1, \quad i = 1, 2, \cdots, N \end{cases} \tag{5.2.7}$$

模型(5.2.5)中，分类界面 H 与类边缘界面 H_1 和 H_2 的宽度 ρ 为实际距离，这种模型表达比较直接。模型(5.2.7)中，分类界面 H 与类边缘界面 H_1 和 H_2 的宽度约束为固定常数“1”容易产生误解(实际宽度为 $\rho = 1/\|\boldsymbol{w}\|$)，但模型(5.2.7)的求解过程相对简洁，有文献认为模型(5.2.7)导出“标准的”支持矢量机[14]。

前面较详细地导出了两种等价的模型，后面分别讨论基于两种辅助平面表达方式构建模型的求解和分析。

本节针对第二种模型讨论。最优分类界面是下面最优化问题的解：

$$\begin{cases} \min\limits_{\boldsymbol{w}, b} \quad \dfrac{1}{2}\boldsymbol{w}^{\mathrm{T}}\boldsymbol{w} \\ \text{s.t.} \quad y_i(\boldsymbol{w}^{\mathrm{T}}\boldsymbol{x}_i + b) \geqslant 1, \quad i = 1, 2, \cdots, N \end{cases}$$

应用对偶技术可以相对简单地求解上述凸优化问题，运用 Lagrange 乘数法将原问题转化为对偶优化问题。构造 Lagrange 函数

$$L(\boldsymbol{w}, b, \boldsymbol{\lambda}) = \frac{1}{2}\boldsymbol{w}^{\mathrm{T}}\boldsymbol{w} - \sum_{i=1}^{N}\lambda_i[y_i(\boldsymbol{w}^{\mathrm{T}}\boldsymbol{x}_i + b) - 1] \tag{5.2.8}$$

式中，λ_i 为拉格朗日乘子。

根据 KKT 定理的极值条件，为针对 w 和 b 最小化函数 $L(\cdot)$，L 分别对 w、b 求偏导并令其为零，得必要条件：

$$\frac{\partial L}{\partial \boldsymbol{w}}=\boldsymbol{w}-\sum_{i=1}^{N}\lambda_i y_i \boldsymbol{x}_i=\boldsymbol{0} \tag{5.2.9}$$

$$\frac{\partial L}{\partial b}=-\sum_{i=1}^{N}\lambda_i y_i=0 \tag{5.2.10}$$

由上可得

$$\boldsymbol{w}=\sum_{i=1}^{N}\lambda_i y_i \boldsymbol{x}_i \tag{5.2.11}$$

$$\sum_{i=1}^{N}\lambda_i y_i=0 \tag{5.2.12}$$

将式(5.2.11)代入 Lagrange 函数式(5.2.8)中，并利用式(5.2.12)，可得

$$\begin{aligned}\inf\{L(\cdot)\}&=\frac{1}{2}\Big(\sum_{i=1}^{N}\lambda_i y_i \boldsymbol{x}_i\Big)^{\mathrm{T}}\Big(\sum_{j=1}^{N}\lambda_j y_j \boldsymbol{x}_j\Big)-\sum_{i=1}^{N}\lambda_i\Big[y_i\Big(\boldsymbol{x}_i^{\mathrm{T}}\sum_{j=1}^{N}\lambda_j y_j \boldsymbol{x}_j+b\Big)-1\Big]\\&=\sum_{i=1}^{N}\lambda_i-\frac{1}{2}\sum_{i=1}^{N}\sum_{j=1}^{N}\lambda_i\lambda_j y_i y_j \boldsymbol{x}_i^{\mathrm{T}}\boldsymbol{x}_j\\&\triangleq W(\boldsymbol{\lambda})\end{aligned} \tag{5.2.13}$$

式(5.2.13)只含拉格朗日乘子变量，针对 $\boldsymbol{\lambda}$ 最大化式(5.2.13)中的 $W(\boldsymbol{\lambda})$ 与针对 w 和 b 最小化式(5.2.8)中的 $L(\boldsymbol{w},b,\boldsymbol{\lambda})$ 是对偶优化，由于这里满足强对偶条件，因此不存在对偶间隙[5]。在 KKT 定理的非负条件 $\lambda_i\geqslant 0(i=1,2,\cdots,N)$ 和 $\sum_{i=1}^{N}y_i\lambda_i=0$ 约束之下，求出使目标函数

$$W(\boldsymbol{\lambda})=\sum_{i=1}^{N}\lambda_i-\frac{1}{2}\sum_{i=1}^{N}\sum_{j=1}^{N}\lambda_i\lambda_j y_i y_j \boldsymbol{x}_i^{\mathrm{T}}\boldsymbol{x}_j \tag{5.2.14}$$

取最大值的各 λ_i^*，进而可根据式(5.2.11)得出最优解 $\boldsymbol{w}^*$。于是，原问题转化为如下对偶优化问题：

$$\begin{cases}\max\limits_{\lambda} & W(\boldsymbol{\lambda})=\sum\limits_{i=1}^{N}\lambda_i-\dfrac{1}{2}\sum\limits_{i=1}^{N}\sum\limits_{j=1}^{N}\lambda_i\lambda_j y_i y_j \boldsymbol{x}_i^{\mathrm{T}}\boldsymbol{x}_j\\ \text{s.t.} & \lambda_i\geqslant 0,\quad i=1,2,\cdots,N\\ & \sum\limits_{i=1}^{N}\lambda_i y_i=0\end{cases} \tag{5.2.15}$$

这是一个线性等式和不等式约束的二次函数凸优化问题，有唯一解，且其最优解 $\boldsymbol{w}^*$、b^* 和 $\boldsymbol{\lambda}^*$ 除满足极值条件式(5.2.11)和式(5.2.12)外，还应满足 KKT 定理的互补松弛条件

$$\lambda_i^*\left[y_i(\boldsymbol{x}_i^{\mathrm{T}}\boldsymbol{w}^*+b^*)-1\right]=0,\quad i=1,2,\cdots,N \tag{5.2.16}$$

由式(5.2.16)可知，使 $y_i(\boldsymbol{x}_i^{\mathrm{T}}\boldsymbol{w}^*+b^*)-1>0$ 的样本 $\boldsymbol{x}_i$，相应的 $\lambda_i^*=0$，即在各类边缘界面内侧的样本对应的 $\lambda_i^*=0$；对应 $\lambda_i^*>0$ 的样本 $\boldsymbol{x}_i$，有 $y_i(\boldsymbol{x}_i^{\mathrm{T}}\boldsymbol{w}^*+b^*)-1=0$，即对应非零 λ_i^* 的样本在边缘界面 H_1 和 H_2 中，对应 $\lambda_i^*>0$ 的样本 $\boldsymbol{x}_i$ 称为支持矢量(support vector,

SV)。由式(5.2.11)可知,$\boldsymbol{w}^*$ 仅用支持矢量线性组合表示和计算,即只有支持矢量才对构建 $\boldsymbol{w}^*$ 有贡献,下面将会看到,b^* 也由支持矢量确定,可以说,支持矢量含有建立最优分类界面的所有信息,去除其他训练样本并不改变最优分类界面。本章中,所有支持矢量组成的集合记为 SV。图 5.2.1 是二维线性可分情况下最优线性分类界面及支持矢量示意图,此时最优分类界面是一条直线,其两侧直线是类边缘界面,支持矢量在边缘界面中。

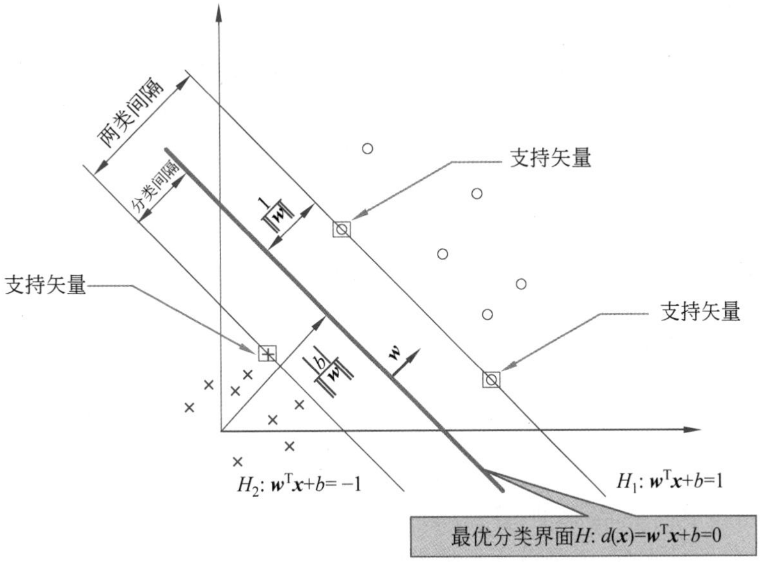

图 5.2.1　二维线性可分情况下最优线性界面及支持矢量示意图

此时分类决策函数可写为

$$d(\boldsymbol{x})=\operatorname{sgn}[\boldsymbol{x}^T\boldsymbol{w}^*+b^*]=\operatorname{sgn}\left[\sum_{\boldsymbol{x}_i\in SV}\lambda_i^* y_i\boldsymbol{x}_i^T\boldsymbol{x}+b^*\right] \tag{5.2.17}$$

b 没有出现在对偶问题中,b^* 可以由任一支持矢量 $\boldsymbol{x}_{sv}$ 用式(5.2.6)取等号时求解:

$$b^*=y_{sv}-\boldsymbol{x}_{sv}^T\boldsymbol{w}^* \tag{5.2.18}$$

为减少误差,也可取多个支持矢量计算 b^*。例如,取两个支持矢量,有

$$b^*=-\frac{1}{2}[(\boldsymbol{w}^*)^T\boldsymbol{x}_{sv}^+ +(\boldsymbol{w}^*)^T\boldsymbol{x}_{sv}^-] \tag{5.2.19}$$

式中,$\boldsymbol{x}_{sv}^+$ 和 $\boldsymbol{x}_{sv}^-$ 分别表示 ω_1 类和 ω_2 类的一个支持矢量。

综上可知,支持矢量决定了权矢量 $\boldsymbol{w}^*$ 的方向,同时决定了常数 b^*,而 b^* 决定了最优分类界面的位置,等价地说,支持矢量决定了与最优分类界面 H 平行且等距的两个边缘界面,从而决定了最优分类界面。

由问题模型是凸优化和对偶定理的有关推论易知,最优分类界面有以下性质:

(1) 最优分类界面是唯一的。

(2) 泛函 $W(\boldsymbol{\lambda})$ 的最大值

$$W(\boldsymbol{\lambda}^*)=\frac{1}{2}(\boldsymbol{w}^*\cdot\boldsymbol{w}^*)=\frac{1}{2}\sum_{i=1}^{N}\lambda_i^* \tag{5.2.20}$$

(3) 两类间隔最大值为 $2/\|\boldsymbol{w}^*\|$,最优分类间隔(平面 H 与 H_1 或 H_2 的距离)

$$\rho(\boldsymbol{w}^*)=1/\|\boldsymbol{w}^*\|=\Big(\sum_{i=1}^{N}\lambda_i^*\Big)^{-1/2} \tag{5.2.21}$$

5.2.2 非线性支持矢量机

最优线性判别函数及基于核函数概念导出的非线性最优判别函数都归于硬间隔支持矢量机，它们都可以由最优化模型(5.2.5)或最优化模型(5.2.7)导出，尽管两个最优化模型形式上不同，在5.2.1节已阐述它们内涵是一致的。优化模型一(5.2.7)是将线性分类界面与边缘界面的函数间隔固定为1，分类函数权矢量范数最小化。优化模型二(5.2.5)是将分类函数权矢量范数固定为1，线性分类界面与边缘界面的几何间隔最大化。为便于阅读有关文献和扩展解决问题思路，这里一并给出有关推导。

1. 优化模型一

设两类训练样本$\{\boldsymbol{x}_i\}_{i=1}^N$在核映射空间中的映像$\{\boldsymbol{\varphi}(\boldsymbol{x}_i)\}_{i=1}^N$线性可分，线性判别函数的一般形式为

$$d(\boldsymbol{x})=\boldsymbol{w}^{\mathrm{T}}\boldsymbol{\varphi}(\boldsymbol{x})+b \tag{5.2.22}$$

相应的两类训练样本分类界面 H 方程为

$$\boldsymbol{w}^{\mathrm{T}}\boldsymbol{\varphi}(\boldsymbol{x})+b=0 \tag{5.2.23}$$

最优分类界面不仅能够正确分类，而且极大化分类界面到两类最近样本的距离。设两个平行于分类界面 H 的辅助边缘界面 $y_i(\boldsymbol{w}^{\mathrm{T}}\boldsymbol{\varphi}(\boldsymbol{x}_i)+b)=1(y_i=\pm1)$分别过两类距分类界面 H 最近的样本点，于是最优分类界面应在约束 $y_i(\boldsymbol{w}^{\mathrm{T}}\boldsymbol{\varphi}(\boldsymbol{x}_i)+b)\geqslant1$ 下，使两类间隔最大。使两类间隔 $\rho_c=2/\|\boldsymbol{w}\|$ 最大等价于使 $\|\boldsymbol{w}\|$ 最小，于是最优分类界面是下面最优化问题的解

$$\begin{cases}\min\limits_{\boldsymbol{w},b} & \dfrac{1}{2}\boldsymbol{w}^{\mathrm{T}}\boldsymbol{w}\\ \text{s.t.} & y_i(\boldsymbol{w}^{\mathrm{T}}\boldsymbol{\varphi}(\boldsymbol{x}_i)+b)\geqslant1,\quad i=1,2,\cdots,N\end{cases} \tag{5.2.24}$$

建立上述最优化问题的 Lagrange 函数，应用 KKT 定理可以把原问题转化为如下对偶优化问题[7]：

$$\begin{cases}\max\limits_{\boldsymbol{\lambda}} & W(\boldsymbol{\lambda})=\displaystyle\sum_{i=1}^{N}\lambda_i-\frac{1}{2}\sum_{i=1}^{N}\sum_{j=1}^{N}\lambda_i\lambda_jy_iy_j\kappa(\boldsymbol{x}_i,\boldsymbol{x}_j)\\ \text{s.t.} & \lambda_i\geqslant0,\quad i=1,2,\cdots,N\\ & \displaystyle\sum_{i=1}^{N}\lambda_iy_i=0\end{cases} \tag{5.2.25}$$

这是一个线性等式和不等式约束的二次函数凸优化问题，有唯一解。应用 KKT 定理求出使 $W(\boldsymbol{\lambda})$最大化的 $\lambda_i^*(i=1,2,\cdots,N)$，由此得出最优解 $\boldsymbol{w}^*$ 和 b^*。这里满足强对偶条件，不存在对偶间隙。最优解 $\boldsymbol{w}^*$、b^* 和 $\boldsymbol{\lambda}^*$ 除满足 KKT 定理的极值条件、非负条件之外，还应满足互补松弛条件

$$\lambda_i^*[y_i(\boldsymbol{\varphi}(\boldsymbol{x}_i)^{\mathrm{T}}\boldsymbol{w}^*+b^*)-1]=0,\quad i=1,2,\cdots,N \tag{5.2.26}$$

式(5.2.26)表明：使 $y_i(\boldsymbol{\varphi}(\boldsymbol{x}_i)^{\mathrm{T}}\boldsymbol{w}^*+b^*)-1>0$ 的样本 $\boldsymbol{\varphi}(\boldsymbol{x}_i)$，相应的 $\lambda_i^*=0$，即在各类边缘界面内侧的样本对应的 $\lambda_i^*=0$；对应 $\lambda_i^*>0$ 的 $\boldsymbol{\varphi}(\boldsymbol{x}_i)$，有 $y_i(\boldsymbol{\varphi}(\boldsymbol{x}_i)^{\mathrm{T}}\boldsymbol{w}^*+b^*)-1=0$，即

对应非零 λ_i^* 的样本在边缘界面 H_1 和 H_2 中，这些对应 $\lambda_i^*>0$ 的样本 $\boldsymbol{\varphi}(\boldsymbol{x}_i)$ 或 $\boldsymbol{x}_i$ 称为支持矢量(support vector,SV)，$\boldsymbol{w}^*$ 仅用支持矢量线性组合表示和计算，只有支持矢量才对构建 $\boldsymbol{w}^*$ 有贡献，b^* 也由支持矢量确定，可以说，支持矢量含有建立最优分类界面的所有信息，去除其他训练样本并不改变最优分类界面。

归纳所得最优判别函数 $d(\boldsymbol{x})=(\boldsymbol{w}^*)^{\mathrm{T}}\boldsymbol{\varphi}(\boldsymbol{x})+b^*$ 的有关结果如下：

1) 最优判别函数的权矢量

$$\boldsymbol{w}^*=\sum_{\boldsymbol{x}_i\in SV}\lambda_i^* y_i\boldsymbol{\varphi}(\boldsymbol{x}_i) \tag{5.2.27}$$

2) 最优判别函数的 b^* 可以基于一个支持矢量 $\boldsymbol{x}_{sv}$ 求得：

$$b^*=y_{sv}-\sum_{\boldsymbol{x}_i\in SV}\lambda_i^* y_i\kappa(\boldsymbol{x}_i,\boldsymbol{x}_{sv}) \tag{5.2.28a}$$

为减少误差，也可取多个支持矢量计算 b^*。例如，取两个支持矢量，有

$$b^*=-\frac{1}{2}[(\boldsymbol{w}^*)^{\mathrm{T}}\boldsymbol{\varphi}(\boldsymbol{x}_{sv}^+)+(\boldsymbol{w}^*)^{\mathrm{T}}\boldsymbol{\varphi}(\boldsymbol{x}_{sv}^-)] \tag{5.2.28b}$$

式中，$\boldsymbol{\varphi}(\boldsymbol{x}_{sv}^+)$ 和 $\boldsymbol{\varphi}(\boldsymbol{x}_{sv}^-)$ 分别表示 ω_1 类和 ω_2 类的一个支持矢量。

3) 最优分类界面间隔

模型(5.2.24)的拉格朗日函数等于模型(5.2.25)的目标函数，并由互补松弛条件，有

$$\rho(\boldsymbol{w}^*)=1/\|\boldsymbol{w}^*\|=\left(\sum_{i=1}^{N}\lambda_i^*\right)^{-1/2} \tag{5.2.29}$$

4) 最优判别函数为

$$d(\boldsymbol{x})=\boldsymbol{\varphi}(\boldsymbol{x})^{\mathrm{T}}\boldsymbol{w}^*+b^*=\sum_{\boldsymbol{x}_i\in SV}\lambda_i^* y_i\kappa(\boldsymbol{x}_i,\boldsymbol{x})+b^* \tag{5.2.30}$$

2. 优化模型二

在原始数据 $\boldsymbol{x}$ 的核映射空间中，线性判别函数的一般形式为

$$d(\boldsymbol{x})=\boldsymbol{w}^{\mathrm{T}}\boldsymbol{\varphi}(\boldsymbol{x})+b,\quad(\|\boldsymbol{w}\|=1) \tag{5.2.31}$$

对应的两类训练样本的分类界面 H

$$\boldsymbol{w}^{\mathrm{T}}\boldsymbol{\varphi}(\boldsymbol{x})+b=0 \tag{5.2.32}$$

与优化模型一的目标相同，最优分类界面不仅能够正确分类，而且极大化分类界面到两类最近样本的距离。设平行于分类界面 H 的两个辅助界面 $y_i(\boldsymbol{w}^{\mathrm{T}}\boldsymbol{\varphi}(\boldsymbol{x}_i)+b)=\rho$，$y_i\in\{+1,-1\}$，于是最优分类界面应在约束 $y_i(\boldsymbol{w}^{\mathrm{T}}\boldsymbol{\varphi}(\boldsymbol{x}_i)+b)\geqslant\rho$ 下，使分类间隔 ρ 最大，求最大的 ρ 等价于求最小的 $-\rho$，于是最优分类界面是下面最优化问题的解：

$$\begin{cases}\min\limits_{\boldsymbol{w},b,\rho} & -\rho \\ \text{s.t.} & y_i(\boldsymbol{w}^{\mathrm{T}}\boldsymbol{\varphi}(\boldsymbol{x}_i)+b)\geqslant\rho,\quad i=1,2,\cdots,N \\ & \|\boldsymbol{w}\|^2=1\end{cases} \tag{5.2.33}$$

建立上述最优化问题的拉格朗日函数

$$L(\boldsymbol{w},b,\rho,\boldsymbol{\lambda},\lambda_0)=-\rho-\sum_{i=1}^{N}\lambda_i[y_i(\boldsymbol{w}^{\mathrm{T}}\boldsymbol{\varphi}(\boldsymbol{x}_i)+b)-\rho]+\lambda_0[\|\boldsymbol{w}\|^2-1] \tag{5.2.34}$$

应用 KKT 定理关于极值的必要条件，分别求拉格朗日函数关于原问题变量 $\boldsymbol{w}$、b、ρ 的偏

导数并令其为零，然后将所得结果代入拉格朗日函数得到

$$L(\boldsymbol{\lambda},\lambda_0)=-\frac{1}{4\lambda_0}\sum_{i=1}^{N}\sum_{j=1}^{N}\lambda_i\lambda_j y_i y_j \kappa(\boldsymbol{x}_i,\boldsymbol{x}_j)-\lambda_0 \tag{5.2.35}$$

式(5.2.35)对 λ_0 求导并令其为零可得拉格朗日乘子 λ_0 的最优值

$$\lambda_0=\frac{1}{2}\Big(\sum_{i=1}^{N}\sum_{j=1}^{N}\lambda_i\lambda_j y_i y_j \kappa(\boldsymbol{x}_i,\boldsymbol{x}_j)\Big)^{1/2} \tag{5.2.36}$$

将式(5.2.36)代入式(5.2.35)得到对偶优化的目标函数

$$W(\boldsymbol{\lambda})=-\Big(\sum_{i=1}^{N}\sum_{j=1}^{N}\lambda_i\lambda_j y_i y_j \kappa(\boldsymbol{x}_i,\boldsymbol{x}_j)\Big)^{1/2} \tag{5.2.37}$$

于是，原问题转化为如下对偶优化问题：

$$\begin{cases}\max\limits_{\boldsymbol{\lambda}} \quad \widetilde{W}(\boldsymbol{\lambda})=-\sum\limits_{i=1}^{N}\sum\limits_{j=1}^{N}\lambda_i\lambda_j y_i y_j \kappa(\boldsymbol{x}_i,\boldsymbol{x}_j) \\ \text{s.t.} \quad \lambda_i \geqslant 0, \quad i=1,2,\cdots,N \\ \qquad \sum\limits_{i=1}^{N}\lambda_i=1 \\ \qquad \sum\limits_{i=1}^{N}\lambda_i y_i=0 \end{cases} \tag{5.2.38}$$

这是一个线性等式和不等式约束的二次函数凸优化问题，有唯一解，求出使 $\widetilde{W}(\boldsymbol{\lambda})$ 最大化的 λ_i^* $(i=1,2,\cdots,N)$，并由此得出最优解 $\boldsymbol{w}^*$ 和 b^*。最优解 $\boldsymbol{w}^*$、b^* 和 λ^* 除满足 KKT 定理的极值条件、非负条件之外，还应满足互补松弛条件

$$\lambda_i^*\left[y_i(\boldsymbol{\varphi}(\boldsymbol{x}_i))^{\mathrm{T}}\boldsymbol{w}^*+b^*)-\rho^*\right]=0, \quad i=1,2,\cdots,N \tag{5.2.39}$$

式(5.2.39)表明：使 $y_i(\boldsymbol{\varphi}(\boldsymbol{x}_i)^{\mathrm{T}}\boldsymbol{w}^*+b^*)-\rho^*>0$ 的样本 $\boldsymbol{\varphi}(\boldsymbol{x}_i)$，相应的 $\lambda_i^*=0$，即在各类边缘界面内侧的样本对应的 $\lambda_i^*=0$；对应 $\lambda_i^*>0$ 的 $\boldsymbol{\varphi}(\boldsymbol{x}_i)$ 有 $y_i(\boldsymbol{\varphi}(\boldsymbol{x}_i)^{\mathrm{T}}\boldsymbol{w}^*+b^*)-\rho^*=0$，即在边缘界面 H_1 和 H_2 中的样本对应的 λ_i^* 非零，这些样本 $\boldsymbol{\varphi}(\boldsymbol{x}_i)$ 或 $\boldsymbol{x}_i$ 称为支持矢量，$\boldsymbol{w}^*$ 仅用支持矢量线性组合表示和计算，只有支持矢量才对构建 $\boldsymbol{w}^*$ 有贡献，b^* 也由支持矢量确定，可以说，支持矢量含有建立最优分类界面的所有信息，去除其他训练样本并不改变最优分类界面。

经计算模型(5.2.38)的解和相应的判别函数归纳如下：

1）最优判别函数的权矢量

$$\boldsymbol{w}^*=\Big(\sum_{i=1}^{N}\sum_{j=1}^{N}\lambda_i^*\lambda_j^* y_i y_j \kappa(\boldsymbol{x}_i,\boldsymbol{x}_j)\Big)^{-1/2}\sum_{i=1}^{N}\lambda_i^* y_i \boldsymbol{\varphi}(\boldsymbol{x}_i) \tag{5.2.40}$$

2）由拉格朗日函数、原问题约束和 KKT 定理的互补松弛条件，容易知道

$$\rho^*=\sqrt{-\widetilde{W}(\boldsymbol{\lambda}^*)}=\Big(\sum_{i=1}^{N}\sum_{j=1}^{N}\lambda_i^*\lambda_j^* y_i y_j \kappa(\boldsymbol{x}_i,\boldsymbol{x}_j)\Big)^{1/2} \tag{5.2.41}$$

3）b^* 可以基于一支持矢量 $\boldsymbol{\varphi}(\boldsymbol{x}_{sv})$ 求解：

$$b^*=y_{sv}\rho^*-(\boldsymbol{w}^*)^{\mathrm{T}}\boldsymbol{\varphi}(\boldsymbol{x}_{sv}) \tag{5.2.42}$$

为减少误差，也可取多个支持矢量计算 b^*。例如，取两个支持矢量，有

$$b^* = -\frac{1}{2}\left[(\boldsymbol{w}^*)^{\mathrm{T}}\boldsymbol{\varphi}(\boldsymbol{x}_{sv}^+) + (\boldsymbol{w}^*)^{\mathrm{T}}\boldsymbol{\varphi}(\boldsymbol{x}_{sv}^-)\right] \tag{5.2.43}$$

式中，$\boldsymbol{\varphi}(\boldsymbol{x}_{sv}^+)$和$\boldsymbol{\varphi}(\boldsymbol{x}_{sv}^-)$分别表示 ω_1 类和 ω_2 类的一个支持矢量。

4) 最优判别函数为

$$d(\boldsymbol{x}) = (\boldsymbol{w}^*)^{\mathrm{T}}\boldsymbol{\varphi}(\boldsymbol{x}) + b^* = \left(\sum_{i=1}^{N}\sum_{j=1}^{N}\lambda_i^*\lambda_j^* y_i y_j \kappa(\boldsymbol{x}_i, \boldsymbol{x}_j)\right)^{-1/2} \sum_{\boldsymbol{x}_i \in SV}\lambda_i^* y_i \kappa(\boldsymbol{x}_i, \boldsymbol{x}) + b^* \tag{5.2.44}$$

由于式(5.2.40)中矢量的系数$\left(\sum_{i=1}^{N}\sum_{j=1}^{N}\lambda_i^*\lambda_j^* y_i y_j \kappa(\boldsymbol{x}_i, \boldsymbol{x}_j)\right)^{-1/2}$忽略掉了不改变矢量 $\boldsymbol{w}$ 的方向，为表达和计算简洁，涉及 $\boldsymbol{w}$ 的式子均乘以$\left(\sum_{i=1}^{N}\sum_{j=1}^{N}\lambda_i^*\lambda_j^* y_i y_j \kappa(\boldsymbol{x}_i, \boldsymbol{x}_j)\right)^{1/2}$，经上述处理后将重要结果归纳如下：

(1) 最优判别函数的权矢量

$$\boldsymbol{w}^* = \sum_{i=1}^{N}\lambda_i^* y_i \boldsymbol{\varphi}(\boldsymbol{x}_i) \tag{5.2.45}$$

(2) 分类间隔

$$\rho^* = \sqrt{-\widetilde{W}(\boldsymbol{\lambda}^*)} = \left(\sum_{i=1}^{N}\sum_{j=1}^{N}\lambda_i^*\lambda_j^* y_i y_j \kappa(\boldsymbol{x}_i, \boldsymbol{x}_j)\right)^{1/2} \tag{5.2.46}$$

(3) 判别函数中的常数

$$b^* = y_{sv}(\rho^*)^2 - \sum_{i=1}^{N}\lambda_i^* y_i \kappa(\boldsymbol{x}_i, \boldsymbol{x}_{sv}) \tag{5.2.47}$$

(4) 最优判别函数

$$d(\boldsymbol{x}) = (\boldsymbol{w}^*)^{\mathrm{T}}\boldsymbol{\varphi}(\boldsymbol{x}) + b^* = \sum_{\boldsymbol{x}_i \in SV}\lambda_i^* y_i \kappa(\boldsymbol{x}_i, \boldsymbol{x}) + b^* \tag{5.2.48}$$

5.2.3 硬间隔支持矢量机泛化错误率

模型一和模型二是等效的，它们导出同一个分类界面，可以算得，模型一导出的拉格朗日乘子$\{\lambda_i^{(1)}\}$和模型二导出的拉格朗日乘子$\{\lambda_i^{(2)}\}$相差一个正的常数因子，两个判别函数的判别结果是相同的。

下面给出基于 McDiarmid 定理和 Rademacher 复杂度导出的上述模型最优化算法所得结果的泛化错误率，定理中的 ρ^*是上述任何一种模型所求得的实际分类间隔值(几何距离)。

定理 5.2.1[5](硬间隔支持矢量机泛化界)　设从两类随机抽取的训练样本集 $D=\{(\boldsymbol{x}_1, y_1), (\boldsymbol{x}_2, y_2), \cdots, (\boldsymbol{x}_N, y_N)\}$在由核函数 $\kappa(\boldsymbol{x}_i, \boldsymbol{x}_j)$隐式定义的映射空间中是线性可分的。根据模型一(或模型二)运用最优化算法求得 $\boldsymbol{w}^*$、b^*、ρ^*、$\boldsymbol{\lambda}^*$和判别函数 $d(\boldsymbol{x})$，对于取定的 $\delta>0$，在 $1-\delta$ 的概率下，判别函数 $d(\boldsymbol{x})$的期望风险(泛化错误率)的界是

$$P(y \neq \operatorname{sgn} d(\boldsymbol{x})) \leqslant \frac{4}{N\rho^*}\sqrt{\operatorname{tr}(\boldsymbol{K})} + 3\sqrt{\frac{\ln(2/\delta)}{2N}} \tag{5.2.49}$$

式中，$\boldsymbol{K}$ 是在训练集上的核函数构造的核矩阵。

5.3 软间隔支持矢量机

实际应用中,不是所有训练样本集都是线性可分的,即对于模型一,不是每个训练样本都满足 $y_i(\boldsymbol{w}^{\mathrm{T}}\boldsymbol{x}_i+b)-1\geqslant 0$,另外,即使对于线性可分样本集,有时为了克服噪声影响,或忽略离群点顾及更多的训练样本,不是如硬间隔支持矢量机那样只依赖于边界处的样本确定分类界面,而是允许少量样本出现在分类界面的两个辅助平面外侧,这种方法得到的判别函数称为广义最优判别函数或软间隔支持矢量机。本节首先讨论在原始数据空间中求解广义最优线性判别函数的方法,所得判别函数也称为软间隔线性支持矢量机,然后讨论在核映射空间中求解广义最优线性判别函数的方法,得到原始数据空间中广义最优非线性判别函数,称其为软间隔非线性支持矢量机,最后给出广义最优判别函数的泛化性能。通过在约束和目标函数中引入松弛变量产生软间隔,在目标函数中引入一范数或二范数松弛变量所导出的支持矢量机相应地称为一范数支持矢量机(l_1-SVM)和二范数支持矢量机(l_2-SVM)。

5.3.1 软间隔线性支持矢量机

在原始数据空间中,为了确定线性可分数据集的最优线性判别函数,建立与分类界面 H 平行的两个辅助界面 H_1 和 H_2,它们分别是各类的边缘界面,此方法也可以用于样本集非线性可分的情况,或忽略离群点、边缘点的情况。

为了允许分类界面 H 误判少量样本,或允许两个辅助界面 H_1 和 H_2 之间存在样本,应将两个辅助界面 H_1 和 H_2 之间的距离加大,为此在模型中引入非负的松弛变量 ξ_i,将约束(5.2.6)修改为

$$y_i(\boldsymbol{w}^{\mathrm{T}}\boldsymbol{x}_i+b)+\xi_i\geqslant 1,\quad i=1,2,\cdots,N \tag{5.3.1}$$

此约束意味着界面 H_1 和 H_2 之间的距离加大,允许一些样本越过界面 H_1 或 H_2,同时为了避免 H_1 和 H_2 间的距离任意增大,还要求 $\sum_{i=1}^{N}\xi_i$ 最小化以制约 H_1 和 H_2 间距离的增加,为此将 $\sum_{i=1}^{N}\xi_i$ 作为代价引入到目标函数中

$$f(\boldsymbol{w},\boldsymbol{\xi})=\frac{1}{2}\boldsymbol{w}^{\mathrm{T}}\boldsymbol{w}+\gamma\sum_{i=1}^{N}\xi_i \tag{5.3.2}$$

式中,γ 为某指定的正常数,用于权衡减小 $\|\boldsymbol{w}\|$ 导致加大 H_1、H_2 之间距离与要求不能有太多样本越过本类界面 H_1、H_2 这两个有冲突的目标,γ 的值较小,对越界点的惩罚较小,会使较多样本处在边缘界面外,界面间隔较宽。于是上述问题成为如下最优化问题:

$$\begin{cases}\min\limits_{\boldsymbol{w},b,\boldsymbol{\xi}} & \dfrac{1}{2}\boldsymbol{w}^{\mathrm{T}}\boldsymbol{w}+\gamma\sum\limits_{i=1}^{N}\xi_i\\ \text{s.t.} & y_i(\boldsymbol{w}^{\mathrm{T}}\boldsymbol{x}_i+b)-1+\xi_i\geqslant 0\\ & \xi_i\geqslant 0\end{cases}\quad i=1,2,\cdots,N \tag{5.3.3}$$

用与 5.2 节确定最优分类界面相同的方法求解这一凸优化问题。建立拉格朗日函数

$$L(\boldsymbol{w},b,\boldsymbol{\xi},\boldsymbol{\lambda},\boldsymbol{\beta})=\frac{1}{2}\boldsymbol{w}^{\mathrm{T}}\boldsymbol{w}+\gamma\sum_{i=1}^{N}\xi_i-\sum_{i=1}^{N}\lambda_i[y_i(\boldsymbol{w}^{\mathrm{T}}\boldsymbol{x}_i+b)-1+\xi_i]-\sum_{i=1}^{N}\beta_i\xi_i \tag{5.3.4}$$

运用 KKT 定理，由极值条件，拉格朗日函数分别对原问题变量 $\boldsymbol{w}$、b、$\boldsymbol{\xi}$ 求偏导并令其为零，得必要条件

$$\boldsymbol{w}=\sum_{i=1}^{N}\lambda_i y_i \boldsymbol{x}_i \tag{5.3.5}$$

$$\sum_{i=1}^{N}\lambda_i y_i=0 \tag{5.3.6}$$

$$\gamma-\lambda_i-\beta_i=0,\quad i=1,2,\cdots,N \tag{5.3.7}$$

得到的结果与线性可分情况下的结果几乎相同，仅多了式(5.3.7)。由 KKT 定理的非负条件：$\beta_i \geqslant 0$，而 $\beta_i=\gamma-\lambda_i$，由式(5.3.7)可得

$$0\leqslant\lambda_i\leqslant\gamma,\quad i=1,2,\cdots,N \tag{5.3.8}$$

式(5.3.8)表明，γ 是 λ_i 的上界。

根据 KKT 定理的互补松弛条件，最优化问题的解应满足

$$\lambda_i^*[y_i(\boldsymbol{x}_i^{\mathrm{T}}\boldsymbol{w}^*+b^*)-1+\xi_i^*]=0 \tag{5.3.9}$$

$$\beta_i^*\xi_i^*=(\gamma-\lambda_i^*)\xi_i^*=0 \tag{5.3.10}$$

式(5.3.9)和式(5.3.10)表明：分别位于本类边缘界面 H_1 和 H_2 内侧的两类样本 $\boldsymbol{x}_i$，其 $\xi_i^*=0$，且 $y_i(\boldsymbol{x}_i^{\mathrm{T}}\boldsymbol{w}^*+b^*)-1+\xi_i^*>0$，由式(5.3.9)知，$\lambda_i^*=0$；由式(5.3.10)知，满足 $0<\lambda_i^*<\gamma$ 的样本 $\boldsymbol{x}_i$ 一定有 $\xi_i^*=0$，再由式(5.3.9)有，$y_i(\boldsymbol{x}_i^{\mathrm{T}}\boldsymbol{w}^*+b^*)-1=0$，可知，它们位于本类边缘界面 H_1 或 H_2 中；位于本类边缘界面 H_1 或 H_2 外侧的样本 $\boldsymbol{x}_i$，显然有 $\xi_i^*>0$，由式(5.3.10)知，$\lambda_i^*=\gamma$；对于 $\lambda_i^*=\gamma$ 的样本，若 $\xi_i^*<1$，虽然位于本类边缘界面 H_1 或 H_2 的外侧，因到边缘界面的距离小于 1，仍被 H 正确分类；若 $\xi_i^*>1$，则相应样本被 H 错误分类。对应 $\lambda_i^*>0$ 的样本称为支持矢量，因为 $\boldsymbol{w}^*$ 仅用它们线性组合表示和计算，这些样本位于边缘界面中或它们的外侧。边缘界面中的支持矢量称为边缘支持矢量，边缘界面外侧支持矢量称为界外支持矢量。

需要指出的是，$\xi_i>0$ 是样本 $\boldsymbol{x}_i$ 出现在边缘界面外侧的距离比例值，其实际距离为 $\xi_i/\|\boldsymbol{w}\|$。图 5.3.1 示出了二维非线性可分情况下的广义最优线性分类界面，可以看到广义最优分类界面两侧有误分的样本，图中标注了本类边缘界面外侧的样本的实际距离为 $\xi_i/\|\boldsymbol{w}\|$。

将式(5.3.5)代入拉格朗日函数(5.3.4)，并利用式(5.3.6)和式(5.3.7)，经推导得出原问题的对偶优化问题的目标函数，联合关于 $\boldsymbol{\lambda}$ 的约束，式(5.3.3)的对偶优化问题为

$$\begin{cases}\max\limits_{\boldsymbol{\lambda}} & \sum\limits_{i=1}^{N}\lambda_i-\dfrac{1}{2}\sum\limits_{i=1}^{N}\sum\limits_{j=1}^{N}\lambda_i\lambda_j y_i y_j \boldsymbol{x}_i^{\mathrm{T}}\boldsymbol{x}_j \\ \text{s.t.} & \sum\limits_{i=1}^{N}\lambda_i y_i=0 \\ & 0\leqslant\lambda_i\leqslant\gamma,\quad i=1,2,\cdots,N\end{cases} \tag{5.3.11}$$

求解规划(5.3.11)的最优值 λ_i^* $(i=1,2,\cdots,N)$，由此得到广义最优线性分类函数

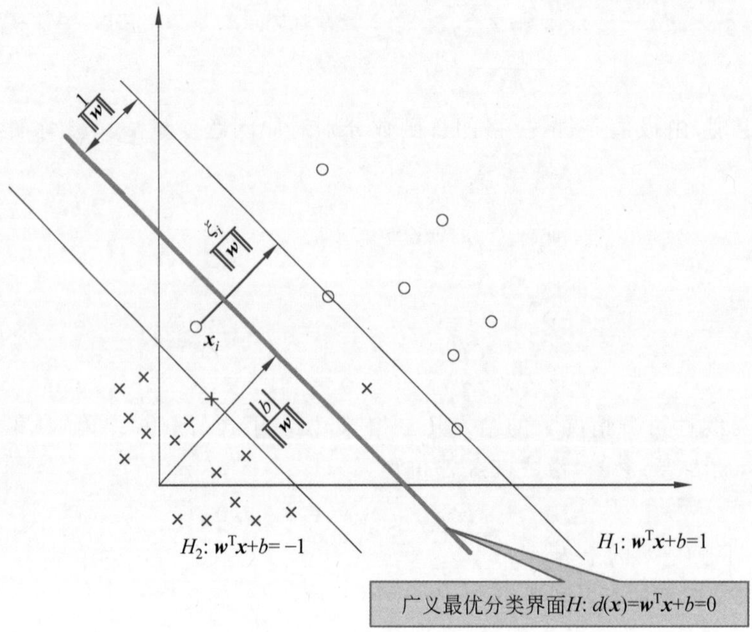

图 5.3.1 二维非线性可分情况下的广义最优线性界面

$$d(\boldsymbol{x})=\sum_{i=1}^{N}\lambda_i^* y_i \boldsymbol{x}_i^{\mathrm{T}}\boldsymbol{x}+b^* \tag{5.3.12}$$

选择 $0<\lambda_i<\gamma$ 的支持矢量 $\boldsymbol{x}_{sv}$ 通过式 $b^*=y_{sv}-\boldsymbol{x}_{sv}^{\mathrm{T}}\boldsymbol{w}^*$ 求解 b^*。

由于只有位于边缘界面 H_1 和 H_2 中及其外侧的样本的 $\lambda_i^*>0$，且 γ 是 λ_i^* 的上界，由式(5.3.6)可知，取较大的 γ 会使较少的样本处在边缘界面中及其外侧，这从另一个视角表明了 γ 控制 H_1 和 H_2 间的距离，也相当于控制了噪声和离群点的影响。选择参数 γ 的典型方法是交叉验证法，在一个范围内试验，直到找出对特定的训练集最好的参数为止。

5.3.2 l_1-软间隔支持矢量机

广义最优线性判别函数及基于核函数概念导出的广义最优非线性判别函数都归属于软间隔支持矢量机，类似于硬间隔支持矢量机，它们都可以由最优化模型一或最优化模型二导出，尽管两个最优化模型形式上不同，但它们内涵是一致的，所得结果必然相同。为便于阅读有关文献和扩展解决问题思路，这里一并给出有关推导。

1. 优化模型一

在核映射空间中，为了允许分类界面误判少量样本，或允许辅助界面 H_1 和 H_2 之间存在少量样本，在软间隔支持矢量机方法中，约束方程引入松弛变量 $\xi_i\geqslant 0$，使其成为

$$y_i(\boldsymbol{w}^{\mathrm{T}}\boldsymbol{\varphi}(\boldsymbol{x}_i)+b)\geqslant 1-\xi_i,\quad i=1,2,\cdots,N \tag{5.3.13}$$

此约束意味着边缘界面 H_1 和 H_2 之间的距离加大，允许一些样本越过本类边缘界面 H_1 或 H_2，松弛变量 ξ_i 表示样本 $\boldsymbol{\varphi}(\boldsymbol{x}_i)$ 越过边缘界面的(函数)距离，越界点越多或越界点越

界距离越大，致使总的越界距离 $\sum_{i=1}^{N}\xi_i$ 越大。为了避免 H_1 和 H_2 间的距离任意增加，同时用 $\sum_{i=1}^{N}\xi_i$ 最小化制约 H_1 和 H_2 间距离的增大，为此将 $\sum_{i=1}^{N}\xi_i$ 作为代价引入到目标函数中

$$f(\boldsymbol{w},\boldsymbol{\xi})=\frac{1}{2}\boldsymbol{w}^{\mathrm{T}}\boldsymbol{w}+\gamma\sum_{i=1}^{N}\xi_i \tag{5.3.14}$$

式中，γ 为某指定的正常数。因为减小 $\|\boldsymbol{w}\|$ 会导致加大界面 H_1 和 H_2 之间的距离引起更多样本越界，此时要限制越界样本数量不可过多，γ 用于权衡最小化 $\|\boldsymbol{w}\|$ 导致界面 H_1 和 H_2 之间距离趋大与最小化样本的越界距离之和而使 H_1 和 H_2 之间距离减小，使两者达到某种平衡。γ 值较小，对越界点的惩罚较小，分类间隔较宽，会使较多的样本处在边缘界面外，这表明了 γ 控制 H_1 和 H_2 间的距离，也相当于控制了噪声和离群点的影响。

于是软间隔判别函数成为如下最优化问题的解：

$$\begin{cases}\min\limits_{\boldsymbol{w},b,\boldsymbol{\xi}} & \dfrac{1}{2}\boldsymbol{w}^{\mathrm{T}}\boldsymbol{w}+\gamma\sum\limits_{i=1}^{N}\xi_i\\ \text{s.t.} & y_i(\boldsymbol{w}^{\mathrm{T}}\boldsymbol{\varphi}(\boldsymbol{x}_i)+b)-1+\xi_i\geqslant 0\\ & \xi_i\geqslant 0\end{cases}\quad i=1,2,\cdots,N \tag{5.3.15}$$

利用拉格朗日乘数法将原问题转化为求解相对简单的对偶优化问题。构造拉格朗日函数

$$L(\boldsymbol{w},b,\boldsymbol{\xi},\boldsymbol{\lambda},\boldsymbol{\beta})=\frac{1}{2}\boldsymbol{w}^{\mathrm{T}}\boldsymbol{w}+\gamma\sum_{i=1}^{N}\xi_i-\sum_{i=1}^{N}\lambda_i[y_i(\boldsymbol{w}^{\mathrm{T}}\boldsymbol{\varphi}(\boldsymbol{x}_i)+b)-1+\xi_i]-\sum_{i=1}^{N}\beta_i\xi_i$$

根据 KKT 定理的极值条件，拉格朗日函数分别对原问题变量 $\boldsymbol{w}$、b、$\boldsymbol{\xi}$ 求偏导并令其为零，有

$$\boldsymbol{w}=\sum_{i=1}^{N}\lambda_i y_i\boldsymbol{\varphi}(x_i) \tag{5.3.16}$$

$$\sum_{i=1}^{N}y_i\lambda_i=0 \tag{5.3.17}$$

$$\gamma-\lambda_i-\beta_i=0,\quad i=1,2,\cdots,N \tag{5.3.18}$$

得到的结果与线性可分情况相比，除增添了式(5.3.18)之外，其他相同。由 KKT 定理的非负条件 $\beta_i\geqslant 0$ 及式(5.3.18)可得

$$0\leqslant\lambda_i\leqslant\gamma,\quad i=1,2,\cdots,N \tag{5.3.19}$$

将式(5.3.16)～式(5.3.18)代入拉格朗日函数，可把原问题转化为如下对偶优化问题：

$$\begin{cases}\max\limits_{\boldsymbol{\lambda}} & \sum\limits_{i=1}^{N}\lambda_i-\dfrac{1}{2}\sum\limits_{i=1}^{N}\sum\limits_{j=1}^{N}\lambda_i\lambda_j y_i y_j\kappa(\boldsymbol{x}_i,\boldsymbol{x}_j)\\ \text{s.t.} & \sum\limits_{i=1}^{N}\lambda_i y_i=0\\ & 0\leqslant\lambda_i\leqslant\gamma,\quad i=1,2,\cdots,N\end{cases} \tag{5.3.20}$$

这是一个线性等式和不等式约束的二次函数凸优化问题。求出使目标函数最大化的 $\lambda_i^*(i=1,2,\cdots,N)$，并由此得出最优解 $\boldsymbol{w}^*$ 和 b^*。最优解 $\boldsymbol{w}^*$、b^* 和 λ^* 除满足 KKT 定理的极

值条件、非负条件之外，还应满足互补松弛条件：

$$\lambda_i^*[y_i(\boldsymbol{\varphi}(\boldsymbol{x}_i)^{\mathrm{T}}\boldsymbol{w}^*+b^*)-1+\xi_i^*]=0,\quad i=1,2,\cdots,N \tag{5.3.21}$$

$$\beta_i^*\xi_i^*=(\gamma-\lambda_i^*)\xi_i^*=0,\quad i=1,2,\cdots,N \tag{5.3.22}$$

式(5.3.21)和式(5.3.22)表明：分别位于本类边缘界面 H_1 或 H_2 内侧的两类样本 $\boldsymbol{\varphi}(\boldsymbol{x}_i)$ 或 $\boldsymbol{x}_i$，其 $\xi_i^*=0$，且 $y_i(\boldsymbol{\varphi}(\boldsymbol{x}_i)^{\mathrm{T}}\boldsymbol{w}^*+b^*)-1+\xi_i^*>0$，由式(5.3.21)知，$\lambda_i^*=0$；由式(5.3.22)，满足 $0<\lambda_i^*<\gamma$ 的样本 $\boldsymbol{\varphi}(\boldsymbol{x}_i)$ 一定有 $\xi_i^*=0$，再由式(5.3.21)，有 $y_i(\varphi(\boldsymbol{x}_i)^{\mathrm{T}}\boldsymbol{w}^*+b^*)-1=0$，可知，它们位于本类边缘界面 H_1 或 H_2 中；位于本类边缘界面 H_1 或 H_2 外侧的样本 $\boldsymbol{\varphi}(\boldsymbol{x}_i)$ 显然有 $\xi_i^*>0$，由式(5.3.22)知，$\lambda_i^*=\gamma$。对于 $\lambda_i^*=\gamma$ 的样本，若 $\xi_i^*<1$，虽然位于本类边缘界面 H_1 或 H_2 的外侧，因到边缘界面的距离小于 1，所以其仍被 H 正确分类；若 $\xi_i^*>1$，则相应样本被 H 错误分类。对应 $\lambda_i^*>0$ 的样本称为支持矢量，因为 $\boldsymbol{w}^*$ 仅用它们线性组合表示和计算，这些样本位于边缘界面中或它们的外侧。边缘界面中的支持矢量称为边缘支持矢量，边缘界面外侧的支持矢量称为界外支持矢量。图 5.3.2 示出了原始数据空间中关于 Banana 数据集的核 SVM 边界、类边缘及边缘支持矢量和界外支持矢量。

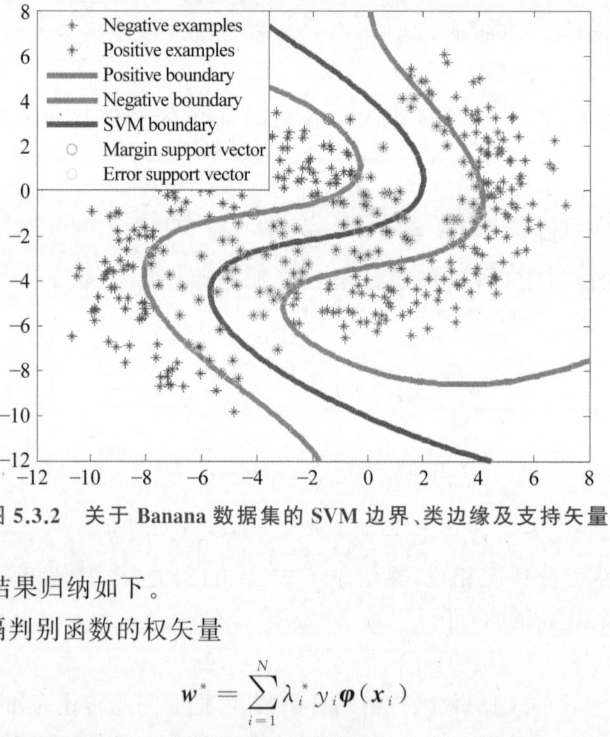

图 5.3.2 关于 Banana 数据集的 SVM 边界、类边缘及支持矢量

最后，将有关结果归纳如下。

1）最优软间隔判别函数的权矢量

$$\boldsymbol{w}^*=\sum_{i=1}^{N}\lambda_i^* y_i\boldsymbol{\varphi}(\boldsymbol{x}_i) \tag{5.3.23}$$

2）b^* 可基于边缘界面上任一支持矢量 $\boldsymbol{x}_{sv}$ 用式(5.3.24)求解：

$$b^*=y_{sv}-\sum_{i=1}^{N}\lambda_i^* y_i\kappa(\boldsymbol{x}_{sv},\boldsymbol{x}_i) \tag{5.3.24}$$

为减少误差，可取多个边缘界面中的支持矢量计算 b^*。例如，选择两个分别在平面 $\boldsymbol{\varphi}(\boldsymbol{x})^{\mathrm{T}}\boldsymbol{w}^*+b^*=-1$ 和 $\boldsymbol{\varphi}(\boldsymbol{x})^{\mathrm{T}}\boldsymbol{w}^*+b^*=1$ 中的两类支持矢量 $\boldsymbol{\varphi}(\boldsymbol{x}_i)$ 和 $\boldsymbol{\varphi}(\boldsymbol{x}_j)$，即满足 $-\gamma<\lambda_i^* y_i<0<\lambda_j^* y_j<\gamma$ 的样本，用其计算

$$b^{*}=-\frac{1}{2}\left(\sum_{k=1}^{N}\lambda_{k}^{*}y_{k}\kappa(\boldsymbol{x}_{k},\boldsymbol{x}_{i})+\sum_{k=1}^{N}\lambda_{k}^{*}y_{k}\kappa(\boldsymbol{x}_{k},\boldsymbol{x}_{j})\right) \tag{5.3.25}$$

3）分类间隔

$$\rho^{*}=\frac{1}{\|\boldsymbol{w}^{*}\|}=\left(\sum_{i=1}^{N}\sum_{j=1}^{N}\lambda_{i}^{*}\lambda_{j}^{*}y_{i}y_{j}\kappa(\boldsymbol{x}_{i},\boldsymbol{x}_{j})\right)^{-1/2} \tag{5.3.26}$$

4）最优软间隔判别函数

$$d(\boldsymbol{x})=\boldsymbol{\varphi}(\boldsymbol{x})^{\mathrm{T}}\boldsymbol{w}^{*}+b^{*}=\sum_{x_{i}\in SV}\lambda_{i}^{*}y_{i}\kappa(\boldsymbol{x}_{i},\boldsymbol{x})+b^{*} \tag{5.3.27}$$

5）最优软间隔分类界面

$$d(\boldsymbol{x})=\sum_{\boldsymbol{x}_{i}\in SV}\lambda_{i}^{*}y_{i}\kappa(\boldsymbol{x}_{i},\boldsymbol{x})+b^{*}=0 \tag{5.3.28}$$

2. 优化模型二

在软间隔支持矢量机方法中，利用硬间隔的约束方程引入松弛变量 $\xi_i\geqslant0$，使其成为

$$y_{i}(\boldsymbol{w}^{\mathrm{T}}\boldsymbol{\varphi}(\boldsymbol{x}_{i})+b)\geqslant\rho-\xi_{i},\quad \|\boldsymbol{w}\|=1,\quad i=1,2,\cdots,N \tag{5.3.29}$$

引入松弛变量意味着允许一些样本越过本类边缘界面 H_1 或 H_2^* 进入边缘界面的外侧，松弛变量 ξ_i 表示样本 $\boldsymbol{\varphi}(\boldsymbol{x}_i)$ 较过边缘界面的距离，越界点较多或越界点越界距离较大，致使总的越界距离 $\sum_{i=1}^{N}\xi_i$ 较大。为了避免 H_1 和 H_2 间距离任意加大，设置 $\sum_{i=1}^{N}\xi_i$ 最小化以制约 H_1 和 H_2 间距离最大化，使加大边缘界面距离和缩小边缘界面距离两个相反趋势达到设计上的平衡，为此将 $\sum_{i=1}^{N}\xi_i$ 作为代价引入到目标函数中：

$$f(\boldsymbol{w},b,\rho,\xi)=-\rho+\gamma\sum_{i=1}^{N}\xi_{i} \tag{5.3.30}$$

式中，γ 为某指定的正常数，用于分类间隔最大化与通过样本越界距离之和最小化制约分类间隔任意增加的权衡，γ 的值越小，对越界点的惩罚越小，分类间隔越宽。于是，求解软间隔判别函数成为如下最优化问题：

$$\begin{cases}\min\limits_{\boldsymbol{w},b,\rho,\boldsymbol{\xi}} & -\rho+\gamma\sum_{i=1}^{N}\xi_{i}\\ \text{s.t.} & y_{i}(\boldsymbol{w}^{\mathrm{T}}\boldsymbol{\varphi}(\boldsymbol{x}_{i})+b)\geqslant\rho-\xi_{i},\\ & \xi_{i}\geqslant0,\quad i=1,2,\cdots,N\\ & \|\boldsymbol{w}\|^{2}=1\end{cases} \tag{5.3.31}$$

利用拉格朗日乘数法将原问题转化为相对简单的对偶优化问题。构造拉格朗日函数

$$L(\boldsymbol{w},b,\rho,\boldsymbol{\xi},\boldsymbol{\lambda},\boldsymbol{\beta},\lambda_{0})=-\rho+\gamma\sum_{i=1}^{N}\xi_{i}-\sum_{i=1}^{N}\lambda_{i}[y_{i}(\boldsymbol{w}^{\mathrm{T}}\boldsymbol{\varphi}(\boldsymbol{x}_{i})+b)-\rho+\xi_{i}]$$
$$-\sum_{i=1}^{N}\beta_{i}\xi_{i}+\lambda_{0}(\|\boldsymbol{w}\|^{2}-1) \tag{5.3.32}$$

根据 KKT 定理的极值条件，拉格朗日函数对原问题各变量求偏导并令结果为零，把所得

结果代入拉格朗日函数后得到与式(5.2.35)相同的结果,然后采用类似于5.2.2节的有关处理过程,得到与式(5.2.36)和式(5.2.37)的相同的式子,最后,原问题转化为如下对偶优化问题:

$$\begin{cases} \max\limits_{\boldsymbol{\lambda}} & \widetilde{W}(\boldsymbol{\lambda}) = -\sum_{i=1}^{N}\sum_{j=1}^{N}\lambda_i\lambda_j y_i y_j \kappa(\boldsymbol{x}_i, \boldsymbol{x}_j) \\ \text{s.t.} & 0 \leqslant \lambda_i \leqslant \gamma, \quad i = 1, 2, \cdots, N \\ & \sum_{i=1}^{N}\lambda_i = 1 \\ & \sum_{i=1}^{N}\lambda_i y_i = 0 \end{cases} \tag{5.3.33}$$

这是一个线性等式和不等式约束的二次函数的凸优化问题,求出使目标函数最大化的 $\lambda_i^*(i=1,2,\cdots,N)$,并进一步得出最优解 $\boldsymbol{w}^*$、b^* 和 ρ^*。

可以看出,模型二实际上是模型一添加约束 $\sum_{i=1}^{N}\lambda_i = 1$ 的情况,由此可知模型一与模型二的原问题的最优解是一致的。另外,比较模型(5.2.38)和模型(5.3.33)可以看出两者的不同之处是,对于硬间隔支持矢量机,$\lambda_i \geqslant 0$,而对于软间隔支持矢量机,$0 \leqslant \lambda_i \leqslant \gamma$。

最优解 $\boldsymbol{w}^*$、b^*、ρ^* 和 $\boldsymbol{\lambda}^*$ 除满足KKT定理的极值条件、非负条件之外,还应满足互补松弛条件:

$$\lambda_i^*[y_i(\boldsymbol{\varphi}(\boldsymbol{x}_i)^{\mathrm{T}}\boldsymbol{w}^* + b^*) - \rho^* + \xi_i^*] = 0, \quad i = 1, 2, \cdots, N \tag{5.3.34}$$

$$\beta_i^*\xi_i^* = (\gamma - \lambda_i^*)\xi_i^* = 0, \quad i = 1, 2, \cdots, N \tag{5.3.35}$$

由式(5.3.34)可知:对于在本类边缘界面内侧的样本 $\boldsymbol{\varphi}(\boldsymbol{x}_i)$,$\xi_i^* = 0$ 且 $y_i(\boldsymbol{\varphi}(\boldsymbol{x}_i)^{\mathrm{T}}\boldsymbol{w}^* + b^*) - \rho^* + \xi_i^* > 0$,表明 $\lambda_i^* = 0$。满足 $0 < \lambda_i^* < \gamma$ 的样本 $\boldsymbol{\varphi}(\boldsymbol{x}_i)$ 一定有 $\xi_i^* = 0$,再由式(5.3.34)可得 $y_i(\boldsymbol{\varphi}(\boldsymbol{x}_i)^{\mathrm{T}}\boldsymbol{w}^* + b^*) - \rho^* = 0$,表明 $\boldsymbol{\varphi}(\boldsymbol{x}_i)$ 在边缘界面中,它到分类界面的距离为 ρ。若样本 $\boldsymbol{\varphi}(\boldsymbol{x}_i)$ 在边缘界面外侧,相应的松弛变量 $\xi_i^* > 0$,由式(5.3.35)可知,$\lambda_i^* = \gamma$;若 $\xi_i^* < \rho^*$,则相应的 $\boldsymbol{\varphi}(\boldsymbol{x}_i)$ 被分类界面 H 正确分类,若 $\xi_i^* > \rho^*$,则相应的 $\boldsymbol{\varphi}(\boldsymbol{x}_i)$ 被分类界面错分。对应 $\lambda_i^* > 0$ 的样本 $\boldsymbol{\varphi}(\boldsymbol{x}_i)$ 或 $\boldsymbol{x}_i$ 称为支持矢量,矢量 $\boldsymbol{w}^*$ 仅用它们的线性组合表示和计算,这些样本位于边缘界面中或它们外侧。边缘界面中的支持矢量称为边缘支持矢量,边缘界面外侧的支持矢量称为界外支持矢量。

经过有关运算,得出上述最优化问题的解。

1) 运用KKT定理的极值条件可得最优软间隔判别函数的权矢量:

$$\boldsymbol{w}^* = \frac{1}{2\lambda_0^*}\sum_{i=1}^{N}\lambda_i^* y_i \boldsymbol{\varphi}(\boldsymbol{x}_i) \tag{5.3.36}$$

2) b^* 可基于任一边缘界面上的支持矢量 $\boldsymbol{x}_{sv}$ 求解:

$$b^* = y_{sv}\rho^* - \boldsymbol{\varphi}(\boldsymbol{x}_{sv})^{\mathrm{T}}\boldsymbol{w}^* = y_{sv}\rho^* - \frac{1}{2\lambda_0^*}\sum_{i=1}^{N}\lambda_i^* y_i \kappa(\boldsymbol{x}_i, \boldsymbol{x}_{sv}) \tag{5.3.37}$$

为减少误差,可取多个边缘支持矢量计算 b^*。例如,从两类中各取出一个位于边缘界面 $\boldsymbol{\varphi}(\boldsymbol{x})^{\mathrm{T}}\boldsymbol{w}^* + b^* = -\rho^*$ 和 $\boldsymbol{\varphi}(\boldsymbol{x})^{\mathrm{T}}\boldsymbol{w}^* + b^* = \rho^*$ 中的支持矢量 $\boldsymbol{\varphi}(\boldsymbol{x}_i)$ 和 $\boldsymbol{\varphi}(\boldsymbol{x}_j)$,显然它们满足

$-\gamma<\lambda_i^* y_i<0<\lambda_j^* y_j<\gamma$，于是可得

$$b^*=-\frac{1}{2}\cdot\frac{1}{2\lambda_0^*}\left(\sum_{k=1}^{N}\lambda_k^* y_k\kappa(\boldsymbol{x}_k,\boldsymbol{x}_i)+\sum_{k=1}^{N}\lambda_k^* y_k\kappa(\boldsymbol{x}_k,\boldsymbol{x}_j)\right) \tag{5.3.38}$$

3）利用上述支持矢量计算分类间隔

$$\begin{aligned}\rho^*&=\boldsymbol{\varphi}(\boldsymbol{x}_j)^{\mathrm{T}}\boldsymbol{w}^*+b^*=\frac{1}{2\lambda_0^*}\sum_{k=1}^{N}\lambda_k^* y_k\kappa(\boldsymbol{x}_k,\boldsymbol{x}_j)+b^*\\&=\frac{1}{4\lambda_0^*}\left(\sum_{k=1}^{N}\lambda_k^* y_k\kappa(\boldsymbol{x}_k,\boldsymbol{x}_j)-\sum_{k=1}^{N}\lambda_k^* y_k\kappa(\boldsymbol{x}_k,\boldsymbol{x}_i)\right)\end{aligned} \tag{5.3.39}$$

4）软间隔判别函数为

$$d(\boldsymbol{x})=(\boldsymbol{w}^*)^{\mathrm{T}}\boldsymbol{\varphi}(\boldsymbol{x})+b^*=\frac{1}{2\lambda_0^*}\sum_{\boldsymbol{x}_i\in SV}\lambda_i^* y_i\kappa(\boldsymbol{x}_i,\boldsymbol{x})+b^* \tag{5.3.40}$$

5）上述各式的参数

$$\lambda_0^*=\frac{1}{2}\left(\sum_{i=1}^{N}\sum_{j=1}^{N}\lambda_i^*\lambda_j^* y_i y_j\kappa(\boldsymbol{x}_i,\boldsymbol{x}_j)\right)^{1/2} \tag{5.3.41}$$

式(5.3.36)中权矢量 $\boldsymbol{w}$ 忽略因子 $1/2\lambda_0^*$ 不改变其方向，为表达和计算简洁，涉及 $\boldsymbol{w}$ 的式子均乘以 $2\lambda_0^*$，经过上述处理后，将结果归纳如下：

（1）最优软间隔判别函数的权矢量：

$$\boldsymbol{w}^*=\sum_{i=1}^{N}\lambda_i^* y_i\boldsymbol{\varphi}(\boldsymbol{x}_i) \tag{5.3.42}$$

（2）最优软间隔判别函数的常数项：

$$b^*=-\frac{1}{2}\left(\sum_{k=1}^{N}\lambda_k^* y_k\kappa(\boldsymbol{x}_k,\boldsymbol{x}_i)+\sum_{k=1}^{N}\lambda_k^* y_k\kappa(\boldsymbol{x}_k,\boldsymbol{x}_j)\right) \tag{5.3.43}$$

（3）分类间隔：

$$\rho^*=\frac{1}{2\lambda_0^*}\left(\sum_{k=1}^{N}\lambda_k^* y_k\kappa(\boldsymbol{x}_k,\boldsymbol{x}_j)+b^*\right),\quad 0<\lambda_j^* y_j<\gamma$$

（4）判别函数：

$$d(\boldsymbol{x})=\sum_{\boldsymbol{x}_i\in SV}\lambda_i^* y_i\kappa(\boldsymbol{x}_i,\boldsymbol{x})+b^* \tag{5.3.44}$$

由于 $\sum_{i=1}^{N}\xi_i$ 是矢量 $\boldsymbol{\xi}$ 的 l_1 范数 $\|\boldsymbol{\xi}\|_1$，因此这种判别函数也称为一范数软间隔判别函数，或称为一范数软间隔支持矢量机。

因为参数 γ 是分类间隔最大化与越界点距离之和最小化的权衡，所以选择具体的 γ 值相当于隐含选择 ρ 值。由约束 $0\leqslant\lambda_i^*\leqslant\gamma$，$\gamma$ 是 λ_i^* 的上界，边缘界面中及其外侧的样本的 $\lambda_i^*>0$，边缘界面内测样本的 $\lambda_i^*=0$，以及 $\sum_{i=1}^{N}\lambda_i^*=1$，这表明 γ 控制了 H_1 和 H_2 间的距离，相当于控制了噪声和离群点的影响。选择参数 γ 的典型方法是，在一个取值范围内通过试验择优选取，对于已知类别的样本集，可以采用训练集-测试集分离验证法，也可以采用交叉验证法计算判别正确率，直到找出对于一个给定问题或特定数据集分类效果最好的参数为止。

3. ν-支持矢量机

考虑基于模型二的软间隔支持矢量机。因为 $0 \leqslant \lambda_i \leqslant \gamma$，参数 γ 的选值应该大于 $1/N$，否则无法满足 $\sum_{i=1}^{N} \lambda_i = 1$，另外，若取 $\gamma > 1$，将有可能使 $\sum_{i=1}^{N} \lambda_i > 1$，可知 γ 的有效取值范围是 $1/N < \gamma \leqslant 1$。如果需要限定本类边缘界面外侧的两类样本个数，对支持矢量的个数要有所控制，可令 $\gamma = 1/(\nu N)$，$\nu \in (0,1]$，此时称其为 ν- 支持矢量机，由于只是 γ 取特定值，显然，其模型、优化算法和结果与前面所讨论的软间隔支持矢量机相同，这里不予展开复述。ν-支持矢量机具有重要的特性，参数 ν 明确控制越过边缘界面样本的个数。因为在本类边缘界面外侧样本的 $\xi_i > 0$，其对应的 $\lambda_i = \gamma = 1/(\nu N)$，由 $\sum_{i=1}^{N} \lambda_i = 1$ 可以推知，不会有多于 νN 个样本在本类边缘界面的外侧；另因同时存在边缘界面中的样本，其 λ_i 满足 $0 < \lambda_i < 1/(\nu N)$，由 $\sum_{i=1}^{N} \lambda_i = 1$ 可以推知，至少有 νN 个样本在本类边缘界面外侧或边缘界面中。换句话说，ν 是界外支持矢量占比的上界，界外支持矢量占比 $\leqslant \nu$，同时也是支持矢量占比的下界，支持矢量占比 $\geqslant \nu$，两者实际占比的差值是位于边缘界面中的边缘支持矢量的占比。

若两类训练样本数量严重不均，当采用相同的惩罚因子时，通常样本较多的那类错误率较低，样本较少的那类错误率较高。为使两类错误率趋于一致，有文献提出双 ν-支持矢量机，根据两类训练样本数量的失衡引入双 ν 实现对两类误分样本赋予不同的惩罚因子，对正类样本和负类样本分别采用不同的 ν_+ 和 ν_-，它们分别控制正类和负类在本类边缘界面外侧的样本数目。

5.3.3 l_1-软间隔支持矢量机的泛化错误率

前面讨论了硬间隔支持矢量机和软间隔支持矢量机，建立了问题模型，导出了原始数据空间与核映射空间中的最优解，下面给出软间隔支持矢量机的期望风险（泛化错误率），其同样适用于硬间隔支持矢量机，只是其经验风险和各松弛变量为零。前面支持矢量机的建模利用了间隔为 ρ 的类边缘界面，本节首先给出泛化错误率所涉及的距离或间隔的更一般的概念。

通常，点 $\boldsymbol{x}_i$ 与一个函数 $g(\boldsymbol{x})$ 的函数距离定义为 $g(\boldsymbol{x}_i)$，在分类识别中，为还能反映分类正误，样例 $(\boldsymbol{x}_i, y_i)$ 与函数 $g(\boldsymbol{x})$ 的函数距离（或间隔）定义为 $y_i g(\boldsymbol{x}_i)$，$g(\boldsymbol{x})$ 与样例集合 $S = \{(\boldsymbol{x}_1, y_1), (\boldsymbol{x}_2, y_2), \cdots, (\boldsymbol{x}_N, y_N)\}$ 的函数距离定义为

$$m(S, g) = \min_{1 \leqslant i \leqslant N} y_i g(\boldsymbol{x}_i)$$

样例 $(\boldsymbol{x}_i, y_i)$ 与线性函数 $g(\boldsymbol{x}) = \boldsymbol{w}^{\mathrm{T}} \boldsymbol{x} + b$ 的几何距离（或几何间隔）定义为

$$\rho = y_i (\boldsymbol{w}^{\mathrm{T}} \boldsymbol{x}_i + b) / \|\boldsymbol{w}\| \tag{5.3.45}$$

式(5.3.45)中，$(\boldsymbol{w}^{\mathrm{T}} \boldsymbol{x}_i + b) / \|\boldsymbol{w}\|$ 表示点 $\boldsymbol{x}_i$ 到平面 $\boldsymbol{w}^{\mathrm{T}} \boldsymbol{x} + b = 0$ 带类别标记符号的距离，通过 $(\boldsymbol{w}^{\mathrm{T}} \boldsymbol{x}_i + b) / \|\boldsymbol{w}\|$ 乘以 y_i 将其变为实际距离，$|\boldsymbol{w}^{\mathrm{T}} \boldsymbol{x}_i + b| / \|\boldsymbol{w}\| = y_i (\boldsymbol{w}^{\mathrm{T}} \boldsymbol{x}_i + b) / \|\boldsymbol{w}\|$。权矢

量的范数 $\|\boldsymbol{w}\|$ 为 1 时，函数距离就是几何距离，支持矢量机两种优化模型所用的间隔本质上都是几何间隔。

一个分类器的期望风险是分类器经过训练后工作阶段的实际风险，它反映了分类器的信用性能。科技人员对支持矢量机的期望风险进行了多年深入的研究并取得了很多成果，不同的研究阶段所得期望风险界具体形式不同，紧致程度也不同，使用便利性也不同。风险界早期用 VC 维（即函数的容量）表达，后来用支持矢量个数表达，再后来用松弛变量表达，或者说用间隔表达，显然后者更加直观、更加易于计算和控制。

早期期望风险界的一般形式是

$$R(\boldsymbol{\alpha}_N) \leqslant R_{\text{emp}}(\boldsymbol{\alpha}_N) + \Phi(N/h) \tag{5.3.46}$$

式中，$\boldsymbol{\alpha}_N$ 表示利用 N 个样本学习所得的分类器的最优参数集，h 表示判别函数的 VC 维，R_{emp} 表示经验风险，置信范围 Φ 是一个减函数。期望风险的界包含经验风险、样本个数、样本分布范围、VC 维及置信度等因素。定理 5.3.1 是式(5.3.46)的一个具体表达。

定理 5.3.1　式(5.3.47)表示的分类器 $f(\boldsymbol{x},\boldsymbol{\alpha}_N)$ 的期望风险的界以概率 $1-\eta$ 成立：

$$R(\boldsymbol{\alpha}_N) \leqslant R_{\text{emp}}(\boldsymbol{\alpha}_N) + \sqrt{\frac{h[\ln(2N/h)+1]-\ln(\eta/4)}{N}} \tag{5.3.47}$$

式中，h 是分类函数集合的 VC 维。

判别函数类的 VC 维是分类函数重要的性能指标。给定一个指示函数类 $f(\boldsymbol{x},\boldsymbol{\alpha}),\boldsymbol{\alpha}\in\Lambda$ 和满足独立同分布的 N 个输入矢量数据 $\{\boldsymbol{x}_1,\boldsymbol{x}_2,\cdots,\boldsymbol{x}_N\}$，若用 $N^{\Lambda}(\boldsymbol{x}_1,\boldsymbol{x}_2,\cdots,\boldsymbol{x}_N)$ 表示函数类 $f(\boldsymbol{x},\boldsymbol{\alpha}),\boldsymbol{\alpha}\in\Lambda$ 中指示函数对 N 个矢量 $\boldsymbol{x}_1,\boldsymbol{x}_2,\cdots,\boldsymbol{x}_N$ 不同二分类的方案数，显然有

$$N^{\Lambda}(\boldsymbol{x}_1,\boldsymbol{x}_2,\cdots,\boldsymbol{x}_N) \leqslant 2^N \tag{5.3.48}$$

定义指示函数类的生长函数

$$G^{\Lambda}(N) = \max_{\boldsymbol{x}_1,\boldsymbol{x}_2,\cdots,\boldsymbol{x}_N} N^{\Lambda}(\boldsymbol{x}_1,\boldsymbol{x}_2,\cdots,\boldsymbol{x}_N) \tag{5.3.49}$$

显然其值依赖于两个因素：函数类 $f(\boldsymbol{x},\boldsymbol{\alpha}),\boldsymbol{\alpha}\in\Lambda$ 和样本个数 N。

注：早期应用的生长函数是对式(5.3.49)右边取对数之后定义的（见式(2.3.15)），此差别不影响对 VC 维的定义。

如果一个指示函数类能以所有可能方式按式(5.3.50)的数量把样本分成两类，那么最大样本数 N 称作这个指示函数类的容量或 VC 维，并记为 h。

$$G^{\Lambda}(N) = 2^N \tag{5.3.50}$$

指示函数类的 VC 维可以用定理 5.3.2 进行估计。

定理 5.3.2　设所有的 N 个训练样本 $\boldsymbol{x}\in\mathbb{R}^n$ 在以 R 为半径的球内，那么 ρ-间隔分类平面集合的 VC 维 h 的界为

$$h \leqslant \min(\lfloor R^2/\rho^2 \rfloor, n) + 1 \tag{5.3.51}$$

根据上述定理，在应用结构风险最小化(SRM)方法时，为有更好的泛化性，应该选择大的 ρ 值，ρ 值大的分类平面的 VC 维小，会有良好的泛化性能。

由式(5.3.51)可知，只要 $\lfloor R^2/\rho^2 \rfloor$ 较小，h 就与输入矢量维数 n 无关。对于线性可分

情况，最优分类界面的分类间隔 $\rho(\boldsymbol{w}^*)=1/\|\boldsymbol{w}^*\|$，两类间隔为 $2/\|\boldsymbol{w}^*\|$，可以通过选择分类界面的分类间隔 ρ 控制函数集合 VC 维 h 的大小，最优分类界面使 ρ 最大相当于选择 h 尽可能小。

定理 5.3.1 给出的风险界本质上是用 VC 维表达的，后来有学者给出了用两类边缘宽度和支持矢量个数来界定，可以说是用"ρ-边缘分划"代替原来的"分类界面分划(h-分划)"。定理 5.3.3 本质上是用边缘宽度和支持矢量个数来界定。定理 5.3.4 中风险界是另一种表达方式，采用 ρ-间隔类边缘外侧样本数定义，用不在类边缘上的支持矢量个数参与表达，用支持矢量的比率代替了经验错误率。

定理 5.3.3 基于 N 个训练样本构造出来的最优分类界面对测试样本的错误率的期望为

$$\mathrm{E}[P_N(e)] \leqslant \mathrm{E}[\min[s, \lceil R^2\|\boldsymbol{w}\|^2\rceil, n]]/N \tag{5.3.52}$$

式中，s 是支持矢量的个数，n 是输入空间的维数，R 是包含所有样本的最小球的半径。

定理 5.3.4 设所有 N 个训练样本在以原点为球心、R 为半径的球内，固定 $\rho\in\mathbb{R}^+$，存在常数 t，对于 ρ-间隔分类平面 f 至少在 $1-\eta$ 的概率下的风险为

$$R(f) \leqslant \frac{s}{N} + \sqrt{\frac{t}{N}\left(\frac{R^2}{\rho_s^2}(\ln N)^2 - \ln\eta\right)} \tag{5.3.53}$$

式中，s 是关于分类平面的几何距离小于 ρ 的支持矢量个数，$s<N$，ρ_s 是此情况下的分类间隔。

上面定理表明，间隔 ρ_s 加大会使风险界的第二项变小，但同时使第一项中的 s 变大，这又使风险变大，所以问题模型需要求最优解。

下面给出基于 McDiarmid 定理和 Rademacher 复杂度导出的、采用松弛变量表达形式的核映射空间中一范数线性判别函数的泛化错误率的界。

定理 5.3.5[5] 设来自两类的训练样本集$\{(\boldsymbol{x}_1,y_1),(\boldsymbol{x}_2,y_2),\cdots,(\boldsymbol{x}_N,y_N)\}$，在由核函数 $\kappa(\boldsymbol{x}_i,\boldsymbol{x}_j)$定义的映射空间中，令函数类$\{f(\boldsymbol{x},y)=-yd(\boldsymbol{x})\}$，其中 $d(\boldsymbol{x})$为映射空间中一个范数不超过 1 的线性函数，对于 $\delta\in(0,1)$，至少在 $1-\delta$ 的概率下有

$$\begin{aligned} P(y\neq \operatorname{sgn} d(\boldsymbol{x})) &= \mathrm{E}[H[-yd(\boldsymbol{x})]] \\ &\leqslant \frac{1}{N\rho^*}\sum_{i=1}^{N}\xi_i^* + \frac{4}{N\rho^*}\sqrt{\operatorname{tr}(\boldsymbol{K})} + 3\sqrt{\frac{\ln(2/\delta)}{2N}} \end{aligned} \tag{5.3.54}$$

式中，$\boldsymbol{K}$ 是基于训练集样本计算的核矩阵，$\xi_i=(\rho-y_i d(\boldsymbol{x}_i))_+$，$\rho>0$ 表示线性函数要求的判别距离，H 为 Heaviside 函数。

定理 5.3.5 给出了一范数支持矢量机的泛化错误率，对于硬间隔支持矢量机，由于其 $\sum_{i=1}^{N}\xi_i=0$，此时有

$$P(y\neq \operatorname{sgn} d(\boldsymbol{x})) \leqslant \frac{4}{N\rho^*}\sqrt{\operatorname{tr}(\boldsymbol{K})} + 3\sqrt{\frac{\ln(2/\delta)}{2N}}$$

所以，定理 5.2.1 的式(5.2.49)是式(5.3.54)右边第一项为零的情况，其间隔为 $\rho(\boldsymbol{w}^*)=$

$\left(\sum_{i=1}^{N}\lambda_i^*\right)^{-1/2}$。定理 5.3.5 没有要求知道包含分布支撑(support)的最小球半径，而是使用核矩阵的迹，核矩阵的迹含有这方面的信息，若分布支撑在一个以原点为球心、R 为半径的球内，则有

$$\frac{4}{N\rho}\sqrt{\mathrm{tr}(\boldsymbol{K})} \leqslant \frac{4}{N\rho}\sqrt{NR^2} = 4\sqrt{R^2/N\rho^2} \tag{5.3.55}$$

最优化算法所得的最优解要满足 KKT 定理的互补松弛条件，因此，对于软间隔支持矢量机模型一，原问题的拉格朗日函数 $L(\cdot)$ 与其对偶优化问题的目标函数 $W(\cdot)$ 关于最优解有关系

$$L(\boldsymbol{w}^*,b^*,\boldsymbol{\xi}^*,\boldsymbol{\lambda}^*,\boldsymbol{\beta}^*) = \frac{1}{2}\|\boldsymbol{w}^*\|^2 + \gamma\sum_{i=1}^{N}\xi_i^* = W(\boldsymbol{\lambda}^*) \tag{5.3.56}$$

而

$$\begin{aligned} W(\boldsymbol{\lambda}^*) &= \sum_{i=1}^{N}\lambda_i^* - \frac{1}{2}\sum_{i=1}^{N}\sum_{j=1}^{N}\lambda_i^*\lambda_j^* y_i y_j \kappa(\boldsymbol{x}_i,\boldsymbol{x}_j) \\ &= \sum_{i=1}^{N}\lambda_i^* - \frac{1}{2}\|\boldsymbol{w}^*\|^2 \end{aligned} \tag{5.3.57}$$

由式(5.3.56)和式(5.3.57)，可得

$$\sum_{i=1}^{N}\xi_i^* = \left(\sum_{i=1}^{N}\lambda_i^* - \|\boldsymbol{w}^*\|^2\right)\Big/\gamma \tag{5.3.58}$$

由式(5.3.58)和定理 5.3.5 可得如下结论。

定理 5.3.6(模型一)　设从两类母体随机抽取的训练样本集为$\{(\boldsymbol{x}_1,y_1),(\boldsymbol{x}_2,y_2),\cdots,(\boldsymbol{x}_N,y_N)\}$，在由核函数 $\kappa(\boldsymbol{x}_i,\boldsymbol{x}_j)$ 隐式定义的映射空间中，基于模型一最优软间隔算法求得 $\boldsymbol{\lambda}^*$、$\boldsymbol{w}^*$、b^*、ρ^* 和软间隔判别函数 $d(\boldsymbol{x})$，其中 $\gamma\in[1/N,\infty)$，对于给定的 $\delta>0$，在 $1-\delta$ 的概率下，判别函数 $d(\boldsymbol{x})$ 的期望风险(泛化错误率)的界是

$$P(y\neq \mathrm{sgn}\,d(\boldsymbol{x})) \leqslant \frac{\left(\sum_{i=1}^{N}\lambda_i^* - \|\boldsymbol{w}^*\|^2\right)}{\gamma N\rho^*} + \frac{4}{N\rho^*}\sqrt{\mathrm{tr}(\boldsymbol{K})} + 3\sqrt{\frac{\ln(2/\delta)}{2N}} \tag{5.3.59}$$

或

$$P(y\neq \mathrm{sgn}\,d(\boldsymbol{x})) \leqslant \frac{\left(\sum_{i=1}^{N}\lambda_i^* - \sum_{i=1}^{N}\sum_{j=1}^{N}\lambda_i^*\lambda_j^* y_i y_j\kappa(\boldsymbol{x}_i,\boldsymbol{x}_j)\right)}{\gamma N\rho^*} + \frac{4}{N\rho^*}\sqrt{\mathrm{tr}(\boldsymbol{K})} + 3\sqrt{\frac{\ln(2/\delta)}{2N}} \tag{5.3.60}$$

式中，$\boldsymbol{K}$ 是基于这个训练集样本由核函数计算的核矩阵。

定理 5.3.7[5](模型二)　设从两类母体随机抽取的训练样本集为$\{(\boldsymbol{x}_1,y_1),(\boldsymbol{x}_2,y_2),\cdots,(\boldsymbol{x}_N,y_N)\}$，在由核函数 $\kappa(\boldsymbol{x}_i,\boldsymbol{x}_j)$ 隐式定义的映射空间中，基于模型二最优软间隔算法求得 $\boldsymbol{w}^*$、b^*、ρ^*、$\boldsymbol{\lambda}^*$ 和软间隔判别函数 $d(\boldsymbol{x})$，其中 $\gamma\in[1/N,\infty)$，对于取定的 $\delta>0$，至少在 $1-\delta$ 的概率下，判别函数 $d(\boldsymbol{x})$ 的期望风险(泛化错误率)的界是

$$P(y \neq \operatorname{sgn} d(\boldsymbol{x})) \leqslant \frac{1}{\gamma N} - \frac{\sqrt{-\widetilde{W}(\boldsymbol{\lambda}^*)}}{\gamma N \rho^*} + \frac{4}{N\rho^*}\sqrt{\operatorname{tr}(\boldsymbol{K})} + 3\sqrt{\frac{\ln(2/\delta)}{2N}} \tag{5.3.61}$$

式中，$\boldsymbol{K}$ 是在这个训练集样本上由核函数计算的核矩阵。

定理 5.3.7 的界的导出利用了：最优化算法所得的最优解要满足 KKT 定理的互补松弛条件，以及原问题的拉格朗日函数 $L(\cdot)$ 与其对偶优化问题的目标函数 $W(\cdot)$ 关于最优解的关系得出式(5.3.62)：

$$\rho^* - \gamma \sum_{i=1}^{N} \xi_i^* = \sqrt{-\widetilde{W}(\boldsymbol{\lambda}^*)} \tag{5.3.62}$$

并将其代入式(5.3.54)中。

由定理 5.3.7 给出的泛化错误率的界(5.3.61)，通过 $\gamma = 1/(\nu N)$ 简单地代入，容易得出 ν-支持矢量机泛化错误率的界。

定理 5.3.8[5]（ν-支持矢量机） 设从两类母体随机抽取的训练样本集为$\{(\boldsymbol{x}_1, y_1), (\boldsymbol{x}_2, y_2), \cdots, (\boldsymbol{x}_N, y_N)\}$，在由核函数 $\kappa(\boldsymbol{x}_i, \boldsymbol{x}_j)$ 隐式定义的映射空间中，基于模型二的最优软间隔算法求得 $\boldsymbol{\lambda}^*$、$\boldsymbol{w}^*$、b^*、ρ^* 和 ν-支持矢量机 $d(\boldsymbol{x})$，其中 $\gamma = 1/(\nu N)$，$\nu \in (0, 1]$，对于给定的 $\delta > 0$，至少在 $1-\delta$ 的概率下，$d(\boldsymbol{x})$ 的期望风险（泛化错误率）的界是

$$P(y \neq \operatorname{sgn} d(\boldsymbol{x})) \leqslant \nu - \frac{\nu\sqrt{-\widetilde{W}(\boldsymbol{\lambda}^*)}}{\rho^*} + \frac{4}{N\rho^*}\sqrt{\operatorname{tr}(\boldsymbol{K})} + 3\sqrt{\frac{\ln(2/\delta)}{2N}} \tag{5.3.63}$$

式中，$\boldsymbol{K}$ 是在这个训练集上由核函数计算的核矩阵。此外，最多有 νN 个样本在本类边缘界面的外侧，至少有 νN 个样本在本类边缘界面外侧或边缘界面中。

文献[15]指出，如果训练样本是独立同分布的，核函数是可解析的非常数核，则 νN 以概率 1 渐近于支持矢量数量或本类边缘界面外侧的样本数量。

上述定理定量地印证了前面所说的 γ 的特性，定理表明，γ 控制越界点的个数。通过减小 γ 使越界点增多。

5.3.4 l_2-软间隔支持矢量机及其泛化界

前面讨论了 l_1-软间隔支持矢量机，l_2-软间隔支持矢量机有许多 l_1-软间隔支持矢量机所不具备的良好特性，它的最优解具有唯一性、有良好的几何特性、存在简单快速的实现算法等。但是，对于不平衡数据集，l_2-软间隔支持矢量机的分类能力会随着不平衡程度的增加快速下降。本节给出原始数据空间中的 l_2-软间隔支持矢量机的数学描述及其泛化错误率的界。

1. l_2-软间隔支持矢量机

原始数据空间中，设分属两类的训练样本集为$\{(\boldsymbol{x}_1, y_1), (\boldsymbol{x}_2, y_2), \cdots, (\boldsymbol{x}_N, y_N)\}$，类别标记值为 $y_i \in \{+1, -1\}$，线性判别函数的一般形式为

$$d(\boldsymbol{x}) = \boldsymbol{w}^{\mathrm{T}}\boldsymbol{x} + b \tag{5.3.64}$$

实际中并不是所有训练样本集都是线性可分的，不是每个训练样本都满足

$$y_i(\boldsymbol{w}^{\mathrm{T}}\boldsymbol{x}_i+b)-1\geqslant 0 \tag{5.3.65}$$

为此采用构建软间隔支持矢量机模型贯常方法，在约束(5.3.65)中引入非负的松弛变量 ξ_i，将约束修改为

$$y_i(\boldsymbol{w}^{\mathrm{T}}\boldsymbol{x}_i+b)+\xi_i\geqslant 1,\quad i=1,2,\cdots,N \tag{5.3.66}$$

采用松弛变量的二范数惩罚函数项，将 $\sum_{i=1}^{N}\xi_i^2$ 作为代价引入目标函数中，于是求解二范数最大软间隔分类器成为如下最优化问题：

$$\begin{cases}\min\limits_{\boldsymbol{w},b,\boldsymbol{\xi}} & \dfrac{1}{2}\boldsymbol{w}^{\mathrm{T}}\boldsymbol{w}+\dfrac{1}{2}\gamma\sum\limits_{i=1}^{N}\xi_i^2\\ \text{s.t.} & y_i(\boldsymbol{w}^{\mathrm{T}}\boldsymbol{x}_i+b)-1+\xi_i\geqslant 0\\ & \xi_i\geqslant 0\end{cases}\quad i=1,2,\cdots,N \tag{5.3.67}$$

各松弛变量 ξ_i 在目标函数中以 ξ_i^2 形式出现，理论上 ξ_i 可正可负，当 $\xi_i>0$ 时，ξ_i 的松弛作用如前，当 $\xi_i<0$ 时，要求 $y_i(\boldsymbol{w}^{\mathrm{T}}\boldsymbol{x}_i+b)\geqslant 1+|\xi_i|$，约束性更强，此时蕴含 $\xi_i\geqslant 0$，因此可以将约束 $\xi_i\geqslant 0$ 略去，由此减少了 N 个优化变量。上面的最优化问题成为

$$\begin{cases}\min\limits_{\boldsymbol{w},b,\boldsymbol{\xi}} & \dfrac{1}{2}\boldsymbol{w}^{\mathrm{T}}\boldsymbol{w}+\dfrac{1}{2}\gamma\sum\limits_{i=1}^{N}\xi_i^2\\ \text{s.t.} & y_i(\boldsymbol{w}^{\mathrm{T}}\boldsymbol{x}_i+b)-1+\xi_i\geqslant 0,\quad i=1,2,\cdots,N\end{cases} \tag{5.3.68}$$

采用拉格朗日乘数法将原问题转化为对偶优化问题。建立拉格朗日函数

$$L(\boldsymbol{w},b,\boldsymbol{\xi},\boldsymbol{\lambda})=\frac{1}{2}\boldsymbol{w}^{\mathrm{T}}\boldsymbol{w}+\frac{1}{2}\gamma\sum_{i=1}^{N}\xi_i^2-\sum_{i=1}^{N}\lambda_i[y_i(\boldsymbol{w}^{\mathrm{T}}\boldsymbol{x}_i+b)-1+\xi_i] \tag{5.3.69}$$

由 KKT 定理的极值条件，拉格朗日函数分别对原问题的变量 $\boldsymbol{w}$、b、$\boldsymbol{\xi}$ 求偏导并令其为零，得必要条件

$$\boldsymbol{w}=\sum_{i=1}^{N}\lambda_i y_i\boldsymbol{x}_i \tag{5.3.70}$$

$$\sum_{i=1}^{N}\lambda_i y_i=0 \tag{5.3.71}$$

$$\gamma\xi_i-\lambda_i=0,\quad i=1,2,\cdots,N \tag{5.3.72}$$

得到的结果与 l_1-软间隔支持矢量机的区别仅是更新了有关约束成为式(5.3.72)。

将式(5.3.70)～式(5.3.72)代入拉格朗日函数中可以得到对偶优化问题的目标函数，联合关于 $\boldsymbol{\lambda}$ 的约束，式(5.3.68)的对偶规划为

$$\begin{cases}\max\limits_{\boldsymbol{\lambda}} & \sum\limits_{i=1}^{N}\lambda_i-\dfrac{1}{2}\sum\limits_{i=1}^{N}\sum\limits_{j=1}^{N}\lambda_i\lambda_j y_i y_j\boldsymbol{x}_i^{\mathrm{T}}\boldsymbol{x}_j-\dfrac{1}{2}\sum\limits_{i=1}^{N}\lambda_i^2/\gamma\\ \text{s.t.} & \sum\limits_{i=1}^{N}\lambda_i y_i=0\\ & \lambda_i\geqslant 0,\quad i=1,2,\cdots,N\end{cases} \tag{5.3.73}$$

上面最优化问题的目标函数后两项可以写成一项成为

$$\begin{cases} \max\limits_{\boldsymbol{\lambda}} & \sum\limits_{i=1}^{N}\lambda_i - \dfrac{1}{2}\sum\limits_{i=1}^{N}\sum\limits_{j=1}^{N}\lambda_i\lambda_j y_i y_j(\boldsymbol{x}_i^{\mathrm{T}}\boldsymbol{x}_j + \delta_{ij}/\gamma) \\ \text{s.t.} & \sum\limits_{i=1}^{N}\lambda_i y_i = 0 \\ & \lambda_i \geqslant 0, \quad i=1,2,\cdots,N \end{cases} \tag{5.3.74}$$

式中，δ_{ij} 为 Kronecher-δ 函数。由上面的规划解得最优值 $\lambda_i^*(i=1,2,\cdots,N)$。

根据 KKT 定理，最优化问题的解满足互补松弛条件：

$$\lambda_i^*[y_i(\boldsymbol{w}^*\cdot\boldsymbol{x}_i + b^*) - 1 + \xi_i^*] = 0 \tag{5.3.75}$$

当样本 $\boldsymbol{x}_i$ 在本类边缘界面 $y(\boldsymbol{w}^*\cdot\boldsymbol{x}+b^*)=1$ 内侧时，有 $\xi_i^*=0$，且 $y_i(\boldsymbol{w}^*\cdot\boldsymbol{x}_i+b^*)>1$，故有$\lambda_i^*=0$；当 $\boldsymbol{x}_i$ 在本类边缘界面 $y(\boldsymbol{w}^*\cdot\boldsymbol{x}+b^*)=1$ 中时，因 $\xi_i^*=0$，由式(5.3.72)，有 $\lambda_i^*=0$；若 $\boldsymbol{x}_i$ 在分类界面和本类边缘界面之间，有 $0<\xi_i^*<1$，则有 $\lambda_i^*<\gamma$；若 $\boldsymbol{x}_i$ 在分类界面 $\boldsymbol{w}^*\cdot\boldsymbol{x}+b^*=0$ 中，则 $\xi_i=1,\lambda_i^*=\gamma$；若 $\boldsymbol{x}_i$ 被误判，则有 $\xi_i^*>1,\lambda_i^*>\gamma$。由式(5.3.70)知，那些 $\lambda_i^*\neq 0$ 的样本参与构建分类平面，因此 $\lambda_i^*\neq 0$ 的样本称为支持矢量。

可以用位于类边缘界面中的样本或 $\lambda_i^*>0$ 的样本算得 b^*。若用 $\lambda_i^*>0$ 的样本，由互补松弛条件，有 $y_i(\boldsymbol{w}^*\cdot\boldsymbol{x}_i+b^*)-1+\lambda_i^*/\gamma=0$，选择拉格朗日乘子非零的正类和负类各一个样本$(\boldsymbol{x}_i^+,y_i=1,\lambda_i^*>0)$、$(\boldsymbol{x}_j^-,y_j=-1,\lambda_j^*>0)$ 求解 b^*：

$$b^* = -\frac{1}{2}\left(\boldsymbol{x}_i^+\cdot\boldsymbol{w}^* + \boldsymbol{x}_j^-\cdot\boldsymbol{w}^* + \frac{\lambda_i^* - \lambda_j^*}{\gamma}\right) \tag{5.3.76}$$

至此得到二范数广义最优分类函数

$$d(\boldsymbol{x}) = \sum_{i=1}^{N}\lambda_i^* y_i\boldsymbol{x}_i^{\mathrm{T}}\boldsymbol{x} + b^* \tag{5.3.77}$$

原问题松弛变量二范数正则化相当于用拉格朗日乘子二范数正则化对偶优化问题，对偶优化问题的目标函数的 Hessian 矩阵是正定的。在 l_2-软间隔支持矢量机方法中，原问题与对偶问题的目标函数都是严格凸函数，它们的解唯一存在。

除上述基于模型一的 l_2-广义最优分类界面外，也可以构建基于模型二的 l_2-广义最优分类界面，这里从略。上述最优化模型是在原始数据空间构建的，也可以利用满足 Mercer 定理的核函数替代上述算法中的矢量数积(线性核)直接转化为核映射空间中的 l_2-软间隔支持矢量机。

2. l_2-软间隔支持矢量机泛化性能

定理 5.3.9[5] 设从两类母体随机抽取的训练样本集为$\{(\boldsymbol{x}_1,y_1),(\boldsymbol{x}_2,y_2),\cdots,(\boldsymbol{x}_N,y_N)\}$，在由核函数 $\kappa(\boldsymbol{x}_i,\boldsymbol{x}_j)+\delta_{ij}/\gamma$ 定义的映射空间中，根据模型二运用 l_2-软间隔支持矢量机算法求得 $\boldsymbol{\lambda}^*$、$\boldsymbol{w}^*$、b^*、ρ^* 和软间隔判别函数 $d(\boldsymbol{x})$，对于给定的 $\delta>0$，在 $1-\delta$ 的概率下，判别函数 $d(\boldsymbol{x})$的期望风险(泛化错误率)的界是

$$\min\left\{\frac{\|\boldsymbol{\lambda}^*\|^2}{\gamma N\rho^{*4}} + \frac{8}{N\rho^*}\sqrt{\mathrm{tr}(\boldsymbol{K})} + 3\sqrt{\frac{\ln(4/\delta)}{2N}}, \frac{4}{N\rho^*}\sqrt{\mathrm{tr}(\boldsymbol{K}) + N/\gamma} + 3\sqrt{\frac{\ln(4/\delta)}{2N}}\right\} \tag{5.3.78}$$

式中，$\boldsymbol{K}$ 是在训练集上算得的核矩阵。

利用支持矢量机技术求得的判别函数的结构对应于一个网络，如图 5.3.3 所示，其输出是隐含层单元输出的线性组合，每一个隐含层单元的输入是输入样本与一个支持矢量，隐含层单元是核函数，因此支持矢量机也称为支持矢量网络。当 $\kappa(\boldsymbol{x},\boldsymbol{x}_i)$ 取高斯核函数时，此支持矢量机是一种径向基函数分类器，每个基函数中心对应一个支持矢量，它们的权值由算法确定；当 $\kappa(\boldsymbol{x},\boldsymbol{x}_i)$ 取多项式核函数时，此支持矢量机是一个 d 阶多项式分类器；当 $\kappa(\boldsymbol{x},\boldsymbol{x}_i)$ 是 S 型函数时，支持矢量机实现一个感知器神经网络。

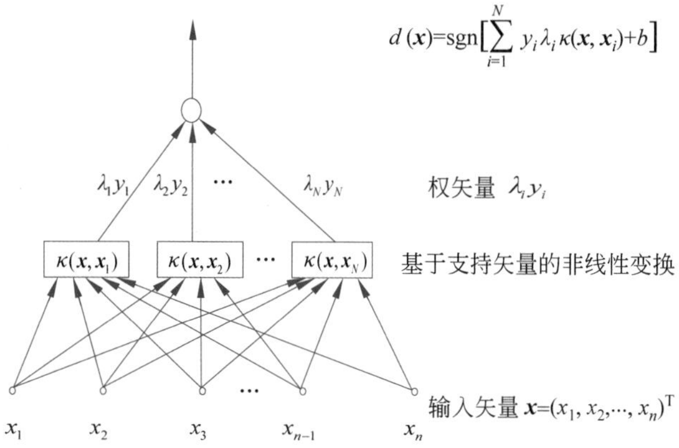

图 5.3.3　支持矢量网络

在 SVM 方法中，对偶问题寻求最优解计算量大、占用存储空间多，如何改进对偶问题寻优算法成为一个研究热点，已有许多成果。常用方法有：分块法（chunking method）[13,16-17]，其基本思想是将海量样本分成若干个小规模子样本集，逐个利用各子样本集进行训练，过程中用训练结果检验下一个子样本集找出有意义的样本与留下的支持矢量重新训练，如此重复进行；过程中删除核矩阵中对应于拉格朗日乘子为零的行和列，逐步排除非支持矢量，减少计算量和存储量。分解法（decomposition method）[13,16-17]，其基本思想是将大规模二次规划化为一系列小规模二次规划求解，但分解法子问题求解规模不像分块法那样随着支持矢量不断加入而增加，而是固定不变的，分解法的关键是在迭代过程中每次如何选择工作集，文献[18]是根据对 KKT 条件的背离程度选择可行集，文献[19-21]采用可行方法选择可行集，文献[22]证明了分解法的收敛性。文献[23]提出了序贯最小优化法（sequential minimal optimization，SOM），序贯最小优化法是分解法样本集规模减到最小（两个样本）的情况，它把一个计算复杂度大的优化问题分解为一系列只含两个变量的可解析求解问题；文献[24]详细阐述了 SVM 的分解法和序贯最小优化法的求解过程。有一些学者对 SOM 进行了改进，例如提出了广义 SOM。另一种方法是增量学习法，它在处理新的样本时只对原学习结果中与新样本有关的部分进行修改，其他部分保持不变。在第 6、7 章中的方法也面临计算量大占用存储空间多的问题，上述方法也可以用于解决这些问题。

5.4 训练样本具有不确定性的支持矢量机

考虑两类问题。给定训练样本集$\{\boldsymbol{x}_1,\boldsymbol{x}_2,\cdots,\boldsymbol{x}_N\}$，设定类别标记，若$\boldsymbol{x}_i\in\omega_1$类，则$y_i=1$，若$\boldsymbol{x}_j\in\omega_2$类，则$y_j=-1$，设训练样本$\boldsymbol{x}_i$所属类别存在不确定性，这种不确定性是指模糊性或可能性，隶属度或可能度为$q_i\in[0,1]$，于是，训练样本集表示为$\{(\boldsymbol{x}_1,y_1,q_1),(\boldsymbol{x}_2,y_2,q_2),\cdots,(\boldsymbol{x}_N,y_N,q_N)\}$。因训练样本的类属存在某种类型的不确定性，所以模型的目标函数除引入表达样本越界距离的松弛变量ξ_i外，还引入了样本确定度q_i，于是，在核映射空间中，寻求最优分类界面问题成为如下最优化问题：

$$\begin{cases}\min\limits_{\boldsymbol{w},b,\boldsymbol{\xi}} & \dfrac{1}{2}\boldsymbol{w}^{\mathrm{T}}\boldsymbol{w}+\gamma\sum\limits_{i=1}^{N}q_i\xi_i\\ \text{s.t.} & y_i(\boldsymbol{w}^{\mathrm{T}}\boldsymbol{\varphi}(\boldsymbol{x}_i)+b)-1+\xi_i\geqslant 0\\ & \xi_i\geqslant 0\quad i=1,2,\cdots,N\end{cases}\tag{5.4.1}$$

可以看出，当q_i比较小时，ξ_i影响就比较小，使得$\boldsymbol{x}_i$对确定判别界面的作用就比较小，$\boldsymbol{x}_i$成为相对不重要样本。上述模型的拉格朗日函数

$$L(\boldsymbol{w},b,\boldsymbol{\xi},\boldsymbol{\lambda},\boldsymbol{\beta})=\frac{1}{2}\boldsymbol{w}^{\mathrm{T}}\boldsymbol{w}+\gamma\sum_{i=1}^{N}q_i\xi_i-\sum_{i=1}^{N}\lambda_i[y_i(\boldsymbol{w}^{\mathrm{T}}\boldsymbol{\varphi}(\boldsymbol{x}_i)+b)-1+\xi_i]-\sum_{i=1}^{N}\beta_i\xi_i\tag{5.4.2}$$

式中，$\{\lambda_i,\beta_i\}$为拉格朗日乘子。根据KKT定理的极值条件，拉格朗日函数$L(\boldsymbol{w},b,\boldsymbol{\xi},\boldsymbol{\lambda},\boldsymbol{\beta})$分别对原问题变量$\boldsymbol{w}$、$b$、$\boldsymbol{\xi}$求偏导并令其值为零，可得

$$\boldsymbol{w}=\sum_{i=1}^{N}\lambda_i y_i\boldsymbol{\varphi}(\boldsymbol{x}_i)\tag{5.4.3}$$

$$\sum_{i=1}^{N}y_i\lambda_i=0\tag{5.4.4}$$

$$q_i\gamma-\lambda_i-\beta_i=0,\quad i=1,2,\cdots,N\tag{5.4.5}$$

式(5.4.3)和式(5.4.4)与线性可分情况下导出的结果相同，由于引入了松弛变量和确定度，因此产生了约束式(5.4.5)。

由KKT定理的非负条件：拉格朗日乘子$\lambda_i\geqslant 0$，$\beta_i=q_i\gamma-\lambda_i\geqslant 0$，有

$$0\leqslant\lambda_i\leqslant q_i\gamma,\quad i=1,2,\cdots,N\tag{5.4.6}$$

式(5.4.6)表明，γ和q_i控制了λ_i的大小，制约了噪声、离群点和不重要样本的影响，否则它们将以较大的拉格朗日乘子值参与决定分类界面的位置，从而影响分类的错误率。

把式(5.4.3)代入拉格朗日函数，并利用式(5.4.4)和式(5.4.5)，可得只含拉格朗日乘子的对偶目标函数

$$W(\boldsymbol{\lambda})=\sum_{i=1}^{N}\lambda_i-\frac{1}{2}\sum_{i=1}^{N}\sum_{j=1}^{N}\lambda_i\lambda_j y_i y_j\kappa(\boldsymbol{x}_i,\boldsymbol{x}_j)\tag{5.4.7}$$

于是，原问题的对偶优化问题为

$$\begin{cases} \max\limits_{\lambda} & \sum\limits_{i=1}^{N}\lambda_i - \dfrac{1}{2}\sum\limits_{i=1}^{N}\sum\limits_{j=1}^{N}\lambda_i\lambda_j y_i y_j \kappa(\boldsymbol{x}_i, \boldsymbol{x}_j) \\ \text{s.t.} & \sum\limits_{i=1}^{N}\lambda_i y_i = 0 \\ & 0 \leqslant \lambda_i \leqslant q_i\gamma, \quad i=1,2,\cdots,N \end{cases} \tag{5.4.8}$$

由上面的规划解得 $\lambda_i^*(i=1,2,\cdots,N)$。按前述方法可以得到最优分类界面

$$d(\boldsymbol{x}) = \sum_{i=1}^{N}\lambda_i^* y_i \kappa(\boldsymbol{x}_i, \boldsymbol{x}) + b^* = 0 \tag{5.4.9}$$

b^* 可由任一满足 $0<\lambda_i^*<q_i\gamma$ 的支持矢量 $\boldsymbol{x}_{sv}$ 用式(5.4.10)求解：

$$b^* = y_{sv} - \sum_{i=1}^{N}\lambda_i^* y_i \kappa(\boldsymbol{x}_i, \boldsymbol{x}_{sv}) \tag{5.4.10}$$

为减少误差，也可取多个满足 $0<\lambda_i^*<q_i\gamma$ 的支持矢量计算 b^*。例如，取一个正类和一个负类支持矢量，有

$$b^* = -\frac{1}{2}\left(\sum_{i=1}^{N}\lambda_i^* y_i \kappa(\boldsymbol{x}_i, \boldsymbol{x}_{sv}^+) + \sum_{i=1}^{N}\lambda_i^* y_i \kappa(\boldsymbol{x}_i, \boldsymbol{x}_{sv}^-)\right) \tag{5.4.11}$$

判别函数为

$$d(\boldsymbol{x}) = \sum_{\boldsymbol{x}_i \in SV}\lambda_i^* y_i \kappa(\boldsymbol{x}_i, \boldsymbol{x}) + b^* \tag{5.4.12}$$

对模型的目标函数引入不确定性因子，形成含不确定性因素支持矢量机。可以看出，含不确定性因素 SVM 与传统的 SVM 的模型形式相似，样本类属的模糊性或可能性对机器学习的影响体现在目标函数引入确定度，最后反映到样本在训练中所起作用的大小。目标函数中 γ 是总的误差惩罚系数，控制两类边缘界面间隔，γ 较小，两类边缘界面间隔就较大。从目标函数中的 $q_i\xi_i$ 可以看出，当 $q_i<1$ 时，$q_i\xi_i<\xi_i$，与传统 SVM 相比，q_i 的作用是减小 $\boldsymbol{x}_i$ 对边缘界面的牵扯，相当于减小 $\boldsymbol{x}_i$ 对训练结果的影响；或从式 $0\leqslant\lambda_i\leqslant q_i\gamma$ 也可以看出，q_i 较小，控制 λ_i 的取值范围较小，由 $\boldsymbol{w}$ 的构造式(5.4.3)看出，比较小的 λ_i 对判别函数的影响也比较小，这相当于 $q_i\gamma$ 是对 $\boldsymbol{x}_i$ 的误差惩罚系数；可知，具有较小隶属度或可能度的样本在训练过程中起的作用较小。

以上含不确定性因素 SVM 是在核映射空间中建立判别函数，如果在输入空间考虑样本类别不确定性并建立判别函数，处理方法与导出的结果在形式上是类似的，只是要将上面有关各式子中的 $\boldsymbol{\varphi}(\boldsymbol{x}_i)$ 改写成 $\boldsymbol{x}_i$，$\kappa(\boldsymbol{x}_i, \boldsymbol{x})$ 改写成 $\boldsymbol{x}_i^{\mathrm{T}}\boldsymbol{x}$。

上述支持矢量机对传统支持矢量机引入了样本加权机制，对每个样本根据其不确定性给予不同的误差惩罚力度，另一种更细致的考虑是对样本的各特征分量加权，其本质是更改核函数。

上述支持矢量机的问题模型(5.4.8)与软间隔支持矢量机的模型(5.3.20)的差别只是式(5.3.20)中的 γ 换成了 $q_i\gamma$，因此容易知道，其泛化错误率的界仍满足定理 5.3.5。

不确定性因样本类属概念的模糊性或某种可能性又分别称为模糊支持矢量机或不确定支持矢量机，由模型的求解方法和所得结果易知与前面论述的有关内容相同，实际应用中的重点是如何确定这些不确定度。

5.5 样本类内缩聚与两类样本数不均的补偿

实际中,给定的训练样本集往往不够理想,比如两类训练样本的分布不是类内比较聚集,类间比较疏离,又如两类训练样本个数一类比较多、另一类相对较少,严重不均衡,直接使用这样的训练集会降低分类器的泛化性能,需要运用某些方法进行改善。

5.5.1 核映射空间中样本类内缩聚

我们知道,核函数及其参数的适当选择可以提高分类器的性能,但在原始数据空间或核函数定义的映射空间可分性很差的数据,即使选择最优的核函数及其参数,学习构造的分类器性能也未必很理想,内在原因是,对于某些核函数,改变各映像间的位置要受到某些制约,例如,对于高斯核函数,有如下定理。

定理 5.5.1 令 d 和 d^{φ} 分别表示输入数据空间和核映射空间中两点的欧几里得距离,设 $d_{ij}=\|\boldsymbol{x}_i-\boldsymbol{x}_j\|$,$d_{kl}=\|\boldsymbol{x}_k-\boldsymbol{x}_l\|$,$d_{ij}^{\varphi}=\|\boldsymbol{\varphi}(\boldsymbol{x}_i)-\boldsymbol{\varphi}(\boldsymbol{x}_j)\|$,$d_{kl}^{\varphi}=\|\boldsymbol{\varphi}(\boldsymbol{x}_k)-\boldsymbol{\varphi}(\boldsymbol{x}_l)\|$,若 $d_{ij}>d_{kl}$,则 $d_{ij}^{\varphi}\geqslant d_{kl}^{\varphi}$。

定理 5.5.1 表明,两个数据点在核映射空间中映像间的欧几里得距离是这两个数据点在输入空间欧几里得距离的单调增或减函数,即不能改变任意两个数据点对在输入空间欧几里得距离和在核映射空间映像的欧几里得距离的大小关系,我们所能做的只是在保证距离大小关系不变的前提下,使原来大的变得更大,小的变得更小,选择最优参数是为了在距离大小关系不变制约下使同类样本高度地聚集、异类样本充分地远离。

提高分类器性能可以考虑从学习的"源头"——输入数据做起,一种补强的预处理方法是在原始数据空间或核映射空间对两类数据点分别进行中心缩聚,改变数据的分布,使得不可分的数据变得线性可分或容易简单地非线性可分,在此基础上构造分类器会明显提高性能。下面介绍在核映射空间中样本类内缩聚方法[11],这种方法本质上讲是构造了新的、性能更好的核函数。

令训练样本集 $X^+=\{(\boldsymbol{x}_1^+,y_1),(\boldsymbol{x}_2^+,y_2),\cdots,(\boldsymbol{x}_{N^+}^+,y_{N^+});y_i=+1\}$ 属于正类,$X^-=\{(\boldsymbol{x}_1^-,y_1),(\boldsymbol{x}_2^-,y_2),\cdots,(\boldsymbol{x}_{N^-}^-,y_{N^-}):y_i=-1\}$ 属于负类,$N=N^++N^-$。核函数 $\kappa(\boldsymbol{x}_i,\boldsymbol{x}_j)$ 隐式定义的映射为 $\boldsymbol{\varphi}(\boldsymbol{x})$,在核映射空间中,两类样本的中心分别为

$$\boldsymbol{\mu}^+=\frac{1}{N^+}\sum_{i=1}^{N^+}\boldsymbol{\varphi}(\boldsymbol{x}_i^+)\tag{5.5.1}$$

$$\boldsymbol{\mu}^-=\frac{1}{N^-}\sum_{i=1}^{N^-}\boldsymbol{\varphi}(\boldsymbol{x}_i^-)\tag{5.5.2}$$

采取变换的方法令各类样本分别向其类中心缩聚,收缩因子为 θ,$0\leqslant\theta\leqslant1$,缩聚后的两类样本分别为

$$\tilde{\boldsymbol{\varphi}}(\boldsymbol{x}_i^+)=(1-\theta)\boldsymbol{\mu}^++\theta\boldsymbol{\varphi}(\boldsymbol{x}_i^+)\tag{5.5.3}$$

$$\tilde{\boldsymbol{\varphi}}(\boldsymbol{x}_i^-)=(1-\theta)\boldsymbol{\mu}^-+\theta\boldsymbol{\varphi}(\boldsymbol{x}_i^-)\tag{5.5.4}$$

容易算得,样本分别向其中心缩聚后两类样本中心保持不变,从而缩聚前后两类样本中心距离不变;可以证明,缩聚后两类的类内距离变小。显然,这种操作有利于提高数据的可

分性，改善分类器性能。

下面考虑缩聚前后核矩阵的关系，为表示简单，在构造核矩阵时训练样本有序排列，前 N^+ 个样本属于正类，后 N^- 个样本属于负类。缩聚前核矩阵分块表示为

$$\boldsymbol{K}=(\kappa_{ij})_{N\times N}=\begin{pmatrix}\boldsymbol{K}^{++}_{N^+\times N^+} & \boldsymbol{K}^{+-}_{N^+\times N^-}\\ \boldsymbol{K}^{-+}_{N^-\times N^+} & \boldsymbol{K}^{--}_{N^-\times N^-}\end{pmatrix} \tag{5.5.5}$$

式中，各子阵

$$\begin{aligned}\boldsymbol{K}^{++}_{N^+\times N^+} &=(\kappa^{++}_{ij})_{N^+\times N^+}=\left(\langle\boldsymbol{\varphi}(\boldsymbol{x}^+_i),\boldsymbol{\varphi}(\boldsymbol{x}^+_j)\rangle\right)_{N^+\times N^+}\\ \boldsymbol{K}^{--}_{N^-\times N^-} &=(\kappa^{--}_{ij})_{N^-\times N^-}=\left(\langle\boldsymbol{\varphi}(\boldsymbol{x}^-_i),\boldsymbol{\varphi}(\boldsymbol{x}^-_j)\rangle\right)_{N^-\times N^-}\\ \boldsymbol{K}^{+-}_{N^+\times N^-} &=(\kappa^{+-}_{ij})_{N^+\times N^-}=\left(\langle\boldsymbol{\varphi}(\boldsymbol{x}^+_i),\boldsymbol{\varphi}(\boldsymbol{x}^-_j)\rangle\right)_{N^+\times N^-}\\ \boldsymbol{K}^{-+}_{N^-\times N^+} &=(\kappa^{-+}_{ij})_{N^-\times N^+}=\left(\langle\boldsymbol{\varphi}(\boldsymbol{x}^-_i),\boldsymbol{\varphi}(\boldsymbol{x}^+_j)\rangle\right)_{N^-\times N^+}\end{aligned} \tag{5.5.6}$$

由 $\boldsymbol{K}$ 的对称性，可知 $\boldsymbol{K}^{+-}_{N^+\times N^-}$ 与 $\boldsymbol{K}^{-+}_{N^-\times N^+}$ 转置相等。缩聚后的核矩阵分块表示为

$$\widetilde{\boldsymbol{K}}=(\widetilde{\kappa}_{ij})_{N\times N}=\begin{pmatrix}\widetilde{\boldsymbol{K}}^{++}_{N^+\times N^+} & \widetilde{\boldsymbol{K}}^{+-}_{N^+\times N^-}\\ \widetilde{\boldsymbol{K}}^{-+}_{N^-\times N^+} & \widetilde{\boldsymbol{K}}^{--}_{N^-\times N^-}\end{pmatrix} \tag{5.5.7}$$

上面分块矩阵的阵元定义类似于式(5.5.6)。

缩聚后的核矩阵的阵元可以用缩聚前的核矩阵的阵元(即核函数)求出：

$$\begin{aligned}\widetilde{\kappa}^{++}_{ij}&=\langle\widetilde{\boldsymbol{\varphi}}(\boldsymbol{x}^+_i),\widetilde{\boldsymbol{\varphi}}(\boldsymbol{x}^+_j)\rangle=\langle(1-\theta)\boldsymbol{\mu}^++\theta\boldsymbol{\varphi}(\boldsymbol{x}^+_i),(1-\theta)\boldsymbol{\mu}^++\theta\boldsymbol{\varphi}(\boldsymbol{x}^+_j)\rangle\\ &=\frac{1}{(N^+)^2}(1-\theta)^2\sum_{p,q=1}^{N^+}\kappa_{pq}+\frac{1}{N^+}\theta(1-\theta)\sum_{p=1}^{N^+}\kappa_{pj}+\frac{1}{N^+}\theta(1-\theta)\sum_{q=1}^{N^+}\kappa_{qi}+\theta^2\kappa_{ij}\end{aligned} \tag{5.5.8}$$

类似地，可得

$$\widetilde{\kappa}^{--}_{ij}=\frac{1}{(N^-)^2}(1-\theta)^2\sum_{p,q=1}^{N^-}\kappa_{pq}+\frac{1}{N^-}\theta(1-\theta)\sum_{p=1}^{N^-}\kappa_{pj}+\frac{1}{N^-}\theta(1-\theta)\sum_{q=1}^{N^-}\kappa_{qi}+\theta^2\kappa_{ij} \tag{5.5.9}$$

$$\widetilde{\kappa}^{+-}_{ij}=\frac{1}{N^+N^-}(1-\theta)^2\sum_{p=1}^{N^+}\sum_{q=1}^{N^-}\kappa_{pq}+\frac{1}{N^+}\theta(1-\theta)\sum_{p=1}^{N^+}\kappa_{pj}+\frac{1}{N^-}\theta(1-\theta)\sum_{q=1}^{N^-}\kappa_{qi}+\theta^2\kappa_{ij} \tag{5.5.10}$$

由 $\widetilde{\boldsymbol{K}}$ 的对称性，可知 $\widetilde{\boldsymbol{K}}^{+-}_{N^+\times N^-}$ 与 $\widetilde{\boldsymbol{K}}^{-+}_{N^-\times N^+}$ 转置相等，或即阵元 $\widetilde{\kappa}^{-+}_{ij}$ 可以参照式(5.5.10)对其有关角标作适当调换后写出。

于是，可以利用缩聚后的核矩阵的阵元(核函数)运用前述有关方法求解分类界面。对于待识样本，因为不知道它的类别，故对它要作关于每一类中心缩聚，利用式(5.5.8)和式(5.5.9)分别计算待识样本关于正类和负类缩聚后两类的核函数，然后将两类核函数分别代入判别函数，根据算得的两个值的大小确定其类别。

5.5.2　两类训练样本数目不均情况下的惩罚系数补偿

实际中，各类训练样本的数量往往不均衡，有时差别较大，研究表明，若两类训练样本

数量严重不均，当采用相同的惩罚因子时，通常样本较多的那类错误率较小，样本较少的那类错误率较大，这就需要解决由于各类训练样本数量不均导致SVM分类性能总体不理想的问题。简单有效的解决方法是，对广义最优线性判别函数或软间隔支持矢量机，给予两类样本不同的误差惩罚因子，对数量较少的一类训练样本误差惩罚因子相对较大，对数量较多的一类训练样本误差惩罚因子相对较小，以此校正两类训练样本数量差别较大给两类带来分类效果差别较大的不均衡，对两类训练样本数目差别大产生的影响进行补偿，改善SVM分类性能。例如，常用的规则是[11]

$$\frac{\gamma^+}{\gamma^-}=\frac{N^-}{N^+} \tag{5.5.11}$$

式中，N^+、N^-分别表示正类和负类训练样本个数，γ^+、γ^-分别表示对正类和负类训练样本的误差惩罚因子。

在5.3.2节中介绍了双ν-支持矢量机。若两类训练样本数量严重不均，为使两类错误率趋于一致，基于上述补偿思想和ν-支持矢量机性质，需要对两类误差样本赋予不同的惩罚因子，给予不同的ν值，对正类样本和负类样本分别采用不同的ν_+和ν_-，它们分别控制正类和负类在本类边缘界面中及外侧的样本数目，双ν的引入为每类指定支持矢量占比，可以补偿两类训练样本数量的失衡或预设两类大致的错误率。

5.4节介绍的含不确定因素的支持矢量机和本节补偿措施的本质都是对不同类别的样本赋予不同的权值，这类方法所产生的SVM本质上是加权SVM。

参考文献

[1] VAPNIK V N.The Nature of Statistical Learning Theory[M].New York: Springer-Verlag, 1996.

[2] VAPNIK V N. Statistical Learning Theory[M]. New York: John Wiley & Sons, 1998.

[3] CRISTIANINI N, SHAWE-TAYLOR J. An Introduction to Support Vector Machines and Other Kernel-based Learning Methods[M]. Cambridge: Cambridge University Press, 2000.

[4] JOACHIMS T. Making large-Scale SVM Learning Practical[C]. Advances in Kernel Methods-Support Vector Learning, Cambridge, MA: MIT-Press, 1999.

[5] SHAWE-TAYLOR J, CRISTIANINI N. Kernel methods for pattern analysis[M]. Cambridge: Cambridge University Press, 2004.

[6] 巴扎拉 M S,希蒂 C M. 非线性规划[M]. 贵阳：贵州人民出版社，1986.

[7] 孙即祥. 现代模式识别[M]. 2版. 北京：高等教育出版社，2008.

[8] JOACHIMS T. Estimating the Generalization Performance of a SVM Efficiently[C]. Proceedings of the International Conference on Machine Learning, California, Morgan Kaufman, 2000.

[9] JOACHIMS T. A Support Vector Method for multivariate performance measures[C]. Proceedings of the International Conference on Machine Learning, 2005: 377-384.

[10] LEE Y J, MANGASARIAN O L. SSVM: A Smooth Support Vector Machine for Classification [J]. Computational Optimization and Applications, 2001, 20(1): 5-22.

[11] 郭雷. 宽带雷达目标极化特征提取与核方法识别研究 [D]. 长沙：国防科技大学，2009.

[12] 金添. 超宽带SAR浅埋目标成像与检测的理论和技术研究[D]. 长沙：国防科技大学文，2007.

[13] CRISTIANINI N, SHAWE T J. An introduction to support vector machine[M]. New York:

Cambridge University Press,2000.

[14] HASTIE T, TIBSHIRANI R, FRIEDMAN J. The Elements of Statistical Learning [M]. Springer-Verlag, 2001.

[15] SCHÖLKOPF B, SMOLA A, WILLIAMSON R C, et al. New support vector algorithms[J]. Neural Computation, 2000, 12(5): 1207-1245.

[16] DOMENICONI C, GUNOPULOS D. Incremental support vector machine construction [C]. Proceedings 2001 IEEE International Conference on Data Mining, San Jose, USA, IEEE,2001, 589-592.

[17] GLENN F,MANGASARIAN O L. Incremental support vector machine classification[R]. Data Mining Institute Technical Report 01-08, 2001.

[18] OSUNA E, FREUND R, GIROSI F. Training support vector machines: an application to face detection[C]. Proceedings of IEEE Computer Society Conference on Computer Vision and Pattern Recognition, New York, IEEE, 1997: 130-136.

[19] JOACHIMS T. Transductive Inference for Text Classification using Support Vector Machines[C]. Proceedings of the 16th International Conference on Machine Learning, Morgan Kaufmanm, 1999: 148-156.

[20] LASKOV P. Feasible direction decomposition algorithms for training support vector machines[J]. Machine Learning, 2002, 46(1): 315-349.

[21] HSU C W, LIN C J. A comparison of methods for multi-class support vector machines[J]. IEEE Transactions on Neural Networks, 2002, 13: 415-425.

[22] LIN C J. On the convergence of the decomposition method for support vector machines[J]. IEEE Transactions on Neural Networks, 2001, 12(6): 1288-1298.

[23] PLATT J C. Fast training of support vector machines using sequential minimal optimization[M]. Cambridge, MA: MIT Press,1999.

[24] CHANG, C C, LIN C J. Training ν -Support Vector Classifiers: Theory and Algorithms[J]. Neural Computation, 2001, 13(9): 2119-2147.

[25] CHAUHAN V K, DAHIYA K, SHARMA A. Problem formulations and solvers in linear SVM: a review[J]. Artificial Intelligence Review, 2019, 52(2): 803-855.

[26] NIE F, WANG X, HUANG H. Multiclass capped Lp-norm SVM for robust classifications[C]. The 31st AAAIConference on Artificial Intelligence (AAAI), San Francisco, USA, 2017.

[27] CHEN W, POURGHASEMI H R, NAGHIBI S A. A comparative study of landslide susceptibility maps produced using support vector machine with different kernel functions and entropy data mining models in China[J]. Bulletin of Engineering Geology and the Environment, 2018, 77(2): 647-664.

[28] GHADDAR B, NAOUM-SAWAYA J. High dimensional data classification and feature selection using support vector machines[J]. European Journal of Operational Research, 2018, 265(3): 993-1004.

[29] WANG S, LIU Q, ZHU E, et al. Hyperparameter selection of one-class support vector machine by self-adaptive data shifting[J]. Pattern Recognition, 2018, 74: 198-211.

[30] MEYER D,LEISCH F, HORNIK K. The support vrctor machine under test[J]. Neurocomputing, 2003,55: 169-186.

第6章

支持矢量数据描述

6.1 概述

在传统的有监督学习和识别中，通常假定类数是已知的，首先利用给定的各类训练样本进行学习，然后用学习所得的分类器对待识样本进行分类识别，这里的待识样本来自训练样本所属类别中的某一类。然而，实际中在学习后的分类识别过程中有时会出现新类的样本，如果此时仍然使用原来的分类器对新类样本进行识别，通常会误判，为解决这种问题，需要从待识样本中识别出与训练样本不同类的新类样本，并在此基础上自动更新分类器，使分类器适应新类出现的环境，这是机器学习面临的重要课题之一。

通常，若一个样本的观测值显著偏离其他已知类别的样本，则称其为异常样本，这种异常样本有可能来自新的类别，也可能是训练类的样本由于量测过程中系统性或随机性的偏差所致，还可能是训练类固有分布中小分布的一个样值。发现异常样本通常称为异常检测，准确判断其属于新类还是训练类通常还需要其他的知识或信息。发现新类的主流方式大致分为三种：基于统计学的方式、基于边界的方式、基于神经网络的方式，这些方式都涉及机器学习。前两种方式的基本思想是建立已有类别的描述，用这种描述检测待识样本的异常性，由此发现新类。对已有类别的描述可分为基于概率密度函数、簇密度函数和边界三种方式。前者使用混合逼近或 Parzen 窗等方法构建已有类别的概率密度函数，然后用统计检验方法推断待识样本是否属于已构建的统计模型，混合逼近通常采用混合高斯分布，由于缺少新类先验知识，势必减少正确判断是否新类样本的可靠性。也可直接利用簇密度函数描述训练类和待识样本的分布，通过比较两种分布确定是否为新类，通常单样本识别或待识样本较少，簇密度函数的估计和比较都难以准确，此时可采用最近邻方法，通过待识样本与最近的训练类样本的距离和该训练样本与其他最近训练样本距离之比值判断异常性。边界方式是构建类别间的边界，根据待识样本在边界的哪一侧而确定它的类别，这里的类别边界是利用训练集的支持矢量和核函数描述的。本质上，这种利用边界进行检测和以前某些方法的分类思想是一致的，例如两类问题，相对某一类，另一类就是新类。这里运用训练集的支持矢量和核函数描述边界与支持矢量机的构建方法相同，但是支持矢量机方法的训练集至少有两类样本，基本目标几何模型是与两类边缘样本等距的分类平面，这里可以是一类训练样本，基本目标几何模型是包围训练类样本的最优超球面或超椭球面。边界描述的优点是：对训练类的取样方式和样本数量要求相对不高；算法只使用支持矢量实现稀疏数据的边界描述，具有快速性；采用了核函数使算法具有很强的学习能力；隐含采用了结构风险最小化，使学习结果具有良好的泛化性能；算法可以在线更新。文献[5-7]论述了支持矢量数据描述及其检测性能；文献[6-8]综述了基于统计学的异常检测方法；文献[7-9]讨论了基于神经网络的异常检测方法；文献[8-10]介绍了基于统计学、神经网络和机器学习的异常检测方法。

由于设定有新类检测功能，此类方法研究首先从基本情况开始：只有一类训练样本，此类样本在原始数据空间或核映射空间中分布基本是簇状的，而另一类的分布未知，也没有训练样本，利用同一类的样本构造训练类边界的描述。易知，所构造的边界最好是一个包围簇状分布的训练样本的封闭曲面。由于边界标示了已有类别所在空间，因此这种方式更易于发现偏离型新类。如果同类训练样本在输入空间中不是簇状分布，就可应用某种变换使其在映射空间中变成簇状分布。为了简单同时为了提高新类样本的检测概率，通常运用最优化方法寻求包含训练样本的最小圆球(或称最小球、最小超球)，并用最小球或其球面描述已有类别，进而用其识别新类，这个最小球也称为最优球，其球面称为最优球面。由于最小球的球心和半径是用训练集中支持矢量构造计算的，因此这种方法称为支持矢量数据描述(support vectors data(domain) description，SVDD)[4]。这些支持矢量都在球面上(这与几何知识是一致的，例如，不在一个平面中的 4 点确定一个 3 维球，球面过这些点)，用几何观点看，本质上 SVDD 是用包围训练样本的球面描述数据。对于数据分布在不同方向上散度明显不同的数据集，应用椭球面边界描述比应用圆球面边界描述更好，椭球的中心也是用训练集中支持矢量构造计算的。不论圆球边界描述还是椭球边界描述，都是用支持矢量表达。

总之，建立异常样本检测算法的基本思想是，运用最优化算法确定一个包含训练样本的最小圆球或椭球，这个圆球或椭球作为训练类的描述，于是，位于圆球或椭球内的待识样本判为训练类的样本(正例，正常(normal)样本)，位于圆球或椭球外的待识样本判为另一分布生成的样本(反例，异常(abnormal)样本、新奇(novel)样本)。这种方法称为基于 SVDD 的异常检测或新类检测。

显然，圆球或椭球越小，新类样本检测概率越大。通常，一类的数据分布在距其中心较远的地方发生概率较小，为了提高新类样本检测率，同时控制训练类样本被误判为新类样本的概率，可适当缩小圆球或椭球，这些圆球或椭球仍能在很高概率下包含训练类的大部分，即除一小部分离群训练样本外，包含所有其他训练样本。

对于训练类在原始数据空间或核映射空间中多聚类分布情况，可以每个子聚类用一个圆球描述，这种多个圆球组合描述多聚类的分布可以避免用一个大圆球描述全类时其内部存在大量没有数据分布的空白区域。多球描述也可用于训练样本是多类的情况。分类与检测新类样本算法的基本思想是，确定多个分别能包含各类训练样本的最小圆球或椭球，最小圆球面或椭球面等价于最优分类平面，于是，位于某个圆球或椭球内的待识样本判为相应训练类的样本，位于这些圆球或椭球外部的待识样本判为新类样本，由此扩展成应用软界最小圆球或椭球进行分类与检测。

本章主要讨论支持矢量数据描述的基本问题、模型、算法和检测性能。6.2 节讨论在原始数据空间和核映射空间中包含全部训练样本最优球算法及其检测性能，6.3 节讨论包含大部分训练样本的最优球算法及其检测性能，6.4 节讨论样本加权的支持矢量数据描述，6.5 节讨论引入负类样本的小球大间隔 SVDD，6.6 节讨论在原始数据空间和核映射空间中包含大部分训练样本的最优椭球算法及检测性能，6.7 节介绍接近实际应用的新类检测方法。运用最优化方法确定最小球是支持矢量数据描述的基本技术，也是本章的核心内容。

6.2 包含全部点集的最小球

本节讨论在原始数据空间、核映射空间中构建包含给定的训练样本集的最小(超)球(minimal hypersphere)，首先讨论原始数据空间中包含给定训练样本集的最小球，然后讨论核映射空间中包含给定训练样本集的最小球，最后给出最小球算法的误判概率界。

6.2.1 包含全部样本的最小球

设给定一个训练样本集 $X=\{\boldsymbol{x}_1,\boldsymbol{x}_2,\cdots,\boldsymbol{x}_N\}$，确定一个包含这个训练集的最小球，这样的球也称为最优球，其球面称为最优球面，它可用于分类或检测，球内的样本判属训练类，球外的样本判属另外的类。令球用球心 $\boldsymbol{c}$ 和半径 R 表示，最优球$(\boldsymbol{c}^*,R^*)$是下面最优化问题的解：

$$\begin{cases}\min\limits_{\boldsymbol{c},R} & R^2 \\ \text{s.t.} & \|\boldsymbol{x}_i-\boldsymbol{c}\|^2\leqslant R^2, \quad i=1,2,\cdots,N\end{cases} \tag{6.2.1}$$

运用拉格朗日乘数法，建立拉格朗日函数

$$L(\boldsymbol{c},R,\boldsymbol{\alpha})=R^2+\sum_{i=1}^{N}\alpha_i(\|\boldsymbol{x}_i-\boldsymbol{c}\|^2-R^2) \tag{6.2.2}$$

式中，拉格朗日乘子 $\alpha_i\geqslant 0$。

根据 Karush-Kuhn-Tucker(KKT)定理[59]极值条件，分别求拉格朗日函数关于原问题变量 $\boldsymbol{c}$ 和 R 的偏导数并令其值等于零，于是有

$$\frac{\partial L(\boldsymbol{c},R,\boldsymbol{\alpha})}{\partial \boldsymbol{c}}=-2\sum_{i=1}^{N}\alpha_i(\boldsymbol{x}_i-\boldsymbol{c})=\boldsymbol{0} \tag{6.2.3}$$

$$\frac{\partial L(\boldsymbol{c},R,\boldsymbol{\alpha})}{\partial R}=2R\left(1-\sum_{i=1}^{N}\alpha_i\right)=0 \tag{6.2.4}$$

注意到 $R\neq 0$，由式(6.2.3)和式(6.2.4)可得

$$\sum_{i=1}^{N}\alpha_i=1 \tag{6.2.5}$$

$$\boldsymbol{c}=\sum_{i=1}^{N}\alpha_i\boldsymbol{x}_i \tag{6.2.6}$$

结果表明，球心等于所有样本的线性组合，其位于 X 的凸包(convex hull)内。把式(6.2.6)代

入拉格朗日函数式(6.2.2)，并利用式(6.2.5)，得到

$$\begin{aligned}L(\boldsymbol{c},R,\boldsymbol{\alpha}) &= R^2+\sum_{i=1}^{N}\alpha_i[\|\boldsymbol{x}_i-\boldsymbol{c}\|^2-R^2] \\ &= \sum_{i=1}^{N}\alpha_i(\boldsymbol{x}_i-\boldsymbol{c})^{\mathrm{T}}(\boldsymbol{x}_i-\boldsymbol{c}) \\ &= \sum_{i=1}^{N}\alpha_i\left(\boldsymbol{x}_i^{\mathrm{T}}\boldsymbol{x}_i+\sum_{j,k=1}^{N}\alpha_j\alpha_k\boldsymbol{x}_j^{\mathrm{T}}\boldsymbol{x}_k-2\sum_{j=1}^{N}\alpha_j\boldsymbol{x}_i^{\mathrm{T}}\boldsymbol{x}_j\right) \\ &= \sum_{i=1}^{N}\alpha_i\boldsymbol{x}_i^{\mathrm{T}}\boldsymbol{x}_i+\sum_{j,k=1}^{N}\alpha_j\alpha_k\boldsymbol{x}_j^{\mathrm{T}}\boldsymbol{x}_k-2\sum_{i,j=1}^{N}\alpha_i\alpha_j\boldsymbol{x}_i^{\mathrm{T}}\boldsymbol{x}_j \\ &= \sum_{i=1}^{N}\alpha_i\boldsymbol{x}_i^{\mathrm{T}}\boldsymbol{x}_i-\sum_{i,j=1}^{N}\alpha_i\alpha_j\boldsymbol{x}_i^{\mathrm{T}}\boldsymbol{x}_j \triangleq W(\boldsymbol{\alpha})\end{aligned} \tag{6.2.7}$$

此时，拉格朗日函数已成为拉格朗日乘子的函数，这种形式称为对偶拉格朗日函数(dual Lagrangian)。于是原问题的对偶优化模型为

$$\begin{cases}\max\limits_{\boldsymbol{\alpha}} \quad W(\boldsymbol{\alpha})=\sum\limits_{i=1}^{N}\alpha_i\boldsymbol{x}_i^{\mathrm{T}}\boldsymbol{x}_i-\sum\limits_{i,j=1}^{N}\alpha_i\alpha_j\boldsymbol{x}_i^{\mathrm{T}}\boldsymbol{x}_j \\ \text{s.t.} \quad \alpha_i\geqslant 0, \quad i=1,2,\cdots,N \\ \qquad \sum\limits_{i=1}^{N}\alpha_i=1\end{cases} \tag{6.2.8}$$

求出最大化 $W(\boldsymbol{\alpha})$ 的最优解 $\boldsymbol{\alpha}^*$，由此进一步求得 $\boldsymbol{c}^*$ 和 R^*。

根据 KKT 定理，最优解 $\boldsymbol{\alpha}^*$、$\boldsymbol{c}^*$、R^* 满足互补松弛条件：

$$\alpha_i^*[\|\boldsymbol{x}_i-\boldsymbol{c}^*\|^2-(R^*)^2]=0, \quad i=1,2,\cdots,N \tag{6.2.9}$$

位于最优球面内的样本 $\boldsymbol{x}_i$ 有 $\|\boldsymbol{x}_i-\boldsymbol{c}^*\|^2-(R^*)^2\neq 0$，可知，位于球面内各样本 $\boldsymbol{x}_i$ 对应的 $\alpha_i^*=0$；那些对应 $\alpha_i^*>0$ 的各样本 $\boldsymbol{x}_i$ 位于最优球面中，因这样才满足 $\|\boldsymbol{x}_i-\boldsymbol{c}^*\|^2-(R^*)^2=0$。球心表达式(6.2.6)表明，只有位于球面中的那些 $\alpha_i^*>0$ 的样本参与运算，它们决定球心和半径，这种 $\alpha_i^*>0$ 的样本被称为支持矢量。本章用 SV 表示支持矢量的集合。图 6.2.1 示出了包含全部样本数据的最小球及球面中的支持矢量。

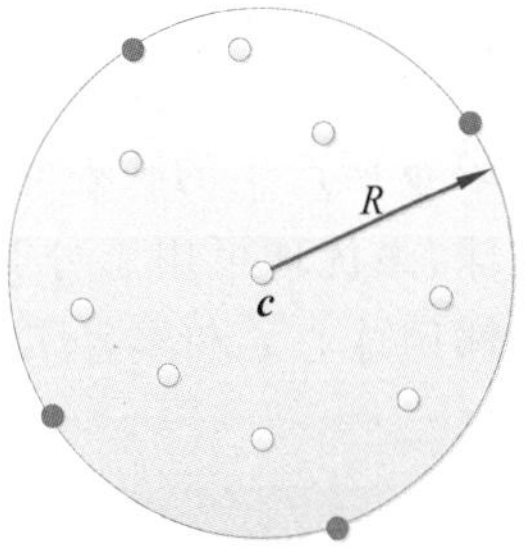

图 6.2.1　包含全部样本数据的最小球及球面中的支持矢量

下面归纳给出或导出问题的有关解。

1）球心

前面已经得到最优球心：

$$\boldsymbol{c}^*=\sum_{i=1}^{N}\alpha_i^*\boldsymbol{x}_i$$

2）球半径

由互补松弛条件式(6.2.9)和拉格朗日函数式(6.2.7)，最小球半径 R^* 的平方是 $\min L(\cdot)$，其

也等于 $W(\boldsymbol{\alpha}^*)$，由此可得最小球半径

$$R^* = \sqrt{W(\boldsymbol{\alpha}^*)} \tag{6.2.10}$$

3）判别函数

判别函数表示为

$$\begin{aligned}d(\boldsymbol{x}) &= \|\boldsymbol{x}-\boldsymbol{c}^*\|^2-(R^*)^2\\ &=\left(\boldsymbol{x}-\sum_{i=1}^{N}\alpha_i^*\boldsymbol{x}_i\right)^{\mathrm{T}}\left(\boldsymbol{x}-\sum_{i=1}^{N}\alpha_i^*\boldsymbol{x}_i\right)-(R^*)^2\\ &=\boldsymbol{x}^{\mathrm{T}}\boldsymbol{x}-2\sum_{i=1}^{N}\alpha_i^*\boldsymbol{x}_i^{\mathrm{T}}\boldsymbol{x}+\sum_{i=1}^{N}\sum_{j=1}^{N}\alpha_i^*\alpha_j^*\boldsymbol{x}_i^{\mathrm{T}}\boldsymbol{x}_j-(R^*)^2\\ &=\boldsymbol{x}^{\mathrm{T}}\boldsymbol{x}-2\sum_{i=1}^{N}\alpha_i^*\boldsymbol{x}_i^{\mathrm{T}}\boldsymbol{x}-\sum_{i=1}^{N}\alpha_i^*\boldsymbol{x}_i^{\mathrm{T}}\boldsymbol{x}_i+2\sum_{i=1}^{N}\sum_{j=1}^{N}\alpha_i^*\alpha_j^*\boldsymbol{x}_i^{\mathrm{T}}\boldsymbol{x}_j\end{aligned} \tag{6.2.11}$$

4）判别准则

根据设定的准则，当一个待识样本 $\boldsymbol{x}$ 在最优球面内或球面中时，判定它属于训练类，当待识样本 $\boldsymbol{x}$ 在最优球面外时，判定它属于非训练类，依此，判别规则表示为

$$d(\boldsymbol{x})=\begin{cases}\leqslant 0, & \Rightarrow \quad \boldsymbol{x}\in\omega_1\\ >0, & \Rightarrow \quad \boldsymbol{x}\notin\omega_1\end{cases} \qquad \omega_1\text{：训练类}$$

最优球的数学模型是严格凸优化，有唯一解，又因只有训练集部分样本（支持矢量）参与计算，所以算法是高效的。

6.2.2 包含核映射空间中全部样本的最小球

很多情况下，在原始数据空间中，训练数据分布不满足簇聚状，若用球面表征数据边界，将不够紧致，此时可以通过变换使数据在映射空间中分布大体满足球形分布。设给定一个训练样本集 $X=\{\boldsymbol{x}_1,\boldsymbol{x}_2,\cdots,\boldsymbol{x}_N\}$，在由核函数 $\kappa(\boldsymbol{x},\boldsymbol{z})=\langle\boldsymbol{\varphi}(\boldsymbol{x}),\boldsymbol{\varphi}(\boldsymbol{z})\rangle$ 隐式定义的映像 $\boldsymbol{\varphi}$ 所产生的映射空间中，寻找一个包含 X 的映像集 $\boldsymbol{\varphi}(X)$ 的最小球，其也称为最优球，最优球可用于分类或检测，球内的样本判属训练类，球外的样本判属非训练类。令球用球心 $\boldsymbol{c}$ 和半径 R 表示，在核映射空间中，最优球 $(\boldsymbol{c}^*,R^*)$ 是下面最优化问题的解：

$$\begin{cases}\min\limits_{\boldsymbol{c},R} \quad R^2\\ \text{s.t.} \quad \|\boldsymbol{\varphi}(\boldsymbol{x}_i)-\boldsymbol{c}\|^2\leqslant R^2, \quad i=1,2,\cdots,N\end{cases} \tag{6.2.12}$$

运用拉格朗日乘数法，建立拉格朗日函数

$$L(\boldsymbol{c},R,\boldsymbol{\alpha})=R^2+\sum_{i=1}^{N}\alpha_i(\|\boldsymbol{\varphi}(\boldsymbol{x}_i)-\boldsymbol{c}\|^2-R^2) \tag{6.2.13}$$

式中，拉格朗日乘子 $\alpha_i\geqslant 0$。

根据 KKT 定理极值条件，分别求拉格朗日函数关于原问题变量 $\boldsymbol{c}$ 和 R 的偏导数并令其值等于零，于是有

$$\frac{\partial L(\boldsymbol{c},R,\boldsymbol{\alpha})}{\partial\boldsymbol{c}}=-2\sum_{i=1}^{N}\alpha_i(\boldsymbol{\varphi}(\boldsymbol{x}_i)-\boldsymbol{c})=\boldsymbol{0}$$

$$\frac{\partial L(\boldsymbol{c},R,\boldsymbol{\alpha})}{\partial R}=2R\left(1-\sum_{i=1}^{N}\alpha_i\right)=0$$

注意到 $R\neq 0$，由上式可得

$$\sum_{i=1}^{N}\alpha_i=1 \tag{6.2.14}$$

$$\boldsymbol{c}=\sum_{i=1}^{N}\alpha_i\boldsymbol{\varphi}(\boldsymbol{x}_i) \tag{6.2.15}$$

上面结果表明，球心等于所有映像 $\boldsymbol{\varphi}(\boldsymbol{x}_i)$ 的线性组合，即球心位于映像集 $\boldsymbol{\varphi}(X)$ 的凸包内。把式(6.2.15)代入拉格朗日函数，并利用式(6.2.14)，得到

$$\begin{aligned}
L(\boldsymbol{c},R,\boldsymbol{\alpha})&=R^2+\sum_{i=1}^{N}\alpha_i(\|\boldsymbol{\varphi}(\boldsymbol{x}_i)-\boldsymbol{c}\|^2-R^2)\\
&=\sum_{i=1}^{N}\alpha_i\left(\boldsymbol{\varphi}(\boldsymbol{x}_i)-\boldsymbol{c}\right)^{\mathrm{T}}(\boldsymbol{\varphi}(\boldsymbol{x}_i)-\boldsymbol{c})\\
&=\sum_{i=1}^{N}\alpha_i\left(\kappa(\boldsymbol{x}_i,\boldsymbol{x}_i)+\sum_{j,k=1}^{N}\alpha_j\alpha_k\kappa(\boldsymbol{x}_j,\boldsymbol{x}_k)-2\sum_{j=1}^{N}\alpha_j\kappa(\boldsymbol{x}_i,\boldsymbol{x}_j)\right)\\
&=\sum_{i=1}^{N}\alpha_i\kappa(\boldsymbol{x}_i,\boldsymbol{x}_i)+\sum_{j,k=1}^{N}\alpha_j\alpha_k\kappa(\boldsymbol{x}_j,\boldsymbol{x}_k)-2\sum_{i,j=1}^{N}\alpha_i\alpha_j\kappa(\boldsymbol{x}_i,\boldsymbol{x}_j)\\
&=\sum_{i=1}^{N}\alpha_i\kappa(\boldsymbol{x}_i,\boldsymbol{x}_i)-\sum_{i,j=1}^{N}\alpha_i\alpha_j\kappa(\boldsymbol{x}_i,\boldsymbol{x}_j)\triangleq W(\boldsymbol{\alpha})
\end{aligned} \tag{6.2.16}$$

此时，拉格朗日函数已成为拉格朗日乘子的函数，这种形式称为对偶拉格朗日函数。于是，求解最优球($\boldsymbol{c}^*$,R^*)原问题转化为下面的对偶优化问题：

$$\begin{cases}
\max\limits_{\boldsymbol{\alpha}}\quad W(\boldsymbol{\alpha})=\sum_{i=1}^{N}\alpha_i\kappa(\boldsymbol{x}_i,\boldsymbol{x}_i)-\sum_{i,j=1}^{N}\alpha_i\alpha_j\kappa(\boldsymbol{x}_i,\boldsymbol{x}_j)\\
\text{s.t.}\quad \alpha_i\geqslant 0,\quad i=1,2,\cdots,N\\
\qquad\ \sum_{i=1}^{N}\alpha_i=1
\end{cases} \tag{6.2.17}$$

求解最大化 $W(\boldsymbol{\alpha})$ 的最优值 $\boldsymbol{\alpha}^*$，由此进一步求得 $\boldsymbol{c}^*$ 和 R^*。

根据 KKT 定理，最优解 $\boldsymbol{\alpha}^*$、$\boldsymbol{c}^*$、R^* 满足互补松弛条件：

$$\alpha_i^*[\|\boldsymbol{\varphi}(\boldsymbol{x}_i)-\boldsymbol{c}^*\|^2-(R^*)^2]=0,\quad i=1,2,\cdots,N \tag{6.2.18}$$

这表明，位于最优球面内的样本 $\boldsymbol{\varphi}(\boldsymbol{x}_i)$ 或 $\boldsymbol{x}_i$，因 $\|\boldsymbol{\varphi}(\boldsymbol{x}_i)-\boldsymbol{c}^*\|^2-(R^*)^2\neq 0$，故其对应的 $\alpha_i^*=0$；对应 $\alpha_i^*>0$ 的样本 $\boldsymbol{\varphi}(\boldsymbol{x}_i)$ 位于最优球面中，因这样才有 $\|\boldsymbol{\varphi}(\boldsymbol{x}_i)-\boldsymbol{c}^*\|^2-(R^*)^2=0$。球心计算式表明，只有位于球面中对应 $\alpha_i^*>0$ 的样本参与计算，它们确定球心和半径，这种 $\alpha_i^*>0$ 的样本被称为支持矢量。

下面给出或导出问题的有关解。

1）球心

前面已经求得最优球的球心：

$$\boldsymbol{c}^*=\sum_{i=1}^{N}\alpha_i^*\boldsymbol{\varphi}(\boldsymbol{x}_i)$$

2）球半径

由互补松弛条件式(6.2.18)和拉格朗日函数(6.2.16)，最小球半径 R^*的平方是 $\min L(\cdot)$，其也等于 $W(\boldsymbol{\alpha}^*)$，由此可得最小球半径

$$R^* = \sqrt{W(\boldsymbol{\alpha}^*)} \tag{6.2.19}$$

3）判别函数

判别函数表示为

$$\begin{aligned}
d(\boldsymbol{x}) &= \|\boldsymbol{\varphi}(\boldsymbol{x}) - \boldsymbol{c}^*\|^2 - (R^*)^2 \\
&= \left(\boldsymbol{\varphi}(\boldsymbol{x}) - \sum_{i=1}^{N} \alpha_i^* \boldsymbol{\varphi}(\boldsymbol{x}_i)\right)^{\mathrm{T}} \left(\boldsymbol{\varphi}(\boldsymbol{x}) - \sum_{i=1}^{N} \alpha_i^* \boldsymbol{\varphi}(\boldsymbol{x}_i)\right) - (R^*)^2 \\
&= \boldsymbol{\varphi}(\boldsymbol{x})^{\mathrm{T}} \boldsymbol{\varphi}(\boldsymbol{x}) - 2\sum_{i=1}^{N} \alpha_i^* \boldsymbol{\varphi}(\boldsymbol{x}_i)^{\mathrm{T}} \boldsymbol{\varphi}(\boldsymbol{x}) + \sum_{i=1}^{N}\sum_{j=1}^{N} \alpha_i^* \alpha_j^* \boldsymbol{\varphi}(\boldsymbol{x}_i)^{\mathrm{T}} \boldsymbol{\varphi}(\boldsymbol{x}_j) - (R^*)^2 \\
&= \kappa(\boldsymbol{x},\boldsymbol{x}) - 2\sum_{i=1}^{N} \alpha_i^* \kappa(\boldsymbol{x}_i,\boldsymbol{x}) + \sum_{i=1}^{N}\sum_{j=1}^{N} \alpha_i^* \alpha_j^* \kappa(\boldsymbol{x}_i,\boldsymbol{x}_j) - (R^*)^2 \\
&= \kappa(\boldsymbol{x},\boldsymbol{x}) - 2\sum_{i=1}^{N} \alpha_i^* \kappa(\boldsymbol{x}_i,\boldsymbol{x}) - \sum_{i=1}^{N} \alpha_i^* \kappa(\boldsymbol{x}_i,\boldsymbol{x}_i) + 2\sum_{i=1}^{N}\sum_{j=1}^{N} \alpha_i^* \alpha_j^* \kappa(\boldsymbol{x}_i,\boldsymbol{x}_j)
\end{aligned} \tag{6.2.20}$$

4）判别规则

根据设定的准则，当一个待识样本 $\boldsymbol{x}$ 的核映射空间中映像 $\boldsymbol{\varphi}(\boldsymbol{x})$在最优球面内或球面中时，判定它属于训练类，当 $\boldsymbol{\varphi}(\boldsymbol{x})$在最优球面外时，判定 $\boldsymbol{x}$ 属于非训练类，依此，判别规则表示为

$$d(\boldsymbol{x}) = \begin{cases} \leqslant 0, & \Rightarrow \quad \boldsymbol{x} \in \omega_1 \\ > 0, & \Rightarrow \quad \boldsymbol{x} \notin \omega_1 \end{cases} \qquad \omega_1\text{：训练类} \tag{6.2.21}$$

以核函数为元素的核矩阵$\left(\kappa(\boldsymbol{x}_i,\boldsymbol{x}_j)\right)_{i,j=1}^{N}$对于训练集通常是正定的，这意味着最小球的数学模型是严格凸优化，有唯一解，排除了局部极小化问题，又因只有部分样本（支持矢量）参与计算，所以算法是高效的。

显然，不同的核函数定义不同的映射，产生不同的映像分布。理想的核函数应能将原始数据聚集地映射到一个有界的球形区域中，使在高维映射空间中进行 SVDD 更有效，但并非所有核函数都能将数据映射到有界区域内。考虑多项式核函数，当其幂次较高时，将使两个相距较近、范数较大的训练数据内积的幂非常大，这样的训练数据将主控判别函数值，样本范数起主要作用，抑制待识样本数据在判别函数中的其他判别信息。对于高斯核函数$\kappa(\boldsymbol{x}_i,\boldsymbol{x}_j)=\exp[-\|\boldsymbol{x}_i-\boldsymbol{x}_j\|^2/\sigma^2]$，其值只取决于数据间的相对距离，而与数据相对原点位置（范数）无关，高斯核函数可避免数据范数的影响，所有数据都映射到单位球面上，因而只有样本间的夹角起作用。采用不同的核函数，在原始数据空间中对数据集的边界描述是不同的。实验表明，高斯核函数的 σ 决定原始数据空间中界面的复杂程度。σ 越小，对样本集边界描述越精细，边界支持矢量个数越多，算法的推广性可能越差，σ 足够小时，样本被分为一些小的点集；σ 越大，对样本集边界描述越粗糙，边界支持矢量个数越少，算法的推广性可能越强。可以推知，其他核函数的宽度也有类似的性质。将高

斯核函数泰勒展开并略去高阶项，可得 $\kappa(\boldsymbol{x}_i,\boldsymbol{x}_j)\approx 1-\|\boldsymbol{x}_i\|^2/\sigma^2-\|\boldsymbol{x}_j\|^2/\sigma^2+2\boldsymbol{x}_i\cdot\boldsymbol{x}_j/\sigma^2$，讨论 σ 取值接近两个极端情况：当 σ 取值较大时，目标函数成为 $2\sum_{i=1}^{N}\alpha_i\|\boldsymbol{x}_i\|^2/\sigma^2-2\sum_{i,j=1}^{N}\alpha_i\alpha_j\boldsymbol{x}_i\cdot\boldsymbol{x}_j/\sigma^2$，除一个比例因子外，其与原问题目标函数中高斯核函数替换成线性核的情况相同，此模型最优解是一个球面；当 σ 取值很小时，$\kappa(\boldsymbol{x}_i,\boldsymbol{x}_j)\approx 1$，将其代入对偶问题的目标函数，此时对偶目标函数约为 $1-\sum_{i=1}^{N}\alpha_i^2$，表明几乎所有样本都支持矢量，若设 $\alpha_i=1/N$，目标函数取最大值 $1-1/N$，这种情况下判别函数等同于基于全部样本进行 Parzen 窗方法的密度估计的判别；适当大小的 σ，各 α_i 将不尽一致，此时将产生一个基于支持矢量的加权 Parzen 密度估计。

通常，采用高斯核函数的球面描述比采用线性核或多项式核的球面描述更紧致。多项式核函数往往倾向于将一般分布的数据集映射成细长、扁平分布，这不利于采用 SVDD 的球形描述，但高斯核函数对于有严重的距离差不均匀的数据集也会映射成细长分布；这两种变换结果采用 SVDD 描述效果都不理想，球内将有大片的没有数据分布的空白区域。

6.2.3　基于 SVDD 异常检测的统计特性

包含所有训练样本的最小球算法可用于新类样本检测，当检测样本落在算得的球面外部时判定它为新类样本，否则判定它属于训练类。显然，最小球算法不能保证来自训练类的样本都落在球内部，而新类样本都落在球外部，算法有可能产生两类错误：样本实属训练类，却被判为新类样本；样本实属新类，却被判为训练类样本。由于没有新类分布的先验知识，因此对新类无法确定误判概率的界，只能讨论把训练类分布生成的样本判为新类样本的概率的界。直觉是，球越小，检测数据位于球面外而被判为新类样本的可能性越大。下面给出核映射空间中最小球算法的稳定性定理，类似可知原始数据空间最小球算法的稳定性定理。

定理 6.2.1[5]　设从概率分布为 D 的母体随机抽取训练样本集 $X=\{\boldsymbol{x}_1,\boldsymbol{x}_2,\cdots,\boldsymbol{x}_N\}$，在由核函数 $\kappa=\langle\boldsymbol{\varphi}(\boldsymbol{x}_i),\boldsymbol{\varphi}(\boldsymbol{x}_j)\rangle$ 隐式定义的映射空间中，令 $(\boldsymbol{c},R)$ 是一个球的球心和半径，给定 $\rho>0$，定义函数

$$g(\boldsymbol{x})=\begin{cases}0, & \|\boldsymbol{\varphi}(\boldsymbol{x})-\boldsymbol{c}\|\leqslant R\\ (\|\boldsymbol{\varphi}(\boldsymbol{x})-\boldsymbol{c}\|^2-R^2)/\rho, & R^2<\|\boldsymbol{\varphi}(\boldsymbol{x})-\boldsymbol{c}\|^2\leqslant R^2+\rho\\ 1, & \text{其他}\end{cases}\tag{6.2.22}$$

对于给定的 $\delta\in(0,1)$，至少在 $1-\delta$ 的概率下，在大小为 N 的样本上有

$$\mathrm{E}_D[g(\boldsymbol{x})]\leqslant\frac{1}{N}\sum_{i=1}^{N}g(\boldsymbol{x}_i)+\frac{6R_0^2}{\rho\sqrt{N}}+3\sqrt{\frac{\ln(2/\delta)}{2N}}\tag{6.2.23}$$

式中，R_0 是球心在原点、包含分布支撑的最小球的半径。

定理 6.2.1 的证明参见文献[5]。对于包含全部训练样本的最小球算法，由于此时 $\sum_{i=1}^{N}g(\boldsymbol{x}_i)=0$，因此本节讨论的最小球算法关于训练类的检测性能(漏报概率的界)可以

由定理 6.2.1 简单推出。

定理 6.2.2 设从概率分布为 D 的母体 S 随机抽取 N 个训练样本，在由核函数 κ 隐式定义的映射空间中，设$(\boldsymbol{c}^*,R^*)$是包含训练样本集最小球的球心和半径，对于给定的 $\rho>0,\delta\in(0,1)$，在大于 $1-\delta$ 的概率下，来自训练类的点 $\boldsymbol{x}$ 落在球心为 $\boldsymbol{c}^*$、半径为 $R^*+\sqrt{\rho}$ 的球外部的概率

$$P[\|\boldsymbol{\varphi}(\boldsymbol{x})-\boldsymbol{c}^*\|>R^*+\sqrt{\rho}\ |\boldsymbol{x}\in S]<\frac{6R_0^2}{\rho\sqrt{N}}+3\sqrt{\frac{\ln(2/\delta)}{2N}} \tag{6.2.24}$$

式中，R_0 是球心在原点、包含分布支撑的最小球的半径。

从式(6.2.24)可以看出，若 ρ 增大，则概率界变小，定理 6.2.2 把“小半径球意味着对新类样本高敏感”的论断或直觉量化表达了。所以，通过选择稍微大于 R^* 的半径，可以大概率保证落在球外部的测试样本是“新类点”。

6.3 包含大部分点集的最优球

6.2 节讨论了在原始数据空间和核映射空间中寻求包含已给训练样本集的最小球算法，在学习后的检测中，训练类的样本可能出现在最小球外，新类样本可能出现在最小球内，6.2.3 节给出了最小球算法对训练类样本的误判概率，易知改变球半径会改变检测概率。若增大包含训练样本集的球半径，则可以在更高概率下确保这个球包含训练类分布更多的支撑；若减小球半径，将减小训练类分布的支撑，但可以提高新类分布生成的样本被判为新类数据的可能性，正确检测新类样本的概率增大，这相当于提高了新类样本检测的灵敏度。通常，类的分布在距其均值较远的地方发生概率较小，另外，当不知道新类分布的任何知识时，对其检测漏报概率应该小一些，所以减小球半径似乎是一个合理的考量；此外，为了克服噪声影响和忽略离群点，允许少量训练样本被误判也是减小球半径的一个理由。由于有训练类的某些知识(训练样本散布)，因此适当减小球半径，使球面仍能在很高概率下包含训练类大部分支撑，即除一小部分离群的训练样本外，它包含所有其他的训练样本，在增大新类样本检测灵敏度的同时，仍能控制检测训练类的概率，即在控制训练类样本误判为新类样本的概率的条件下缩小球半径，这种方法得到的球称为软界最小球或软界最优球，相应的球面称为软界最优球面。

本节首先讨论原始数据空间中包含给定训练集大部分样本的最优球，然后讨论核映射空间中包含给定训练集大部分样本的最优球，最后给出本节所导出的软界最优球算法关于训练样本误判概率的上界。

6.3.1 包含大部分样本的最优球

本小节讨论在原始数据空间中允许有些训练样本在球外，运用最优化方法求解减小球半径问题。设给定一个训练样本集 $X=\{\boldsymbol{x}_1,\boldsymbol{x}_2,\cdots,\boldsymbol{x}_N\}$，对于球外样本，将它们到球心的距离超过球半径 R 的差值作为代价引入到目标函数中，当样本在球内时其代价为零，为此在目标函数和约束条件中引入具有距离性质的松弛变量 $\boldsymbol{\xi}$，其分量 $\xi_i=(\|\boldsymbol{\varphi}(\boldsymbol{x}_i)-$

$\boldsymbol{c}\|^2-R^2)_+$，采用 6.2 节方法但允许有些样本在球外，于是求解包含大部分训练样本的球成为如下最优化问题：

$$\begin{cases}\min\limits_{\boldsymbol{c},R,\boldsymbol{\xi}} & R^2+\gamma\sum\limits_{i=1}^{N}\xi_i \\ \text{s.t.} & \|\boldsymbol{x}_i-\boldsymbol{c}\|^2\leqslant R^2+\xi_i \\ & \xi_i\geqslant 0,\quad i=1,2,\cdots,N\end{cases} \tag{6.3.1}$$

式中，参数 γ 是球半径最小化与球外各样本到球心距离超出半径的部分的度量之和最小化这两个有冲突的目标之间的权衡，其参与调整最终的球面。图 6.3.1 是 SVDD 软界球面与训练数据的示意图，通过软界 SVDD 算法得到球半径 R，球外样本 $\boldsymbol{x}_i$ 到球心的距离为 $\sqrt{R^2+\xi_i}$，到球面的径向距离为 $\sqrt{R^2+\xi_i}-R$。

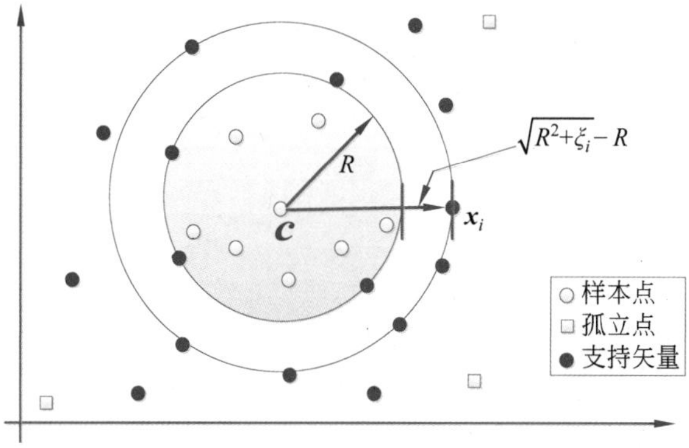

图 6.3.1　SVDD 的软界球面及训练数据示意图

对此优化问题运用拉格朗日乘数法，建立拉格朗日函数

$$L(\boldsymbol{c},R,\boldsymbol{\xi},\boldsymbol{\alpha},\boldsymbol{\beta})=R^2+\gamma\sum_{i=1}^{N}\xi_i+\sum_{i=1}^{N}\alpha_i[\|\boldsymbol{x}_i-\boldsymbol{c}\|^2-R^2-\xi_i]-\sum_{i=1}^{N}\beta_i\xi_i \tag{6.3.2}$$

式中，拉格朗日乘子 $\alpha_i\geqslant 0,\beta_i\geqslant 0$。拉格朗日函数分别对原问题变量 $\boldsymbol{c}$、R、$\boldsymbol{\xi}$ 求偏导并令其值等于零，得到

$$\frac{\partial L(\boldsymbol{c},R,\boldsymbol{\alpha},\xi)}{\partial \boldsymbol{c}}=-2\sum_{i=1}^{N}\alpha_i(\boldsymbol{x}_i-\boldsymbol{c})=\boldsymbol{0}$$

$$\frac{\partial L(\boldsymbol{c},R,\boldsymbol{\alpha},\boldsymbol{\xi})}{\partial R}=2R(1-\sum_{i=1}^{N}\alpha_i)=0$$

$$\frac{\partial L(\boldsymbol{c},R,\boldsymbol{\alpha},\boldsymbol{\xi})}{\partial \xi_i}=\gamma-\alpha_i-\beta_i=0$$

注意到 $R\neq 0$，由上面三式可得

$$\sum_{i=1}^{N}\alpha_i=1 \tag{6.3.3}$$

$$\boldsymbol{c}=\sum_{i=1}^{N}\alpha_i\boldsymbol{x}_i \tag{6.3.4}$$

$$\gamma - \alpha_i - \beta_i = 0 \tag{6.3.5}$$

根据非负条件 $\beta_i = \gamma - \alpha_i \geqslant 0$,有

$$0 \leqslant \alpha_i \leqslant \gamma, \quad i = 1, 2, \cdots, N \tag{6.3.6}$$

式(6.3.6)表明,γ 控制 α_i 的大小,由式(6.3.3)可知,γ 控制球外样本的数量,控制噪声和离群点的影响。

把式(6.3.3)~式(6.3.5)代入拉格朗日函数式(6.3.2),得到以拉格朗日乘子为变量的对偶拉格朗日函数

$$\begin{aligned} L(\boldsymbol{c}, R, \boldsymbol{\xi}, \boldsymbol{\alpha}, \boldsymbol{\beta}) &= \sum_{i=1}^{N} \alpha_i (\boldsymbol{x}_i - \boldsymbol{c})^{\mathrm{T}} (\boldsymbol{x}_i - \boldsymbol{c}) \\ &= \sum_{i=1}^{N} \alpha_i \boldsymbol{x}_i^{\mathrm{T}} \boldsymbol{x}_i - \sum_{i,j=1}^{N} \alpha_i \alpha_j \boldsymbol{x}_i^{\mathrm{T}} \boldsymbol{x}_j \triangleq W(\boldsymbol{\alpha}) \end{aligned} \tag{6.3.7}$$

于是,原问题的对偶优化问题是

$$\begin{cases} \max\limits_{\boldsymbol{\alpha}} \quad W(\boldsymbol{\alpha}) = \sum\limits_{i=1}^{N} \alpha_i \boldsymbol{x}_i^{\mathrm{T}} \boldsymbol{x}_i - \sum\limits_{i,j=1}^{N} \alpha_i \alpha_j \boldsymbol{x}_i^{\mathrm{T}} \boldsymbol{x}_j \\ \text{s.t.} \quad \sum\limits_{i=1}^{N} \alpha_i = 1 \\ \qquad 0 \leqslant \alpha_i \leqslant \gamma, \quad i = 1, 2, \cdots, N \end{cases} \tag{6.3.8}$$

求最大化 $W(\boldsymbol{\alpha})$ 的最优解 $\boldsymbol{\alpha}^*$,由此求得 $\boldsymbol{c}^*$ 和 R^*。

根据 KKT 定理,最优解 $\boldsymbol{c}^*$、R^*、$\boldsymbol{\xi}^*$、$\boldsymbol{\alpha}^*$、$\boldsymbol{\beta}^*$ 满足互补松弛条件:

$$\alpha_i^* [\|\boldsymbol{x}_i - \boldsymbol{c}^*\|^2 - (R^*)^2 - \xi_i^*] = 0, \quad i = 1, 2, \cdots, N \tag{6.3.9}$$

$$\beta_i^* \xi_i^* = (\gamma - \alpha_i^*) \xi_i^* = 0, \quad i = 1, 2, \cdots, N \tag{6.3.10}$$

位于最优球面内的样本 $\boldsymbol{x}_i$ 有 $\|\boldsymbol{x}_i - \boldsymbol{c}^*\|^2 < (R^*)^2$,且 $\xi_i^* = 0$,从而 $\|\boldsymbol{x}_i - \boldsymbol{c}^*\|^2 - (R^*)^2 - \xi_i^* \neq 0$,由式(6.3.9)可知,最优球面内的样本 $\boldsymbol{x}_i$ 对应的 $\alpha_i^* = 0$;对应 $\alpha_i^* > 0$ 的样本 $\boldsymbol{x}_i$,必有 $\|\boldsymbol{x}_i - \boldsymbol{c}^*\|^2 - (R^*)^2 - \xi_i^* = 0$,可知,对应 $\alpha_i^* > 0$ 的样本 $\boldsymbol{x}_i$ 位于最优球面中或球面外。由式(6.3.10),若 $0 < \alpha_i^* < \gamma$,则 $\xi_i^* = 0$,$\boldsymbol{x}_i$ 位于最优球面中;若 $\xi_i^* > 0$,$\boldsymbol{x}_i$ 位于最优球面外,则 $\alpha_i^* = \gamma$。球心和半径是由那些 $\alpha_i^* > 0$ 的位于球面中和球面外样本计算的,这种 $\alpha_i^* > 0$ 的样本被称为支持矢量。球面中的样本称为边界支持矢量,球面外的样本称为界外支持矢量,球面内的样本称为保留矢量。

下面归纳给出软界最优球问题的有关解。

1) 球心

前面已经求得最优球的球心

$$\boldsymbol{c}^* = \sum_{i=1}^{N} \alpha_i^* \boldsymbol{x}_i \tag{6.3.11}$$

2) 最优球半径

选择球面中的支持矢量 $\boldsymbol{x}_{sv}$ 计算球半径,其对应的 $\xi_{sv}^* = 0$,$0 < \alpha_{sv}^* < \gamma$,所求的球半径 R^*

$$\begin{aligned} R^* &= \|\boldsymbol{x}_{sv} - \boldsymbol{c}^*\| \\ &= \sqrt{\left(\boldsymbol{x}_{sv} - \sum_{i=1}^{N} \alpha_i^* \boldsymbol{x}_i\right)^{\mathrm{T}} \left(\boldsymbol{x}_{sv} - \sum_{i=1}^{N} \alpha_i^* \boldsymbol{x}_i\right)} \end{aligned}$$

$$=\left(\boldsymbol{x}_{sv}^{\mathrm{T}}\boldsymbol{x}_{sv}-2\sum_{i=1}^{N}\alpha_i^*\boldsymbol{x}_i^{\mathrm{T}}\boldsymbol{x}_{sv}+\sum_{i=1}^{N}\sum_{j=1}^{N}\alpha_i^*\alpha_j^*\boldsymbol{x}_i^{\mathrm{T}}\boldsymbol{x}_j\right)^{\frac{1}{2}} \tag{6.3.12}$$

3）判别函数

根据设定的规则，当一个待识样本 $\boldsymbol{x}$ 位于球心为 $\boldsymbol{c}^*$、半径为$\sqrt{(R^*)^2+\rho}$的球面外时，判定它属于新类，否则判定它属于训练类。这里计入 ρ 是因为训练类样本有些在半径为 R^* 的球面外部。通常 ρ 的取值为松弛变量的均值，$\rho=\left(\sum_{i=1}^{N}\xi_i^*\right)\Big/N$。依此判别函数表示为

$$\begin{aligned}d(\boldsymbol{x})&=\|\boldsymbol{x}-\boldsymbol{c}^*\|^2-(R^*)^2-\rho\\&=\left(\boldsymbol{x}-\sum_{i=1}^{N}\alpha_i^*\boldsymbol{x}_i\right)^{\mathrm{T}}\left(\boldsymbol{x}-\sum_{i=1}^{N}\alpha_i^*\boldsymbol{x}_i\right)-(R^*)^2-\rho\\&=\boldsymbol{x}^{\mathrm{T}}\boldsymbol{x}-2\sum_{i=1}^{N}\alpha_i^*\boldsymbol{x}_i^{\mathrm{T}}\boldsymbol{x}+\sum_{i=1}^{N}\sum_{j=1}^{N}\alpha_i^*\alpha_j^*\boldsymbol{x}_i^{\mathrm{T}}\boldsymbol{x}_j-(R^*)^2-\rho\end{aligned} \tag{6.3.13}$$

4）判别规则

$$d(\boldsymbol{x})=\begin{cases}\leqslant 0\\>0\end{cases}\Rightarrow\begin{cases}\boldsymbol{x}\in\omega_1\\\boldsymbol{x}\notin\omega_1\end{cases},\quad \omega_1\text{：训练类} \tag{6.3.14}$$

5）由拉格朗日函数式(6.3.2)、式(6.3.7)和互补松弛条件，容易得出

$$\sum_{i=1}^{N}\xi_i^*=(W(\boldsymbol{\alpha}^*)-(R^*)^2)/\gamma \tag{6.3.15}$$

软界最小球问题是一个线性等式和不等式约束的二次函数凸优化问题，有唯一解，又因只有训练集的部分样本（支持矢量）参与计算，所以算法是高效的。这种方法称为软界最小（超）球算法（soft minimal hypersphere）或软界最优球算法。在软界最优球算法中，从原问题的目标函数可以看出，参数 γ 用于协调球半径最小化和球外样本到球面距离之和最小化这两个有冲突的目标。在问题优化中推得，$0\leqslant\alpha_i\leqslant\gamma$，参数 γ 是各拉格朗日乘子 α_i 的上界，减小 γ 将会减小 α_i 的取值范围，由模型约束 $\sum_i\alpha_i=1$，这势必增加非零的 α_i 的个数，球面中和球面外样本增多意味着球面向内移动，γ 小到一定程度时，几乎所有样本都在球面外。增大 γ 导致球面中和球面外的样本减少，意味着球面向外移动，γ 大到一定程度时，所有样本都在球面内。可知，γ 的增加或减少控制支持矢量个数的减少或增加，控制球面向外或向内移动，γ 的取值控制球面内外移动的程度，影响对数据描述。由于 $0\leqslant\alpha_i\leqslant\gamma$ 且 $\sum_{i=1}^{N}\alpha_i=1$，参数 γ 的选择必须大于 $1/N$，否则无法满足约束 $\sum_{i=1}^{N}\alpha_i=1$，同时易知，选择大于 1 的参数 γ，其关于 α_i 的上界是不紧致的，综上分析，要求参数 γ 满足 $1/N\leqslant\gamma\leqslant1$，只有 γ 在区间[$1/N$，1]中改变取值，才会影响最优解。

6.3.2　包含核映射空间大部分样本的最优球

在核函数隐式定义的映射空间中允许有些样本在描述球外，运用最优化方法求解减小球半径问题。对于球外样本，将它们到球心的距离超过球半径 R 的差值作为代价引入目标函数中，当样本在球内时其代价为零，为此，在目标函数和约束条件中引入具有距离性质的松弛变量 $\boldsymbol{\xi}$，其分量 $\xi_i=(\|\boldsymbol{\varphi}(\boldsymbol{x}_i)-\boldsymbol{c}\|^2-R^2)_+$，于是，求解包含大部分训练样本的最小球问题成为如下最优化问题：

$$\begin{cases} \min\limits_{c,R,\xi} & R^2+\gamma\sum\limits_{i=1}^{N}\xi_i \\ \text{s.t.} & \|\boldsymbol{\varphi}(\boldsymbol{x}_i)-\boldsymbol{c}\|^2\leqslant R^2+\xi_i \\ & \xi_i\geqslant 0,\quad i=1,2,\cdots,N \end{cases} \tag{6.3.16}$$

其中,参数 γ 是球半径最小化与球外样本的松弛变量之和最小化这两个冲突目标之间的权衡,其参与调整最终的球面。运用拉格朗日乘数法,建立拉格朗日函数

$$L(\boldsymbol{c},R,\boldsymbol{\xi},\boldsymbol{\alpha},\boldsymbol{\beta})=R^2+\gamma\sum_{i=1}^{N}\xi_i+\sum_{i=1}^{N}\alpha_i(\|\boldsymbol{\varphi}(\boldsymbol{x}_i)-\boldsymbol{c}\|^2-R^2-\xi_i)-\sum_{i=1}^{N}\beta_i\xi_i \tag{6.3.17}$$

式中,拉格朗日乘子 $\alpha_i\geqslant 0,\beta_i\geqslant 0$。拉格朗日函数分别对原问题变量 $\boldsymbol{c}$、R、$\boldsymbol{\xi}$ 求偏导并令其值等于零,得到

$$\frac{\partial L(\boldsymbol{c},R,\boldsymbol{\alpha},\boldsymbol{\xi})}{\partial \boldsymbol{c}}=-2\sum_{i=1}^{N}\alpha_i(\boldsymbol{\varphi}(\boldsymbol{x}_i)-\boldsymbol{c})=\mathbf{0}$$

$$\frac{\partial L(\boldsymbol{c},R,\boldsymbol{\alpha},\boldsymbol{\xi})}{\partial R}=2R\left(1-\sum_{i=1}^{N}\alpha_i\right)=0$$

$$\frac{\partial L(\boldsymbol{c},R,\boldsymbol{\alpha},\boldsymbol{\xi})}{\partial \xi_i}=\gamma-\alpha_i-\beta_i=0$$

注意到 $R\neq 0$,由上面三式可得

$$\sum_{i=1}^{N}\alpha_i=1 \tag{6.3.18}$$

$$\boldsymbol{c}=\sum_{i=1}^{N}\alpha_i\boldsymbol{\varphi}(\boldsymbol{x}_i) \tag{6.3.19}$$

$$\gamma-\alpha_i-\beta_i=0 \tag{6.3.20}$$

根据非负条件 $\beta_i=\gamma-\alpha_i\geqslant 0$,有

$$0\leqslant\alpha_i\leqslant\gamma,\quad i=1,2,\cdots,N \tag{6.3.21}$$

式(6.3.21)表明,γ 控制 α_i 的大小,因而控制球外样本的数量,控制噪声和离群点的影响。

把式(6.3.18)~式(6.3.20)代入拉格朗日函数式(6.3.17),得到以拉格朗日乘子为变量的对偶拉格朗日函数

$$\begin{aligned} L(\boldsymbol{c},R,\boldsymbol{\xi},\boldsymbol{\alpha},\boldsymbol{\beta}) &= \sum_{i=1}^{N}\alpha_i\langle\boldsymbol{\varphi}(\boldsymbol{x}_i)-\boldsymbol{c},\boldsymbol{\varphi}(\boldsymbol{x}_i)-\boldsymbol{c}\rangle \\ &= \sum_{i=1}^{N}\alpha_i\kappa(\boldsymbol{x}_i,\boldsymbol{x}_i)-\sum_{i,j=1}^{N}\alpha_i\alpha_j\kappa(\boldsymbol{x}_i,\boldsymbol{x}_j)\triangleq W(\boldsymbol{\alpha}) \end{aligned} \tag{6.3.22}$$

于是,原问题的对偶优化问题是

$$\begin{cases} \max\limits_{\boldsymbol{\alpha}} & W(\boldsymbol{\alpha})=\sum\limits_{i=1}^{N}\alpha_i\kappa(\boldsymbol{x}_i,\boldsymbol{x}_i)-\sum\limits_{i,j=1}^{N}\alpha_i\alpha_j\kappa(\boldsymbol{x}_i,\boldsymbol{x}_j) \\ \text{s.t.} & \sum\limits_{i=1}^{N}\alpha_i=1 \\ & 0\leqslant\alpha_i\leqslant\gamma,\quad i=1,2,\cdots,N \end{cases} \tag{6.3.23}$$

求最大化 $W(\boldsymbol{\alpha})$ 的最优解 $\boldsymbol{\alpha}^*$，由此求得 $\boldsymbol{c}^*$ 和 R^*。

根据 KKT 定理，最优解 $\boldsymbol{c}^*$、R^*、$\boldsymbol{\xi}^*$、$\boldsymbol{\alpha}^*$、$\boldsymbol{\beta}^*$ 满足互补松弛条件：

$$\alpha_i^*[\|\boldsymbol{\varphi}(\boldsymbol{x}_i)-\boldsymbol{c}^*\|^2-(R^*)^2-\xi_i^*]=0,\quad i=1,2,\cdots,N \tag{6.3.24}$$

$$\beta_i^*\xi_i^*=(\gamma-\alpha_i^*)\xi_i^*=0,\quad i=1,2,\cdots,N \tag{6.3.25}$$

位于最优球面内的样本 $\boldsymbol{\varphi}(\boldsymbol{x}_i)$ 有 $\|\boldsymbol{\varphi}(\boldsymbol{x}_i)-\boldsymbol{c}^*\|^2<(R^*)^2$ 且 $\xi_i^*=0$，从而 $\|\boldsymbol{\varphi}(\boldsymbol{x}_i)-\boldsymbol{c}^*\|^2-(R^*)^2-\xi_i^*\neq 0$，由式(6.3.24)可知，最优球面内的样本 $\boldsymbol{\varphi}(\boldsymbol{x}_i)$ 对应的 $\alpha_i^*=0$；对应 $\alpha_i^*>0$ 的样本 $\boldsymbol{\varphi}(\boldsymbol{x}_i)$，必有 $\|\boldsymbol{\varphi}(\boldsymbol{x}_i)-\boldsymbol{c}^*\|^2-(R^*)^2-\xi_i^*=0$，可知，对应 $\alpha_i^*>0$ 的样本位于最优球面中或球面外。由式(6.3.25)，若 $0<\alpha_i^*<\gamma$，则 $\xi_i^*=0$，$\boldsymbol{\varphi}(\boldsymbol{x}_i)$ 位于最优球面中，若 $\xi_i^*>0$，$\boldsymbol{\varphi}(\boldsymbol{x}_i)$ 位于最优球面外，$\alpha_i^*=\gamma$。球心和半径是由那些 $\alpha_i^*>0$ 的位于球面中和球面外样本计算的，这种 $\alpha_i^*>0$ 的样本被称为支持矢量，球面中的样本称为边界支持矢量，球面外的样本称为界外支持矢量，球面内的样本称为保留矢量。

下面给出或导出问题的有关解。

1）球心

前面已经求得最优球的球心

$$\boldsymbol{c}^*=\sum_{i=1}^{N}\alpha_i^*\boldsymbol{\varphi}(\boldsymbol{x}_i) \tag{6.3.26}$$

2）球半径

选择最优球面中的支持矢量 $\boldsymbol{\varphi}(\boldsymbol{x}_{sv})$ 计算球半径，样本 $\boldsymbol{\varphi}(\boldsymbol{x}_{sv})$ 对应的 $\xi_{sv}^*=0$，$0<\alpha_{sv}^*<\gamma$，球半径 R^* 为

$$\begin{aligned}
R^*&=\|\boldsymbol{\varphi}(\boldsymbol{x}_{sv})-\boldsymbol{c}^*\|\\
&=\sqrt{\left(\boldsymbol{\varphi}(\boldsymbol{x}_{sv})-\sum_{i=1}^{N}\alpha_i^*\boldsymbol{\varphi}(\boldsymbol{x}_i)\right)^{\mathrm{T}}\left(\boldsymbol{\varphi}(x_{sv})-\sum_{j=1}^{N}\alpha_j^*\boldsymbol{\varphi}(\boldsymbol{x}_j)\right)}\\
&=\left(\boldsymbol{\varphi}(\boldsymbol{x}_{sv})^{\mathrm{T}}\boldsymbol{\varphi}(\boldsymbol{x}_{sv})-2\sum_{i=1}^{N}\alpha_i^*\boldsymbol{\varphi}(\boldsymbol{x}_i)^{\mathrm{T}}\boldsymbol{\varphi}(\boldsymbol{x}_{sv})+\sum_{i=1}^{N}\sum_{j=1}^{N}\alpha_i^*\alpha_j^*\boldsymbol{\varphi}(\boldsymbol{x}_i)^{\mathrm{T}}\boldsymbol{\varphi}(\boldsymbol{x}_j)\right)^{\frac{1}{2}}\\
&=\left(\boldsymbol{\kappa}(\boldsymbol{x}_{sv},\boldsymbol{x}_{sv})-2\sum_{i=1}^{N}\alpha_i^*\boldsymbol{\kappa}(\boldsymbol{x}_i,\boldsymbol{x}_{sv})+\sum_{i=1}^{N}\sum_{j=1}^{N}\alpha_i^*\alpha_j^*\boldsymbol{\kappa}(\boldsymbol{x}_i,\boldsymbol{x}_j)\right)^{\frac{1}{2}}
\end{aligned} \tag{6.3.27}$$

3）判别函数

根据设定的规则，当一个待识样本 $\boldsymbol{x}$ 的映像 $\boldsymbol{\varphi}(\boldsymbol{x})$ 位于中心为 $\boldsymbol{c}^*$、半径为 $\sqrt{(R^*)^2+\rho}$ 的球面外时，判定它属于新类，否则判定它属于训练类，通常 ρ 的取值为松弛变量的均值，$\rho=\left(\sum_{i=1}^{N}\xi_i^*\right)\Big/N$。依此判别函数表示为

$$\begin{aligned}
d(\boldsymbol{x})&=\|\boldsymbol{\varphi}(\boldsymbol{x})-\boldsymbol{c}^*\|^2-(R^*)^2-\rho\\
&=\left(\boldsymbol{\varphi}(\boldsymbol{x})-\sum_{i=1}^{N}\alpha_i^*\boldsymbol{\varphi}(\boldsymbol{x}_i)\right)^{\mathrm{T}}\left(\boldsymbol{\varphi}(\boldsymbol{x})-\sum_{i=1}^{N}\alpha_i^*\boldsymbol{\varphi}(\boldsymbol{x}_i)\right)-(R^*)^2-\rho\\
&=\boldsymbol{\varphi}(\boldsymbol{x})^{\mathrm{T}}\boldsymbol{\varphi}(\boldsymbol{x})-2\sum_{i=1}^{N}\alpha_i^*\boldsymbol{\varphi}(\boldsymbol{x}_i)^{\mathrm{T}}\boldsymbol{\varphi}(\boldsymbol{x})+\sum_{i=1}^{N}\sum_{j=1}^{N}\alpha_i^*\alpha_j^*\boldsymbol{\varphi}(\boldsymbol{x}_i)^{\mathrm{T}}\boldsymbol{\varphi}(\boldsymbol{x}_j)-(R^*)^2-\rho
\end{aligned}$$

$$=\kappa(\boldsymbol{x},\boldsymbol{x})-2\sum_{i=1}^{N}\alpha_i^*\kappa(\boldsymbol{x}_i,\boldsymbol{x})+\sum_{i=1}^{N}\sum_{j=1}^{N}\alpha_i^*\alpha_j^*\kappa(\boldsymbol{x}_i,\boldsymbol{x}_j)-(R^*)^2-\rho \tag{6.3.28}$$

4）判别规则

$$d(\boldsymbol{x})=\begin{cases}\leqslant 0\\ >0\end{cases} \Rightarrow \begin{cases}\boldsymbol{x}\in\omega_1\\ \boldsymbol{x}\notin\omega_1\end{cases},\quad \omega_1\text{：训练类} \tag{6.3.29}$$

5）由拉格朗日函数(6.3.22)和互补松弛条件容易得出

$$\sum_{i=1}^{N}\xi_i^*=(W(\boldsymbol{\alpha}^*)-(R^*)^2)/\gamma \tag{6.3.30}$$

以核函数为元素的核矩阵$\left(\kappa(\boldsymbol{x}_i,\boldsymbol{x}_j)\right)_{i,j=1}^{N}$是半正定的，这表明问题的数学模型是凸优化，有唯一解，又因只有训练集的部分样本（支持矢量）参与计算，所以算法是高效的。这种方法称为核映射空间中的软界最小（超）球算法或软界最优球算法。关于常用核函数的简单分析同6.2.2节，关于惩罚因子γ的讨论同6.3.1节，γ的增或减控制球面向外或向内移动，γ增大，球面向外移动，球面中和球面外的样本减少，γ大到一定程度时，所有样本都在球面内；γ减小，球面向内移动，球面中和球面外的样本增多，γ小到一定程度时，几乎所有样本都在球面外。由于$0\leqslant\alpha_i\leqslant\gamma$且$\sum_{i=1}^{N}\alpha_i=1$，因此要求参数$\gamma$满足$1/N\leqslant\gamma\leqslant 1$，$\gamma$的选择才会影响最优解。

图6.3.2～图6.3.6示出了核参数和惩罚因子不同取值对数据的SVDD边界描述的影响。

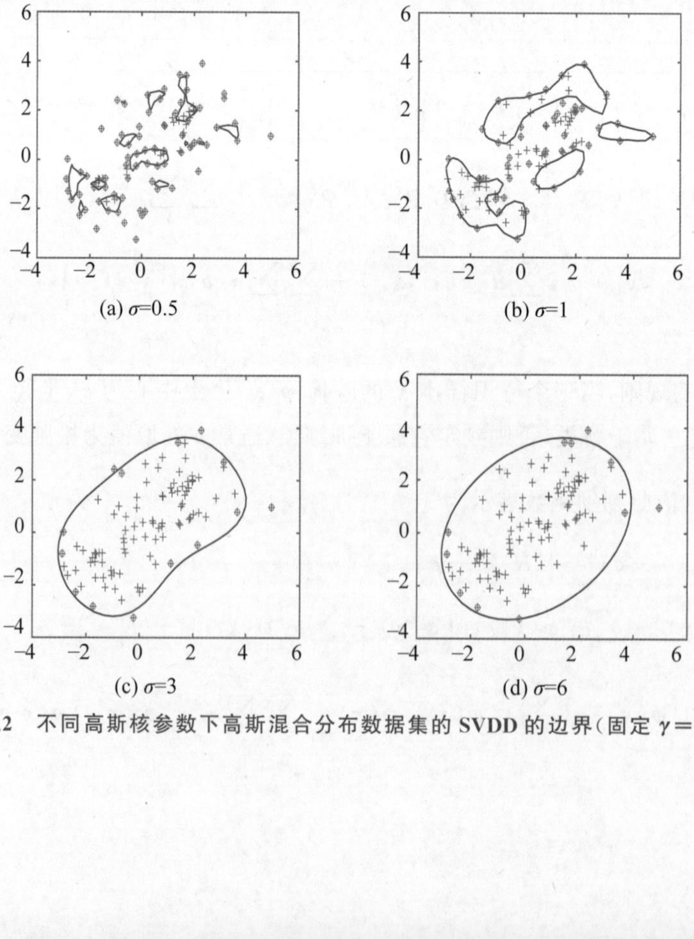

图6.3.2　不同高斯核参数下高斯混合分布数据集的SVDD的边界（固定$\gamma=0.08$）

(a) $\sigma=0.5$ (b) $\sigma=1$

(c) $\sigma=3$ (d) $\sigma=6$

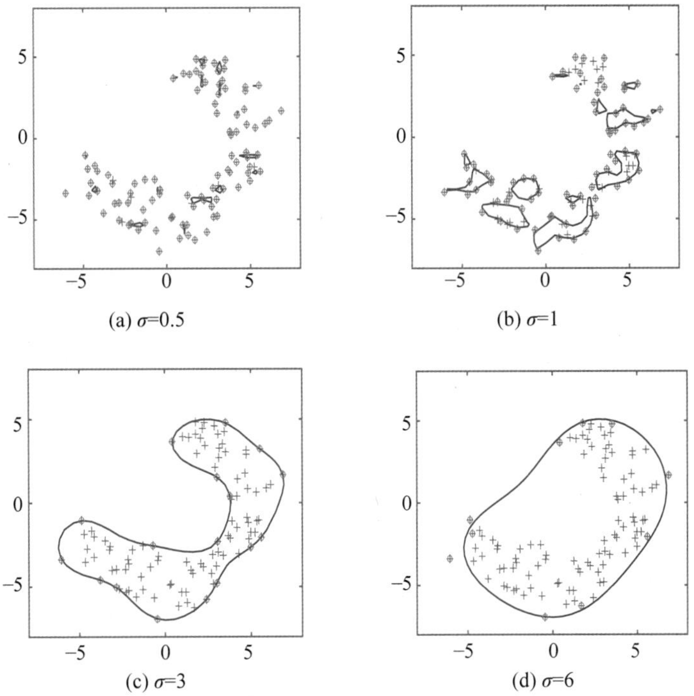

图 6.3.3 不同高斯核参数下 Banana 数据集的 SVDD 的边界（固定 $\gamma=0.08$）

(a) $\gamma=0.02$ (b) $\gamma=0.08$

(c) $\gamma=0.3$ (d) $\gamma=0.5$

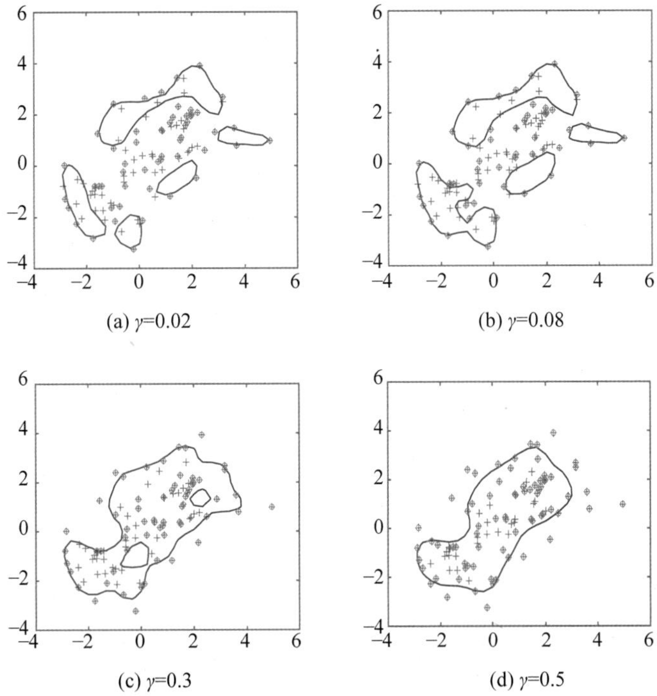

图 6.3.4 不同惩罚因子下高斯混合分布数据集的 SVDD 的边界（固定 $\sigma=1$）

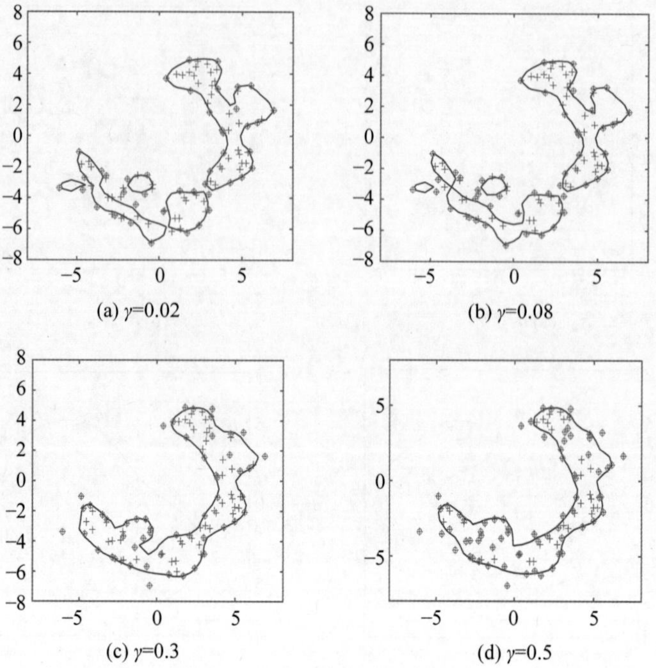

图 6.3.5 不同惩罚因子下 Banana 数据集的 SVDD 的边界(固定 $\sigma=1.4$)

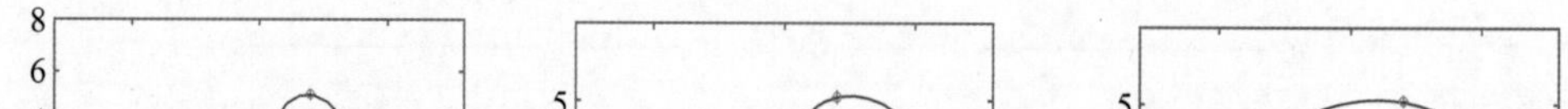

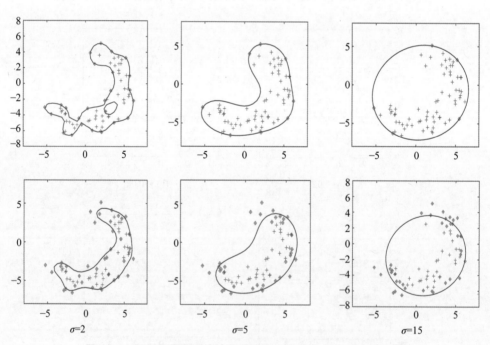

图 6.3.6 不同惩罚因子和高斯核参数下数据集的 SVDD 的边界

$\gamma=0.5$(上),$\gamma=0.05$(下)

6.3.3　ν-软界最优球

在原始数据空间或核函数隐式定义的映射空间中，在一些应用中，希望软界最优球外的训练样本数量是可控的，对于这个问题，可以采用类似 ν-软间隔支持矢量机的方法。

设参数 $\gamma=1/(\nu N)$，$\nu\in(0,1]$，$1/N\leqslant\gamma\leqslant 1$，由 6.3.2 节，软界最优球算法相应成为

$$\begin{cases}\min\limits_{c,R,\xi} & R^2+\dfrac{1}{\nu N}\sum\limits_{i=1}^{N}\xi_i\\ \text{s.t.} & \|\boldsymbol{\varphi}(\boldsymbol{x}_i)-\boldsymbol{c}\|^2\leqslant R^2+\xi_i\\ & \xi_i\geqslant 0,\quad i=1,2,\cdots,N\end{cases}\tag{6.3.31}$$

这种方法称为 ν-软界最小球算法（ν-soft minimal hypersphere）或 ν-软界最优球算法。

ν-软界最优球算法与软界最优球算法相同，只是对参数 γ 进行了设定，$\gamma=1/(\nu N)$，所以得到相同形式的解，因此 ν-软界最优球算法略去。

对 ν-软界最优球（$\boldsymbol{c}^*,R^*$）的分析和对软界最优球的分析相同。由互补松弛条件，对于 ν-软界最优球面内的样本 $\boldsymbol{x}_i$，有 $\xi_i^*=0$，由互补松弛条件，$\alpha_i^*=0$；对于 ν-软界最优球面中的样本 $\boldsymbol{x}_i$，$\xi_i^*=0$，$0<\alpha_i^*<\gamma=1/(\nu N)$；对于 ν-软界最优球面外的样本 $\boldsymbol{x}_i$，有 $\xi_i^*>0$，这表明 $\beta_i^*=0$，从而 $\alpha_i^*=\gamma=1/(\nu N)$；由于要满足约束 $\sum\limits_{i=1}^{N}\alpha_i^*=1$，所以球面中和球面外的样本不能少于 νN 个，否则将有 $\sum\limits_{i=1}^{N}\alpha_i^*<1$，换言之，没在球面内部的样本不会少于 νN 个，即 ν 是支持矢量占比的下界，同时，位于球面外部的训练样本不会多于 νN 个，否则将有 $\sum\limits_{i=1}^{N}\alpha_i^*>1$，$\nu$ 是球外样本占比的上界。

6.3.4　软界最优球算法的检测性能

这里给出核函数隐式定义的映射空间中软界最优球算法的检测性能，原始数据空间的情况可以认为是其特例，有关结论可以类推。定理 6.3.1 表明，减小软界最优球半径，提高新类样本检测敏感度的同时，仍能控制训练类的样本被误判为新类样本的概率。

定理 6.3.1　设从概率分布为 D 的母体随机抽取 N 个训练样本，在由核函数 $\kappa(\cdot,\cdot)=\langle\boldsymbol{\varphi}(\cdot),\boldsymbol{\varphi}(\cdot)\rangle$ 隐式定义的映射空间中，令 $\boldsymbol{c}^*$、R^*、$\|\xi^*\|_1$ 和 $d(\cdot)$ 是按软界最优球算法求得的。对于给定的 $\rho>0$，$\delta\in(0,1)$，那么在大于 $1-\delta$ 的概率下，概率分布为 D 的母体的样本 $\boldsymbol{x}$ 出现在软界最优球外部的概率

$$P(d(\boldsymbol{x})>0)\leqslant\frac{1}{\rho N}\|\boldsymbol{\xi}^*\|_1+\frac{6R_0^2}{\rho\sqrt{N}}+3\sqrt{\frac{\ln(2/\delta)}{2N}}\tag{6.3.32}$$

式中，R_0 是球心在原点、包含分布支撑的最小球半径。对于 ν-软界最优球算法，最多有 νN 个训练样本在球面的外部，至少有 νN 个训练样本没在球面内部。

式(6.3.32)是从定理 6.2.1 和事实

$$\frac{1}{N}\sum_{i=1}^{N}g(\boldsymbol{x}_i)\leqslant\frac{1}{\rho N}\|\boldsymbol{\xi}^*\|_1$$

推导出来的，其中 $g(\boldsymbol{x})$ 是定理 6.2.1 中定义的函数，且 $\boldsymbol{c}=\boldsymbol{c}^*, R=R^*$，而

$$P(d(\boldsymbol{x})>0) \leqslant \mathrm{E}_D[g(\boldsymbol{x})]$$

定理 6.3.1 指出，对于 ν-软界最优球算法，不多于 νN 个训练样本在球面外部，不少于 νN 个训练样本没在球面内部，这意味着训练样本有一部分是球面中的支持矢量。

定理 6.3.1 是针对固定的 ρ 值的情况，如前所述，通常 ρ 的取值为松弛变量的均值，$\rho=\left(\sum_{i=1}^{N}\xi_i^*\right)\Big/N$，然而，在应用中，通常要根据算法的实际性能和要求选择适当的 ρ 值。实施方法是取 ρ 的 k 个不同值并分别应用上述算法进行测试，选取一个相对最佳值用于给定问题。对于这种情况，定理 6.3.1 仍然保证在把 δ 的值设为 δ/k 时，在 $1-\delta$ 的概率下这个概率界对于 ρ 的所有 k 个选择都成立，只是弱化了这个界，对应的界的变化是在概率界中的根号内加上 $\ln k/N$[5]。

前面陈述了 ν-软界最优球算法的 ν 值与位于球面外样本数占比的界的关系，下面的推论把 ν 的选择与训练样本误判概率联系起来。

推论 6.3.2[5] 设 ρ 可以选择，如果想把 ν-软界最优球算法的训练样本位于球面外的概率的界固定为

$$\frac{1}{\rho N}\|\boldsymbol{\xi}^*\|_1+\frac{6R_0^2}{\rho\sqrt{N}}+3\sqrt{\frac{\ln(2/\delta)}{2N}} \tag{6.3.33}$$

可令

$$\nu=\frac{1}{\rho N}\|\boldsymbol{\xi}^*\|_1+\frac{6R_0^2}{\rho\sqrt{N}} \tag{6.3.34}$$

按算法获得对应的最小化检测球。

此推论表明 ν 值取式(6.3.34)时按 ν-软界最优球算法目标函数达到最小，训练样本位于球面外的概率的界为式(6.3.33)。前面已知，ν 值控制最优球面外的训练类样本数量，此推论进一步表明 ν 值与概率界的关系。

6.3.5 软界最优球面与广义最优平面的关系

需要指出的是，SVDD 的最优球面与 SVM 的最优平面之间存在着对应关系。Bernhand 等学者于 1999 年提出了单类支持矢量机（OC-SVM）用于处理无类别标记的数据。OC-SVM 是经典支持矢量机的衍生模型，可以认为是无监督分类器，用于异常检测。对于给定的无类别标记样本集 $\{\boldsymbol{x}_i\}_{i=1}^N$，单类支持矢量机寻求能分划样本集和原点于其两侧、且距原点最远的平面，如图 6.3.7 所示。在核映射空间中，平面表示为

$$\boldsymbol{w}^{\mathrm{T}}\boldsymbol{\varphi}(\boldsymbol{x})-\rho=0 \tag{6.3.35}$$

原点到平面的距离为 $|-\rho|/\|\boldsymbol{w}\|$。单类支持矢量机的最优化模型为

$$\begin{cases}\min\limits_{w,\rho,\xi} & \dfrac{1}{2}\|\boldsymbol{w}\|^2-\rho+\gamma\sum\limits_{i=1}^{N}\xi_i \\ \text{s.t.} & \boldsymbol{w}^{\mathrm{T}}\boldsymbol{\varphi}(\boldsymbol{x}_i)\geqslant\rho-\xi_i \\ & \xi_i\geqslant 0,\quad i=1,2,\cdots,N\end{cases} \tag{6.3.36}$$

这里没有明确要求 $\rho\geqslant 0$,由此对分布所在象限有隐含要求。构造上述问题的拉格朗日函数,并利用 KKT 定理解得

$$\boldsymbol{w}=\sum_{i=1}^{N}\lambda_i\boldsymbol{\varphi}(\boldsymbol{x}_i) \tag{6.3.37}$$

$$\sum_{i=1}^{N}\lambda_i=1 \tag{6.3.38}$$

$$\lambda_i=\gamma-\beta_i\leqslant\gamma,\quad i=1,2,\cdots,N \tag{6.3.39}$$

于是可得其对偶优化问题为

$$\begin{cases}\max\limits_{\boldsymbol{\lambda}} & -\dfrac{1}{2}\sum\limits_{i,j=1}^{N}\lambda_i\lambda_j\kappa(\boldsymbol{x}_i,\boldsymbol{x}_j)\\ \text{s.t.} & \sum\limits_{i=1}^{N}\lambda_i=1\\ & 0\leqslant\lambda_i\leqslant\gamma,\quad i=1,2,\cdots,N\end{cases} \tag{6.3.40}$$

应用与前面同样的方法可以得到判别函数

$$d(\boldsymbol{x})=\sum_{i=1}^{N}\lambda_i^*\kappa(\boldsymbol{x}_i,\boldsymbol{x})-\rho \tag{6.3.41}$$

利用任何满足 $0<\lambda_i<\gamma$ 的支持矢量 $\boldsymbol{x}_{sv}$ 可以算得式中

$$\rho=\boldsymbol{w}^*\cdot\boldsymbol{x}_{sv}=\sum_{i=1}^{N}\lambda_i^*\kappa(\boldsymbol{x}_i,\boldsymbol{x}_{sv}) \tag{6.3.42}$$

对于给定的样本集,SVDD 对偶问题(6.3.23)的目标函数第一项是常数,这意味着 OC-SVM 的对偶问题(6.3.40)与 SVDD 的对偶问题(6.3.23)的目标函数一致,它们的约束条件又相同,可知两者的最优解相同。此外,由广义最优平面权矢量式(5.3.23)和软界最优球球心式(6.3.19)可以知道,广义最优平面的权矢量等价于软界最优球的中心。为进一步直观了解两者的内在联系,考虑径向基核函数,原始样本在核映射空间中位于一个球面S 的某个局部上,SVDD 的球面与球面S 相交,其包含存在所有样本的球面S 的最小局部,OC-SVM 的最优平面过这两个球面的交线,这个交线将寻找包围数据集的最优球与寻找 OC-SVM 的平面关联起来。

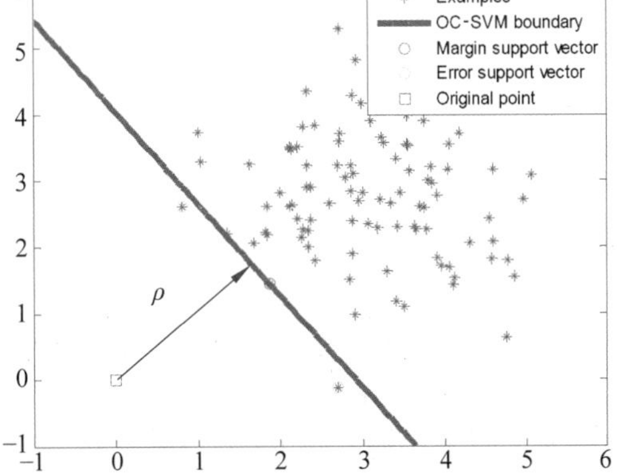

图 6.3.7　OC-SVM 示意图

6.4 样本加权的支持矢量数据描述

实际中，原始数据集难免有某些样本会受到噪声污染，使其在原始数据空间中的分布发生改变，还可能在映射空间中的分布会发生显著变化形成离群点，这些情况有时会严重影响 SVDD 的边界描述，从而使分类识别的正确率下降，鉴于此，相继出现了 SVDD 的一些改进算法。类似于引入不确定性的 SVM，SVDD 也可以根据各样本的重要性赋予它们适当的权值，以此改变它们在边界描述中作用的大小。

本节首先给出一般性的加权 SVDD，相当于提供一个加权 SVDD 算法的框架，然后简单介绍一些加权方法，如何确定权值是一个开放性的问题，原则上应根据实际问题确定，现已有一些确定权值方法，这里介绍一种从理论上讲比较稳健的确定权值的方法。

6.4.1 样本加权 SVDD

设给定训练样本集$\{\boldsymbol{x}_1,\boldsymbol{x}_2,\cdots,\boldsymbol{x}_N\}$，为消减被噪声污染的数据对训练结果的影响，根据某种考虑赋予每个样本 $\boldsymbol{x}_i$ 权值 w_i，于是，训练样本集表示为$\{(\boldsymbol{x}_1,w_1),(\boldsymbol{x}_2,w_2),\cdots,(\boldsymbol{x}_N,w_N)\}$，模型中目标函数除引入表达球外样本 $\boldsymbol{x}_i$ 到球面距离的松弛变量 ξ_i 外，还引入样本权值 w_i，于是，寻求稳健最优球描述成为如下最优化问题：

$$\begin{cases}\min\limits_{\boldsymbol{c},R,\boldsymbol{\xi}} & R^2+\gamma\sum\limits_{i=1}^{N}w_i\xi_i \\ \text{s.t.} & \|\boldsymbol{\varphi}(\boldsymbol{x}_i)-\boldsymbol{c}\|^2\leqslant R^2+\xi_i \\ & \xi_i\geqslant 0,\quad i=1,2,\cdots,N\end{cases} \tag{6.4.1}$$

上述模型与常规的 SVDD 不同之处是在建模时对每个样本区别对待，根据各样本的有关属性给以不同倚重，从而每个样本对边界构建贡献不同。为此，对每个样本赋予一个权值 w_i，将各样本的权值引入目标函数的惩罚项中，信用度低的样本赋予相对较小的权值，对其可能错分的惩罚较小，其权重较小，从而降低其对训练结果的影响，对信用度高的样本则赋予相对较大的权值，以此消减样本集中被噪声污染数据影响训练结果的准确性。

采用传统的 SVDD 模型寻优方法，可以得到其对偶优化问题：

$$\begin{cases}\max\limits_{\boldsymbol{\alpha}} & W(\boldsymbol{\alpha})=\sum\limits_{i=1}^{N}\alpha_i\kappa(\boldsymbol{x}_i,\boldsymbol{x}_i)-\sum\limits_{i,j=1}^{N}\alpha_i\alpha_j\kappa(\boldsymbol{x}_i,\boldsymbol{x}_j) \\ \text{s.t.} & \sum\limits_{i=1}^{N}\alpha_i=1 \\ & 0\leqslant\alpha_i\leqslant w_i\gamma,\quad i=1,2,\cdots,N\end{cases} \tag{6.4.2}$$

可以看出，式(6.4.2)与传统 SVDD 的对偶问题模型形式相同，不同的是样本权重 w_i 控制了 α_i 的取值范围，从而控制了样本 $\boldsymbol{x}_i$ 对边界描述的影响。位于球面内、球面中与球面外的训练样本 $\boldsymbol{x}_i$ 的拉格朗日乘子 α_i 的取值状态与传统 SVDD 关于 α_i 的分析相同。类似地，可以解得：

1）球心

最优球的球心

$$\boldsymbol{c}^* = \sum_{i=1}^{N} \alpha_i^* \boldsymbol{\varphi}(\boldsymbol{x}_i) \tag{6.4.3}$$

球心是样本的线性组合，但球面内的样本因其 $\alpha_i^* = 0$ 不参与球心的构造。

2）球半径

选择球面上的支持矢量 $\boldsymbol{x}_{sv}$ 计算球半径，边界支持矢量 $\boldsymbol{x}_{sv}$ 对应的 $\xi_{sv}^* = 0, 0 < \alpha_{sv}^* < w_{sv}\gamma$，球半径 R^* 为

$$\begin{aligned} R^* &= \|\boldsymbol{\varphi}(\boldsymbol{x}_{sv}) - \boldsymbol{c}^*\| \\ &= \sqrt{\left(\boldsymbol{\varphi}(\boldsymbol{x}_{sv}) - \sum_{i=1}^{N} \alpha_i^* \boldsymbol{\varphi}(\boldsymbol{x}_i)\right)^{\mathrm{T}} \left(\boldsymbol{\varphi}(\boldsymbol{x}_{sv}) - \sum_{i=1}^{N} \alpha_i^* \boldsymbol{\varphi}(\boldsymbol{x}_i)\right)} \\ &= \left(\boldsymbol{\varphi}(\boldsymbol{x}_{sv})^{\mathrm{T}} \boldsymbol{\varphi}(\boldsymbol{x}_{sv}) - 2\sum_{i=1}^{N} \alpha_i^* \boldsymbol{\varphi}(\boldsymbol{x}_i)^{\mathrm{T}} \boldsymbol{\varphi}(\boldsymbol{x}_{sv}) + \sum_{i=1}^{N}\sum_{j=1}^{N} \alpha_i^* \alpha_j^* \boldsymbol{\varphi}(\boldsymbol{x}_i)^{\mathrm{T}} \boldsymbol{\varphi}(\boldsymbol{x}_j)\right)^{\frac{1}{2}} \\ &= \left(\kappa(\boldsymbol{x}_{sv}, \boldsymbol{x}_{sv}) - 2\sum_{i=1}^{N} \alpha_i^* \kappa(\boldsymbol{x}_i, \boldsymbol{x}_{sv}) + \sum_{i=1}^{N}\sum_{j=1}^{N} \alpha_i^* \alpha_j^* \kappa(\boldsymbol{x}_i, \boldsymbol{x}_j)\right)^{\frac{1}{2}} \end{aligned} \tag{6.4.4}$$

3）判别函数

根据设定的规则，当一个待识样本 $\boldsymbol{x}$ 位于球心为 $\boldsymbol{c}^*$、半径为 $\sqrt{(R^*)^2 + \rho}$ 的球内时，判定它属于训练类，否则判定它属于非训练类，通常 $\rho = \left(\sum_{i=1}^{N} w_i \xi_i\right)/N$ 是松弛变量的加权均值。依此判别函数表示为

$$\begin{aligned} d(\boldsymbol{x}) &= \|\boldsymbol{\varphi}(\boldsymbol{x}) - \boldsymbol{c}^*\|^2 - (R^*)^2 - \rho \\ &= \left(\boldsymbol{\varphi}(\boldsymbol{x}) - \sum_{i=1}^{N} \alpha_i^* \boldsymbol{\varphi}(\boldsymbol{x}_i)\right)^{\mathrm{T}} \left(\boldsymbol{\varphi}(\boldsymbol{x}) - \sum_{i=1}^{N} \alpha_i^* \boldsymbol{\varphi}(\boldsymbol{x}_i)\right) - (R^*)^2 - \rho \\ &= \kappa(\boldsymbol{x}, \boldsymbol{x}) - 2\sum_{i=1}^{N} \alpha_i^* \kappa(\boldsymbol{x}_i, \boldsymbol{x}) + \sum_{i=1}^{N}\sum_{j=1}^{N} \alpha_i^* \alpha_j^* \kappa(\boldsymbol{x}_i, \boldsymbol{x}_j) - (R^*)^2 - \rho \end{aligned} \tag{6.4.5}$$

4）判别规则

$$d(\boldsymbol{x}) = \begin{cases} \leqslant 0 \\ > 0 \end{cases} \Rightarrow \begin{cases} \boldsymbol{x} \in \omega_1 \\ \boldsymbol{x} \notin \omega_1 \end{cases}, \quad \omega_1\text{：训练类} \tag{6.4.6}$$

6.4.2 样本的权重

实际中，原始数据集难免某些样本会受到噪声污染，这种情况有时会严重影响 SVDD 的边界描述，从而使分类识别的正确率下降，因此相继出现了 SVDD 的一些改进算法，其中常用方法是根据各样本的重要性赋予适当的权值。最典型的策略是密度加权，局部高密度区域中的样本通常认为是更可信赖的训练样本，应该包含在描述边界内，通常赋予它们相对较大的权值。文献[14,28]引入了局部密度的概念，以此刻画每个样本的重要性，赋予高密度区域中样本相对较高的权值，其基于最近邻概念和 Parzer 窗密度定义了两种局部密度，用于对训练样本加权，并在判决时引入了基于密度的距离，结果更能准确地反

映训练样本的分布信息；文献[15] 基于 k-近邻距离定义了新的加权密度，提出了基于 k-近邻距离的密度加权 SVDD，新的加权密度有助于改善非对称分布训练样本的学习效果；文献[16-17]以样本到样本集中心的距离反映样本隶属于该样本群的可能性，由此构造基于距离的权重。为了解决噪声敏感问题，文献[53]基于核 PCA 方法定义了各训练样本模糊隶属度，并用隶属度加权样本；文献[22]基于粗糙集理论对不同区域样本赋予不同权值。

对于存在局部低采样率的训练数据集，或对象本身就固有局部低密度分布，这种情况下很可能将含有训练样本的低密度区域排除在描述边界之外。有时被污染的训练数据相对较多、分布相对集中，并且它们偏离中心较远，这些分布密度较大的被污染的数据由于赋予较大权重，它们将拉偏描述区域，有时甚至较严重，会使新类数据进入其中。文献[9]引入了多元统计学中的数据集中心和散布稳健估计的 Stahel-Donoho outlyingness 的概念和方法，用数据集 Z 的中值 $\mathrm{med}(Z)$ 作为数据集的中心，用中值绝对偏差 $\mathrm{mad}(Z)$ 作为数据集的散布，定义样本 $\boldsymbol{z}_l$ 相对于单位方向矢量 $\boldsymbol{u}$ 的投影到数据集中心规格化距离的上确界为样本偏离值：

$$r_l = \sup_{\boldsymbol{u}} \{ |\boldsymbol{z}_l \cdot \boldsymbol{u} - \mathrm{med}(Z \cdot \boldsymbol{u})| \ /\mathrm{mad}(Z \cdot \boldsymbol{u}) \}, \quad \boldsymbol{z}_l \in Z \tag{6.4.7}$$

对于核映射空间，离散的单位方向矢量基于两个样本定义为

$$\boldsymbol{u}^{i,j} = \frac{\boldsymbol{\varphi}(\boldsymbol{x}_i) - \boldsymbol{\varphi}(\boldsymbol{x}_j)}{\|\boldsymbol{\varphi}(\boldsymbol{x}_i) - \boldsymbol{\varphi}(\boldsymbol{x}_j)\|} \tag{6.4.8}$$

令 $z_l^{i,j}$ 表示样本 $\boldsymbol{\varphi}(\boldsymbol{x}_l)$ 在 $\boldsymbol{u}^{i,j}$ 上的投影，$Z^{i,j}$ 表示所有样本 $\{\boldsymbol{\varphi}(\boldsymbol{x}_i)\}$ 在 $\boldsymbol{u}^{i,j}$ 上的投影集合，对于样本 $\boldsymbol{x}_l$，式(6.4.7)近似表示为

$$\widetilde{r}_l = \max_{(i,j) \in \{1,2,\cdots,N\} \times \{1,2,\cdots,N\}} \left| z_l^{i,j} - \mathrm{med}(Z^{i,j}) \right| /\mathrm{mad}(Z^{i,j}) \tag{6.4.9}$$

式中

$$\mathrm{mad}(Z^{i,j}) = \mathrm{med}_k \, |z_k^{i,j} - \mathrm{med}(Z^{i,j})| \tag{6.4.10}$$

由 $\widetilde{r}_l$ 构造 Huber weights 样本权值

$$w_H(\widetilde{r}) = I(\widetilde{r} \leqslant c) + (c/\widetilde{r})^q I(\widetilde{r} > c) \tag{6.4.11}$$

式中，$I(\cdot)$ 为 0-1 指示函数，c 为尺度参数，用于稳健性和有效性的权衡，q 为形状参数，控制函数幅值衰减速率。这种权值确定方法是一种稳健的、相对保守的方法。

6.5 小球大间隔 SVDD

在 6.3 节经典 SVDD 讨论中，利用一类训练样本得到软界最优球的半径 R^* 后，判别函数的半径阈值取为 $\sqrt{(R^*)^2+\rho}$，其中 $\rho = \sum_{i=1}^{N} \xi_i^* / N$。为了提升正确率，如果可能，除正类样本外，还引入负类样本，利用两类样本信息，将 SVM 的间隔最大化思想引入经典 SVDD，在输入空间或核映射空间中确定一个只包含训练集正类样本的最小软界球面、同时最大化球面与负类样本间隔，这种最小化正类球半径最大化负类间隔的数据描述称为小球大间隔 SVDD(SSLM-SVDD)[33]，或称为大间隔 SVDD(LMSVDD)。

考虑两类问题。设给定一个训练样本集 $X=\{(\boldsymbol{x}_i,y_i)\}_{i=1}^N$,类别标记值 $y_i=\pm 1$,其中正、负类样本个数分别为 N_1 和 N_2。在由核函数 $\boldsymbol{\varphi}(\boldsymbol{x})$ 定义的映射空间中,小球大间隔 SVDD 所确定的球面仍然用球心 $\boldsymbol{c}$ 和半径 R 表征,ρ 表示球面与负类样本的"间隔",对正类样本的约束是

$$\|\boldsymbol{\varphi}(\boldsymbol{x}_i)-\boldsymbol{c}\|^2\leqslant R^2+\xi_i \tag{6.5.1}$$

$$\xi_i\geqslant 0,\quad i=1,2,\cdots,N_1 \tag{6.5.2}$$

对负类样本的约束是

$$\|\boldsymbol{\varphi}(\boldsymbol{x}_i)-\boldsymbol{c}\|^2\geqslant R^2+\rho^2-\xi_i \tag{6.5.3}$$

$$\xi_i\geqslant 0,\quad i=1,2,\cdots,N_2 \tag{6.5.4}$$

为了将上述关于正、负类样本的约束合写成一个式子,令 $z_i=(y_i-1)/2$,于是有

$$y_i\|\boldsymbol{\varphi}(\boldsymbol{x}_i)-\boldsymbol{c}\|^2\leqslant y_iR^2+z_i\rho^2+\xi_i \tag{6.5.5}$$

$$\xi_i\geqslant 0,\quad i=1,2,\cdots,N \tag{6.5.6}$$

构造目标函数,可得最小正类球半径最大负类间隔的最优软界球$(\boldsymbol{c}^*,R^*)$是下面最优化问题的解:

$$\begin{cases}\min\limits_{\boldsymbol{c},R,\rho,\boldsymbol{\xi}} & R^2-\nu\rho^2+\gamma\sum\limits_{i=1}^N\xi_i\\ \text{s.t.} & y_i\|\boldsymbol{\varphi}(\boldsymbol{x}_i)-\boldsymbol{c}\|^2\leqslant y_iR^2+z_i\rho^2+\xi_i\\ & \xi_i\geqslant 0,\quad i=1,2,\cdots,N\end{cases} \tag{6.5.7}$$

上述最优化问题的拉格朗日函数为

$$\begin{aligned}L(\boldsymbol{c},R,\rho,\boldsymbol{\xi},\boldsymbol{\alpha},\boldsymbol{\beta})&=R^2-\nu\rho^2+\gamma\sum_{i=1}^N\xi_i\\&\quad-\sum_{i=1}^N\alpha_i(y_iR^2+z_i\rho^2+\xi_i-y_i\|\boldsymbol{\varphi}(\boldsymbol{x}_i)-\boldsymbol{c}\|^2)-\sum_{i=1}^N\beta_i\xi_i\end{aligned} \tag{6.5.8}$$

根据 KKT 定理的极值条件,上述拉格朗日函数分别对原问题变量 $\boldsymbol{c}$、R、ρ、$\boldsymbol{\xi}$ 求偏导并令结果为零,可得

$$\frac{\partial L}{\partial R}=2R\left(1-\sum_{i=1}^N\alpha_iy_i\right)=0\quad\Rightarrow\quad\sum_{i=1}^N\alpha_iy_i=1 \tag{6.5.9}$$

$$\frac{\partial L}{\partial \boldsymbol{c}}=-2\sum_{i=1}^N\alpha_iy_i(\boldsymbol{\varphi}(\boldsymbol{x}_i)-\boldsymbol{c})=\boldsymbol{0}\quad\Rightarrow\quad\boldsymbol{c}=\sum_{i=1}^N\alpha_iy_i\boldsymbol{\varphi}(\boldsymbol{x}_i) \tag{6.5.10}$$

$$\frac{\partial L}{\partial \rho}=2\rho\left(-\nu-\sum_{i=1}^N\alpha_iz_i\right)=0\quad\Rightarrow\quad\sum_{i=1}^N\alpha_iz_i=-\nu \tag{6.5.11}$$

$$\frac{\partial L}{\partial \xi_i}=0\quad\Rightarrow\quad\gamma-\alpha_i-\beta_i=0 \tag{6.5.12}$$

根据 KKT 定理的非负条件,$\beta_i=\gamma-\alpha_i\geqslant 0$,由此可得

$$0\leqslant\alpha_i\leqslant\gamma \tag{6.5.13}$$

由 $z_i=(y_i-1)/2$ 知,当 $y_i=1$ 时,$z_i=0$,当 $y_i=-1$ 时,$z_i=-1$,由(6.5.11)有

$$\sum_{i=1}^{N}\alpha_i z_i = -\sum_{i:y_i=-1}\alpha_i = -\nu$$

式(6.5.9)可写成

$$\sum_{i=1}^{N}\alpha_i y_i = \sum_{i:y_i=1}\alpha_i - \sum_{i:y_i=-1}\alpha_i = 1$$

于是，有 $\sum_{i:y_i=1}\alpha_i = 1+\nu$，进一步得到

$$\sum_{i:y_i=1}\alpha_i + \sum_{i:y_i=-1}\alpha_i = \sum_{i=1}^{N}\alpha_i = 1+2\nu \tag{6.5.14}$$

将式(6.5.10)代入拉格朗日函数(6.5.8)中，并利用式(6.5.9)和式(6.5.11)～式(6.5.14)，可得原问题的对偶问题的目标函数，于是原问题的对偶优化问题为

$$\begin{cases}\max\limits_{\boldsymbol{\alpha}} & \sum\limits_{i=1}^{N}\alpha_i y_i \kappa(\boldsymbol{x}_i,\boldsymbol{x}_i) - \sum\limits_{i=1}^{N}\sum\limits_{j=1}^{N}\alpha_i\alpha_j y_i y_j \kappa(\boldsymbol{x}_i,\boldsymbol{x}_j) \\ \text{s.t.} & \sum\limits_{i=1}^{N}\alpha_i y_i = 1 \\ & 0 \leqslant \alpha_i \leqslant \gamma \\ & \sum\limits_{i=1}^{N}\alpha_i = 1+2\nu \end{cases} \tag{6.5.15}$$

求解最优化问题(6.5.15)的$\{\alpha_i^*\}_{i=1}^{N}$，并由此求得原问题的最优解$(\boldsymbol{c}^*, R^*, \rho^*)$。

此模型蕴含两个不同半径的同心球面。考虑负类样本 $\boldsymbol{x}_i$，根据互补松弛条件：位于球面$(\boldsymbol{c}^*;\sqrt{(R^*)^2+\rho^2})$外的负类样本 $\boldsymbol{x}_i$，其 $\xi_i^*=0,\alpha_i^*=0$；对于 $0<\alpha_i^*<\gamma$ 的负类样本，若 $\xi_i^*=0$，其在此球面中；对于 $\xi_i^*>0$ 的负类样本，有 $\alpha_i^*=\gamma$，其在此球面内。正类样本的 α_i^* 关于球面$(\boldsymbol{c}^*,R^*)$的情况如前所述。球面中的样本称为边界支持矢量，$\alpha_i^*=\gamma$ 的样本称为界外支持矢量。

可以利用 $0<\alpha_i^*<\gamma$ 的正类样本 $\boldsymbol{x}_i$ 计算 R^*，因其在球面$(\boldsymbol{c}^*,R^*)$中，可知

$$(R^*)^2 = \|\boldsymbol{\varphi}(\boldsymbol{x}_i)-\boldsymbol{c}^*\|^2 = \kappa(\boldsymbol{x}_i,\boldsymbol{x}_i) - 2\sum_{k=1}^{N}\alpha_k^* y_k \kappa(\boldsymbol{x}_i,\boldsymbol{x}_k) + \langle \boldsymbol{c}^*,\boldsymbol{c}^*\rangle \tag{6.5.16}$$

式中

$$\langle \boldsymbol{c}^*,\boldsymbol{c}^*\rangle = \sum_{i=1}^{N}\sum_{j=1}^{N}\alpha_i^*\alpha_j^* y_i y_j \kappa(\boldsymbol{x}_i,\boldsymbol{x}_j)$$

利用 $0<\alpha_j^*<\gamma$ 的负类样本 $\boldsymbol{x}_j$ 计算 ρ^2，因其在球面$(\boldsymbol{c}^*,\sqrt{(R^*)^2+\rho^2})$中，可知

$$(R^*)^2+\rho^2 = \|\boldsymbol{\varphi}(\boldsymbol{x}_j)-\boldsymbol{c}^*\|^2 = \kappa(\boldsymbol{x}_j,\boldsymbol{x}_j) - 2\sum_{k=1}^{N}\alpha_k^* y_k \kappa(\boldsymbol{x}_j,\boldsymbol{x}_k) + \langle \boldsymbol{c}^*,\boldsymbol{c}^*\rangle \tag{6.5.17}$$

$$\rho^2 = \|\boldsymbol{\varphi}(\boldsymbol{x}_j)-\boldsymbol{c}^*\|^2 - (R^*)^2 \tag{6.5.18}$$

为了提高计算精度，可以利用多个或全部分别位于两个球面中的正负类样本计算，然后取平均。

相应的判别函数为

$$d^{+}(\boldsymbol{x})=\operatorname{sgn}[(R^{*})^{2}-\|\boldsymbol{\varphi}(\boldsymbol{x})-\boldsymbol{c}^{*}\|^{2}] \tag{6.5.19}$$

$$d^{-}(\boldsymbol{x})=\operatorname{sgn}[(R^{*})^{2}+\rho^{2}-\|\boldsymbol{\varphi}(\boldsymbol{x})-\boldsymbol{c}^{*}\|^{2}] \tag{6.5.20}$$

当 $d^{+}(\boldsymbol{x})=1$ 时，表明样本 $\boldsymbol{x}$ 在球($\boldsymbol{c}^{*},R^{*}$)内，判为正类；当 $d^{-}(\boldsymbol{x})=-1$ 时，表明样本 $\boldsymbol{x}$ 在球面($\boldsymbol{c}^{*},\sqrt{(R^{*})^{2}+\rho^{2}}$)外，判为负类；在这两个球面之间的待识样本可以根据与两个球面的距离按最小原则判别。小球大间隔算法由于利用了负类信息，因此对负类样本(或视为新类样本)的检测率要大于经典的 SVDD。小球大间隔的数据描述的数学模型还有其他形式。可以认为它是“非对称边缘”的用球面代替平面的支持矢量机。也可以在模型(6.5.7)中去掉间隔 ρ^{2} 得到“对称边缘的球面”支持矢量机。

6.6　数据域最优椭球描述

采用以球心和半径为参数的球描述数据集分布域的 SVDD 有一定的局限性，例如，对于扁薄或细长分布的数据集，SVDD 所确定的描述边界内会包含大量没有训练样本的空白区域，这样的数据描述不紧致，有可能让另一类样本进入边界内的空白区域中，从而产生错误判决。可调参数相对较多又不复杂的椭球显然比圆球对数据分布适应性更强，更适于不同方向分布离散程度不同的数据集的描述。用圆球描述数据集之外的另一个数据集描述模型是最优椭球数据描述，这种方法是寻求一个包含全部训练样本或包含大部分训练样本的最小体积椭球(minimum volume enclosing ellipsoid，MVEE)。

椭球数据描述除用于新类检测外，还可以结合 KPCA 进行稀疏 KPCA 实现特征提取。

6.6.1　最优椭球数据描述

本节讨论最优椭球数据描述(ellipsoidal data description，ELPDD)的基本内容。在实数空间$\mathbb{R}^{n}$中，椭球通常表示为

$$(\boldsymbol{x}-\boldsymbol{\mu})^{\mathrm{T}}\boldsymbol{Q}^{-1}(\boldsymbol{x}-\boldsymbol{\mu})\leqslant R^{2},\quad \boldsymbol{x}\in\mathbb{R}^{n} \tag{6.6.1a}$$

或

$$E_{\boldsymbol{\mu},\boldsymbol{Q}}=\{\boldsymbol{x}\in\mathbb{R}^{n}\mid(\boldsymbol{x}-\boldsymbol{\mu})^{\mathrm{T}}\boldsymbol{Q}^{-1}(\boldsymbol{x}-\boldsymbol{\mu})\leqslant R^{2}\} \tag{6.6.1b}$$

式中：矢量 $\boldsymbol{\mu}$ 为椭球中心，表征椭球的位置；参数 R 表示椭球面上一点到椭球中心的马氏距离，其值参与控制椭球的大小；对称正定矩阵 $\boldsymbol{Q}$ 确定椭球的形状，其各本征矢量分别定义了椭球相应主轴的取向，$\boldsymbol{Q}$ 的各本征值λ_i关系到椭球相应轴的长度，椭球各半轴长度等于 $R\sqrt{\lambda_i}$；椭球体积 $V=V_n|\boldsymbol{Q}|^{1/2}R^{n}$，其中 V_n 为 n 维单位球的体积，常数 $V_n=2\pi^{n/2}/n\Gamma(n/2)$，$\Gamma(\cdot)$是 Γ 函数。在包含给定数据集条件下椭球体积最小化通过在此约束下使$|\boldsymbol{Q}|$和 R^{2} 最小化实现。注意到约束中 $\boldsymbol{Q}$ 以逆的形式出现，$|\boldsymbol{Q}|=\prod_{i=1}^{n}\lambda_i$，$|\boldsymbol{Q}^{-1}|=\prod_{i=1}^{n}\lambda_i^{-1}$，使$|\boldsymbol{Q}|$最小化等价于使$|\boldsymbol{Q}^{-1}|$最大化，为数学处理方便，对$-\ln|\boldsymbol{Q}^{-1}|$进行最小化，同时为允许少量样本可以在椭球外部，模型的目标函数引入松弛变量 ξ_i 以表达边界外样本 $\boldsymbol{x}_i$ 到边界的距离，在包含给定数据集$\{\boldsymbol{x}_i\}_{i=1}^{N}$大部分样本的条件下，椭球体积最小化表示成如下最

优化问题(ν-软界最优椭球算法)：

$$\begin{cases} \min\limits_{Q^{-1},\boldsymbol{\mu},R,\xi} & -\ln|\boldsymbol{Q}^{-1}|+R^2+\dfrac{1}{\nu N}\sum\limits_{i=1}^{N}\xi_i \\ \text{s.t.} & (\boldsymbol{x}_i-\boldsymbol{\mu})^{\mathrm{T}}\boldsymbol{Q}^{-1}(\boldsymbol{x}_i-\boldsymbol{\mu})\leqslant R^2+\xi_i \\ & \xi_i\geqslant 0,\quad i=1,2,\cdots,N \end{cases} \tag{6.6.2}$$

式中，ν 用于控制不落入椭球内部的样本数量，这相当于以样本误判概率控制椭球大小。

由上述约束优化问题构造拉格朗日函数

$$\begin{aligned} L(\boldsymbol{Q}^{-1},\boldsymbol{\mu},R,\boldsymbol{\xi},\boldsymbol{\alpha},\boldsymbol{\beta}) &= -\ln|\boldsymbol{Q}^{-1}|+R^2+\frac{1}{\nu N}\sum_{i=1}^{N}\xi_i \\ &\quad +\sum_{i=1}^{N}\alpha_i[(\boldsymbol{x}_i-\boldsymbol{\mu})^{\mathrm{T}}\boldsymbol{Q}^{-1}(\boldsymbol{x}_i-\boldsymbol{\mu})-R^2-\xi_i]-\sum_{i=1}^{N}\beta_i\xi_i \end{aligned} \tag{6.6.3}$$

根据 KKT 定理的极值条件，求拉格朗日函数关于原问题各变量的偏导数并令其为零，利用$\partial\boldsymbol{x}^{\mathrm{T}}\boldsymbol{A}\boldsymbol{y}/\partial\boldsymbol{A}=\boldsymbol{x}\boldsymbol{y}^{\mathrm{T}}$，$\partial\ln|\boldsymbol{A}|/\partial\boldsymbol{A}=(\boldsymbol{A}^{-1})^{\mathrm{T}}$，容易得到

$$\frac{\partial L}{\partial \boldsymbol{Q}^{-1}}=-\boldsymbol{Q}+\sum_{i=1}^{N}\alpha_i(\boldsymbol{x}_i-\boldsymbol{\mu})(\boldsymbol{x}_i-\boldsymbol{\mu})^{\mathrm{T}}=\boldsymbol{O}$$

$$\frac{\partial L}{\partial \boldsymbol{\mu}}=-2\sum_{i=1}^{N}\alpha_i\boldsymbol{Q}^{-1}(\boldsymbol{x}_i-\boldsymbol{\mu})=\boldsymbol{0}$$

$$\frac{\partial L}{\partial R}=2R\left(1-\sum_{i=1}^{N}\alpha_i\right)=0$$

$$\frac{\partial L}{\partial \xi_i}=\frac{1}{\nu N}-\alpha_i-\beta_i=0$$

由上面四式得出

$$\boldsymbol{Q}=\sum_{i=1}^{N}\alpha_i(\boldsymbol{x}_i-\boldsymbol{\mu})(\boldsymbol{x}_i-\boldsymbol{\mu})^{\mathrm{T}} \tag{6.6.4}$$

$$\boldsymbol{\mu}=\sum_{i=1}^{N}\alpha_i\boldsymbol{x}_i \tag{6.6.5}$$

$$\sum_{i=1}^{N}\alpha_i=1 \tag{6.6.6}$$

$$\alpha_i=\frac{1}{\nu N}-\beta_i \tag{6.6.7}$$

式(6.6.5)的导出利用了式(6.6.6)。由 $\beta_i=\frac{1}{\nu N}-\alpha_i\geqslant 0$，可得 $\alpha_i\leqslant\frac{1}{\nu N}$。

将式(6.6.4)和式(6.6.5)代入拉格朗日函数并利用上述有关式子，可得原问题的对偶优化问题

$$\begin{cases}\max\limits_{\boldsymbol{\alpha}} & \ln\left|\sum\limits_{i=1}^{N}\alpha_i\boldsymbol{x}_i\boldsymbol{x}_i^{\mathrm{T}}-\sum\limits_{i,j=1}^{N}\alpha_i\alpha_j\boldsymbol{x}_i\boldsymbol{x}_j^{\mathrm{T}}\right| \\ \text{s.t.} & 0\leqslant\alpha_i\leqslant\dfrac{1}{\nu N},\quad i=1,2,\cdots,N \\ & \sum\limits_{i=1}^{N}\alpha_i=1\end{cases} \tag{6.6.8}$$

上面是对数行列式形式的半正定规划问题。由其最优解 $\boldsymbol{\alpha}^*$可以进一步求得最优解 $\boldsymbol{\mu}^*$、$\boldsymbol{Q}^*$和 R^*。

根据 KKT 定理，最优解 $\boldsymbol{\mu}^*$、$\boldsymbol{Q}^*$、R^*、$\boldsymbol{\xi}^*$、$\boldsymbol{\alpha}^*$、$\boldsymbol{\beta}^*$满足互补松弛条件

$$\alpha_i^*\left[(\boldsymbol{x}_i-\boldsymbol{\mu}^*)^{\mathrm{T}}(\boldsymbol{Q}^*)^{-1}(\boldsymbol{x}_i-\boldsymbol{\mu}^*)-(R^*)^2-\xi_i^*\right]=0 \tag{6.6.9}$$

$$\beta_i^*\xi_i^*=0,\quad i=1,2,\cdots,N \tag{6.6.10}$$

对软界最优椭球($\boldsymbol{\mu}^*$,$\boldsymbol{Q}^*$,R^*)的分析与软界最优球类似。位于最优椭球面内的样本 $\boldsymbol{x}_i$，因 $\xi_i^*=0$，且$(\boldsymbol{x}_i-\boldsymbol{\mu}^*)^{\mathrm{T}}(\boldsymbol{Q}^*)^{-1}(\boldsymbol{x}_i-\boldsymbol{\mu}^*)-(R^*)^2-\xi_i^*\neq 0$，由互补松弛条件(6.6.9)可知，其 $\alpha_i^*=0$。对应 $0<\alpha_i^*\leqslant 1/(\nu N)$的样本位于最优椭球面中或椭球面外；由互补松弛条件(6.6.10)，对于 $0<\alpha_i^*<1/(\nu N)$的样本 $\boldsymbol{x}_i$，有 $\xi_i^*=0$，表明其位于最优椭球面中；位于最优椭球外的样本 $\boldsymbol{x}_i$，有 $\xi_i^*>0$，由互补松弛条件(6.6.10)，$\beta_i^*=0$，这表明 $\alpha_i^*=1/(\nu N)$。对应 $\alpha_i^*\neq 0$ 的样本称为支持矢量。由约束 $\sum\limits_{i=1}^{N}\alpha_i^*=1$，可以推知最优椭球外部最多有 νN 个样本，或者说 ν 是椭球外部样本占比的上界；考虑到椭球面中每个样本有 $0<\alpha_i^*<1/(\nu N)$，可以推知至少有 νN 个样本不在最优椭球面内，或者说 ν 是支持矢量占比的下界。对于 ν-软界最优椭球算法，νN 给出了没有位于最优椭球内部的样本数的下界，同时给出了位于最优椭球外的样本数的上界。

R^*可以用 $\alpha_i\neq 0$，$\xi_i=0$ 的椭球面中的支持矢量利用式(6.6.1a)计算。

6.6.2　核映射空间中椭球数据描述与检测

在椭球数据描述(ELPDD)模型中，对偶问题目标函数中样本之间的关系是以外积形式出现的，这与 SVDD 模型的对偶目标函数中样本之间的关系以内积形式出现不同，因此不能简单地用以前的核化方法。

设函数 $\boldsymbol{\varphi}(\boldsymbol{x})$是输入空间至高维核空间的映射，在此核映射空间中讨论椭球数据描述。设 $\boldsymbol{c}$、$\boldsymbol{M}$ 分别表示椭球中心和散布矩阵，由式(6.6.5)和式(6.6.4)可知

$$\boldsymbol{c}=\sum_{i=1}^{N}\alpha_i\boldsymbol{\varphi}(\boldsymbol{x}_i) \tag{6.6.11}$$

$$\boldsymbol{M}=\sum_{i=1}^{N}\alpha_i(\boldsymbol{\varphi}(\boldsymbol{x}_i)-\boldsymbol{c})\big(\boldsymbol{\varphi}(\boldsymbol{x}_i)-\boldsymbol{c}\big)^{\mathrm{T}} \tag{6.6.12}$$

在核映射空间中，最优化问题是矩阵 $\boldsymbol{M}$ 和 R 所描述的椭球体积最小化，首先考虑矩阵 $\boldsymbol{M}$ 的行列式最小化，注意到矩阵 $\boldsymbol{M}$ 的表达式是样本的外积形式，如果其左乘一个样本矢量转置，右乘一个样本矢量，即可化为两个内积的乘。为此考虑矩阵 $\boldsymbol{M}$ 及其本征矢量 $\boldsymbol{u}$ 和本征值 λ 所表达的本征方程

$$\boldsymbol{M}\boldsymbol{u}=\lambda\boldsymbol{u} \tag{6.6.13}$$

利用矢量对偶表示

$$\boldsymbol{u}=\sum_{k=1}^{N}\zeta_k\boldsymbol{\varphi}(\boldsymbol{x}_k) \tag{6.6.14}$$

将式(6.6.12)、式(6.6.11)及式(6.6.14)代入式(6.6.13)中，并利用$\sum_i\alpha_i=1$，可得

$$\left(\sum_{i=1}^{N}\alpha_i\boldsymbol{\varphi}(\boldsymbol{x}_i)\boldsymbol{\varphi}(\boldsymbol{x}_i)^{\mathrm{T}}-\sum_{i,j=1}^{N}\alpha_i\alpha_j\boldsymbol{\varphi}(\boldsymbol{x}_i)\boldsymbol{\varphi}(\boldsymbol{x}_j)^{\mathrm{T}}\right)\sum_{k=1}^{N}\zeta_k\boldsymbol{\varphi}(\boldsymbol{x}_k)=\lambda\sum_{k=1}^{N}\zeta_k\boldsymbol{\varphi}(\boldsymbol{x}_k) \tag{6.6.15}$$

式(6.6.15)两边同时左乘$\boldsymbol{\varphi}(\boldsymbol{x}_l)^{\mathrm{T}}$，$l=1,2,\cdots,N$，可以得到

$$\sum_{i=1}^{N}\alpha_i\kappa(\boldsymbol{x}_i,\boldsymbol{x}_l)\left(\sum_{k=1}^{N}\zeta_k\kappa(\boldsymbol{x}_i,\boldsymbol{x}_k)-\sum_{j,k=1}^{N}\alpha_j\zeta_k\kappa(\boldsymbol{x}_j,\boldsymbol{x}_k)\right)=\lambda\sum_{k=1}^{N}\zeta_k\kappa(\boldsymbol{x}_l,\boldsymbol{x}_k)$$
$$l=1,2,\cdots,N \tag{6.6.16}$$

定义核矩阵$\boldsymbol{K}=\left(\kappa(\boldsymbol{x}_i,\boldsymbol{x}_j)\right)_{N\times N}$，上面所有式子经化简后合写成一个矩阵方程形式

$$\boldsymbol{K}(\boldsymbol{\Lambda}-\boldsymbol{\alpha}\boldsymbol{\alpha}^{\mathrm{T}})\boldsymbol{K}\boldsymbol{\zeta}=\lambda\boldsymbol{K}\boldsymbol{\zeta} \tag{6.6.17}$$

式中，$\boldsymbol{\Lambda}=\mathrm{diag}(\boldsymbol{\alpha})$，$\boldsymbol{\alpha}=(\alpha_1,\alpha_2,\cdots,\alpha_N)^{\mathrm{T}}$，$\boldsymbol{\zeta}=(\zeta_1,\zeta_2,\cdots,\zeta_N)^{\mathrm{T}}$。方程(6.6.17)与方程(6.6.18)等价

$$(\boldsymbol{\Lambda}-\boldsymbol{\alpha}\boldsymbol{\alpha}^{\mathrm{T}})\boldsymbol{K}\boldsymbol{\zeta}=\lambda\boldsymbol{\zeta} \tag{6.6.18}$$

由此知道，本征方程(6.6.13)与本征方程(6.6.18)有相同的本征值，从而矩阵$\boldsymbol{M}$的行列式等于矩阵$(\boldsymbol{\Lambda}-\boldsymbol{\alpha}\boldsymbol{\alpha}^{\mathrm{T}})\boldsymbol{K}$的行列式，最小化矩阵$\boldsymbol{M}$的行列式等价于最小化矩阵$(\boldsymbol{\Lambda}-\boldsymbol{\alpha}\boldsymbol{\alpha}^{\mathrm{T}})\boldsymbol{K}$的行列式。由式(6.6.2)易知，核映射空间相应的最优化问题的目标函数为

$$\min_{\boldsymbol{M}^{-1},\boldsymbol{c},R,\boldsymbol{\xi}}\ -\ln|\boldsymbol{M}^{-1}|+R^2+\frac{1}{\nu N}\sum_{i=1}^{N}\xi_i$$

以及类似的约束条件，利用目标函数和约束方程构造拉格朗日函数，拉格朗日函数分别对原问题各变量求偏导并令结果为零，于是，在核映射空间中寻求包含大部分给定数据的最小椭球的对偶优化模型为

$$\begin{cases}\max\limits_{\boldsymbol{\alpha}} & \ln|(\boldsymbol{\Lambda}-\boldsymbol{\alpha}\boldsymbol{\alpha}^{\mathrm{T}})\boldsymbol{K}| \\ \text{s.t.} & 0\leqslant\alpha_i\leqslant\dfrac{1}{\nu N},\quad i=1,2,\cdots,N \\ & \sum\limits_{i=1}^{N}\alpha_i=1\end{cases} \tag{6.6.19}$$

容易看出，模型(6.6.19)是模型(6.6.8)的一般化，将其中的线性核变为一般的核函数。

核映射空间中椭球的维数m由矩阵$(\boldsymbol{\Lambda}-\boldsymbol{\alpha}\boldsymbol{\alpha}^{\mathrm{T}})\boldsymbol{K}$的秩给定，$m$维空间中最多有$m(m+3)/2$个样本对应的$\alpha_i$非零[56]。

由于有相当多的样本在椭球内部，其对应的α_i为零，矩阵$(\boldsymbol{\Lambda}-\boldsymbol{\alpha}\boldsymbol{\alpha}^{\mathrm{T}})$非满秩，因此其在有关运算中是病态的，可通过正则化方法解决病态问题，给其加上正则项$\sigma\boldsymbol{I}$，$\sigma>0$，$\boldsymbol{I}$为

单位矩阵。对称正定矩阵 $\boldsymbol{K}$ 进行 Cholesky 分解，$\boldsymbol{K}=\boldsymbol{P}^{\mathrm{T}}\boldsymbol{P}$，$\boldsymbol{P}$ 为上三角矩阵，然后用 $\boldsymbol{P}$ 和 $\boldsymbol{P}^{-1}$ 分别左乘和右乘 $(\boldsymbol{\Lambda}-\boldsymbol{\alpha}\boldsymbol{\alpha}^{\mathrm{T}})\boldsymbol{K}$ 产生对称形式，且因是相似变换，所以其特征值保持不变，目标函数中 $\boldsymbol{P}(\boldsymbol{\Lambda}-\boldsymbol{\alpha}\boldsymbol{\alpha}^{\mathrm{T}})\boldsymbol{P}^{\mathrm{T}}\boldsymbol{P}\boldsymbol{P}^{-1}=\boldsymbol{P}(\boldsymbol{\Lambda}-\boldsymbol{\alpha}\boldsymbol{\alpha}^{\mathrm{T}})\boldsymbol{P}^{\mathrm{T}}$，于是，计入正则项 $\sigma\boldsymbol{I}$ 后的最优化问题成为标准凸优化形式

$$\begin{cases}\min\limits_{\boldsymbol{\alpha}} & -\ln\begin{vmatrix}\boldsymbol{P\Lambda P}^{\mathrm{T}}+\sigma\boldsymbol{I} & \boldsymbol{P\alpha}\\ \boldsymbol{\alpha}^{\mathrm{T}}\boldsymbol{P}^{\mathrm{T}} & 1\end{vmatrix}\\ \text{s.t.} & 0\leqslant\alpha_i\leqslant\dfrac{1}{\nu N},\quad i=1,2,\cdots,N\\ & \sum\limits_{i=1}^{N}\alpha_i=1\end{cases}\tag{6.6.20}$$

式(6.6.20)可利用开源的程序包 CVX 中的有关程序求解半正定规划问题。

在核映射空间中，基于椭球数据描述的样本异常性测度采用马氏距离

$$d(\boldsymbol{x})=\left(\boldsymbol{\varphi}(\boldsymbol{x})-\boldsymbol{c}^*\right)^{\mathrm{T}}\boldsymbol{M}^{-1}(\boldsymbol{\varphi}(\boldsymbol{x})-\boldsymbol{c}^*)\tag{6.6.21}$$

但计算式(6.6.21)需要显式的 $\boldsymbol{\varphi}(\boldsymbol{x})$，所以不能直接使用，必须构造核函数形式的判别函数。为了产生核函数形式的异常性测度，依然考虑使用本征矢量方法，为此利用 Kernel PCA 对数据进行处理，得到相应的本征矢量和本征值。设非零本征值的个数为 m，计算中心 $\boldsymbol{c}^*$ 到点 $\boldsymbol{\varphi}(\boldsymbol{x})$ 的矢量在第 k 个非零本征值对应的本征矢量 $\boldsymbol{u}_k(k=1,2,\cdots,m)$ 上的投影(长度)

$$\begin{aligned}\frac{\langle\boldsymbol{\varphi}(\boldsymbol{x})-\boldsymbol{c}^*,\boldsymbol{u}_k\rangle}{\|\boldsymbol{u}_k\|}&=\frac{\left\langle\boldsymbol{\varphi}(\boldsymbol{x})-\sum\limits_{i=1}^{N}\alpha_i^*\boldsymbol{\varphi}(\boldsymbol{x}_i),\sum\limits_{j=1}^{N}\zeta_j^k\boldsymbol{\varphi}(\boldsymbol{x}_j)\right\rangle}{\sqrt{\left\langle\sum\limits_{i=1}^{N}\zeta_i^k\boldsymbol{\varphi}(\boldsymbol{x}_i),\sum\limits_{j=1}^{N}\zeta_j^k\boldsymbol{\varphi}(\boldsymbol{x}_j)\right\rangle}}\\&=\frac{\sum\limits_{j=1}^{N}\zeta_j^k\kappa(\boldsymbol{x},\boldsymbol{x}_j)-\boldsymbol{\alpha}^{\mathrm{T}}\boldsymbol{K}\boldsymbol{\zeta}^k}{\sqrt{(\boldsymbol{\zeta}^k)^{\mathrm{T}}\boldsymbol{K}\boldsymbol{\zeta}^k}}\end{aligned}\tag{6.6.22}$$

式中，矢量 $\boldsymbol{\alpha}$ 的各分量是相应的 α_i^*，ζ_j^k 是第 k 个主轴矢量 $\boldsymbol{u}_k$ 的对偶表示中第 j 个系数，$\boldsymbol{\zeta}^k$ 是由 $\zeta_j^k(j=1,2,\cdots,N)$ 构成的列矢量。

中心 $\boldsymbol{c}^*$ 到点 $\boldsymbol{\varphi}(\boldsymbol{x})$ 的矢量在各非零本征值对应的本征矢量 $\boldsymbol{u}_k(k=1,2,\cdots,m)$ 上投影(长度)平方之和作为中心 $\boldsymbol{c}^*$ 到点 $\boldsymbol{\varphi}(\boldsymbol{x})$ 的距离平方是欧几里得距离。欧几里得距离是一种几何距离，每个分量对欧几里得距离的贡献都是相同的，用其直接计算统计问题往往效果不佳，为了避免数据集某些方向散布不同对距离表达的影响，需要采用统计距离。马氏距离是一种统计距离，它计算的统计特性体现在各个分量计入分布方差；对于已经独立的各主成分，直接用每个主成分除以各自标准差实现规格化，这里的规格化参数由标准差 $\sqrt{\lambda_k}$ 调整为 $\sqrt{\lambda_k+\sigma}$，$k=1,2,\cdots,m$。从数据处理上看，运用 PCA 是对数据正交化或去相关，实现数据白化，然后各变量除以各自标准差使各自变量方差相等实现数据散布圆化，这两个操作合起来称为白化变换或标准白化变换，白化变换处理后数据的欧几里得距离相当于马氏距离。于是，基于马氏距离的样本异常性测度为

$$d(\boldsymbol{x})=\sum_{k=1}^{m}\left(\frac{\langle\boldsymbol{\varphi}(\boldsymbol{x})-\boldsymbol{c}^{*},\boldsymbol{u}_{k}\rangle}{\|\boldsymbol{u}_{k}\|\sqrt{\lambda_{k}+\sigma}}\right)^{2}$$
$$=\sum_{k=1}^{m}\left((\lambda_{k}+\sigma)(\boldsymbol{\zeta}^{k})^{\mathrm{T}}\boldsymbol{K}\boldsymbol{\zeta}^{k}\right)^{-1}\left(\sum_{j=1}^{N}\zeta_{j}^{k}\kappa(\boldsymbol{x},\boldsymbol{x}_{j})-\boldsymbol{\alpha}^{\mathrm{T}}\boldsymbol{K}\boldsymbol{\zeta}^{k}\right)^{2} \tag{6.6.23}$$

利用式(6.6.23)计算椭球面上任一个支持矢量到中心 $\boldsymbol{c}^{*}$的距离 R^{*},由于引入了松弛变量使一部分样本位于所构建的椭球外部,因此在构造判别式时,阈值应该是$(R^{*})^{2}$ 再加上一个量 ρ,通常取 $\rho=\frac{1}{t}\sum_{i=1}^{t}\xi_{i}$, t 为椭球外部的样本数。

判别规则是:对于一个待识样本 $\boldsymbol{x}$,若 $d(\boldsymbol{x})\leqslant(R^{*})^{2}+\rho$,则判定其为训练类样本;否则判定其为新类样本。有时为了简单,判别规则为:若 $d(\boldsymbol{x})\leqslant(R^{*})^{2}$,则判定其为训练类样本;否则判定其为新类样本,如此,训练类样本漏报概率变大。

基于 ELPDD 的异常样本检测方法中,首先求得包含训练样本的最小体积的椭球,或进一步缩小而使一部分训练样本在椭球的外部,以提高异常样本的检测率,但同时提高了虚警率。下面给出在有关参数取定下椭球外部出现训练类样本的概率[9]。

定理 6.6.1 设从概率分布为 D 的母体随机抽取 N 个训练样本,在由核函数 $\kappa(\cdot,\cdot)=\langle\boldsymbol{\varphi}(\cdot),\boldsymbol{\varphi}(\cdot)\rangle$定义的映射空间中,令 $\boldsymbol{c}^{*}$、R^{*}、$\|\boldsymbol{\xi}^{*}\|_{1}$和 $d(\cdot)$是按软界最优椭球算法求得的。对于取定的 $\rho>0$ 和 $\delta\in(0,1)$,至少在概率 $1-\delta$ 下,来自分布为 D 的母体的样本 $\boldsymbol{x}$ 出现在软界最优椭球外部的概率为

$$P(d(\boldsymbol{x})>(R^{*})^{2}+\rho)\leqslant\frac{1}{\rho N}\|\boldsymbol{\xi}^{*}\|_{1}+\frac{4R_{0}^{2}}{\rho\sqrt{N}}\sqrt{\sum\nolimits_{k}\frac{1}{(\lambda_{k}+\sigma)^{2}}}+3\sqrt{\frac{\ln(2/\delta)}{2N}} \tag{6.6.24}$$

式中,λ_{k}为相当于数据协方差矩阵的椭球散布矩阵 $\boldsymbol{M}$ 的本征值(数据方差),σ 是式(6.6.20)中引入的正则化参数,R_{0}是中心在原点、包含分布支撑的最小球半径。

式(6.6.24)和我们的一般思维逻辑是一致的。由最优化技术得到 R^{*} 后意味着已经确定了椭球的体积,其各半轴的长度为 $R^{*}\sqrt{\lambda_{i}^{*}}$,各 λ_{i}^{*} 较小(式(6.6.24)第二项较大),椭球体积就较小,母体的样本出现在软界最优椭球外部的概率较大;$\|\boldsymbol{\xi}^{*}\|_{1}$较大表明椭球外部样本较多或样本离椭球较远,母体的样本出现在软界最优椭球外部的概率就较大。上式右侧的前两项变大,对于训练类样本漏报概率变大,对于新类检测概率变大,有更高的敏感度。

6.7 基于距离学习和 SVDD 的判别方法

在传统的有监督学习和识别中,通常假定类数是已知的,利用给定的各类训练样本进行学习,然后用所得到的判别函数对待识样本进行分类识别,这里假设待识样本是来自训练样本所属类别中的某一类。然而实际中,在学习后的分类识别过程中,有时会出现新的类别的样本,如果仍然使用原来的判别函数对新类的样本进行识别通常会误判,这些错误可能导致严重损失,因此在常规的分类识别过程中需要添加新类检测功能,从待识样本中

检测出与训练样本不同类的新类样本，常采用基于支持矢量数据描述(SVDD)的新类检测方法。本节编集有关文献给出检测新类的框架性方法，这里考虑偏离型新类样本的检测，首先进行距离测度学习，使得各类训练样本在变换后的空间中尽量以簇的形态分布，以便用球描述已有类别，当然也可以采用核函数方式使样本形成簇分布，然后基于球描述识别和检测新类样本，并根据新类样本密集程度形成新类的子集，在此基础上进一步可以根据原来的训练样本和新类样本重新学习产生新的分类器。

6.7.1 距离测度学习

模式的分类识别效果依赖于特征选择，同时还依赖于识别方案的选择。距离测度是描述样本间相似关系的一种度量，是样本所有特征分量的一个函数，是构建判别函数的基础，许多方法中样本间距离测度十分重要。实际中，对大多数样本集直接使用某种距离测度(如欧几里得距离)很难保证相似的样本距离值较小，而使二者保持一致是新类检测的关键之一。选择、优化距离测度不仅与数据的分布特性有关，还与要解决的问题密切相关，距离测度的选择或构造应该利用对象的先验、后验信息以及任务知识和目的，这就存在距离测度的学习问题。以提高分类识别效果为目的，机器自主选择、构造和优化样本间相似性的度量称为距离测度学习。距离测度学习是要求高正确率的识别任务必要环节。监督式距离测度学习是以每个训练样本对类别关系以及它们的相对位置作为先验知识学习距离测度，使在学得的新距离测度下，同类样本间距离较小，异类样本间距离较大，在几何直观上，同类样本聚集，异类样本疏远，各类样本尽量以簇的形态分布，这样无疑会提高正确识别率。比较典型的方法有全局距离测度学习方法(GDML)、相关分量分析距离学习方法(RCA)、邻域成分分析距离学习方法(NCA)、相对比较约束类 SVM 优化方法(SVM-like optimization with relative comparisons，SVM-RC)、大边缘最近邻方法(LMNN)、稀疏测度学习方法(SML)和原型与距离学习方法(LPD)。

全局距离测度学习(global distance metric learning，GDML)方法是最经典的监督式距离测度学习，全局是指利用全部样本，其目标是当采用学习后的距离测度时，异类样本对距离之和尽量大，同类样本对距离之和尽量小。针对常用的欧几里得距离通过一个关于待定的半正定矩阵 $\boldsymbol{M}$ 的二次型实现距离测度的变换，在保证异类样本对距离之和尽量大的前提下，最小化所有同类样本对距离之和。设给定训练样本 $\{(\boldsymbol{x}_i, y_i) | \boldsymbol{x}_i \in \mathbb{R}^n, y_i \in C\}$，其中 $C=\{1,2,\cdots,c\}$ 为类别标记的集合。学得的距离测度形如 $d=(\boldsymbol{x}_i-\boldsymbol{x}_j)^{\mathrm{T}}\boldsymbol{M}(\boldsymbol{x}_i-\boldsymbol{x}_j)=\|\boldsymbol{x}_i-\boldsymbol{x}_j\|_{\boldsymbol{M}}^2$。该距离测度学习模型为

$$\begin{cases} \min\limits_{\boldsymbol{M}} & \sum\limits_{(x_i,x_j)\in S}(\boldsymbol{x}_i-\boldsymbol{x}_j)^{\mathrm{T}}\boldsymbol{M}(\boldsymbol{x}_i-\boldsymbol{x}_j) \\ \text{s.t.} & \sum\limits_{(x_i,x_j)\in D}(\boldsymbol{x}_i-\boldsymbol{x}_j)^{\mathrm{T}}\boldsymbol{M}(\boldsymbol{x}_i-\boldsymbol{x}_j) \geqslant 1 \\ & \boldsymbol{M} \geqslant 0 \end{cases} \tag{6.7.1}$$

式中，集合 S 是所有同类样本两两组成的点对集合，D 是异类样本两两组成的点对集合。使用梯度下降法和迭代法求解该问题，可得一个半正定矩阵 $\boldsymbol{M}$。

距离测度学习最简单的一个方式是学习各分量在选定的距离测度中的权值，为简化，

只考虑通过各分量简单的尺度变换寻求最优的距离测度，设半正定矩阵 $\boldsymbol{M}$ 是对角矩阵 $\boldsymbol{W}$，$\boldsymbol{W}=\mathrm{diag}(w_1,w_2,\cdots,w_n)$，此时距离测度学习模型成为

$$\begin{cases}\min\limits_{W} \sum\limits_{(x_i,x_j)\in S} \|\boldsymbol{x}_i-\boldsymbol{x}_j\|_W^2 \\ \text{s.t.}\quad \ln \sum\limits_{(x_i,x_j)\in D} \|\boldsymbol{x}_i-\boldsymbol{x}_j\|_W^2 \geqslant A\end{cases} \tag{6.7.2}$$

式中，A 为某正常数，$\|\boldsymbol{x}_i-\boldsymbol{x}_j\|_W^2=(\boldsymbol{x}_i-\boldsymbol{x}_j)^{\mathrm{T}}\boldsymbol{W}(\boldsymbol{x}_i-\boldsymbol{x}_j)$。利用拉格朗日乘数法将式(6.7.2)转化为无约束最小化问题，拉格朗日函数为

$$L(\boldsymbol{W})=\sum_{(x_i,x_j)\in S}\|\boldsymbol{x}_i-\boldsymbol{x}_j\|_W^2-\ln\sum_{(x_i,x_l)\in D}\|\boldsymbol{x}_i-\boldsymbol{x}_l\|_W^2 \tag{6.7.3}$$

可以使用梯度下降法求解 $\boldsymbol{W}$。$L(\boldsymbol{W})$ 关于 w_k 的梯度 $\nabla_{w_k}L(\boldsymbol{W})$ 为

$$\nabla_{w_k}L(\boldsymbol{W})=\sum_{(x_i,x_j)\in S}(x_{ik}-x_{jk})^2-\frac{\sum\limits_{(x_i,x_l)\in D}(x_{ik}-x_{lk})^2}{\sum\limits_{(x_i,x_l)\in D}\sum\limits_{t}(x_{it}-x_{lt})^2 w_t} \tag{6.7.4}$$

6.7.2 新类的设定

在分类器对数据进行分类识别过程中，可能会出现多类的新类数据，由于分类器在分类过程中能利用的信息只有已知类别的训练样本，没有新类的先验知识，为了正确识别某新类的数据，应根据实际问题对新类作某些合理的假设。这里考虑的偏离型新类具有如下特点：

(1) 偏离已给的训练样本；

(2) 类中样本个数足够多；

(3) 类中样本足够稠密。

根据这些特点，新类识别方法可分三步寻找符合上述特点的新类集合：首先求出描述各类训练样本的球边界，然后用各类边界描述作为判别函数，检测出偏离训练样本类的新类候选样本，最后从候选集中识别出新类及其代表样本。

6.7.3 最优球面作为已给类别的边界描述

在上述距离测度学习中，由于是在类间样本距离之和满足某约束的条件下，所求的变换能使类内样本距离之和最小，因此与原始数据空间相比，在新的测度空间中各类训练样本能呈现出更好的聚集，于是基于学到的距离测度，用 SVDD 方法采用最优球描述已有训练类。对于两类或多类问题，一种方法是分别求出包含各类训练样本的最优球，并以各个最优球作为相应类的描述，然后用其识别和检测新样本；另一种方法是，分别利用一类训练样本求出只包含该类训练样本的最优球，以此作为一对多的类别描述，并用其识别和检测新样本。

前面已经论述了小球大间隔 SVDD 算法，下面对最基本的两类问题论述另一种方法：利用两类样本产生一个球面，这类似于用一个平面划分两类的训练方法。

设球面用球心 $\boldsymbol{c}$ 和半径 R 表征，球面 $(\boldsymbol{c},R)$ 将目标类样本 $\{\boldsymbol{x}_i^+\}$ 与其他类样本 $\{\boldsymbol{x}_j^-\}$ 划分开，最优球面 $(\boldsymbol{c}^*,R^*)$ 是下面最优化问题的解：

$$\begin{cases}\min\limits_{c,R} & R^2 \\ \text{s.t.} & \|\boldsymbol{x}_i^+ - \boldsymbol{c}\|^2 \leqslant R^2, \quad i=1,2,\cdots,N^+ \\ & \|\boldsymbol{x}_j^- - \boldsymbol{c}\|^2 > R^2, \quad j=1,2,\cdots,N^- \end{cases} \tag{6.7.5}$$

式中，N^+、N^-分别是目标类和其他类的样本数。为了一般化，考虑训练样本是球面不可分的，引入非负松弛变量，上述优化问题可以进一步改进为

$$\begin{cases}\min\limits_{c,R,\xi^+,\xi^-} & R^2 + \gamma\left(\sum_{i=1}^{N^+}\xi_i^+ + \sum_{j=1}^{N^-}\xi_j^-\right) \\ \text{s.t.} & \|\boldsymbol{x}_i^+ - \boldsymbol{c}\|^2 \leqslant R^2 + \xi_i^+ \\ & \|\boldsymbol{x}_j^- - \boldsymbol{c}\|^2 > R^2 - \xi_j^- \\ & \xi_i^+ \geqslant 0, \quad i=1,2,\cdots,N^+ \\ & \xi_j^- \geqslant 0, \quad j=1,2,\cdots,N^- \end{cases} \tag{6.7.6}$$

式中，γ 为惩罚因子，用于权衡球半径最小化与两类越界样本到球面距离之和最小化。应用拉格朗日乘数法，建立拉格朗日函数

$$\begin{aligned} L(\boldsymbol{c},R,\boldsymbol{\xi},\boldsymbol{\alpha},\boldsymbol{\beta}) = & R^2 + \gamma\left(\sum_{i=1}^{N^+}\xi_i^+ + \sum_{j=1}^{N^-}\xi_j^-\right) + \sum_{i=1}^{N^+}\alpha_i^+(\|\boldsymbol{x}_i^+ - \boldsymbol{c}\|^2 - R^2 - \xi_i^+) \\ & - \sum_{j=1}^{N^-}\alpha_j^-(\|\boldsymbol{x}_j^- - \boldsymbol{c}\|^2 - R^2 + \xi_j^-) - \sum_{i=1}^{N^+}\beta_i^+\xi_i^+ - \sum_{j=1}^{N^-}\beta_j^-\xi_j^- \end{aligned} \tag{6.7.7}$$

根据 KKT 定理的极值条件，拉格朗日函数分别对 R、$\boldsymbol{c}$、$\boldsymbol{\xi}$ 求偏导并令其值等于零，可得

$$\sum_{i=1}^{N^+}\alpha_i^+ - \sum_{j=1}^{N^-}\alpha_j^- = 1 \tag{6.7.8}$$

$$\begin{aligned} \boldsymbol{c}^* &= \sum_{\boldsymbol{x}_i^+ \in SV}\alpha_i^+\boldsymbol{x}_i^+ - \sum_{\boldsymbol{x}_j^- \in SV}\alpha_j^-\boldsymbol{x}_j^- \\ &= \sum_{\boldsymbol{x}_i \in SV} y_i\alpha_i\boldsymbol{x}_i \end{aligned} \tag{6.7.9}$$

$$\gamma - \alpha_i^+ - \beta_i^+ = 0 \tag{6.7.10}$$

$$\gamma - \alpha_j^- - \beta_j^- = 0 \tag{6.7.11}$$

把式(6.7.8)和式(6.7.9)代入拉格朗日函数，得到只以拉格朗日乘子为变量的对偶拉格朗日函数 L_D，然后用有关的约束条件共同构建原问题的对偶优化问题：

$$\begin{cases}\max\limits_{\boldsymbol{\alpha}^+,\boldsymbol{\alpha}^-} & L_D \\ \text{s.t.} & \sum_{i=1}^{N^+}\alpha_i^+ - \sum_{j=1}^{N^-}\alpha_j^- = 1 \\ & 0 \leqslant \alpha_i^+ \leqslant \gamma, \quad i=1,2,\cdots,N^+ \\ & 0 \leqslant \alpha_j^- \leqslant \gamma, \quad j=1,2,\cdots,N^- \end{cases} \tag{6.7.12}$$

对其解得最优值 $\boldsymbol{\alpha}^+$ 和 $\boldsymbol{\alpha}^-$。对应于非零的 $\boldsymbol{\alpha}^+$、$\boldsymbol{\alpha}^-$ 的样本为支持矢量，由它们组成的集合称为支持矢量集，记为 SV。由此可以算得

$$(R^*)^2 = \|\boldsymbol{x}_{sv} - \boldsymbol{c}^*\|^2 = \boldsymbol{x}_{sv}^{\mathrm{T}}\boldsymbol{x}_{sv} - 2\sum_{\boldsymbol{x}_i \in SV} y_i\alpha_i^* \boldsymbol{x}_i^{\mathrm{T}}\boldsymbol{x}_{sv} + \sum_{\boldsymbol{x}_i,\boldsymbol{x}_j \in SV} y_i y_j \alpha_i^* \alpha_j^* \boldsymbol{x}_i^{\mathrm{T}}\boldsymbol{x}_j \quad (6.7.13)$$

式中，$\boldsymbol{x}_{sv}$ 是位于球面中的样本，其对应的 $\xi_{sv}=0, 0<\alpha_{sv}<\gamma$。对应 $\alpha_i^+=\gamma$ 的样本 $\boldsymbol{x}_i^+$ 和对应 $\alpha_j^-=\gamma$ 的样本 $\boldsymbol{x}_j^-$ 被球面错误分类，它们的 $\xi_i^+>0$ 或 $\xi_j^->0$。基于球描述的判别决策函数

$$d(\boldsymbol{x}) = \mathrm{sgn}\Big[(R^*)^2 - \boldsymbol{x}^{\mathrm{T}}\boldsymbol{x} + 2\sum_{\boldsymbol{x}_i \in SV} y_i\alpha_i^* \boldsymbol{x}^{\mathrm{T}}\boldsymbol{x}_i - \sum_{\boldsymbol{x}_i,\boldsymbol{x}_j \in SV} y_i y_j \alpha_i^* \alpha_j^* \boldsymbol{x}_i^{\mathrm{T}}\boldsymbol{x}_j\Big] \quad (6.7.14)$$

考虑只使用一类训练样本的情况，基于球描述的判别函数式(6.7.15)确定样本 $\boldsymbol{x}$ 是否属于目标类：

$$\begin{aligned} f(\boldsymbol{x}) &= F((R^*)^2 - \|\boldsymbol{x} - \boldsymbol{c}^*\|^2) \\ &= F\Big((R^*)^2 - \boldsymbol{x}^{\mathrm{T}}\boldsymbol{x} + 2\sum_i \alpha_i^* \boldsymbol{x}^{\mathrm{T}}\boldsymbol{x}_i - \sum_{i,j}\alpha_i^*\alpha_j^*\boldsymbol{x}_i^{\mathrm{T}}\boldsymbol{x}_j\Big) \\ &= \begin{cases} 1, & \|\boldsymbol{x} - \boldsymbol{c}^*\|^2 \leqslant (R^*)^2 \\ 1 - (\|\boldsymbol{x} - \boldsymbol{c}^*\|^2 - (R^*)^2)/\bar{\xi}, & (R^*)^2 < \|\boldsymbol{x} - \boldsymbol{c}^*\|^2 \leqslant (R^*)^2 + \bar{\xi} \\ 0, & \|\boldsymbol{x} - \boldsymbol{c}^*\|^2 > (R^*)^2 + \bar{\xi} \end{cases} \end{aligned} \quad (6.7.15)$$

式中，α_i^* 是用 6.3 节的方法求解的最优化问题的拉格朗日乘子，$\bar{\xi} = \Big(\sum_{i=1}^{N}\xi_i\Big)\Big/N$。

在上面的建模和求解过程中，将 $\boldsymbol{x}_i^+$ 和 $\boldsymbol{x}_j^-$ 分别改写为 $\boldsymbol{\varphi}(\boldsymbol{x}_i^+)$ 和 $\boldsymbol{\varphi}(\boldsymbol{x}_j^-)$，式(6.7.12)、式(6.7.13)和式(6.7.14)中的矢量数积(线性核)改写成一般的核函数便成为核映射空间中基于球描述的支持矢量机。

6.7.4 描述球重叠情况下的样本识别

样本可分性不好情况下，有些训练类的描述球将有若干个不同程度的重叠区域，一个待识样本可能不是唯一地位于某一个球内，而是在某个重叠区域，同时位于两个或多个球内。另一种情况是，一个待识样本属于某一个训练类，但它位于各个描述球外。对于这些情况，可以采用相对距离最小原则判别。设已获得各类 $\omega_i(i=1,2,\cdots,c)$ 的 SVDD 模型 $SVDD_i=\{\boldsymbol{c}_i^*, R_i^*, f_i(\boldsymbol{x})\}, i=1,2,\cdots,c$，对一个待识样本 $\boldsymbol{x}$ 首先使用各类判别函数 $f_i(\boldsymbol{x})$ 识别，若该样本在不同类别描述球的重叠区域中，则采用相对最近原则进行归类：

(1) 计算 $\boldsymbol{x}$ 到各类 SVDD 模型的球心 $\boldsymbol{c}_i^*$ 的距离 $d_i(\boldsymbol{x})$。

(2) 判别规则为

$$\text{若} \quad k = \arg\min_i [d_i(\boldsymbol{x})/R_i^*]$$

$$\text{则} \quad \boldsymbol{x} \in \omega_k$$

6.7.5 从新类候选样本集发现新类子集

对每个训练类的样本集都分别求出一个包含它的最优球。设训练样本分属 c 类，每类对应的最优球的球心、半径及判别函数分别为 $\boldsymbol{c}_i^*$、R_i^* 和 $f_i(\boldsymbol{x}), i=1,2,\cdots,c$。在分类和检测过程中，判别数据 $\boldsymbol{x}$ 是否是新类候选点的一种方法是，用各类判别函数 $f_i(\boldsymbol{x})$ 采用

多类问题中多类判别函数的判别策略判别。

另一种方法是利用式(6.7.16)判断：

$$g(\boldsymbol{x})=\operatorname{sgn}\left(\frac{1}{c}\sum_{i=1}^{c}f_i(\boldsymbol{x})-\theta_d\right)=\begin{cases}1 & \Rightarrow \ \boldsymbol{x}\text{ 不是新类的候选点}\\ -1 & \Rightarrow \ \boldsymbol{x}\text{ 是一新类的候选点}\end{cases}\tag{6.7.16}$$

式中，θ_d 是设定的阈值，它的取值决定判别的正确率。当 $g(\boldsymbol{x})=-1$ 时，$\boldsymbol{x}$ 是偏离所有已知类别的新类候选样本，所有新类候选样本构成的集合记为 X_0。

然后进一步根据新产生的新类候选样本和已有的某些新类候选样本密集程度判断是否构成一个新类子集。设 $\boldsymbol{x}_l\in X_0$，X_N 是 X_0 中距离 $\boldsymbol{x}_l$ 最近的 k 个候选样本组成的集合。候选样本 $\{\boldsymbol{x}_l\}\cup X_N$ 是否属于同一个新类由式(6.7.17)判定：

$$\operatorname{sgn}(\theta_D-\min_{\boldsymbol{x}_l\in X_0}\delta(\boldsymbol{x}_l))=\begin{cases}1 & \Rightarrow \ \{\boldsymbol{x}_l\}\cup X_N\text{ 属于一个新类}\\ -1 & \Rightarrow \ \{\boldsymbol{x}_l\}\cup X_N\text{ 不属于一个新类}\end{cases}\tag{6.7.17}$$

式中，θ_D 是设定的构成新类的 $k+1$ 个样本间距离平均值的上限阈值，$\delta(\boldsymbol{x}_l)$ 是描述距 $\boldsymbol{x}_l$ 最近的 k 个样本密集程度的函数：

$$\delta(\boldsymbol{x}_l)=\frac{1}{k}\sum_{\boldsymbol{x}_i\in X_N}\|\boldsymbol{x}_i-\boldsymbol{x}_l\|_W\tag{6.7.18}$$

采用类似的处理思想进一步将所有新类候选样本分划成若干个新类子集，在此基础上就可以根据原来的训练样本和各新类样本重新学习产生新的分类器。

6.8 支持矢量数据描述的研究概要

前面讨论了主流支持矢量数据描述(SVDD)的基本思想、数学建模和数据最优描述的判别函数，如同支持矢量机，支持矢量数据描述有广泛的应用价值，不同领域的学者对支持矢量数据描述的理论、算法和应用进行了深入研究，取得不少重要成果。一些年来，研究成果主要集中在如下这些方面[9-10]。

1. 对经典 SVDD 模型的基础研究

研究 SVDD 解的唯一性问题，提出了一种计算最优球半径区间的算法[11]；建立了具有强对偶性的 SVDD[12]；基于几何模型构建了一种统一的 SVM 和 SVDD 模型[13]。

2. 对经典 SVDD 模型的松弛变量进行开发

一个途径是对各松弛变量引入权值；另一个途径是定义新的松弛变量。

(1) 加权 SVDD：用 k-近邻方法和 Parzen 窗方法定义两种样本的局部密度，以反映样本的重要性，将样本局部密度引入 SVDD 模型中作相应松弛变量权值[14]；用 k-近邻距离或中断距离计算样本局部密度作相应松弛变量权值的密度加权的 DWSVDD 算法[15-16]；基于样本到样本集中心距离的松弛变量权值的距离加权 SVDD[17-18]；在 SVDD 模型中引入各样本模糊隶属度作相应松弛变量权值的模糊数据域描述的 FDDD 算法[19]；

将样本可能度作松弛变量权值的 WSVDD 算法[20]；基于解模糊数据方法的 FSVDD 算法[21]；基于粗糙集理论将样本区域分为三个区域，不同区域中样本不同权值的加权 SVDD[22]；引入负类样本基于二分聚类以样本似然值作松弛变量权值的 SVDD 算法和基于 Local Outlier Factor(LOF)方法计算样本似然值的二分聚类的 SVDD 算法[23]；基于中断距离的局部密度作松弛变量权值的稳健 SVDD 算法，及将此思想用于带间隔的 NSVDD 的 εNR-SVDD 算法[24]。

（2）定义新的松弛变量：利用可微函数近似 Hinge 损失函数，以平滑地计算样本与球面距离作为松弛变量的平滑近似支持矢量数据描述的 SASVDD[25]；基于样本特权信息的校正函数定义为松弛变量的 SVDD[26]；利用样本与球面的距离作为松弛变量的 SVDD[27]。

3. 改进距离度量

将样本的局部密度引入 SVDD 模型中，进一步用样本局部密度结合核距离代替欧几里得距离的密度诱导支持矢量描述[28]；将关联度量学习方法引入 SVDD 中的关联支持矢量描述[29]；将样本间依赖性特征结合样本核距离代替欧几里得距离的依赖性操作的 SVDD(SV3DH)和引入负类样本的 SVDD 中的 SV3DH+[30]；用样本的二次映射计算距离的 SM-SVDD 算法[31]；将样本密度信息和核距离按比例融入 SVDD 的决策函数中的密度聚焦支持矢量数据描述的 DFSVDD[32]。

4. 引入负类样本的 SVDD

将已知的负类样本引入数据描述中，基于 SVM 间隔最大化思想构造 SVDD：包含正类样本超球最小化同时球边界与负类样本间隔最大化的 SSLM 算法[33]；多类的 SSLM 算法 M-SVDD[34]；二大间隔最优球面的 SS2LM 算法[35]；将正负类样本球心距离引入 SVDD 模型的最大间隔的 MMSVDD 算法[36]；引入超球中心尺度最大化的并行支持矢量数据描述 PSVDD 算法[37]。

5. SVDD 组合，SVM 与 SVDD 组合

多球组合：同时构建两个最小超球分别描述正负类样本的 TC-SVDD[38]；基于正负类样本分别构建两个 SVDD 边界，依据样本相对两类距离进行判决的 DSVDD[39]；多类支持矢量描述的 MSVDD 算法[40]；模糊多球支持矢量数据描述的 FMS-SVDD[41,37,88]。

SVDD 与 SVM 组合的 SVM-SVDD 算法，用最优超平面切割最优超球构成新的描述域[42]。

6. 快速算法

基于球心核映射空间原像方法的快速支持矢量数据描述的 F-SVDD 算法[43]；基于核心矢量机原像方法的快速决策支持矢量数据描述的 FDA-SVDD 算法[44]。

7. 核函数优化

基于梯度下降法的核参数寻优[45]；将多核学习引入 SVDD 模型中，基于稀疏核的

SVDD 算法[46]；采用二次约束规划的最优稀疏多核学习的 SVDD 算法[47]。

8. 新概念 SVDD

基于模糊集理论，将 SVDD 模型的中心和半径定义为可变模糊集，模糊集可变范围最小化纳入模型优化目标的模糊支持矢量数据描述（FSVDD）[48]；利用 SVDD 的几何投影模型构建基于角度的决策边界的算法[49]。

9. 增量 SVDD

基于二次规划的增量 SVDD[50]；保留原始模型的支持矢量的增量学习 SVDD[51]；非统计性的支持矢量数据描述 NS-SVDD[52]。

参考文献

[1] TAX D M J，DUIN R P W. Support Vector Domain Description [J]. Pattern Recognition Letters，1999，20(11-13)：1191-1199.

[2] TAX D M J，DUIN R P W. Data Domain Description using Support Vectors [C]. European Symposium on Artificial Neural Networks，Bruges，Belgium，1999：251-256.

[3] TAX D M J，DUIN R P W. Uniform Object Generation for Optimizing One-class Classifiers[J]. Journal of Machine Learning Research，2001，2：155-173.

[4] TAX D M J，DUIN R P W. Support Vector Data Description[J]. Machine Learning，2004，54(1)：45-66.

[5] SHAWE-TAYLOR J，CRISTIANINI N. Kernel methods for pattern analysis[M]. Cambridge：Cambridge University Press，2004.

[6] MARKOU M，SINGH S. Novelty detection：a review-part 1：statistical approaches[J]. Signal Processing，2003，83(12)：2481-2497.

[7] MARKOU M，SINGH S. Novelty detection：a review-part 2：neural network based approaches[J] Signal Processing，2003，83(12)：2499-2521.

[8] HODGE V J，AUSTIN J. A survey of outlier detection methodologies[J]. Artificial Intelligence Review，2004，22(2)：85-126.

[9] 王昆哲. 基于支持向量数据描述的异常检测与核特征提取方法研究[D]. 长沙：国防科技大学.

[10] 郭宇.基于高分分辩距离像的支持矢量数据描述目标识别算法研究[D]. 长沙：国防科技大学.

[11] WANG X M，CHUNG F L，WANG S T.Theoretical analysis for solution of support vector data description[J].Neural Networks，2011，24 (4)：360-369.

[12] CHANG W C，LEE C P，LIN C J. A Revisit to Support Vector Data Description[R]. Dept. Comput. Sci.，Nat. Taiwan Univ.，Taipei，China，Tech.Rep，2013.

[13] LE T，TRAN D，MA W，et al. A Unified Model for Support Vector Machine and Support Vector Data Description[C].IEEE World Congress on Computational Intelligence，Brisbane，Australia：2012：1-8.

[14] LEE K，KIM D W，LEE D，et al. Improving Support Vector Data Description using Local Density Degree[J]. Pattern Recognition，2005，38(10)：1768-1771.

[15] CHA M, KIM J S, BAEK J G. Density Weighted Support Vector Data Description[J]. Expert Systems with Applications, 2014, 41(7): 3343-3350.

[16] LIU B, XIAO Y, CAO L, et al. SVDD-based outlier detection on uncertain data[J]. Knowledge and information systems, 2013, 34(30): 597-618.

[17] LIU Y H, LIN S H, HSUEH Y L, et al. Automatic target defect identification for TFT-LCD array process inspection using kernel FCM-based fuzzy SVDD ensemble[J]. Expert Systems with Applications, 2009, 36(2): 1978-1998.

[18] WANG C, LAI J. Position Regularized Support Vector Domain Description [J]. Pattern Recognition, 2013, 46(3): 875-884.

[19] WEI L, LONG W, ZHANG W. Fuzzy Data Domain Description using Support Vector Machines [C]. International Conference on Machine Learning and Cybernetics, Xi'an, China, 2003: 3082-3085.

[20] ZHANG Y, CHI Z, LI K. Fuzzy Multi-class Classifier based on Support Vector Data Description and Improved PCM[J]. Expert Systems with Applications. 2009, 36(5): 8714-8718.

[21] FORGHANI Y, YAZDI H S, EFFATI S. An Extension to Fuzzy Support Vector Data Description[J]. Pattern Analysis and Applications, 2012, 15(3): 237-247.

[22] HU Y X, LIU J N K, WANG Y, et al. A Weighted Support Vector Data Description based on Rough Neighborhood Approximation[C]. 12th IEEE International Conference on Data Mining Workshops, 2012: 635-642.

[23] LIU B, XIAO Y, YU P S, et al. An Efficient Approach for Outlier Detection with Imperfect Data Labels[J]. IEEE Transactions on Knowledge and Data Engineering, 2013, 26(7): 1602-1616.

[24] CHEN G, ZHANG X, WANG Z J, et al. Robust Support Vector Data Description for Outlier Detection with Noise or Uncertain Data[J]. Knowledge-Based Systems, 2015, 90: 129-137.

[25] ZHENG S. Smoothly Approximated Support Vector Domain Description[J]. Pattern Recognition, 2016, 49: 55-64.

[26] ZHANG W. Support Vector Data Description using Privileged Information [J]. Electronics Letters, 2015, 51(14): 1075-1076.

[27] PAUWELS E J, AMBEKAR O. One Class Classification for Anomaly Detection: Support Vector Data Description Revisited[C]. Industrial Conference on Data Mining, New York, USA, 2011: 25-39.

[28] LEE K, KIM D, LEE K H, et al. Density-induced Support Vector Data Description[J]. IEEE Transactions on Neural Networks, 2007, 18(1): 284-289.

[29] WANG Z, GAO D, PAN Z. An Effective Support Vector Data Description with Relevant Metric Learning[C]. International Symposium on Neural Networks (ISNN), Shanghai: China, 2010: 42-51.

[30] BELGHITH A, COLLET C, ARMSPACH J P. Change detection based on a support vector data description that treats dependency[J]. Pattern Recognition Letters, 2013, 34(3): 275-282.

[31] JIANG Y, WANG Y, LUO H. Fault Diagnosis of Analog Circuit based on a Second Map SVDD [J]. Analog Integrated Circuits and Signal Processing, 2015, 85(3): 395-404.

[32] PHALADIGANON P, KIM S B. A Density-focused Support Vector Data Description Method[J]. Quality and Reliability Engineering International, 2014, 30(6): 879-890.

[33] WU M, YE J. A Small Sphere and Large Margin Approach for Novelty Detection Using Training

Data with Outliers[J]. IEEE Transactions on Pattern Analysis and Machine Intelligence, 2009, 31 (11): 2088-2092.

[34] LAZZARETTI A E, TAX D M J, VIEIRA N H, et al. Novelty Detection and Multi-class Classification in Power Distribution Voltage Waveforms[J]. Expert Systems with Applications, 2016, 45: 322-330.

[35] LE T, TRAN D, MA W, et al. An Optimal Sphere and Two Large Margins Approach for Novelty Detection[C]. International Joint Conference on Neural Networks (IJCNN), Barcelona, Spain, 2010: 1-6.

[36] NGUYEN P, TRAN D, HUANG X, et al. A Novel Sphere-based Maximum Margin Classification Method[C]. International Conference on Pattern Recognition (ICPR), Stockholm, Sweden, 2014: 620-624.

[37] NGUYEN P, TRAN D, HUANG X, et al. Parallel Support Vector Data Description[C]. International Work-Conference on Artificial Neural Networks (IWANN), Tenerife, Spain, 2013: 280-290.

[38] HUANG G, CHEN H, ZHOU Z, et al. Two-class Support Vector Data Description[J]. Pattern Recognition, 2011, 44(2): 320-329.

[39] RAMIREZ F, ALLENDE H. Dual Support Vector Domain Description for Imbalanced Classification[C].International Conference on Artificial Neural Networks, Lausanne, Switzerland, 2012: 710-717.

[40] CAO J, ZHANG L, WANG B, et al. A Fast Gene Selection Method for Multi-cancer Classification using Multiple Support Vector Data Description[J]. Journal of Biomedical Informatics, 2015, 53: 381-389.

[41] LE T, TRAN D, MA W. Fuzzy Multi-sphere Support Vector Data Description[C].Pacific-Asia Conference on Knowledge Discovery and Data Mining (PAKDD), Gold Coast, Australia, 2013: 570-581.

[42] WANG Z, ZHAO Z, WENG S, et al. Solving One-class Problem with Outlier Examples by SVM [J]. Neurocomputing, 2015, 149: 100-105.

[43] LIU Y H, LIU Y C, CHEN Y J. Fast Support Vector Data Descriptions for Novelty Detection [J]. IEEE Transactions on Neural Networks, 2010, 21(8): 1296-1313.

[44] HU W, WANG S, CHUNG F, et al. Privacy Preserving and Fast Decision for Novelty Detection using Support Vector Data Description[J]. Soft Computing, 2015, 19(5): 1171-1186.

[45] GURRAM P, KWON H. Support-vector-based Hyperspectral Anomaly Detection Using Optimized Kernel Parameters[J]. IEEE Geoscience and Remote Sensing Letters, 2011, 8(6): 1060-1064.

[46] GURRAM P, KWON H, HAN T. Sparse Kernel-based Hyperspectral Anomaly Detection[J]. IEEE Geoscience and Remote Sensing Letters, 2012, 9(5): 943-947.

[47] PENG Z, GURRAM P, KWON H, et al. Sparse Kernel Learning-based Feature Selection for Anomaly Detection[J]. IEEE Transactions on Aerospace and Electronic Systems, 2015, 51(3): 1698-1716.

[48] HAO P. A New Fuzzy Support Vector Data Description Machine[C]. International Conference on Industrial Engineering and Other Applications of Applied Intelligent Systems (IEA/AIE), Kaohsiung, China, 2014: 118-127.

[49] GUO S M, CHEN L C, TSAI J S H. A Boundary Method for Outlier Detection based on Support Vector Domain Description[J]. Pattern Recognition, 2009, 42(1): 77-83.

[50] TAX D M J, LASKOV P. Online SVM Learning: from Classification to Data Description and Back[C].IEEE Workshop on Neural Networks for Signal Processing, Toulouse, France, 2003: 499-508.

[51] XIE W, UHLMANN S, KIRANYAZ S, et al. Incremental Learning with Support Vector Data Description[C]. International Conference on Pattern Recognition (ICPR), Stockholm, 2014: 3904-3909.

[52] THELJANI F, LAABIDI K, ZIDI S, et al. Tennessee Eastman Process Diagnosis Based on Dynamic Classification With SVDD[J]. Journal of Dynamic Systems, Measurement, and Control, 2015, 137(9): 091006.

[53] ZHANG Y, LIU X D, XIE F D, et al. Fault classifier of rotating machinery based on weighted support vector data description[J]. Expert Systems with Applications, 2009, 36(4): 7928-7932.

[54] TITTERINGTON D M. Estimation of Correlation Coefficients by Ellipsoidal Trimming[J]. Journal of the Royal Statistical Society. Series C (Applied Statistics), 1978, 27(3): 227-234.

[55] DOLIA A N, PAGE S F, WHITE N M, et al. D-optimality for Minimum Volume Ellipsoid with Outliers[C]. International Conference on Signal/image Processing & Pattern Recognition, 2004: 73-76.

[56] SILVERMAN B, TITTERINGTON D. Minimum Covering Ellipsoid[J]. SIMA Journal on Scientific and Statistical Computing,1980,1(4): 401-409.

[57] KUMAR P, YILDIRIM E A. Minimum-Volume Enclosing Ellipsoids and Core Sets[J]. Journal of Optimization Theory and Application, 2005, 126(1): 1-21.

[58] SCHÖLKOPF B, SMOLA A, MÜLLER K-R. Nonlinear Component Analysis as Kernel Eigenvalue Problem[J] Neural Compution, 1998, 10(5): 1299-1319.

[59] 孙即祥.现代模式识别[M].2版.北京:高等教育出版社,2008.

[60] SADEGHI R, HAMIDZADEH J. Automatic support vector data description[J]. Soft Computing, 2018, 22(1): 147-158.

[61] GHAFOORI Z, ERFANI S M, RAJASEGARAR S, et al. Efficient unsupervised parameter estimation for one-class support vector machines[J]. IEEE transactions on neural networks and learning systems, 2018, 29(10): 5057-5070.

[62] CHEN G, ZHANG X, WANG Z J, et al. Robust support vector data description for outlier detection with noise or uncertain data[J]. Knowledge-Based Systems, 2015, 90: 129-137.

[63] CHAUDHURI A, KAKDE D, SADEK C, et al. The mean and median criteria for kernel bandwidth selection for support vector data description[C].2017 IEEE International Conference on Data Mining Workshops (ICDMW). IEEE, 2017: 842-849.

[64] CHAUDHURI A, KAKDE D, JAHJA M, et al. Sampling method for fast training of support vector data description[C]. 2018 Annual Reliability and Maintainability Symposium (RAMS). IEEE, 2018: 1-7.

第7章

支持矢量回归

支持矢量机根据经验风险最小化(ERM)原则和结构风险最小化(SRM)原则,应用最优化方法产生原始数据空间或核映射空间用于分类的最优平面,支持矢量机所依据的思想、原则和方法也可以应用于回归建模,尽管在第4章已经讨论了回归建模问题,但支持矢量回归(support vector regression,SVR)建模的主要优点有:①回归建模数据稀疏化,只有一部分训练数据参与预测函数建模;②可以简单地产生非线性预测函数。

本章首先介绍岭回归方法,虽然岭回归不存在建模数据稀疏性,但是它采用了类似支持矢量机建模的方法,并且可以由输入空间简单地向核映射空间转化,所以放在本章介绍;其次讨论一范数 ε-不敏损失的 SVR,之后给出一范数 ε-不敏损失的 SVR 泛化性能,最后讨论二范数 ε-不敏损失的 SVR。

7.1 岭 回 归

7.1.1 基本岭回归方法

设存在自变量 $x_1,x_2,\cdots,x_n$ 与因变量 y,利用它们的 N 个样本估计响应数据与输入数据的函数关系。在多元线性回归模型 $\boldsymbol{y}=\boldsymbol{X}\boldsymbol{w}+\boldsymbol{\varepsilon}$ 中,输入数据矩阵

$$\boldsymbol{X}=\begin{pmatrix}1 & x_{11} & \cdots & x_{1n}\\ 1 & x_{21} & \cdots & x_{2n}\\ \vdots & \vdots & & \vdots\\ 1 & x_{N1} & \cdots & x_{Nn}\end{pmatrix} \tag{7.1.1}$$

式中,$x_{i1},x_{i2},\cdots,x_{in}$ 是自变量 $x_1,x_2,\cdots,x_n$ 的第 i 个样本,$\boldsymbol{y}$ 是因变量 y 的样本构成的矢量。回归系数矢量 $\boldsymbol{w}$ 的最小二乘估计为

$$\boldsymbol{w}=(\boldsymbol{X}^{\mathrm{T}}\boldsymbol{X})^{-1}\boldsymbol{X}^{\mathrm{T}}\boldsymbol{y} \tag{7.1.2}$$

在多元线性回归模型中,要求自变量之间线性无关,即数据矩阵的列矢量之间线性无关,否则称为完全多重共线性,若有自变量近似线性相关,则称为多重共线性,此情况下最小二乘回归估计表达式中的 $\boldsymbol{X}^{\mathrm{T}}\boldsymbol{X}$ 将有 $|\boldsymbol{X}^{\mathrm{T}}\boldsymbol{X}|=0$ 或 $|\boldsymbol{X}^{\mathrm{T}}\boldsymbol{X}|\approx 0$,这将使最小二乘法不能简单使用;另一种情况是没有足够多的采样

数据使得 $\boldsymbol{X}^{\mathrm{T}}\boldsymbol{X}$ 有逆。当线性回归模型中存在多个线性相关或近似线性相关变量时，算法对它们的系数确定性变差，估计量的方差很大而使估计量不可信用。若自变量 x_i 与其他自变量相关，则它的回归系数呈现高方差。一个变量若有很大的正系数，往往与其相关的变量有大小接近的负系数，使这类变量作用低估。采用收缩方法对范数进行限制可以避免这种现象发生，这种改进的最小二乘回归系数估计称为岭回归(ridge regression, RR)。于是，岭回归成为如下最优化问题：

$$\begin{cases}\min\limits_{\boldsymbol{w},b} & \sum\limits_{i=1}^{N}(y_i-\boldsymbol{w}^{\mathrm{T}}\boldsymbol{x}_i-b)^2 \\ \text{s.t.} & \|\boldsymbol{w}\|\leqslant B\end{cases} \tag{7.1.3}$$

上述最优化问题的拉格朗日函数等价于

$$L(\boldsymbol{w},b)=\sum_{i=1}^{N}(y_i-\boldsymbol{w}^{\mathrm{T}}\boldsymbol{x}_i-b)^2+\lambda(\|\boldsymbol{w}\|^2-B^2),\quad \lambda>0 \tag{7.1.4}$$

从式(7.1.3)和式(7.1.4)可以看出，岭回归通过对回归系数加罚实现收缩回归系数，λ 与 B 存在对应关系，改变 λ 等价于改变 B。可知，岭回归是如下无约束优化问题

$$\min_{\boldsymbol{w},b} L(\boldsymbol{w},b)=\sum_{i=1}^{N}(y_i-\boldsymbol{w}^{\mathrm{T}}\boldsymbol{x}_i-b)^2+\lambda\|\boldsymbol{w}\|^2,\quad \lambda>0 \tag{7.1.5}$$

对输入数据进行缩放，岭回归的解是不等价的，需要对输入数据进行标准化。对数据标准化处理是对数据进行中心化处理后再进行方差归一化处理，中心化处理不改变各自变量的回归系数，只是使常数项为零。在数据标准化后，在没有常数项情况下，若标准化后的输入数据矩阵依然用 $\boldsymbol{X}$ 表示，将式(7.1.5)写成矩阵形式

$$\min_{\boldsymbol{w}} L(\boldsymbol{w})=(\boldsymbol{y}-\boldsymbol{X}\boldsymbol{w})^{\mathrm{T}}(\boldsymbol{y}-\boldsymbol{X}\boldsymbol{w})+\lambda\boldsymbol{w}^{\mathrm{T}}\boldsymbol{w} \tag{7.1.6}$$

上面的拉格朗日函数对 $\boldsymbol{w}$ 求偏导并令其为零，可得最优解

$$\boldsymbol{w}^*(\lambda)=(\boldsymbol{X}^{\mathrm{T}}\boldsymbol{X}+\lambda\boldsymbol{I})^{-1}\boldsymbol{X}^{\mathrm{T}}\boldsymbol{y} \tag{7.1.7}$$

式中，$\boldsymbol{I}$ 为单位矩阵，λ 称为岭参数。

由式(7.1.7)可以看出，岭回归方法实际上是对最小二乘回归系数估计正则化，这也是最简单的正则化，其本质是给 $\boldsymbol{X}^{\mathrm{T}}\boldsymbol{X}$ 加上一个矩阵使其非奇异。

注： 这里，线性回归方程的常数项不参与优化，否则将使过程依赖于 y_i 的原点的选择，给每个 y_i 加上一个常数 c 不会简单地导致估计结果移动相同的量 c，常数项通常取为 $b=\sum\limits_{i=1}^{N}y_i/N$。$\boldsymbol{y}$ 可以标准化，也可以不标准化。

因原始输入数据已标准化，$\boldsymbol{X}^{\mathrm{T}}\boldsymbol{X}$ 简单地加上 $\lambda\boldsymbol{I}$ 没有变量量纲问题。式(7.1.7)称为 $\boldsymbol{w}$ 的岭回归估计。由于参数 λ 不是唯一确定的，所以岭回归估计是一个关于 λ 的估计族。

于是，回归预测方程为

$$f(\boldsymbol{x})=\boldsymbol{w}^*(\lambda)^{\mathrm{T}}\boldsymbol{x}=\boldsymbol{y}^{\mathrm{T}}\boldsymbol{X}(\boldsymbol{X}^{\mathrm{T}}\boldsymbol{X}+\lambda\boldsymbol{I})^{-1}\boldsymbol{x} \tag{7.1.8}$$

记 $\boldsymbol{w}^*$ 是 $\boldsymbol{w}$ 的最小二乘回归估计。岭回归估计 $\boldsymbol{w}^*(\lambda)$ 有如下性质。

(1) 岭回归估计是有偏估计；

(2) $\|\boldsymbol{w}^*(\lambda)\|<\|\boldsymbol{w}^*\|, \forall\lambda>0, \|\boldsymbol{w}^*\|\neq 0$；

(3) $\mathrm{MSE}[\boldsymbol{w}^*(\lambda)]<\mathrm{MSE}[\boldsymbol{w}^*]$。

岭参数 λ 可以依据下面方法选择：

(1) 岭回归系数矢量估计的协方差阵

$$\mathrm{Cov}(\boldsymbol{w}^*(\lambda),\boldsymbol{w}^*(\lambda))=(\boldsymbol{X}^{\mathrm{T}}\boldsymbol{X}+\lambda\boldsymbol{I})^{-1}\boldsymbol{X}^{\mathrm{T}}\mathrm{Cov}(\boldsymbol{y},\boldsymbol{y})\boldsymbol{X}(\boldsymbol{X}^{\mathrm{T}}\boldsymbol{X}+\lambda\boldsymbol{I})^{-1}$$

定义矩阵 $\boldsymbol{C}(\lambda)=(\boldsymbol{X}^{\mathrm{T}}\boldsymbol{X}+\lambda\boldsymbol{I})^{-1}\boldsymbol{X}^{\mathrm{T}}\boldsymbol{X}(\boldsymbol{X}^{\mathrm{T}}\boldsymbol{X}+\lambda\boldsymbol{I})^{-1}$，其对角线上元素 $c_{jj}(\lambda)$ 称为方差扩大因子，显然，$c_{jj}(\lambda)$ 随着 λ 的增大而减小，经验表明，$c_{jj}(\lambda)\leqslant 10$ 时岭回归系数估计相对稳定，应选择 λ 使所有的 $c_{jj}(\lambda)\leqslant 10, j=1,2,\cdots$。

(2) 减小岭回归系数矢量估计的均方差会增大残差平方和 $SSE(\lambda)$，残差平方和应该控制在一定范围内，选定一个 $c>1$，选择 λ 使 $SSE(\lambda)<cSSE$。

岭回归的一个重要应用是选择变量。通常选择变量的原则是：

(1) 剔除标准化岭回归系数比较稳定且绝对值很小的自变量。

(2) 剔除标准化岭回归系数不稳定、振动趋于零的变量。

(3) 剔除标准化岭回归系数很不稳定的变量。

7.1.2 核岭回归方法

为了利用矢量对偶表示导出核岭回归，岭回归系数估计模型采用类似于支持矢量机的建模形式：

$$\begin{cases}\min\limits_{\boldsymbol{w}} & \dfrac{1}{2}\sum\limits_{i=1}^{N}\xi_i^2\\ \text{s.t.} & y_i-\boldsymbol{w}^{\mathrm{T}}\boldsymbol{x}_i=\xi_i,\quad i=1,2,\cdots,N\\ & \|\boldsymbol{w}\|\leqslant B\end{cases}\tag{7.1.9}$$

利用拉格朗日乘数法将原问题转化为对偶问题，构造拉格朗日函数

$$L(\boldsymbol{w},\boldsymbol{\xi},\boldsymbol{\beta},\lambda)=\frac{1}{2}\sum_{i=1}^{N}\xi_i^2+\sum_{i=1}^{N}\beta_i(y_i-\boldsymbol{w}^{\mathrm{T}}\boldsymbol{x}_i-\xi_i)+\lambda(\|\boldsymbol{w}\|^2-B^2)\tag{7.1.10}$$

由 KKT 定理的极值条件，拉格朗日函数分别对原问题变量 $\boldsymbol{w}$、$\boldsymbol{\xi}$ 求偏导并令其为零，得出

$$2\lambda\boldsymbol{w}=\sum_{i=1}^{N}\beta_i\boldsymbol{x}_i\tag{7.1.11}$$

$$\xi_i=\beta_i\tag{7.1.12}$$

将式(7.1.11)和式(7.1.12)代入拉格朗日函数，得到对偶问题的目标函数

$$L(\boldsymbol{\beta},\lambda)=-\frac{1}{2}\sum_{i=1}^{N}\beta_i^2+\sum_{i=1}^{N}\beta_i y_i-\frac{1}{4\lambda}\sum_{i,j=1}^{N}\beta_i\beta_j\boldsymbol{x}_i^{\mathrm{T}}\boldsymbol{x}_j-\lambda B^2\tag{7.1.13}$$

由式(7.1.11)可得

$$\boldsymbol{w}=\sum_{i=1}^{N}(\beta_i/2\lambda)\boldsymbol{x}_i\triangleq\sum_{i=1}^{N}\alpha_i\boldsymbol{x}_i\tag{7.1.14}$$

式中，$\alpha_i=\beta_i/2\lambda$，将 $\beta_i=2\lambda\alpha_i$ 代入式(7.1.13)中，可得

$$L(\boldsymbol{\alpha},\lambda)=-2\lambda\sum_{i=1}^{N}\alpha_i^2+2\sum_{i=1}^{N}\alpha_i y_i-\sum_{i,j=1}^{N}\alpha_i\alpha_j\boldsymbol{x}_i^{\mathrm{T}}\boldsymbol{x}_j-B^2\tag{7.1.15}$$

因为 λ 与 B 对应，一旦 B 选定后，λ 也就确定，所以 λ 无优化问题，最优化问题成为

$$\min_{\boldsymbol{\alpha}}-2\lambda\sum_{i=1}^{N}\alpha_i^2+2\sum_{i=1}^{N}\alpha_i y_i-\sum_{i,j=1}^{N}\alpha_i\alpha_j\boldsymbol{x}_i^{\mathrm{T}}\boldsymbol{x}_j\tag{7.1.16}$$

将式(7.1.16)写成矩阵形式

$$\min_{\boldsymbol{\alpha}} -2\lambda\boldsymbol{\alpha}^{\mathrm{T}}\boldsymbol{\alpha}+2\boldsymbol{\alpha}^{\mathrm{T}}\boldsymbol{y}-\boldsymbol{\alpha}^{\mathrm{T}}\boldsymbol{K}\boldsymbol{\alpha} \tag{7.1.17}$$

式中，$\boldsymbol{K}=(\boldsymbol{x}_i^{\mathrm{T}}\boldsymbol{x}_j)_{i,j=1}^{N}$。求目标函数关于 $\boldsymbol{\alpha}$ 的偏导数并令结果为零，忽略矢量的系数，可得

$$\boldsymbol{\alpha}^*=(\boldsymbol{K}+\lambda'\boldsymbol{I})^{-1}\boldsymbol{y} \tag{7.1.18}$$

式中，$\lambda'=2\lambda$，重写式(7.1.14)，回归系数估计

$$\boldsymbol{w}^*=\sum_{i=1}^{N}\alpha_i^*\boldsymbol{x}_i \tag{7.1.19}$$

回归预测方程为

$$f(\boldsymbol{x})=\boldsymbol{x}^{\mathrm{T}}\boldsymbol{w}^*=\sum_{i=1}^{N}\alpha_i^*\boldsymbol{x}_i^{\mathrm{T}}\boldsymbol{x} \tag{7.1.20}$$

在核映射空间中考虑岭回归，将上述输入数据矢量 $\boldsymbol{x}$ 改写成核映射空间中的映像 $\boldsymbol{\varphi}(\boldsymbol{x})$，有关式子中的矢量内积(线性核)$\boldsymbol{x}_i^{\mathrm{T}}\boldsymbol{x}$ 改写成一般性核函数 $\langle\boldsymbol{\varphi}(\boldsymbol{x}_i),\boldsymbol{\varphi}(\boldsymbol{x})\rangle\triangleq\kappa(\boldsymbol{x}_i,\boldsymbol{x})$，$\boldsymbol{K}=\Big(\kappa(\boldsymbol{x}_i,\boldsymbol{x}_j)\Big)_{i,j=1}^{N}$，得到回归系数对偶矢量

$$\boldsymbol{\alpha}^*=(\boldsymbol{K}+\lambda'\boldsymbol{I})^{-1}\boldsymbol{y} \tag{7.1.21}$$

回归系数估计

$$\boldsymbol{w}^*=\sum_{i=1}^{N}\alpha_i^*\boldsymbol{\varphi}(\boldsymbol{x}_i) \tag{7.1.22}$$

回归预测方程为

$$f(\boldsymbol{x})=\sum_{i=1}^{N}\alpha_i^*\kappa(\boldsymbol{x}_i,\boldsymbol{x}) \tag{7.1.23}$$

产生式(7.1.7)和式(7.1.8)的方法称为基本解法，产生式(7.1.18)～式(7.1.20)的方法称为对偶解法，产生式(7.1.21)～式(7.1.23)的方法称为核岭回归。

由式(7.1.23)可知，所有训练样本都参与建模，模型解不具有稀疏性。在 n 维原始输入数据空间运用式(7.1.7)进行岭回归的复杂度为 $O(n^3)$，运用式(7.7.18)进行岭回归的复杂度为 $O(N^3)$，尽管如此，但岭回归可以简单地实现非线性回归建模。

7.2 一范数 ε-不敏损失支持矢量回归

本节开始讨论支持矢量回归。设系统的全部自变量构成矢量 $\boldsymbol{x}$，因变量为实数 y，数据模型为 $y=f(\boldsymbol{x},\boldsymbol{\theta})$，$\boldsymbol{\theta}$ 为模型参数。

7.2.1 ε-不敏损失函数

为应用最优化方法产生回归预测方程，首先定义损失函数，从常用的损失函数中选择一个与支持矢量机模型相近的损失函数，若预测值与真实值 y 之间的误差小于 $\varepsilon(\varepsilon>0)$，则损失为零，若误差大于 ε，则损失为关于误差的线性函数，这种忽略小于阈值 ε 误差的损失函数称为 ε-不敏损失函数。图 7.2.1 给出了 ε-不敏损失函数的示意图，其可表示为

$$L(y,f(\boldsymbol{x},\boldsymbol{\theta}))=|y-f(\boldsymbol{x},\boldsymbol{\theta})|_{\varepsilon}=\begin{cases}0, & |y-f(\boldsymbol{x},\boldsymbol{\theta})|\leqslant\varepsilon\\ |y-f(\boldsymbol{x},\boldsymbol{\theta})|-\varepsilon, & \text{其他}\end{cases} \tag{7.2.1}$$

若已知数据模型是线性函数或用线性函数预测，设线性函数为 $y=\boldsymbol{w}^{\mathrm{T}}\boldsymbol{x}+b$，根据损失函数，相对线性函数 $y=\boldsymbol{w}^{\mathrm{T}}\boldsymbol{x}+b$ 设定两个辅助函数 $y=\boldsymbol{w}^{\mathrm{T}}\boldsymbol{x}+b+\varepsilon$ 和 $y=\boldsymbol{w}^{\mathrm{T}}\boldsymbol{x}+b-\varepsilon$，如图 7.2.2 所示。对比支持矢量机技术，相当于在平面 $y=\boldsymbol{w}^{\mathrm{T}}\boldsymbol{x}+b$ 两边建立两个辅助平面 $y=\boldsymbol{w}^{\mathrm{T}}\boldsymbol{x}+b+\varepsilon$ 和 $y=\boldsymbol{w}^{\mathrm{T}}\boldsymbol{x}+b-\varepsilon$，根据设定，位于两个辅助平面之间的样本不产生损失，位于两个辅助平面之外的样本产生损失，它们为构建回归预测方程提供信息。两个辅助平面之间不产生损失的区域称为不敏区域。

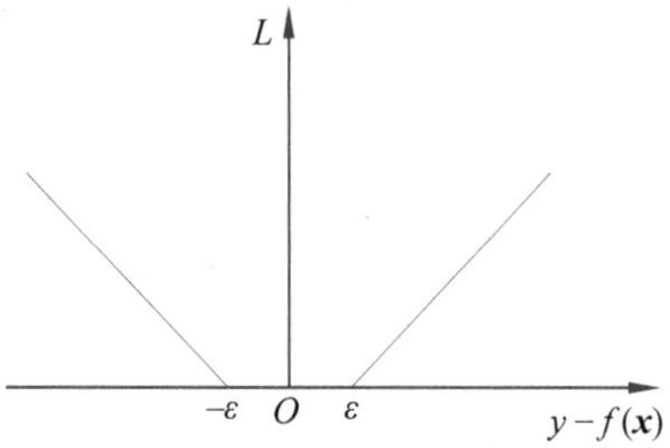

图 7.2.1　ε-不敏损失函数

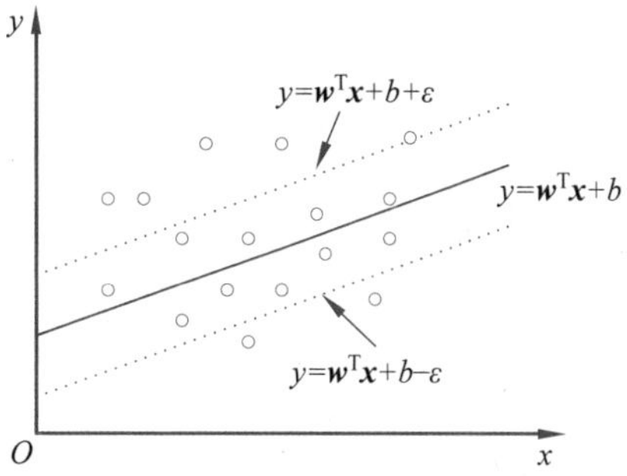

图 7.2.2　ε-不敏损失函数回归示意图

7.2.2　一范数 ε-不敏损失的 SVR

对于给定的训练数据 $\{(\boldsymbol{x}_1,y_1),(\boldsymbol{x}_2,y_2),\cdots,(\boldsymbol{x}_N,y_N)\}$，其中 $\boldsymbol{x}_i$ 是自变量，y_i 是因变量，利用训练数据估计回归预测线性函数 $f(\boldsymbol{x})=\boldsymbol{w}^{\mathrm{T}}\boldsymbol{x}+b$，用式(7.2.1)定义的 ε-不敏损失函数作为损失函数，由于一个样本位于回归平面的这一侧或另一侧，所以需要两个约束，线性回归函数的范数越小，回归方差的界越小[文献 1，定理 7.39]，回归误差绝对值大于某设定值的概率越小[定理 7.2.1]，于是求解数据回归线性函数成为下面的最优化问题：

$$\begin{cases}\min\limits_{\boldsymbol{w},b,\boldsymbol{\xi}} & \dfrac{1}{2}\boldsymbol{w}^{\mathrm{T}}\boldsymbol{w}+\gamma\sum\limits_{i=1}^{N}(\xi_i^{+}+\xi_i^{-}) \\ \text{s.t.} & y_i-(\boldsymbol{w}^{\mathrm{T}}\boldsymbol{x}_i+b)\leqslant\varepsilon+\xi_i^{+} \\ & (\boldsymbol{w}^{\mathrm{T}}\boldsymbol{x}_i+b)-y_i\leqslant\varepsilon+\xi_i^{-} \\ & \xi_i^{+},\xi_i^{-}\geqslant 0,\quad i=1,2,\cdots,N\end{cases} \tag{7.2.2}$$

利用拉格朗日乘数法将原问题转化为容易求解的对偶优化问题，构建拉格朗日函数

$$\begin{aligned}L(\boldsymbol{w},b,\boldsymbol{\xi}^{+},\boldsymbol{\xi}^{-})=&\frac{1}{2}\boldsymbol{w}^{\mathrm{T}}\boldsymbol{w}+\gamma\sum_{i=1}^{N}(\xi_i^{+}+\xi_i^{-})+\sum_{i=1}^{N}\lambda_i^{+}(y_i-(\boldsymbol{w}^{\mathrm{T}}\boldsymbol{x}_i+b)-\varepsilon-\xi_i^{+})\\&+\sum_{i=1}^{N}\lambda_i^{-}((\boldsymbol{w}^{\mathrm{T}}\boldsymbol{x}_i+b)-y_i-\varepsilon-\xi_i^{-})-\sum_{i=1}^{N}\beta_i^{+}\xi_i^{+}-\sum_{i=1}^{N}\beta_i^{-}\xi_i^{-}\end{aligned} \tag{7.2.3}$$

根据 KKT 定理的极值条件，拉格朗日函数分别对原问题各变量 $\boldsymbol{w}$、b、$\boldsymbol{\xi}^{+}$、$\boldsymbol{\xi}^{-}$ 求偏导并令其为零，得出

$$\boldsymbol{w}=\sum_{i=1}^{N}(\lambda_i^{+}-\lambda_i^{-})\boldsymbol{x}_i \tag{7.2.4}$$

$$\sum_{i=1}^{N}(\lambda_i^+ - \lambda_i^-) = 0 \tag{7.2.5}$$

$$\gamma - \lambda_i^+ - \beta_i^+ = 0 \tag{7.2.6}$$

$$\gamma - \lambda_i^- - \beta_i^- = 0 \tag{7.2.7}$$

根据 TTK 定理的非负条件，$\beta_i^+, \beta_i^- \geqslant 0$，由式(7.2.6)和式(7.2.7)可得

$$0 \leqslant \lambda_i^+ \leqslant \gamma \tag{7.2.8}$$

$$0 \leqslant \lambda_i^- \leqslant \gamma \tag{7.2.9}$$

将上面有关式子代入拉格朗日函数，产生只含拉格朗日乘子的对偶目标函数，利用相应的约束条件，得出如下对偶优化问题：

$$\begin{cases} \max\limits_{\lambda} & -\dfrac{1}{2}\sum\limits_{i,j=1}^{N}(\lambda_i^+ - \lambda_i^-)(\lambda_j^+ - \lambda_j^-)\boldsymbol{x}_i^{\mathrm{T}}\boldsymbol{x}_j - \varepsilon\sum\limits_{i=1}^{N}(\lambda_i^+ + \lambda_i^-) + \sum\limits_{i=1}^{N}y_i(\lambda_i^+ - \lambda_i^-) \\ \text{s.t.} & \sum\limits_{i=1}^{N}(\lambda_i^+ - \lambda_i^-) = 0 \\ & 0 \leqslant \lambda_i^+ \leqslant \gamma, \quad i = 1,2,\cdots,N \\ & 0 \leqslant \lambda_i^- \leqslant \gamma, \quad i = 1,2,\cdots,N \end{cases} \tag{7.2.10}$$

根据 KKT 定理的互补松弛条件，有

$$\lambda_i^+(y_i - (\boldsymbol{w}^{\mathrm{T}}\boldsymbol{x}_i + b) - \varepsilon - \xi_i^+) = 0 \tag{7.2.11}$$

$$\lambda_i^-((\boldsymbol{w}^{\mathrm{T}}\boldsymbol{x}_i + b) - y_i - \varepsilon - \xi_i^-) = 0 \tag{7.2.12}$$

$$\beta_i^+\xi_i^+ = (\gamma - \lambda_i^+)\xi_i^+ = 0 \tag{7.2.13}$$

$$\beta_i^-\xi_i^- = (\gamma - \lambda_i^-)\xi_i^- = 0 \tag{7.2.14}$$

此外，该问题还有补充条件：

$$\xi_i^+\xi_i^- = 0 \tag{7.2.15}$$

$$\lambda_i^+\lambda_i^- = 0 \tag{7.2.16}$$

由模型(7.2.2)的约束条件及式(7.2.11)和式(7.2.12)可知，y_i 位于辅助平面 $y = \boldsymbol{w}^{\mathrm{T}}\boldsymbol{x} + b + \varepsilon$ 和 $y = \boldsymbol{w}^{\mathrm{T}}\boldsymbol{x} + b - \varepsilon$ 之间的样本 $\boldsymbol{x}_i$ 的 $\xi_i^+ = 0$ 和 $\xi_i^- = 0$ 及 $\lambda_i^+ = 0$ 和 $\lambda_i^- = 0$。由式(7.2.13)或式(7.2.14)可知，对应于 $0 < \lambda_i^+ < \gamma$ 或 $0 < \lambda_i^- < \gamma$ 的 $\boldsymbol{x}_i$，相应的 $\xi_i^+ = 0$ 或 $\xi_i^- = 0$，这样的样本位于辅助平面 $y = \boldsymbol{w}^{\mathrm{T}}\boldsymbol{x} + b + \varepsilon$ 或 $y = \boldsymbol{w}^{\mathrm{T}}\boldsymbol{x} + b - \varepsilon$ 中；对应于 $\xi_i^+ > 0$ 或 $\xi_i^- > 0$ 的 $\boldsymbol{x}_i$，相应的 $\lambda_i^+ = \gamma$ 或 $\lambda_i^- = \gamma$，这些样本位于两个辅助平面所夹不敏区域之外。若 $\lambda_i^+ > 0$，则有 $y_i > \boldsymbol{w}^{\mathrm{T}}\boldsymbol{x}_i + b$；若 $\lambda_i^- > 0$，则有 $y_i < \boldsymbol{w}^{\mathrm{T}}\boldsymbol{x}_i + b$。由式(7.2.4)可知，对应于 $\lambda_i^+ > 0$ 或 $\lambda_i^- > 0$ 的样本 $\boldsymbol{x}_i$ 参与构建预测函数，它们称为支持矢量。

用位于辅助平面 $y = \boldsymbol{w}^{\mathrm{T}}\boldsymbol{x} + b + \varepsilon$ 或 $y = \boldsymbol{w}^{\mathrm{T}}\boldsymbol{x} + b - \varepsilon$ 中的一个样本计算 b，或用多个样本计算后求平均，因 $\lambda_i^+\lambda_i^- = 0$，所以只能用下面一个不为零的 λ_i 的式子计算

$$b = y_i - \boldsymbol{w}^{\mathrm{T}}\boldsymbol{x}_i - \varepsilon, \quad 0 < \lambda_i^+ < \gamma \tag{7.2.17}$$

$$b = y_i - \boldsymbol{w}^{\mathrm{T}}\boldsymbol{x}_i + \varepsilon, \quad 0 < \lambda_i^- < \gamma \tag{7.2.18}$$

最后得到预测函数

$$f(\boldsymbol{x}) = \sum_{i=1}^{N}(\lambda_i^+ - \lambda_i^-)\boldsymbol{x}_i^{\mathrm{T}}\boldsymbol{x} + b \tag{7.2.19}$$

通过引入一般性核函数将线性 SVR 推广到高维核映射空间，用 $\boldsymbol{\varphi}(\boldsymbol{x}_i)$ 代替 $\boldsymbol{x}_i$，用 $\kappa(\boldsymbol{x}_i,\boldsymbol{x})=\langle\boldsymbol{\varphi}(\boldsymbol{x}_i),\boldsymbol{\varphi}(\boldsymbol{x})\rangle$ 代替数据矢量的数积（线性核）$\boldsymbol{x}_i^{\mathrm{T}}\boldsymbol{x}$，可以简便地写出在核映射空间中求解回归预测函数的最优化问题：

$$\begin{cases}\max\limits_{\boldsymbol{\lambda}} & -\dfrac{1}{2}\sum\limits_{i,j=1}^{N}(\lambda_i^+-\lambda_i^-)(\lambda_j^+-\lambda_j^-)\kappa(\boldsymbol{x}_i,\boldsymbol{x}_j)-\varepsilon\sum\limits_{i=1}^{N}(\lambda_i^++\lambda_i^-)+\sum\limits_{i=1}^{N}y_i(\lambda_i^+-\lambda_i^-)\\ \text{s.t.} & \sum\limits_{i=1}^{N}(\lambda_i^+-\lambda_i^-)=0\\ & 0\leqslant\lambda_i^+\leqslant\gamma,\quad i=1,2,\cdots,N\\ & 0\leqslant\lambda_i^-\leqslant\gamma,\quad i=1,2,\cdots,N\end{cases}\tag{7.2.20}$$

由上述模型求解最优的 $(\lambda_i^+)^*$、$(\lambda_i^-)^*$，并算得最优的 b^*，当考虑 $(\lambda_i^+)^*$ 时，有

$$b^*=y_j-\sum_{i=1}^{N}(\lambda_i^+)^*\kappa(\boldsymbol{x}_i,\boldsymbol{x}_j)-\varepsilon,\quad 0<(\lambda_j^+)^*<\gamma\tag{7.2.21}$$

相应的回归预测函数为

$$f(\boldsymbol{x})=\sum_{i=1}^{N}((\lambda_i^+)^*-(\lambda_i^-)^*)\kappa(\boldsymbol{x}_i,\boldsymbol{x})+b^*\tag{7.2.22}$$

7.2.3　ε-不敏损失的 SVR 的另一种表达

基于 $\lambda_i^+\lambda_i^-=0$，令 $\lambda_i^+-\lambda_i^-=\lambda_i$，$\lambda_i^++\lambda_i^-=|\lambda_i|$，将其代入有关问题模型的目标函数和约束中，并将有关约束作相应改变，可以简化表达和计算。

例如，模型(7.2.20)可以表示为

$$\begin{cases}\max\limits_{\boldsymbol{\lambda}} & -\dfrac{1}{2}\sum\limits_{i,j=1}^{N}\lambda_i\lambda_j\kappa(\boldsymbol{x}_i,\boldsymbol{x}_j)-\varepsilon\sum\limits_{i=1}^{N}|\lambda_i|+\sum\limits_{i=1}^{N}y_i\lambda_i\\ \text{s.t.} & \sum\limits_{i=1}^{N}\lambda_i=0\\ & -\gamma\leqslant\lambda_i\leqslant\gamma,\quad i=1,2,\cdots,N\end{cases}\tag{7.2.23}$$

求解上述模型的最优解，得出

$$\boldsymbol{w}^*=\sum_{i=1}^{N}\lambda_i^*\boldsymbol{\varphi}(\boldsymbol{x}_i)\tag{7.2.24}$$

$$b^*=y_j-\sum_{i=1}^{N}\lambda_i^*\kappa(\boldsymbol{x}_i,\boldsymbol{x}_j)-\varepsilon,\quad 0<\lambda_j^*<\gamma\tag{7.2.25}$$

$$f(\boldsymbol{x})=\sum_{i=1}^{N}\lambda_i^*\kappa(\boldsymbol{x}_i,\boldsymbol{x})+b^*\tag{7.2.26}$$

7.2.4　一范数 ε-不敏损失的 ν-SVR

类似于 ν-支持矢量机，可以构建 ν-支持矢量回归算法(ν-SVR)，参数 $\nu\in(0,1)$ 控制不敏区域的宽度，使最多有 νN 个训练样本严格位于不敏区域之外，而至少有 νN 个样本是支持矢量，这些样本位于不敏区域之外和其边界上，其数学模型为

$$\begin{cases} \min\limits_{w,b,\varepsilon,\xi} & \frac{1}{2}\boldsymbol{w}^{\mathrm{T}}\boldsymbol{w}+\gamma\left(\varepsilon\nu+\frac{1}{N}\sum_{i=1}^{N}(\xi_i^+ +\xi_i^-)\right) \\ \text{s.t.} & y_i-(\boldsymbol{w}^{\mathrm{T}}\boldsymbol{x}_i+b)\leqslant\varepsilon+\xi_i^+ \\ & (\boldsymbol{w}^{\mathrm{T}}\boldsymbol{x}_i+b)-y_i\leqslant\varepsilon+\xi_i^- \\ & \xi_i^+,\xi_i^-\geqslant 0,\quad i=1,2,\cdots,N \end{cases} \tag{7.2.27}$$

利用拉格朗日乘数法将原问题转化为容易求解的对偶优化问题,其对偶优化模型为

$$\begin{cases} \max\limits_{\lambda} & -\frac{1}{2}\sum_{i,j=1}^{N}(\lambda_i^+-\lambda_i^-)(\lambda_j^+-\lambda_j^-)\boldsymbol{x}_i^{\mathrm{T}}\boldsymbol{x}_j-\varepsilon\sum_{i=1}^{N}(\lambda_i^+ +\lambda_i^-)+\sum_{i=1}^{N}y_i(\lambda_i^+-\lambda_i^-) \\ \text{s.t.} & \sum_{i=1}^{N}(\lambda_i^+-\lambda_i^-)=0 \\ & \sum_{i=1}^{N}(\lambda_i^+ +\lambda_i^-)\leqslant\gamma\nu \\ & 0\leqslant\lambda_i^+\leqslant\gamma/N,\quad 0\leqslant\lambda_i^-\leqslant\gamma/N,\quad i=1,2,\cdots,N \end{cases} \tag{7.2.28}$$

上述模型的最优解为

$$\boldsymbol{w}=\sum_{i=1}^{N}(\lambda_i^+-\lambda_i^-)\boldsymbol{x}_i$$

$$b=y_i-\boldsymbol{w}^{\mathrm{T}}\boldsymbol{x}_i-\varepsilon,\quad 0<\lambda_i^+<\gamma/N \quad \text{或} \quad b=y_i-\boldsymbol{w}^{\mathrm{T}}\boldsymbol{x}_i+\varepsilon,\quad 0<\lambda_i^-<\gamma/N$$

$$f(\boldsymbol{x})=\sum_{i=1}^{N}(\lambda_i^+-\lambda_i^-)\boldsymbol{x}_i^{\mathrm{T}}\boldsymbol{x}+b$$

通过引入一般性核函数将线性 SVR 推广到高维核映射空间,用 $\boldsymbol{\varphi}(\boldsymbol{x}_i)$ 代替 $\boldsymbol{x}_i$,用 $\kappa(\boldsymbol{x}_i,\boldsymbol{x})=\langle\boldsymbol{\varphi}(\boldsymbol{x}_i),\boldsymbol{\varphi}(\boldsymbol{x})\rangle$ 代替数据矢量的数积(线性核)$\boldsymbol{x}_i^{\mathrm{T}}\boldsymbol{x}$,令 $\lambda_i^+-\lambda_i^-=\lambda_i$,$\lambda_i^+ +\lambda_i^-=|\lambda_i|$,模型最优解为

$$\boldsymbol{w}^*=\sum_{i=1}^{N}\lambda_i^*\boldsymbol{\varphi}(\boldsymbol{x}_i) \tag{7.2.29}$$

$$b^*=y_j-\sum_{i=1}^{N}\lambda_i^*\kappa(\boldsymbol{x}_i,\boldsymbol{x}_j)-\varepsilon,\quad 0<\lambda_j^*<\gamma/N \tag{7.2.30}$$

$$f(\boldsymbol{x})=\sum_{i=1}^{N}\lambda_i^*\kappa(\boldsymbol{x}_i,\boldsymbol{x})+b^* \tag{7.2.31}$$

从支持矢量回归建模的思想及数学模型可以知道,位于两个辅助平面间不敏区域之外的样本参与回归预测函数构建,为了减小那些远离回归平面或曲面的离群点、含噪点对正确构建回归预测函数的影响,一个解决的方法是对样本加权,对那些 ξ_i 较大的离群点、含噪点的 λ_i 赋予较小的权值,或赋为某个常数。

7.2.5 一范数 ε-不敏损失的 SVR 的泛化性能

对于线性 ε-不敏损失的 SVR,在建模方式上与支持矢量机有较大相似,为分析泛化性能,损失函数考虑利用分类问题的损失函数,定义离散损失函数

$$H^{\delta}(\boldsymbol{x},y,f)=\begin{cases}0, & |y-f(\boldsymbol{x})|\leqslant \delta \\ 1, & \text{其他}\end{cases} \tag{7.2.32}$$

式(7.2.32)表明，当回归函数 $f(\boldsymbol{x})$ 输出偏离真实输出 y 超过误差界 δ 时，损失函数计一次数。再引入连续的损失函数

$$L(z)=\begin{cases}0, & z<\varepsilon \\ (z-\varepsilon)/(\delta-\varepsilon), & \varepsilon\leqslant z\leqslant \delta \\ 1, & \text{其他}\end{cases} \tag{7.2.33}$$

由式(7.2.32)和式(7.2.33)可以看出，$H^{\delta}(\boldsymbol{x},y,f)\leqslant L(|y-f(\boldsymbol{x})|)\leqslant |y-f(\boldsymbol{x})|$，可以得出 $\mathrm{E}[H^{\delta}(\boldsymbol{x},y,f)]$ 的上界，其经验误差上界为

$$\sum_{i=1}^{N}|y_i-f(\boldsymbol{x}_i)|_{\varepsilon}=\sum_{i=1}^{N}(\xi_i^{+}+\xi_i^{-}) \tag{7.2.34}$$

利用定理 2.3.3 和定理 2.3.4 可以形成如下定理。

定理 7.2.1[1]　设在数据空间 $X\times\mathbb{R}$ 中对数据源独立抽取的训练样本集为 $S=\{(\boldsymbol{x}_1,y_1),(\boldsymbol{x}_2,y_2),\cdots,(\boldsymbol{x}_N,y_N)\}$，在由核函数 $\kappa(\cdot,\cdot)$ 隐式定义的映射空间中，令 $\mathcal{F}_B$ 是范数最大为 B 的线性函数类。对于固定的 $B>0$ 和 $\eta\in(0,1)$，至少在 $1-\eta$ 的概率下，对于所有的函数 $f\in\mathcal{F}_B$，有

$$\begin{aligned}P(|y-f(\boldsymbol{x})|>\delta)&=\mathrm{E}[H^{\delta}(\boldsymbol{x},y,f)]\\&\leqslant\frac{\|\boldsymbol{\xi}^{+}+\boldsymbol{\xi}^{-}\|_1}{N(\delta-\varepsilon)}+\frac{4B\sqrt{\mathrm{tr}(\boldsymbol{K})}}{N(\delta-\varepsilon)}+3\sqrt{\frac{\ln(2/\eta)}{2N}}\end{aligned} \tag{7.2.35}$$

式中，$\boldsymbol{K}$ 是训练集 S 上的核矩阵。

式(7.2.35)表明，权衡松弛变量之和与线性函数权矢量的范数，使前两项之和最小，这样能减少输出误差超过 δ 的概率上界。

7.3　二范数 ε-不敏损失支持矢量回归

前面介绍了一范数 ε-不敏损失的 SVR，类似于二范数支持矢量机，也可以建立二范数 ε-不敏损失的 SVR。二范数 ε-不敏损失的 SVR 方程有关参数是如下最优化模型的解

$$\begin{cases}\min\limits_{\boldsymbol{w},b,\xi} & \dfrac{1}{2}\boldsymbol{w}^{\mathrm{T}}\boldsymbol{w}+\dfrac{1}{2}\gamma\sum\limits_{i=1}^{N}[(\xi_i^{+})^2+(\xi_i^{-})^2] \\ \text{s.t.} & y_i-(\boldsymbol{w}^{\mathrm{T}}\boldsymbol{x}_i+b)\leqslant\varepsilon+\xi_i^{+} \\ & (\boldsymbol{w}^{\mathrm{T}}\boldsymbol{x}_i+b)-y_i\leqslant\varepsilon+\xi_i^{-} \\ & i=1,2,\cdots,N\end{cases} \tag{7.3.1}$$

上述模型中，松弛变量 ξ_i^{+} 或 ξ_i^{-} 的最优解不会出现负数，松弛变量非负约束已略去。此外，还有补充条件

$$\xi_i^{+}\xi_i^{-}=0 \tag{7.3.2}$$

利用拉格朗日乘数法将原问题转化为容易求解的对偶优化问题，构建拉格朗日函数

$$L(\boldsymbol{w},b,\boldsymbol{\xi}^{+},\boldsymbol{\xi}^{-})=\frac{1}{2}\boldsymbol{w}^{\mathrm{T}}\boldsymbol{w}+\frac{1}{2}\gamma\sum_{i=1}^{N}[(\xi_i^{+})^2+(\xi_i^{-})^2]$$

$$+\sum_{i=1}^{N}\lambda_i^{+}(y_i-(\boldsymbol{w}^{\mathrm{T}}\boldsymbol{x}_i+b)-\varepsilon-\xi_i^{+})$$

$$+\sum_{i=1}^{N}\lambda_i^{-}((\boldsymbol{w}^{\mathrm{T}}\boldsymbol{x}_i+b)-y_i-\varepsilon-\xi_i^{-}) \tag{7.3.3}$$

根据 KKT 定理的极值条件,拉格朗日函数分别对原问题各变量 $\boldsymbol{w}$、b、$\boldsymbol{\xi}^{+}$、$\boldsymbol{\xi}^{-}$ 求偏导并令其为零,得出

$$\boldsymbol{w}=\sum_{i=1}^{N}(\lambda_i^{+}-\lambda_i^{-})\boldsymbol{x}_i \tag{7.3.4}$$

$$\sum_{i=1}^{N}(\lambda_i^{+}-\lambda_i^{-})=0 \tag{7.3.5}$$

$$\gamma\xi_i^{+}-\lambda_i^{+}=0 \tag{7.3.6}$$

$$\gamma\xi_i^{-}-\lambda_i^{-}=0 \tag{7.3.7}$$

由式(7.3.2)及式(7.3.6)和式(7.3.7),有 $\lambda_i^{+}\lambda_i^{-}=0$。将上面有关式子代入拉格朗日函数,产生只含拉格朗日乘子的对偶目标函数,利用相应约束条件,得出如下对偶优化问题:

$$\begin{cases}\max\limits_{\lambda} & -\dfrac{1}{2}\sum\limits_{i,j=1}^{N}(\lambda_i^{+}-\lambda_i^{-})(\lambda_j^{+}-\lambda_j^{-})(\boldsymbol{x}_i^{\mathrm{T}}\boldsymbol{x}_j+\delta_{ij}/\gamma)-\varepsilon\sum\limits_{i=1}^{N}(\lambda_i^{+}+\lambda_i^{-})+\sum\limits_{i=1}^{N}y_i(\lambda_i^{+}-\lambda_i^{-})\\ \text{s.t.} & \sum\limits_{i=1}^{N}(\lambda_i^{+}-\lambda_i^{-})=0\\ & \lambda_i^{+}\geqslant 0,\quad i=1,2,\cdots,N\\ & \lambda_i^{-}\geqslant 0,\quad i=1,2,\cdots,N\end{cases} \tag{7.3.8}$$

式中,δ_{ij} 是 Kronecker-δ 函数。上述模型目标函数在第一项中增加了 δ_{ij}/γ 是因为将 $-\sum_{i=1}^{N}((\lambda_i^{+})^2+(\lambda_i^{-})^2)/\gamma$ 并入了第一项,并利用了 $\lambda_i^{+}\lambda_i^{-}=0$。根据 KKT 定理的互补松弛条件,最优解满足

$$\lambda_i^{+}(y_i-(\boldsymbol{w}^{\mathrm{T}}\boldsymbol{x}_i+b)-\varepsilon-\xi_i^{+})=0 \tag{7.3.9}$$

$$\lambda_i^{-}((\boldsymbol{w}^{\mathrm{T}}\boldsymbol{x}_i+b)-y_i-\varepsilon-\xi_i^{-})=0 \tag{7.3.10}$$

以及问题辅助约束 $\xi_i^{+}\xi_i^{-}=0$,$\lambda_i^{+}\lambda_i^{-}=0$。

由模型约束及式(7.3.9)和式(7.3.10)可知,y_i 位于辅助平面 $y=\boldsymbol{w}^{\mathrm{T}}\boldsymbol{x}+b+\varepsilon$ 和 $y=\boldsymbol{w}^{\mathrm{T}}\boldsymbol{x}+b-\varepsilon$ 之间不敏区域内的样本 $\boldsymbol{x}_i$ 的 $\xi_i^{+}=0$ 和 $\xi_i^{-}=0$ 及 $\lambda_i^{+}=0$ 和 $\lambda_i^{-}=0$。若样本 $\boldsymbol{x}_i$ 位于辅助平面 $y=\boldsymbol{w}^{\mathrm{T}}\boldsymbol{x}+b+\varepsilon$ 或 $y=\boldsymbol{w}^{\mathrm{T}}\boldsymbol{x}+b-\varepsilon$ 中,其对应的 $\xi_i^{+}=0$ 或 $\xi_i^{-}=0$,由式(7.3.6)或式(7.3.7)可知,对应于 $\lambda_i^{+}=0$ 或 $\lambda_i^{-}=0$。由式(7.3.6)或式(7.3.7)可知,对应于 $\lambda_i^{+}>0$ 或 $\lambda_i^{-}>0$ 的那些 $\boldsymbol{x}_i$,其相应的 $\xi_i^{+}>0$ 或 $\xi_i^{-}>0$。由式(7.3.4)可知,对应于 $\lambda_i^{+}>0$ 或 $\lambda_i^{-}>0$ 的那些样本 $\boldsymbol{x}_i$ 参与构建预测函数,这种样本称为支持矢量,由上述可知,支持矢量位于两个辅助平面所夹不敏区域之外。

可以利用支持矢量和约束条件并结合式(7.3.6)或式(7.3.7)计算 b^{*},或用多个支持矢量计算后平均;利用一个支持矢量有

$$b^{*}=y_j-\boldsymbol{w}^{\mathrm{T}}\boldsymbol{x}_j-\varepsilon-\lambda_j^{+}/\gamma,\quad \lambda_j^{+}>0 \tag{7.3.11}$$

或

$$b^* = y_j - \boldsymbol{w}^{\mathrm{T}}\boldsymbol{x}_j + \varepsilon + \lambda_j^-/\gamma, \quad \lambda_j^- > 0 \tag{7.3.12}$$

最后得到回归预测函数

$$f(\boldsymbol{x}) = \sum_{i=1}^{N}(\lambda_i^+ - \lambda_i^-)\boldsymbol{x}_i^{\mathrm{T}}\boldsymbol{x} + b^* \tag{7.3.13}$$

通过引入一般性核函数将线性 SVR 推广到高维核映射空间，用 $\boldsymbol{\varphi}(\boldsymbol{x}_i)$ 代替 $\boldsymbol{x}_i$，用 $\kappa(\boldsymbol{x}_i, \boldsymbol{x}) = \langle\boldsymbol{\varphi}(\boldsymbol{x}_i), \boldsymbol{\varphi}(x)\rangle$ 代替式(7.3.8)数据矢量的数积(线性核)$\boldsymbol{x}_i^{\mathrm{T}}\boldsymbol{x}$，可以简便地写出核映射空间中求解回归预测函数的对偶最优化模型：

$$\begin{cases} \max\limits_{\boldsymbol{\lambda}} & -\dfrac{1}{2}\sum\limits_{i,j=1}^{N}(\lambda_i^+ - \lambda_i^-)(\lambda_j^+ - \lambda_j^-)(\kappa(\boldsymbol{x}_i, \boldsymbol{x}_j) + \delta_{ij}/\gamma) - \varepsilon\sum\limits_{i=1}^{N}(\lambda_i^+ + \lambda_i^-) + \sum\limits_{i=1}^{N}y_i(\lambda_i^+ - \lambda_i^-) \\ \text{s.t.} & \sum\limits_{i=1}^{N}(\lambda_i^+ - \lambda_i^-) = 0 \\ & \lambda_i^+ \geqslant 0, \quad i = 1,2,\cdots,N \\ & \lambda_i^- \geqslant 0, \quad i = 1,2,\cdots,N \end{cases} \tag{7.3.14}$$

由上述模型求解最优的 $(\lambda_i^+)^*$ 和 $(\lambda_i^-)^*$，并算得最优的 b^*，当考虑 $(\lambda_j^+)^*$ 时，有

$$b^* = y_j - \sum_{i=1}^{N}(\lambda_i^+)^*\kappa(\boldsymbol{x}_i, \boldsymbol{x}_j) - \varepsilon - (\lambda_j^+)^*/\gamma, \quad (\lambda_j^+)^* > 0 \tag{7.3.15}$$

相应的回归预测函数为

$$f(\boldsymbol{x}) = \sum_{i=1}^{N}((\lambda_i^+)^* - (\lambda_i^-)^*)\kappa(\boldsymbol{x}_i, \boldsymbol{x}) + b^* \tag{7.3.16}$$

参考文献

[1] SHAWE-TAYLOR J, CRISTIANINI N. Kernel methods for pattern analysis[M]. Cambridge: Cambridge University Press, 2004.

[2] HASTIE T, TIBSHIRANI R, FRIEDMAN J.The Elements of Statistical Learning[M]. Springer-Verlag, 2001.

[3] 何晓群，刘文卿. 应用回归分析[M]. 北京：中国人民大学出版社，2011.

[4] LÓPEZ J, MALDONADO S. Robust twin support vector regression via second-order cone programming[J]. Knowledge-Based Systems, 2018, 152: 83-93.

[5] LI S, FANG H, LIU X. Parameter optimization of support vector regression based on sine cosine algorithm[J]. Expert Systems with Applications, 2018, 91: 63-77.

[6] MEHR A D, NOURANI V, KHOSROWSHAHI V K, et al. A hybrid support vector regression-firefly model for monthly rainfall forecasting[J]. International Journal of Environmental Science and Technology, 2019, 16(1): 335-346.

[7] ZHANG Z, LV T, WANG H, et al. A novel least square twin support vector regression[J]. Neural Processing Letters, 2018, 48(2): 1187-1200.

[8] TANVEER M, MANGAL M, AHMAD I, et al. One norm linear programming support vector

regression[J]. Neurocomputing，2016，173：1508-1518.
[9] ZHANG C，LI D，TAN J. The Support Vector Regression with Adaptive Norms[J]. Procedia Computer Science，2013，18：1730-1736.
[10] YE Y F，SHAO Y H，DENG N Y，et al. Robust Lp-norm least squares support vector regression with feature selection[J]. Applied Mathematics and Computation，2017，305：32-52.

第8章

核函数的优化

前面三章分别讨论了用于分类识别、新类检测和数据回归的支持矢量机(SVM)、支持矢量数据描述(SVDD)和支持矢量回归(SVR),通过建立问题的数学模型、运用最优化方法得出具有良好泛化性能的判别函数、检测函数和回归函数,这些预测函数的结构是确定的,式中核函数的系数由训练数据和选定的问题模型运用最优化方法确定,而核函数以“符号”形式或核矩阵“模块”形式出现,它是可调选的。满足 Mercer 条件的核函数是两个作为自变量的样本数据在核函数隐式定义的高维映射空间中映像的数积(内积),样本数据之间数积可以作为它们所在空间位置关系的一种度量,或者说,核函数反映了高维映射空间中两个样本之间相对位置的关系,不同核函数定义了不同的高维空间映射,数据在不同核函数所定义的映射空间中有不同的分布,同时,不同的核函数所确定的类别边界是不同的,可知模型中的核函数对支持矢量机、支持矢量数据描述和支持矢量回归的泛化性能有重要的影响,甚至关系到它们泛化性能的优劣。通过对高斯核、多项式核、sigmoid 核等各自蕴含的黎曼度量、距离度量和角度度量分析得知,不同的核函数会使支持向量机学习能力不同。目前尚没有能很好适应各种数据集的核函数,核函数及其相关参数的正确选择是很必要的。若根据经验选取核函数及其参数,往往带有一定的随意性和局限性,选择不当会导致算法泛化性能下降,因此必须研究有关的优选方法。核函数的优化是机器学习的一个重要环节,是进一步提升预测器性能的有效手段,是成功设计 SVM、SVDD 和 SVR 的关键问题之一。核函数及其参数优选的准则通常是使学得的预测器的泛化错误率或泛化误差最小。核矩阵各阵元所表示的核函数是各样本对在映射空间中映像的数积,从样本集总体上反映了各样本对的距离或相似情况,提供了样本集在核映射空间中的相对位置信息,所以可以利用核矩阵分析样本在映射空间中映像的可分性,评估算法的泛化性能,还可以利用核矩阵指导有关核函数及参数选取。

实际应用中,应根据具体任务确定适当的核函数类型、核函数参数,估计有关的计算量,综合评价其对算法的各种性能的影响以决定取舍。不同的核函数有不同的特性,一旦核函数类型取定后,就要优选其参数,核函数的参数值最优常以所选取的参数值能使算法的泛化错误率或泛化误差最小为标准。目前,核函数参数的选择主要有四种方法:一是简单地根据经验选取,这种做法显然带有一定的随意性和局限性；二是实验选优法，将参数空间网格化，在一定的参数范围内采取遍历法，在每个参数组合网格点上训练和测试 SVM、SVDD 或 SVR，采用交叉验证技术(cross-validation technique)找出分类、检测或回归效果最好的参数，由于这种穷尽搜索依靠实验修正参数，缺乏系统的理论指导，因此计算代价巨大；三是利用学习算法的一种错误率上界，通过最小化技术寻找核函数的最优参数，与实验遍历法比较，其更适用于大子样、多参数问题。在参数空间通常采用梯度法或其他微分方法求解最优参数值；四是根据学习任务构造一个核矩阵逼近的目标矩阵和评价标准，运用寻优方法选择参数。在后两种计算寻优方法中还可以使用某种智能优化方法。

本章首先陈述最常用的核函数的基本性质，然后讨论在核函数类型选定后，核函数参数寻优的基本方法，主要包括基于误差界的核参数寻优方法、核极化方法、核调准方法、Fisher 准则方法和多核学习等。

8.1 核函数的基本性质

核函数能够影响预测函数的性能，因此在采用核技术时需要选择适当的核函数。在学习算法中选择核函数有如下几个途径：①选择了解较多、较简单的核函数；②根据经验确定核函数；③利用简单的核函数构造复杂的核函数；④利用递归关系产生；⑤从数据提供的信息中求出核函数；⑥根据领域知识构造具有某种不变性或局部特征的核函数；⑦根据问题知识基于特征变换构造核函数；⑧核函数的几何修正；⑨基于核函数内涵是矢量数积，用其他具有相似性或逼近性内涵的函数构造核函数(用子波函数构造子波核函数，协方差函数作为核函数)；⑩多核学习。5.5.1 节的核映射空间中样本类内缩聚本质上是一种核变换。核函数的选择与对象和任务有关，基本的要求是核函数的特性与对象和任务的特性相“适配”，所以应该比较深入了解一些核函数的基本性质，以便处理实际问题时正确选择核函数。核函数有多种形式，本节讨论常用的高斯核函数、多项式核函数和 ANOVA 核函数的基本知识，其他一些核函数更详细的论述可参阅有关文献。

8.1.1 高斯核函数

单参数高斯核函数适应性好，应用广泛，其定义如下：

$$\kappa(\boldsymbol{x},\boldsymbol{z})=\exp(-\|\boldsymbol{x}-\boldsymbol{z}\|^2/\sigma^2),\quad \sigma>0 \tag{8.1.1}$$

式中，σ 为控制核函数曲面形状的参数，这里 $\kappa(\boldsymbol{x},\boldsymbol{z})$ 是一种径向基函数(RBF)，其满足 Mercer 条件。

多参数高斯核函数的一般形式为

$$\kappa_{\boldsymbol{A}}(\boldsymbol{x}_i,\boldsymbol{x}_j)=\exp[-(\boldsymbol{x}_i-\boldsymbol{x}_j)^{\mathrm{T}}\boldsymbol{A}(\boldsymbol{x}_i-\boldsymbol{x}_j)] \tag{8.1.2}$$

式中，矩阵 $\boldsymbol{A}$ 是一个半正定矩阵，有 $\boldsymbol{A}=\boldsymbol{B}\boldsymbol{B}^{\mathrm{T}}$，$\boldsymbol{B}$ 是一个实数矩阵，为处理方便，式(8.1.2)有时表示为

$$\kappa_{\boldsymbol{B}^2}(\boldsymbol{x}_i,\boldsymbol{x}_j)=\exp[-(\boldsymbol{x}_i-\boldsymbol{x}_j)^{\mathrm{T}}\boldsymbol{B}\boldsymbol{B}^{\mathrm{T}}(\boldsymbol{x}_i-\boldsymbol{x}_j)] \tag{8.1.3}$$

可以看出，指数二次型相当于先对输入矢量数据进行线性变换，然后作为高斯函数的自变

量。多参数高斯核函数可以认为是单参数高斯核函数的推广，所以又称为广义高斯核函数。当 $\boldsymbol{B}=\sigma^{-1}\boldsymbol{I}$ 时，其是一个多变量单参数高斯核函数；当 $\boldsymbol{B}$ 是一个对角矩阵 $\boldsymbol{B}=\operatorname{diag}(\sigma_1^{-1},\sigma_2^{-1},\cdots,\sigma_n^{-1})$ 时，其是一个多参数可分解的高斯核函数；当 $\boldsymbol{B}$ 是一般矩阵时，其是一个多参数不可分解的高斯核函数。当 $\boldsymbol{B}$ 是一个对角矩阵时，其对角线上的各元素反映了矢量数据各分量的重要性。

对于单参数高斯核函数，若 σ 比较小，则高斯曲面在中心区域弯曲度比较大，拟合数据比较好，可以想象出，若干高斯函数加权和所表达的曲面具有非常好的柔性，可以随意弯曲，灵活地拟合给定样本，但这种情况容易发生过拟合。较大的 σ 使核函数接近一个常数，不能灵敏反映两个数据的差别，失去了非线性高维映射特性，使预测系统学习能力变差，可知 σ 的取值应根据具体问题确定。对于在输入空间中各特征分量的重要性不同，或各样本在各特征轴上分布不同的情况，多参数可分解的高斯核函数的各 σ_i 应该取不同值，以匹配各特征的特性。

设核函数 $\kappa_1(\boldsymbol{x},\boldsymbol{z})$ 对应的核映射为 $\boldsymbol{\varphi}_1$，可以算得

$$\|\boldsymbol{\varphi}_1(\boldsymbol{x})-\boldsymbol{\varphi}_1(\boldsymbol{z})\|^2=\kappa_1(\boldsymbol{x},\boldsymbol{x})-2\kappa_1(\boldsymbol{x},\boldsymbol{z})+\kappa_1(\boldsymbol{z},\boldsymbol{z}) \tag{8.1.4}$$

那么，核映射空间中的高斯核函数为

$$\kappa(\boldsymbol{\varphi}_1(\boldsymbol{x}),\boldsymbol{\varphi}_1(\boldsymbol{z}))=\exp\left(-\frac{\kappa_1(\boldsymbol{x},\boldsymbol{x})-2\kappa_1(\boldsymbol{x},\boldsymbol{z})+\kappa_1(\boldsymbol{z},\boldsymbol{z})}{\sigma^2}\right) \tag{8.1.5}$$

由函数的泰勒展开可知，高斯核函数是一个无限幂次的多项式核函数，随着幂次的升高，各项系数变小。

8.1.2　多项式核函数

令 $p(\cdot)$ 是任意具有正系数的多项式，对于一个定义在 n 维空间 X 的核函数 $\kappa(\boldsymbol{x},\boldsymbol{z})$，$\boldsymbol{x}$，$\boldsymbol{z}\in X$，其衍生的多项式核函数定义为

$$\kappa_s(\boldsymbol{x},\boldsymbol{z})=p(\kappa(\boldsymbol{x},\boldsymbol{z})) \tag{8.1.6}$$

通常取如下多项式核函数 $\kappa_d(\boldsymbol{x},\boldsymbol{z})$：

$$\kappa_d(\boldsymbol{x},\boldsymbol{z})=\left(\langle\boldsymbol{x},\boldsymbol{z}\rangle+c\right)^d=\sum_{m=0}^{d}\binom{d}{m}c^{d-m}\langle\boldsymbol{x},\boldsymbol{z}\rangle^m \tag{8.1.7}$$

式中，c、d 是核参数，d 是正整数。该函数满足 Mercer 条件。这个和式的每个单项式的特征一起组成 $\kappa_d(\boldsymbol{x},\boldsymbol{z})$ 整个特征。可以证明，核函数 $\kappa_d(\boldsymbol{x},\boldsymbol{z})$ 隐式定义的映射空间的维数是 $\binom{n+d}{d}$，这里的 $\binom{m}{n}$ 是组合 C_m^n 的另一种表示。

显然，多项式核函数存在递归关系：

$$\kappa_d(\boldsymbol{x},\boldsymbol{z})=\kappa_{d-1}(\boldsymbol{x},\boldsymbol{z})(\kappa_1(\boldsymbol{x},\boldsymbol{z})+c) \tag{8.1.8}$$

可以利用低幂次核递归计算高幂次核。

对于多项式核函数，较大的 d 值使得核函数自由度高，类似于高斯核函数较小的 σ，容易导致过拟合；较小的 d 值使核映射空间的维数不够高，预测系统的学习能力不强。增加 c 会减小高次项的相对权重。

通过分析高斯核函数与多项式核函数各自蕴含的黎曼度量、距离度量和角度度量可

为预测系统核函数选择提供指导,如需要保持输入空间的距离相似性,多项式核函数更为合适;当考虑保持输入空间的角度相似性时,高斯核函数更加适合。

8.1.3 ANOVA 核函数

多项式核函数只能使用所有的 d 次和不超过 d 次的单项式,因二项式幂展开的系数 C_d^m 是固定的,所以其加权只能依赖于一个参数 c;类似地,所有子集核都被限制为使用对应于 n 个输入特征的可能子集的所有单项式,可知,多项式核函数与所有子集核函数对于使用什么输入特征以及如何加权这些特征的支配是有限的,这里介绍一种在指定单项式集合时允许更多自由的方法。设采用符号 $\boldsymbol{x}^{\boldsymbol{i}}=x_1^{i_1}x_2^{i_2}\cdots x_n^{i_n}$,其中 $\boldsymbol{i}=(i_1,i_2,\cdots,i_n)\in\{0,1\}^n$,并且 $\sum_{j=1}^{n} i_j=d$,易知 $\boldsymbol{i}$ 是指示矢量。

定义 8.1.1(ANOVA 嵌入) d 次 ANOVA 核函数的嵌入由

$$\boldsymbol{\varphi}_d:\boldsymbol{x}\mapsto(\boldsymbol{\varphi}_A(\boldsymbol{x}))_{|A|=d} \tag{8.1.9}$$

给出,对于其中每个子集 A,其特征为

$$\boldsymbol{\varphi}_A(\boldsymbol{x})=\prod_{i\in A}x_i=\boldsymbol{x}^{\boldsymbol{i}_A} \tag{8.1.10}$$

对应的 d 次 ANOVA 核函数为 $\kappa_d(\boldsymbol{x},\boldsymbol{z})=\langle\boldsymbol{\varphi}_d(\boldsymbol{x}),\boldsymbol{\varphi}_d(\boldsymbol{z})\rangle$,其计算为

$$\begin{aligned}\kappa_d(\boldsymbol{x},\boldsymbol{z})&=\langle\boldsymbol{\varphi}_d(\boldsymbol{x}),\boldsymbol{\varphi}_d(\boldsymbol{z})\rangle=\sum_{|A|=d}\boldsymbol{\varphi}_A(\boldsymbol{x})\boldsymbol{\varphi}_A(\boldsymbol{z})\\&=\sum_{1\leqslant i_1<i_2<\cdots<i_d\leqslant n}(x_{i_1}z_{i_1})(x_{i_2}z_{i_2})\cdots(x_{i_d}z_{i_d})\\&=\sum_{1\leqslant i_1<i_2<\cdots<i_d\leqslant n}\prod_{j=1}^{d}x_{i_j}z_{i_j}\end{aligned} \tag{8.1.11}$$

可以看出,$\boldsymbol{i}_A$ 是集合 A 的指示函数,ANOVA 核函数与多项式核的不同在于变量的幂次是 1 或 0,它不包含重复的变量。d 次 ANOVA 核函数生成的嵌入空间是 d 次多项式生成的空间的子空间。因 $\boldsymbol{\varphi}_d(\boldsymbol{x})$ 的单项式是从 n 个输入特征中取出 d 个特征,映射空间的维数是这种子集的个数,可知嵌入的维数是 C_n^d。

由式(8.1.8)已经知道可以利用递归关系定义多项式核函数,利用递归关系也可以定义 ANOVA 核函数[2,5],并且可以利用动态规划高效地求出这个核函数。

8.2 基于误差界的核函数参数寻优方法

前面三章分别讨论的用于分类、检测和回归的支持矢量机、支持矢量描述和支持矢量回归的预测函数的数学结构是确定的,式中核函数以模块形式出现,核函数的选取对预测函数的性能有重要影响,若根据经验选取核函数及其参数,往往带有一定随意性和局限性,因此有必要研究核函数及其参数的选优方法,最优准则通常是使学习算法的泛化错误率或泛化误差最小。在设计一个预测器时,通常选用适当的问题模型运用适当的算法在训练样本集上学习产生预测器,然后利用测试样本考核它的性能。若采用实验选优,最广泛使用的方法是交叉验证法(cross-validation,CV),这类方法包括 k-重交叉验证法(k-fold-cross-validation)和留一法(leave-one-out,LOO)。交叉验证法整个验证过程要进行若干轮,每轮都用相同方式从数据集随机抽取部分数据作测试集,余下部分作训练集,分别用这两部分数据对预测器进行训练和测试,最后用各次测试错误率均值或误差均值作为预测器的错误率期望或误差期望的估计。k-重交叉验证法是实施交叉验证法的一种方式,这种方法首先将 N 个训练样本随机分成 k 个大小(大致)相等、互无交集的子集,实验全过程要进行 k 次训练和测试,每次只取其中一个子集用于本次训练后的测试,其余子集用于先行的训练,一次训练和测试完后,再用另一个从没被选用过的子集作为测试集,其余子集作为本次的训练集。k-重交叉验证法适宜样本比较多的场合。留一法是 k-重交叉验证法的特例,留一法每次用一个样本作测试,其余 $N-1$ 个样本用于训练。在通过实验进行核函数参数选优过程中不断地调整参数,最后选取一个相对最优的结果。具体实现时采用枚举法,在一定的参数空间范围内,每个参数按一定间隔取值,各参数不同取值的组合构成多组备选参数集,然后对所有备选参数组合分别实施交叉验证法,最后选择使泛化错误率或泛化平均误差估计最小的参数组合作为最优参数。

8.2.1　留一法错误率的上界

虽然交叉验证法的统计性能良好,但采用这种实验方法寻优的计算量很大,最优参数的精度与参数空间范围、参数组合格点的间隔有关。学者们研究了某些优秀分类器的结构特性和参数与交叉验证法统计结果的关系,尤其研究了留一法错误率与 SVM 的某些参数和训练样本所构造的函数关系,相继提出了一些留一法错误率的上界,如 Jaakkola-Haussler 界、Opper-Winther 界、Span 界、Radius/margin(半径/间隔,RM)界和 ξ-α 界等。参数寻优的一种改进途径是:利用某种实验方法给出的学习算法错误率的上界估计,通过计算寻优的方法得到最优参数。SVM 的核函数参数优化也可以采用计算寻优的方法,以留一法错误率的上界为目标函数运用最优化方法求解核函数的参数最优值。在上述的各种留一法错误率的上界中,RM 界比较常用,但它适用于硬间隔 SVM 和二范数软间隔 SVM。已有一种新的 RM 界可适用于一范数软间隔 SVM。下面首先介绍留一法错误率的定义及某些上界,然后给出以错误率上界为目标函数的梯度法。

定义 8.2.1(LOO 错误率)　设分属两类的训练样本集为 $X=\{(\boldsymbol{x}_1,y_1),(\boldsymbol{x}_2,y_2),\cdots,(\boldsymbol{x}_N,y_N)\}$,$X_{-i}=X\backslash(\boldsymbol{x}_i,y_i)$表示训练集 X 去除样本$(\boldsymbol{x}_i,y_i)$后的样本集合,$f(\boldsymbol{x})$表示预测函数,损失函数为 $L((\boldsymbol{x},y),f(\boldsymbol{x}))$,$f_{X_{-i}}$表示利用样本集 X_{-i}训练后得到的预测函数,通常称

$$R_{\mathrm{LOO}}(X)=\frac{1}{N}\sum_{i=1}^{N}L((\boldsymbol{x}_i,y_i),f_{X_{-i}}(\boldsymbol{x}_i)) \tag{8.2.1}$$

为预测函数 $f(\boldsymbol{x})$在训练集 X 上关于损失函数 L 的 LOO 错误率。

定理 8.2.1　设 X_N 和 X_{N-1}是按某概率分布 $P(\boldsymbol{x},y)$独立同分布产生的 N 个和 $N-1$ 个样本组成的样本集,记 $f_{X_{N-1}}$为某算法利用训练集 X_{N-1}生成的预测函数,$R(f_{X_{N-1}})$为相应的期望错误率,该预测函数的 LOO 错误率 $R_{\mathrm{LOO}}(X_N)$和期望错误率 $R(f_{X_{N-1}})$满足

$$\mathrm{E}_{X_{N-1}}[R(f_{X_{N-1}})]=\mathrm{E}_{X_N}[R_{\mathrm{LOO}}(X_N)] \tag{8.2.2}$$

定理 8.2.1 表明,在样本集 X_N 上采用留一法产生错误率的期望是相对于用样本集

X_{N-1} 训练的期望错误率的无偏估计[8]，因此实际中，LOO 错误率可作为期望错误率的估计。对于 0-1 损失函数，LOO 错误率体现了算法发生错误的百分比。

考虑 0-1 损失函数，设利用所有样本训练得到的预测函数为 $f^0(\boldsymbol{x})$，用移除 $\boldsymbol{x}_i$ 后余下的样本训练得到的预测函数为 $f^{-i}(\boldsymbol{x})$，令函数

$$\psi(x)=\begin{cases}1, & x>0\\ 0, & x\leqslant 0\end{cases}$$

留一法的错误率可以表示为

$$\frac{1}{N}\sum_{i=1}^{N}\psi(-y_i f^{-i}(\boldsymbol{x}_i))=\frac{1}{N}\sum_{i=1}^{N}\psi(-y_i f^0(\boldsymbol{x}_i)+y_i(f^0(\boldsymbol{x}_i)-f^{-i}(\boldsymbol{x}_i))) \tag{8.2.3}$$

基于式(8.2.3)可以给出留一法错误率一些其他形式的上界[38]。

1. 支持矢量率界[6]

对于数据线性可分的硬间隔 SVM，$y_i f^0(\boldsymbol{x}_i)\geqslant 1$，设 U_i 是 $y_i(f^0(\boldsymbol{x}_i)-f^{-i}(\boldsymbol{x}_i))$ 的上界，因 $\psi(x)$ 是非减函数，故有

$$\frac{1}{N}\sum_{i=1}^{N}\psi(-y_i f^{-i}(\boldsymbol{x}_i))\leqslant\frac{1}{N}\sum_{i=1}^{N}\psi(U_i-1) \tag{8.2.4}$$

由于从训练集去除非支持矢量不改变 SVM 的解，因此可知对于非支持矢量 $\boldsymbol{x}_i$，有 $f^0(\boldsymbol{x}_i)-f^{-i}(\boldsymbol{x}_i)=0$，此时 $U_i=0$；去除一个支持矢量可能改变预测函数致使误判，因此有

$$\frac{1}{N}\sum_{i=1}^{N}\psi(-y_i f^{-i}(\boldsymbol{x}_i))\leqslant\frac{N_{sv}}{N} \tag{8.2.5}$$

式中，N_{sv} 为支持矢量个数。通常这个上界比较宽松，因为当边界支持矢量较多时，去除某些支持矢量并不改变分类界面。

2. Jaakkola-Haussler 界[9]

Jaakkola 和 Haussler 计算 LOO 错误率时对 SVM 的优化方法进行分析，证得下面的不等式

$$y_i(f^0(\boldsymbol{x}_i)-f^{-i}(\boldsymbol{x}_i))\leqslant\lambda_i^0\kappa(\boldsymbol{x}_i,\boldsymbol{x}_i) \tag{8.2.6}$$

式中，λ_i^0 是用全部样本训练 SVM 所得的 $\boldsymbol{x}_i$ 的拉格朗日乘子最优解。由此有

$$\frac{1}{N}\sum_{i=1}^{N}\psi(-y_i f^{-i}(\boldsymbol{x}_i))\leqslant\frac{1}{N}\sum_{i=1}^{N}\psi(-y_i f^0(\boldsymbol{x}_i)+\lambda_i^0\kappa(\boldsymbol{x}_i,\boldsymbol{x}_i))\triangleq T_{\mathrm{JH}} \tag{8.2.7}$$

3. Opper-Winther 界[10]

Opper 和 Winther 基于训练集移除 $\boldsymbol{x}_i$ 后支持矢量集不变的假设，根据线性系统理论得出下面结论：

$$y_i(f^0(\boldsymbol{x}_i)-f^{-i}(\boldsymbol{x}_i))=\frac{\lambda_i^0}{(\boldsymbol{K}_{sv}^{-1})_{ii}} \tag{8.2.8}$$

式中，$\boldsymbol{K}_{sv}$ 是支持矢量数积构造的核矩阵，由此得到

$$\frac{1}{N}\sum_{i=1}^{N}\psi(-y_i f^{-i}(\boldsymbol{x}_i))\leqslant\frac{1}{N}\sum_{i=1}^{N}\psi\left(\frac{\lambda_i^0}{(\boldsymbol{K}_{sv}^{-1})_{ii}}-1\right)\triangleq T_{\mathrm{OW}} \tag{8.2.9}$$

4. Span 界[7]

Vapnik 和 Chapelle 在用 LOO 进行泛化误判率估计中，若假设支持矢量集不变，则有

$$y_i(f^0(\boldsymbol{x}_i)-f^{-i}(\boldsymbol{x}_i))=\lambda_i^0 S_i^2 \tag{8.2.10}$$

式中，S_i 是 $\boldsymbol{\varphi}(\boldsymbol{x}_i)$ 与集合 Λ_i 之间的距离，集合 Λ_i 为

$$\Lambda_i=\left\{\sum_{j\neq i,\lambda_j^0>0}\lambda_j\boldsymbol{\varphi}(\boldsymbol{x}_j):\sum_{j\neq i}\lambda_j=1\right\} \tag{8.2.11}$$

从而得到

$$\frac{1}{N}\sum_{i=1}^{N}\psi(-y_i f^{-i}(\boldsymbol{x}_i))\leqslant\frac{1}{N}\sum_{i=1}^{N}\psi(\lambda_i^0 S_i^2-1)\triangleq T_{\mathrm{VC}} \tag{8.2.12}$$

5. Joachimes 界[11]

对于软间隔 SVM，Joachimes 给出了 LOO 错误率的一个上界：

$$\frac{1}{N}\sum_{i=1}^{N}\psi(-y_i f^{-i}(\boldsymbol{x}_i))\leqslant\frac{1}{N}\mathrm{card}\{j:\xi_j^0+2\lambda_j^0R^2\geqslant 1\}\triangleq T_{\mathrm{J}} \tag{8.2.13}$$

式中，ξ_j^0 和 λ_j^0 分别为 SVM 原问题和对偶问题的解，R 是包含所有训练样本最小球的半径，card 表示集合中的元素个数，这个上界通常也称为 ξ-α 界，因在一些文献中 SVM 原问题的拉格朗日乘子采用符号 α。

上述几个上界的紧致程度不同，计算复杂度也有差别，文献[13]对各有关上界的性能进行了比较。一般认为 Span 界的计算复杂度较大，Joachimes 界相对较好，而半径/间隔界的计算复杂度不大，且界限较紧致，精度较高。下面给出有关半径/间隔界的内容。

定理 8.2.2[1]　基于 N 个样本训练产生的最优分类平面对于测试样本的错误率的期望为

$$\mathrm{E}[P_N(e)]\leqslant\mathrm{E}[\min[N_{sv},\lceil R^2\|\boldsymbol{w}\|^2\rceil,n]]/N \tag{8.2.14}$$

式中，N_{sv} 是支持矢量的个数，n 是数据空间的维数，R 是包含所有训练样本最小球的半径。

根据上述定理中有关值大小的不同，可以简化得出两个界。

1）根据支持矢量个数得出的界

由定理 8.2.2 可以得出第一个不等式，SVM 泛化界为

$$\mathrm{E}[P_N(e)]\leqslant\frac{\mathrm{E}[N_{sv}]}{N} \tag{8.2.15}$$

该不等式给出的上界是支持矢量率界的另一种形式[7]。

2）半径/间隔界[12]

通常 N_{sv}、n 比较大，在此条件下，由定理 8.2.2 可以得出第二个不等式：

$$\mathrm{E}[P_N(e)]\leqslant\frac{1}{N}R^2\|\boldsymbol{w}\|^2 \tag{8.2.16}$$

式中，$1/\|\boldsymbol{w}\|$ 为最优分类平面的几何间隔，R 是包含所有训练样本 $\boldsymbol{\varphi}(\boldsymbol{x}_i)$ 最小球半径。

式(8.2.16)给出的上界 $R^2\|\boldsymbol{w}\|^2/N$ 称为RM(半径/间隔)界。

定理 8.2.3 对于硬间隔SVM,LOO错误率满足

$$R_{\text{LOO}}(X) \leqslant \frac{1}{N}R^2\|\boldsymbol{w}\|^2 \tag{8.2.17}$$

式(8.2.17)表示LOO错误率也以RM界为上界。

8.2.2 SVM中核函数参数梯度法寻优

在机器学习中,对于实验寻优方法,所求的核函数参数应使算法的LOO错误率最小,在计算寻优方法中,可以RM界为目标函数应用梯度法寻求最优的核参数[6]。设 $q(\boldsymbol{x}_i,\boldsymbol{x}_j)$ 是有关算法中以 $\boldsymbol{\theta}$ 为其参数矢量的等价的核函数,对于硬间隔SVM和一范数软间隔SVM,有

$$q(\boldsymbol{x}_i,\boldsymbol{x}_j)=\kappa(\boldsymbol{x}_i,\boldsymbol{x}_j) \tag{8.2.18}$$

对于二范数软间隔SVM,有

$$q(\boldsymbol{x}_i,\boldsymbol{x}_j)=\kappa(\boldsymbol{x}_i,\boldsymbol{x}_j)+\frac{1}{\gamma}\delta_{ij},\quad \delta_{ij}=\begin{cases}1, & i=j\\ 0, & i\neq j\end{cases} \tag{8.2.19}$$

令LOO错误率的RM界表示为

$$T_{\text{RM}}(\boldsymbol{\theta})=\frac{1}{N}R^2\|\boldsymbol{w}\|^2 \tag{8.2.20}$$

RM界是参数 $\boldsymbol{\theta}$ 的隐函数,因RM界是连续函数,可以应用梯度法,其梯度为

$$\frac{\partial T_{\text{RM}}(\boldsymbol{\theta})}{\partial\boldsymbol{\theta}}=\frac{1}{N}\left(\frac{\partial R^2}{\partial\boldsymbol{\theta}}\|\boldsymbol{w}\|^2+R^2\frac{\partial\|\boldsymbol{w}\|^2}{\partial\boldsymbol{\theta}}\right) \tag{8.2.21}$$

设 $\{\lambda_1^*,\lambda_2^*,\cdots,\lambda_N^*\}$ 是支持矢量机最优化问题中的拉格朗日乘子,$\{\alpha_1^*,\alpha_2^*,\cdots,\alpha_N^*\}$ 是最小球半径最优化问题中的拉格朗日乘子,由第5、6章有关结果容易得出

$$\frac{\partial\|\boldsymbol{w}\|^2}{\partial\boldsymbol{\theta}}=\sum_{i=1}^{N}\sum_{j=1}^{N}\lambda_i^*\lambda_j^*y_iy_j\frac{\partial q(\boldsymbol{x}_i,\boldsymbol{x}_j)}{\partial\boldsymbol{\theta}} \tag{8.2.22}$$

$$\frac{\partial R^2}{\partial\boldsymbol{\theta}}=\sum_{i=1}^{N}\alpha_i^*\frac{\partial q(\boldsymbol{x}_i,\boldsymbol{x}_i)}{\partial\boldsymbol{\theta}}-\sum_{i=1}^{N}\sum_{j=1}^{N}\alpha_i^*\alpha_j^*\frac{\partial q(\boldsymbol{x}_i,\boldsymbol{x}_j)}{\partial\boldsymbol{\theta}} \tag{8.2.23}$$

得到有关算式后,下面给出应用梯度法逼近RM界的核函数参数寻优的算法步骤。

SVM的核参数寻优梯度法

1. 初始化所求参数 $\boldsymbol{\theta}$。
2. 利用SVM算法求出它的拉格朗日乘子 $\{\lambda_1^*,\lambda_2^*,\cdots,\lambda_N^*\}$ 和 $\|\boldsymbol{w}\|^2$。
3. 利用SVDD算法求出它的拉格朗日乘子 $\{\alpha_1^*,\alpha_2^*,\cdots,\alpha_N^*\}$ 和 R^2。
4. 应用梯度方法更新所求参数

$$\boldsymbol{\theta}\leftarrow\boldsymbol{\theta}-\eta\frac{\partial T_{\text{RM}}(\boldsymbol{\theta})}{\partial\boldsymbol{\theta}}$$

5. 转至2,或根据某个停止条件结束迭代。

为了防止梯度下降法陷入局部极小点,有的文献应用其他寻优方法。还有一些文献根据其他上界应用适当寻优方法求解最优参数。

利用留一法错误率的上界进行核函数参数寻优除经典的依赖于微分的方法外,还有

模拟退火算法以及其他所谓的智能优化方法，如遗传算法、蚁群算法、粒子群算法、神经网络方法等，其中很多算法不要求目标函数可微和具有凸性。

8.2.3　SVR 中核函数参数梯度法寻优

前面讨论了关于 SVM 的留一法错误率的界和梯度法寻优，对于回归问题，LOO 误差定义为

$$E_{\mathrm{LOO}}(X)=\frac{1}{N}\sum_{i=1}^{N}|f_{X_{-i}}(\boldsymbol{x}_i)-y_i| \tag{8.2.24}$$

上述留一法的各种界几乎都是针对分类问题导出的，对于回归问题，文献[37]给出的留一法误差的界为

$$E_{\mathrm{LOO}}\leqslant 4R^2\mathbf{1}^{\mathrm{T}}(\boldsymbol{\alpha}^{+}+\boldsymbol{\alpha}^{-})/N+\mathbf{1}^{\mathrm{T}}(\boldsymbol{\xi}^{+}+\boldsymbol{\xi}^{-})/N+\varepsilon \tag{8.2.25}$$

式中，$\boldsymbol{\alpha}^{+}$ 和 $\boldsymbol{\alpha}^{-}$ 表示拉格朗日乘子矢量，$\boldsymbol{\xi}^{+}$ 和 $\boldsymbol{\xi}^{-}$ 表示松弛变量矢量，$\mathbf{1}$ 是分量全为 1 的矢量，R 是包含所有训练样本的最小球的半径。式(8.2.25)称为 R 界。文献[38]给出称为 LOO 误差的 ξ-α 的界为

$$E_{\mathrm{LOO}}\leqslant(K_d+K_{\max}-2K_{\min})\mathbf{1}^{\mathrm{T}}(\boldsymbol{\alpha}^{+}+\boldsymbol{\alpha}^{-})/N+\mathbf{1}^{\mathrm{T}}(\boldsymbol{\xi}^{+}+\boldsymbol{\xi}^{-})/N+\varepsilon \tag{8.2.26}$$

式中，K_d、$K_{\max}$、$K_{\min}$分别为核矩阵 $\boldsymbol{K}$ 对角线上的元素最大值、非对角线上的元素最大值和最小值。因$(K_d+K_{\max}-2K_{\min})\leqslant 2\max\limits_i\|\boldsymbol{\varphi}(\boldsymbol{x}_i)\|^2$，若包含所有样本 $\boldsymbol{\varphi}(\boldsymbol{x}_i)$的最小球的球心在原点上，则式(8.2.26)的界比式(8.2.25)的界更紧致一些。

可以应用梯度法寻求核函数的最优参数，设 $W((\boldsymbol{\alpha}^{+},\boldsymbol{\alpha}^{-}),\boldsymbol{\theta})$是 SVR 含核参数 $\boldsymbol{\theta}$ 的对偶目标函数，$T((\boldsymbol{\alpha}^{+},\boldsymbol{\alpha}^{-}),\boldsymbol{\theta})$是选择核参数的含模型参数的准则函数，参数优化梯度法算法的伪代码如下。

SVR 的核参数寻优梯度法

1. 初始化核参数 $\boldsymbol{\theta}_0$。
2. 基于核参数 $\boldsymbol{\theta}_k$，求解$(\boldsymbol{\alpha}_k^{+},\boldsymbol{\alpha}_k^{-})^*=\arg\max W((\boldsymbol{\alpha}_k^{+},\boldsymbol{\alpha}_k^{-}),\boldsymbol{\theta}_k)$。
3. 计算 T 在 $\boldsymbol{\theta}_k$ 处的梯度$\left.\dfrac{\partial T}{\partial\boldsymbol{\theta}}\right|_{\boldsymbol{\theta}=\boldsymbol{\theta}_k}$。
4. 核参数更新：$\boldsymbol{\theta}_{k+1}\leftarrow\boldsymbol{\theta}_k+\delta\boldsymbol{\theta}_k$。
5. $k\leftarrow k+1$。
6. T 的梯度近于零，停止；否则转 2。

上述算法中，由于是基于参数 $\boldsymbol{\theta}_k$ 求解$(\boldsymbol{\alpha}^{+},\boldsymbol{\alpha}^{-})^*$，$(\boldsymbol{\alpha}^{+},\boldsymbol{\alpha}^{-})^*$依赖于 $\boldsymbol{\theta}_k$，T 是参数 $\boldsymbol{\theta}$ 的隐函数，所以有

$$\frac{\partial T}{\partial\boldsymbol{\theta}_k}=\left.\frac{\partial T}{\partial\boldsymbol{\theta}_k}\right|_{\boldsymbol{\alpha}^*}+\frac{\partial T}{\partial(\boldsymbol{\alpha}^{+},\boldsymbol{\alpha}^{-})^*}\frac{\partial(\boldsymbol{\alpha}^{+},\boldsymbol{\alpha}^{-})^*}{\partial\boldsymbol{\theta}_k}$$

梯度法参数更新项为

$$\delta\boldsymbol{\theta}_k=-\eta\frac{\partial T((\boldsymbol{\alpha}^{+},\boldsymbol{\alpha}^{-})^*,\boldsymbol{\theta})}{\partial\boldsymbol{\theta}_k}$$

式中，η 为步长。若为加快收敛速度，可以应用牛顿法，更新项为

$$\delta\boldsymbol{\theta}_k=-(\boldsymbol{\Delta}_{\boldsymbol{\theta}}T)^{-1}\frac{\partial T((\boldsymbol{\alpha}^{+},\boldsymbol{\alpha}^{-})^*,\boldsymbol{\theta})}{\partial\boldsymbol{\theta}_k}$$

式中，Hessian 矩阵

$$(\boldsymbol{\Delta}_{\boldsymbol{\theta}} T)=\frac{\partial^2 T((\boldsymbol{\alpha}^+,\boldsymbol{\alpha}^-)^*,\boldsymbol{\theta})}{\partial \boldsymbol{\theta}_k \partial \boldsymbol{\theta}_k^{\mathrm{T}}}$$

Hessian 矩阵的阵元为

$$(\boldsymbol{\Delta}_{\boldsymbol{\theta}} T)_{ij}=\frac{\partial^2 T((\boldsymbol{\alpha}^+,\boldsymbol{\alpha}^-)^*,\boldsymbol{\theta})}{\partial \theta_i \partial \theta_j}$$

8.3 核极化方法

实际输入空间中样本分布未必是同类样本高度地聚集、异类样本充分地远离，各类分布比较复杂，此时通常选取一个适当的核映射，在映射空间中使同类样本映像的相似性尽可能大，异类样本映像的相似性尽可能小，各映像以类聚集。核函数是两个样本在映射空间中映像数积，适当的核函数应使同类样本的核函数值尽量大，异类样本的核函数值尽量小，选取适当核函数使映像对的数积都充分接近理想值，高斯核函数能简单地在欧几里得距离测度下满足两个样本越相似其值越大。为此，根据训练样本的类别设计一个目标矩阵，要求核矩阵等于或接近目标矩阵，这就需要首先构造一个用于比较两个矩阵差别的测度和设计一个矩阵逼近另一个矩阵的算法[14-15]。

考量两个矢量的差别有两种方式：一种方式是度量它们的差异性，采用距离测度，最基本的方法是计算它们差矢量的长度，距离值越小表明差别越小；另一种方式是度量它们的相似性，计算它们的数积，其值越大越相似，通常认为后者比前者的性能更好。考量两个矩阵 $\boldsymbol{A}=(a_{ij})_{m\times n}$ 和 $\boldsymbol{B}=(b_{ij})_{m\times n}$ 的差别，也可以采用类似的方式。设采用相似性度量，分别将两个矩阵按行或列串接成两个矢量，计算两个矢量的数积，由此启发我们定义一个标量测度

$$\langle \boldsymbol{A},\boldsymbol{B}\rangle_{\mathrm{F}} \triangleq \langle \boldsymbol{A},\boldsymbol{B}\rangle=\sum_{i=1}^{m}\sum_{j=1}^{n} a_{ij}b_{ij}=\operatorname{tr}\boldsymbol{A}^{\mathrm{T}}\boldsymbol{B} \tag{8.3.1}$$

式(8.3.1)实际上是两个矩阵 Hadamard 积的元素之和，称为两个矩阵的 Frobenius 内积。

设分属两类的训练样本集为 $S=\{(\boldsymbol{x}_1,y_1),(\boldsymbol{x}_2,y_2),\cdots,(\boldsymbol{x}_N,y_N)\}$，类别标记 $y_i\in\{1,-1\}$。由于核函数是样本对在核映射空间中映像的数积，对于高斯核函数，两个样本距离越近或等价地说越相似，其值越接近于 1，因此用样本类别标记矢量 $\boldsymbol{y}=(y_1,y_2,\cdots,y_N)^{\mathrm{T}}$ 的外积作为目标矩阵：

$$\boldsymbol{K}_y=\boldsymbol{y}\boldsymbol{y}^{\mathrm{T}}=\begin{pmatrix} y_1y_1 & y_1y_2 & \cdots & y_1y_{N-1} & y_1y_N \\ y_2y_1 & y_2y_2 & \cdots & y_2y_{N-1} & y_2y_N \\ \vdots & \vdots & & \vdots & \vdots \\ y_{N-1}y_1 & y_{N-1}y_2 & \cdots & y_{N-1}y_{N-1} & y_{N-1}y_N \\ y_Ny_1 & y_Ny_2 & \cdots & y_Ny_{N-1} & y_Ny_N \end{pmatrix} \tag{8.3.2}$$

记核函数 $\kappa(\boldsymbol{x}_i,\boldsymbol{x}_j)\triangleq\kappa_{i,j}$，核矩阵可表示为

$$\boldsymbol{K}=\begin{pmatrix}\kappa_{1,1} & \kappa_{1,2} & \cdots & \kappa_{1,N-1} & \kappa_{1,N}\\ \kappa_{2,1} & \kappa_{2,2} & \cdots & \kappa_{2,N-1} & \kappa_{2,N}\\ \vdots & \vdots & & \vdots & \vdots\\ \kappa_{N-1,1} & \kappa_{N-1,2} & \cdots & \kappa_{N-1,N-1} & \kappa_{N-1,N}\\ \kappa_{N,1} & \kappa_{N,2} & \cdots & \kappa_{N,N-1} & \kappa_{N,N}\end{pmatrix} \tag{8.3.3}$$

于是

$$\begin{aligned}\langle \boldsymbol{K},\boldsymbol{K}_y\rangle &= \boldsymbol{y}^{\mathrm{T}}\boldsymbol{K}\boldsymbol{y}=\sum_{i=1}^{N}\sum_{j=1}^{N} y_i y_j \kappa(\boldsymbol{x}_i,\boldsymbol{x}_j)\\ &= \sum_{y_i=y_j}\kappa(\boldsymbol{x}_i,\boldsymbol{x}_j)-\sum_{y_i\neq y_j}\kappa(\boldsymbol{x}_i,\boldsymbol{x}_j)\end{aligned} \tag{8.3.4}$$

可以看出,要使式(8.3.4)大,就要求式(8.3.4)的第一项要大,第二项要小,这在直观上反映了测度的合理性,极大化式(8.3.4)所得参数可使同类映像尽量聚集,异类映像尽量疏远。

对于分类问题,基于目标矩阵(8.3.2),理想的核映射 $\boldsymbol{\varphi}$ 应有

$$\kappa(\boldsymbol{x}_i,\boldsymbol{x}_j)=\langle\boldsymbol{\varphi}(\boldsymbol{x}_i),\boldsymbol{\varphi}(\boldsymbol{x}_j)\rangle=\begin{cases}1, & y_i=y_j\\ 0, & y_i\neq y_j\end{cases} \tag{8.3.5}$$

式(8.3.5)表明,使所有同类样本被映射为同一点,异类样本的映像正交。以式(8.3.1)作为最优化目标函数的方法称为核极化(kernel polarization),式(8.3.1)称为核极化指数。文献[17]将核极化法应用于单参数高斯核函数和多参数高斯核函数的参数寻优,实验表明,核极化法的结果与交叉验证法寻优的结果近似。

对于单参数高斯核函数

$$\kappa(\boldsymbol{x}_i,\boldsymbol{x}_j)=\exp[-\|\boldsymbol{x}_i-\boldsymbol{x}_j\|^2/\sigma^2] \tag{8.3.6}$$

是寻找最优参数 σ。为了一般化,下面给出多参数高斯核函数参数寻优的具体算法。多参数高斯核函数的形式为

$$\kappa_{\boldsymbol{A}}(\boldsymbol{x}_i,\boldsymbol{x}_j)=\exp[-(\boldsymbol{x}_i-\boldsymbol{x}_j)^{\mathrm{T}}\boldsymbol{A}(\boldsymbol{x}_i-\boldsymbol{x}_j)] \tag{8.3.7}$$

由线性代数知,半正定矩阵 $\boldsymbol{A}$ 可以分解为 $\boldsymbol{A}=\boldsymbol{B}\boldsymbol{B}^{\mathrm{T}}$,$\boldsymbol{B}$ 是一个实数矩阵,式(8.3.7)可以表示为

$$\kappa_{\boldsymbol{B}^2}(\boldsymbol{x}_i,\boldsymbol{x}_j)=\exp[-(\boldsymbol{x}_i-\boldsymbol{x}_j)^{\mathrm{T}}\boldsymbol{B}\boldsymbol{B}^{\mathrm{T}}(\boldsymbol{x}_i-\boldsymbol{x}_j)] \tag{8.3.8}$$

对式(8.3.4)应用最优化方法寻找最大化核极化指数的矩阵 $\boldsymbol{B}$ 的形式解为

$$\boldsymbol{B}^*=\arg\max_{\boldsymbol{B}}\sum_{i=1}^{N}\sum_{j=1}^{N}y_i y_j\kappa_{\boldsymbol{B}^2}(\boldsymbol{x}_i,\boldsymbol{x}_j)\triangleq\arg\max_{\boldsymbol{B}}\psi(\boldsymbol{B}) \tag{8.3.9}$$

应用梯度法寻优,类似于标量函数对于矢量自变量的梯度表示为一个矢量,标量函数关于矩阵自变量的梯度表示为一个矩阵,其每个阵元是该标量函数关于矩阵相应阵元的导数,这种操作可以表示为

$$\frac{\partial\psi(\boldsymbol{B})}{\partial\boldsymbol{B}}=\sum_{i=1}^{N}\sum_{j=1}^{N}y_i y_j\frac{\partial\kappa_{\boldsymbol{B}^2}(\boldsymbol{x}_i,\boldsymbol{x}_j)}{\partial\boldsymbol{B}} \tag{8.3.10}$$

经过具体运算可以得出

$$\frac{\partial\kappa_{\boldsymbol{B}^2}(\boldsymbol{x}_i,\boldsymbol{x}_j)}{\partial\boldsymbol{B}}=-2\kappa_{\boldsymbol{B}^2}(\boldsymbol{x}_i,\boldsymbol{x}_j)[(\boldsymbol{x}_i-\boldsymbol{x}_j)(\boldsymbol{x}_i-\boldsymbol{x}_j)^{\mathrm{T}}]\boldsymbol{B} \tag{8.3.11}$$

从而有

$$\frac{\partial \psi(\boldsymbol{B})}{\partial \boldsymbol{B}} = -2\sum_{i,j=1}^{N} y_i y_j \kappa_{\boldsymbol{B}^2}(\boldsymbol{x}_i, \boldsymbol{x}_j)[(\boldsymbol{x}_i - \boldsymbol{x}_j)(\boldsymbol{x}_i - \boldsymbol{x}_j)^{\mathrm{T}}]\boldsymbol{B} \tag{8.3.12}$$

若 $\boldsymbol{B}$ 是一个对角矩阵，$\boldsymbol{B} = \mathrm{diag}(b_1, b_2, \cdots, b_n)$，此时

$$\kappa_{\boldsymbol{B}^2}(\boldsymbol{x}_i, \boldsymbol{x}_j) = \exp\left(-\sum_{k=1}^{n}(x_{ik} - x_{jk})^2 b_k^2\right) \tag{8.3.13}$$

标量函数 $\kappa_{\boldsymbol{B}^2}(\boldsymbol{x}_i, \boldsymbol{x}_j)$ 和 $\psi(\boldsymbol{B})$ 关于矩阵 $\boldsymbol{B}$ 对角线上元素 $b_k(k=1,2,\cdots,n)$ 的导数分别具体算出：

$$\frac{\partial \kappa_{\boldsymbol{B}^2}(\boldsymbol{x}_i, \boldsymbol{x}_j)}{\partial b_k} = -2b_k \kappa_{\boldsymbol{B}^2}(\boldsymbol{x}_i, \boldsymbol{x}_j)(x_{ik} - x_{jk})^2 \tag{8.3.14}$$

$$\frac{\partial \psi(\boldsymbol{B})}{\partial b_k} = -2b_k \sum_{i,j=1}^{N} y_i y_j \kappa_{\boldsymbol{B}^2}(\boldsymbol{x}_i, \boldsymbol{x}_j)(x_{ik} - x_{jk})^2 \tag{8.3.15}$$

在导出上述多参数高斯核函数参数寻优的关键算式后，下面给出一般性的算法步骤。

算法步骤：

(1) 初始化矩阵 $\boldsymbol{B}$。

(2) 计算 $\dfrac{\partial \psi(\boldsymbol{B})}{\partial \boldsymbol{B}}$。

(3) 应用梯度法更新 $\boldsymbol{B}$：

$$\boldsymbol{B} \leftarrow \boldsymbol{B} + \eta \frac{\partial \psi(\boldsymbol{B})}{\partial \boldsymbol{B}}$$

(4) 返到(2)，或根据某种停止条件结束迭代。

为了简单且有应用价值，可设 $\boldsymbol{B}$ 是一个对角矩阵，下面给出基于阵元的算法步骤。

算法步骤：

(1) 初始化对角矩阵 $\boldsymbol{B} = \mathrm{diag}(b_1, b_2, \cdots, b_n)$。

(2) 计算 $\dfrac{\partial \kappa_{\boldsymbol{B}^2}(\boldsymbol{x}_i, \boldsymbol{x}_j)}{\partial b_k}$。

(3) 应用梯度法更新 $\boldsymbol{B}$：

$$b_k \leftarrow b_k + \eta \frac{\partial \psi(\boldsymbol{B})}{\partial b_k}, \quad k = 1, 2, \cdots, n$$

(4) 返到(2)，或根据某种停止准则结束迭代。

上述参数寻优算法不仅可以应用于 SVM 的多参数高斯核函数，适当修改后也可以用于其他类型的核函数；通过更改目标函数后还可以应用于其他方法中。

式(8.3.7)中，矩阵 $\boldsymbol{A}$ 实际上是数据协方差矩阵 $\boldsymbol{\Sigma}$ 的逆，$\boldsymbol{A} = \boldsymbol{\Sigma}^{-1}$，矩阵 $\boldsymbol{\Sigma}$ 对角线上各元素 σ_k^2 反映了对应特征分量 x_k 的重要性。为了简单明了，设 $\boldsymbol{\Sigma}$ 是对角矩阵，$\exp[-(\boldsymbol{x}_i - \boldsymbol{x}_j)^{\mathrm{T}}\boldsymbol{\Sigma}^{-1}(\boldsymbol{x}_i - \boldsymbol{x}_j)]$ 的指数是两样本各对应分量之差平方 $(x_{ik} - x_{jk})^2$ 为分子、相应分量的 σ_k^2 为分母的分式之和，若 σ_k 较大，相应分式的值较小，指数函数分解后相应因子函数接近常数 1，在此变量维度上学习能力较差，或若 σ^k 较小，相应分式的值较大，相应因子函数较小，在此变量维度上可分能力较差，这两种情况表明对应的特征分量 x_k 相对不重要。所以，对于原始矢量数据，采用核极化法对多参数高斯核函数的参数寻优还有原始数据空间的特征

提取作用。

5.5 节已经指出，通过改变核函数来改变各映像间的位置要受到制约，例如，关于高斯核函数给出的定理表明，改变核函数的参数不能改变任意两对数据在输入空间欧几里得距离和在核映射空间映像的欧几里得距离大小关系，选择最优参数是为了在各数据对距离大小关系不变制约下，使原来应该大的变得更大，应该小的变得更小，使同类样本高度地聚集、异类样本充分地远离。

8.4 核调准方法

8.3 节讨论了核极化方法，核极化指数相当于两个矩阵阵元按矢量形式表示后两者的数积，为了适应不同的核函数，应该使数积规格化。考量两个矩阵 $\boldsymbol{A}=(a_{ij})_{m\times n}$ 和 $\boldsymbol{B}=(b_{ij})_{m\times n}$ 的差别，基于两个矩阵的 Frobenius 内积

$$\langle \boldsymbol{A},\boldsymbol{B}\rangle_{\mathrm{F}} \triangleq \langle \boldsymbol{A},\boldsymbol{B}\rangle = \sum_{i=1}^{m}\sum_{j=1}^{n} a_{ij}b_{ij}$$

定义两个矩阵规格化的 Frobenius 内积

$$C(\boldsymbol{A},\boldsymbol{B}) = \frac{\langle \boldsymbol{A},\boldsymbol{B}\rangle}{\sqrt{\langle \boldsymbol{A},\boldsymbol{A}\rangle\langle \boldsymbol{B},\boldsymbol{B}\rangle}} \tag{8.4.1}$$

此值是两个矩阵的阵元分别构成两个矢量的夹角余弦值。一般有 $-1\leqslant C(\boldsymbol{A},\boldsymbol{B})\leqslant 1$，其值越接近 1 表明两者越相似，其具有正交变换、尺度缩放不变性。式(8.4.1)也可以理解为两个有序数组的归一化相关。

可以将上述关于两个矩阵相似性测度应用到核函数参数寻优问题中。

设分属两类的训练样本集为 $S=\{(\boldsymbol{x}_1,y_1),(\boldsymbol{x}_2,y_2),\cdots,(\boldsymbol{x}_N,y_N)\}$，类别标记值 $y_i\in\{-1,1\}$，核函数 $\kappa(\boldsymbol{x}_i,\boldsymbol{x}_j)$ 在 $X=\{\boldsymbol{x}_1,\boldsymbol{x}_2,\cdots,\boldsymbol{x}_N\}$ 上的核矩阵为 $\boldsymbol{K}$，用核函数 $\kappa(\boldsymbol{x}_i,\boldsymbol{x}_j)$ 在点对 $\boldsymbol{x}_i$ 与 $\boldsymbol{x}_j$ 上希望的取值构造目标矩阵 $\boldsymbol{K}_0$，根据式(8.4.1)构造矩阵 $\boldsymbol{K}$ 与 $\boldsymbol{K}_0$ 相似性测度

$$A(\boldsymbol{K},\boldsymbol{K}_0) = \frac{\langle \boldsymbol{K},\boldsymbol{K}_0\rangle}{\sqrt{\langle \boldsymbol{K},\boldsymbol{K}\rangle\langle \boldsymbol{K}_0,\boldsymbol{K}_0\rangle}} \tag{8.4.2}$$

作为在样本集 X 上核函数 $\kappa(\boldsymbol{x}_i,\boldsymbol{x}_j)$ 与希望取值的差异的度量，据此指导核函数参数寻优。由于实施核矩阵 $\boldsymbol{K}$ 逼近目标矩阵 $\boldsymbol{K}_0$，因此这种方法称为核调准(kemel alignment)，式(8.4.2)称为调准测度。因为这两个核矩阵都是半正定的，所以 $0\leqslant A(\boldsymbol{K},\boldsymbol{K}_0)\leqslant 1$。

由于核函数是样本对映像的数积，因此可用样本类别标记矢量 $\boldsymbol{y}=(y_1,y_2,\cdots,y_N)^{\mathrm{T}}$ 的外积作为目标矩阵

$$\boldsymbol{K}_y = \boldsymbol{y}\boldsymbol{y}^{\mathrm{T}} \tag{8.4.3}$$

由于 $\langle \boldsymbol{K}_y,\boldsymbol{K}_y\rangle = N^2$，于是

$$A(\boldsymbol{K},\boldsymbol{K}_y) = \frac{\langle \boldsymbol{K},\boldsymbol{K}_y\rangle}{\sqrt{\langle \boldsymbol{K},\boldsymbol{K}\rangle\langle \boldsymbol{K}_y,\boldsymbol{K}_y\rangle}} = \frac{\boldsymbol{y}^{\mathrm{T}}\boldsymbol{K}\boldsymbol{y}}{N\,\|\boldsymbol{K}\|_{\mathrm{F}}} \tag{8.4.4}$$

上述调准测度的大小反映了分类器对训练样本分类的性能，也可以说反映了样本相对此分类器的可分性，$A(\boldsymbol{K},\boldsymbol{K}_y)$ 越大表明可分性越好，因此通过最大化调准测度得到最优参数，以使分类器错误率最小。

两个矩阵调准测度与归一化的两个矩阵的距离存在下面的关系：

$$\left\|\frac{\boldsymbol{A}}{\|\boldsymbol{A}\|_{\mathrm{F}}}-\frac{\boldsymbol{B}}{\|\boldsymbol{B}\|_{\mathrm{F}}}\right\|_{\mathrm{F}}=\sqrt{2-A(\boldsymbol{A},\boldsymbol{B})} \tag{8.4.5}$$

Cristianini[18] 等在提出调准测度的同时，还证明了两个定理，为调准测度的实际应用提供了理论支持，定理表明：

(1) 在训练集上算得的调准值偏离其期望值的概率以偏离量的指数函数衰减，即在训练集上计算的调准值高度集中于它的期望值，如果在训练集上调准值较大，通常在测试集上的值也较大。

(2) 若核函数的调准值的期望值越大，则由它们构造的分类器的泛化错误率的上界越小，即若调准值的期望值较大，则由该核函数构造的分类器的泛化能力较强。

已取定核函数类型的最优参数的选择可以描述为调准测度的最大化问题

$$\begin{cases}\max & A(\boldsymbol{K},\boldsymbol{y}\boldsymbol{y}^{\mathrm{T}})\\ \mathrm{s.t.} & \boldsymbol{K}\geqslant 0\end{cases} \tag{8.4.6}$$

或加以 $\langle\boldsymbol{K},\boldsymbol{K}\rangle\leqslant 1$ 约束，将上述调准测度最大化问题变为核极化的最大化问题：

$$\begin{cases}\max & \dfrac{1}{N}\langle\boldsymbol{K},\boldsymbol{y}\boldsymbol{y}^{\mathrm{T}}\rangle\\ \mathrm{s.t.} & \boldsymbol{K}\geqslant 0\\ & \langle\boldsymbol{K},\boldsymbol{K}\rangle\leqslant 1\end{cases} \tag{8.4.7}$$

对于上面的最优化问题，设核函数的待求参数矢量为 $\boldsymbol{\theta}$，目标函数为 $f(\boldsymbol{\theta})=\langle\boldsymbol{K},\boldsymbol{y}\boldsymbol{y}^{\mathrm{T}}\rangle$，约束条件 $\boldsymbol{c}(\boldsymbol{\theta})\triangleq\{\langle\boldsymbol{K},\boldsymbol{K}\rangle\leqslant 1,-\boldsymbol{K}\leqslant 0\}$，构造拉格朗日函数

$$L(\boldsymbol{\theta},\boldsymbol{\lambda})=f(\boldsymbol{\theta})+\boldsymbol{\lambda}^{\mathrm{T}}\boldsymbol{c}(\boldsymbol{\theta}) \tag{8.4.8}$$

由式(8.4.8)可以导出二次规划：

$$\begin{cases}\min\limits_{\Delta\boldsymbol{\theta}} & \dfrac{1}{2}\Delta\boldsymbol{\theta}^{\mathrm{T}}\boldsymbol{H}\Delta\boldsymbol{\theta}+\Delta f(\boldsymbol{\theta})^{\mathrm{T}}\Delta\boldsymbol{\theta}\\ \mathrm{s.t.} & \Delta c_i(\boldsymbol{\theta})^{\mathrm{T}}\Delta\boldsymbol{\theta}+c_i(\boldsymbol{\theta})\leqslant 0,\quad i=1,2,\cdots\end{cases} \tag{8.4.9}$$

式中，$\boldsymbol{H}$ 为 $f(\boldsymbol{\theta})$ 的 Hessian 矩阵。

文献[20]提出了利用调准测度对核函数参数寻优的方法，在 UCI 标准数据集的 4 个子集和 FERET 标准人脸图像库上进行实验，并以最小分类错误率为标准与 LOO 方法进行比较，核调准方法得到的最优参数 σ 与 LOO 方法非常接近，其中在 wine 数据集上，核调准法与 LOO 法得到的结果似乎存在较大差距，经分析知，当 $\sigma>29.75$ 时继续增大 σ 值已经不能减小测试错误率，因此得到的结果并不矛盾。其他几组同样的实验结果表明，用核调准法得到的核函数参数确实是最优的。

8.5 根据核矩阵估计可分性与二范数 SVM 核调准

不同的核函数能够影响分类器的性能，因此核矩阵能够反映分类器的性能，利用核矩阵可以计算错误率的界，其等价于利用核矩阵估计输入样本的可分性。

根据 SVM 方法可知，为在核映射空间中构造最优平面，把分属两类的样本集 $S=\{(\boldsymbol{x}_1,y_1),(\boldsymbol{x}_2,y_2),\cdots,(\boldsymbol{x}_N,y_N)\}$ 的映像正确分开，需要求解如下规划问题：

$$\min_{w,b} L(\boldsymbol{w},b,\boldsymbol{\lambda}) = \frac{1}{2}\boldsymbol{w}^{\mathrm{T}}\boldsymbol{w} - \sum_{i=1}^{N}\lambda_i[y_i(\boldsymbol{w}^{\mathrm{T}}\boldsymbol{\varphi}(\boldsymbol{x}_i)+b)-1] \tag{8.5.1}$$

原问题可以转化为如下对偶优化问题：在约束 $\lambda_i \geqslant 0, i=1,2,\cdots,N$ 和 $\sum_{i=1}^{N} y_i\lambda_i = 0$ 下，求解使

$$W(\boldsymbol{\lambda}) = \sum_{i=1}^{N}\lambda_i - \frac{1}{2}\sum_{i=1}^{N}\sum_{j=1}^{N}\lambda_i\lambda_j y_i y_j \boldsymbol{\varphi}(\boldsymbol{x}_i)^{\mathrm{T}}\boldsymbol{\varphi}(\boldsymbol{x}_j) \tag{8.5.2}$$

取最大值的各 λ_i^*。令矢量 $\boldsymbol{\lambda}=(\lambda_1,\lambda_2,\cdots,\lambda_N)^{\mathrm{T}}$，最大化式(8.5.2)可以表示为

$$\max_{\lambda} \boldsymbol{\lambda}^{\mathrm{T}}\boldsymbol{1} - \frac{1}{2}\boldsymbol{\lambda}^{\mathrm{T}}\boldsymbol{G}\boldsymbol{\lambda} \tag{8.5.3}$$

式中，矩阵 $\boldsymbol{G}$ 的阵元 $G_{ij}=y_i y_j \boldsymbol{\varphi}(\boldsymbol{x}_i)^{\mathrm{T}}\boldsymbol{\varphi}(\boldsymbol{x}_j)$，$\boldsymbol{1}$ 表示各元素均为 1 的矢量。文献[21]指出，矩阵 $\boldsymbol{G}$ 正定即满秩才有唯一的极值，即样本集 $X=\{\boldsymbol{x}_1,\boldsymbol{x}_2,\cdots,\boldsymbol{x}_N\}$ 才能线性可分。

对于非线性可分情况，求解广义最优分类界面是如下规划问题：

在约束

$$y_i(\boldsymbol{w}^{\mathrm{T}}\boldsymbol{\varphi}(\boldsymbol{x}_i)+b) \geqslant 1-\xi_i,\quad \xi_i \geqslant 0,\quad i=1,2,\cdots,N$$

下，最小化引入了不可分代价的目标函数。一范数软间隔 SVM 的目标函数为

$$f(\boldsymbol{w},b,\boldsymbol{\xi}) = \frac{1}{2}\boldsymbol{w}^{\mathrm{T}}\boldsymbol{w} + \gamma\sum_{i=1}^{N}\xi_i \tag{8.5.4}$$

式中，γ 为惩罚因子。类似地，其对偶优化问题为

$$\begin{cases} \max\limits_{\lambda} & \sum\limits_{i=1}^{N}\lambda_i - \dfrac{1}{2}\sum\limits_{i=1}^{N}\sum\limits_{j=1}^{N}\lambda_i\lambda_j y_i y_j \boldsymbol{\varphi}(\boldsymbol{x}_i)^{\mathrm{T}}\boldsymbol{\varphi}(\boldsymbol{x}_j) \\ \text{s.t.} & \sum\limits_{i=1}^{N}\lambda_i y_i = 0 \\ & 0 \leqslant \lambda_i \leqslant \gamma,\quad i=1,2,\cdots,N \end{cases} \tag{8.5.5}$$

二范数软间隔 SVM 的目标函数为

$$f(\boldsymbol{w},b,\boldsymbol{\xi}) = \frac{1}{2}\boldsymbol{w}^{\mathrm{T}}\boldsymbol{w} + \frac{\gamma}{2}\sum_{i=1}^{N}\xi_i^2 \tag{8.5.6}$$

类似地，其对偶优化问题为

$$\begin{cases} \max\limits_{\lambda} & \sum\limits_{i=1}^{N}\lambda_i - \dfrac{1}{2}\sum\limits_{i=1}^{N}\sum\limits_{j=1}^{N}\lambda_i\lambda_j y_i y_j \left(\boldsymbol{\varphi}(\boldsymbol{x}_i)^{\mathrm{T}}\boldsymbol{\varphi}(\boldsymbol{x}_j) + \dfrac{1}{\gamma}\delta_{ij}\right) \\ \text{s.t.} & \sum\limits_{i=1}^{N}\lambda_i y_i = 0 \\ & \lambda_i \geqslant 0,\quad i=1,2,\cdots,N \end{cases} \tag{8.5.7}$$

沿用上述的有关符号及其含义，将模型(8.5.7)的目标函数写成矩阵形式，于是目标函数最大化可以表示为

$$\max_{\lambda} \boldsymbol{\lambda}^{\mathrm{T}}\boldsymbol{1} - \frac{1}{2}\boldsymbol{\lambda}^{\mathrm{T}}\boldsymbol{G}\boldsymbol{\lambda} - \frac{1}{2\gamma}\boldsymbol{\lambda}^{\mathrm{T}}\boldsymbol{\lambda} \tag{8.5.8}$$

即

$$\max_{\lambda} \boldsymbol{\lambda}^{\mathrm{T}}\mathbf{1}-\frac{1}{2}\boldsymbol{\lambda}^{\mathrm{T}}\left(\boldsymbol{G}+\frac{1}{\gamma}\boldsymbol{I}\right)\boldsymbol{\lambda} \tag{8.5.9}$$

对于训练样本集非线性可分情况，矩阵 $\boldsymbol{G}$ 非满秩，$\boldsymbol{G}$ 加上 $\boldsymbol{I}/\gamma$ 后，通过对矩阵 $\boldsymbol{G}$ 对角线上元素加常数 $1/\gamma$ 使 $(\boldsymbol{G}+\boldsymbol{I}/\gamma)$ 变为满秩矩阵，此时问题才有唯一的最优解[21]。

如果核矩阵对角线上的阵元接近 1，其他阵元非常小，那么核矩阵近似为单位阵，其他阵元非常小意味着不同样本数积几乎为零，近似为单位阵的核矩阵表明把各样本几乎映射成高维空间中的标准正交矢量，很可能对训练样本过拟合，学习结果对新数据没有很好的泛化性能；另一种极端情况是，如果核矩阵各阵元近似相等，那么每个样本都和其他样本相似，这相当于各样本都被映射到同一个映像附近，导致数据欠拟合；两种情况都不具有很好的泛化能力。参数 γ 也可以认为是一个核参数，γ 取得太小，因 $\boldsymbol{I}/\gamma$ 起主导作用，对很多的 $\boldsymbol{G}$ 使得 $(\boldsymbol{G}+\boldsymbol{I}/\gamma)$ 相当于趋近一个单位矩阵；γ 取得太大，使得 $(\boldsymbol{G}+\boldsymbol{I}/\gamma)$ 和 $\boldsymbol{G}$ 差别不大，接近于一范数 SVM，使训练时间较长。用参数 γ 实现算法复杂性与误分样本数的折中，γ 值越小，对误分样本惩罚越小，两个类边缘界面间隔越宽；γ 值增大，两类的间隔变小。

对于单参数高斯核函数，参数 σ 的值要与数据分布相匹配。如果选择相对较小的 σ 值，则容易导致核函数 $\kappa(\boldsymbol{x},\boldsymbol{y})$ 接近 0；如果选择相对较大的 σ 值，则容易导致核函数 $\kappa(\boldsymbol{x},\boldsymbol{y})$ 接近 1，这两种情况都会使分类器性能变差。文献[21]的实验表明，对于单参数高斯核函数，在选定最优或合适的 σ 情况下，识别率随着 γ 增加而增加，γ 达到某一值后识别率趋于稳定，这是因为通常位于分类平面附近的样本不是很多，虽然 γ 增大使两类的间隔变小，但目标函数值变化不显著，这意味着分类界面变化较小。实验表明，如果高斯核函数参数 σ 选择不当，随着 γ 的增大识别率会降低。

设分属两类的训练样本集为 $S=\{(\boldsymbol{x}_1,y_1),(\boldsymbol{x}_2,y_2),\cdots,(\boldsymbol{x}_N,y_N)\}$，类别标记 $y_i\in\{1,-1\}$，对于软间隔 SVM，此时考量的核矩阵为

$$\boldsymbol{K}=\boldsymbol{G}+\boldsymbol{I}/\gamma \tag{8.5.10}$$

采用调准测度，目标核矩阵

$$\boldsymbol{K}_y=\boldsymbol{y}\boldsymbol{y}^{\mathrm{T}},\quad \boldsymbol{y}=(y_1,y_2,\cdots,y_N)^{\mathrm{T}}$$

调准值 $A(\boldsymbol{K},\boldsymbol{K}_y)$ 的大小反映了分类器性能的优劣，$A(\boldsymbol{K},\boldsymbol{K}_y)$ 越大，表明数据相对此分类器可分性越好。寻找最优核函数转化为寻找最优核矩阵，通过优化调准值得到最优核矩阵，即最优核函数，以使分类器的性能最好。核函数参数选择可以描述为规划问题(8.4.6)：

$$\begin{cases}\max & A(\boldsymbol{K},\boldsymbol{y}\boldsymbol{y}^{\mathrm{T}})\\ \text{s.t.} & \boldsymbol{K}\geqslant 0\end{cases}$$

8.6 核映射空间的 Fisher 判据

8.4 节给出了核调准方法，核矩阵的调准值越大，由相应的核函数构造的分类器泛化能力越强，但需要指出的是，这只是充分条件而非必要条件。非必要性是指调准值小的核函数也可能泛化能力较强。Nguyen 和 Ho[25]经分析得出调准测度存在上述缺陷，并在核

映射空间中根据 Fisher 准则提出了一个核矩阵评价标准，也称为 FSM 测度。

设有序训练样本集 $X=\{\boldsymbol{x}_1,\boldsymbol{x}_2,\cdots,\boldsymbol{x}_N\}$，前面 N_+ 个样本属于正类，后面 N_- 个样本属于负类。在核映射空间中，两类的中心分别为

$$\bar{\boldsymbol{\varphi}}_+=\frac{1}{N_+}\sum_{i=1}^{N_+}\boldsymbol{\varphi}(\boldsymbol{x}_i) \tag{8.6.1}$$

$$\bar{\boldsymbol{\varphi}}_-=\frac{1}{N_-}\sum_{i=N_++1}^{N}\boldsymbol{\varphi}(\boldsymbol{x}_i) \tag{8.6.2}$$

两类中心归一化的差矢量为

$$\boldsymbol{\varepsilon}=\frac{\bar{\boldsymbol{\varphi}}_+-\bar{\boldsymbol{\varphi}}_-}{\|\bar{\boldsymbol{\varphi}}_+-\bar{\boldsymbol{\varphi}}_-\|} \tag{8.6.3}$$

各样本与其所属类的中心的差矢量在两类中心连线上的投影的方差以及总方差分别为

$$var_+=\left(\frac{\sum_{i=1}^{N_+}\langle\boldsymbol{\varphi}(\boldsymbol{x}_i)-\bar{\boldsymbol{\varphi}}_+,\boldsymbol{\varepsilon}\rangle^2}{N_+-1}\right)^{\frac{1}{2}} \tag{8.6.4}$$

$$var_-=\left(\frac{\sum_{i=N_++1}^{N}\langle\boldsymbol{\varphi}(\boldsymbol{x}_i)-\bar{\boldsymbol{\varphi}}_-,\boldsymbol{\varepsilon}\rangle^2}{N_--1}\right)^{\frac{1}{2}} \tag{8.6.5}$$

$$var=var_++var_- \tag{8.6.6}$$

类似于 Fisher 准则函数，定义

$$FSM=\frac{var}{\|\bar{\boldsymbol{\varphi}}_+-\bar{\boldsymbol{\varphi}}_-\|} \tag{8.6.7}$$

容易知道，FSM 越小，分类效果越好，因此认为核函数越好。

将式(8.6.3)代入式(8.6.4)中，经推导可得

$$(N_+-1)var_+^2=\frac{\sum_{i=1}^{N_+}[\boldsymbol{\varphi}(\boldsymbol{x}_i)\cdot\bar{\boldsymbol{\varphi}}_+-\boldsymbol{\varphi}(\boldsymbol{x}_i)\cdot\bar{\boldsymbol{\varphi}}_-+\bar{\boldsymbol{\varphi}}_+\cdot\bar{\boldsymbol{\varphi}}_--\|\bar{\boldsymbol{\varphi}}_+\|^2]^2}{\|\bar{\boldsymbol{\varphi}}_+-\bar{\boldsymbol{\varphi}}_-\|^2} \tag{8.6.8}$$

定义辅助变量，对于正类样本，即当 $i=1,2,\cdots,N_+$ 时，

$$a_i\triangleq\boldsymbol{\varphi}(\boldsymbol{x}_i)\cdot\bar{\boldsymbol{\varphi}}_+=\frac{1}{N_+}\sum_{j=1}^{N_+}\kappa(\boldsymbol{x}_i,\boldsymbol{x}_j) \tag{8.6.9}$$

$$b_i\triangleq\boldsymbol{\varphi}(\boldsymbol{x}_i)\cdot\bar{\boldsymbol{\varphi}}_-=\frac{1}{N_-}\sum_{j=N_++1}^{N}\kappa(\boldsymbol{x}_i,\boldsymbol{x}_j) \tag{8.6.10}$$

对于负类样本，即当 $i=N_++1,\cdots,N$ 时，

$$c_i\triangleq\boldsymbol{\varphi}(\boldsymbol{x}_i)\cdot\bar{\boldsymbol{\varphi}}_+=\frac{1}{N_+}\sum_{j=1}^{N_+}\kappa(\boldsymbol{x}_i,\boldsymbol{x}_j) \tag{8.6.11}$$

$$d_i\triangleq\boldsymbol{\varphi}(\boldsymbol{x}_i)\cdot\bar{\boldsymbol{\varphi}}_-=\frac{1}{N_-}\sum_{j=N_++1}^{N}\kappa(\boldsymbol{x}_i,\boldsymbol{x}_j) \tag{8.6.12}$$

又令

$$A=\frac{1}{N_+}\sum_{i=1}^{N+}a_i,\quad B=\frac{1}{N_+}\sum_{i=1}^{N_+}b_i,\quad C=\frac{1}{N_-}\sum_{i=N_++1}^{N}c_i,\quad D=\frac{1}{N_-}\sum_{i=N_++1}^{N}d_i \tag{8.6.13}$$

于是有

$$A=\|\bar{\boldsymbol{\varphi}}_+\|^2,\quad B=C=\bar{\boldsymbol{\varphi}}_+\cdot\bar{\boldsymbol{\varphi}}_-,\quad D=\|\bar{\boldsymbol{\varphi}}_-\|^2$$

$$\|\bar{\boldsymbol{\varphi}}_+-\bar{\boldsymbol{\varphi}}_-\|=\sqrt{A-B-C+D} \tag{8.6.14}$$

$$(N_+-1)var_+^2=\frac{\sum_{i=1}^{N_+}(a_i-b_i-A+B)^2}{A-B-C+D} \tag{8.6.15}$$

同样可得

$$(N_--1)var_-^2=\frac{\sum_{i=N_++1}^{N}(c_i-d_i-C+D)^2}{A-B-C+D} \tag{8.6.16}$$

将式(8.6.14)～式(8.6.16)代入式(8.6.7)可得

$$FSM=\frac{var_++var_-}{\sqrt{A-B-C+D}} \tag{8.6.17}$$

此准则具有误差界的理论支持，并在核映射空间中具有线性变换不变性。

8.7 基于 Fisher 准则的数据相关核函数的优化方法

前面介绍的几种常用核参数优化方法的基本特点是基于全部训练样本及其分布信息寻优，本节讨论数据相关的核优化方法[4]，其特点是基于全部训练样本、或部分样本、或类均值，并引入样本类别信息，根据核函数所在点对的局部信息调整该点对上核函数的幅值，并利用 Fisher 准则寻优。该方法既与数据相关，又融入了设计者的处理思想。

8.7.1 数据相关核函数

在不同核函数映射下数据在核映射空间中分布将会不同，从而具有不同的可分性或拟合性，为了达到理想的核学习效果，应根据输入数据选择或优化核函数。Amari 等学者提出了数据相关的核优化方法，用于优化的目标核函数设计为

$$\kappa(\boldsymbol{x},\boldsymbol{y})=g(\boldsymbol{x})g(\boldsymbol{y})\kappa_0(\boldsymbol{x},\boldsymbol{y}) \tag{8.7.1}$$

式中，$\kappa_0(\boldsymbol{x},\boldsymbol{y})$为基本核函数，通常取熟知的简单核函数，如高斯核函数、多项式核函数等，$g(\boldsymbol{z})$是与数据 $\boldsymbol{z}$ 相关的正的实函数，不同的函数 g 将使 $\kappa(\boldsymbol{x},\boldsymbol{y})$具有不同的性能，其定义为

$$g(\boldsymbol{x})=\sum_{\hat{\boldsymbol{x}}_i\in SV}\alpha_i\mathrm{e}^{-\delta\|\boldsymbol{x}-\hat{\boldsymbol{x}}_i\|^2} \tag{8.7.2}$$

式中，$\hat{\boldsymbol{x}}_i$是支持矢量，SV 为支持矢量集，α_i是反映 $\hat{\boldsymbol{x}}_i$ 贡献的正数，δ 用于控制贡献衰减速率。

有学者将数据相关的目标核函数(8.7.1)中的 $g(\boldsymbol{x})$扩展成一般形式：

$$g(\boldsymbol{x})=\alpha_0+\sum_{\hat{\boldsymbol{x}}_i}\alpha_i e(\boldsymbol{x},\hat{\boldsymbol{x}}_i) \tag{8.7.3}$$

式中，$\hat{\boldsymbol{x}}_i$是扩展矢量。

Xiong 等提出从训练样本集中随机选取总量的三分之一样本作为扩展样本。除此之外，扩展数据相关核函数的扩展矢量及函数 $e(\cdot,\cdot)$有四种选取方式：

(1) 全部训练样本都作为扩展矢量，并利用样本类别信息。对于第 i 个训练样本 $\boldsymbol{x}_i$，此时

$$e(\boldsymbol{x},\hat{\boldsymbol{x}}_i)=e(\boldsymbol{x},\boldsymbol{x}_i)=\begin{cases}1, & \boldsymbol{x}\text{ 与 }\boldsymbol{x}_i\text{属于同一类}\\ \mathrm{e}^{-\delta\|\boldsymbol{x}-\boldsymbol{x}_i\|^2}, & \boldsymbol{x}\text{ 与 }\boldsymbol{x}_i\text{不属于同一类}\end{cases}$$

该方法企图使属于同一类的样本聚集到一点。

(2) 全部训练样本都为扩展矢量，只利用样本间的距离信息。对于第 i 个训练样本 $\boldsymbol{x}_i$，此时

$$e(\boldsymbol{x},\hat{\boldsymbol{x}}_i)=e(\boldsymbol{x},\boldsymbol{x}_i)=\mathrm{e}^{-\delta\|\boldsymbol{x}-\boldsymbol{x}_i\|^2}$$

(3) 各类样本均值矢量作为扩展矢量，同时考虑样本类别信息。设 $\bar{\boldsymbol{x}}_j$ 为第 j 类样本的均值矢量，此时

$$e(\boldsymbol{x},\hat{\boldsymbol{x}}_j)=e(\boldsymbol{x},\bar{\boldsymbol{x}}_j)=\begin{cases}1, & \boldsymbol{x}\text{ 与 }\bar{\boldsymbol{x}}_j\text{属于同一类}\\ \mathrm{e}^{-\delta\|\boldsymbol{x}-\bar{\boldsymbol{x}}_j\|^2}, & \boldsymbol{x}\text{ 与 }\bar{\boldsymbol{x}}_j\text{不属于同一类}\end{cases}$$

此方式利用了样本类别信息，用各类样本均值矢量代表各类样本，此方式比前两种方式减少了计算量，在大子样情况下，减少计算量是必须考虑的。

(4) 各类样本均值矢量作为扩展矢量，只考虑样本与均值矢量的距离信息。此时

$$e(\boldsymbol{x},\hat{\boldsymbol{x}}_j)=e(\boldsymbol{x},\bar{\boldsymbol{x}}_j)=\mathrm{e}^{-\delta\|\boldsymbol{x}-\bar{\boldsymbol{x}}_j\|^2},\quad \boldsymbol{x}\text{ 属于第 }j\text{ 类}$$

在选定扩展矢量和参数 δ 后，不同扩展系数$\{\alpha_i\}$将产生不同的核函数，进而将决定数据在核映射空间中的分布。

8.7.2　经验特征空间

设 n 维训练样本集$\{\boldsymbol{x}_i\}_{i=1}^N$，由全部样本数据构造样本矩阵 $\boldsymbol{X}=(\boldsymbol{x}_1\ \boldsymbol{x}_2\ \cdots\ \boldsymbol{x}_N)^{\mathrm{T}}$，在样本集上计算核函数 $\kappa(\boldsymbol{x}_i,\boldsymbol{x}_j)=\boldsymbol{\varphi}(\boldsymbol{x}_i)\cdot\boldsymbol{\varphi}(\boldsymbol{x}_j)$，并构造核矩阵 $\boldsymbol{K}=\left(\kappa(\boldsymbol{x}_i,\boldsymbol{x}_j)\right)_{N\times N}$，半正定核矩阵 $\boldsymbol{K}$ 本征分解为

$$\boldsymbol{K}=\boldsymbol{P\Lambda P}^{\mathrm{T}}=\boldsymbol{P\Lambda}^{1/2}\boldsymbol{\Lambda}^{1/2}\boldsymbol{P}^{\mathrm{T}} \tag{8.7.4}$$

式中，$\boldsymbol{\Lambda}$ 为矩阵 $\boldsymbol{K}$ 的本征值构成的对角矩阵，因 $\boldsymbol{K}$ 为正定矩阵，所以它所有的本征值均大于零，$\boldsymbol{P}$ 为相应的本征矢量构成的标准正交矩阵。由式(8.7.4)可得

$$\boldsymbol{\Lambda}^{-1/2}\boldsymbol{P}^{\mathrm{T}}\boldsymbol{K}=\boldsymbol{\Lambda}^{1/2}\boldsymbol{P}^{\mathrm{T}} \tag{8.7.5}$$

定义映射

$$\boldsymbol{\varphi}_e:\boldsymbol{x}\mapsto\boldsymbol{\Lambda}^{-1/2}\boldsymbol{P}^{\mathrm{T}}\left(\kappa(\boldsymbol{x},\boldsymbol{x}_1),\kappa(\boldsymbol{x},\boldsymbol{x}_2),\cdots,\kappa(\boldsymbol{x},\boldsymbol{x}_N)\right)^{\mathrm{T}}\triangleq\boldsymbol{\varphi}_e(\boldsymbol{x}) \tag{8.7.6}$$

上述映射称为经验核映射，相应的映射空间称为经验特征空间。可以证明，由 $\boldsymbol{\varphi}(\boldsymbol{x})$产生的映射空间与 $\boldsymbol{\varphi}_e(\boldsymbol{x})$产生的映射空间几何同构。由定义式(8.7.6)构造经验特征空间中的样本矩阵

$$\boldsymbol{Y}=\left(\boldsymbol{\varphi}_e(\boldsymbol{x}_1)\quad\boldsymbol{\varphi}_e(\boldsymbol{x}_2)\quad\cdots\quad\boldsymbol{\varphi}_e(\boldsymbol{x}_N)\right)^{\mathrm{T}}=\boldsymbol{KP\Lambda}^{-1/2} \tag{8.7.7}$$

利用式(8.7.4)或式(8.7.5)，由式(8.7.7)可以得出

$$\boldsymbol{YY}^{\mathrm{T}}=\boldsymbol{KP\Lambda}^{-1/2}\boldsymbol{\Lambda}^{-1/2}\boldsymbol{P}^{\mathrm{T}}\boldsymbol{K}=\boldsymbol{K} \tag{8.7.8}$$

式(8.7.8)表明，对于给定的原始样本集，经验核映射 $\boldsymbol{\varphi}_e(\boldsymbol{x})$ 与核映射 $\boldsymbol{\varphi}(\boldsymbol{x})$ 有相同的核矩阵，这进一步表明经验核映射 $\boldsymbol{\varphi}_e(\boldsymbol{x})$ 与核映射 $\boldsymbol{\varphi}(\boldsymbol{x})$ 产生同样的数据分布，即训练样本在 $\boldsymbol{\varphi}_e(\boldsymbol{x})$ 定义的经验特征空间与在 $\boldsymbol{\varphi}(\boldsymbol{x})$ 定义的核映射空间具有同样的几何结构，因此可以在经验特征空间中研究 $\boldsymbol{\varphi}(\boldsymbol{x})$ 定义的核映射空间中的问题。

8.7.3 基于 Fisher 准则的扩展数据相关核函数的优化算法

Fisher 准则通常用于指导数据在增强数据可分性的原则下降维，Fisher 准则也可作为核函数优化学习的重要依据。

考虑 c 类问题。设 n 维训练样本集 $\{\boldsymbol{x}_i\}_{i=1}^{N}$，由全部样本数据构造样本矩阵 $\boldsymbol{X}=(\boldsymbol{x}_1\ \ \boldsymbol{x}_2\ \ \cdots\ \boldsymbol{x}_N)^{\mathrm{T}}$，在样本集上定义核函数 $\kappa(\boldsymbol{x}_i,\boldsymbol{x}_j)=\boldsymbol{\varphi}(\boldsymbol{x}_i)\cdot\boldsymbol{\varphi}(\boldsymbol{x}_j)$，$\boldsymbol{K}=\big(\kappa(\boldsymbol{x}_i,\boldsymbol{x}_j)\big)_{N\times N}\triangleq(\kappa_{ij})_{N\times N}$ 是在样本集上算得的核矩阵，$\boldsymbol{K}_{pq}$ 是用第 p 类和第 q 类样本算得的核函数 κ 构造的 $N_p\times N_q$ 核矩阵，$p,q=1,2,\cdots,c$。在经验特征空间中，样本类间离差阵和类内离差阵的迹分别为 $\mathrm{tr}[\boldsymbol{S}_B^{\boldsymbol{\varphi}_e}]=\boldsymbol{1}^{\mathrm{T}}\boldsymbol{B}\boldsymbol{1}$ 和 $\mathrm{tr}[\boldsymbol{S}_W^{\boldsymbol{\varphi}_e}]=\boldsymbol{1}^{\mathrm{T}}\boldsymbol{W}\boldsymbol{1}$，其中 $\boldsymbol{1}$ 是 N 个分量均为 1 的矢量，以及

$$\boldsymbol{B}=\mathrm{diag}\left(\frac{1}{N_1}\boldsymbol{K}_{11},\frac{1}{N_2}\boldsymbol{K}_{22},\cdots,\frac{1}{N_c}\boldsymbol{K}_{cc}\right)-\frac{1}{N}\boldsymbol{K} \tag{8.7.9}$$

$$\boldsymbol{W}=\mathrm{diag}(\kappa_{11},\kappa_{22},\cdots,\kappa_{NN})-\mathrm{diag}\left(\frac{1}{N_1}\boldsymbol{K}_{11},\frac{1}{N_2}\boldsymbol{K}_{22},\cdots,\frac{1}{N_c}\boldsymbol{K}_{cc}\right) \tag{8.7.10}$$

式中，N_j 为第 j 类样本个数。在经验特征空间中，数据的可分性可以用 Fisher 准则度量。Fisher 准则定义为

$$J_{\text{Fisher}}=\frac{\mathrm{tr}[\boldsymbol{S}_B^{\boldsymbol{\varphi}_e}]}{\mathrm{tr}[\boldsymbol{S}_W^{\boldsymbol{\varphi}_e}]}=\frac{\boldsymbol{1}^{\mathrm{T}}\boldsymbol{B}\boldsymbol{1}}{\boldsymbol{1}^{\mathrm{T}}\boldsymbol{W}\boldsymbol{1}} \tag{8.7.11}$$

考虑扩展数据相关核函数优化问题。对于式(8.7.1)和式(8.7.3)，令矩阵 $\boldsymbol{D}=\mathrm{diag}(g(\boldsymbol{x}_1),g(\boldsymbol{x}_2),\cdots,g(\boldsymbol{x}_N))$，扩展数据相关核矩阵 $\boldsymbol{K}$ 与基本核矩阵 $\boldsymbol{K}_0$ 的关系为

$$\boldsymbol{K}=\boldsymbol{D}\boldsymbol{K}_0\boldsymbol{D} \tag{8.7.12}$$

相应地，$\boldsymbol{B}=\boldsymbol{D}\boldsymbol{B}_0\boldsymbol{D}$，$\boldsymbol{W}=\boldsymbol{D}\boldsymbol{W}_0\boldsymbol{D}$，其中 $\boldsymbol{B}_0$ 和 $\boldsymbol{W}_0$ 是根据基本核函数 κ_0 按式(8.7.9)和式(8.7.10)算得的矩阵。于是，在数据相关核映射的经验特征空间中有

$$J_{\text{Fisher}}=\frac{\boldsymbol{1}^{\mathrm{T}}\boldsymbol{B}\boldsymbol{1}}{\boldsymbol{1}^{\mathrm{T}}\boldsymbol{W}\boldsymbol{1}}=\frac{\boldsymbol{1}^{\mathrm{T}}\boldsymbol{D}\boldsymbol{B}_0\boldsymbol{D}\boldsymbol{1}}{\boldsymbol{1}^{\mathrm{T}}\boldsymbol{D}\boldsymbol{W}_0\boldsymbol{D}\boldsymbol{1}} \tag{8.7.13}$$

根据 $g(\boldsymbol{x})$ 一般的扩展形式(8.7.3)有

$$\boldsymbol{D}\boldsymbol{1}=\boldsymbol{E}\boldsymbol{\alpha} \tag{8.7.14}$$

式中，$\boldsymbol{\alpha}=(\alpha_0,\alpha_1,\cdots,\alpha_{N_{EV}})$，$N_{EV}$ 表示扩展矢量个数，矩阵

$$\boldsymbol{E}=\begin{pmatrix}1 & e(\boldsymbol{x}_1,\hat{\boldsymbol{x}}_1) & \cdots & e(\boldsymbol{x}_1,\hat{\boldsymbol{x}}_{N_{EV}})\\ \vdots & \vdots & & \vdots\\ 1 & e(\boldsymbol{x}_N,\hat{\boldsymbol{x}}_1) & \cdots & e(\boldsymbol{x}_N,\hat{\boldsymbol{x}}_{N_{EV}})\end{pmatrix} \tag{8.7.15}$$

由式(8.7.13)、式(8.7.15)可以将 J_{Fisher} 表示成扩展系数矢量 $\boldsymbol{\alpha}$ 的函数

$$J_{\text{Fisher}}=\frac{\boldsymbol{\alpha}^{\mathrm{T}}\boldsymbol{E}^{\mathrm{T}}\boldsymbol{B}_0\boldsymbol{E}\boldsymbol{\alpha}}{\boldsymbol{\alpha}^{\mathrm{T}}\boldsymbol{E}^{\mathrm{T}}\boldsymbol{W}_0\boldsymbol{E}\boldsymbol{\alpha}} \tag{8.7.16}$$

对于不同的扩展系数矢量 $\boldsymbol{\alpha}$，经验特征空间中的数据将有不同的几何结构，从而有不同的可分性，我们的目标是求得最大化 J_{Fisher} 的扩展系数矢量 $\boldsymbol{\alpha}$，由此得出形式化的最优问题

$$\begin{cases}\max\limits_{\boldsymbol{\alpha}} & J_{\text{Fisher}}(\boldsymbol{\alpha})\\ \text{s.t.} & \boldsymbol{\alpha}^{\mathrm{T}}\boldsymbol{\alpha}=1\end{cases} \tag{8.7.17}$$

J_{Fisher} 准则函数的分子和分母都是关于扩展系数矢量 $\boldsymbol{\alpha}$ 的二次型标量函数，可以采用通常求解广义 Rayleigh 商极值的方法，也可以采用简单的求导解极值的方法，这两种方法所得结果相同。这里采用简单的求导解极值的方法，对标量分式采用分式求导方法解极值，J_{Fisher} 准则函数对矢量 $\boldsymbol{\alpha}$ 求偏导并令结果为零矢量，利用二次型函数对矢量求偏导公式可得

$$\frac{\partial J_{\text{Fisher}}}{\partial\boldsymbol{\alpha}}=\frac{(\boldsymbol{\alpha}^{\mathrm{T}}\boldsymbol{E}^{\mathrm{T}}\boldsymbol{W}_0\boldsymbol{E}\boldsymbol{\alpha})(2\boldsymbol{E}^{\mathrm{T}}\boldsymbol{B}_0\boldsymbol{E}\boldsymbol{\alpha})-(\boldsymbol{\alpha}^{\mathrm{T}}\boldsymbol{E}^{\mathrm{T}}\boldsymbol{B}_0\boldsymbol{E}\boldsymbol{\alpha})(2\boldsymbol{E}^{\mathrm{T}}\boldsymbol{W}_0\boldsymbol{E}\boldsymbol{\alpha})}{(\boldsymbol{\alpha}^{\mathrm{T}}\boldsymbol{E}^{\mathrm{T}}\boldsymbol{W}_0\boldsymbol{E}\boldsymbol{\alpha})^2}=\boldsymbol{0} \tag{8.7.18}$$

令

$$\lambda=\frac{\boldsymbol{\alpha}^{\mathrm{T}}\boldsymbol{E}^{\mathrm{T}}\boldsymbol{B}_0\boldsymbol{E}\boldsymbol{\alpha}}{\boldsymbol{\alpha}^{\mathrm{T}}\boldsymbol{E}^{\mathrm{T}}\boldsymbol{W}_0\boldsymbol{E}\boldsymbol{\alpha}} \tag{8.7.19}$$

由式(8.7.18)可得

$$\boldsymbol{E}^{\mathrm{T}}\boldsymbol{B}_0\boldsymbol{E}\boldsymbol{\alpha}-\lambda\boldsymbol{E}^{\mathrm{T}}\boldsymbol{W}_0\boldsymbol{E}\boldsymbol{\alpha}=\boldsymbol{0} \tag{8.7.20}$$

设 $\boldsymbol{E}^{\mathrm{T}}\boldsymbol{W}_0\boldsymbol{E}$ 有逆，进一步得到

$$(\boldsymbol{E}^{\mathrm{T}}\boldsymbol{W}_0\boldsymbol{E})^{-1}\boldsymbol{E}^{\mathrm{T}}\boldsymbol{B}_0\boldsymbol{E}\boldsymbol{\alpha}=\lambda\boldsymbol{\alpha} \tag{8.7.21}$$

由式(8.7.21)可知，λ 和 $\boldsymbol{\alpha}$ 分别是矩阵 $(\boldsymbol{E}^{\mathrm{T}}\boldsymbol{W}_0\boldsymbol{E})^{-1}\boldsymbol{E}^{\mathrm{T}}\boldsymbol{B}_0\boldsymbol{E}$ 的最大本征值和相应的本征矢量。由式(8.7.16)和式(8.7.19)可知，$\max J_{\text{Fisher}}=\lambda$。具体求解中，为了规避 $\boldsymbol{E}^{\mathrm{T}}\boldsymbol{W}_0\boldsymbol{E}$ 求逆，同时便于数值计算，采用梯度法，最优解的第 k 次迭代式为

$$\boldsymbol{\alpha}^{(k+1)}=\boldsymbol{\alpha}^{(k)}+\mu_k\left.\frac{\partial J_{\text{Fisher}}(\boldsymbol{\alpha})}{\partial\boldsymbol{\alpha}}\right|_{\boldsymbol{\alpha}=\boldsymbol{\alpha}^{(k)}} \tag{8.7.22}$$

若令 $\boldsymbol{\alpha}^{\mathrm{T}}\boldsymbol{E}^{\mathrm{T}}\boldsymbol{W}_0\boldsymbol{E}\boldsymbol{\alpha}=m$，则式(8.7.22)可以具体写成

$$\boldsymbol{\alpha}^{(k+1)}=\boldsymbol{\alpha}^{(k)}+\mu_k\left(\frac{1}{m}\boldsymbol{E}^{\mathrm{T}}\boldsymbol{B}_0\boldsymbol{E}-\frac{\lambda}{m}\boldsymbol{E}^{\mathrm{T}}\boldsymbol{W}_0\boldsymbol{E}\right)\boldsymbol{\alpha}^{(k)} \tag{8.7.23}$$

式中，μ_k 为学习率。设初始学习率为 μ_0，总的迭代次数为 L，μ_k 通常取

$$\mu_k=\mu_0\left(1-\frac{n}{L}\right) \tag{8.7.24}$$

算法运行过程中，式(8.7.23)中的 λ 采用式(8.7.19)计算。

8.8 多核学习

实际中，样本矢量数据的某些分量表示对象特征的特性、类型有时显著不同，为了有效地描述对象，对于不同特性、类型的特征，应该有针对性地选择多个适当的基本核函数，并用它们构造一个函数，这个函数称为多核函数，这样对数据描述的能力要优于单个基本核函数的描述能力，通过优化多核函数的结构和其中的参数以达到更优的描述效果称为

多核学习。这里涉及各基本核函数的类型、各基本核函数的参数、基本核函数的数量以及多核函数的结构和结构参数。基本核函数与核函数参数寻优的一些方法前面已有论述，这里给出多核函数的结构参数寻优。

设 M 个基本核函数 $\kappa_m(\boldsymbol{x}_i,\boldsymbol{x}_j)$，$m=1,2,\cdots,M$，由它们构造多核函数有如下方式：

(1) 数据无关线性组合：线性组合的核函数的权值不与当下数据有关，形如

$$\kappa(\boldsymbol{x}_i,\boldsymbol{x}_j)=\sum_{m=1}^{M}\beta_m\kappa_m(\boldsymbol{x}_i,\boldsymbol{x}_j)$$

(2) 数据相关线性组合：线性组合的核函数的权值与当下数据相关，形如

$$\kappa(\boldsymbol{x}_i,\boldsymbol{x}_j)=\sum_{m=1}^{M}\beta_m(\boldsymbol{x}_i)\beta_m(\boldsymbol{x}_j)\kappa_m(\boldsymbol{x}_i,\boldsymbol{x}_j)$$

(3) 多尺度线性组合：对单个核函数通过改变其参数、伸缩或平移而得到多个核函数的线性组合。

(4) 非线性组合：将各核函数组合成非线性函数结构。

现在多核函数通常的形式是数据无关线性组合和数据相关线性组合。本节讨论线性组合核函数的多核学习，其他的多核学习可参阅有关文献。多核学习最经典的方法有LS-MKL[33]、SimpleMKL[34]、SMO-MKL[35]、GMKL[36]、SPG-GMKL[36]。

设 M 个核函数及其在给定样本集上的核矩阵分别为 $\kappa_m(\boldsymbol{x}_i,\boldsymbol{x}_j)$、$\boldsymbol{K}_m$，$m=1,2,\cdots,M$，它们线性组合的多核函数为

$$\kappa(\boldsymbol{x}_i,\boldsymbol{x}_j)=\sum_{m=1}^{M}\beta_m\kappa_m(\boldsymbol{x}_i,\boldsymbol{x}_j),\quad \beta_m\geqslant 0 \tag{8.8.1}$$

相应的多核矩阵为

$$\boldsymbol{K}=\sum_{m=1}^{M}\beta_m\boldsymbol{K}_m,\quad \beta_m\geqslant 0 \tag{8.8.2}$$

8.4 节介绍了利用核调准测度进行单核函数参数寻优原理，这里依然采用此方法对多核函数的系数 β_m 寻优。设分属两类的训练样本集为 $S=\{(\boldsymbol{x}_1,y_1),(\boldsymbol{x}_2,y_2),\cdots,(\boldsymbol{x}_N,y_N)\}$，类别标记值 $y_i\in\{1,-1\}$，由于核函数是两个样本映像的数积，因此可用样本类别标记矢量 $\boldsymbol{y}=(y_1,y_2,\cdots,y_N)^{\mathrm{T}}$ 的外积作为核矩阵逼近的目标矩阵

$$\boldsymbol{K}_y=\boldsymbol{y}\boldsymbol{y}^{\mathrm{T}} \tag{8.8.3}$$

由于 $\langle\boldsymbol{K}_y,\boldsymbol{K}_y\rangle=N^2$，于是

$$A(\boldsymbol{K},\boldsymbol{K}_y)=\frac{\langle\boldsymbol{K},\boldsymbol{K}_y\rangle}{\sqrt{\langle\boldsymbol{K},\boldsymbol{K}\rangle\langle\boldsymbol{K}_y,\boldsymbol{K}_y\rangle}}=\frac{\langle\boldsymbol{K},\boldsymbol{K}_y\rangle}{N\sqrt{\langle\boldsymbol{K},\boldsymbol{K}\rangle}} \tag{8.8.4}$$

上述调准测度的大小反映了分类器对训练样本的分类性能，$A(\boldsymbol{K},\boldsymbol{K}_y)$ 越大，表明分类器错误率越小，因此通过最大化调准测度得到最优参数。对于多核矩阵，调准测度是

$$A(\boldsymbol{K},\boldsymbol{y}\boldsymbol{y}^{\mathrm{T}})=\frac{\langle\boldsymbol{K},\boldsymbol{y}\boldsymbol{y}^{\mathrm{T}}\rangle}{N\sqrt{\langle\boldsymbol{K},\boldsymbol{K}\rangle}}=\frac{\left\langle\sum\limits_{m=1}^{M}\beta_m\boldsymbol{K}_m,\boldsymbol{y}\boldsymbol{y}^{\mathrm{T}}\right\rangle}{N\|\boldsymbol{K}\|_{\mathrm{F}}}=\frac{\sum\limits_{m=1}^{M}\beta_m\langle\boldsymbol{K}_m,\boldsymbol{y}\boldsymbol{y}^{\mathrm{T}}\rangle}{N\sqrt{\sum\limits_{m=1}^{M}\sum\limits_{n=1}^{M}\beta_m\beta_n\langle\boldsymbol{K}_m,\boldsymbol{K}_n\rangle}} \tag{8.8.5}$$

令矢量 $\boldsymbol{\beta}=(\beta_1,\beta_2,\cdots,\beta_M)^{\mathrm{T}}$，$\boldsymbol{d}=\left(\langle\boldsymbol{K}_m,\boldsymbol{y}\boldsymbol{y}^{\mathrm{T}}\rangle\right)_{m=1}^{M}$，矩阵 $\boldsymbol{Q}=\left(\langle\boldsymbol{K}_m,\boldsymbol{K}_n\rangle\right)_{m,n=1}^{M}$ 可逆，

式(8.8.5)最大化等价于式(8.8.6)最大化：

$$J(\boldsymbol{\beta})=N^2(A(\boldsymbol{K},\boldsymbol{y}\boldsymbol{y}^{\mathrm{T}}))^2=\frac{(\boldsymbol{\beta}^{\mathrm{T}}\boldsymbol{d})(\boldsymbol{d}^{\mathrm{T}}\boldsymbol{\beta})}{\boldsymbol{\beta}^{\mathrm{T}}\boldsymbol{Q}\boldsymbol{\beta}}$$

$$=\frac{\boldsymbol{\beta}^{\mathrm{T}}\boldsymbol{d}\boldsymbol{d}^{\mathrm{T}}\boldsymbol{\beta}}{\boldsymbol{\beta}^{\mathrm{T}}\boldsymbol{Q}\boldsymbol{\beta}}\triangleq\frac{\boldsymbol{\beta}^{\mathrm{T}}\boldsymbol{D}\boldsymbol{\beta}}{\boldsymbol{\beta}^{\mathrm{T}}\boldsymbol{Q}\boldsymbol{\beta}} \tag{8.8.6}$$

式(8.8.6)是分式形式的标量，为求极值，该标量对矢量 $\boldsymbol{\beta}$ 求导并令结果等于零矢量，按普通的微分求极值方法可得

$$\frac{\partial J}{\partial \boldsymbol{\beta}}=\frac{2(\boldsymbol{\beta}^{\mathrm{T}}\boldsymbol{Q}\boldsymbol{\beta})\boldsymbol{D}\boldsymbol{\beta}-2(\boldsymbol{\beta}^{\mathrm{T}}\boldsymbol{D}\boldsymbol{\beta})\boldsymbol{Q}\boldsymbol{\beta}}{(\boldsymbol{\beta}^{\mathrm{T}}\boldsymbol{Q}\boldsymbol{\beta})^2}=\boldsymbol{0} \tag{8.8.7}$$

令

$$\lambda=\frac{\boldsymbol{\beta}^{\mathrm{T}}\boldsymbol{D}\boldsymbol{\beta}}{\boldsymbol{\beta}^{\mathrm{T}}\boldsymbol{Q}\boldsymbol{\beta}} \tag{8.8.8}$$

由式(8.8.7)可得

$$\boldsymbol{D}\boldsymbol{\beta}=\lambda\boldsymbol{Q}\boldsymbol{\beta} \tag{8.8.9}$$

由此可得

$$\boldsymbol{\beta}=\frac{1}{\lambda}\boldsymbol{Q}^{-1}\boldsymbol{D}\boldsymbol{\beta}=\frac{1}{\lambda}\boldsymbol{Q}^{-1}\boldsymbol{d}\boldsymbol{d}^{\mathrm{T}}\boldsymbol{\beta} \tag{8.8.10}$$

因 $\boldsymbol{d}^{\mathrm{T}}\boldsymbol{\beta}$ 等于某常数 c，从而有

$$\boldsymbol{\beta}=\frac{c}{\lambda}\boldsymbol{Q}^{-1}\boldsymbol{d} \tag{8.8.11}$$

矢量的标量系数不影响它的方向，最后可以得到归一化的核函数的系数矢量

$$\boldsymbol{\beta}^*=\boldsymbol{Q}^{-1}\boldsymbol{d}/\|\boldsymbol{Q}^{-1}\boldsymbol{d}\| \tag{8.8.12}$$

需要指出的是，求解调准测度最大化问题除上述方法外，还可以构造其他方式求解。例如，求解式(8.8.5)各核函数的系数 $\{\beta_m\}_{m=1}^{M}$ 的最大化问题可以等效为有约束的最优化问题

$$\begin{cases}\max\limits_{\boldsymbol{\beta}} & \sum\limits_{m=1}^{M}\beta_m\langle\boldsymbol{K}_m,\boldsymbol{y}\boldsymbol{y}^{\mathrm{T}}\rangle\\ \text{s.t.} & \sum\limits_{m=1}^{M}\sum\limits_{n=1}^{M}\beta_m\beta_n\langle\boldsymbol{K}_m,\boldsymbol{K}_n\rangle=c\end{cases} \tag{8.8.13}$$

这是求解广义 Rayleigh 商极值的方法。

参考文献

[1] VAPNIK V N.The Nature of Statistical Learning Theory[M].New York：Springer，1995.

[2] SHAWE-TAYLOR J，CRISTIANINI N. Kernel methods for pattern analysis[M]. Cambridge：Cambridge University Press，2004.

[3] 孙即祥. 现代模式识别[M].2 版. 北京：高等教育出版社，2008.

[4] 李君宝，等.模式识别中的核自适应学习及应用[M]. 北京：电子工业出版社，2013.

[5] WATKINS C. Dynamic alignment kernels[C]. Advances in Large Margin Classifiers. MIT Press，2002：39-50.

[6] CHAPELLE O, VAPNIK V N, BOUSQUET O, et al. Choosing multiple parameters for Support Vecter Machines[J]. Machine Learning, 2002, (46): 131-159.

[7] VAPNIK V N , CHAPELLE O. Bounds on error expectation for SVM[J]. Advances in Large Margin Classifiers, MIT Press, 2000: 261-280.

[8] LEE M S ,KEERTHI S S. An efficient method for computing Leave-One-Out error in Support Vecter Machines with Gaussian kernels[J]. IEEE Transactions on Neural Networks, 2004, 15(3): 750-757.

[9] JAAKKOLA T S, HAUSSLER D. Probabilistic kernel regression models[C]. Proceedings of the Conference on AI and Statistics,1999.

[10] OPPER M, WINTHER O. Gaussian process and SVM: Mean field and Leave-One-Out[J]. Advances in Large Margin Classifiers, MIT Press, 2000: 311-326.

[11] JOACHIMS T. Estimating the generalization performance of a SVM efficiently[C]. Proceeding of the International Conference on Machine Learling, San Francisco: Morgan Kaufman, 2000: 431-438.

[12] CHUNG K M, KAO W C, SUN C L. Radius margin bounds for Support Vector Machines with RBF kernel[J]. Neural Computing, 2003,15(11): 2543-2681.

[13] DUAN K, KEERTHI S S, POO A N. Evaluation of simple performance measures for tuning SVM hyperparameters[J]. Neurocomputing, 2003 (51): 41-59.

[14] BARAM Y. Learning by kernel polarization[J]. Neural Computation, 2005, 17(6): 1264-1275.

[15] NGUYEN C H, HO T B. Kernel matrix evaluation[C]. Proceedings of the 20th International Joint Conference on Artificial Intelligence (IJCAI'2007), Hyderabad, India, 2007: 987-992.

[16] LANCKRIET G R G, CRISTIANINI N, BARTLETT P, et al. Learning the kernel matrix with semidefinite programming[J]. Journal of Machine Learning Research, 2004, 5(12): 27-72.

[17] 汪廷华.支持向量机模型选择研究[D].北京：北京交通大学，2009.

[18] CRISTIANINI N, SHAWE-TAYLOR J, ELISSEEFF A, et al. On kernel- target alignment[C]. Advances in Neural information Processing Systems, 2001: 367-373.

[19] CHERKASSKY V, MULIER F M. Learning from Data: Concept, Theory and Method[M]. New York: John Viley&Sons,1997.

[20] 刘向东,骆斌,陈兆乾. 支持向量机最优模型选择的研究[J]. 计算机研究与发展,2005,42(4): 576-581.

[21] 郭雷. 宽带雷达目标极化特征提取与核方法识别研究[D]. 长沙：国防科技大学,2009.

[22] SCHITTKOWSKI K. Optimal Parameter selection in support vector machines[J]. Journal of Industrial and management Optimization, 2005,1(4): 465-476.

[23] AYATT N E, CHERIET M, SUEN C Y. Automatic model selection for the optimization of SVM kernels[J]. Pattern Recognition, 2005, 38(10): 1733-1745.

[24] FRIEDRICHS F,IGEL C. Evolutionary tuning of multiple SVM parameters[J]. Neurocomputing, 2005,64(3): 107-117.

[25] NGUYEN C H, HO T B. Kernel matrix evaluation[C]. Proceedings of the 20th International Joint Conference on Artificial Intelligence(IJCAI'2007), Hyderabad, India, 2007: 987-992.

[26] SONNENBURG S, RATSCH G, SCHAFER C, et al. Large Scale Multiple Kernel Learning[J]. Journal of Machine Learning Research. 2010, 7: 1531-1565.

[27] KLOFT M, BREFELD U, SONNENBURG S, et al. ℓ_p-Norm Multiple Kernel Learning[J].

Journal of Machine Learning Research, 2011, 12: 953-997.

[28] GÖNEN M, ALPAYDIN E. Localized algorithms for multiple kernel learning [J]. Pattern Recognition. 2013, 46(3): 795-807.

[29] GÖNEN M, ALPAYDIN E. Multiple Kernel Learning Algorithms [J]. Journal of Machine Learning Research, 2011, 12: 2211-2268.

[30] LU X, WANG Y, ZHOU X, et al. A Method for Metric Learning with Multiple-Kernel Embedding[J]. Neural Processing Letters, 2016, 43(3): 905-921.

[31] ABIN A A, BEIGY H. Active Constrained Fuzzy Clustering: A Multiple Kernels Learning Approach[J]. Pattern Recognition, 2015, 48(3): 953-967.

[32] LIU X, WANG L, HUANG G, et al. Multiple Kernel Extreme Learning Machine [J]. Neurocomputing, 2015, 149: 253-264.

[33] SONNENBURG S, RATSCH G, SCHAFER C, et al. Large scale multiple Kernel learning [J]. Journal of Machine Learning Research, 2006, 7(7): 1531-1565.

[34] RAKOTOMAMONJY A, BACH F R, CANU S, et al. SimpleMKL [J]. Journal of Machine Learning Research, 2008, 9(11): 2491-2521.

[35] SUN Z, AMPORNPUNT N, VARMA M, et al. Multiple kernel learning and the SMO algorithm [C]. Advances in neural information processing systems, 2010: 2361-2369.

[36] JAIN A, VISHWANATHAN S V N, VARMA M. SPF-GMKL: generalized multiple Kernel learning with a million kernels [C]. Proceedings of the 18th ACM SIGKDD international conference on Knowledge discovery and data mining, 2012: 750-758.

[37] CHANG M W, LIN C J. Leave-one-out bounds for support vector regression model selection[J]. Neural Computation, 2005 (17): 1188-1222.

[38] 刘靖旭. 支持矢量回归的模型选择及应用研究[D]. 长沙：国防科技大学.

[39] SHANKAR K, LAKSHMANAPRABU S K, GUPTA D, et al. Optimal feature-based multi-kernel SVM approach for thyroid disease classification[J]. The Journal of Supercomputing, 2018: 1-16.

[40] LIN F, WANG J, ZHANG N, et al. Multi-kernel learning for multivariate performance measures optimization[J]. Neural Computing and Applications, 2017, 28(8): 2075-2087.

[41] SHANG C, HUANG X, YOU F. Data-driven robust optimization based on kernel learning[J]. Computers & Chemical Engineering, 2017, 106: 464-479.

[42] NIU G, DUAN Z. Inner Product Optimization for Effective Multiple Kernel Learning[C]//IOP Conference Series: Earth and Environmental Science. IOP Publishing, 2019, 234(1): 012063.

[43] VICENTE T F Y, HOAI M, Samaras D. Leave-one-out kernel optimization for shadow detection and removal[J]. IEEE Transactions on Pattern Analysis and Machine Intelligence, 2017, 40(3): 682-695.

[44] SYARIF I, PRUGEL-BENNETT A, Wills G. SVM parameter optimization using grid search and genetic algorithm to improve classification performance[J]. Telkomnika, 2016, 14(4): 1502.

[45] THARWAT A, HASSANIEN A E, ELNAGHI B E. A BA-based algorithm for parameter optimization of support vector machine[J]. Pattern Recognition Letters, 2017, 93: 13-22.

[46] AMARI S, WU S. Improving support vector machine classifiers by modifying kernel functions [J]. Neural Networks, 1999, 12(6): 783-789.

[47] XIONG H L, SWAMY M N, AHMAD M O. Optimizing the kernel in the empirical feature space [J]. IEEE Transactions on Neural Networks, 2005, 16(2): 460-474.